应用实例系列

AutoCAD 2012中文版建筑制图50例

许小荣　宋喜忠　王宗舞　等编著

電子工業出版社
Publishing House of Electronics Industry
北京·BEIJING

内 容 简 介

本书由浅入深、全面系统地介绍了利用 AutoCAD 2012 中文版进行建筑图纸绘制的各种技术和方法。全书共分为 7 章，第 1 章讲解了 AutoCAD 中与建筑制图相关的一些基本操作，第 2 章讲解了建筑图中标准图形和常见图形的绘制方法，第 3 章和第 4 章详细地介绍了建筑制图中文字说明和尺寸标注的创建方法，第 5 章详细介绍了建筑图纸中平立剖面图和总平面图的绘制方法，第 6 章详细讲解了建筑图中各类详图的绘制技术和方法，第 7 章详细讲解了各类三维效果图的创建方法。为了便于读者从实际的设计中得到设计能力的提高，全部章节都结合具体的工程实例进行讲解，并且每一章的后面都配有相关的工程练习供读者进行实际操作。另外对于工程练习还配有制造过程的多媒体教程供读者参考，并赠送超过 10 小时的 AutoCAD 2011/2012 教学视频。

本书专门为广大想要从事建筑制图行业的人员而准备，可以作为高等院校、高职高专以及相关培训班的教材，也可以作为广大想学习或提高建筑制图技术人员的参考书。

图书在版编目（CIP）数据

AutoCAD 2012 中文版建筑制图 50 例 / 许小荣等编著. —北京：电子工业出版社，2012.1
ISBN 978-7-121-15283-2

Ⅰ. ①A… Ⅱ. ①许… Ⅲ. ①建筑制图－AutoCAD 软件 Ⅳ. ①TU204-39

中国版本图书馆 CIP 数据核字(2011)第 242758 号

策划编辑：祁玉芹
责任编辑：鄂卫华
印　　刷：中国电影出版社印刷厂
装　　订：中国电影出版社印刷厂
出版发行：电子工业出版社
　　　　　北京市海淀区万寿路 173 信箱　邮编 100036
开　　本：787×1092　1/16　印张：21　字数：538 千字
印　　次：2012 年 1 月第 1 次印刷
定　　价：49.80 元（含光盘 1 张）

凡所购买电子工业出版社图书有缺损问题，请向购买书店调换。若书店售缺，请与本社发行部联系，联系及邮购电话：（010）88254888。
质量投诉请发邮件至 zlts@phei.com.cn，盗版侵权举报请发邮件至 dbqq@phei.com.cn。
服务热线：（010）88258888。

前言

AutoCAD 是 Autodesk 公司开发的著名产品，该软件已经广泛的应用于建筑规划、方案设计、施工图设计、施工管理等各类工程制图领域。AutoCAD 已经成为目前从事土木建筑工程领域工作必不可少的工具之一。

本书紧密结合《房屋建筑制图统一标准》、《总图制图标准》、《建筑制图标准》和《房屋建筑CAD制图统一规则》四个标准中的相关规定，给读者详细介绍了使用AutoCAD 2012创建各类建筑图纸的技术与方法。本书一共分为7章，第1章主要讲解了AutoCAD 2012与建筑制图相关的基本操作，包括AutoCAD 2012绘图环境、文件的基本操作、图层的创建、对象特性的修改、动态输入和夹点编辑，以及绘图中的定位方法。

第2章主要讲解了建筑图纸中的标注图形和常见图形的绘制方法。内容包括了指北针的绘制、轴线编号的绘制、标高符号的绘制、折断线的绘制，以及各类家具、洁具和厨具的绘制，在介绍的过程中多次应用了图块功能。

第3章主要讲解了建筑图纸中各类文字的创建方法。内容包括建筑图中的图题、施工总说明、门窗表等，在这些文字的创建中，灵活的运用了单行文字、多行文字、表格和构造线功能。

第4章主要讲解了建筑图纸中尺寸标注的创建方法，内容包括常见绘图比例的尺寸标注样式的创建，常见的平面图和详图中尺寸创建，以及尺寸标注值的改变和标注位置的改变。

第5章涉及的内容比较多，包括建筑图中常见的几种主要图纸的绘制，包括建筑平面图、立面图、剖面图和总平面图，在这些图纸的绘制过程中，综合利用了前面章节介绍的文字、尺寸标注的创建方法。

第6章主要介绍了各种详图的绘制。在建筑图中，外墙身详图、女儿墙详图、楼梯平面详图、洗手间详图以及门窗节点详图通常都需要单独绘制出来，本章挑选了几个典型的图纸给读者讲解了详图的绘制方法。

第7章主要介绍了建筑制图中创建三维效果图的技术和方法。内容包括三维家具的绘制、三维房间的绘制以及小区三维效果图的绘制。

全书基本覆盖了建筑制图中能够碰到和看到的各种图纸类型，将建筑制图中所要涉及到的各种技术，基本都在案例中实现，整本书的容量非常大，大量的典型案例，以及案例的工程背景，使得全书有非常强的实用性。

本书有机地将规范、技术和方法三者结合在了一起，既注意了实际制图中国家规范的要求，又给读者灵活地介绍了各种技术，同时在对于同一个图形的实现中，给读者阐述不同的实现途径、实现方法，以帮助用户融会贯通，灵活运用。本书所涉及的技术和方法，基本上都是建筑制图中常用的，很多方法都是第一次在此类的图书中出现，读者只要按照书中的方法进行学习操作，一定能够在不长的时间内掌握AutoCAD进行建筑制图的技术和方法。

本书专门为广大想要从事建筑制图行业的人员而准备，可以作为高等院校、高职高专院校以及相关培训班的教材，也可以作为广大想学习或提高建筑制图技术人员的参考书。

本书主要由许小荣、宋喜忠、王宗舞编写，参加本书编写工作的还有李龙、魏勇、王华、李辉、刘峰、徐浩、李建国、马建军、唐爱华、苏小平、朱丽云、马淑娟、周毅、李大勇和王云等。

本书致力于让多层次的读者阅读后多能有所收获，但是由于编者的水平有限，加之创作时间有限，本书疏漏之处在所难免，欢迎读者与专家批评指正。

我们的 E-mail 地址为 qiyuqin@phei.com.cn。

编　者

2011 年 10 月

目录

Contents

Contents

第 1 章　AutoCAD 2012 建筑制图概述

AutoCAD 从 20 世纪 90 年代进入中国后，就打破了传统的手工制图的习惯，经过多年的发展，软件的升级和功能的完善，AutoCAD 已经能够完成几乎所有的建筑图纸内容，为了建筑制图的需要，AutoCAD 也专门设计了相关的技术和功能。

本章旨在讲解 AutoCAD 的基本绘图环境，基本操作和一些常见功能在建筑制图中的应用，同时给读者讲解建筑制图中各种图形对象特性的设定，以及建筑制图中重要的图形定位手段。通过本章的学习，希望用户能够利用本章所学到的知识，打开已经绘制完成的建筑图纸，对图纸进行调整修改，能够修改图形对象的特性。

1.1　启动 AutoCAD 2012

AutoCAD 2012 版本是 AutoDesk 公司推出的最新版本，在界面设计、三维建模和渲染等方面进行了加强，可以帮助用户更好地从事图形设计。

与所有安装在 Windows 操作系统的软件一样，用户可以通过以下几种方式打开 AutoCAD 2012：

（1）在“开始”菜单中选择“程序”|Autodesk|AutoCAD 2012-Simplified Chinese|AutoCAD 2012 命令。

（2） 在“安装盘盘符:\Program Files\AutoCAD 2012”文件夹直接单击图标。

（3） 双击桌面的快捷方式。

如果是第一次启动 AutoCAD 2012，会初始化界面进行初始化，这可能需要一段时间，用户耐心等待。初始化完毕后，弹出 Autodesk Exchange 对话框，Autodesk Exchange 是新的集中门户，它直接提供了基于 Web 的使用体验，包含主页、帮助和应用程序等信息卡，用户可以获得视频、学习文档、各种应用程序，以及 AutoCAD 的各种帮助。

关闭 Autodesk Exchange 对话框则进入 AutoCAD 2012 的“二维草图与注释”工作空间的绘图工作界面，效果如图 1-1 所示。

系统给用户提供了“二维草图与注释”、“AutoCAD 经典”、“三维基础”和“三维建模”4 种工作空间。所谓工作空间，是指由分组组织的菜单、工具栏、选项板和功能区控制面板组成的集合，通俗地说也就是我们可见到的一个软件操作界面的组织形式。对于老用户来说，比较习惯于传统的“AutoCAD 经典”工作空间的界面，它延续了 AutoCAD 从 R14 版本以来一直保持的界面，用户可以通过单击如图 1-2 所示的按钮，在弹出的菜单中切换工作空间。

图 1-3 为传统的“AutoCAD 经典”工作空间的界面的效果，如果用户想进行三维图形的绘制，可以切换到“三维建模”工作空间，它的界面上提供了大量的与三维建模相关的界面项，与三维无关的界面项将被省去，方便了用户的操作。

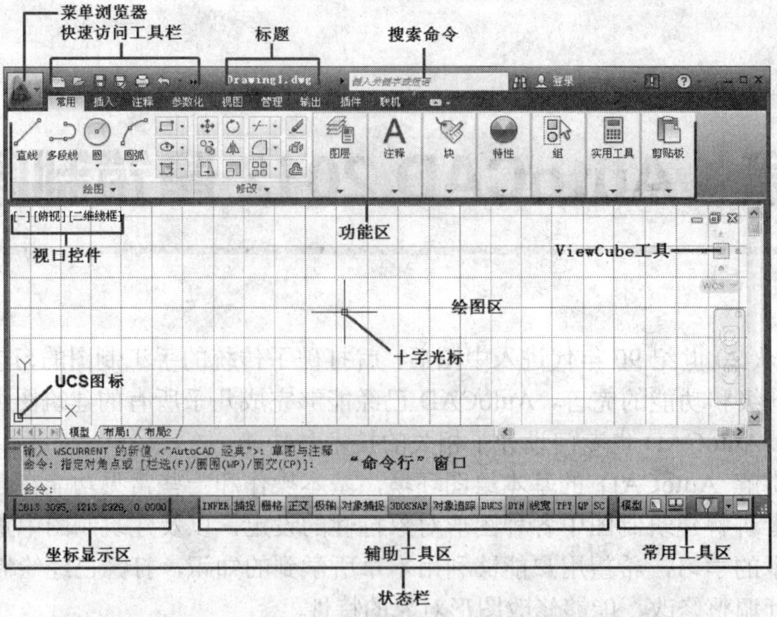

图 1-1 "二维草图与注释"工作空间的绘图工作界面

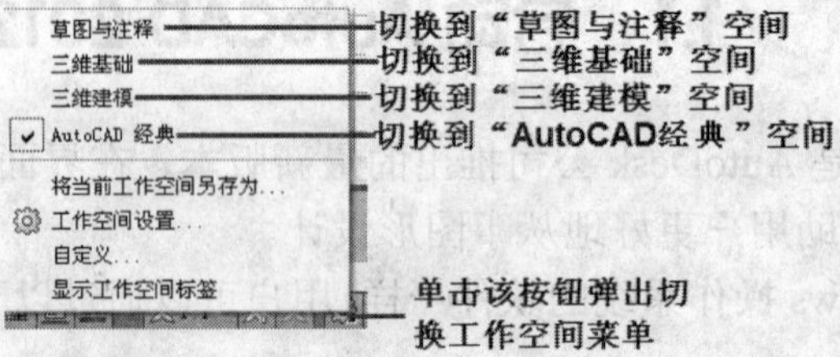

图 1-2 切换工作空间

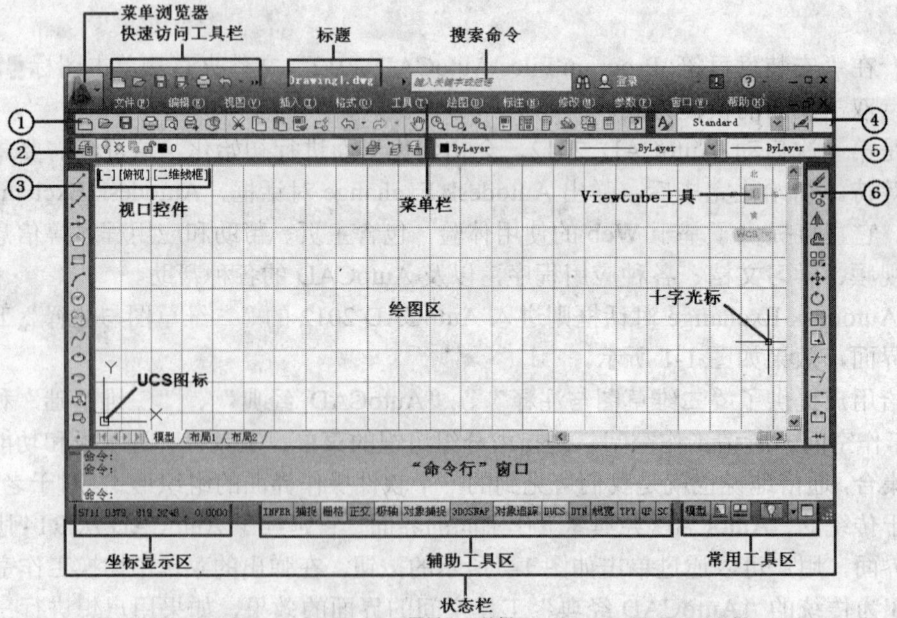

1-"标准"工具栏　2-"图层"工具栏　3-"绘图"工具栏
4-"样式"工具栏　5-"特性"工具栏　6-"修改"工具栏

图 1-3 传统的"AutoCAD 经典"工作空间的界面

我们首先以“AutoCAD 经典”工作空间的界面为例，为用户介绍其界面组成。AutoCAD 2012 界面中的大部分元素的用法和功能与 Windows 软件一样，AutoCAD 2012 应用窗口主要包括以下元素：标题栏、菜单栏、工具栏、绘图区、命令行提示区和状态栏等。

1. 标题栏

标题栏位于软件主窗口最上方，在 2012 版本中由菜单浏览器、快速访问工具栏、标题、信息中心和最小化按钮、最大化（还原）按钮、关闭按钮组成。

菜单浏览器将菜单栏中常用的菜单命令都显示在一个位置，如图 1-4 所示，用户可以在菜单浏览器中查看最近使用过的文件和菜单命令，还可以查看打开文件的列表，菜单下有“最近使用的文档”和“打开文档”视图。

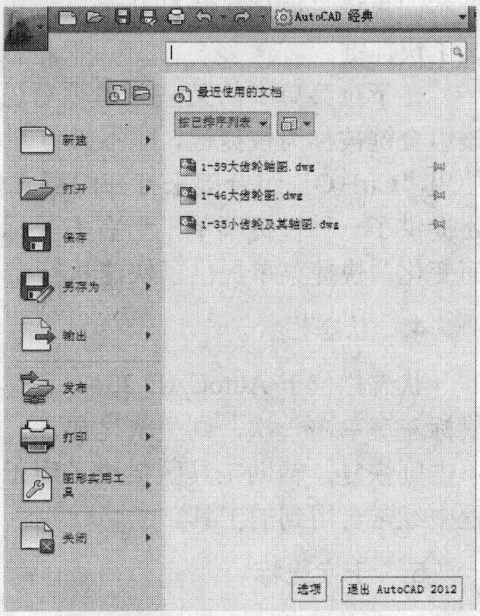

图 1-4　菜单浏览器效果

快速访问工具栏定义了一系列经常使用的工具，单击相应的按钮即可执行相应的操作，用户可以自定义快速访问工具，系统默认提供新建、打开、保存、打印、放弃和重做等 6 个快速访问工具，用户将光标移动到相应按钮上，会弹出功能提示。

信息中心可以帮助用户同时搜索多个源（例如，帮助、新功能专题研习、网址和指定的文件），也可以搜索单个文件或位置。

标题显示了当前文档的名称，最小化按钮、最大化（还原）按钮、关闭按钮控制了应用程序和当前图形文件的最小化、最大化和关闭。

2. 工具栏

执行 AutoCAD 命令除了可以使用菜单外，还可以使用工具栏。工具栏是附着在窗口四周的长条，其中包含一些由图标表示的工具按钮，单击这些按钮则执行该按钮所代表的命令。

AutoCAD 2012 的工具栏采用浮动的放置方式，也就是说可以根据需要将它从原位置拖动，放置在其他位置上。工具栏可以放置在窗口中的任意位置，还可以通过自定义工具栏中的方式改变工具栏中的内容，可以隐藏或显示某些工具栏，方便用户使用自己最常用的工具栏。另外，工具栏中的工具显示与否可以通过选择“工具”|“工具栏”|“AutoCAD”命令，在弹出的子菜单中控制相应的工具栏的显示与否，也可以直接右击任意一个工具栏，在弹出的快捷菜单中选择是否选中即可。

3. 菜单栏

菜单栏通常位于标题栏下面，其中显示了可以使用的菜单命令。传统的 AutoCAD 包含 11 个主菜单项，用户也可以根据需要将自己或别人的自定义菜单加进去。新的 2012 版本增加了“参数”菜单项。单击任意菜单命令，将弹出一个下拉式菜单，可以选择其中的命令进行操作。

对于某些菜单项，如果后面跟有符号[...]，则表示选择该选项将会弹出一个对话框，以提供进一步的选择和设置；如果菜单项右面跟有一个实心的小三角形▸，则表明该菜单项尚有若干子菜单，将光标移到该菜单项上，将弹出子菜单；如果某个菜单命令是灰色的，则表示在当前的条件下该项功能不能使用。

选定主菜单项有两种方法，一种是使用鼠标，另一种是使用键盘，具体使用哪种方法可根据个人的喜好而定。每个菜单和菜单项都定义有快捷键。快捷键用下画线标出，如 Save，表示如果该菜单项已经打开，只需按 S 键即可完成保存命令。下拉菜单中的子菜单项同样定义了快捷键。

在下拉菜单中的某些菜单项后还有组合键，如“打开”菜单项后的“Ctrl+O”组合键。该组合键被称为快捷键，即不必打开下拉菜单，便可通过按该组合键来完成某项功能。例如，使用“Ctrl+O”组合键来打开图形文件，相当于选择“文件”|“打开”命令。AutoCAD 2012 还提供了一种快捷菜单，当右击鼠标时将弹出快捷菜单。快捷菜单的选项因单击环境的不同而变化，快捷菜单提供了快速执行命令的方法。

4. 状态栏

状态栏位于 AutoCAD 2012 工作界面的底部，坐标显示区显示十字光标当前的坐标位置，鼠标左键单击一次，则呈灰度显示，固定当前坐标值，数值不再随光标的移动而改变，再次单击则恢复。辅助工具区集成了用于辅助制图的一些工具，常用工具区集成了一些在制图过程中经常会用到的工具。

5. 十字光标

十字光标用于定位点、选择和绘制对象，由定点设备（如鼠标、光笔）控制。当移动定点设备时，十字光标的位置会作相应的移动，这就像手工绘图中的笔一样方便，并且可以通过选择“工具”|“选项”命令，在弹出的“选项”对话框中改变十字光标的大小（默认大小是 5）。

6. 命令行提示区

命令行提示区是通过键盘输入的命令、数据等信息显示的地方，用户通过菜单和工具栏执行的命令也将在命令行中显示执行过程。每个图形文件都有自己的命令行，默认状态下，命令行位于系统窗口的下面，用户可以将其拖动到屏幕的任意位置。

7. 文本窗口

文本窗口是记录 AutoCAD 命令的窗口，是放大的命令行窗口，它记录了用户已执行的命令，也可以用来输入新命令。在 AutoCAD 2012 中，用户可以通过下面 3 种方式打开文本窗口：选择“视图”|“显示”|“文本窗口”命令；在命令行中执行 TEXTSCR 命令；按 F2 键。

8. 视口控件

视口控件显示在每个视口的左上角，提供更改视图、视觉样式和其他设置的便捷方式。

9. ViewCube 工具

ViewCube 是一种方便的工具，用来控制三维视图的方向。

10. 功能区

相对于“AutoCAD 经典”空间，“草图与注释”工作空间默认显示功能区，不显示传统的菜单和工具栏。

功能区为与当前工作空间相关的操作提供了一个单一简洁的放置区域。使用功能区时无需显示多个工具栏，这使得应用程序窗口变得简洁有序。功能区由若干个选项卡组成，每个选项卡又由若干个面板组成，面板上放置了与面板名称相关的工具按钮。

功能区可以水平显示、垂直显示或显示为浮动选项板。创建或打开图形时，默认情况下，在图形窗口的顶部将显示水平的功能区。用户可以在选项卡标题、面板标题或者功能区标题单击鼠标右键，会弹出相关的快捷菜单，从而可以对选项卡、面板或者功能区进行操作，可以控制显示，可以控制是否浮动等。

1.2 使用命令和变量

AutoCAD 是一款命令行驱动的绘图软件，因此命令对于 AutoCAD 来说，就是绘图的基石，要熟练的使用 AutoCAD 制图，就必须掌握如何使用命令。另外，AutoCAD 将操作环境和某些命令的值存储在系统变量中，因此，用户如果需要熟练的使用 AutoCAD 还需要掌握系统变量的使用。

1. 命令的执行

应该说，与其他的 Windows 系统应用软件相同，菜单栏菜单操作和工具栏按钮操作是完成命令执行的两种最基本的方式，快捷菜单操作是另外的一种方式，与其他软件不同的是，AutoCAD 另外提供了面板执行方式和命令行执行方式。也就是说，一个命令的执行，用户可能通过以下 5 种方式来执行：

（1） 单击工具栏中相应的按钮。

（2） 选择菜单栏中的下拉菜单相应命令。

（3） 在绘图提示区输入 AutoCAD 命令。

（4） 单击面板中相应的按钮。

（5） 执行快捷菜单中的相应命令。

当然，并不是每一个命令都存在这 5 种执行方式。对于初学者来说，建议用户使用菜单、工具栏和面板 3 种方式来执行，AutoCAD 几乎所有的功能都可以使用这 3 种方式来实现。快捷菜单执行方式有一定的局限性，只能对当前选定对象进行相关功能的实现，而命令行方式需要用户记住大量的 AutoCAD 命令。

2. 透明命令

一般来说，在进行一个操作的时候，不可以进行另外一个操作，一旦要进行下一个操作，则前一个操作中止。在 AutoCAD 中提供了一些操作命令，可以在其他操作进行过程中执行，我们把这些命令叫做透明命令。透明命令执行时，原来执行的命令不会中断。

一般来说，单独执行透明命令时，在绘图提示区中的命令前会出现单引号【'】，譬如“平移”命令【'_pan】，如果在其他命令执行过程中执行透明命令，会出现双大于号【>>】，当透明命令执行完毕后，其他命令还可以继续执行。

一般来说，需要初级用户重点掌握的是如下几个：“缩放”命令、“平移”命令、“帮助”命令、“图层”相关命令、“查询”相关命令和“设计中心”相关命令。

3. 系统变量

系统变量一般不希望用户在绘图的时候随意改变，用户仅仅在对系统变量的含义相当熟悉了之后才能进行更改。修改系统变量的方法非常简单，只要在绘图提示区输入系统变量名称，按回车键，命令行会提示用户输入新的变量值，用户输入新的变量值，按回车键，即完成变量的修改。

我们这里先介绍第一个系统变量 FILEDIA，它有两个值 0 和 1，0 表示我们在保存文件的时候不弹出任何对话框，所有的操作都在命令行中完成，1 表示执行相应的命令后，会弹出相应的对话框，操作在对话框中完成，不在命令行完成。用户可以修改该系统变量，然后在命令行输入 saveas 命令，查看修改的效果。

我们为什么要以此变量为例进行讲解呢，主要是要告诉用户这样一件事情，对于 AutoCAD 来说，虽然是一个命令行驱动的软件，很多操作完全用命令行来完成，根本不会出现像其他软件那么多的对话框，但是还是有一部分功能需要对话框来实现的，虽然也可以用命令行全程实现，但是用对话框来实现可能会比较便捷，比较符合长期的人们形成的软件操作习惯。

4. 命令和系统变量执行的退出

命令和系统变量执行的退出很简单，如果执行完毕，按回车键即可；如果没有执行完毕，按 Ecs 键即可，有些命令行中提供了退出选项，用户执行相应的选项也可以退出命令和系统变量的执行。

1.3 绘图环境的设置

在用户使用 AutoCAD 绘图之前，首先要对绘图单位，以及绘图区域进行设置，以便能够确定绘制的图纸与实际尺寸的关系，便于用户绘图。

1.3.1 设置绘图单位

创建的所有对象都是根据图形单位进行测量的。开始绘图前，必须基于要绘制的图形确定一个图形单位代表的实际大小，然后据此惯例创建实际大小的图形。

选择“格式”|“单位”命令，弹出如图 1-5 所示的“图形单位”对话框，“长度”选项组设置测量的当前单位及当前单位的精度，“工程”和“建筑”格式提供英尺和英寸显示并假定每个图形单位表示一英寸，其他格式可表示任何真实世界单位。“角度”选项组设置当前角度格式和当前角度显示的精度。

“插入时的缩放单位”控制插入到当前图形中的块和图形的测量单位。如果块或图形创建时使用的单位与该选项指定的单位不同，则在插入这些块或图形时，将对其按比例缩放。插入比例是源块或图形使用的单位与目标图形使用的单位之比。如果插入块时不按指定单位缩放，可以选择“无单位”。

单击“方向”按钮，弹出“方向控制”对话框，用于设置起始角度（0B）的方向。在 AutoCAD 的默认设置中，起始方向是指正东的方向，逆时针方向为角度增加的正方向。

用户可以选择东南西北任何一项作为起始方向，也可以选择“其他”单选按钮，并单击

"拾取"按钮，在绘图区中拾取两个点通过两点的连线方向来确定起始方向。

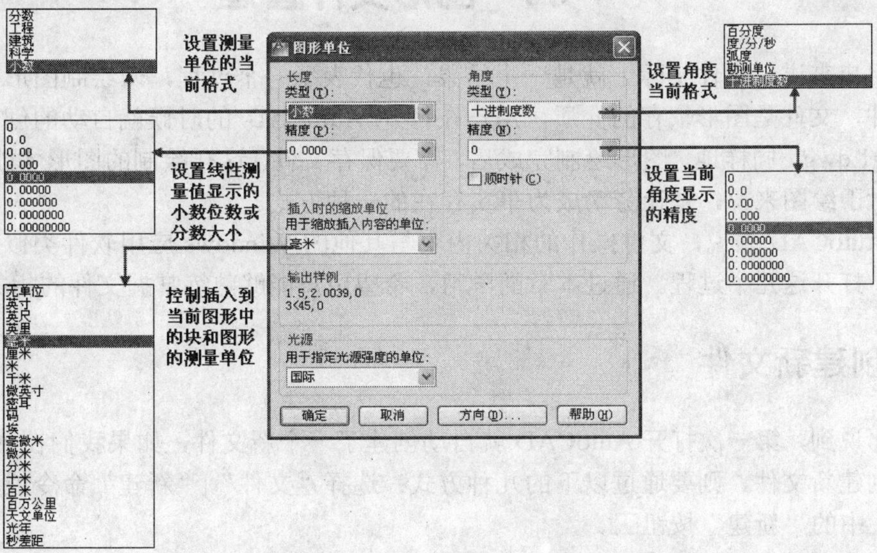

图 1-5 "图形单位"对话框

1.3.2 设置绘图界限

在 AutoCAD 中指定的绘图区域也叫图形界限，这个图形界限是用户所设定的一个绘图范围，一个绘图边界，通常情况下，图形界限由左下点和右上点确定，由两点圈定的矩形区域就是图形界限。

选择"格式"|"图形界限"命令，命令行提示如下：

```
命令:LIMITS
重新设置模型空间界限:
指定左下角点或 [开 (ON) /关 (OFF) ] <0.0000,0.0000>:  //用定点设备拾取点或者输入坐标值定位图形界限左下角点
指定右上角点 <420.0000,297.0000>:               //用顶点设备拾取点或者输入坐标值定位图形界限右上角点
```

对于以上用户命令，实际上与绘制矩形比较类似，如果用户对这个命令不甚理解，在学到第 2 章关于矩形的绘制时，就会理解了。

图形界限设置之后，一般来说，建议用户在设置的图形界限内制图，当然也不是说不可以在图形界限外制图，实际上，图形界限的设置，对我们绘制图形并没有什么影响，我们这里要说明的是三点内容：

（1） 图形界限会影响栅格的显示。

（2） 使用第 1.8 节中介绍的"缩放"命令的"全部"缩放时，最大能放大到图形界限设置的大小。

（3） 图形界限一般用在我们实际绘制工程图的时候，那个时候我们就可以把图形界限设置为工程图图纸的大小。

1.4 图形文件管理

对于用户来讲，文件实际上就是一个结果，也代表了一个过程，未绘制图形前，要创建一个新文件，文件是图形依存的介质，用户在打开 AutoCAD 的时候就自动的创建一个新文件 Drawing1.dwg。同样地，图形绘制完成后，需要保存文件，这样绘制的图形才能保存下来，所以文件对于绘图来说，是让劳动成为事实存在的一种方式。

对于 AutoCAD 来说，文件操作的相关内容与其他的 Windows 应用软件类似，也存在创建、保存、打开这几个过程。通过本章的学习，希望用户能够熟练掌握文件的相关操作。

1.4.1 创建新文件

在前面说到，第一次打开 AutoCAD 就自动创建了一个新文件，如果我们在 AutoCAD 打开状态下创建新文件，则要通过以下的几种方式：选择“文件”|“新建”命令或者单击“标准”工具栏中的“新建”按钮。

对于新建文件来说，创建的方式由 STARTUP 系统变量确定，当变量值为 0 时，显示如图 1-6 所示的“选择样板”对话框，打开对话框后，系统自动定位到 AutoCAD 安装目录的样板文件夹中，用户可以选择使用样板和选择不使用样板创建新图形。

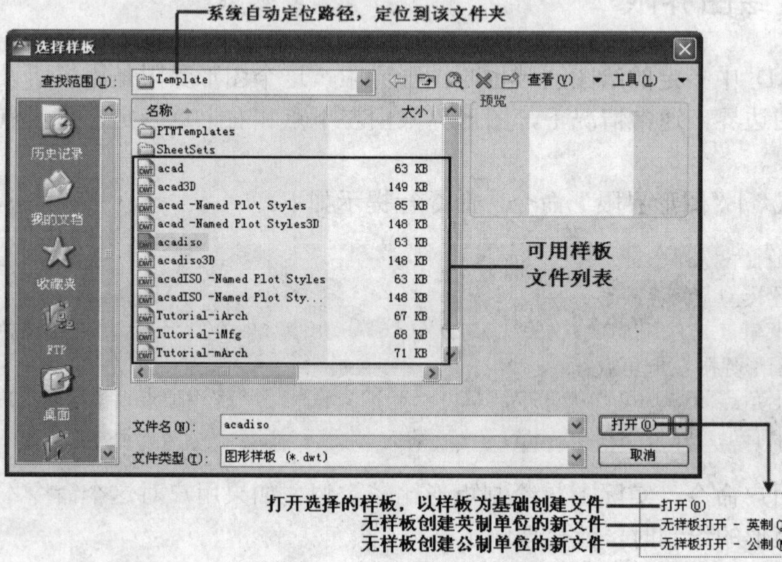

图 1-6 “选择样板”对话框

当 STARTUP 为 1 时，新建文件时弹出如图 1-7 所示的“创建新图形”对话框。系统提供了从草图开始创建、使用样板创建和使用向导创建 3 种方式创建新图形。使用样板创建与“选择样板”对话框的样板“打开”类似。

从草图开始创建，提供了如图 1-7 所示的英制和公制两种创建方式，与“选择样板”对话框的“无样板打开——公制”和“无样板打开——英制”类似。

使用向导提供了如图 1-8 所示的“高级设置”和“快速设置”两种创建方式，快速设置比高级设置少几个向导，仅设置单位和区域，我们以高级设置为例给读者介绍使用向导创建新文件的方法，如表 1-1 所示。

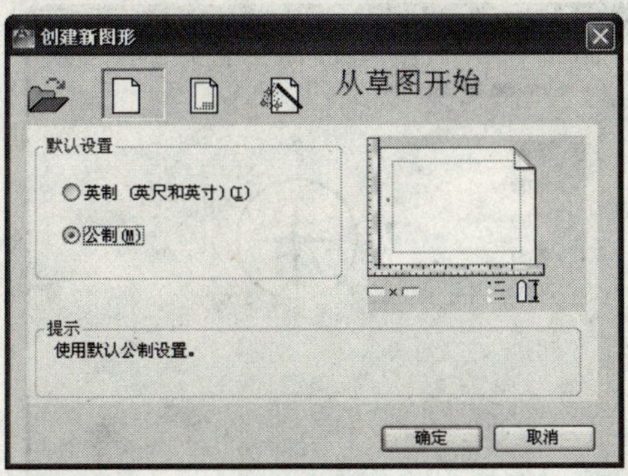

图 1-7 “创建新图形”对话框

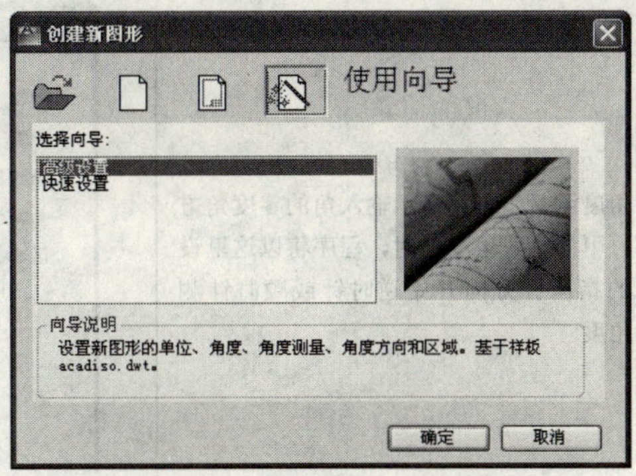

图 1-8 使用向导创建文件

表 1-1 高级设置向导创建文件

向导说明	向导
“单位”向导用于指定单位的格式和精度。单位格式是用户输入以及程序显示坐标和测量时所采用的格式。单位精度指定用于显示线性测量值的小数位数和分数大小	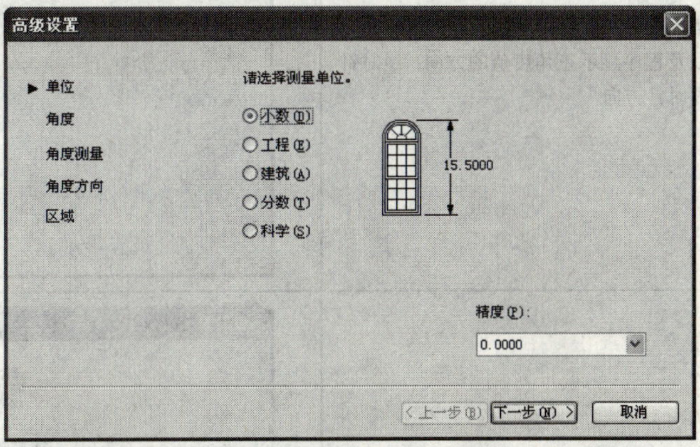
“角度”向导指示用户输入角度以及程序显示角度时所采用的格式	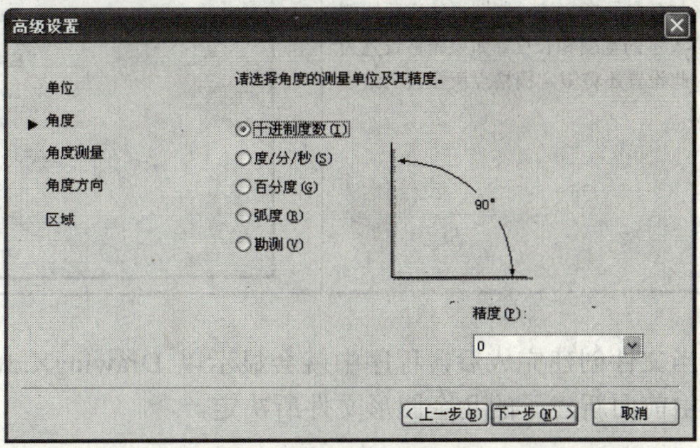

（续表）

向导说明	向导
“角度测量”向导指示输入角的零度角方向。用户输入角度值时，程序将以这里设定的指南针方向开始逆时针或顺时针测量角度	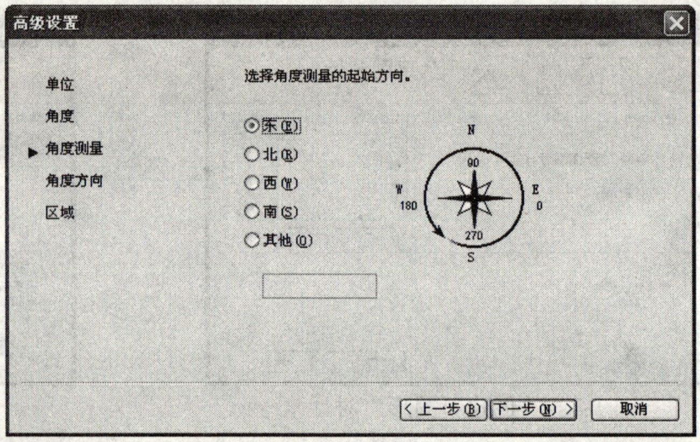
“角度方向”向导指示输入角的零度角方向以及程序显示正角度值的方向：逆时针或顺时针方向	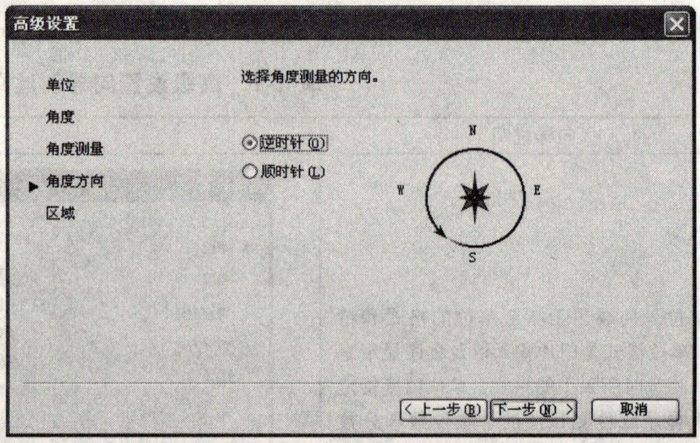
“区域”向导指定按绘制图形的实际比例单位表示的宽度和长度。如果栅格设置为开，此设置还将限定栅格点所覆盖的绘图区域	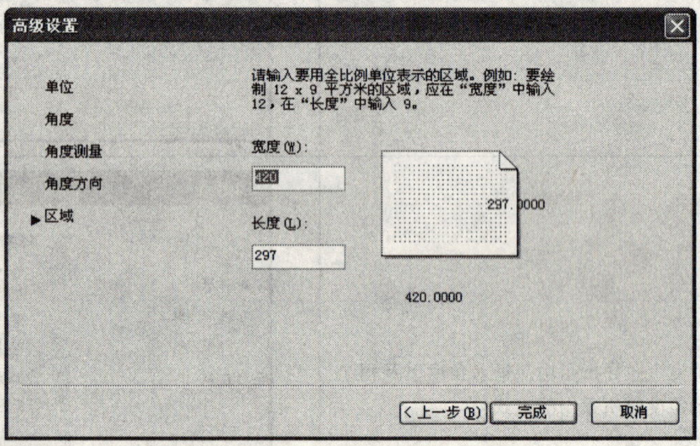

当文件创建完成后，程序中就会显示以 DrawingX.dwg 命名的新图形文件，X 是一个数字，由前面新建了的几个图形文件所决定。

1.4.2　打开文件

打开文件最简单的方式，是找到一个 AutoCAD 文件，直接双击打开即可。选择“文件”

|“打开”命令或单击“标准”工具栏中的“打开”按钮，打开如图 1-9 所示的“选择文件”对话框，系统提供了“打开”、“以只读方式打开”、“局部打开”和“以只读方式局部打开”4 种方式。

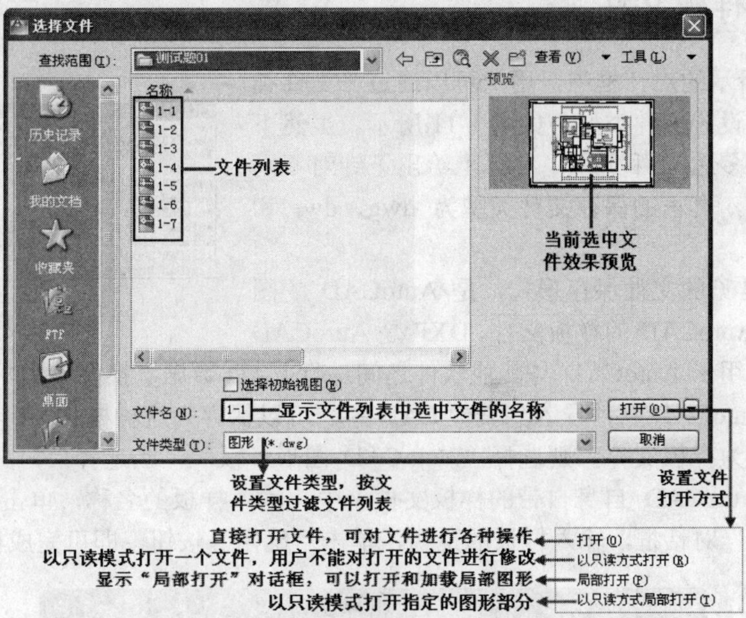

图 1-9　“选择文件”对话框

当以“打开”、“局部打开”方式打开图形时，可以对打开的图形进行编辑；当以“只读方式打开”、“以只读方式局部打开”方式打开图形时，则无法编辑打开的图形。

1.4.3　保存文件

如果第一次保存文件，选择“文件”|“保存”命令弹出如图 1-10 所示的“图形另存为”对话框，用户设置保存路径、保存的文件名称和类型，即可完成保存。默认情况下，文件以“AutoCAD2012 图形（*.dwg）”格式保存，用户可以在“文件类型”下拉列表框中选择其他格式保存。

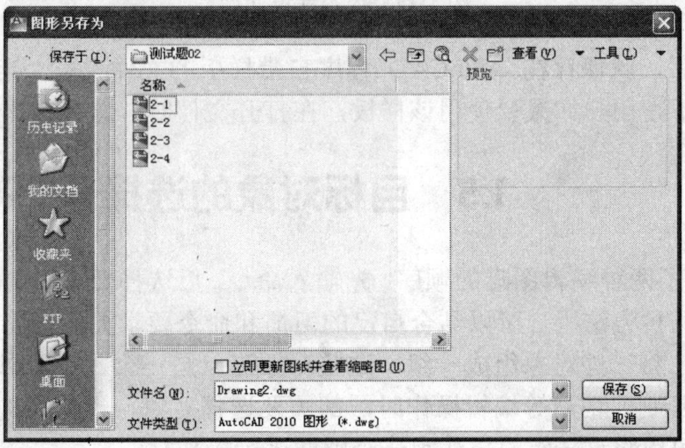

图 1-10　“图形另存为”对话框

如果用户想在当前的文件基础上保存为另外的文件，则可以选择“文件”|“另存为”命令，同样弹出“图形另存为”对话框。

1.4.4　创建样板文件

在图 1-10 所示的对话框中，用户可以通过“文件类型”下拉列表框设置文件类型，如图 1-11 所示。虽然下拉列表框列出了多达 12 种选择，实际上给出了针对不同版本的保存文件，真正的保存文件类型为 dwg、dwt 和 dxf 三种。

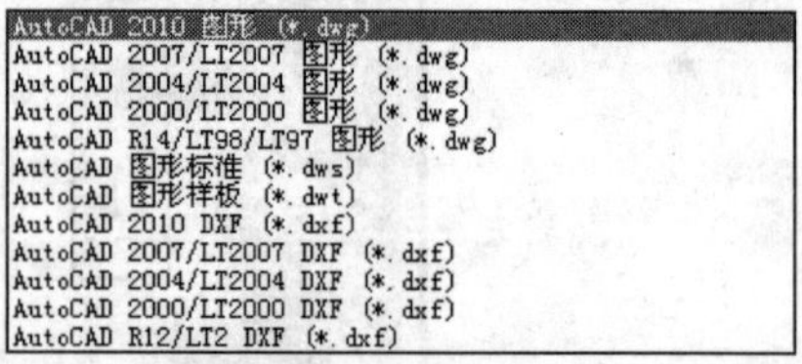

图 1-11　选择文件类型

Dwg 是最常见的文件保存形式，是 AutoCAD 的图形文件，dwt 是 AutoCAD 的样板文件，DXF 是 AutoCAD 绘图交换文件，用于 AutoCAD 与其他软件之间进行 CAD 数据交换的 CAD 数据文件格式，如果用户要把 AutoCAD 软件导入到其他 CAD 中，可以保存为这种格式。

如果要保存为样板文件，则选择“AutoCAD 图形样板”，当选择后，如图 1-12 保存路径自动定位到 AutoCAD 自身自带的样板文件夹中，输入样板的名称，单击“保存”按钮，弹出“样板选项”对话框，输入样板的说明，单击“确定”按钮，即可完成样板的创建。

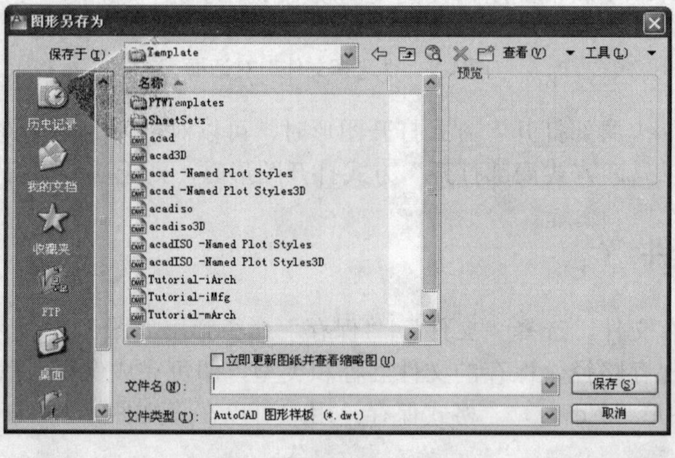

图 1-12　保存样板文件

样板创建完成后，就保存在 AutoCAD 程序自带样板的文件夹里，当然了，用户也可以保存在其他的目录下，用户如果要使用该样板，在打开文件时，选择该样板即可。

1.5　目标对象的选择

AutoCAD 提供了两种编辑图形的顺序：先输入命令，后选择要编辑的对象；先选择对象，然后进行编辑。这两种方法用户可以结合自己的习惯和命令要求灵活使用。

为了编辑方便，将一些对象组成一组，这些对象可以是一个，也可以是多个，称之为选择集。用户在进行复制、粘贴等编辑操作时，都需要选择对象，也就是构造选择集。建立了一个选择集以后，可以将这一组对象作为一个整体进行操作。

需要选择对象时，在命令行有提示，比如“选择对象:”。根据命令的要求，用户选取线段、圆弧等对象，以进行后面的操作。

用户可以通过 3 种方式构造选择集：单击对象直接选择、窗口选择（左选）和交叉窗口选择（右选）。

（1） 单击对象直接选择。

当命令行提示“选择对象:”时，绘图区出现拾取框光标，将光标移动到某个图形对象上，单击鼠标左键，则可以选择与光标有公共点的图形对象，被选中的对象呈高亮显示。

单击对象直接选择方式适合构选选择集的对象较少的情况，对于构造选择集的对象较多的情况就需要使用另外两种选择方式了。

（2） 窗口选择（左选）。

当需要选择的对象较多时，可以使用窗口选择方式，这种选择方式与 Windows 的窗口选择类似。首先单击鼠标左键，将光标沿右下方拖动，再次单击鼠标左键，形成选择框，选择框成实线显示。被选择框完全包容的对象将被选择。

（3） 交叉窗口选择（右选）。

交叉窗口选择（右选）与窗口选择（左选）选择方式类似，所不同的是光标往左上移动形成选择框，选择框呈虚线，只要与交叉窗口相交或者被交叉窗口包容的对象，都将被选择。

选择对象的方法有很多种，当对象处于被选择状态时，该对象呈高亮显示。如果是先选择后编辑，则被选择的对象上还出现控制点，3 种选择方式在不同情况下的选择情况如表 1-2 所示。

在选择完图形对象后，用户可能还需要在选择集中添加或删除对象。需要添加图形对象时，可以采用如下方法：

- 按【Shift】键，单击要添加的图形对象。
- 使用直接单击对象选择方式选取要添加的图形对象。
- 在命令行中输入 A 命令，然后选择要添加的对象。

需要删除对象时，可以采用如下方法：

- 按【Shift】键，单击要删除的图形对象。
- 在命令行中输入 R 命令，然后选择要删除的对象。

表 1-2　选择方式对比表

选择方式	先选择后执行编辑命令		先执行编辑命令后选择	
单击对象直接选择	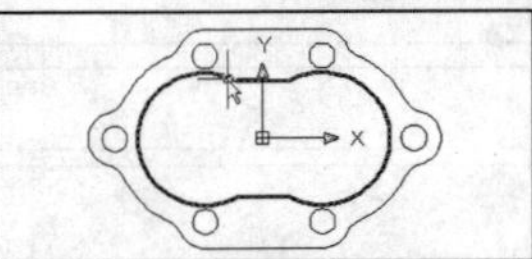	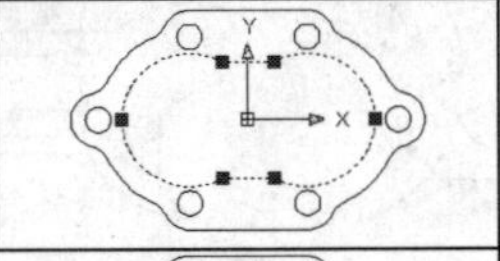	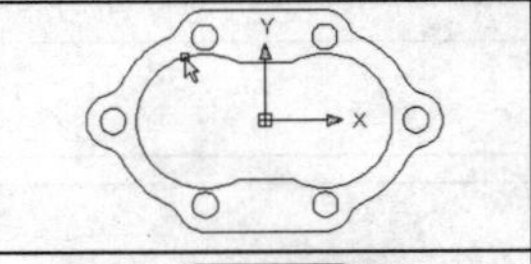	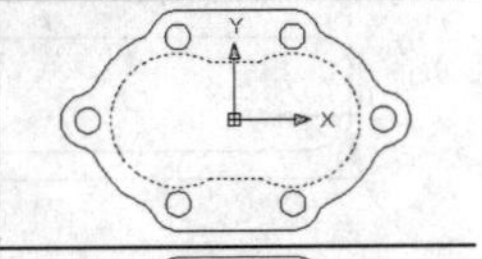
窗口选择(左选)	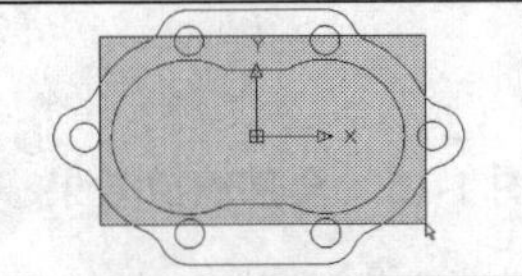	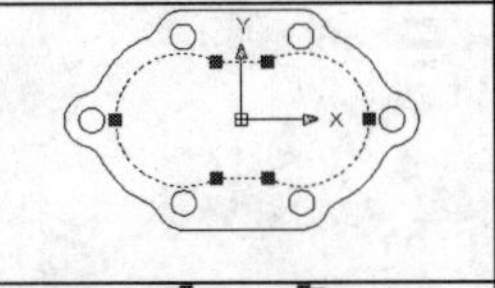	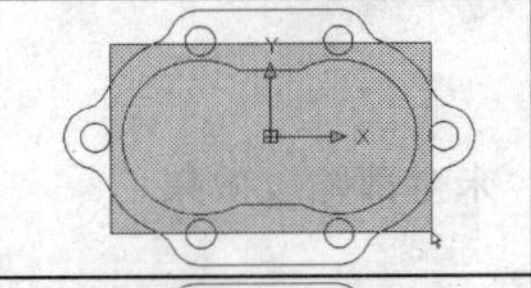	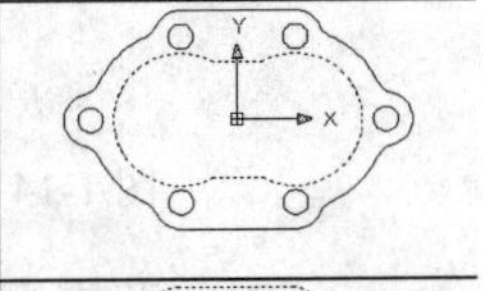
交叉窗口选择（右选）	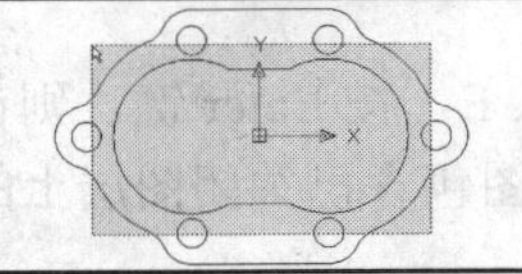	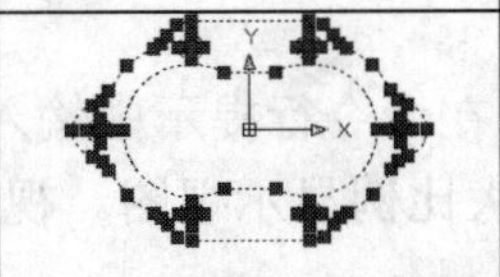	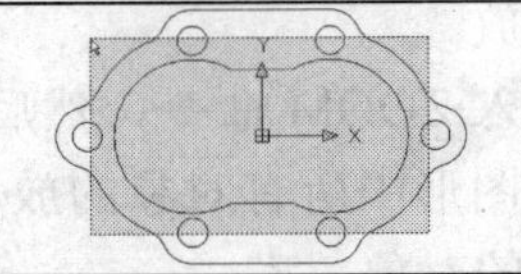	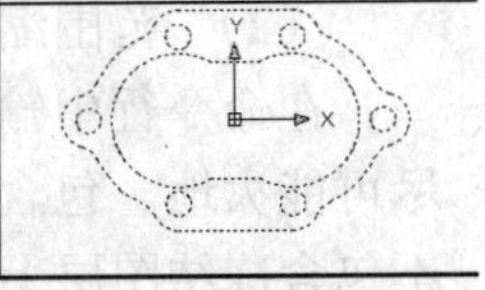

1.6 快速缩放平移视图

如果要使整个视图显示在屏幕内，就要缩小视图；如果要在屏幕中显示一个局部对象，就要放大视图，这是视图的缩放操作。要在屏幕中显示当前视图不同区域的对象，就需要移动视图，这是视图的平移操作。AutoCAD 提供了视图缩放和视图平移功能，以方便用户观察和编辑图形对象。

1.6.1 缩放视图

选择“视图”|“缩放”命令，在弹出的级联菜单中选择合适的命令，或单击如图 1-13 所示的“缩放”工具栏中合适的按钮，或者在命令行中输入 ZOOM 命令，都可以执行相应的视图缩放操作。

图 1-13 “缩放”工具栏

在命令行中输入 ZOOM 命令，命令行提示如下。

```
命令: ZOOM
指定窗口的角点，输入比例因子 (nX 或 nXP)，或者
[全部(A)/中心(C)/动态(D)/范围(E)/上一个(P)/比例(S)/窗口(W)/对象(O)]
<实时>:
```

命令行中不同的选项代表了不同的缩放方法，下面以命令行输入方式分别介绍几种常用的缩放方式。

（1） 全部缩放。

在命令行中输入 ZOOM 命令，然后在命令行提示中输入 A，按 Enter 键，则在视图中将显示整个图形，并显示用户定义的图形界限和图形范围。

对图 1-14 进行全部缩放的效果如图 1-15 所示。

图 1-14 未全部缩放效果

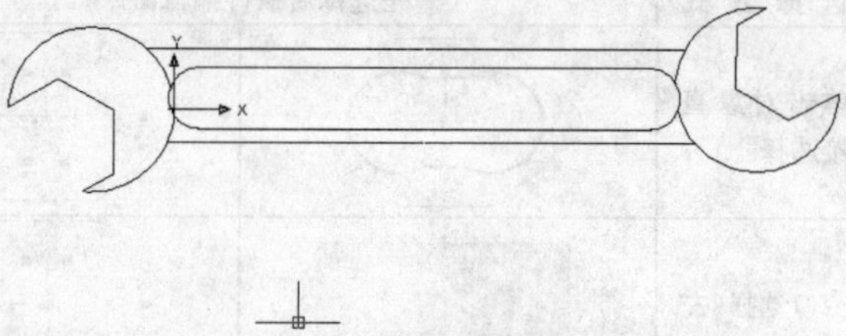

图 1-15 全部缩放效果

（2） 范围缩放。

在命令行中输入 ZOOM 命令，然后在命令行提示中输入 E，按 Enter 键，则在视图中将尽可能大地、包含图形中所有对象的放大比例显示视图。视图包含已关闭图层上的对象，但不包含冻结图层上的对象。

对图 1-16 进行范围缩放的效果如图 1-17 所示。

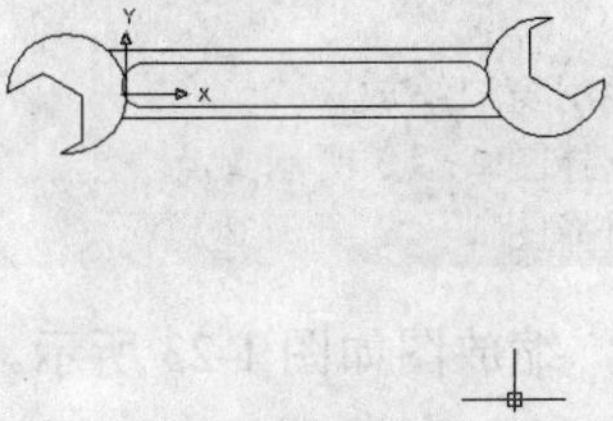

图 1-16　未进行范围缩放效果

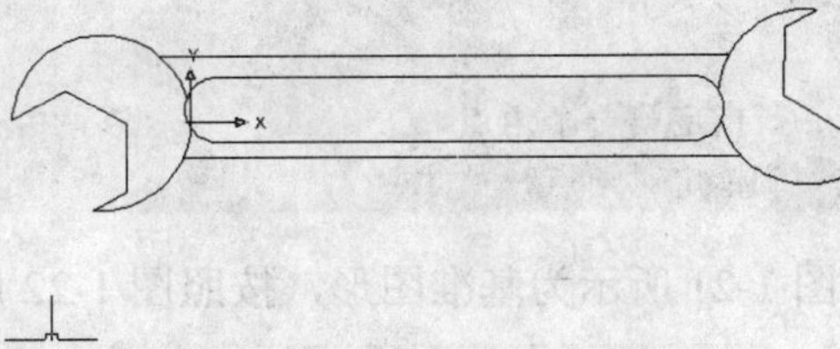

图 1-17　进行范围缩放效果

（3）　显示前一个视图。

在命令行中输入 ZOOM 命令，然后在命令行提示中输入 P，按 Enter 键，则显示上一个视图。

（4）　比例缩放。

在命令行中输入 ZOOM 命令，然后在命令行提示中输入 S，按 Enter 键，命令行提示如下。

```
    命令: ZOOM
    指定窗口的角点，输入比例因子 (nX 或 nXP)，或者
    [全部(A)/中心(C)/动态(D)/范围(E)/上一个(P)/比例(S)/窗口(W)/对象(O)]
<实时>: s
    输入比例因子(nX 或 nXP):
```

这种缩放方式能够按照精确的比例缩放视图，按照要求输入比例后，系统将以当前视图中心为中心点进行比例缩放。系统提供了 3 种缩放方式，第 1 种是相对于图形界限的比例进行缩放，很少用；第 2 种是相对于当前视图的比例进行缩放，输入方式为 nX；第 3 种是相对于图纸空间单位的比例进行缩放，输入方式为 nXP。图 1-18 所示是基准图，图 1-19 所示是输入 2X 后的图形，图 1-20 所示是输入 2XP 后的图形。

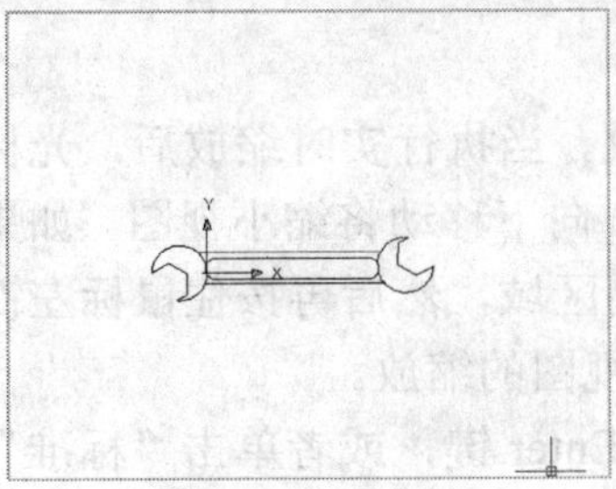

图 1-18　基准图

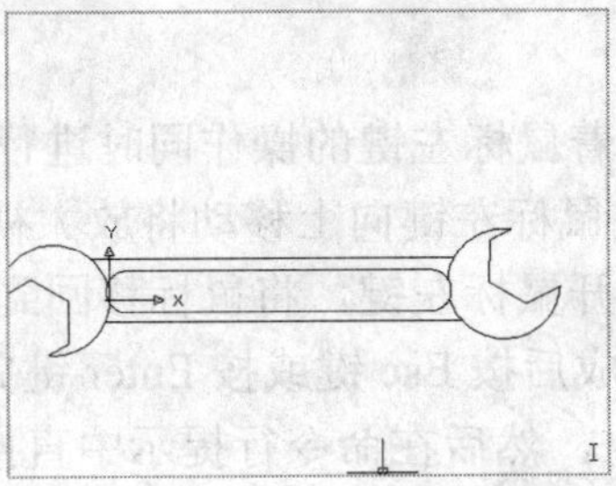

图 1-19　相对于当前视图

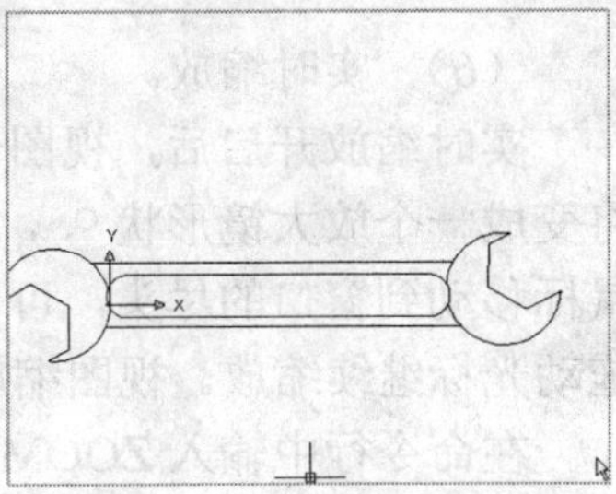

图 1-20　相对于图纸空间单位

（5）　窗口缩放。

窗口缩放方式用于缩放一个由两个对角点所确定的矩形区域，在图形中指定一个缩放区域，AutoCAD 将快速地放大包含在区域中的图形。窗口缩放使用非常频繁，但是仅能用来放大图形对象，不能缩小图形对象，而且窗口缩放是一种近似的操作，在图形复杂时可能要多次操作才能得到所要的效果。

在命令行中输入 ZOOM 命令，然后在命令行提示中输入 W，按 Enter 键，命令行提示如下。

```
    命令:ZOOM                                           //输入缩放命令
    指定窗口的角点，输入比例因子 （nX 或 nXP），或者//系统提示信息
    [全部（A）/中心（C）/动态（D）/范围（E）/上一个（P）/比例（S）/窗口（W）/对象（O）]
<实时>: w
                                                        //使用窗口缩放
    指定第一个角点:                                     //选择图 1-49 所示 1 点
    指定对角点:                                         //选择图 1-49 所示 2 点
```

图 1-21 所示为基准图形，按照图 1-22 所示选择窗口后，缩放图如图 1-23 所示。

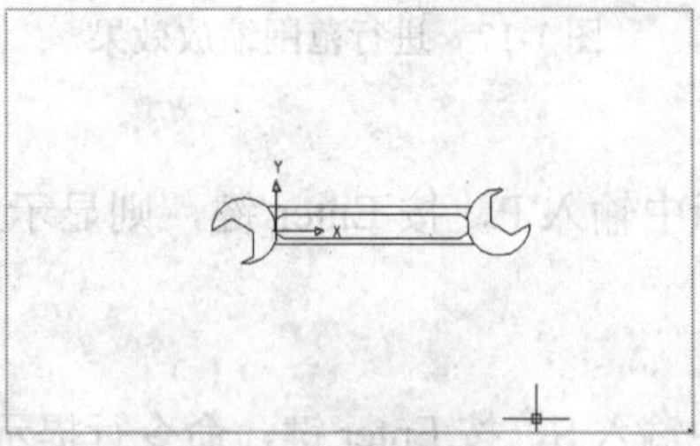

图 1-21　基准图形

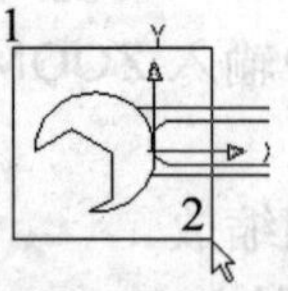

图 1-22　选择窗口

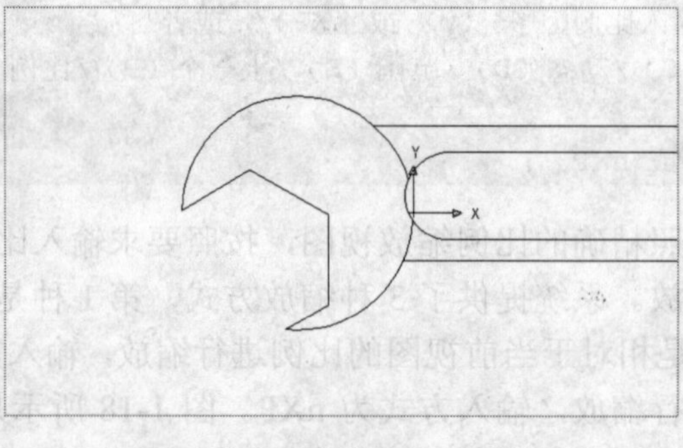

图 1-23　窗口缩放效果

（6） 实时缩放。

实时缩放开启后，视图会随着鼠标左键的操作同时进行缩放。当执行实时缩放后，光标将变成一个放大镜形状，按住鼠标左键向上移动将放大视图，向下移动将缩小视图。如果鼠标移动到窗口的尽头，可以松开鼠标左键，将鼠标移回到绘图区域，然后再按住鼠标左键拖动光标继续缩放。视图缩放完成后按 Esc 键或按 Enter 键完成视图的缩放。

在命令行中输入 ZOOM 命令，然后在命令行提示中直接按 Enter 键，或者单击“标准”工具栏或者状态栏中的“实时缩放”按钮，即可对图形进行实时缩放。

1.6.2　平移视图

当在图形窗口中不能显示所有的图形时，就需要进行平移操作，以便用户查看图形的其他部分。

单击“标准”工具栏或者状态栏中的“实时平移”按钮，或选择“视图”|“平移”|“实时”命令，或在命令行中输入 PAN，然后按 Enter 键，光标都将变成手形，用户可以对图形对象进行实时平移。

当然，选择“视图”|“平移”命令，在弹出的级联菜单中还有其他平移菜单命令，同样可以进行平移的操作，不过这不太常用，这里不再赘述。

1.7 建筑制图中的图层创建

在 AutoCAD 没有进入中国之前，传统的制图方式都是在纸上作图，在 AutoCAD 中，提出了图层的概念，图层就相当于多层“透明纸”重叠而成，对不同的图形进行分类，一类图形绘制在一个图层上，把各层重叠起来就构成了最终的图形。

对于用户来讲，可以在不同的图层上给每层的组成图形的基本图形对象设置不同的属性和状态，这些属性包括图层名、开关状态、冻结状态、锁定状态、颜色、线型、线宽、打印样式和是否打印等。

对于图层的所有操作可以在“图层特性管理器”选项板中进行，选择“格式”|“图层”命令，或者在命令行中执行 LAYER 命令，或者单击如图 1-24 所示的“图层”工具栏中的“图层特性管理器”按钮，都会弹出如图 1-25 所示的“图层特性管理器”对话框。

图 1-24 “图层”工具栏

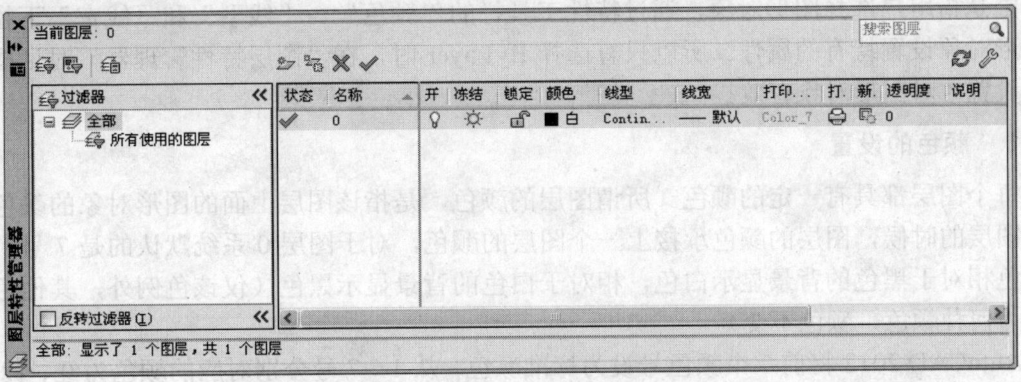

图 1-25 “图层特性管理器”对话框

在“图层特性管理器”对话框中，3 个按钮最常用，单击“新建图层”按钮后，默认名称处于可编辑状态，如图 1-26 所示，每个新图层自动添加顺序编号，默认层名是“图层 1”，如果“图层 1”已经存在，则层名为“图层 2”，编号依次增加，当然用户也可以在输入框中输入图层的名字，如图 1-27 所示。

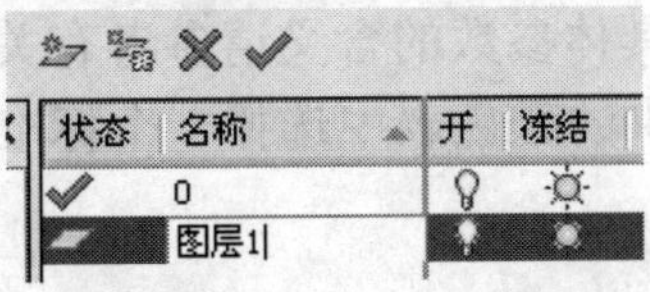

图 1-26 自动命名新图层

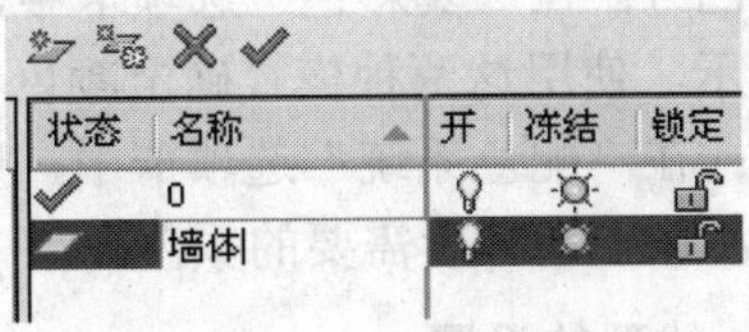

图 1-27 自定义新图层

用户选中已经创建的图层，单击“删除图层”按钮，或者直接单击键盘上的 Delete 键，可将所选图层删除。在 AutoCAD 中，用户不能删除当前图层、图层 0、依赖外部参照的图层或包含对象的图层。

在 AutoCAD 中，用户仅可以在当前图层上进行各种图形绘制和操作，要在目标图层上对图形操作，需要将目标图层置为当前图层。用户可以选择目标图层，单击“置为当前”按钮✔，即可把选定的图形置为当前。

在完成图层的基本操作之后，用户就可以对图层的各种属性和状态进行基本设定，以便为后面的绘图创造一个好的绘图环境。

1.7.1 图层属性的修改

图层属性的修改包括图层所在对象的颜色、线型和线宽设置的修改。在介绍具体的修改之前，首先介绍图形对象特性的问题。对于图形对象而言，常见的对象特性就包括颜色、线型和线宽。图形对象采用什么样的特性，可以通过如图 1-28 所示的“特性”工具栏来进行设置。

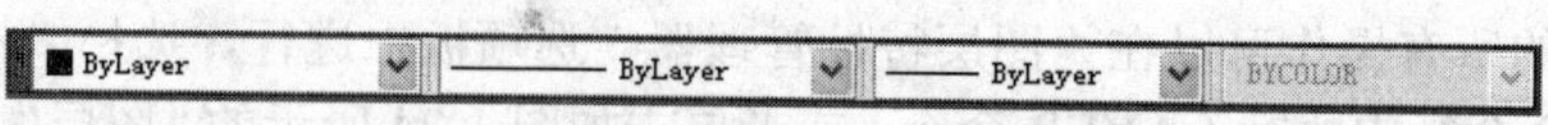

图 1-28 “特性”工具栏

系统提供了三种设置图形对象属性的方式，ByLayer、ByBlock 和自行设定。ByLayer 是指图形对象采用创建该对象时所在图层的指定特性。ByBlock 是指图形对象的特性为默认特性，直到将对象编组到块并插入块。当把块插入图形时，块中的对象继承当前特性设置。自行设定是指用户选择图形对象，通过特性工具栏的“颜色”、“线型”和“线宽”下拉列表为图形对象设置特有的属性。所以只有选择 ByLayer 时，在“图层特性管理器”对话框中进行的设置才对图形对象有效。

1. 颜色的设置

每个图层都具有一定的颜色。所谓图层的颜色，是指该图层上面的图形对象的颜色。在建立图层的时候，图层的颜色承接上一个图层的颜色，对于图层 0 系统默认的是 7 号颜色，该颜色相对于黑色的背景显示白色，相对于白色的背景显示黑色（仅该色例外，其他色不论背景为何种颜色，颜色不变）。

AutoCAD 2012 将前 7 个颜色号设为标准颜色，从 1～7 号分别对应的颜色为红、黄、绿、青、蓝、紫、白或黑。

在绘图过程中，需要对各个层的对象进行区分，改变该层的颜色，默认状态下该层的所有对象的颜色将随之改变。单击“图层特性管理器”对话框中“颜色”列表下的颜色特性图标■白色，弹出如图 1-29 所示的“选择颜色”对话框，用户可以对图层颜色进行设置。

在“索引颜色”选项卡中，用户可以直接单击需要的颜色，也可以在“颜色”文本框中输入颜色号；在“真彩色”选项卡中，用户可以选择 RGB 和 HSL 两种模式选择颜色，如图 1-30 所示。使用这两种模式确定颜色都需要 3 个参数，具体参数的含义请参考有关图像设计的书籍；在“配色系统”选项卡中，用户可以从系统提供的颜色表中选择一个标准表，然后从色带滑块中选择所需要的颜色。

2. 线型的设置

图层的线型是指在图层中绘图时所用的线型，每一层都应有一个相应线型。不同的图层可以设置为不同的线型，也可以设置为相同的线型。AutoCAD 提供了标准的线型库，该库文件为 ACADISO.LIN，可以从中选择线型，也可以定义自己专用的线型。

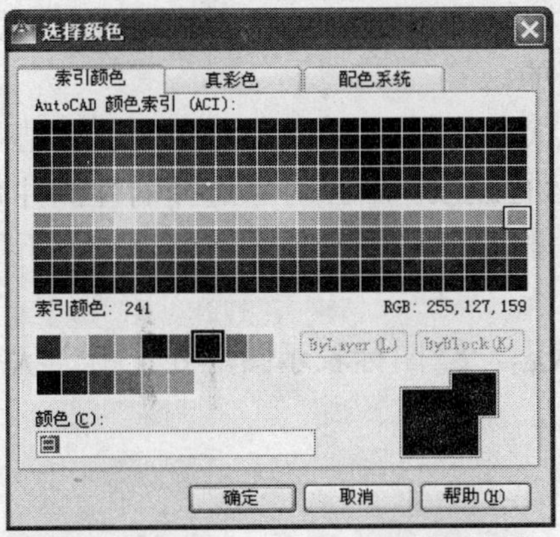

图 1-29　使用“索引颜色”设置颜色

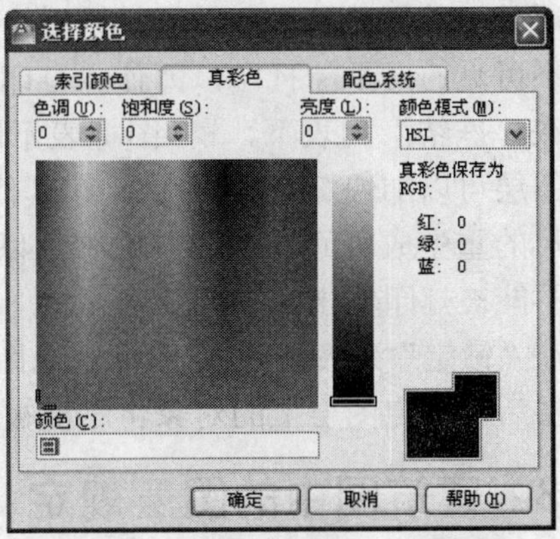

图 1-30　使用“真彩色”设置颜色

在 AutoCAD 中，系统默认的线型是 Continuous，线宽也采用默认值 0 单位，该线型是连续的。在绘图过程中，如果用户希望绘制点画线、虚线等其他种类的线，就需要设置图层的线型和线宽。

单击“线型”列表下的线型特性图标 Continuous ，弹出如图 1-31 所示的“选择线型”对话框。默认状态下，“选择线型”对话框中只有 Continuous 一种线型。单击“加载”按钮，弹出如图 1-32 所示的“加载或重载线型”对话框，用户可以在“可用线型”列表框中选择所需要的线型，单击“确定”按钮返回“选择线型”对话框。在“选择线型”对话框中，选择所需要的线型，单击“确定”按钮即可完成线型的设置。

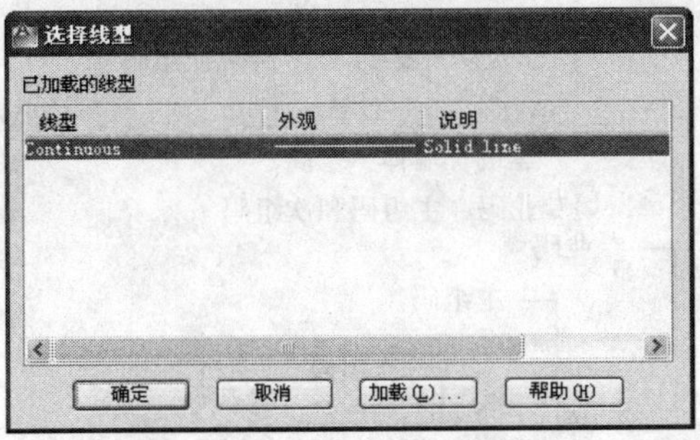

图 1-31　“选择线型”对话框

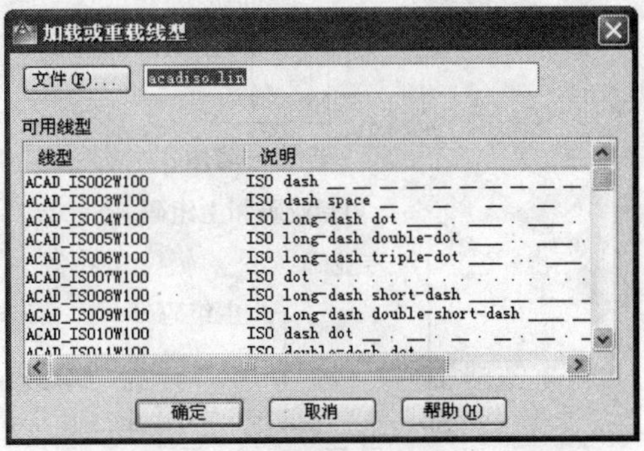

图 1-32　“加载或重载线型”对话框

3. 线宽的设置

使用线宽特性可以创建粗细（宽度）不一的线，分别用于不同的地方，这样就可以图形化地表示对象和信息。

单击“线宽”列表下的线宽特性图标 —— 默认，弹出如图 1-33 所示的“线宽”对话框，在“线宽”列表框中选择需要的线宽，单击“确定”按钮完成设置线宽操作。

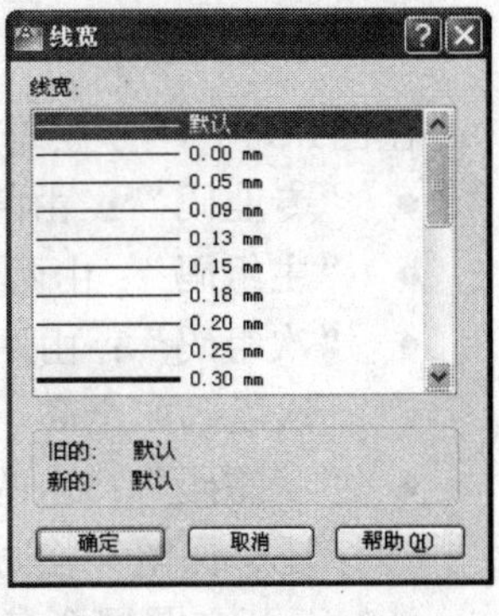

图 1-33　“线宽”对话框

1.7.2　图层状态的修改

图层状态包括图层的开关，图层是否冻结和图层是否锁定，这些状态的控制都靠相应的图标来执行。

在“开”列表下，💡图标表示图层处于打开状态，💡图标表示图层处于关闭状态。当图层打开时，它在屏幕上是可见的，并且可以打印。当图层关闭时，它是不可见的，不能打印，即使“打印”选项是打开的。

在“冻结”列表下，图标表示图层处于解冻状态，图标表示图层处于冻结状态。冻结图层可以加快 ZOOM、PAN 和其他一些操作的运行速度，增强对象选择的性能并减少复杂图形的重生成时间。当图层被冻结以后，该图层上的图形将不能显示在屏幕上，不能被编辑，不能被打印输出。

在“锁定”列表下，图标表示图层处于解锁状态，图标表示图层处于锁定状态，锁定图层后，选定图层上的对象将不能被修改。

1.7.3 建筑图中的图层规定

CAD 制图统一规则 GB—T18112—2000 中的图层组织原则为：图层的组织根据不同的用途、阶段、实体属性和使用对象等可采取不同的方法，但应具有一定的逻辑性便于操作。

图层的命名也十分重要，一个较好的图层名能够用较少的字符涵盖该图层中的重要信息，并且有较好的区分度和唯一性。规则建议采用国内外通用信息分类的编码标准，可用字母、数字、连接符、汉字及下画线组成，字符数不宜超过 31 个。为便于各专业之间的数据的交换。图层名应采用中文或西文的格式化命名方式，编码之间用西文连接符“-”连接。

（1） 中文图层命名格式。

中文图层名格式应采用以下 4 种，如图 1-34 所示。

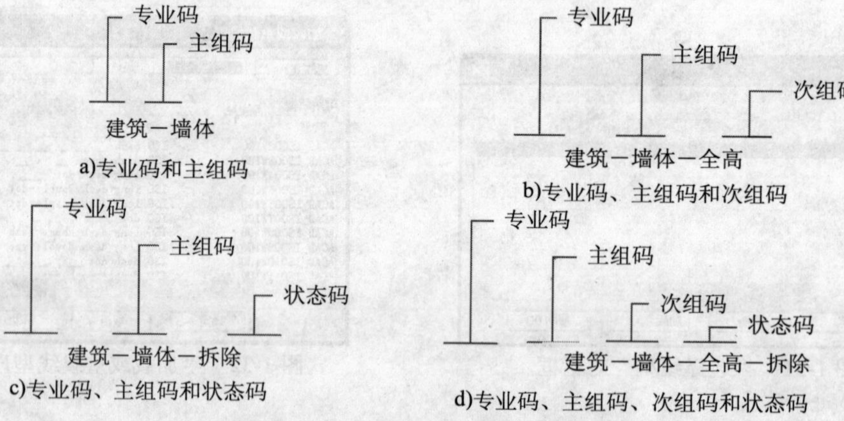

图 1-34 中文图层命名格式

在图1-34中，专业码、主组码、次组码和状态码的含义如下。

- “专业码”：由两个汉字组成用于说明专业类别，如建筑、结构等。
- “主组码”：由两个汉字组成用于详细说明专业特征可以和任意专业码组合，如墙体。
- “次组码”：由两个汉字组成用于进一步区分主组码类型是可选项，用户可以自定义次组码如全高，次组码可以和不同主组码组合。
- “状态码”：由两个汉字组成用于区分改建加固房屋中该层实体的状态，如新建、拆迁、保留和临时等，也是可选项。

（2） 英文图层命名格式

英文图层名格式应采用以下 4 种，如图 1-35 所示。专业码由一个字符组成，主组码、次组码、状态码由四个字符组成，其含义同中文图层命名格式。

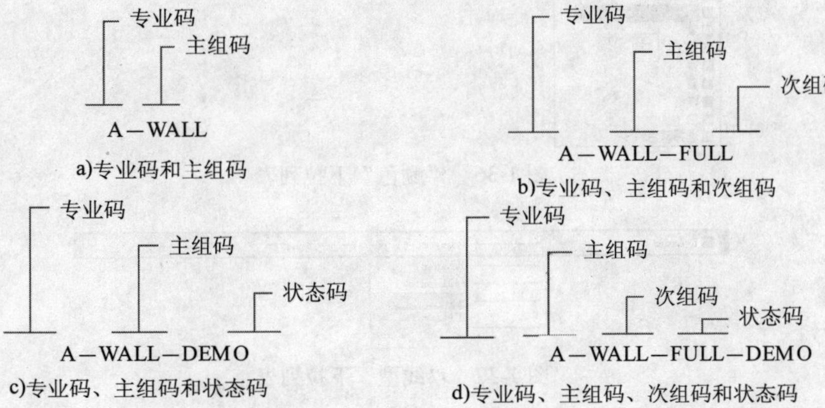

图 1-35　英文图层命名格式

表 1-3 列出了建筑制图中，不同墙体图层的命名方法，读者需要了解更多的规范图层命名，可以参考建筑制图相关规范。关于建筑制图中图层具体的创建方法，将在后面章节的样板图的创建中给读者详细阐述。

表 1-3　墙体图层命名

中 文 名	英 文 名	解　　释	
建筑-墙体	A-WALL	墙	walls
建筑-墙体-全高	A-WALL-FULL	全高墙	full height walls
建筑-墙体-半墙	A-WALL-PRHT	半截墙	partial-height walls
建筑-墙体-隔断	A-WALL-MOVE	活动隔断	moveable partitions
建筑-墙体-绝缘	A-WALL-PATT	绝缘墙	wall insulation, hatching and fill
建筑-墙体-卫生	A-WALL-TPIN	卫生间隔断	toilet partitions
建筑-墙体-三维	A-WALL-ELEV	三维视图墙面	wall surfaces; 3d views
建筑-墙体-结构	A-WALL-STRU	结构墙	walls in structure
建筑-墙体-设备	A-WALL-EQPM	墙上设备	equipment on wall
建筑-墙体-灯具	A-WALL-LITE	壁灯灯具	light fixtures

1.8　建筑制图中的对象特性改变

建筑制图中图形对象特性是指图形对象的基本属性，对于图形对象而言，有通用的属性，譬如颜色、线宽、线型、坐标等，不同的图形对象又有特有的属性，譬如圆对象有半径属性等。下面介绍几种在 AutoCAD 中经常用来修改图形特性的工具。

1.　特性工具栏的使用

关于“特性”工具栏，在 1.7.1 节中已经提到过，“特性”工具栏可以设置图形对象的颜色、线型和线宽，“特性”工具栏由 3 个下拉列表组成，从左到右依次为“颜色”下拉列表（如图 1-36 所示），“线型”下拉列表（如图 1-37 所示），“线宽”下拉列表（如图 1-38 所示）。用户在选定需要改变特性的图形对象后，在下拉列表中选择合适的颜色、线型或者线宽，就可以将所选定的特性应用于图形对象。

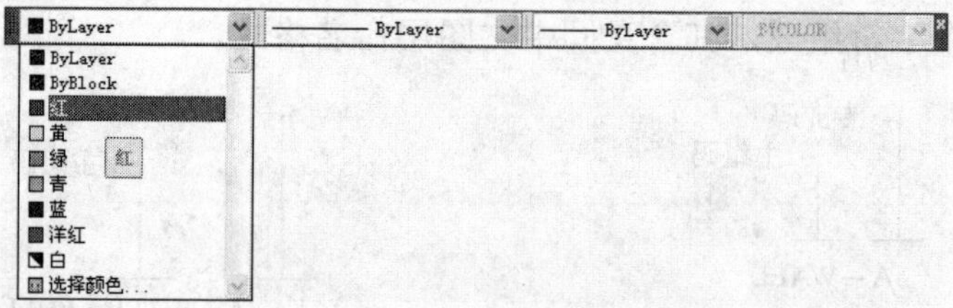

图 1-36 “颜色”下拉列表

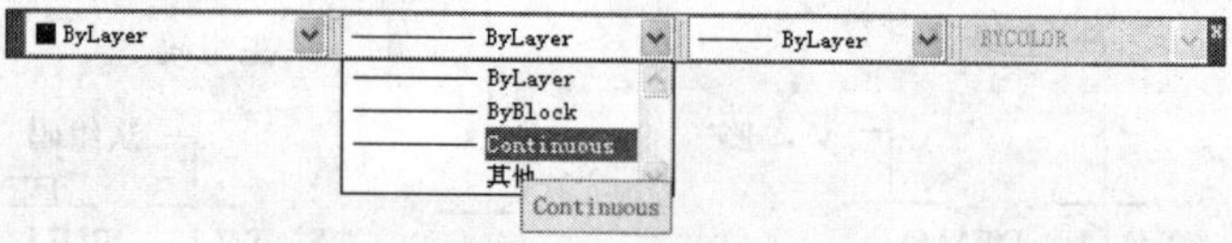

图 1-37 “线型”下拉列表

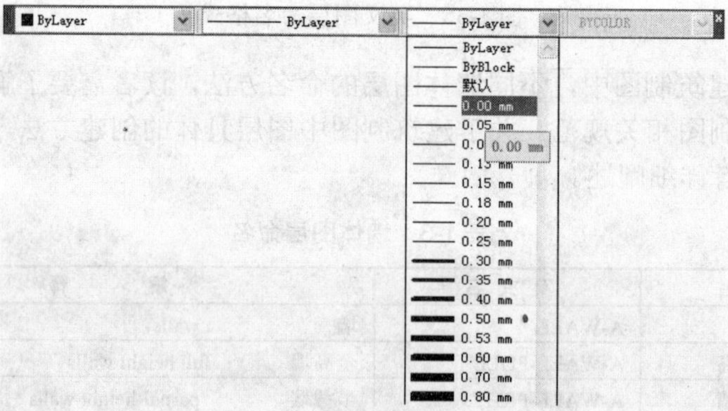

图 1-38 “线宽”下拉列表

在“颜色”下拉列表中，用户如果不满意列表中的颜色，可以选择“选择颜色”命令，弹出“选择颜色”对话框设置颜色，该对话框的用法在 1.7.1.1 节已阐述，这里不再赘述。

在“线型”下拉列表中，用户如果找不到需要的线型，可以选择“其他”命令，弹出“选择线型”对话框，该对话框的用法在 1.7.1.2 节中有过阐述，不再赘述。

如图 1-39 所示，显示的是采用默认线型和默认线宽的长方形和圆，图 1-40 显示的是采用线宽为 1.00 mm，线型为 ACAD_ISO02W100，线型比例为 10 的长方形和圆。用户观察两种设置不同点的时候，需要单击状态工具栏上的“线宽”按钮线宽，使按钮处于按下状态。

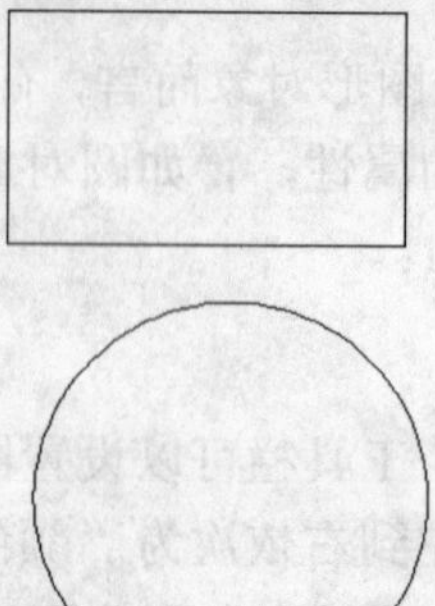

图 1-39 默认线宽和线型情形

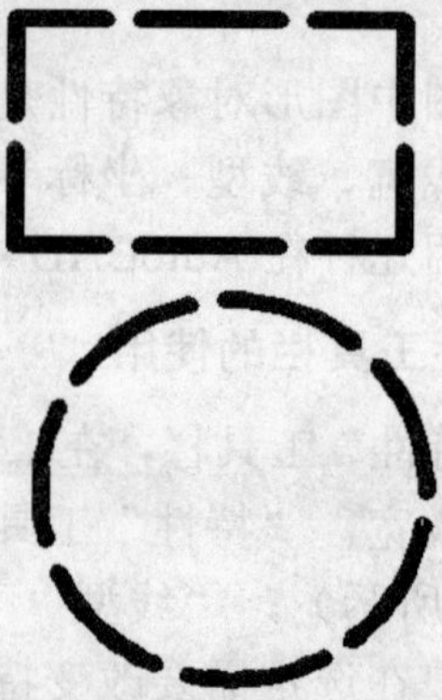

图 1-40 设置线宽和线型情形

2. 样式工具栏的使用

在 AutoCAD 中，除了我们在传统制图中会见到的圆、长方形、直线等基本图形外，还会见到文字、表格和标注（多重引线也算一种标注）等特殊的图形对象。在 AutoCAD 制图系统中，这 3 种图形对象是基本相对独立的，所包含的特性比较多，所以把图形对象特性的集合称为一种样式，当使用某一种样式时，这个样式所代表的特性将会反映在所选定的对象上。对于文字来讲，有高度、宽度、字体等特性，因此这些特性的集合叫文字样式，同样的也有尺寸样式和表格样式，这些样式的具体创建和设置并不在“样式”工具栏里进行。“样式”工具栏充当的职能其实与“特性”工具栏类似，只不过“特性”工具栏将单一特性作用于图形对象，“样式”工具栏将特性集合，也就是样式作用于特殊的对象。

“样式”工具栏如图 1-41 所示，分别由“文字样式”下拉列表、“尺寸样式”下拉列表、“表格样式”下拉列表和“多重引线样式”下拉列表组成，列表中列出了已经创建好的各种样式供用户选择使用，至于样式的创建方法，在后面的章节中将会讲到，这里就不再阐述了。

图 1-41 “样式”工具栏

3. 图层工具栏的使用

使用图 1-24 所示的“图层”工具栏来改变图形对象属性，其实是指将某一个图形对象放到指定的图层中，则这个对象会采用指定图层所有的关于图形对象的属性设定。用户选择需要放入指定图层的图形对象，在“图层”工具栏的下拉列表框中选择需要指定的图层名称，则可将选择的图形对象放入到该图层中。

除了这样的一个功能外，“图层”工具栏可以帮助用户在不打开“图层特性管理器”对话框的情况下，非常方便地控制图层的状态。譬如我们已经建立了“图层 1”、“图层 2”、“图层 3”三个图层，长方形在图层 1 上，圆形在图层 2 上，效果如图 1-42 所示。在“图层”下拉列表框中，选择“图层 1”，单击使“开”图标变成“关”图标，效果如图 1-43 所示，长方形消失了，表示将图层 1 关闭了，该图层上的图形对象也看不见了。

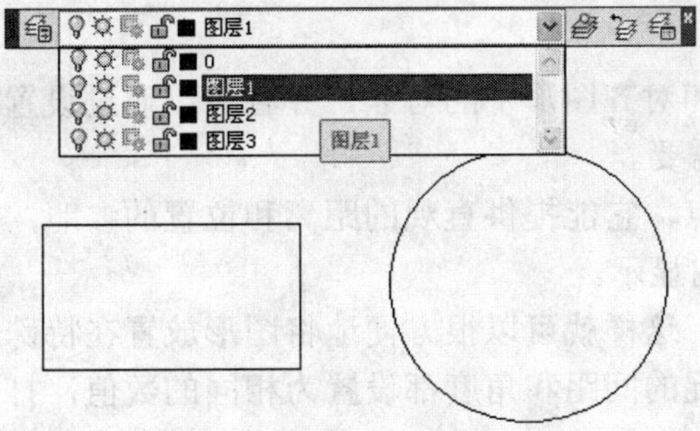

图 1-42 图层 1 打开情形

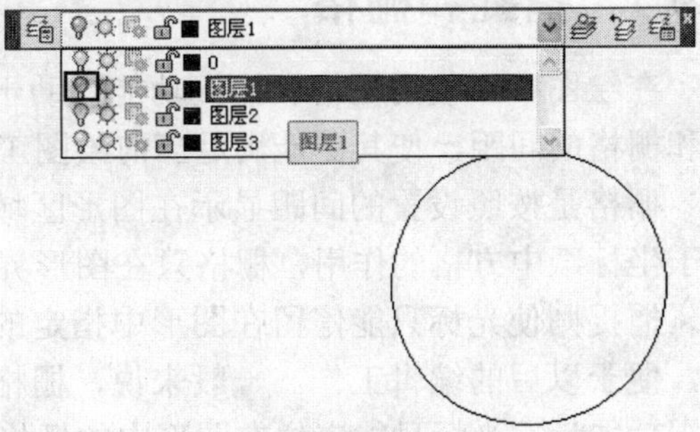

图 1-43 图层 1 关闭情形

4. 特性选项板的使用

“特性”选项板用于列出选定图形对象或对象集的特性的当前设置，可以修改任何可以通过指定新值进行修改的特性。在未指定对象时，选择“工具”|“选项板”|“特性”命令，可以弹出“特性”选项板，效果如图 1-44 所示，选项板只显示当前图层的基本特性、图层附

着的打印样式表的名称、查看特性以及关于 UCS 的信息。

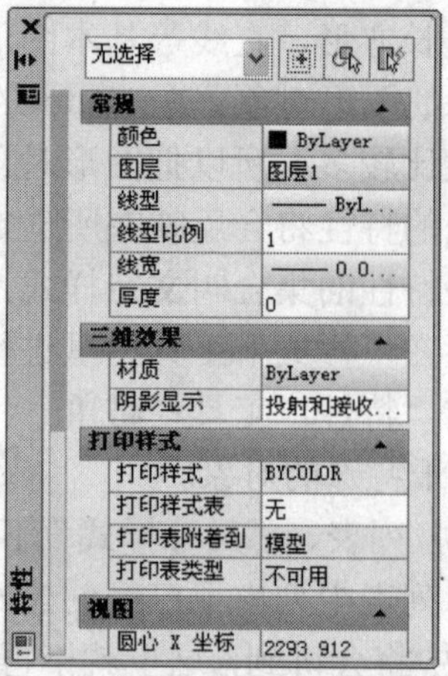

图 1-44　无选择对象时特性选项板状态

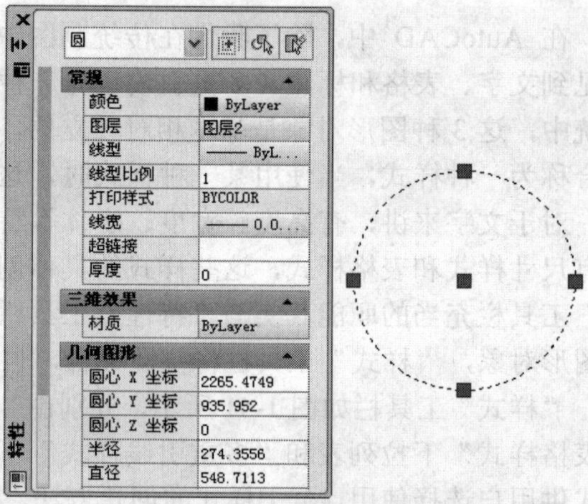

图 1-45　有选择对象时特性选项板状态

当选定一个对象时，用户可以通过右键快捷菜单“特性”命令打开特性选项板，选项板显示选定图形对象的参数特性，如图 1-45 所示的为选定一个圆时特性选项板的参数状态。如果选择多个对象，则“特性”选项板显示选择集中所有对象的公共特性。

1.9　建筑制图常见辅助工具使用

在 AutoCAD 中，为了方便用户进行各种图形的绘制，如图 1-46 所示在状态栏提供了多种辅助工具以帮助用户能够快速准确地绘图，单击相应的功能按钮，对应的功能便能发挥作用。

图 1-46　状态栏辅助绘图工具

1.9.1　捕捉和栅格

在绘图中，使用栅格和捕捉功能有助于创建和对齐图形中的对象，并且可以通过设置捕捉和栅格的间距，使其更能满足当前绘图工作的需要。

栅格是按照设置的间距显示在图形区域中的点，它能提供直观的距离和位置的参照，类似于坐标纸中方格的作用，栅格只在图形界限以内显示。

捕捉则使光标只能停留在图形中指定的点上，这样就可以很方便地将图形放置在特殊点上，便于以后的编辑工作。一般来说，栅格与捕捉的间距和角度都设置为相同的数值，打开捕捉功能后，光标只能定位在图形中的栅格点上。

将光标移动到状态栏中的“捕捉”按钮 捕捉 或者“栅格”按钮 栅格 上，右击鼠标，在弹出的快捷菜单中选择“设置”命令，弹出如图 1-47 所示的“草图设置”对话框，当前显示的是“捕捉和栅格”选项卡。

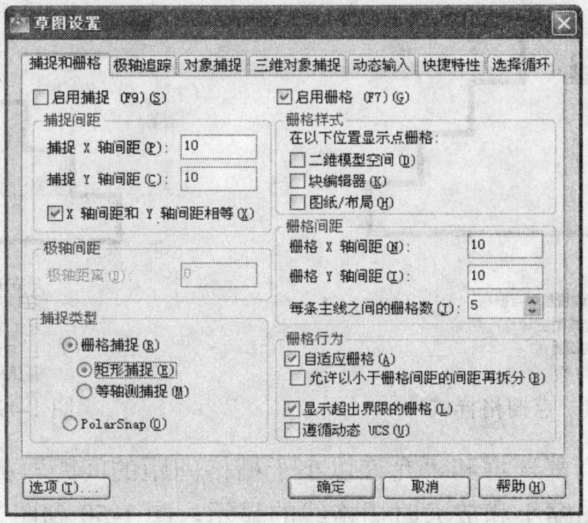

图 1-47 “捕捉和栅格”选项卡

在“捕捉和栅格”选项卡中，首先看“捕捉类型”选项组，默认情况下，“栅格捕捉”和“矩形捕捉”单选按钮会处于选中状态，表示我们采用矩形捕捉的模式。当选择“等轴测捕捉”或者 PolarSnap（极轴捕捉）单选按钮时，“捕捉和栅格”选项卡中的某些参数变得不可用。建筑制图中经常使用“矩形捕捉”，所以这里给读者讲解“矩形捕捉”的使用。

当设置捕捉类型为矩形捕捉时，“极轴间距”选项组不可用，其他参数含义如表 1-4 所示。

表 1-4 矩形捕捉各参数含义

参 数	说 明
“启用捕捉”复选框	选择该复选框，启动控制捕捉功能，与单击状态栏上相应按钮功能相同
“启用栅格”复选框	选择该复选框，启动控制栅格功能，与单击状态栏上相应按钮功能相同
“捕捉 X 轴间距”文本框	设置捕捉在 *X* 方向的单位间距
“捕捉 Y 轴间距”文本框	设置捕捉在 *Y* 方向的单位间距
“X 和 Y 间距相等”复选框	设置 *X* 和 *Y* 方向的间距是否相等
“栅格样式”选项组	设置栅格在“二维模型空间”、“块编辑器”和“图纸/布局”中是以点栅格出现还是以线栅格出现，选择相应的复选框，则以点栅格出现，否则以线栅格出现
“栅格 X 轴间距”文本框	设置栅格在 *X* 方向的单位间距
“栅格 Y 轴间距”文本框	设置栅格在 *Y* 方向的单位间距
“每条主线之间的栅格数”文本框	指定主栅格线相对于次栅格线的频率
“自适应栅格”复选框	选择该复选框，表示设置缩小时，限制栅格密度
“允许以小于栅格间距的间距再拆分”复选框	选择该复选框，表示放大时，生成更多间距更小的栅格线
“显示超出界线的栅格”复选框	选择该复选框，表示显示超出 LIMITS 命令指定区域的栅格
“遵循动态 UCS”复选框	选择该复选框，则更改栅格平面以跟随动态 UCS 的 *XY* 平面

我们以“二维模型空间”为例，当选择“二维模型空间”复选框时，如图 1-48 所示，栅格在二维模型空间以点样式显示，当取消“二维模型空间”复选框选择时，如图 1-49 所示，栅格在二维模型空间以线样式显示。

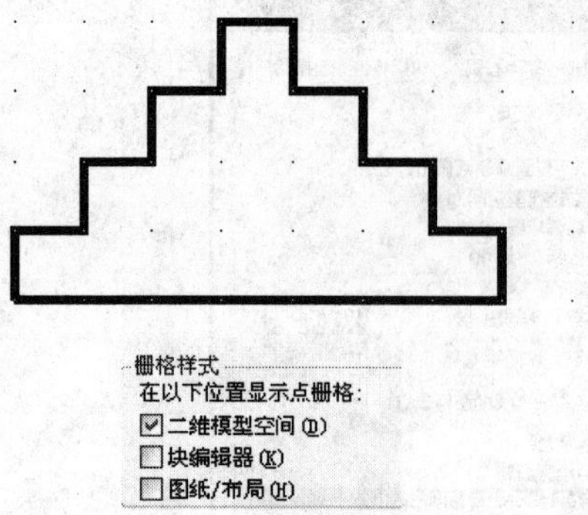

图 1-48　点栅格样式

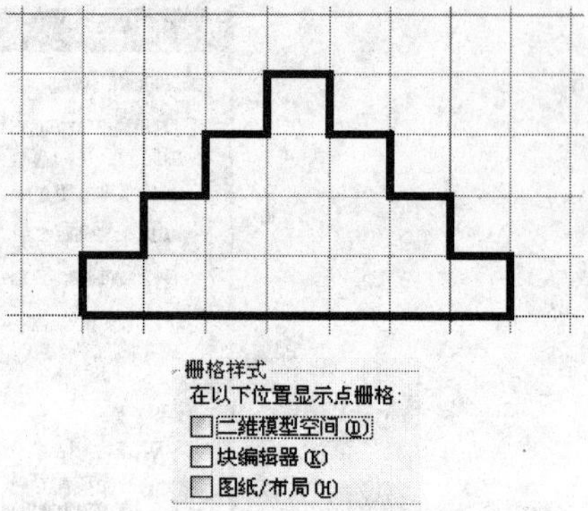

图 1-49　线栅格样式

至于“自适应栅格”复选框和“允许以小于栅格间距的间距再拆分”复选框，当两者都选择时，则可以控制视图缩小和放大时栅格线的显示，图 1-50 到图 1-52 就对比了各个效果。

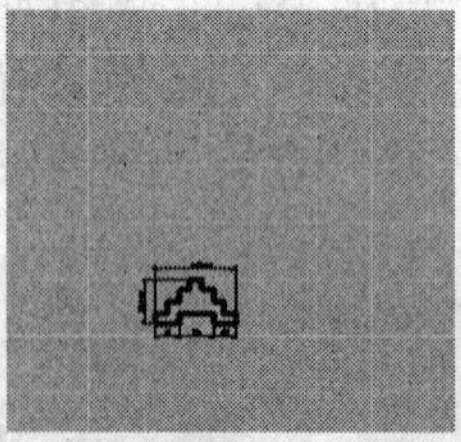

图 1-50　视图缩小时栅格效果

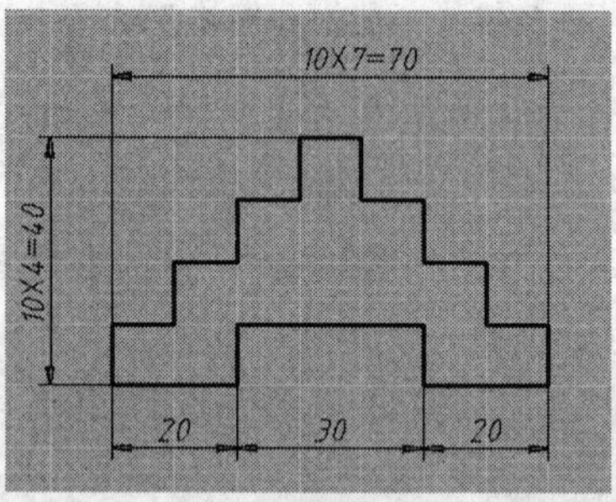

图 1-51　视图放大时栅格效果

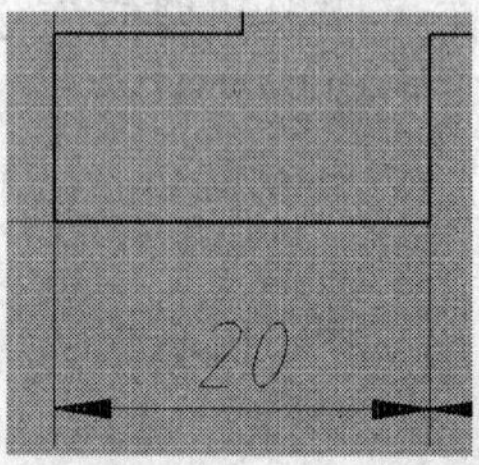

图 1-52　视图再放大时栅格效果

这里要说明的是，视图缩放，栅格线的变化，并不能影响捕捉的间距，并不能因为栅格线的增多，捕捉的间距就相应地变小，这个请读者一定要牢记。

1.9.2　正交

在 AutoCAD 2012 中，系统提供了类似丁字尺的绘图辅助工具“正交”。当用户单击状态栏中的“正交”按钮正交时，光标只能在水平方向和垂直方向上移动。该工具一般用于绘制水平方向或者垂直方向的直线时使用。

1.9.3　对象捕捉

在绘图过程中，可以使用光标自动捕捉到对象中的特殊点，如端点、中点、圆心和交点等。使用这种功能，能够快速地绘制通过已经存在的特殊点的图形对象，如通过圆心的直线、通过两条直线交点的直线等。对象捕捉是使用最为方便和广泛的一种绘图辅助工具，无论是在平面绘图还是在三维建模过程中都起着重要的作用。

对象捕捉包括两种方式，每种方式的特点如下。

（1）　单点捕捉：只有指定一种点的捕捉类型后，才能执行相应的操作，并且只能使用一次。单点捕捉具有较高的捕捉优先级。

（2）　对象捕捉：在光标接近特殊点时，自动根据系统设置显示当前捕捉的情况，用户可以根据需要选择适当的点。对象捕捉的优先级较低，在单点捕捉执行的过程中，对象捕捉不起作用。

在绘图区将光标移动到任意一个工具栏上，单击鼠标右键，在弹出的工具栏快捷菜单中选择“对象捕捉”命令，弹出如图 1-53 所示的“对象捕捉”工具栏。用户可以在工具栏中单击相应的按钮，以选择合适的对象捕捉模式。

图 1-53　“对象捕捉”工具栏

将光标移动到状态栏的“对象捕捉”按钮对象捕捉上，右击鼠标，在弹出的快捷菜单中选择“设置”命令，弹出“草图设置”对话框，当前显示的是“对象捕捉”选项卡，如图 1-54 所示。用户可以在该选项卡中设置相关的捕捉模式。在“对象捕捉模式”选项组中，提供了 13 种捕捉模式，如表 1-5 所示。选中模式前的复选框则打开相应的捕捉模式，与“对象捕捉”工具栏按钮操作类似。单击“全部选择”按钮全部选择，则选中所有的捕捉模式，单击“全部清除”按钮全部清除，则取消所有的捕捉模式。

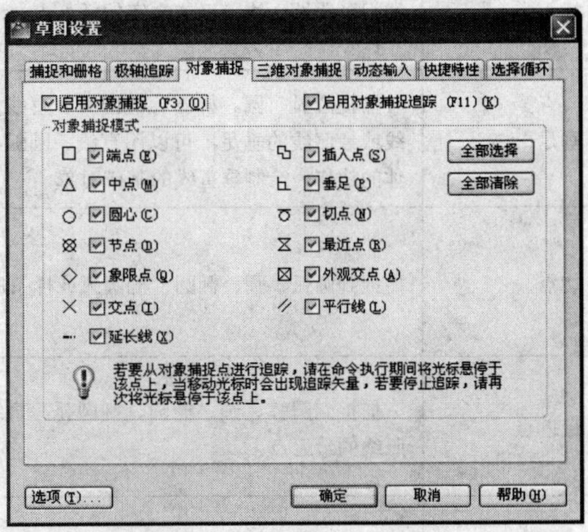

图 1-54　“对象捕捉”选项卡

表 1-5　对象捕捉模式说明

对象捕捉类型	说　明	图　示
端点	捕捉到圆弧、椭圆弧、直线、多线、多段线线段、样条曲线、面域或射线最近的端点，或捕捉宽线、实体或三维面域的最近角点	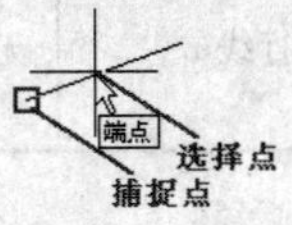
中点	捕捉到圆弧、椭圆、椭圆弧、直线、多线、多段线线段、面域、实体、样条曲线或参照线的中点	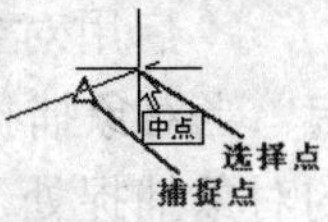
圆心	捕捉到圆弧、圆、椭圆或椭圆弧的圆心	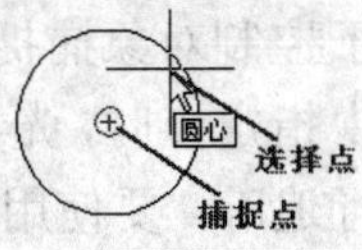
节点	捕捉到点对象、标注定义点或标注文字起点	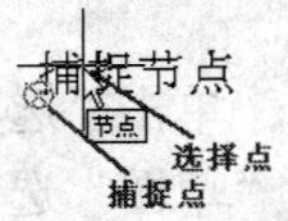
象限点	捕捉到圆弧、圆、椭圆或椭圆弧的象限点	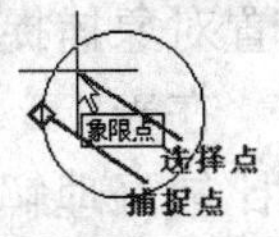
交点	捕捉到圆弧、圆、椭圆、椭圆弧、直线、多线、多段线、射线、面域、样条曲线或参照线的交点	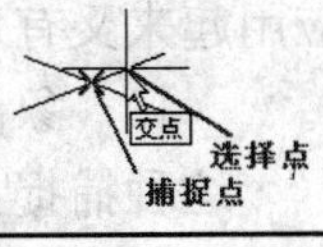

（续表）

对象捕捉类型	说　明	图　示
延长线	当光标经过对象的端点时，显示临时延长线或圆弧，以便用户在延长线或圆弧上指定点	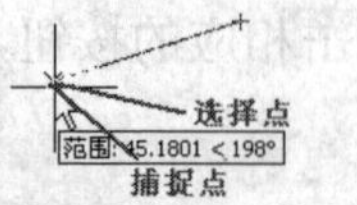
插入点	捕捉到属性、块、形或文字的插入点	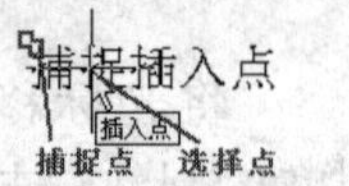
垂足	捕捉圆弧、圆、椭圆、椭圆弧、直线、多线、多段线、射线、面域、实体、样条曲线或参照线的垂足，可以用直线、圆弧、圆、多段线、射线、参照线、多线或三维实体的边作为绘制垂直线的基础对象	
切点	捕捉到圆弧、圆、椭圆、椭圆弧或样条曲线的切点	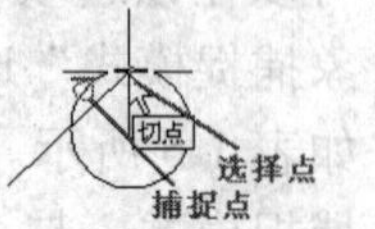
最近点	捕捉到圆弧、圆、椭圆、椭圆弧、直线、多线、点、多段线、射线、样条曲线或参照线的最近点	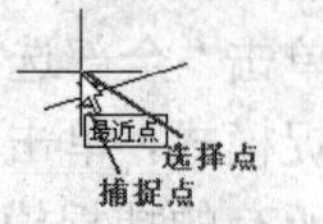
外观交点	捕捉不在同一个平面上的两个对象的外观交点	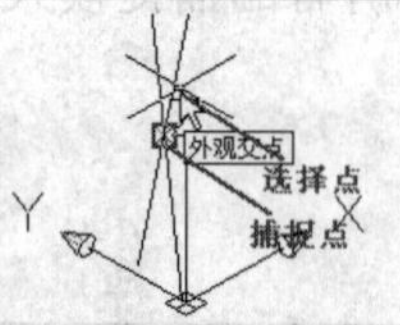
平行线	无论何时 AutoCAD 提示输入矢量的第 2 个点，都绘制平行于另一个对象的矢量	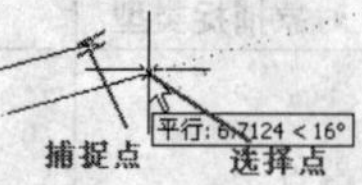

“启用对象捕捉”复选框用于控制对象捕捉功能的开启。当对象捕捉打开时，在“对象捕捉模式”选项组中选定的对象捕捉处于活动状态。“启用对象捕捉追踪”复选框用于控制对象捕捉追踪的开启。使用对象捕捉追踪，在命令行中指定点时，光标可以沿基于其他对象捕捉点的对齐路径进行追踪。要使用对象捕捉追踪，必须打开一个或多个对象捕捉。

单击“选项”按钮 选项(T)... ，弹出“选项”对话框，显示“草图”选项卡，用户可以在如图 1-55 所示的选项组中设置对象捕捉的相应参数。

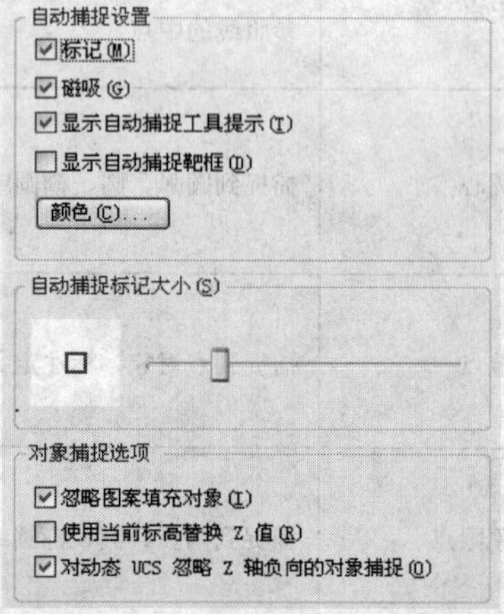

图 1-55　对象捕捉参数设置

在表 1-5 中，端点、中点、圆心、交点、插入点、垂足都比较好理解，下面着重讲解一下在绘图中应用又比较多，应用起来又有一定难度的捕捉方式。

（1）　象限点。

这种捕捉方式仅对圆弧、圆、椭圆弧和椭圆适用，对于圆来讲，我们可以这样看，过圆心做水平和垂直两条构造线，构造线与圆的交点就是象限点，圆有上下左右 4 个象限点，对于圆弧来讲也可以这样确定象限点。椭圆和椭圆弧的象限点与圆和圆弧有所不同，对于椭圆和椭圆弧来说，长轴和短轴与椭圆或者椭圆弧的交点是象限点所在的位置。当然，实际绘图的时候，当选择“象限点”捕捉方式的时候，光标移动到象限点附近，光标就会自动吸附到象限点上，并显示提示，图 1-56 显示的是圆、圆弧、椭圆和椭圆弧的象限点。

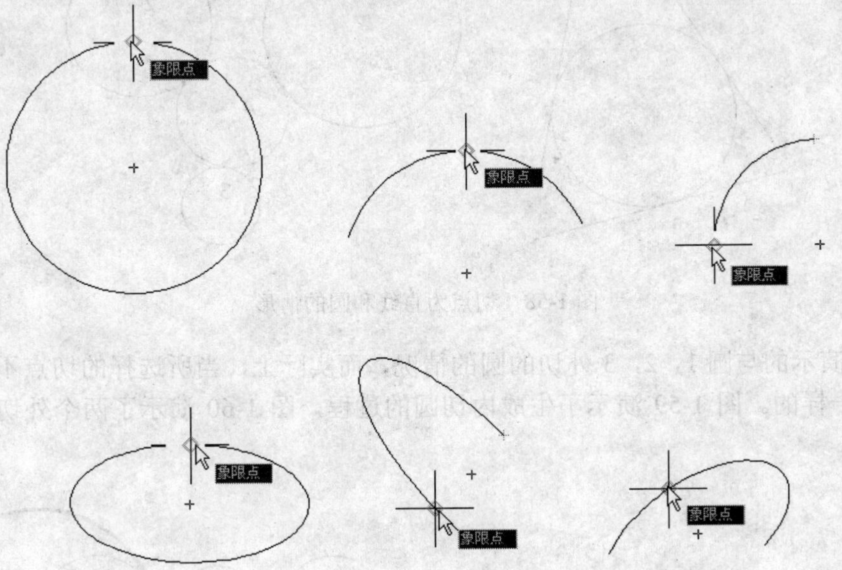

图 1-56　捕捉象限点效果

（2）　延伸。

延伸捕捉这种方式仅对直线和弧线有用，主要用于捕捉不相交的两条直线或者弧线的交点，图 1-57 分别演示了弧线延伸线到直线的交点，直线延伸线到直线的交点以及直线延伸线的交点。

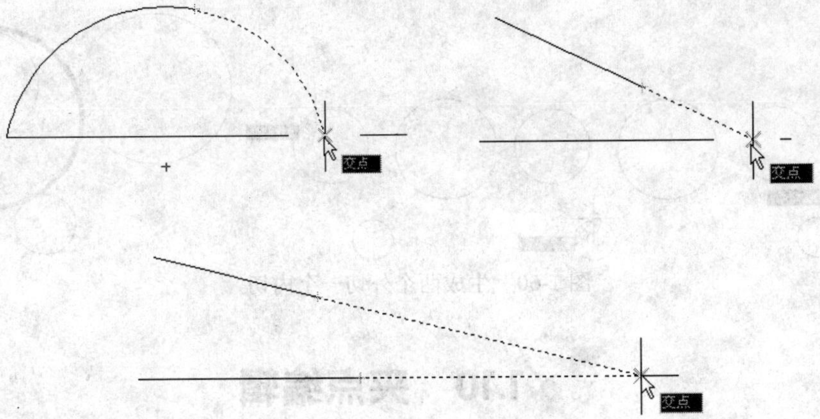

图 1-57　延伸对象捕捉方法

（3）　切点。

切点捕捉模式主要是在绘制圆的时候使用，其他情况下很少使用，捕捉的一般是直线、圆、圆弧、椭圆、椭圆弧或者样条曲线的切点。图 1-58 分别演示了使用“相切、相切、相切”方式绘制圆的时候，切点为直线和圆的时候的情形。

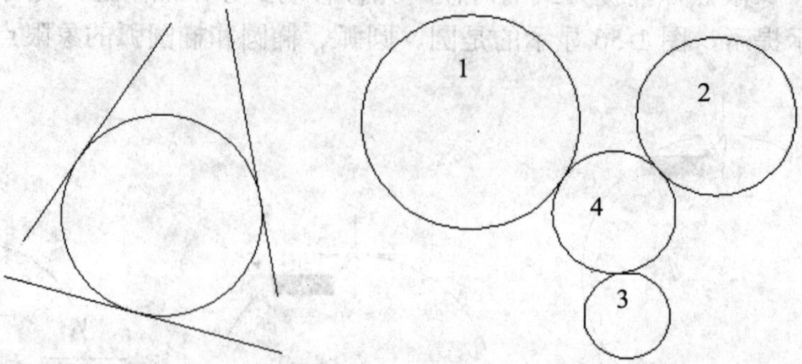

图 1-58　切点为直线和圆的情形

图 1-58 演示的与圆 1，2，3 外切的圆的情况，而实际上，当所选择的切点不同时，生成的圆也是不一样的。图 1-59 演示了生成内切圆的过程，图 1-60 演示了两个外切一个内切的情形。

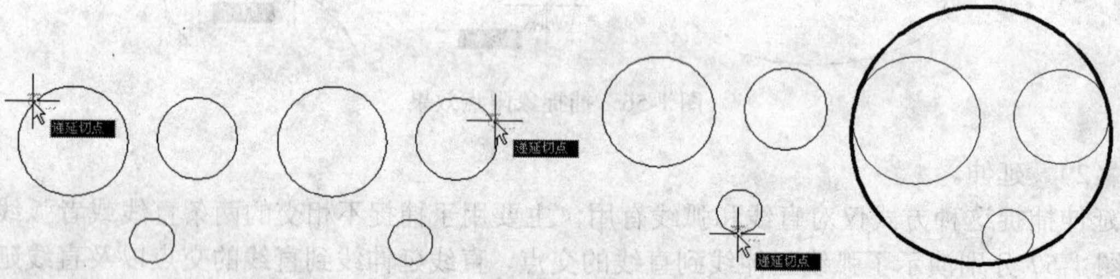

图 1-59　生成内切圆过程

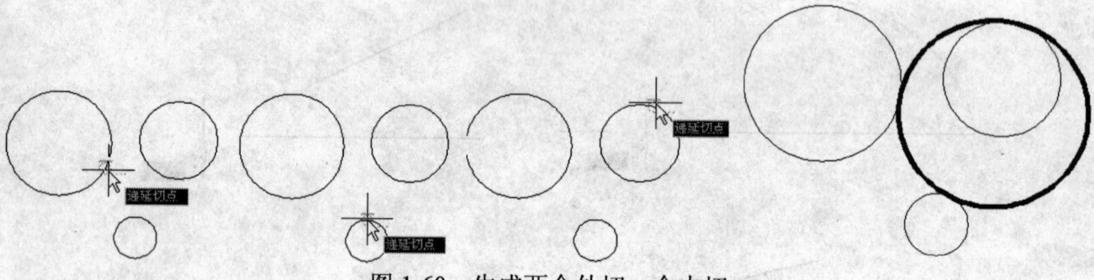

图 1-60　生成两个外切一个内切

1.10　夹点编辑

物体处于选择状态时，会出现若干个带颜色的小方框，这些小方框代表的是所选实体的特征点，被称为夹点。

夹点有 3 种状态：冷态、温态和热态。当夹点被激活时，处于热态，默认为颜色 12，可以对图形对象进行编辑；当夹点未被激活时，处于冷态，默认为颜色 150；当光标移动到某个夹点上时，该点处于温态，系统默认为颜色 11，单击夹点后，该点处于热态。

当图形对象处于选中状态时，图形显示表示特征的夹点，当光标移动到某夹点时，夹点变为温态，显示与此夹点相关的参数，如图 1-61 所示，当单击夹点时，夹点处于热态，用户可以在工具栏提示中修改相应的参数，修改后，图形对象随之变化，如图 1-62 所示。

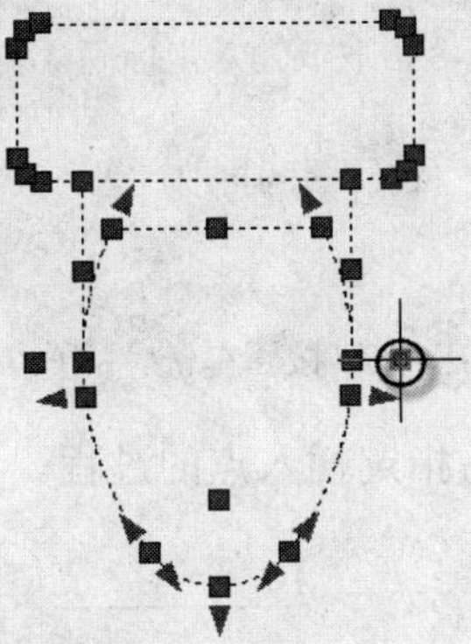

图 1-61　温态夹点提示

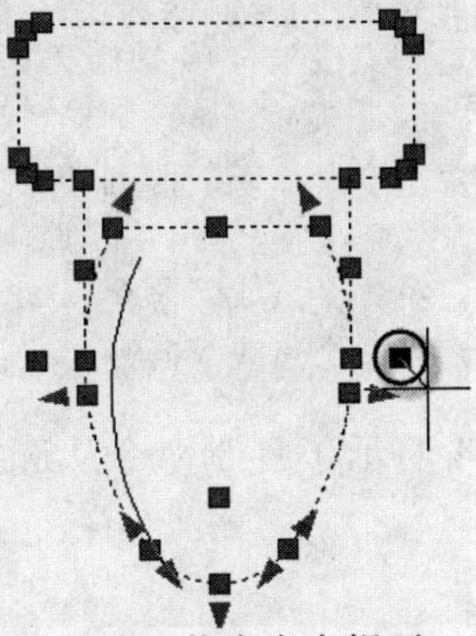

图 1-62　热态夹点提示

选择“工具”|“选项”命令，打开“选项”对话框，在“选择”选项卡中可以对夹点进行编辑，如图 1-63 所示。

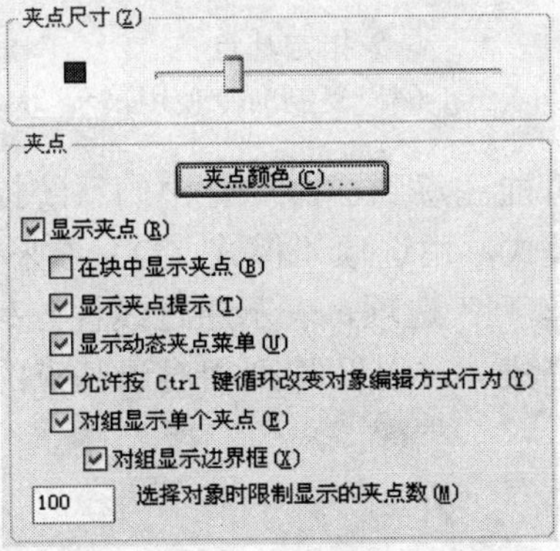

图 1-63　夹点选项设置

夹点编辑是实际制图中比较有效的一个图形对象编辑手段，在后面章节中讲解相应的图形对象时，会介绍不同图形对象的夹点编辑方法。

1.11　二维图形绘制中常用的几个命令

在二维图形绘制中，用户通常会反复用到几个编辑命令，譬如复制、偏移、移动、修剪、延伸、镜像、阵列、旋转等命令，下面说明这几个常用命令的使用方法。

1．复制

复制命令的使用相对比较简单，关键在于确定基点和插入点（也就是命令行中的第二个点），所谓的复制就是指新产生的对象基点与插入点重合。

选择“修改”|“复制”命令，或在“修改”工具栏中单击“复制”按钮，或在命令行中输入 COPY，可以执行复制命令。“复制”命令可以将对象复制一次或者多次，命令行提

示如下：

```
命令：_copy
选择对象：//在绘图去选择需要复制的对象
选择对象://按回车键，完成对象选择
当前设置：  复制模式 = 多个//系统提示信息，当前复制模式为多个
指定基点或 [位移 (D) /模式 (O) ] <位移>:  //在绘图区拾取或输入坐标确认复制对象的基点
指定第二个点或 [阵列 (A) ] <使用第一个点作为位移>://在绘图区拾取或输入坐标确定位移点
指定第二个点或 [阵列 (A) /退出 (E) /放弃 (U) ] <退出>://对对象进行多次复制
指定第二个点或 [阵列 (A) /退出 (E) /放弃 (U) ] <退出>://按回车键，完成复制
```

图 1-64 演示了复制命令从选择对象，到指定基点，最后指定插入点的过程。

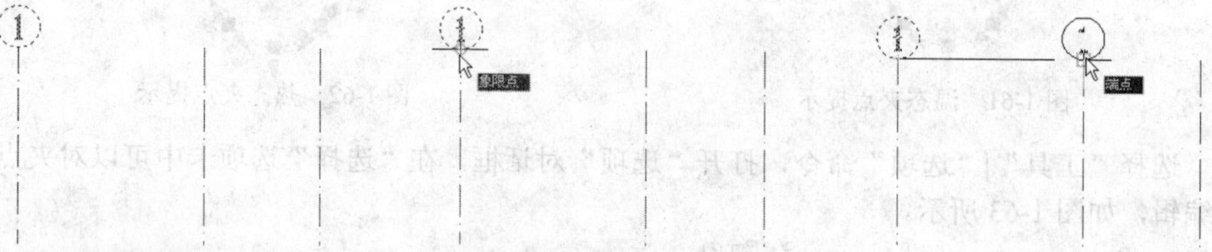

图 1-64　复制命令使用演示

在上面的命令行中，读者可能注意到了命令行中的系统提示复制模式，对于复制来说，存在多个复制何单个复制两种模式，由选项“模式（O）”来设定。

在 2012 版本中，新增了“阵列”选项，表示通过线性阵列对对象进行复制，需要指定阵列的项目副本数（包括原始选择集），以及阵列相对于基点的距离和方向（指的是第一个复制对象副本）。

2. 偏移

偏移是建筑制图中经常使用的一个命令，在绘制轴线、楼梯线、墙线的时候经常用到。偏移命令还经常与修剪和延伸命令配合，绘制比较复杂的图形对象。对于偏移命令来讲，关键在于确定偏移距离、偏移对象和向哪个方向进行偏移，偏移的类型有平行偏移和同心偏移两类，平行偏移主要面向开口图形对象，同心偏移主要面向闭合图形对象。

偏移图形命令可以根据指定距离或通过点，创建一个与原有图形对象平行或具有同心结构的形体，偏移的对象可以是直线段、射线、圆弧、圆、椭圆弧、椭圆、二维多段线和平面上的样条曲线等。偏移的对象可以是直线、样条曲线、圆、圆弧和正多边形等。

选择“修改”|“偏移”命令，或在“修改”工具栏中单击“偏移”按钮，或在命令行中输入 OFFSET 来执行该命令，命令行提示如下：

```
命令：_offset
当前设置：删除源=否  图层=源  OFFSETGAPTYPE=0
指定偏移距离或 [通过 (T) /删除 (E) /图层 (L) ] <1.0000>:  100//设置需要偏移的距离
选择要偏移的对象，或 [退出 (E) /放弃 (U) ] <退出>://在绘图区选择要偏移的对象
指定要偏移的那一侧上的点，或 [退出 (E) /多个 (M) /放弃 (U) ] <退出>://以偏移对象为
```

```
基准，选择偏移的方向
    选择要偏移的对象，或 [退出(E)/放弃(U)] <退出>://按回车键，完成偏移操作或者重新
选择偏移对象，继续进行偏移操作
```

关于偏移命令的使用，在常见图块、常见图形以及平面图、详图的绘制中会详细讲解，这里就不再举例说明。

3. 移动

在绘制建筑图形时，用户可以在目标位置直接绘图，也可以在其他位置先绘制图形，然后通过移动命令将绘制完成的图形移动到目标位置。移动命令的关键点在于确定图形对象基点和插入点，操作与复制命令类似。

选择“修改”|“移动”命令，或单击“移动”按钮，或在命令行中输入 MOVE 来执行移动命令。单击“移动”按钮，命令行提示如下。

```
    命令: _move
    选择对象:                          //选择需要移动的对象
    选择对象:                          //按 Enter 键，完成选择
    指定基点或 [位移(D)] <位移>:            //输入绝对坐标或者绘图区拾取点作为基点
    指定第二个点或 <使用第一个点作为位移>://输入相对或绝对坐标，或者拾取点，确定移动的目
标位置点
```

4. 修剪

修剪命令可以将选定的对象在指定边界一侧的部分剪切掉，可以修剪的对象包括直线、射线、圆弧、椭圆弧、二维或三维多段线、构造线及样条曲线等。有效的边界包括直线、射线、圆弧、椭圆弧、二维或三维多段线、构造线和填充区域等。

选择“修改”|“修剪”命令，或单击“修剪”按钮，或在命令行中输入 TRIM 来执行该命令。单击“修剪”按钮，命令行提示如下。

```
    命令: _trim
    当前设置:投影=UCS，边=无
    选择剪切边...
    选择对象或 <全部选择>: 找到 1 个      //选择第一个剪切边
    选择对象: 找到 1 个，总计 2 个   //选择第二个剪切边
    选择对象:                    //按回车键，完成选择
    选择要修剪的对象，或按住 Shift 键选择要延伸的对象，或
    [栏选(F)/窗交(C)/投影(P)/边(E)/删除(R)/放弃(U)]:
    //选择第一个要修剪的对象，光标指定部分被修剪
    选择要修剪的对象，或按住 Shift 键选择要延伸的对象，或
    [栏选(F)/窗交(C)/投影(P)/边(E)/删除(R)/放弃(U)]://按回车键，完成修剪
```

对于修剪命令，操作要素包括剪切边和修剪对象，由于选择修剪对象的过程，便会剪切掉指定剪切边一侧的部分，所以需要修剪哪一侧的部分，则选择修剪对象的光标就要落在哪一侧的修剪对象上。

在数量上，剪切边数量不是限定的，可以是一条，也可以是两条，超过 3 条的情况下，操作仅会修剪掉把光标夹在中间的最近的两条剪切边之间的部分，这个可以从图 1-65 所示的

图形看出来。

图 1-65　剪切边选择示例

同样地，修剪的对象也可以是多条，用户可以使用光标拾取，也可以使用交叉窗口选择的方法选择多个修剪对象，图 1-66 演示了修剪多个对象的过程。

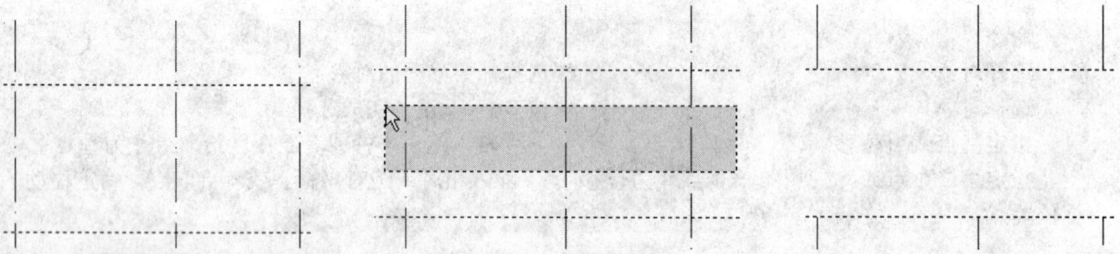

图 1-66　修剪对象选择示例

5. 延伸

延伸命令可以将选定的对象延伸至指定的边界上，用户可以将所选的直线、射线、圆弧、椭圆弧、非封闭的二维或三维多段线延伸到指定的直线、射线、圆弧、椭圆弧、圆、椭圆、二维或三维多段线、构造线和区域等的上面。

选择“修改”|“延伸”命令，或单击“延伸”按钮--/，或在命令行中输入 EXTEND 来执行该命令。单击“延伸”按钮--/，命令行提示如下：

```
命令: _extend
当前设置:投影=UCS，边=无
选择边界的边...
选择对象或 <全部选择>:找到 1 个   //选择指定的边界
选择对象:                       //按回车键，完成选择
选择要延伸的对象，或按住 Shift 键选择要修剪的对象，或
[栏选 (F) /窗交 (C) /投影 (P) /边 (E) /放弃 (U) ]://选择需要延伸的对象
选择要延伸的对象，或按住 Shift 键选择要修剪的对象，或
[栏选 (F) /窗交 (C) /投影 (P) /边 (E) /放弃 (U) ]://按回车键，完成选择
```

延伸命令的使用与修剪类似，这里不再重复。

6. 镜像

绘制建筑图形的过程中，当绘制的图形对象相对于某一对称轴对称时，就可以使用 MIRROR 命令来绘制图形。镜像命令是将选定的对象沿一条指定的直线对称复制，复制完成后可以删除源对象，也可以不删除源对象。

选择“修改”|“镜像”命令，或在“修改”工具栏中单击“镜像”按钮，或在命令行中输入 MIRROR 来执行该命令，命令行提示如下：

```
命令： _mirror
选择对象： //在绘图区选择需要镜像的对象
选择对象:// 按回车键，完成对象选择
指定镜像线的第一点： //在绘图区拾取或者输入坐标确定镜像线第一点
指定镜像线的第二点:// 在绘图区拾取或者输入坐标确定镜像线第二点
要删除源对象吗？[是（Y）/否（N）] <N>://输入 N 则不删除源对象，输入 Y 则删除源对象
```

7. 阵列

绘制多个在 *X* 轴或在 *Y* 轴上等间距分布，或者沿路径分布时，或者围绕一个中心旋转的图形时，可以使用阵列命令。选择“修改”|“阵列”菜单下的子命令，或在“修改”工具栏中单击“阵列”按钮，或在命令行中输入 ARRAY 来执行该命令。

（1） 矩形阵列。

所谓矩形阵列，是指在 *X* 轴或在 *Y* 轴上方向上等间距绘制多个相同的图形。执行“阵列”|“矩形阵列”命令，或者在命令行输入 arrayrect 命令，命令行提示如下：

```
命令： _arrayrect
选择对象：指定对角点： 找到 1 个//如图 1-7，选择需要阵列的对象
选择对象://按回车键，完成选中
类型 = 矩形  关联 = 是
为项目数指定对角点或 [基点（B）/角度（A）/计数（C）] <计数>: a//设置行轴的角度
指定行轴角度 <0>: 30//输入角度 30
为项目数指定对角点或 [基点（B）/角度（A）/计数（C）] <计数>: c//使用计数方式创建阵列
输入行数或 [表达式（E）] <4>: 3//输入阵列行数
输入列数或 [表达式（E）] <4>: 4//输入阵列列数
指定对角点以间隔项目或 [间距（S）] <间距>: s//设置行间距和列间距
指定行之间的距离或 [表达式（E）] <16.4336>: 15//输入行间距
指定列之间的距离或 [表达式（E）] <16.4336>: 20//输入列间距
按 Enter 键接受或 [关联（AS）/基点（B）/行（R）/列（C）/层（L）/退出（X）] <退出
>://按回车键，完成阵列，效果如图 1-67 所示
```

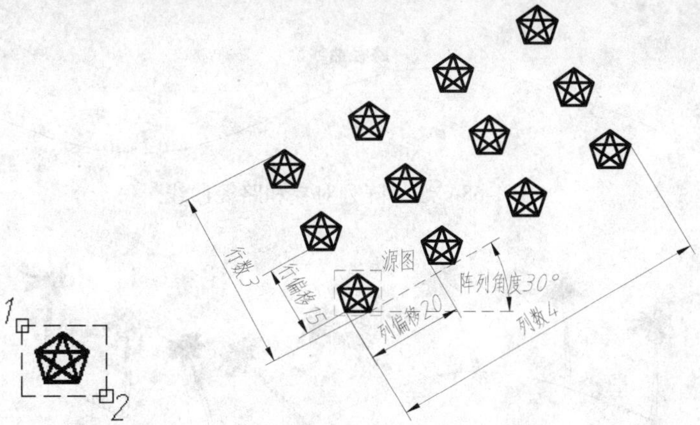

图 1-67　阵列角度为 30 时的矩形阵列

除通过指定行数、行间距、列数和列间距方式创建矩形阵列外，还可以通过“为项目数指定对角点”选项在绘图区通过移动光标指定阵列中的项目数，再通过“间距”选项来设置行间距和列间距。

另外“基点”选项表示指定阵列的基点；“关联”选项用于指定创建的阵列项目是否作为关联阵列对象，或是作为多个独立对象；“层级”指定在 Z 轴方向上的层数和层间距。

（2） 路径阵列。

所谓路径阵列，是指沿路径或部分路径均匀分布对象副本。路径可以是直线、多段线、三维多段线、样条曲线、螺旋、圆弧、圆或椭圆。执行“阵列”|“路径阵列”命令，或者在命令行输入 ARRAYPATH，或者单击“路径阵列”按钮，命令行提示如下：

```
命令：_arraypath
选择对象：找到 1 个//选择图 1-68 所示的树图块
选择对象://按回车键，完成选择
类型 = 路径  关联 = 是
选择路径曲线://选择如图 1-68 所示的样条曲线作为路径曲线
输入沿路径的项数或［方向（O）/表达式（E）］<方向>：o//输入 o，用于设置选定对象是否需要相对于路径起始方向重新定向
指定基点或［关键点（K）］<路径曲线的终点>://如图 1-7 拾取块的基点为基点，阵列时，基点将与路径曲线的起点重合
指定与路径一致的方向或［两点（2P）/法线（NOR）］<当前>://按回车键，表示按当前方向阵列，“两点”表示指定两个点来定义与路径的起始方向一致的方向，“法线”表示对象对齐垂直于路径的起始方向
输入沿路径的项目数或［表达式（E）］<4>：8//输入阵列的项目数
指定沿路径的项目之间的距离或［定数等分（D）/总距离（T）/表达式（E）］<沿路径平均定数等分（D）>：d//输入 d，表示在路径曲线上定数等分对象副本
按 Enter 键接受或［关联（AS）/基点（B）/项目（I）/行（R）/层（L）/对齐项目（A）/Z 方向（Z）/退出（X）］<退出>://按回车键，完成路径阵列，效果如图 1-69 所示
```

图 1-68　选择阵列对象和路径曲线

图 1-69　路径阵列效果

（3） 环形阵列。

所谓环形阵列，是指围绕中心点或旋转轴在环形阵列中均匀分布对象副本。执行“阵列”|“环形阵列”命令，或者在命令行输入 ARRAYPOLAR，或者单击“环形阵列”按钮，命令行提示如下：

```
命令：_arraypolar
选择对象：指定对角点：找到 3 个//如图 1-70（a）所示，选择需要阵列的对象
选择对象://按回车键，完成选择
类型 = 极轴  关联 = 是
指定阵列的中心点或［基点（B）/旋转轴（A）］://拾取图 1-70 所示的点 3 为阵列中心点
输入项目数或［项目间角度（A）/表达式（E）］<4>：6//输入项目数为 6
指定填充角度（+=逆时针、-=顺时针）或［表达式（EX）］<360>://直接按回车键，表示填充角度为 360°
按 Enter 键接受或［关联（AS）/基点（B）/项目（I）/项目间角度（A）/填充角度（F）/行（ROW）/层（L）/旋转项目（ROT）/退出（X）］<退出>://按回车键，完成环形阵列，效果如图 1-70（b）所示
```

在 2012 版本中，“旋转轴”表示指定由两个指定点定义的自定义旋转轴，对象绕旋转轴阵列。“基点”选项用于指定阵列的基点，“行数”选项用于编辑阵列中的行数和行间距，以及它们之间的增量标高，“旋转项目”选项用于控制在排列项目时是否旋转项目。

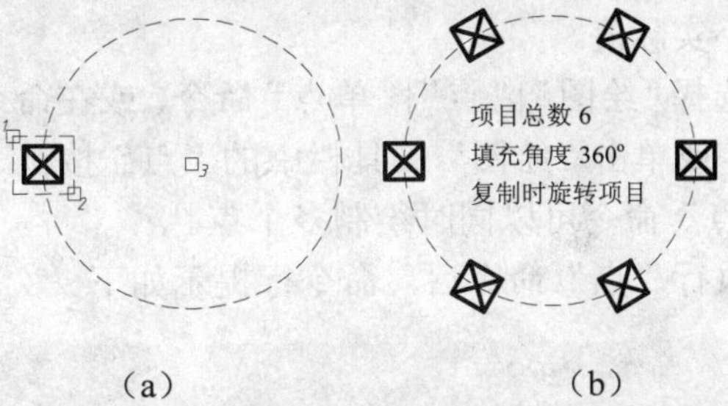

图 1-70　项目总数和填充角度填充效果

8. 旋转

旋转命令可以改变对象的方向，并按指定的基点和角度定位新的方向。用户可以通过选择“修改”|“旋转”命令，或单击“旋转”按钮，或在命令行中输入 ROTATE 来执行该命令。

单击“旋转”按钮，命令行提示如下：

```
命令：_rotate
UCS 当前的正角方向：  ANGDIR=逆时针   ANGBASE=0
选择对象：                        //选择需要旋转的对象
选择对象：                        //按 Enter 键，完成选择
指定基点：                        //输入绝对坐标或者绘图区拾取点作为基点
指定旋转角度，或［复制（C）/参照（R）］<0>：     //输入需要旋转的角度，按回车键完成旋转
```

1.12　二维图形绘制中常用的定位手段

在建筑制图中，所谓的定位，实际上就是定点，用户除了可以使用最基本的坐标系定位、对象捕捉方式捕捉点定位之外，还可以使用以下的方法创建定位点。

1.12.1 点定位

所谓点定位，就是在绘图区先绘制图形对象的几个关键点，然后使用对象捕捉方法捕捉关键点进行绘图。

为了使图形中的点有很好的可见性，用户可以相对于屏幕或使用绝对单位设置点的样式和大小。

选择“格式”|“点样式”命令，弹出如图 1-71 所示的“点样式”对话框，在该对话框中可以设置点的表现形状和点大小，系统提供了 20 种点的样式供用户选择。

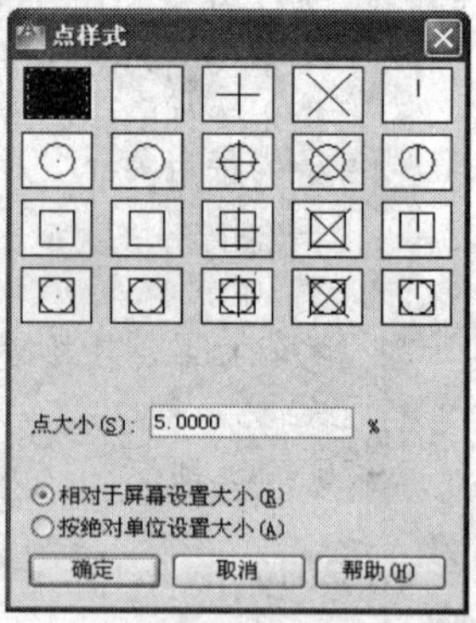

图 1-71 “点样式”对话框

在对话框中，“相对于屏幕设置大小”单选按钮用于按屏幕尺寸的百分比设置点的显示大小。当进行缩放时，点的显示大小并不改变，“点大小”文本框变成点大小(S): 5.0000 %，可以输入百分比。“按绝对单位设置大小”单选按钮用于按指定的实际单位设置点显示的大小。当进行缩放时，AutoCAD 显示的点的大小随之改变，“点大小”文本框变成点大小(S): 5.0000 单位，可以输入点大小实际值。

选择“绘图”|“点”|“单点”命令，或在命令行中输入 POINT 命令，或单击“绘图”工具栏中的“点”按钮，均可执行点绘制命令。选择“绘图”|“点”|“多点”命令可以同时绘制多个点。

执行“点”命令后，命令行提示如下。

```
命令: _point
当前点模式:  PDMODE=0  PDSIZE=0.0000//系统提示信息
指定点:                              //要求用户输入点的坐标
```

在输入第一个点的坐标时，必须输入绝对坐标，以后的点可以使用相对坐标输入。

1.12.2 相对点法定位

用户输入点的时候，通常会遇到这样一种情况，即知道 2 点相对于 1 点（已存在的点或者知道绝对坐标的点）的位置距离关系，却不知道 2 的具体绝对坐标，这就没有办法通过绝对坐标或者说是“点”命令来直接绘制 2 点，这个时候的 2 点可以通过相对坐标法来进行绘制，这种方法在绘制二维平面图形中经常使用，以点命令为例，命令行提示如下：

```
命令: _point
当前点模式:  PDMODE=0  PDSIZE=0.0000
指定点: from//通过相对坐标法确定点，都需要先输入 from，按回车键
基点://输入作为参考点的绝对坐标或者捕捉参考点，即 1 点
 <偏移>: //输入目标点相对于参考点的相对位置关系，即相对坐标，即 2 相对于 1 的坐标
```

相对点法可以直接在绘制基本图形对象和编辑图形对象的命令中使用，因为绝大部分命令都要求先指定第一点或者捕捉基点等，但凡涉及到指定点的情况，都可以使用上面介绍的相对点法进行精确定位。这一用法将在后面的章节中大量用到，读者可以细心体会。

1.12.3　构造线定位

向两个方向无限延伸的直线称为构造线，构造线可用做创建其他对象的参照。构造线用做辅助线具有得天独厚的优势，用户可以在图形中创建“辅助线”图层，将构造线放置在该图层中。

选择“绘图”|“构造线”命令可以执行该命令，命令行提示如下。

```
命令: _xline
指定点或 [水平(H)/垂直(V)/角度(A)/二等分(B)/偏移(O)]:
```

命令行给出了 5 种绘制构造线的方法，“水平（H）”和“垂直（V）”方式能够创建一条经过指定点并且与当前 UCS 的 *X* 轴或 *Y* 轴平行的构造线；“角度（A）”方式可以创建一条与参照线或水平轴成指定角度，并经过指定一点的构造线；“二等分（B）”方式可以创建一条等分某一角度的构造线；“偏移（O）”方式可以创建平行于一条基线一定距离的构造线。

构造线用做精确定位，通常需要结合偏移命令来进行，将构造线偏移一定的距离，横向和纵向的构造线之间形成交点，通过捕捉这些交点即可绘制图形。

1.13　图形的输出

建筑图形的输出是整个设计过程的最后一步，即将设计的成果展示在图纸上。AutoCAD 2012 为用户提供了两种并行的工作空间：模型空间和图纸空间。一般来说，用户在模型空间进行图形设计，在图纸空间里进行打印输出，下面给读者讲解如何输出图形。

1.13.1　创建布局

在模型空间工作，能够创建任意类型的二维模型和三维模型，图纸空间实际上提供了模型的多个“快照”。一个布局代表一张可以使用各种比例显示一个或多个模型视图的图纸。

在图纸空间中，用户可以对图纸进行布局。布局是一种图纸空间环境，它模拟显示实际中的图纸页面，提供直观的打印设置，主要用来控制图形的输出，布局中所显示的图形与图纸页面上打印出来的图形完全一样。

在图纸空间中可以创建浮动视口，还可以添加标题栏或其他几何图形。另外，可以在图形中创建多个布局以显示不同视图，每个布局可以包含不同的打印比例和图纸尺寸。

在从 AutoCAD 2012 中建立一个新图形时，AutoCAD 会自动建立一个“模型”选项卡和两个“布局”选项卡，AutoCAD 2012 提供了从开始建立布局、利用样板建立布局和利用向导建立布局 3 种创建新布局的方法。

启动 AutoCAD 2012，创建一个新图形，系统会自动给该图形创建两个布局。在“布局 2”选项卡上右击鼠标，从弹出的快捷菜单中选择“新建布局”命令，系统会自动添加一个名为“布局 3”的布局。

一般不建议用户使用系统提供的样板来建立布局，系统提供的样板不符合中国的国标。用户可以通过向导来创建布局，选择“工具”|“向导”|“创建布局”命令，即可启动创建布局向导。

1.13.2 创建打印样式

打印样式用于修改打印图形的外观。在打印样式中，用户可以指定端点、连接和填充样式，也可以指定抖动、灰度、笔指定和淡显等输出效果。如果需要以不同的方式打印同一图形，也可以使用不同的打印样式。

用户可以在打印样式表中定义打印样式的特性，可以将它附着到“模型”标签和布局上去。如果给对象指定一种打印样式，然后将包含该打印样式定义的打印样式表删除，则该打印样式将不起作用。通过附着不同的打印样式表到布局上，可以创建不同外观的打印图纸。

选择“工具”|“向导”|“添加打印样式表”命令，可以启动添加打印样式表向导，创建新的打印样式表。选择“文件”|“打印样式管理器”命令，弹出 Plot Styles 窗口，用户可以在其中找到新定义的打印样式管理器，以及系统提供的打印样式管理器。

1.13.3 打印图形

选择“文件”|“打印”命令，弹出如图 1-72 所示的“打印”对话框，在该对话框中可以对打印的一些参数进行设置。

在“页面设置”选项组中的“名称”下拉列表框中可以选择所要应用的页面设置名称，也可以单击“添加”按钮添加其他的页面设置，如果没有进行页面设置，可以选择“无”选项。

在“打印机/绘图仪”选项组中的“名称”下拉列表框中可以选择要使用的绘图仪。选择“打印到文件”复选框，则图形输出到文件后再打印，而不是直接从绘图仪或者打印机打印。

在“图纸尺寸”选项组的下拉列表框中可以选择合适的图纸幅面，并且在右上角可以预览图纸幅面的大小。

在“打印区域”选项组中，用户可以通过 4 种方法来确定打印范围。“图形界限”选项表示打印布局时，将打印指定图纸尺寸的页边距内的所有内容，其原点从布局中的（0,0）点计算得出。从“模型”选项卡打印时，将打印图形界限定义的整个图形区域。“显示”选项表示打印选定的“模型”选项卡当前视口中的视图或布局中的当前图纸空间视图。“窗口”选项表示打印指定的图形的任何部分，这是直接在模型空间打印图形时最常用的方法。选择“窗口”选项后，命令行会提示用户在绘图区指定打印区域。“范围”选项用于打印图形的当前空间部分（该部分包含对象），当前空间内的所有几何图形都将被打印。

在“打印比例”选项组中，当选中“布满图纸”复选框后，其他选项显示为灰色，不能更改。取消“布满图纸”复选框，用户可以对比例进行设置。

单击“打印”对话框右下角的按钮，则展开“打印”对话框，如图 1-73 所示。

在展开选项中，可以在“打印样式表”选项组的下拉列表框中选择合适的打印样式表，在“图纸方向”选项组中可以选择图形打印的方向和文字的位置，如果选中“上下颠倒打印”复选框，则打印内容将要反向。

单击“预览”按钮可以对打印图形效果进行预览，若对某些设置不满意可以返回修改。在预览中，按 Enter 键可以退出预览返回“打印”对话框，单击“确定”按钮进行打印。

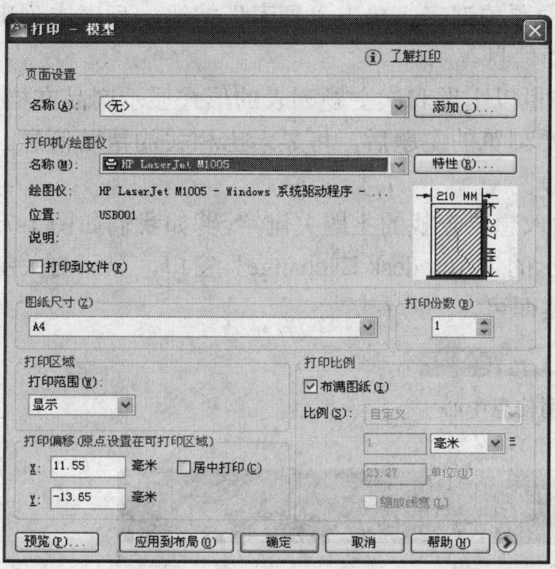

图 1-72 “打印”对话框

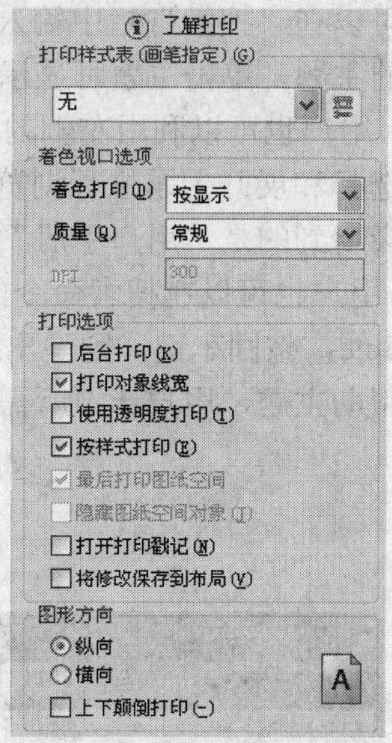

图 1-73 “打印”对话框展开部分

1.14 获取帮助

用户在使用 AutoCAD 绘制图形时，可能会遇到一些困难，AutoCAD 为用户提供了帮助系统，可以帮助用户解决绘图时遇到的相关问题。

选择“帮助”|“帮助”命令，或单击“标准”工具栏中的“帮助”按钮 ?，或按 F1 键，或在命令行中输入 HELP 命令，可以打开如图 1-74 所示的“Autodesk Exchange”窗口。

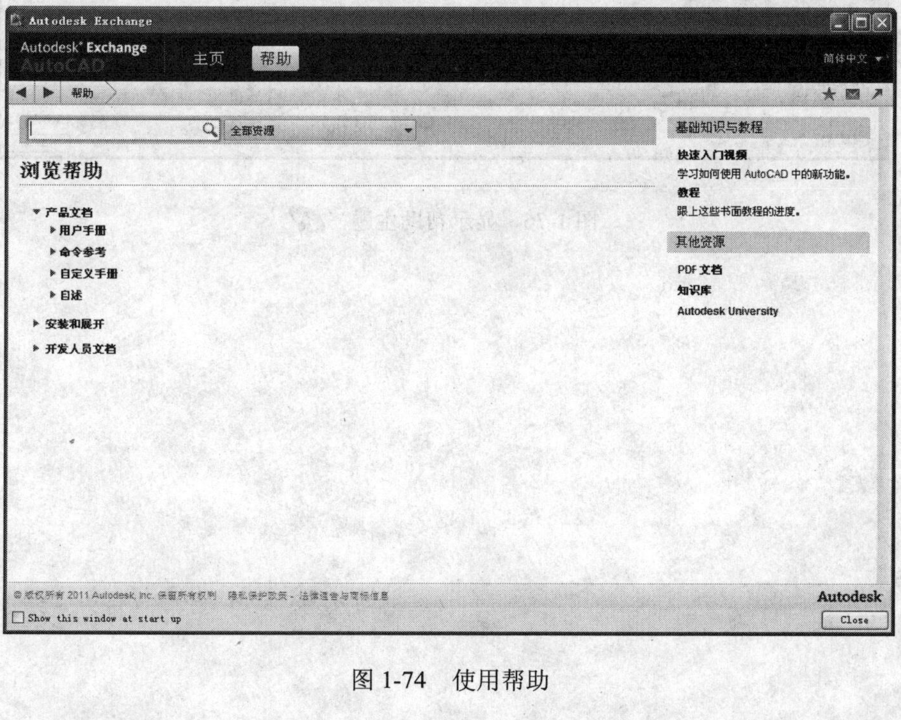

图 1-74 使用帮助

用户可以在“搜索”栏中输入需要帮助的主题关键字，单击“搜索”按钮，列表中列出该关键字的主题，单击主题可显示出相关的帮助信息。

当然，用户也可以利用左侧的导航栏，导航栏以主题和次主题列表的形式显示产品文档，用户可以选择和展开主题进行浏览，当选择需要浏览的主题后，可显示出相关的帮助信息。用户经常会用到的是“用户手册”和“命令参考”。

当然，用户也可以在搜索命令的搜索栏里输入想要查找的主题关键字，譬如我们如图 1-75 所示输入 line，按回车键，则弹出如图 1-76 所示的“Autodesk Exchange”窗口，显示与关键字相关的帮助主题，用户选中所需要的主题阅读即可。

图 1-75　使用信息中心

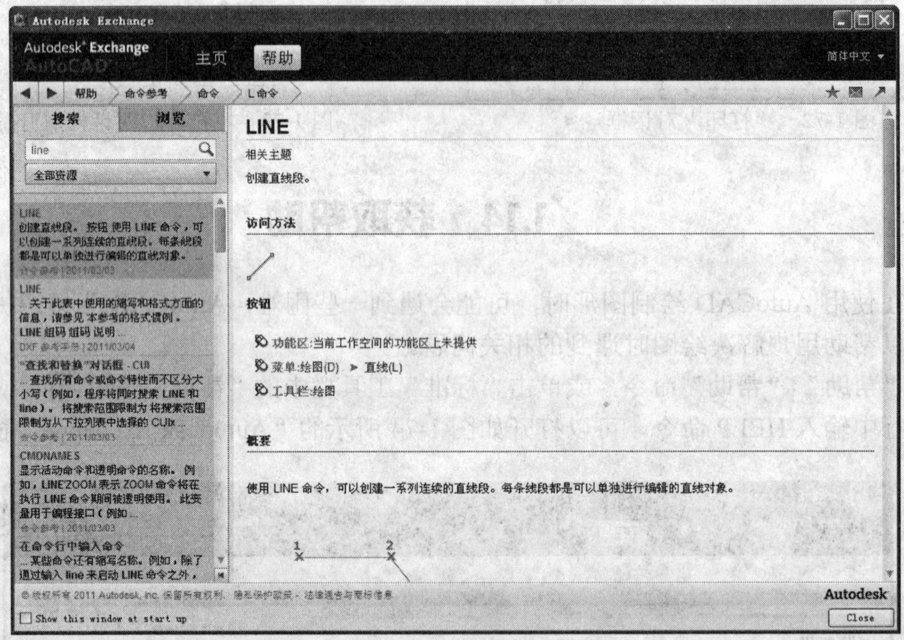

图 1-76　显示帮助主题

第 2 章　建筑图中标准图形和常见图形绘制

在建筑制图中，有很多标准图形会反复的使用，在每一张图纸中都是一样的，这样的图形我们可以称为标准图形，譬如指北针、标高符号、轴线编号、折断线等，还有一些常见的建筑图形，譬如各类洁具、各类厨具等，在各种建筑图中差不多也是类似的。这种情况下，为了节省绘图的时间，绘图人员通常把这一类图形保存为图块，或者形成一个图库，以便在下次制图时使用。

在本章中，将给读者介绍各类建筑制图中标准图形和常见图形的绘制方法，通过本章的学习，用户应该掌握各类基本绘图命令和编辑命令的使用，能够掌握图块的使用方法。

2.1　标准图形的创建方法

建筑制图中的标准图形很多，本节将给读者讲解指北针、轴线编号和标高符号的绘制。

2.1.1　实例 01——指北针

绘制如图 2-1 所示的指北针图案，将指北针保存为图块，图块名称为“指北针”，基点为圆心，在指北针的绘制中使用了构造线和偏移的方法构造定位点。

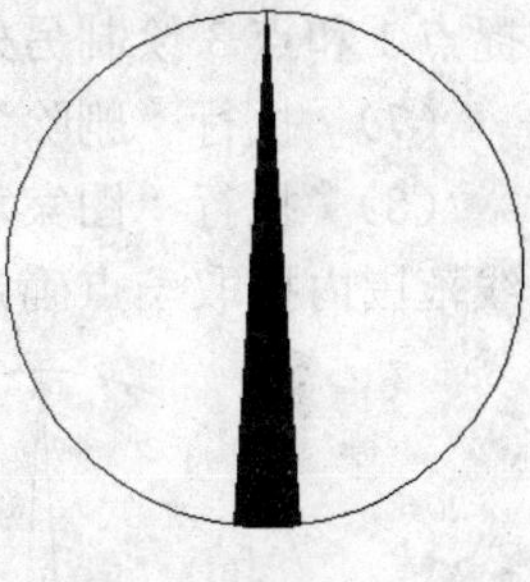

图 2-1　指北针图块

具体操作步骤如下：

（1） 打开 AutoCAD 2012，创建一个新文档，选择“格式”|“图形界限”命令，命令行提示如下：

```
命令: '_limits
重新设置模型空间界限:
指定左下角点或 [开 (ON) /关 (OFF) ] <0.0000,0.0000>: 0,0//输入左下角范围坐标
指定右上角点 <420.0000,297.0000>: 42000,29700//输入右上角范围坐标
```

（2） 选择“视图”|“缩放”|“全部”命令，将设置的绘图界限全部显示在绘图区中。

（3） 执行“圆”命令，在绘图区任意拾取一点为圆心，绘制半径为 120 的圆，效果如图 2-2 所示。

（4） 执行“构造线”命令，过步骤 1 绘制的圆的圆心绘制垂直构造线。

（5） 执行“偏移”命令，选择步骤 2 绘制的垂直构造线为偏移对象，将构造线向左向右分别偏移 15，命令行提示如下：

命令：_offset

当前设置：删除源=否　图层=源　OFFSETGAPTYPE=0

指定偏移距离或［通过（T）/删除（E）/图层（L）］<通过>：　15//输入偏移距离为 15

选择要偏移的对象，或［退出（E）/放弃（U）］<退出>://选择步骤 1 绘制的构造线为偏移对象

指定要偏移的那一侧上的点，或［退出（E）/多个（M）/放弃（U）］<退出>://在右侧拾取一点向右偏移

选择要偏移的对象，或［退出（E）/放弃（U）］<退出>://选择步骤 1 绘制的构造线为偏移对象

指定要偏移的那一侧上的点，或［退出（E）/多个（M）/放弃（U）］<退出>://在左侧拾取一点向左偏移

选择要偏移的对象，或［退出（E）/放弃（U）］<退出>://按回车键，完成绘制，效果如图 2-3 所示

图 2-2　绘制圆

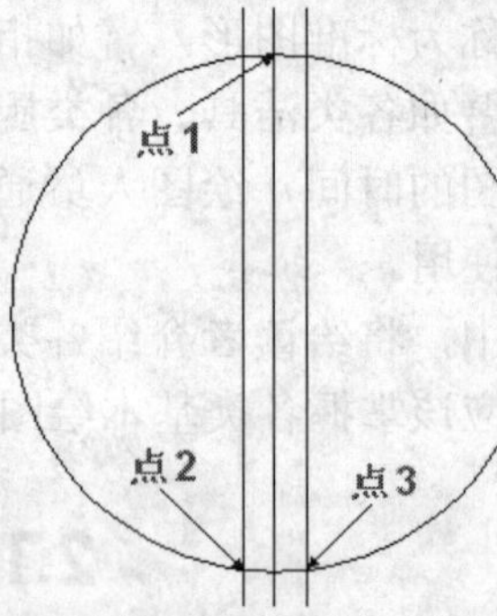

图 2-3　绘制构造线

（6）执行“直线”命令，捕捉如图 2-3 所示的点 1 和点 2 绘制直线，使用同样的方法，捕捉点 1 和点 3 绘制另外一条直线。

（7）执行“删除”命令，删除 3 条构造线，效果如图 2-4 所示。

（8）执行“图案填充”命令，如图 2-5 所示选择填充图案为 SOLID，在步骤 4 绘制的直线范围内拾取一点确定填充区域，填充效果如图 2-6 所示。

图 2-4　绘制直线

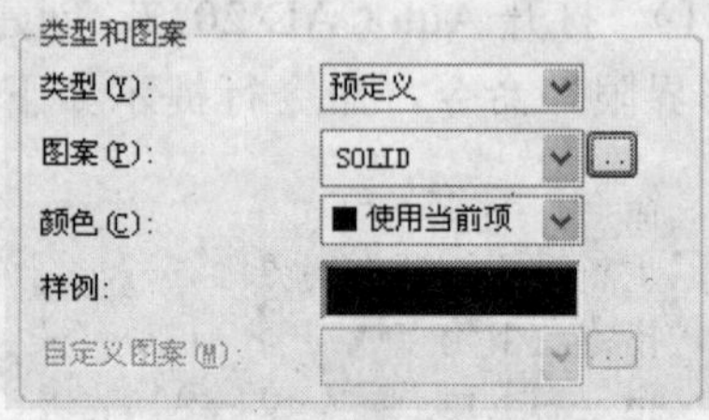

图 2-5　设置填充图案

（9）选择“绘图”|“块”|“创建”命令，弹出“块定义”对话框，选择图 2-6 所示的图形为块对象，捕捉基点为圆的圆心，命名图块名称为“指北针”，设置如图 2-7 所示，单击“确定”按钮，完成指北针图块创建。

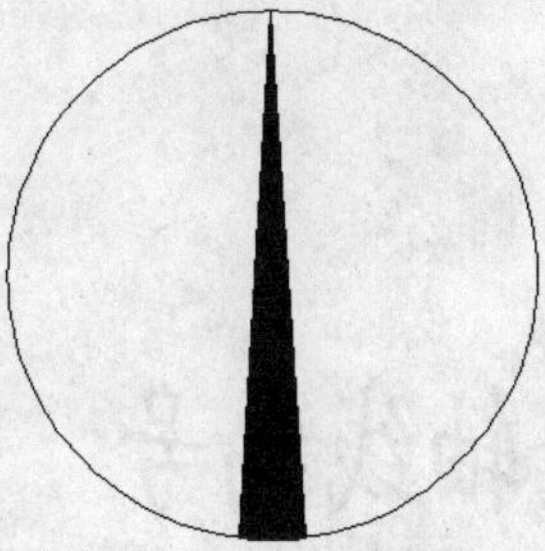

图 2-6　填充图案

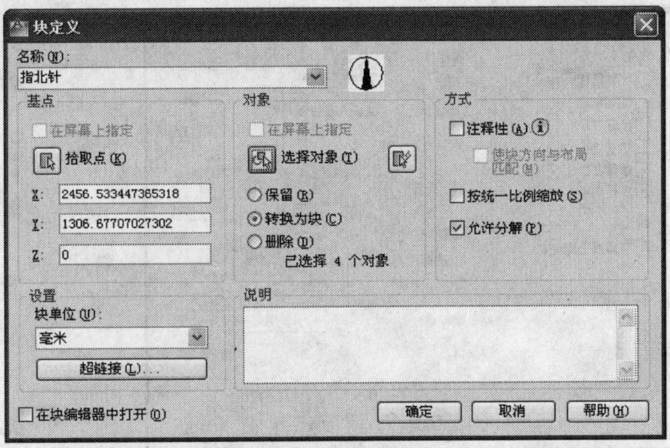

图 2-7　创建图块

2.1.2　实例 02——轴线编号

创建竖向轴线编号图块，在图形中插入竖向轴线编号时，用户可以输入每条轴线的编号，如图 2-8 所示为轴线编号 1 的图形。

图 2-8　轴线编号 1 图形

具体操作步骤如下：

（1）执行“圆”命令，在绘图区任意拾取一点为圆心，绘制半径为 400 的圆，效果如图 2-9 所示。

（2）选择“格式”|“文字样式”命令，弹出“文字样式”对话框，单击“新建”按钮，创建 A500 文字样式，设置字体、高度和宽度比例如图 2-10 所示。

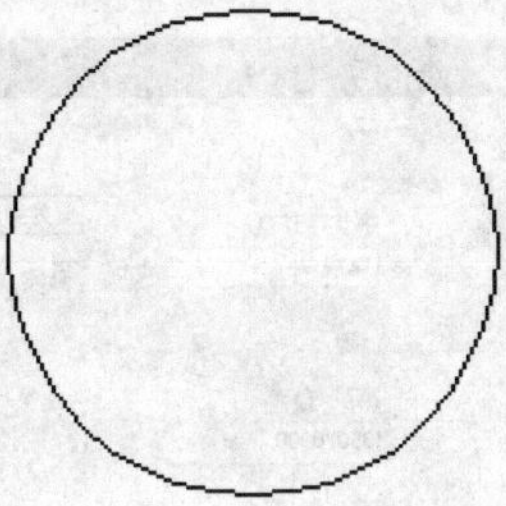

图 2-9　绘制圆

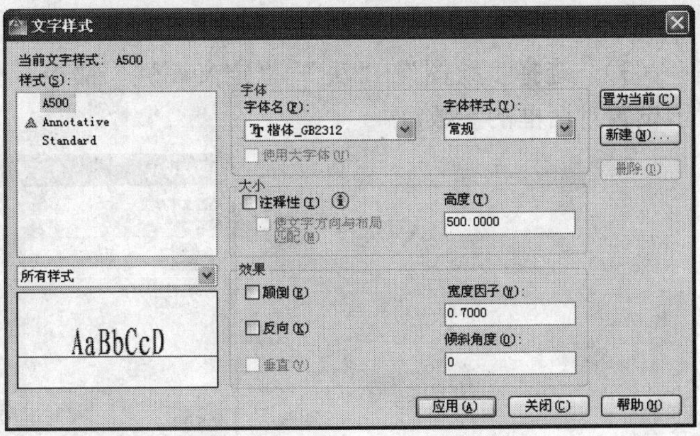

图 2-10　创建 A500 文字样式

（3）选择“绘图”|“块”|“定义属性”命令，弹出“属性定义”对话框，如图 2-11 所示设置对话框的参数。

（4）设置完成，单击“确定”按钮，命令行提示“指定起点：”，拾取步骤 1 绘制的圆的圆心为起点，效果如图 2-12 所示。

（5）选择“绘图”|“块”|“创建”命令，弹出“块定义”对话框，选择图 2-12 所示的图形为块对象，捕捉基点为圆的上象限点，命名图块名称为“竖向轴线编号”，单击“确定”按钮，完成竖向轴线编号图块创建。

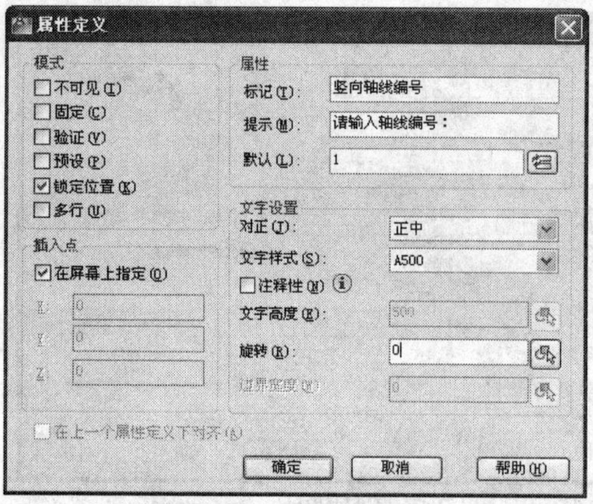

图 2-11　设置属性

图 2-12　设置属性效果

2.1.3　实例 03——标高图块

创建如图 2-13 所示标高图块，该标高图块可以在插入图块时输入具体标高值，可以改变标高箭头的方向。

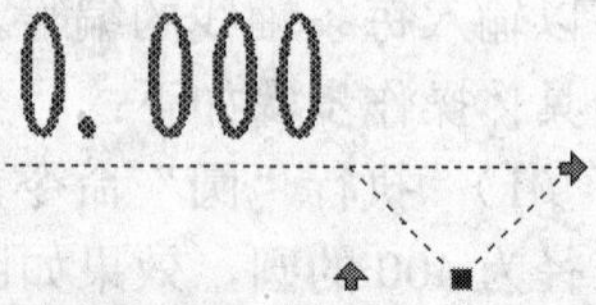

图 2-13　标高图块

具体操作步骤如下：

（1） 使用“多段线”命令绘制标高符号，第一点为任意点，其他点依次为（@1500,0）、（@-300,-300）和（@-300,300），效果如图 2-14 所示。

（2） 选择“格式”|“文字样式”命令，弹出“文字样式”对话框，单击“新建”按钮，创建 A350 文字样式，设置字体、高度和宽度比例如图 2-15 所示。

（3） 选择“绘图”|“块”|“定义属性”命令，弹出“属性定义”对话框，如图 2-16 所示设置对话框的参数。

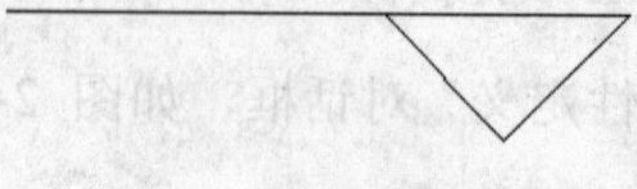

图 2-14　绘制标高图形

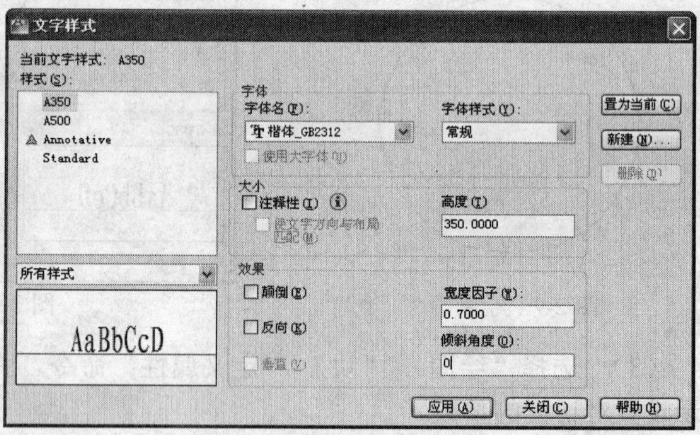

图 2-15　创建 A350 文字样式

（4） 设置完成，单击“确定”按钮，命令行提示指定起点，拾取步骤 1 绘制的多段线的起点为文字插入的起点，效果如图 2-17 所示。

（5） 创建图块，如图 2-18 所示定义图块名称为“标高”，基点为三角的下点，选择图 2-17 所有的图形为定义块对象。

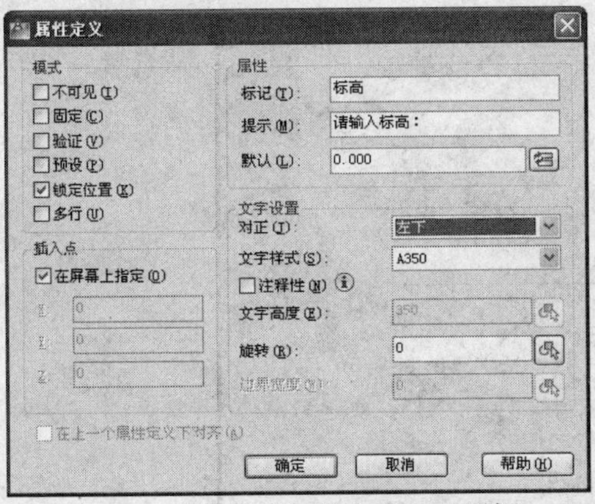

图 2-16　设置“属性定义”对话框

图 2-17　创建属性

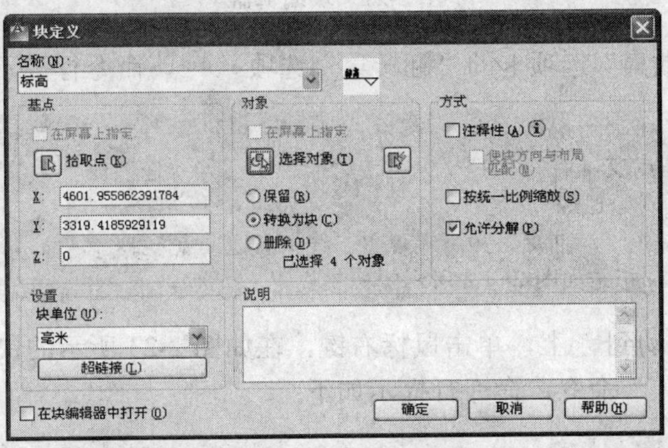

图 2-18　定义标高图块

（6） 单击“确定”按钮，弹出如图 2-19 所示的“编辑属性”对话框，输入属性 0.000，单击“确定”按钮，完成图块的创建，效果如图 2-20 所示。

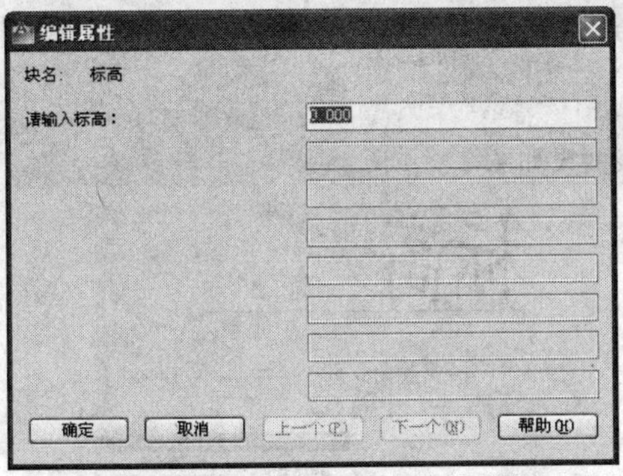

图 2-19　“编辑属性”对话框

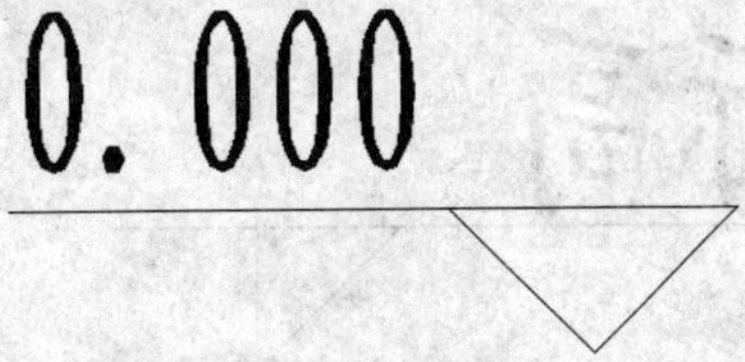

图 2-20　编辑完成属性效果

（7） 选择图块，在右键快捷菜单中选择“块编辑器”命令，弹出块编辑器，如图 2-21 所示，可以对块进行编辑。

（8） 单击“对象追踪”按钮对象追踪，使其处于按下状态，创建投影线需要使用对象追踪。

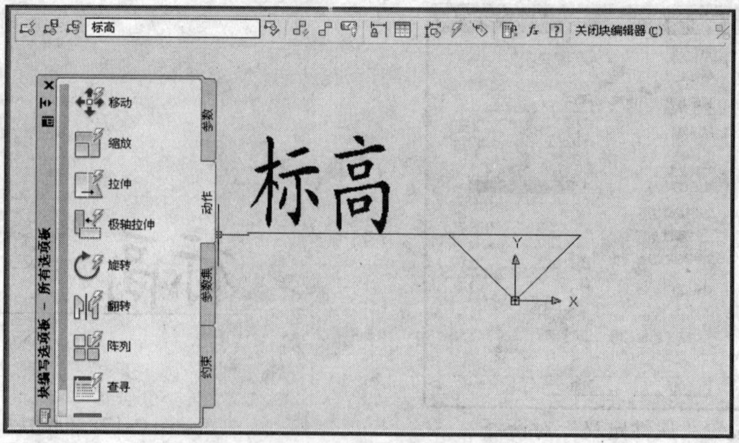

图 2-21　块编辑器

（9）　选择“参数集”选项卡的“翻转集”选项，命令行提示如下：

```
命令：_BParameter 翻转
指定投影线的基点或 [名称（N）/标签（L）/说明（D）/选项板（P）]://捕捉三角下端点水平线上左边一点，使用对象追踪
指定投影线的端点:// 捕捉三角下端点水平线上右边一点
指定标签位置://指定如图 2-22 所示的标签位置
```

（10）　将光标移动到上，单击鼠标右键，在如图 2-23 所示的快捷菜单中选择“动作选择集”|“新建选择集”命令，命令行提示如下：

```
命令：_bactionset
指定动作的选择集
选择对象：_n
*无效选择*
需要点或窗口（W）/上一个（L）/窗交（C）/框（BOX）/全部（ALL）/栏选（F）/圈围（WP）/圈交（CP）/编组（G）/添加（A）/删除（R）/多个（M）/前一个（P）/放弃（U）/自动（AU）/单个（SI）
选择对象：指定对角点：找到 3 个//选择所有的图形对象
选择对象://按回车键，完成选择集的创建，完成效果如图 2-24 所示
```

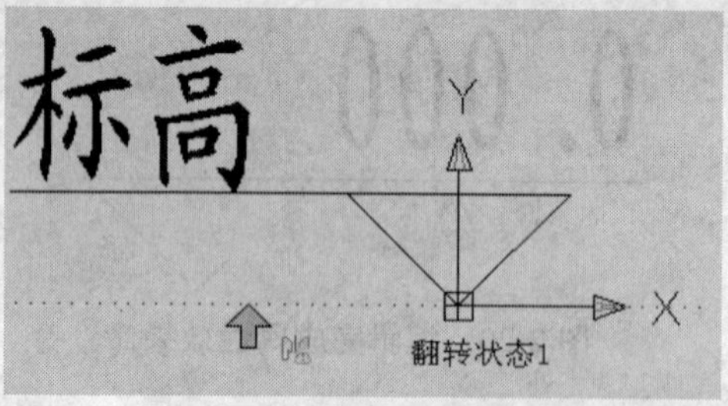

图 2-22　添加上下翻转参数

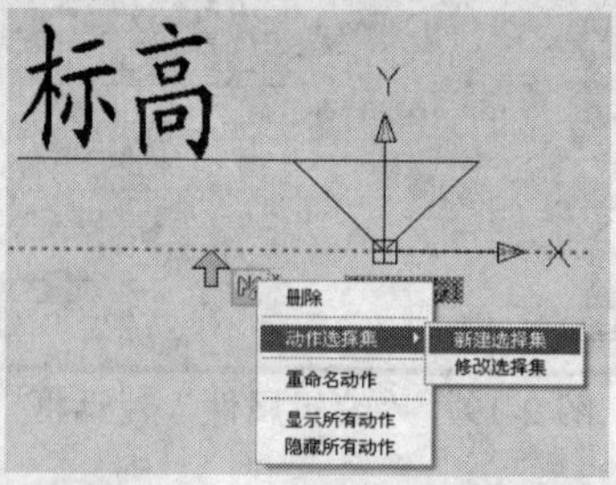

图 2-23　选择快捷菜单

（11）　使用同样的参数集为左右翻转创建动作，投影线为过三角形下端点的竖直线，翻转对象为所有图形对象，效果如图 2-25 所示。

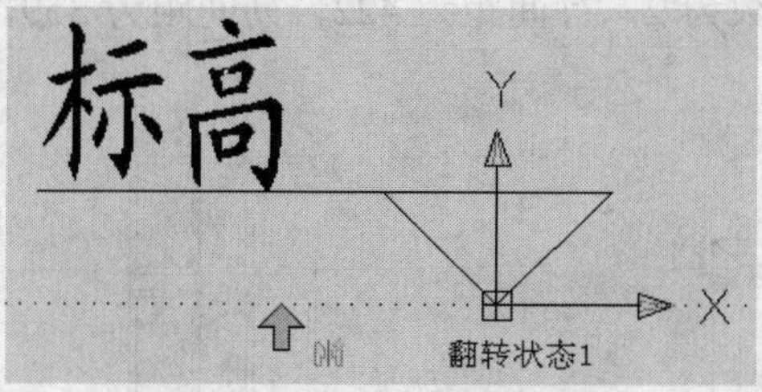

图 2-24　添加左右翻转参数

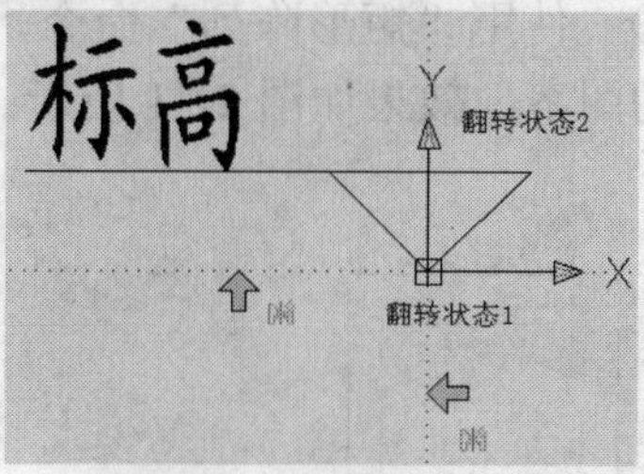

图 2-25　完成左右翻转

（12）　单击“保存块定义”按钮，保存动态块，单击“关闭编辑器”按钮关闭块编辑器，则标高图块如图 2-26 所示，可以上下左右翻转，可以修改属性，图 2-27 为上下左右翻转后的效果。

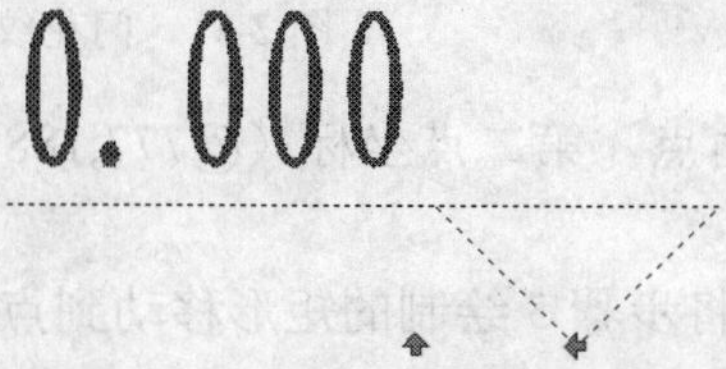

图 2-26　标高图块可编辑状态

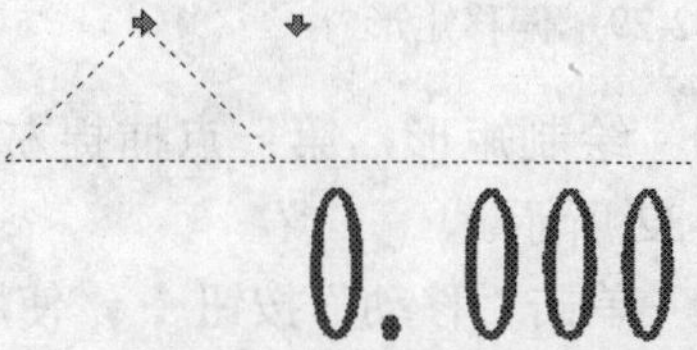

图 2-27　翻转效果

2.2　常见图形的创建方法

在建筑制图中，各种洁具、门窗、厨房用品等等的绘制，通常比较类似，下面通过几个建筑制图中最常见图形的绘制教会读者绘制方法，并训练各种技术的使用情况。

2.2.1　实例 04——直接绘制门

门和窗的立面图是绘制建筑立面图、剖面图时，经常遇到的需要绘制的图形。门和窗图形的组成主要以直线和长方形为主，偶尔一些比较特殊的门和窗会出现圆弧或者样条曲线。2.2.1 节～2.2.4 节将通过如图 2-28 所示的门立面图的绘制给读者讲解直接绘制法、点定位法、构造线定位法和相对点法使用的情况。

所谓直接绘制就是指通过各种基本绘图命令和编辑命令的配合进行制图，不另创建辅助点和辅助线来辅助绘图。具体操作步骤如下：

（1）　使用“矩形”命令绘制 215×370 的矩形，第一点为任意点，第二点为（@215,370）。

（2）　执行“偏移”命令，将矩形向内偏移 23，效果如图 2-29 所示。

图 2-28　带图案的门立面图

（3）　使用“直线”命令连接两个矩形的角点，效果如图 2-30 所示。

（4） 使用“矩形阵列”命令，行数为 4，列数为 2，行间距为 422，列间距为 359，阵列出门的图案，效果如图 2-31 所示。

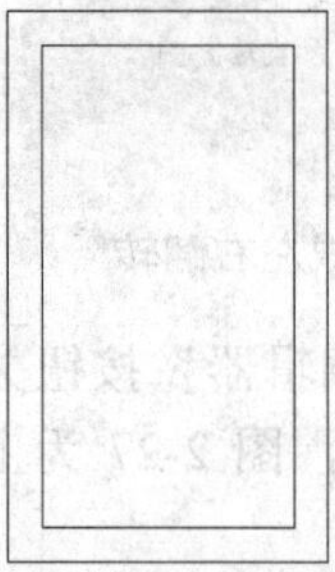

图 2-29 偏移矩形

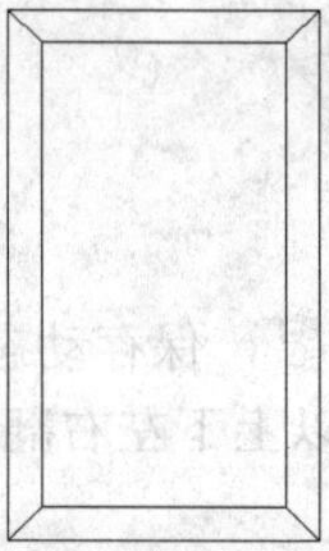

图 2-30 连接矩形

图 2-31 门花纹

（5） 绘制矩形，第一点捕捉左下矩形的最左下角点，第二点坐标（@777,1889），效果如图 2-32 所示。

（6） 单击“移动”按钮，使用“位移”选项，将步骤 5 绘制的矩形移动到点（-102,-109），效果如图 2-33 所示。

图 2-32 绘制门框矩形

图 2-33 移动门框矩形

2.2.2 实例 05——点定位法绘制门

点定位法的使用原理在第 1 章已经给读者介绍过，这里通过门立面图的绘制给读者详细地介绍。

具体绘制步骤如下：

（1） 选择“格式”|“点样式”命令，打开“点样式”对话框，如图 2-34 所示选择点样式，单击“确定”按钮，完成设置。

（2） 执行“点”命令，命令行提示如下：

```
命令: _point
当前点模式:  PDMODE=3  PDSIZE=0.000
指定点://在绘图区任意拾取一点 1
命令:
```

```
命令：
命令：_point
当前点模式： PDMODE=3 PDSIZE=0.000
指定点：@102,109//输入相对坐标，确定点 2，如图 2-35 所示
```

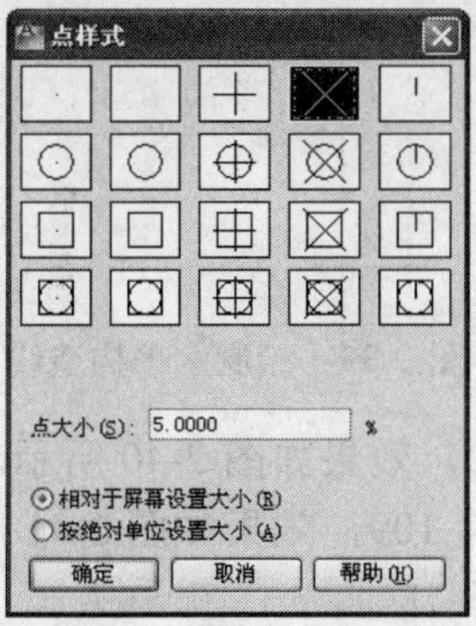

图 2-34 设置点样式

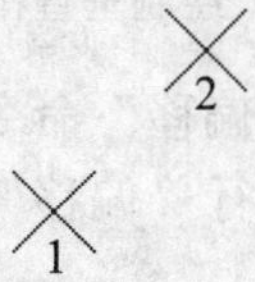

图 2-35 绘制定位点

（3） 执行“矩形”命令，第一点为点 1，另一个点的相对坐标为（@777,1889），效果如图 2-36 所示。

（4） 执行“矩形”命令，第一点为点 2，另一个点的相对坐标为（@215,370），效果如图 2-37 所示。

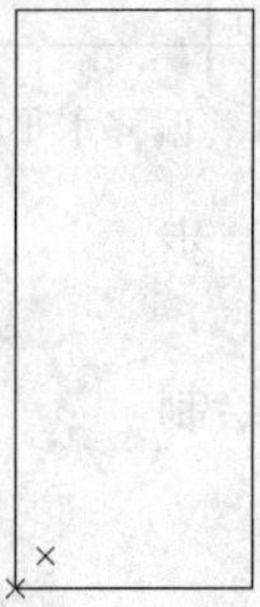

图 2-36 绘制 777×1889 矩形

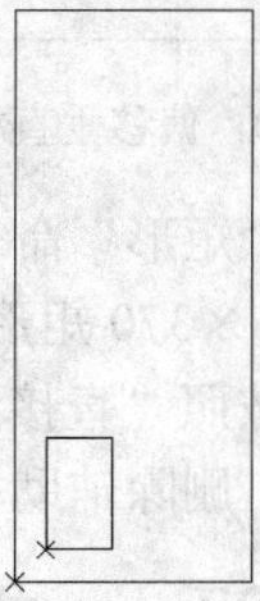

图 2-37 绘制 215×370 矩形

（5） 读者按照“直接绘制法”中的步骤 2～4 即可将图形绘制出，绘制完成后，删除辅助点。

2.2.3 实例 06——构造线定位法绘制门

使用构造线定位时，构造线通常可以起到两种作用，一种是构造线本身通过修剪命令后，成为图形的一部分，另外一种就是构造线相交形成交点，作为绘图的辅助点。下面具体讲解使用构造线绘制门立面图的具体步骤：

（1） 执行“构造线”命令，命令行提示如下：

```
命令：_xline 指定点或 [水平(H)/垂直(V)/角度(A)/二等分(B)/偏移(O)]：v//输入 v，表示绘制垂直构造线
指定通过点://在绘图区任意拾取一点
指定通过点://按回车键，完成绘制，如图 2-38 所示
```

（2） 继续执行“构造线”命令，输入 h，绘图区任意拾取一点，绘制水平构造线，效

果如图 2-39 所示。

图 2-38 绘制垂直构造线

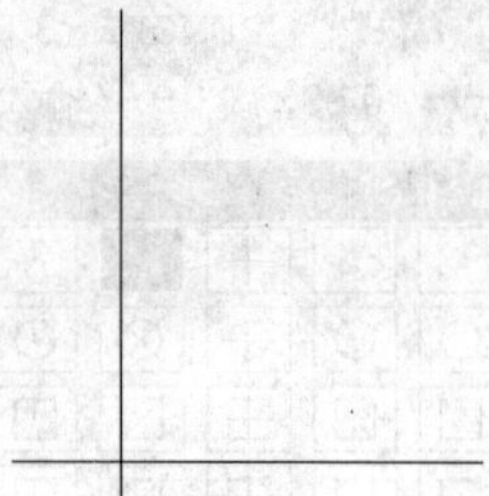

图 2-39 绘制水平构造线

（3） 执行“偏移”命令，将竖直构造线向右偏移 102，效果如图 2-40 所示。

（4） 继续执行“偏移”命令，将水平构造线向上偏移 109，效果如图 2-41 所示。

图 2-40 偏移垂直构造线

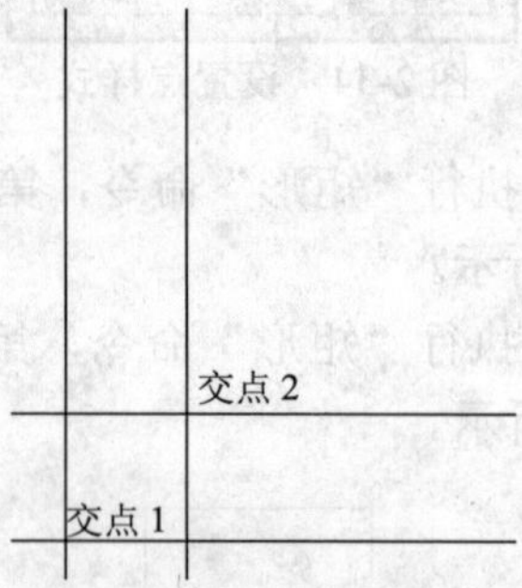

图 2-41 偏移水平构造线

（5） 执行“矩形”命令，捕捉交点 1 绘制 777×1889 矩形，步骤交点 2 绘制 215×370 矩形，效果如图 2-42 所示。

（6） 读者按照“直接绘制法”中的步骤 2～4 即可将图形绘制出，绘制完成后，删除辅助构造线。

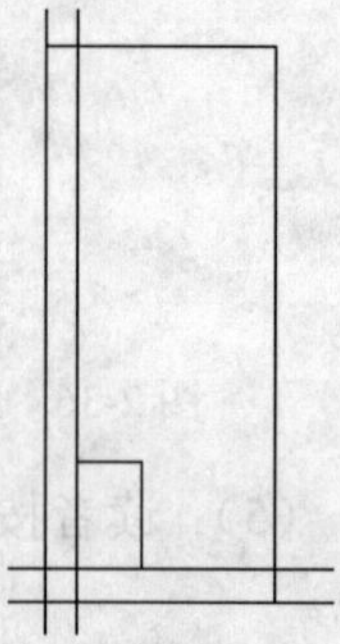

图 2-42 绘制矩形

2.2.4 实例 07——相对点法绘制门

在绘制门立面时，将要对矩形的第一个角点确定使用相对点法，其具体步骤如下：

（1） 执行“矩形”命令，绘制 777×1889 的矩形，第一个角点为绘图区任意点，第二个角点相对坐标为（@215,370），效果如图 2-43 所示。

（2） 继续执行“矩形”命令，命令行提示如下：

```
命令： _rectang
指定第一个角点或 [倒角 (C) /标高 (E) /圆角 (F) /厚度 (T) /宽度 (W) ]: from//输入from，使用相对点法绘制
基点： //捕捉步骤 1 绘制的矩形的左下角点
<偏移>: @102,109//输入第一个角点的偏移坐标
指定另一个角点或 [面积 (A) /尺寸 (D) /旋转 (R) ]: @215,370//输入另一个角点的相对坐标，效果如图 2-44 所示
```

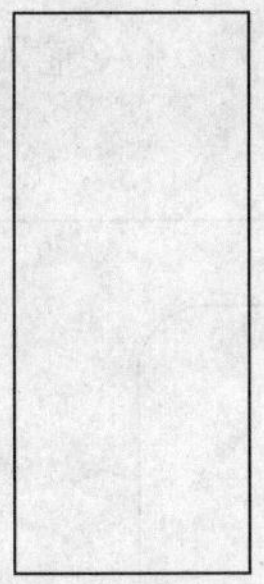

图 2-43　绘制 777×1889 矩形

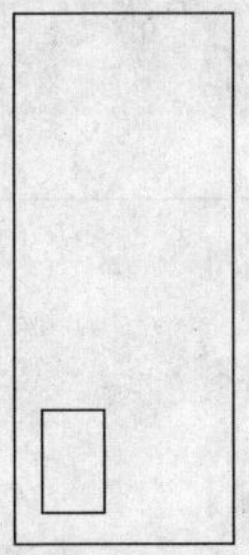

图 2-44　绘制 215×370 矩形

（3）　读者按照“直接绘制法”中的步骤 2～4 即可将图形绘制出。

2.2.5　实例 08——正常绘制洗菜池

绘制如图 2-45 所示的洗菜池，在本图的绘制中，从 2.2.5 节～2.2.7 节也将会采用多种定位技术，譬如相对点法、图形对象特殊点捕捉法、构造线定位法等，一般情况下，对于复杂图形的绘制，可以是这多种方法的结合，通过本例读者可以认真体会。

采用正常绘制方法的具体操作步骤如下：

（1）　执行“矩形”命令，命令行提示如下：

```
命令: _rectang
指定第一个角点或 [倒角 (C) /标高 (E) /圆角 (F) /厚度 (T) /宽度 (W) ]: f//输入 f,表示绘制圆角矩形
指定矩形的圆角半径 <0.000>: 40//输入圆角半径
指定第一个角点或 [倒角 (C) /标高 (E) /圆角 (F) /厚度 (T) /宽度 (W) ]://在绘图区任意拾取一点为矩形的第一个角点
指定另一个角点或 [面积 (A) /尺寸 (D) /旋转 (R) ]: @900,600//输入另一个角点的相对坐标，按回车键，绘制效果如图 2-46 所示
```

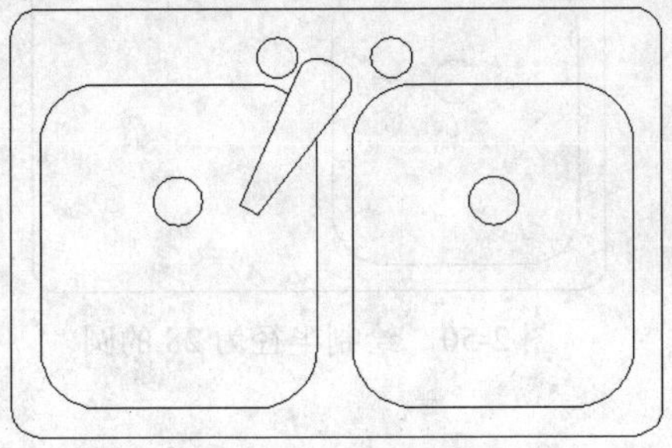

图 2-45　洗菜池平面图

图 2-46　绘制 900×600 圆角矩形

（2）　继续执行“矩形”命令，命令行提示如下：

```
命令: _rectang
当前矩形模式:  圆角=83.000
指定第一个角点或 [倒角 (C) /标高 (E) /圆角 (F) /厚度 (T) /宽度 (W) ]: f//输入 f,表示绘制圆角矩形
指定矩形的圆角半径 <83.000>: 83//输入圆角半径
指定第一个角点或 [倒角 (C) /标高 (E) /圆角 (F) /厚度 (T) /宽度 (W) ]://如图 2-47
```

所示，捕捉步骤 1 绘制圆角矩形的左下圆角的圆心

指定另一个角点或 [面积（A）/尺寸（D）/旋转（R）]：@385,454//输入另一个角点的相对坐标，按回车键，效果然 2-48 所示。

图 2-47　捕捉圆角圆心为第一角点

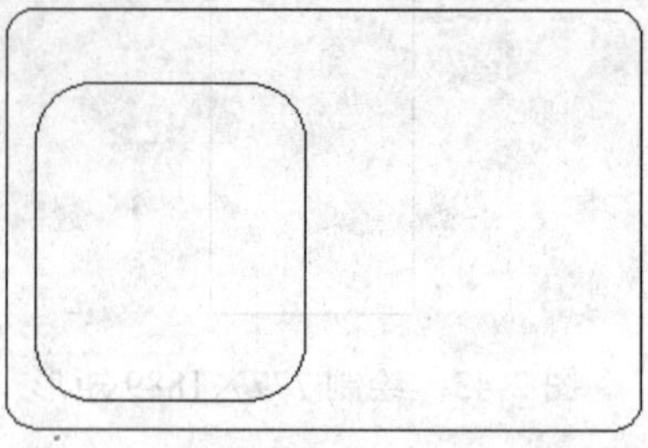

图 2-48　绘制 385×454 圆角矩形

（3） 执行“圆”命令，命令行提示如下：

命令：_circle 指定圆的圆心或 [三点（3P）/两点（2P）/相切、相切、半径（T）]：from//使用相对点法确定圆心

基点：//捕捉 900×600 圆角矩形左下角圆角的圆心

<偏移>：@192.5,290//输入相对坐标

指定圆的半径或 [直径（D）]：34//输入圆半径，按回车键，效果如图 2-49 所示

（4） 继续执行“圆”命令，命令行提示如下：

命令：_circle 指定圆的圆心或 [三点（3P）/两点（2P）/相切、相切、半径（T）]：from//使用相对点法确定圆心

基点：//捕捉 900×600 圆角矩形左上角圆角的圆心

<偏移>：@332,-29//输入相对坐标

指定圆的半径或 [直径（D）] <34.000>：28//输入圆半径，按回车键，效果如图 2-50 所示

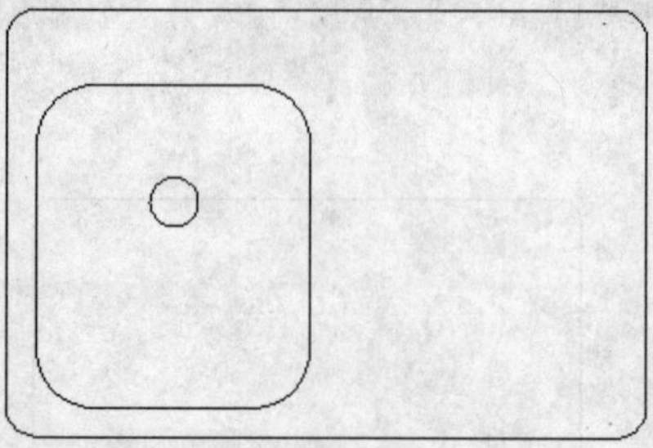

图 2-49　绘制半径为 34 的圆

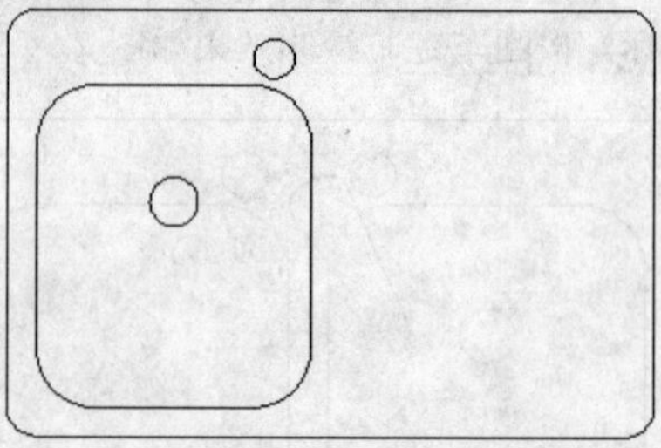

图 2-50　绘制半径为 28 的圆

（5） 执行“镜像”命令，命令行提示如下：

命令：_mirror

选择对象：指定对角点：找到 3 个//选择如图 2-51 所示的几个图形为镜像对象

选择对象://按回车键，完成选择

指定镜像线的第一点：//捕捉 900×600 矩形的上边中点

指定镜像线的第二点:// 捕捉 900×600 矩形的下边中点

要删除源对象吗？[是（Y）/否（N）] <N>://按回车键，镜像效果如图 2-52 所示

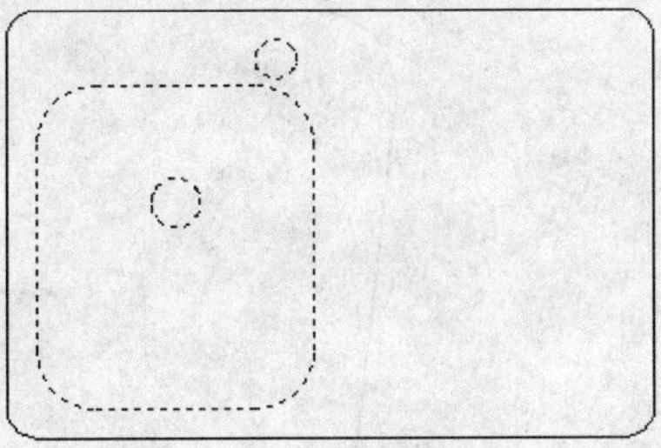

图 2-51　选择镜像对象

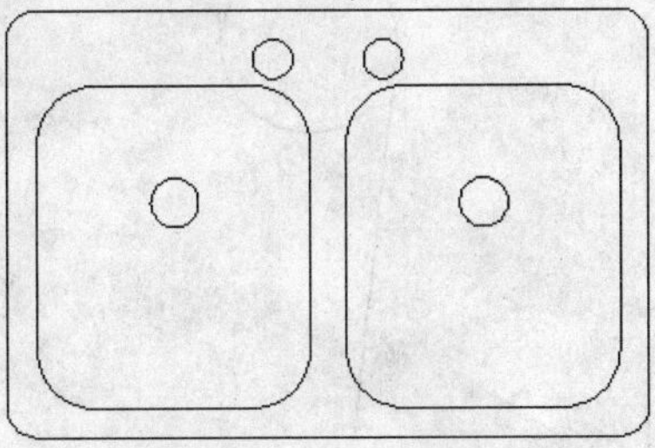

图 2-52　镜像效果

(6)　执行“直线”命令，在绘图区绘制长 11 的水平直线。

(7)　执行“圆”命令，命令行提示如下：

```
命令：_circle指定圆的圆心或 [三点 (3P) /两点 (2P) /相切、相切、半径 (T) ]：from//使用相对点法绘制圆
基点：//捕捉直线的左端点
<偏移>：@0,-28//输入偏移相对距离
指定圆的半径或 [直径 (D) ] <28.000>：28//输入圆半径，按回车键，绘制效果如图 2-53 所示
```

(8)　执行“直线”命令，命令行提示如下：

```
命令：_line 指定第一点：from//使用相对点法绘制直线
基点：//捕捉长为 11 的直线的右端点
<偏移>：@0,-235//输入相对偏移距离
指定下一点或 [放弃 (U) ]：@-14,0//指定直线的另外一点
指定下一点或 [放弃 (U) ]：//按回车键，效果如图 2-54 所示
```

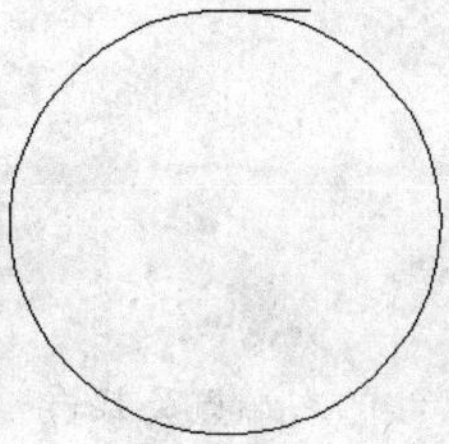

图 2-53　绘制短直线和半径 28 的圆

图 2-54　绘制长 14 的直线

(9)　执行“直线”命令，第一点捕捉步骤 7 绘制的圆右侧的切点，为了能够捕捉切点，请读者在绘制的时候设置对象捕捉模式为“切点”，第二点为步骤 8 绘制的直线的左端点，效果如图 2-55 所示。

(10)　执行“修剪”命令，以长为 11 的直线和步骤 9 绘制的直线为剪切边，修剪对象为半径为 28 的圆，修剪效果如图 2-56 所示。

(11)　执行“镜像”命令，以图 2-56 所示的图形为镜像对象，以过长为 11 和 14 的直线的右端点的直线为镜像线，镜像效果如图 2-57 所示，这样水龙头就绘制完成了。

图 2-55　捕捉切点和端点绘制直线

图 2-56　修剪圆

（12） 回到步骤 5 已经绘制完成的洗菜池图形，执行“直线”命令，捕捉圆心绘制直线，效果如图 2-58 所示。

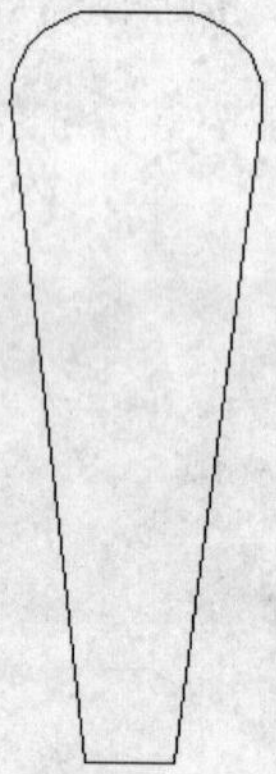

图 2-57　绘制完成的水龙头

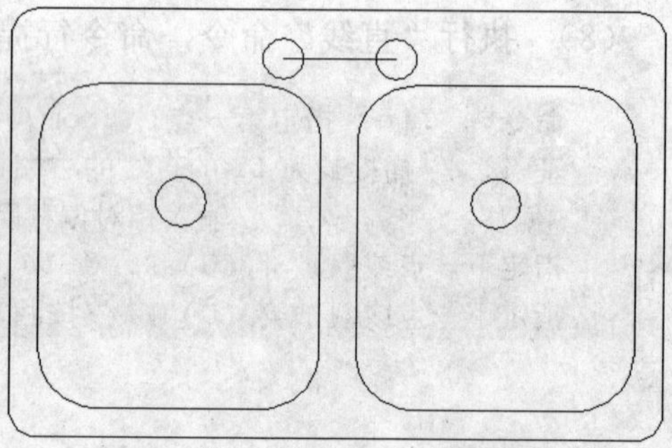

图 2-58　连接开关圆心绘制直线

（13） 执行“移动”命令，命令行提示如下：

```
命令: _move
选择对象: 指定对角点: 找到 8 个//选择图 2-57 所示的图形
选择对象://按回车键，完成选择
指定基点或 [位移（D）] <位移>:  //拾取步骤 6 绘制的直线的右端点为基点
指定第二个点或 <使用第一个点作为位移>: from//使用相对点法确定插入点
基点: //捕捉步骤 12 绘制的直线的中点为基点
<偏移>: @0,-10//输入相对坐标，按回车键，移动效果如图 2-59 所示
```

（14） 执行“旋转”命令，命令行提示如下：

```
命令: _rotate
UCS 当前的正角方向:  ANGDIR=逆时针  ANGBASE=0
选择对象: 指定对角点: 找到 8 个//选择步骤 13 移动的图形
选择对象://按回车键，完成选择
指定基点://指定与步骤 13 同样的基点
指定旋转角度，或 [复制（C）/参照（R）] <0>:  -30//输入旋转角度，效果如图 2-60 所示
```

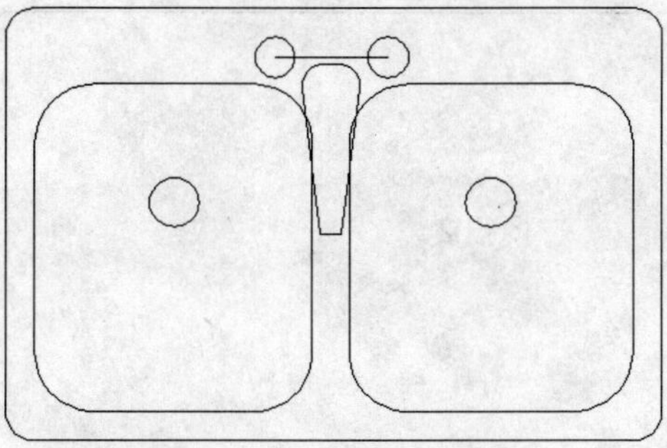

图 2-59　移动水龙头效果

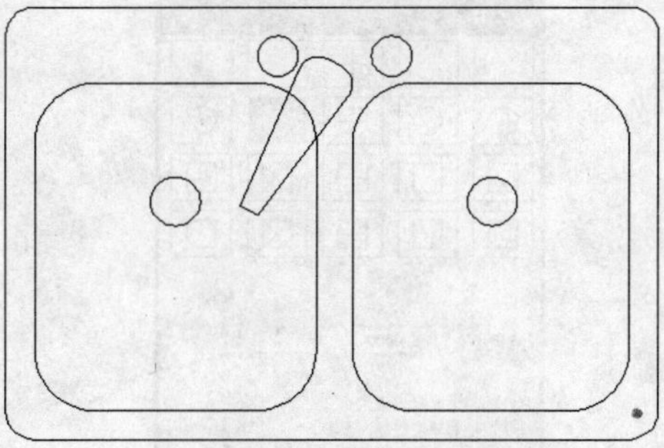

图 2-60　旋转水龙头效果

（15）　执行“修剪”命令，修剪被水龙头挡住的图线，修剪效果如图 2-61 所示。

（16）　选择“绘图”|“块”|“创建”命令，弹出“块定义”对话框，设置如图 2-62 所示，基点为圆角矩形 900×600 的上边中点。

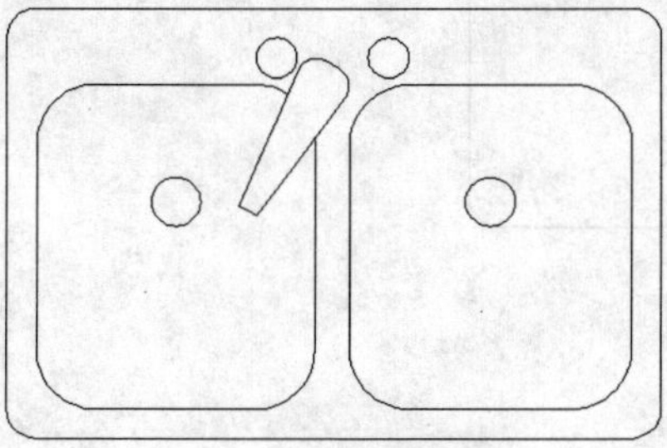

图 2-61　修剪图线

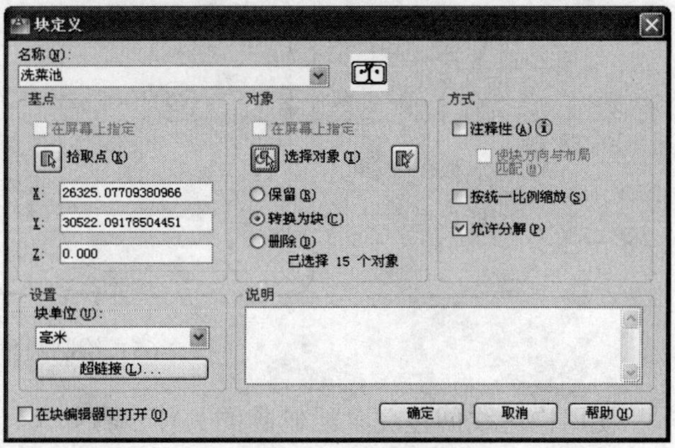

图 2-62　定义洗菜池图块

2.2.6　实例 09——辅助点和构造线定位绘制洗菜池

下面介绍使用辅助点法和构造线法绘制洗菜池轮廓的方法。

使用辅助点法绘图的具体步骤如下：

（1）　选择“格式”|“点样式”命令，打开“点样式”对话框，如图 2-63 所示选择点样式，单击“确定”按钮，完成设置。

（2）　执行“点”命令，命令行提示如下：

```
命令: _point
当前点模式:  PDMODE=35  PDSIZE=0.000
指定点: from//使用相对点法绘制点
基点: //捕捉点 1
<偏移>: @192.5,290//输入相对偏移距离，按回车键，效果如图 2-64 所示
```

（3）　执行“矩形”命令，绘制圆角矩形，圆角半径为 83，第一个角点为点 1，第二个角点相对坐标是（@385,454）。

（4）　执行“圆”命令，圆心为点 2，半径为 34，效果如图 2-65 所示。其他定位点确认方式与此类似，不再赘述。

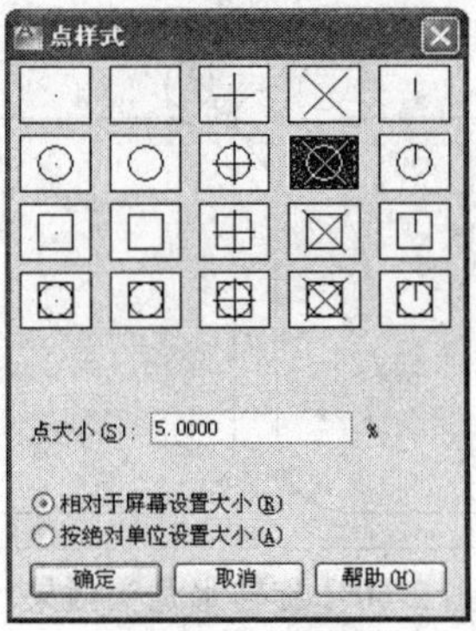

图 2-63　设置点样式

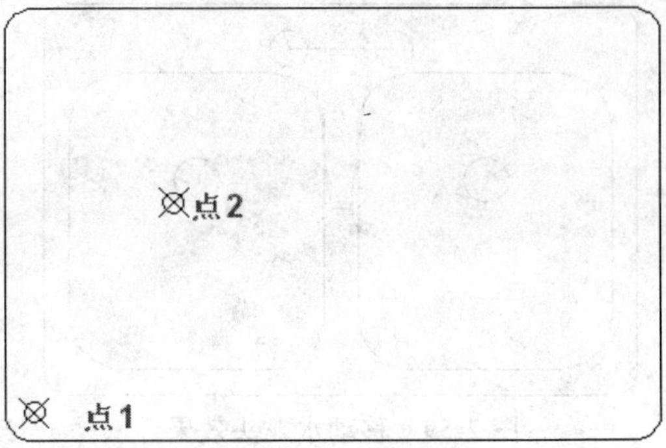

图 2-64　创建两个点

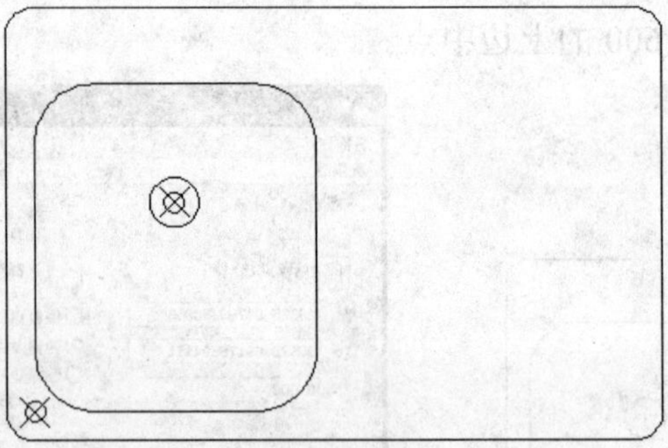
图 2-65　绘制圆角矩形和圆

使用构造线创建洗菜池轮廓的具体步骤如下：

（1）　首先绘制圆角矩形 900×600，圆角半径为 40。

（2）　执行“构造线”命令，过步骤 1 绘制的圆角矩形的下边绘制水平构造线，过步骤 1 绘制圆角矩形的左边绘制垂直构造线，效果如图 2-66 所示。

（3）　使用“偏移”命令，分别将垂直构造线向左偏移 40，232.5，372，效果如图 2-67 所示。

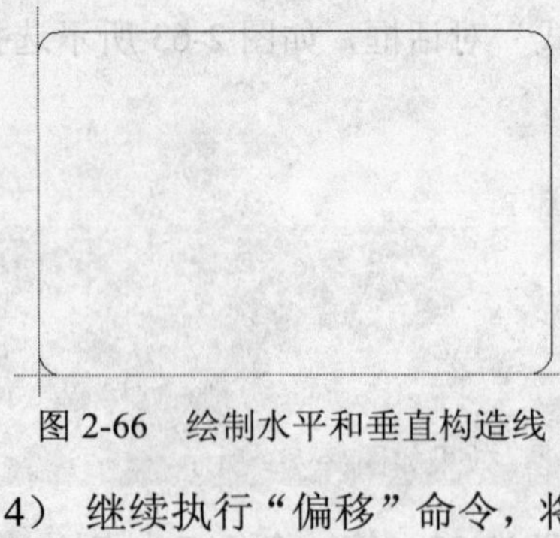
图 2-66　绘制水平和垂直构造线

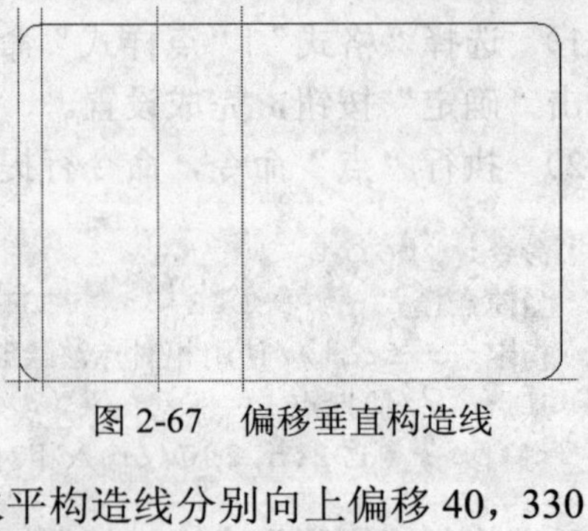
图 2-67　偏移垂直构造线

（4）　继续执行“偏移”命令，将步骤 2 绘制的水平构造线分别向上偏移 40，330，531，构造线交点形成了 3 个辅助点，点 1，点 2，点 3，效果如图 2-68 所示。

（5）　以点 1 为第一个角点，绘制圆角半径为 83 的圆角矩形 385×454，以点 2 为圆心绘制半径为 34 的圆，以点 3 为圆心绘制半径为 28 的圆，效果如图 2-69 所示。

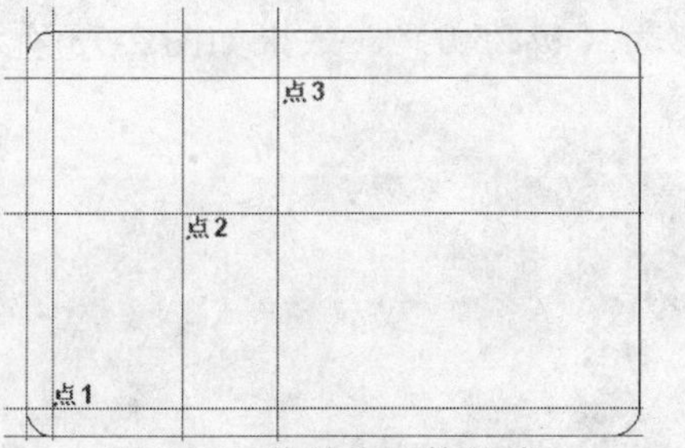

图 2-68　偏移水平构造线

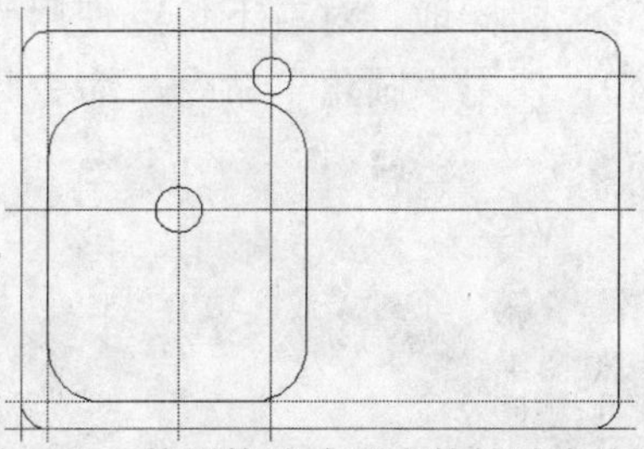
图 2-69　使用构造线形成的辅助点绘图

2.2.7　实例 10——水龙头其他画法

当然，对于洗菜池中的水龙头也有其他的画法，就看用户能不能灵活运用二维绘图和编辑命令，下面再介绍两种绘制水龙头的画法。

第一种方法的具体步骤如下：

（1）执行“矩形”命令，命令行提示如下：

```
命令: _rectang
当前矩形模式:  圆角=83.000
指定第一个角点或 [倒角(C)/标高(E)/圆角(F)/厚度(T)/宽度(W)]: f//输入f，设定圆角半径
指定矩形的圆角半径 <83.000>: 0//输入圆角半径为0
指定第一个角点或 [倒角(C)/标高(E)/圆角(F)/厚度(T)/宽度(W)]://在绘图区任意指定一点
指定另一个角点或 [面积(A)/尺寸(D)/旋转(R)]: @78,235//输入另一个角点的相对坐标，按回车键，效果如图 2-70 所示
```

（2）使用夹点编辑方法，选择矩形，出现 4 个蓝色的夹点，选择左下角的夹点，使其变红，处于热态，可编辑，命令行提示如下：

```
命令:
** 拉伸 **
指定拉伸点或 [基点(B)/复制(C)/放弃(U)/退出(X)]: b//输入b，要求指定基点
指定基点://捕捉矩形的左下角点为基点，如图 2-71 所示
** 拉伸 **
指定拉伸点或 [基点(B)/复制(C)/放弃(U)/退出(X)]: @25,0//输入点的偏移距离，按回车键，效果如图 2-72 所示
```

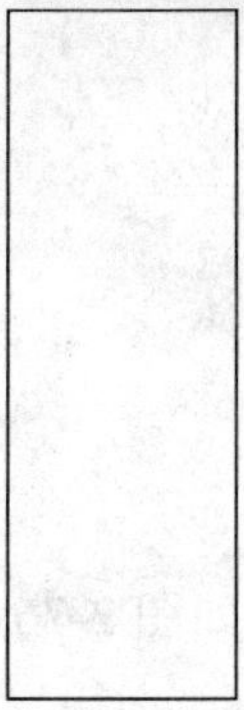
图 2-70　绘制矩形

图 2-71　捕捉夹点编辑基点

图 2-72　夹点编辑效果

（3） 同样地，对右下角点使用夹点编辑，偏移为（@-25,0），效果如图 2-73 所示。

（4） 使用“圆角”命令，命令行提示如下：

```
命令: _fillet
当前设置: 模式 = 修剪, 半径 = 0.000
选择第一个对象或 [放弃(U)/多段线(P)/半径(R)/修剪(T)/多个(M)]: r//输入r，指定圆角半径
指定圆角半径 <0.000>: 28//输入圆角半径
选择第一个对象或 [放弃(U)/多段线(P)/半径(R)/修剪(T)/多个(M)]://选择变形后矩形的上边
选择第二个对象，或按住 Shift键选择要应用角点的对象://选择变形后矩形的左边，圆角效果如图 2-74 所示。
```

（5） 使用同样的方法，对另一侧进行圆角，圆角效果如图 2-75 所示，水龙头绘制完毕。

图 2-73 另一个角点夹点编辑效果

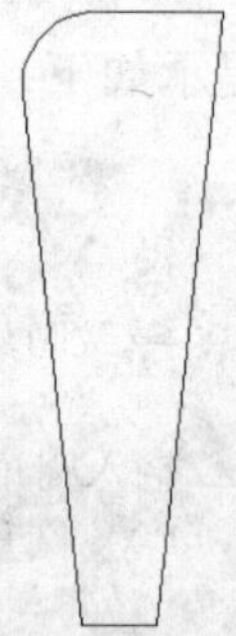

图 2-74 圆角矩形的一个角

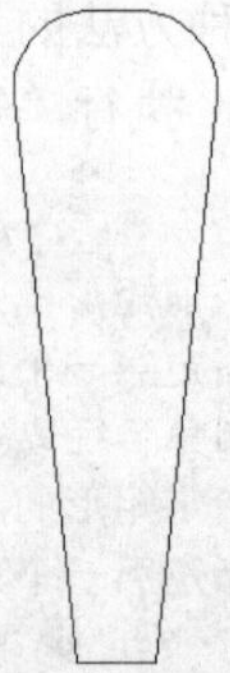

图 2-75 圆角矩形的另一个角

以上方法灵活运用了圆角和夹点编辑方法，另外介绍一种方法，即直接绘制多段线，然后使用圆角命令对多段线进行圆角，具体操作步骤如下。

（1） 执行“多段线”命令，命令行提示如下：

```
命令: _pline
指定起点://在绘图区任意指定一点
当前线宽为 0.000
指定下一个点或 [圆弧(A)/半宽(H)/长度(L)/放弃(U)/宽度(W)]: @28,0//输入相对坐标
指定下一点或 [圆弧(A)/闭合(C)/半宽(H)/长度(L)/放弃(U)/宽度(W)]:@25,235//输入相对坐标
指定下一点或 [圆弧(A)/闭合(C)/半宽(H)/长度(L)/放弃(U)/宽度(W)]:@-78,0//输入相对坐标
指定下一点或 [圆弧(A)/闭合(C)/半宽(H)/长度(L)/放弃(U)/宽度(W)]: c//输入c，形成闭合，绘制完成的效果与图 2-73 相同。
```

（2） 接下来的步骤与上面的步骤 4，5 相同，不再赘述。

2.2.8 实例 11——转角沙发的绘制

本例将使用最基本的绘图和编辑命令，创建圆角沙发的平面效果图，如图 2-76 所示。

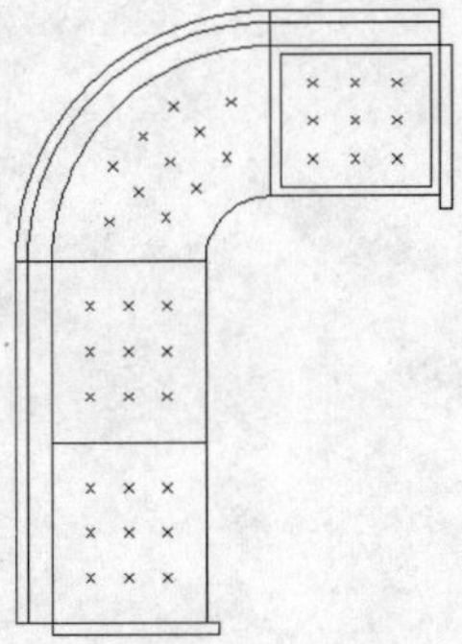

图 2-76　圆角沙发效果图

具体操作步骤如下：

（1）执行“多段线”命令，命令行提示如下：

```
命令：_pline
指定起点://在绘图区任意指定一点
当前线宽为 0.000
指定下一个点或 [圆弧（A）/半宽（H）/长度（L）/放弃（U）/宽度（W）]：@0,1360//输入下一点相对坐标
指定下一点或 [圆弧（A）/闭合（C）/半宽（H）/长度（L）/放弃（U）/宽度（W）]：a//输入 a，开始绘制圆弧
指定圆弧的端点或
[角度（A）/圆心（CE）/闭合（CL）/方向（D）/半宽（H）/直线（L）/半径（R）/第二个点（S）/放弃（U）/宽度（W）]：a//输入 a，要求输入角度
指定包含角：-90//输入包含角角度
指定圆弧的端点或 [圆心（CE）/半径（R）]：r//输入 r，要求输入半径
指定圆弧的半径：240//输入圆弧半径尺寸
指定圆弧的弦方向 <90>：45//输入圆弧弦的角度方向
指定圆弧的端点或
[角度（A）/圆心（CE）/闭合（CL）/方向（D）/半宽（H）/直线（L）/半径（R）/第二个点（S）/放弃（U）/宽度（W）]：l//输入 l，开始绘制直线
指定下一点或 [圆弧（A）/闭合（C）/半宽（H）/长度（L）/放弃（U）/宽度（W）]：@625,0//输入相对坐标
指定下一点或 [圆弧（A）/闭合（C）/半宽（H）/长度（L）/放弃（U）/宽度（W）]：//按回车键，绘制完成，效果如图 2-77 所示
```

（2）执行“偏移”命令，命令行提示如下：

```
命令：_offset
当前设置：删除源=否　图层=源　OFFSETGAPTYPE=0
指定偏移距离或 [通过（T）/删除（E）/图层（L）] <566.000>:566//输入偏移距离
选择要偏移的对象，或 [退出（E）/放弃（U）] <退出>://选择步骤 1 绘制的多段线
指定要偏移的那一侧上的点，或 [退出（E）/多个（M）/放弃（U）] <退出>://向左上偏移
```

（3）继续执行“偏移”命令，将步骤 1 绘制的多段线向左上偏移 654，700，效果如图 2-78 所示。

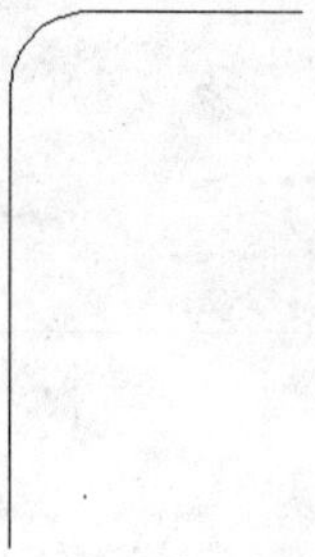

图 2-77　绘制多段线

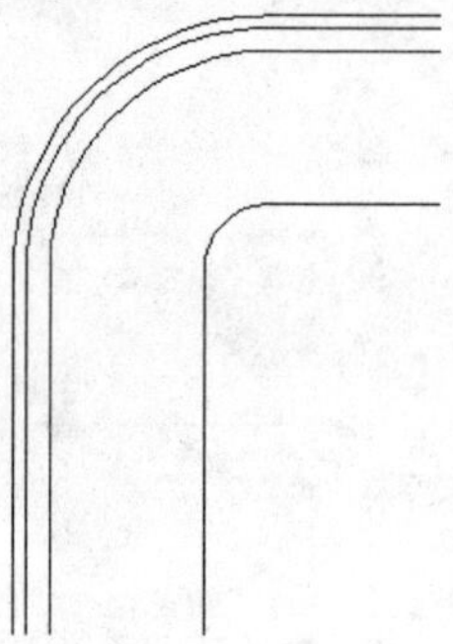

图 2-78　偏移多段线

（4）　使用“直线”命令连接多段线的端点，效果如图 2-79 所示。

（5）　绘制矩形，第一个矩形第一个角点为点 1，第二个角点相对坐标为（@42,-616），第二个矩形第一个角点为点 2，第二个角点的相对坐标为（@616,-42），效果如图 2-80 所示。

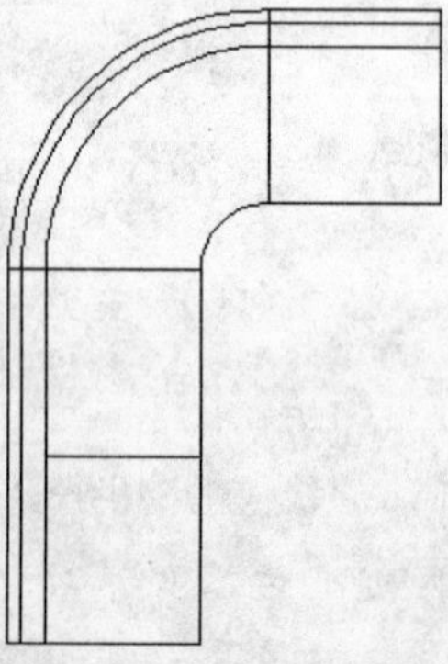

图 2-79　连接多段线端点

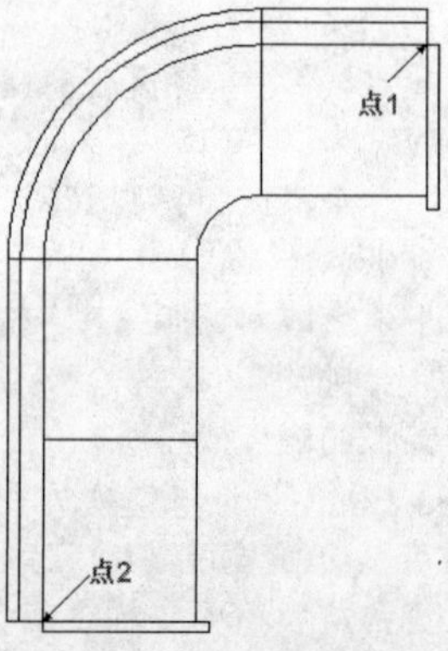

图 2-80　绘制沙发扶手矩形

（6）　绘制沙发面装饰，执行“直线”命令，绘制直线，第一点为绘图区任意点，第二点相对坐标为（@30,30）。

（7）　执行“镜像”命令，命令行提示如下：

```
命令：_mirror
选择对象：找到 1 个//选择步骤 6 绘制的直线
选择对象：//按回车键，完成选择
指定镜像线的第一点：//捕捉直线的中点
指定镜像线的第二点：@0,10//使用相对坐标确定镜像线的第二点
要删除源对象吗？[是（Y）/否（N）] <N>://按回车键，完成镜像，效果如图 2-81 所示
```

（8）　执行“移动”命令，命令行提示如下：

```
命令：_move
选择对象：指定对角点：找到 2 个//选择步骤 7 镜像完成的图形
选择对象：//按回车键，完成选择
指定基点或 [位移（D）] <位移>：  //任意拾取一点为基点
指定第二个点或 <使用第一个点作为位移>：from//输入 from，使用相对点法确定插入点
基点：//如图 2-82 所示点为基点
<偏移>：@141.5,170//输入相对坐标，按回车键，完成移动
```

图 2-81　使用构造辅助点绘图

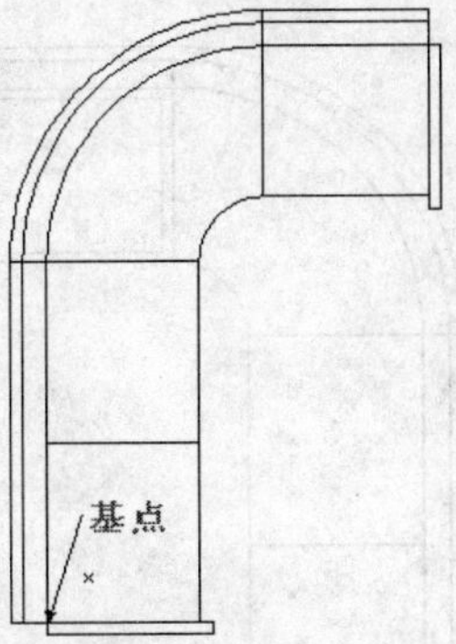

图 2-82　使用构造辅助点绘图

（9）执行“矩形阵列”命令，阵列对象为步骤 8 移动的图形，行数为 7，列数为 3，行偏移为 170，列偏移为 141.5，阵列效果如图 2-83 所示。

（10）执行“矩形”命令绘制矩形，第一个角点和第二个角点如图 2-84 所示。

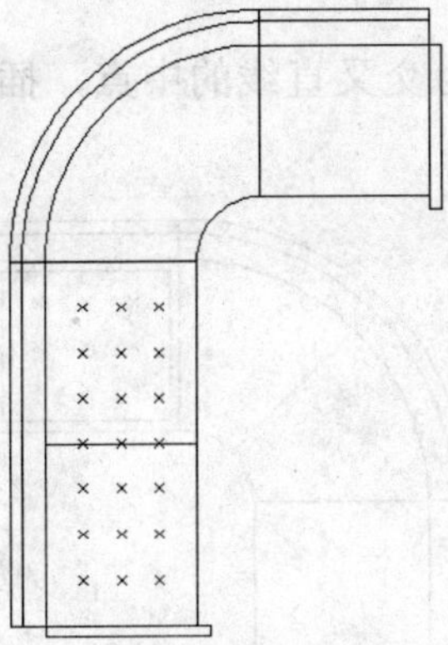

图 2-83　矩形阵列效果

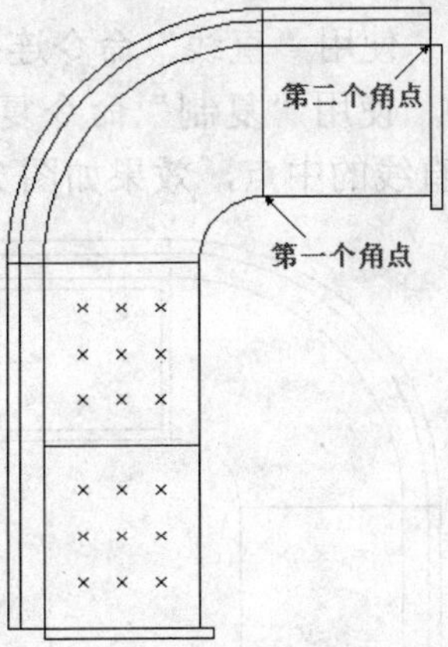

图 2-84　捕捉角点绘制矩形

（11）使用“偏移”命令将步骤 10 绘制的矩形向内偏移 35，并删除步骤 10 绘制的矩形，效果如图 2-85 所示。

（12）使用“复制”命令，命令行提示如下：

```
命令：_copy
选择对象：指定对角点：找到 2 个//选择步骤 8 移动的交叉直线
选择对象://按回车键，完成选择
当前设置：  复制模式 = 多个
指定基点或［位移（D）/模式（O）］<位移>：  //拾取直线的中点为基点
指定第二个点或［阵列（A）］<使用第一个点作为位移>：from//使用相对点法确定插入点
基点：//捕捉步骤 11 绘制的矩形的左下角点为基点
<偏移>：@156.25,141.5//输入偏移距离
指定第二个点或［阵列（A）/退出（E）/放弃（U）］<退出>：//按回车键，效果如图 2-86
所示
```

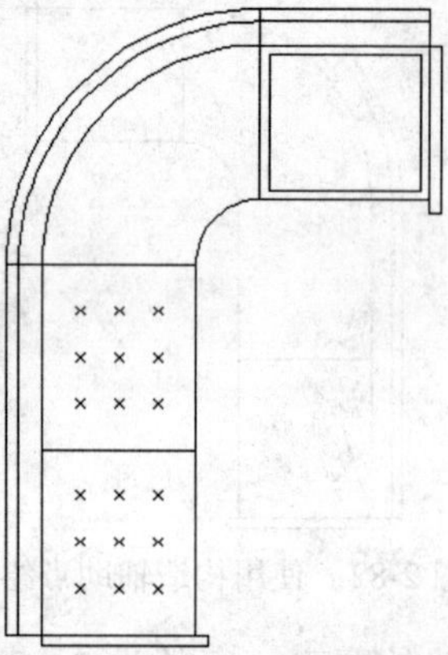

图 2-85　向内偏移矩形

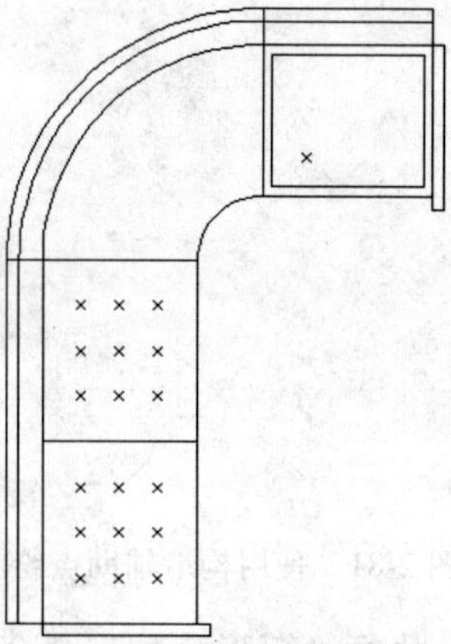

图 2-86　复制交叉直线

（13）继续执行“矩形阵列”命令，阵列步骤 12 复制的图形，行数为 3，列数为 3，行间距为 141.5，列间距为 156.25，效果如图 2-87 所示。

（14）使用“直线”命令连接圆弧中点绘制直线。

（15）使用“复制”命令复制交叉直线符号，基点为交叉直线的中点，插入点为步骤 14 绘制的直线的中点，效果如图 2-88 所示。

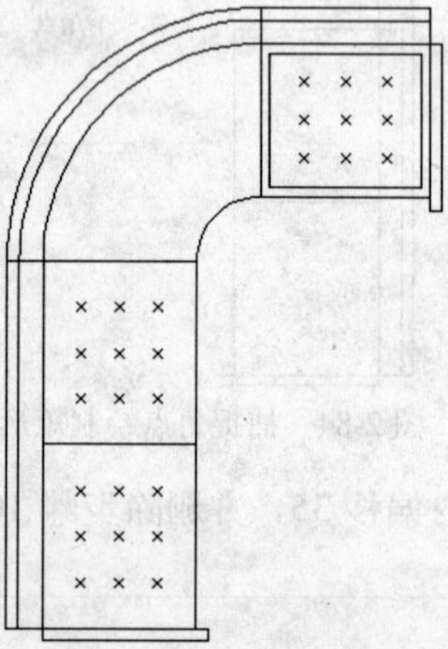

图 2-87　矩形阵列效果

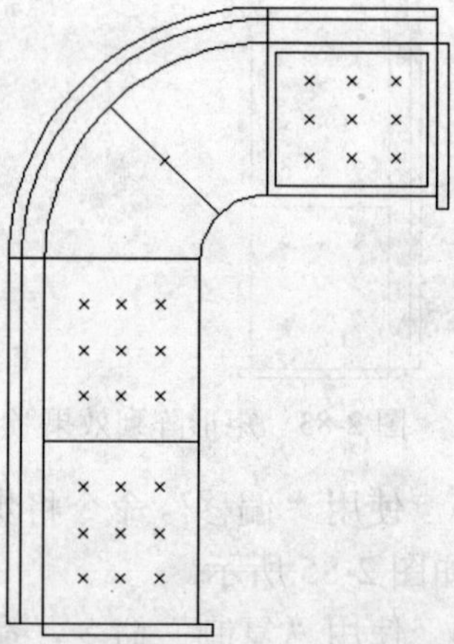

图 2-88　在圆弧中点连线复制交叉直线

（16）执行“矩形阵列”命令，进行矩形阵列，选择步骤 15 复制的交叉直线为阵列对象，行数为 2，列数为 3，行间距为 137，列间距为 158，角度为 45º，阵列效果如图 2-89 所示。

（17）在步骤 16 阵列完成的图形中，删除最上方的交叉直线符号。

（18）执行“镜像”命令，镜像对象为步骤 17 删除完成后遗留的斜向交叉直线符号，镜像轴经过右下交叉直线中点，镜像效果如图 2-90 所示。

（19）执行“镜像”命令，镜像对象为步骤 18 镜像完成后的斜向交叉直线符号，镜像轴经过左下交叉直线中点，镜像

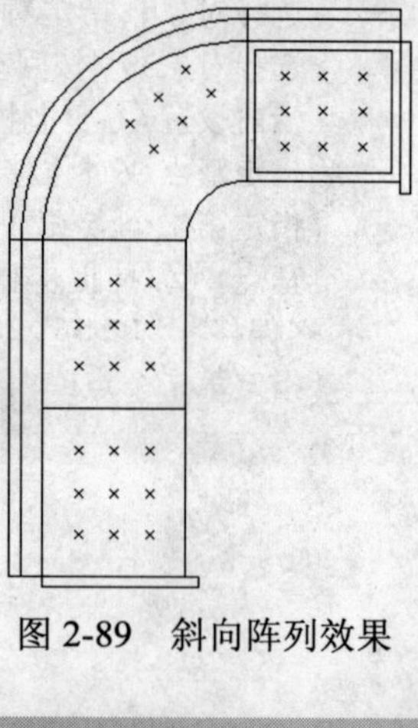

图 2-89　斜向阵列效果

效果如图 2-91 所示。

（20） 选择“绘图”|“块”|“创建”命令，弹出“块定义”对话框，名称为“转角沙发”，基点为转角的圆心，选择图 2-91 所有的图形定义为图库。

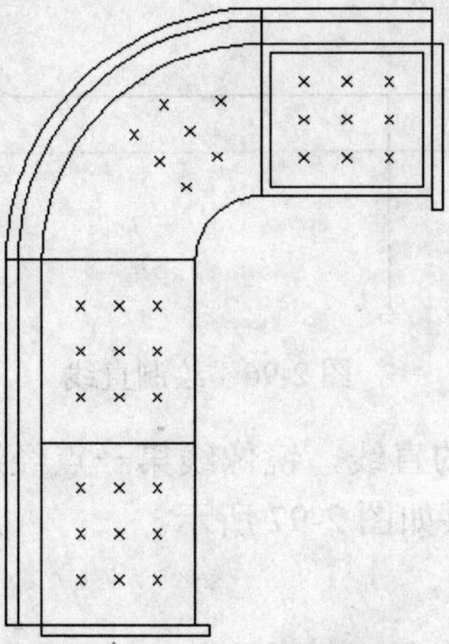

图 2-90 一次镜像效果

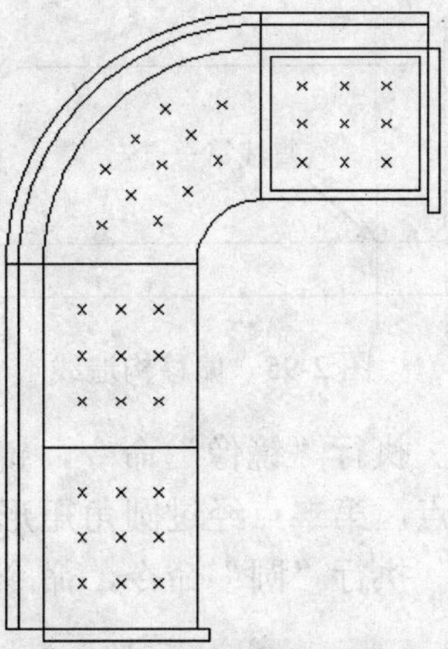

图 2-91 二次镜像效果

2.2.9 实例 12——坐便器的绘制

坐便器是洗手间最常见的洁具，其组成通常为各种圆弧、椭圆弧或者样条曲线，以及各种直线、矩形、圆组成。

本节通过绘制如图 2-92 所示的坐便器平面图，帮助用户掌握洁具图形的基本画法。

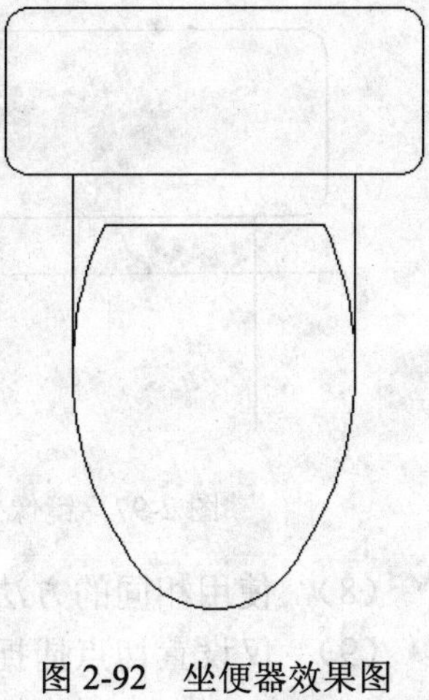

图 2-92 坐便器效果图

具体操作步骤如下：

（1） 执行“矩形”命令，绘制圆角矩形 500×200，圆角半径 30，效果如图 2-93 所示。

（2） 执行“构造线”命令，经过步骤 1 绘制的矩形的下边绘制水平构造线，经过步骤 1 绘制的矩形的左边绘制垂直构造线，效果如图 2-94 所示。

（3） 执行“偏移”命令，将步骤 2 绘制的垂直构造线向右偏移 80，效果如图 2-95 所示。

（4） 执行“偏移”命令，将步骤 2 绘制的水平构造线向下偏移 60，效果如图 2-95 所示。

图 2-93 绘制圆角矩形

图 2-94 绘制垂直和水平构造线

（5） 绘制直线，第一点为如图 2-95 所示的交点，第二点坐标为（@0，-230），删除其他构造线，仅留一条构造线，效果如图 2-96 所示。

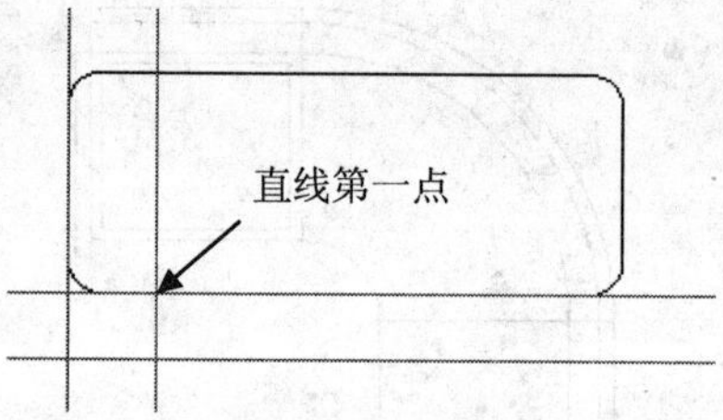

图 2-95 偏移构造线

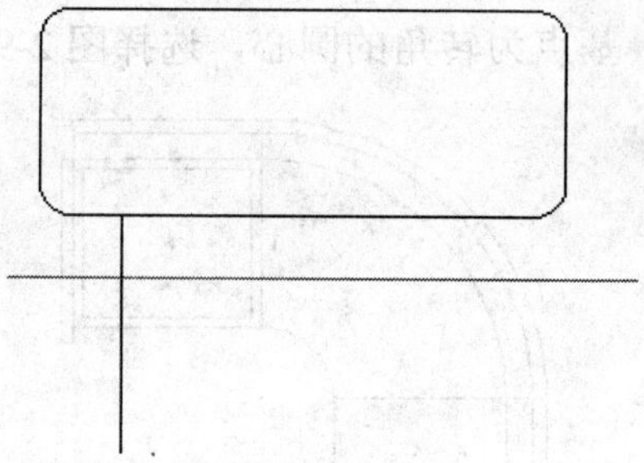

图 2-96 绘制直线

（6） 执行“镜像”命令，镜像对象为步骤 5 绘制的直线，镜像线第一点经过圆角矩形的上边中点，第二点经过圆角矩形的下边中点，镜像效果如图 2-97 所示。

（7） 执行“圆”命令，命令行提示如下：

```
命令：_circle 指定圆的圆心或 [三点（3P）/两点（2P）/相切、相切、半径（T）]：from//使用相对点法指定圆的圆心
基点：//捕捉左侧直线的下端点
<偏移>：@400,0//输入偏移相对距离
指定圆的半径或 [直径（D）] <28.000>：400//输入圆半径，按回车键，效果如图 2-98 所示
```

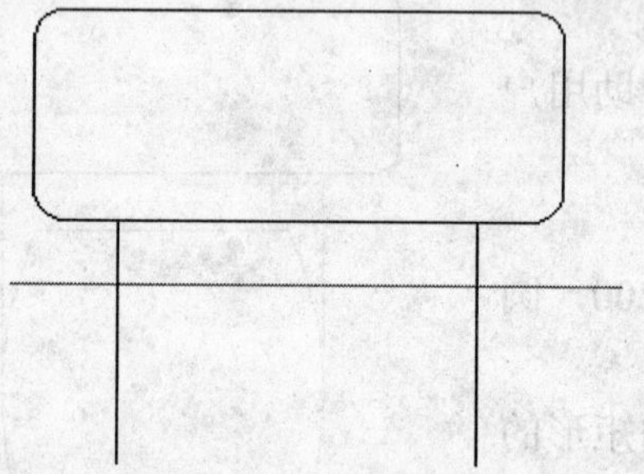

图 2-97 镜像效果

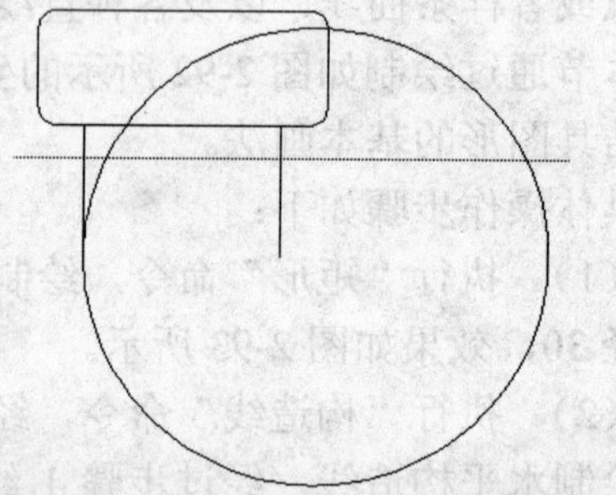

图 2-98 绘制半径为 400 的圆

（8） 使用相同的方法绘制另外一个圆，效果如图 2-99 所示。

（9） 仅设置切点捕捉模式，执行“圆”命令，命令行提示如下：

```
命令：_circle 指定圆的圆心或 [三点（3P）/两点（2P）/相切、相切、半径（T）]：t//输入 t，表示采用相切、相切、半径法绘制圆
指定对象与圆的第一个切点：//捕捉半径为 400 的左侧圆内部切点
指定对象与圆的第二个切点：//捕捉半径为 400 的右侧圆内部切点
指定圆的半径 <400.000>：110//输入圆半径，按回车键，效果如图 2-100 所示
```

（10） 执行“修剪”命令，修剪上面绘制的 3 个圆，修剪效果如图 2-101 所示。

（11） 删除辅助线，执行“直线”命令连接圆弧端点，效果如图 2-102 所示。

（12） 选择“绘图”|“块”|“创建”命令，弹出“块定义”对话框，设置基点为圆角矩形的上边中点，图块名称为“坐便器”，选择如图 2-102 所示的图形，单击“确定”按钮，完成图块定义。

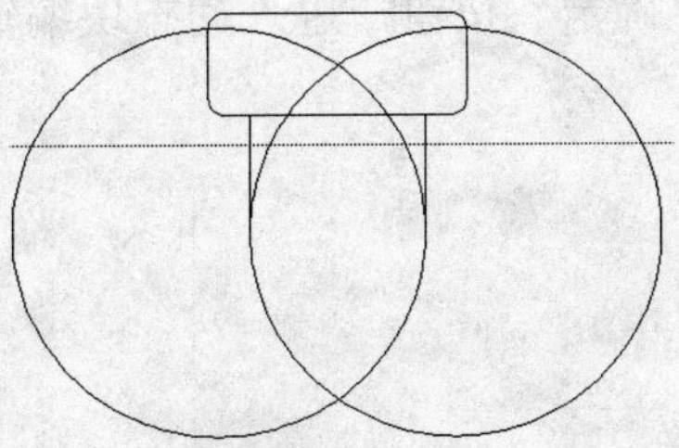

图 2-99　创建另外一个半径为 400 的圆

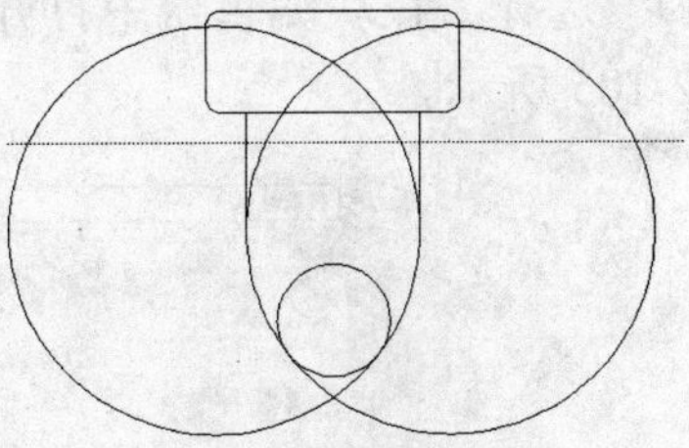

图 2-100　创建相切圆

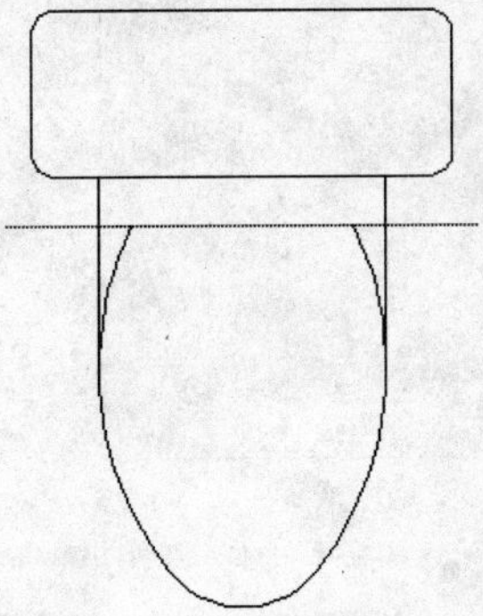

图 2-101　修剪圆

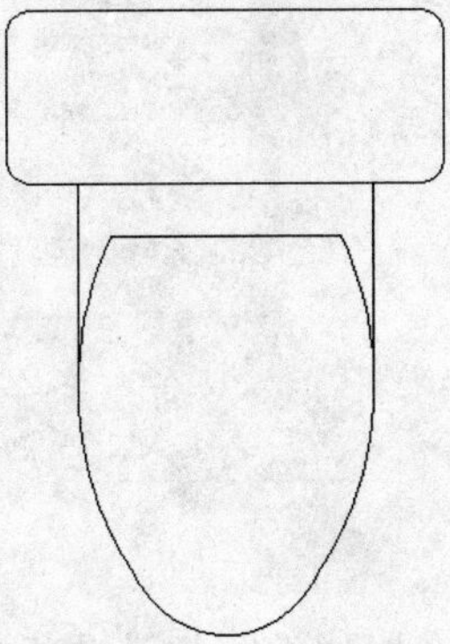

图 2-102　补充直线

2.2.10　实例 13——动态窗的绘制

在建筑制图中，门窗的尺寸其宽度通常是不固定的，但是平面图中的形状基本是相似的，为了制图的方便，我们通常将门窗图形创建成动态图块，在绘制门窗平面图时，只需要插入图块，指定一定的参数就行。下面通过一个窗平面图的绘制学习门窗动态块的创建。

具体操作步骤如下：

（1）执行“矩形”命令，绘制 900×240 的矩形，执行“分解”命令，将绘制完成的矩形分解。

（2）使用“偏移”命令，将矩形的上边向下偏移 80，将矩形的下边向上偏移 80，效果如图 2-103 所示。

（3）选择“绘图”|“块”|“创建”命令，弹出“块定义”对话框，设置如图 2-104 所示，基点为矩形的左下角点。

图 2-103　绘制窗平面图

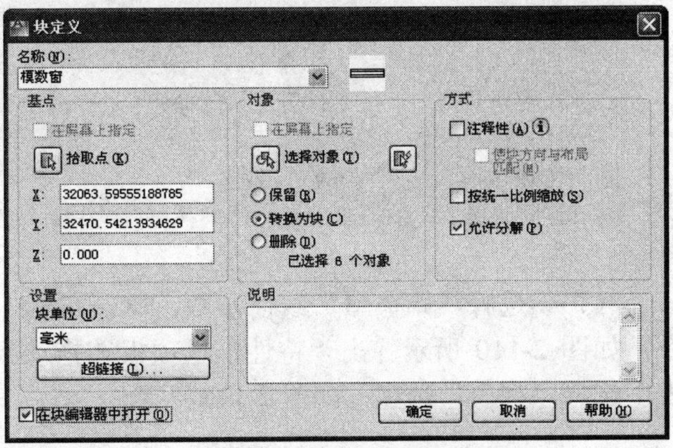

图 2-104　创建模数窗图块

（4） 选择“在块编辑器中打开”复选框，单击“确定”按钮，进入动态块编辑器，效果如图 2-105 所示。

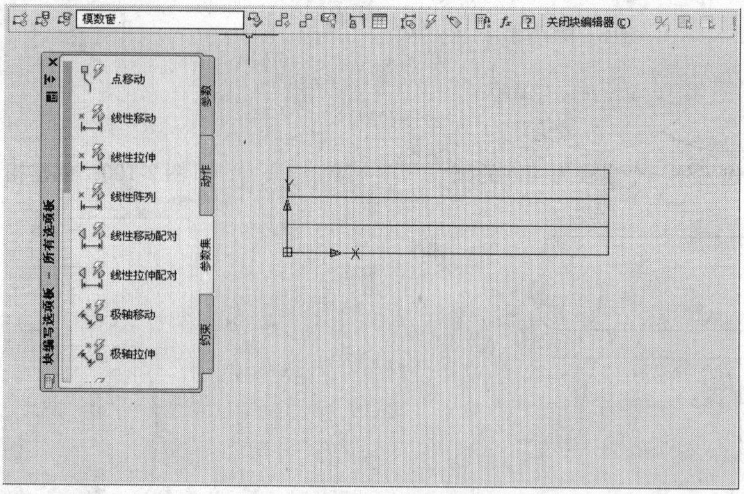

图 2-105　动态编辑器

（5） 在“块编写”选项板中，在“参数集”选项卡中，选择线性拉伸，命令行提示如下：

```
命令: _BParameter 线性
指定起点或 [名称(N)/标签(L)/链(C)/说明(D)/基点(B)/选项板(P)/值集(V)]://起点为矩形下边左端点
指定端点://端点为矩形下边右端点
指定标签位置://标签位置如图 2-106 所示
```

（6） 将光标移动到上，单击鼠标右键，在弹出的快捷菜单中选择“动作选择集”|“新建选择集”命令，命令行提示如下：

```
命令: _BParameter 线性
指定起点或 [名称(N)/标签(L)/链(C)/说明(D)/基点(B)/选项板(P)/值集(V)]:
指定端点:
指定标签位置:
命令: _bactionset
指定拉伸框架的第一个角点或 [圈交(CP)]: _n
需要点或选项关键字。
指定拉伸框架的第一个角点或 [圈交(CP)]://指定拉伸框架的第一个角点，如图 2-107 所示
指定对角点://指定对角点如图 2-141 所示
指定要拉伸的对象
选择对象: 指定对角点: 找到 7 个//使用交叉窗口选择拉伸对象，效果如图 2-108 所示
选择对象://按回车键，拉伸动作创建完成，效果如图 2-109 所示
```

（7） 选择“距离 1”线性参数，单击鼠标右键，在弹出的快捷菜单中选择“特性”命令，如图 2-110 所示弹出“特性”选项板，拖动到“值集”卷展栏，在“距离类型”下拉列表中选择“列表”选项，如图 2-111 所示。

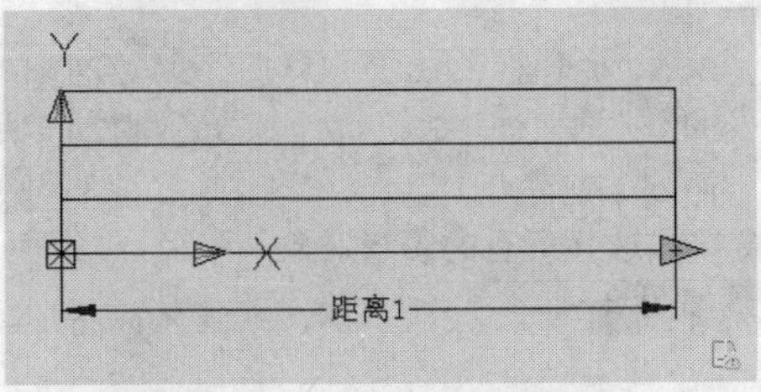

图 2-106　创建拉伸参数

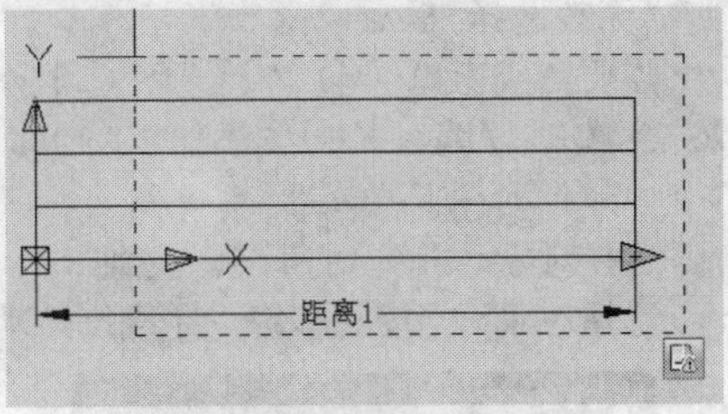

图 2-107　指定拉伸框架

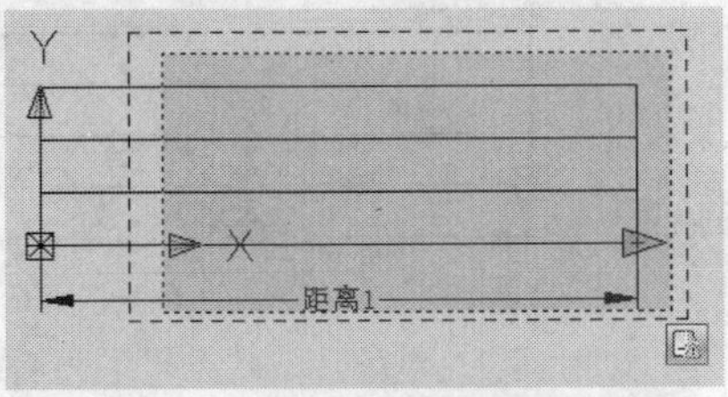

图 2-108　选择拉伸对象

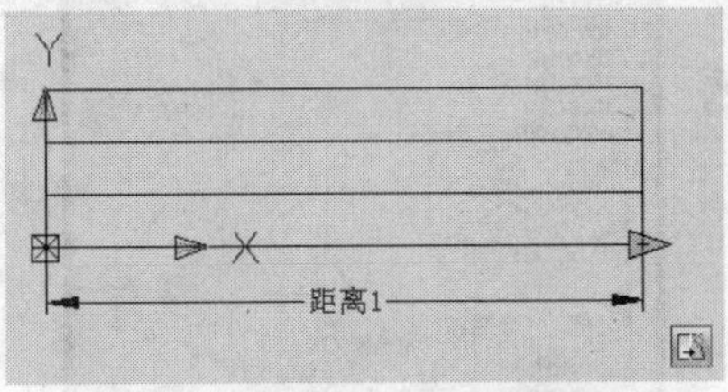

图 2-109　创建完成拉伸动作

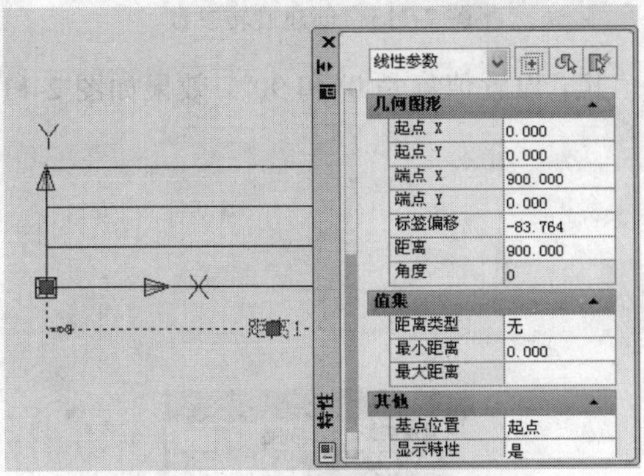

图 2-110　距离参数特性选项板

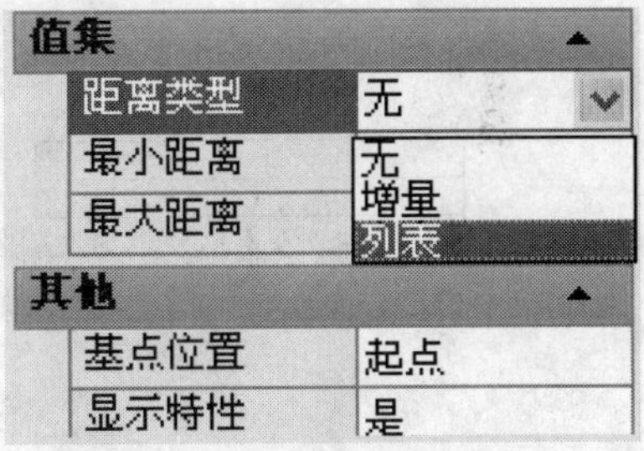

图 2-111　设置距离类型

（8）　单击“距离值列表”列表框后面的按钮，弹出“添加距离项”对话框，在“要添加的距离”文本框中添加距离值，单击“添加”按钮，添加到列表中，如图 2-112 所示添加列表中的数值，单击“确定”按钮，完成距离参数的设置。

（9）　在“块编写”选项板中，在“参数集”选项卡中，选择旋转集，命令行提示如下：

```
命令: _BParameter 旋转
指定基点或 [名称(N)/标签(L)/链(C)/说明(D)/选项板(P)/值集(V)]://基点为矩形的左下角点
指定参数半径://参数半径为下边上一点
指定默认旋转角度或 [基准角度(B)] <0>://按回车键,默认角度为 0,添加参数效果如图 2-113 所示
```

（10）　将光标移动到上，单击鼠标右键，在快捷菜单中选择“动作选择集”|“新建选择集”命令，命令行提示如下：

```
命令: _bactionset
指定动作的选择集
选择对象: _n
```

无效选择

需要点或窗口（W）/上一个（L）/窗交（C）/框（BOX）/全部（ALL）/栏选（F）/圈围（WP）/圈交（CP）/编组（G）/添加（A）/删除（R）/多个（M）/前一个（P）/放弃（U）/自动（AU）/单个（SI）

选择对象：指定对角点：找到 11 个//使用交叉窗口法选择所有的图形对象

选择对象://按回车键，完成旋转动作的创建，效果如图 2-114 所示

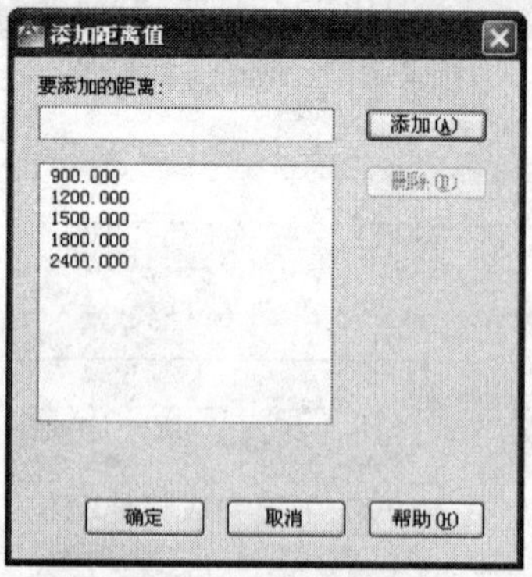

图 2-112　添加距离列表

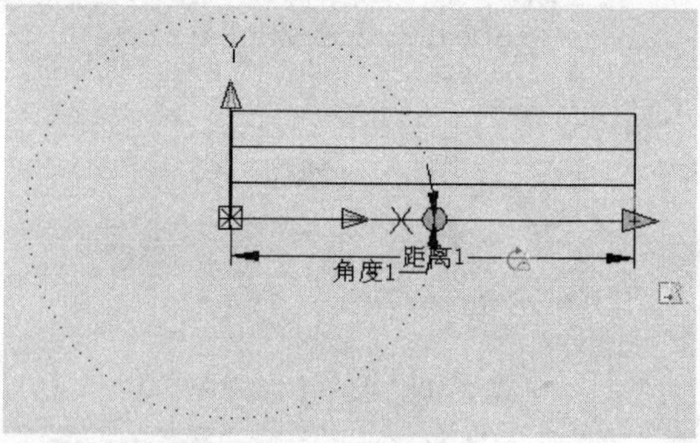

图 2-113　创建旋转参数

（11） 与步骤 7 和 8 类似，为角度参数添加值集，设置值集是 0º 和 90º，效果如图 2-115 所示。

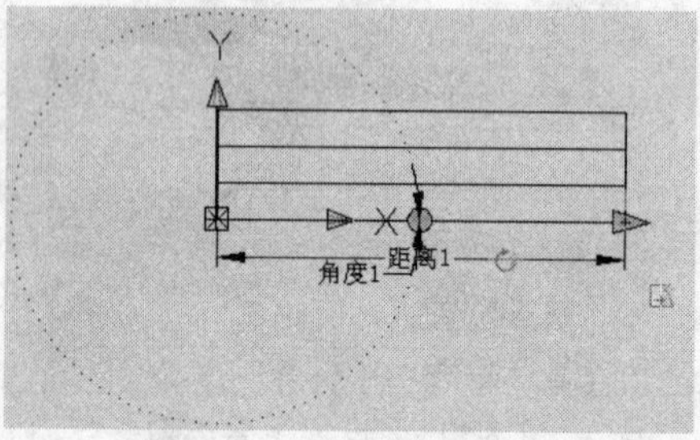

图 2-114　创建旋转动作

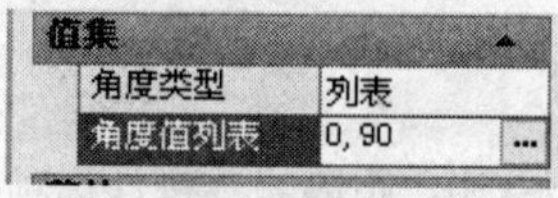

图 2-115　创建角度列表

（10） 单击“保存块定义”按钮，单击“关闭编辑器”按钮关闭块编辑器(C)关闭动态块编辑器，完成后的窗动态块如图 2-116 所示。

图 2-116　创建坐便器图块

2.3　样板图的绘制

《房屋建筑制图统一标准》GB/T5001—2001 和《建筑制图标准》GB/T50104—2001 是目前我国建筑制图主要标准，标准中对于建筑制图中图幅、标题栏等做了严格的规定，因此，在实际绘图时，通常会根据标准的规定，创建一些样板图保存在样板库里，需要使用的时候，直接调用就可以。

2.3.1 标准规定

图幅是指图纸幅面的大小，分为横式幅面和立式幅面，分为 A0、A1、A2、A3 和 A4，图幅与图框的大小规范有严格的规定。图纸以短边作为垂直边称为横式，以短边作为水平边称为立式。一般 A0～A3 图纸宜横式使用，必要时，也可立式使用，具体尺寸如表 2-1 所示及图 2-151、2-152 和 2-153 所示。

表 2-1 图幅及图框尺寸（mm）

辅面代号 尺寸代号	A0	A1	A2	A3	A4
b×1	841×1189	594×841	420×594	297×420	210×297
c	10			5	
a	25				

如果需要微缩复制的图纸，其一个边上应附有一段准确米制尺度，四个边上均附有对中标志，米制尺度的总长应为 100 mm，分格应为 10 mm。对中标志应画在图纸各边长的中点处，线宽应为 0.35 mm，伸入框内应为 5 mm，如图 2-151、2-152 和 2-153 所示。

图纸的短边一般不应加长，长边可加长，但应符合表 2-2 所示的规定。一个工程设计中，所使用的图纸，一般不宜多于两种幅面，不含目录及表格所采用的 A4 幅面。

表 2-2 图纸长边加长尺寸（mm）

幅面尺寸	长边尺寸	长边加长后的尺寸
A0	1189	1486、1635、1783、1932、2080、2230、2378
A1	841	1051、1261、1471、1682、1892、2102
A2	594	743、891、1041、1189、1338、1486、1635
A2	594	1783、1932、2080
A3	420	630、841、1051、1261、1471、1682、1892

注：有特殊需要的图纸，可采用 *b*×1 为 841 mm×891 mm 与 1189 mm×1261 mm 的幅面

纸的标题栏、会签栏及装订边的位置，如图 2-117、图 2-118 和图 2-119 所示。

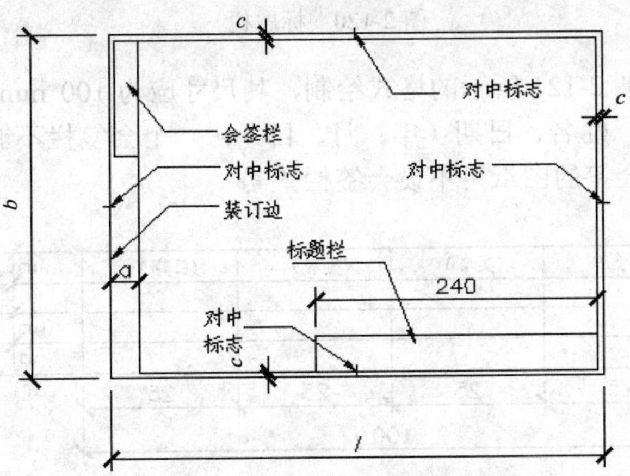

图 2-117 横式使用的图纸

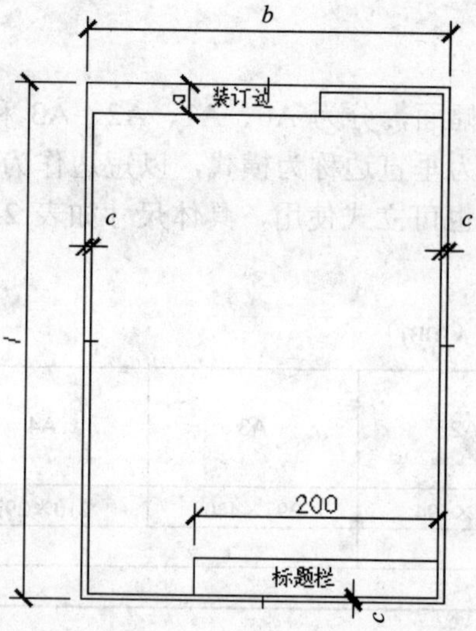

图 2-118　A0~A3 立式幅面

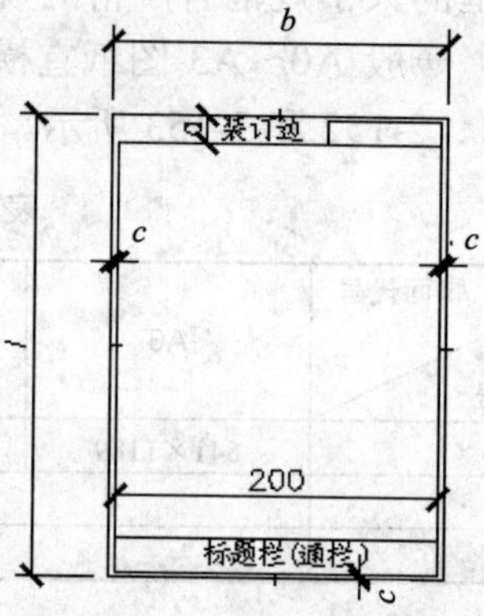

图 2-119　A4 立式幅面

其格式和具体尺寸还应符合下列规定：

（1） 标题栏应按图 2-120 所示，根据工程需要选择确定其尺寸、格式及分区。签字区应包含实名列和签名列。涉外工程的标题栏内，各项主要内容的中文下方应附有译文，设计单位的上方或左方，应加“中华人民共和国”字样。

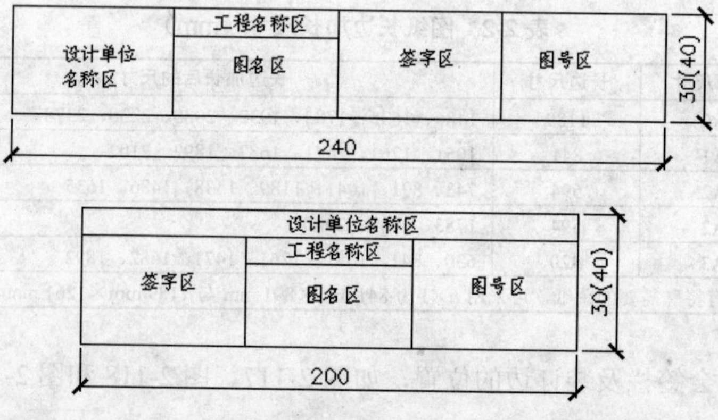

图 2-120　标题栏

（2） 会签栏应按图 2-121 所示的格式绘制，其尺寸应为 100 mm×20 mm，栏内应填写会签人员所代表的专业、姓名、日期（年、月、日）；一个会签栏不够时，可另加一个，两个会签栏应并列；不需会签的图纸可不设会签栏。

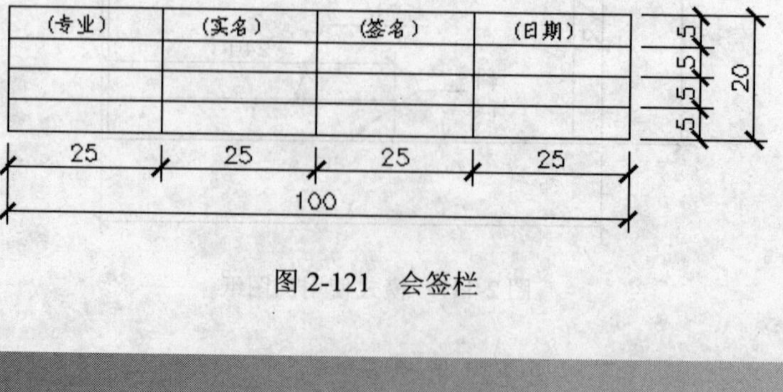

图 2-121　会签栏

（3） 图框线、标题栏线和会签栏线的宽度。

A0 和 A1 图幅的图纸的图框线的线宽采用 1.4 mm，标题栏的外框线线宽采用 0.7 mm，标题栏的分格线和会签栏线线宽采用 0.35 mm。

A2、A3 和 A4 图幅的图纸的图框线的线宽采用 1.0 mm，标题栏的外框线线宽采用 0.7 mm，标题栏的分格线和会签栏线线宽采用 0.35 mm。

比例是图形与实物相对应的线性尺寸之比。比例的大小是指比值的大小，如比例 1:50 就大于比例 1:100。比例的符号为"："，比例应以阿拉伯数字表示，如 1:1、1:2、1:100 等。同一张图纸中若只有一个比例，则在标题栏中统一注明图纸的比例大小。若在同一张图纸中有多个比例，则比例大小应该注明在图名的右侧，且字的基准线应取平；比例的字高宜比图名的字高小一号或二号，如图 2-122 所示。

底层平面图 1:100

图 2-122 比例的注写

绘图所用的比例，应根据图样的用途与被绘对象的复杂程度，从表 2-3 中选用，并优先用表中常用比例。一般情况下，一个图样应选用一种比例。根据专业制图需要，同一图样可选用两种比例。

表 2-3 绘图所用的比例

常用比例	1:1，1:2，1:5，1:10，1:20，1:50，1:100，1:150，1:200，1:500，1:1000，1:2000，1:5000，1:10000，1:20000，1:50000，1:100000，1:200000
可用比例	1:3，1:4，1:6，1:15，1:25，1:30，1:40，1:60，1:80，1:250，1:300，1:400，1:600

2.3.2 实例 14——创建 A2 样板图

创建如图 2-123 所示的 A2 图纸样板。

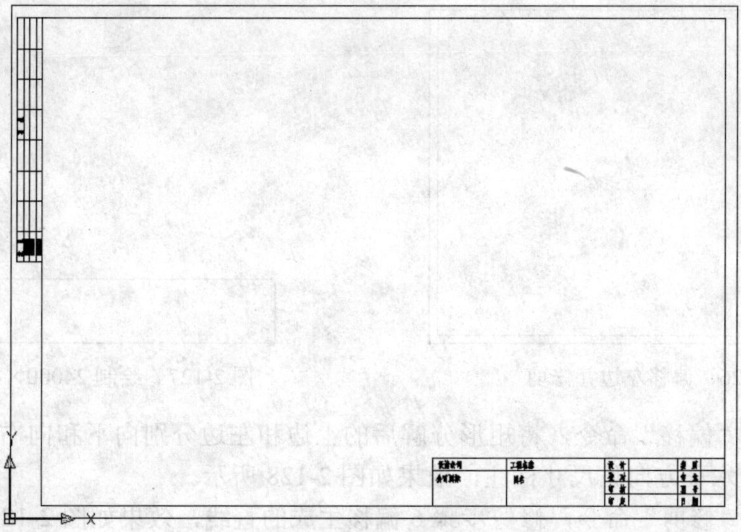

图 2-123 A2 图纸样板

具体操作步骤如下：

（1） 选择“格式”|“绘图界限”命令，命令行提示如下：

```
命令：'_limits
重新设置模型空间界限：
指定左下角点或 [开（ON）/关（OFF）] <0,0>: 0,0//输入绘图界限的左下角点
指定右上角点 <420,297>: 59400,42000//输入绘图界限的右上角点
命令：'_zoom
指定窗口的角点，输入比例因子 （nX 或 nXP），或者
[全部（A）/中心（C）/动态（D）/范围（E）/上一个（P）/比例（S）/窗口（W）/对象（O）]
<实时>: _e 正在重生成模型。//将绘图界限全部缩放到绘图区
```

（2） 执行“矩形”命令，绘制 59 400×42 000 的矩形，单击“分解”按钮，将矩形分解，效果如图 2-124 所示。

（3） 执行“偏移”命令，将矩形的上、下、右边向内偏移 1000，效果如图 2-125 所示。

图 2-124　绘制矩形

图 2-125　偏移上下右边

（4） 执行“偏移”命令，将矩形左边向右偏移 2 500，并修剪，效果如图 2-126 所示。

（5） 在绘图区任意位置绘制 24 000×4 000 矩形，执行“分解”命令将矩形分解，效果如图 2-127 所示。

图 2-126　偏移左边并修剪

图 2-127　绘制 24000×4000 矩形

（6） 使用“偏移”命令，将矩形分解后的上边和左边分别向下和向右偏移，向下偏移的距离为 1000，水平方向见尺寸标注，效果如图 2-128 所示。

（7） 执行“修剪”命令，修剪步骤 6 偏移生成的直线，效果如图 2-129 所示。

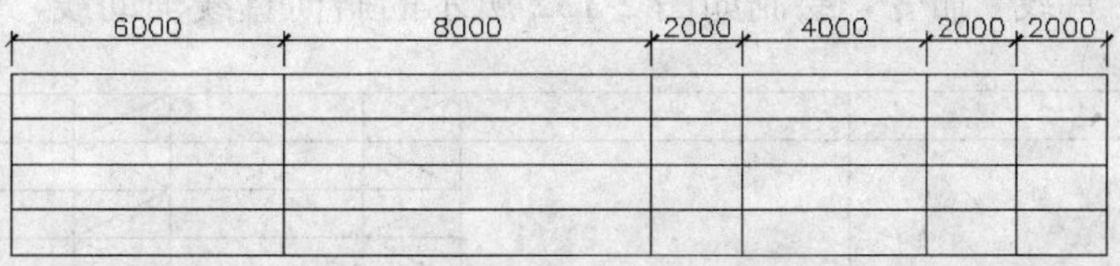

图 2-128　分解偏移

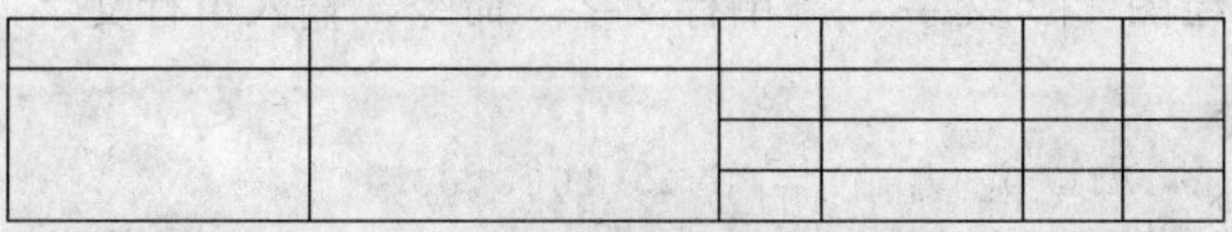

图 2-129　修剪偏移线

（8）选择“格式”|“文字样式”命令，弹出“文字样式”对话框，单击“新建”按钮，弹出“新建文字样式”对话框，在“样式名”文本框中输入“A350”，效果如图 2-130 所示。

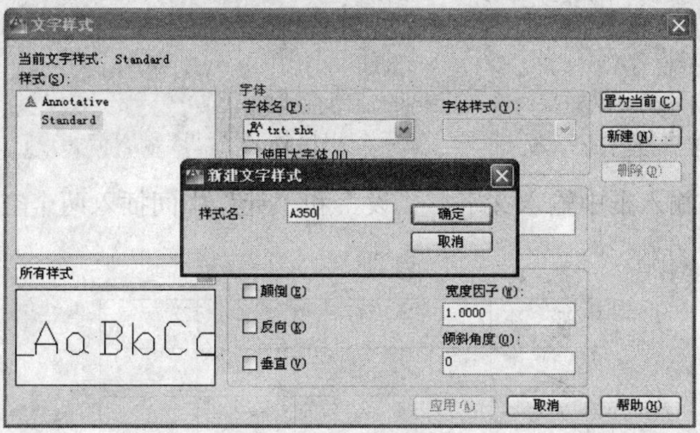

图 2-130　创建文字样式 A350

（9）单击“确定”按钮，回到“文字样式”对话框，设置参数，效果如图 2-131 所示。按照同样的方法，创建文字样式 A500、A700 和 A1000。

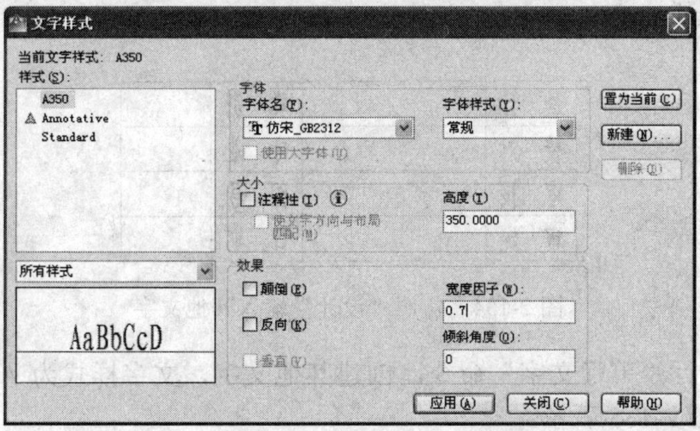

图 2-131　设置 A350 文字样式参数

（10） 使用“直线”命令，绘制如图 2-132 所示的斜向直线辅助线，以便创建文字对象。

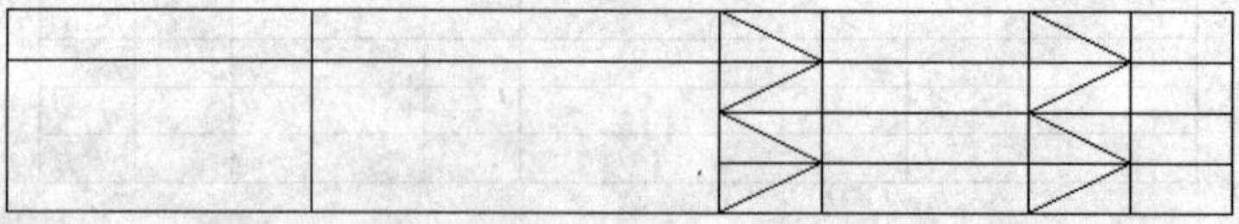

图 2-132　创建辅助直线

（11） 选择“绘图”|“文字”|“单行文字”命令，输入单行文字，命令行提示如下：

```
命令: _dtext
当前文字样式: A1000 当前文字高度: 1000.000
指定文字的起点或 [对正（J）/样式（S）]: s//输入 s，设置文字样式
输入样式名或 [?] <A1000>: A500//选择文字样式 A500
当前文字样式: A500 当前文字高度: 500.000//
指定文字的起点或 [对正（J）/样式（S）]: j//输入 j，指定对正样式
输入选项
[对齐（A）/调整（F）/中心（C）/中间（M）/右（R）/左上（TL）/中上（TC）/右上（TR）/左中（ML）/正中（MC）/右中（MR）/左下（BL）/中下（BC）/右下（BR）]: mc//输入 mc，表示正中对正
指定文字的中间点://捕捉所在单元格的辅助直线的中点
指定文字的旋转角度 <0>://按回车键，弹出单行文字动态输入框
```

（12） 在动态输入框中输入文字，“设”和“计”中间插入两个空格，效果如图 2-133 所示。

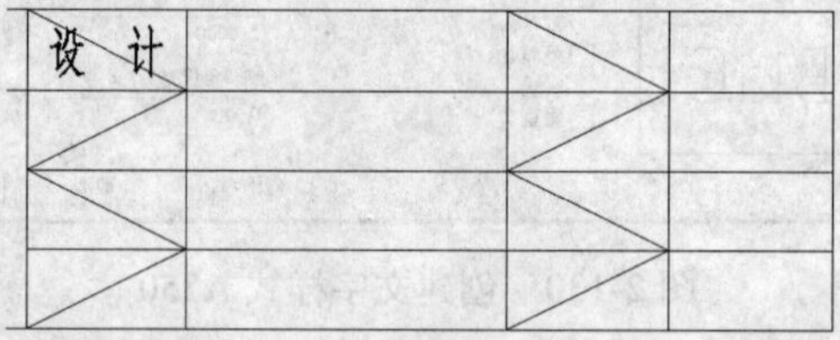

图 2-133　输入文字“设计”

（13） 使用同样的方法，捕捉步骤 10 创建的直线的中点为文字对正点，输入其他文字，效果如图 2-134 所示。

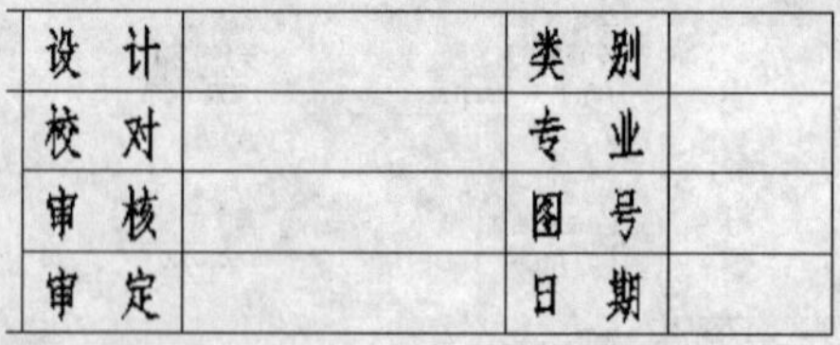

图 2-134　仿照“设计”输入其他文字

（14） 继续执行“单行文字”命令，创建其他文字，文字样式为 A500，文字位置不做精细限制，效果如图 2-135 所示。

设计公司	工程名称	设 计		类 别	
公司图标	图名	校 对		专 业	
		审 核		图 号	
		审 定		日 期	

图 2-135　输入位置不作严格要求文字

（15）执行“移动”命令，选择图 2-135 所示标题栏的全部图形和文字，指定基点为标题栏的右下角点，插入点为图框的右下角点，移动到图框中的效果如图 2-136 所示。

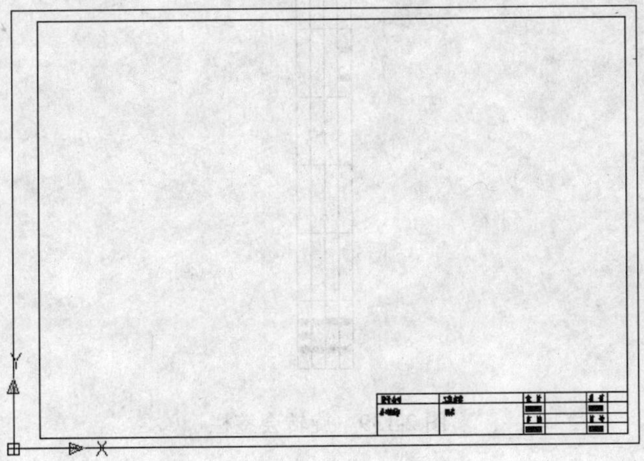

图 2-136　移动标题栏到图框中

（16）执行“矩形”命令绘制 20 000×2 000 的矩形，并将矩形分解。

（17）将分解后的矩形的上边依次向下偏移 500，左边依次向右偏移 2500，效果如图 2-137 所示。

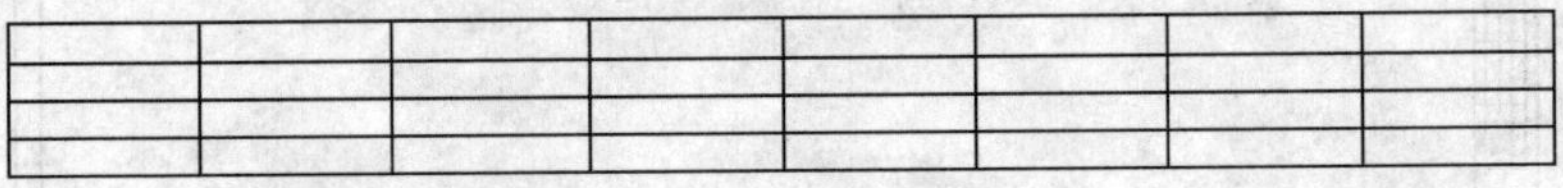

图 2-137　创建会签栏图形

（18）采用步骤 10 的方法，绘制斜向直线构造辅助线。

（19）执行“单行文字”命令，输入单行文字，对正方式 mc，文字样式为 A350，文字的插入点为斜向直线的中点，其中“建筑”、“结构”、“电气”、“暖通”文字中间为四个空格，“给排水”文字每个字之间一个空格，效果如图 2-138 所示。

图 2-138　创建会签栏文字

（20）删除步骤 18 创建的斜向构造辅助线。执行“旋转”命令，将会签栏的图形和文字旋转 90º，效果如图 2-139 所示。

（21） 执行“移动”命令，移动对象为图 2-139 所示会签栏图形和对象，基点为会签栏的右上角点，插入点为图框的左上角点，效果如图 2-140 所示。

图 2-139　旋转会签栏

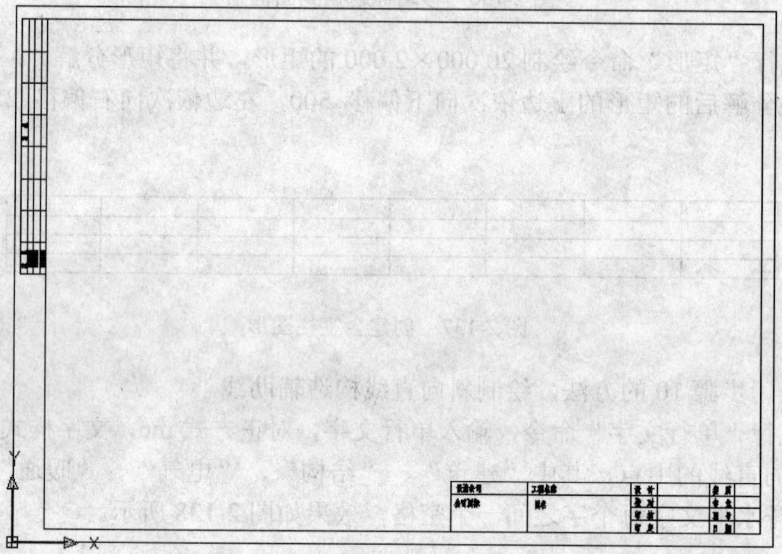

图 2-140　移动会签栏到图框

（22） 选择“文件”|“另存为”命令，弹出“图形另存为”对话框，如图 2-141 所示。选择文件类型为“AutoCAD 图形样板”，输入文件名 A2，单击“保存”按钮，系统会自动将样板保存到文件夹 C:\Documents and Settings\Administraitor\Local Settings\Application Data\Autodesk\AutoCAD 2012\R18.2\chs\Template，其中 Administraitor 为计算机用户名称，该名称随用户计算机名称而定。

图 2-141　保存为样板图

2.4　上机练习

1. 按照 2.1 节中创建竖向轴线编号图块的方法，创建名为“横向轴线编号图块”的图块，基点为轴线圆的右象限点，效果如图 2-142 所示。

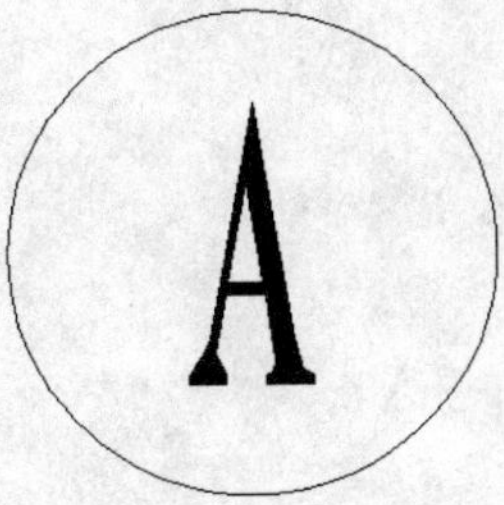

图 2-142　横向轴线编号图块

2. 按照图 2-143 所示的尺寸创建窗图形立面效果，并将图形定义为图块，图块的名称为“窗”，基点为下方的 1700×100 矩形的下边中点。

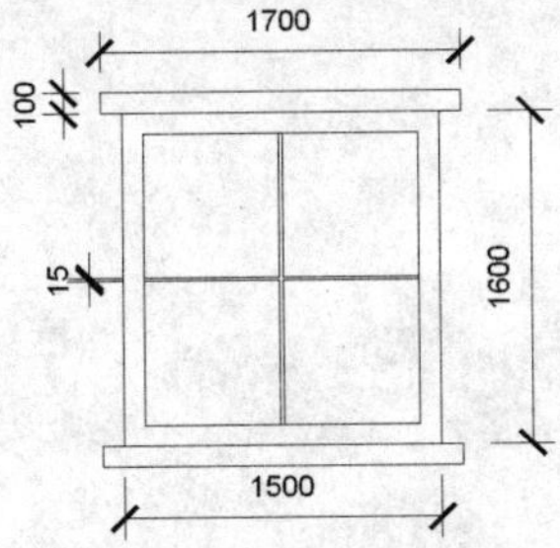

图 2-143　窗立面效果图

3. 绘制如图 2-144 所示的坐便器平面图。

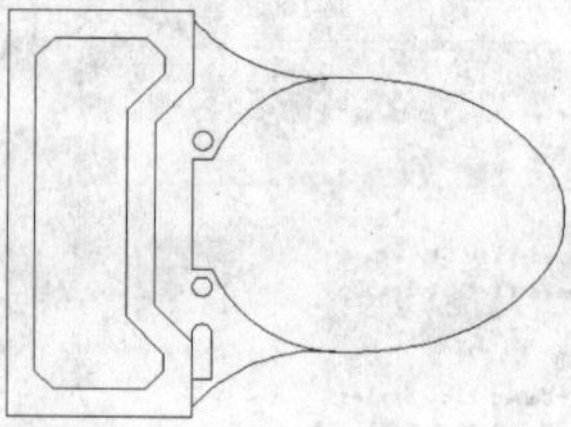

图 2-144　坐便器平面图

4. 绘制如图 2-145 所示的洗脸盆平面图。

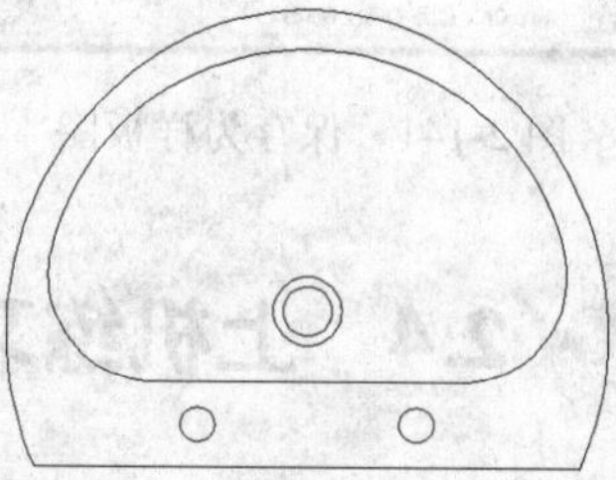

图 2-145　洗脸盆平面图

第3章　建筑制图中建筑说明的创建

在建筑制图中，文字是图形对象的一种补充形式，文字可以对建筑图形进行补充说明，一套完整的建筑图纸，有图纸目录、门窗数量表、材料做法表以及各种建筑施工说明，这些内容的实现，AutoCAD 都为用户提供了专门的工具来实现。

本章通过对建筑制图中常见的各类建筑说明以及各种标高的绘制，给读者讲解了 AutoCAD 中文字样式、单行多行文字和表格功能的使用方法，以及结合构造线实现文字说明的方法。

3.1　文字与表格技术阐述

在 AutoCAD 中，但凡与文字相关的图形内容均可用单行文字、多行文字或者表格来解决，用户只要掌握了这 3 种工具，与文字相关的内容均可以解决。

3.1.1　单行文字

选择“绘图”|“文字”|“单行文字”命令，或者单击如图 3-1 所示的“文字”工具栏上的“单行文字”按钮，或者在命令行输入 TEXT 或 DTEXT，都可以执行单行文字命令。

图 3-1　“文字”工具栏

图 3-2　单行文字动态输入框

选择“绘图”|“文字”|“单行文字”命令，命令行提示如下：

命令： _dtext

当前文字样式： "Standard"　文字高度： 90.0000　注释性： 否//该行为系统的提示行，告诉读者当前使用的文字样式，当前的文字高度，当前文字是否有注释性，如果在下面的命令行里不对文字样式，文字高度进行设置，则创建的文字使用系统提示行里显示的参数

指定文字的起点或 [对正（J）/样式（S）]://指定文字的起点或设置其他的选项参数

指定高度 <2.5000>://输入文字的高度

指定文字的旋转角度 <0>://输入文字的旋转角度

在命令行提示下，指定文字的起点设置文字高度和旋转角度后，在绘图区出现单行文字动态输入框，如图 3-2 所示，其中包含一个高度为文字高度的边框，该边框随用户的输入而展开。

命令行提示包括“指定文字的起点”、“对正”和“样式”3 个选项。

（1） “指定文字的起点”为默认项，用来确定文字行基线的起点位置。

（2） “对正（J）”选项：用来确定标注文字的排列方式及排列方向，设置创建单行文字时的对齐方式。“对正”决定字符的哪一部分与插入点对齐。在命令行里输入 J 之后，命令行继续提示如下：

指定文字的起点或 [对正（J）/样式（S）]: J　　　　//输入 J，设置对正方式
输入选项　　　　　　　　　　　　　　　　　　//系统提示信息
[对齐（A）/调整（F）/中心（C）/中间（M）/右（R）/左上（TL）/中上（TC）/右上（TR）/左中（ML）/正中（
MC）/右中（MR）/左下（BL）/中下（BC）/右下（BR）]: //系统提供了 14 中对正的方式，用户可以从中任意选择一种

（3） “样式（S）”选项：该选项的作用是用来选择文字样式。在命令行中输入 S，命令行继续提示如下。

指定文字的起点或 [对正（J）/样式（S）]: S　//输入 S，设置文字样式
输入样式名或 [?] <样式 1>:　　　　　　//输入需要使用的已定义的文字样式名称，

在命令行中输入?按回车键弹出文本窗口，窗口中列出了已经定义好的文字样式。

如果遇到比较复杂的特殊符号，用户可以打开输入法的软键盘，这里以用户常用的微软拼音输入法为例讲解。单击微软输入法的“功能菜单”按钮，弹出功能菜单，在如图 3-3 所示的“软键盘”菜单中可以看到 12 个类别的软键盘，以其中的“数字序号”为例，选择“数字序号”命令，弹出数字序号软键盘，如图 3-4 所示，用户可以利用软键盘输入相应的数字序号。

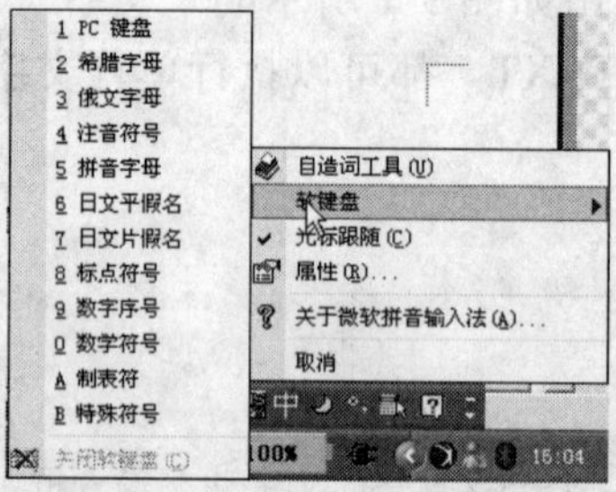

图 3-3　“软键盘”菜单

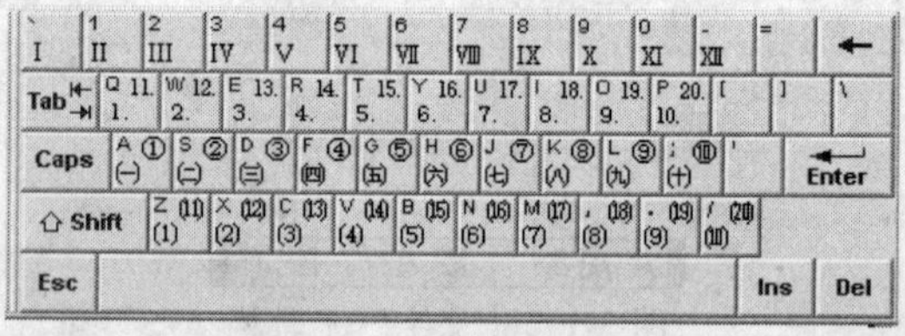

图 3-4　数字序号软键盘

3.1.2　多行文字

选择“绘图”|“文字”|“多文字”命令，或者单击“文字”工具栏上的“多行文字”按钮 A，或者单击“绘图”工具栏上的“多行文字”按钮 A，或者在命令行输入 Mtext，均可执行多行文字命令。

单击“绘图”工具栏上的“多行文字”按钮 A，命令行提示如下：

命令: _mtext
当前文字样式: "Standard" 文字高度: 90 注释性: 否//该行为系统的提示行，告诉读者当前使用的文字样式，当前的文字高度，当前文字是否有注释性，如果在下面的命令行里不对文字样式，文字高度进行设置，则创建的文字使用系统提示行里显示的参数
指定第一角点: //指定多行文字输入区的第一个角点

指定对角点或 [高度(H)/对正(J)/行距(L)/旋转(R)/样式(S)/宽度(W)/栏(C)]://系统给出 7 个选项

命令行提示中有 6 个选项，分别为“高度”、“对正”、“行距”、“旋转”、“样式”和“宽度”，各选项含义如下：

- “高度（H）”：该选项用于设置文字框的高度，用户可以在屏幕上拾取一点，该点与第一角点的距离成为文字的高度，或者在命令行中输入高度值。
- “对正（J）”：该选项用来确定文字排列方式，与单行文字类似。
- “行距（L）”：该选项用来为多行文字对象制定行与行之间的间距。
- “旋转（R）”：该选项用来确定文字倾斜角度。
- “样式（S）”：该选项用来确定多行文字采用的字体样式。
- “宽度（W）”：该选项用来确定标注文字框的宽度。

用户设置好以上选项后，系统提示“指定对角点:”，此选项用来确定标注文字框的另一个对角点，AutoCAD 将在这两个对角点形成的矩形区域中进行文字标注，矩形区域的宽度就是所标注文字的宽度。

当指定了对角点之后，弹出如图 3-5 所示的多行文字编辑器，也叫“在位文字编辑器”，用户可以在编辑框中输入需要输插入的文字。

图 3-5　多行文字编辑器

多行文字编辑器由多行文字编辑框和“文字格式”工具栏组成，多行文字编辑器中包含了制表位和缩进，因此可以轻松地创建段落，并可以轻松地相对于文字元素边框进行文字缩进。制表位、缩进的运用和 Microsoft Word 相似。如图 3-6 所示，标尺左端上面的小三角为“首行缩进”标记，该标记主要控制首行的起始位置。标尺左端下面的小三角为“段落缩进”标记，该标记主要控制该自然段左端的边界。标尺右端的两个小三角为设置多行对象的宽度标记。单击该标记然后按住鼠标左键拖动便可以调整文字宽度。另外用鼠标单击标尺还能够生成用户设置的制表位。

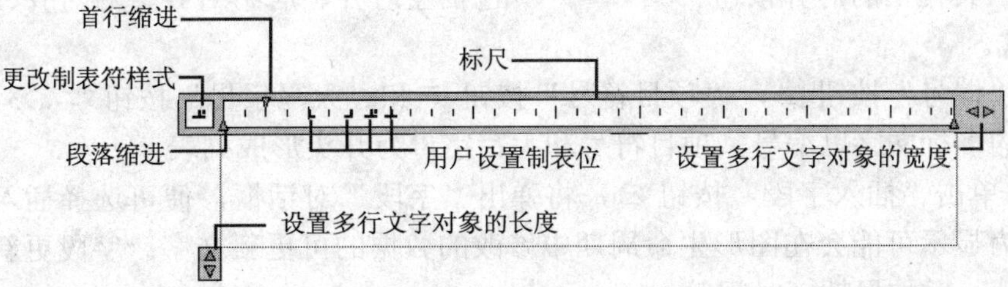

图 3-6　多行文字编辑框标尺功能

在文字编辑框的上方还有一个“文字格式”工具栏，如图 3-7 所示。在多行文字编辑框中，可以选择文字，在“文字格式”工具栏中修改文字大小、字体、颜色等格式，可以完成在一般文字编辑中常用的一些操作。

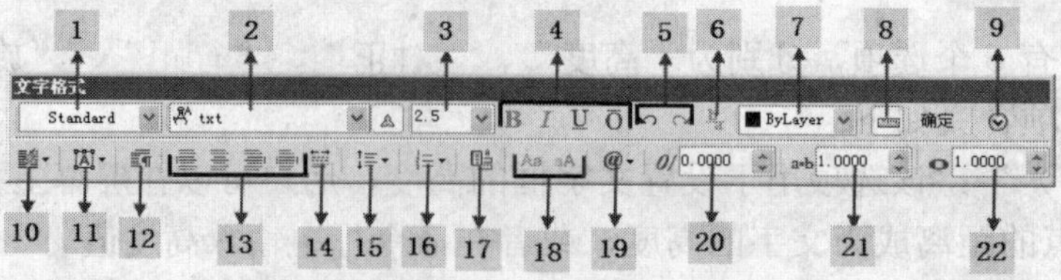

1-设置文字样式　2-设置文字字体　3-设置文字高度　4-设置文字粗体、斜体、下画线、上画线
5-放弃和重做操作　6-创建堆叠文字　7-设置文字颜色　8-控制是否显示标尺
9-弹出“选项”菜单　10-设置文字分栏　11-设置文字对正　12-设置段落
13-设置文字对齐　14-设置均布文字　15-设置行距　16-创建项目符号和编号
17-插入字段　18-设置大小写　19-弹出“符号”菜单　20-设置倾斜角度
21-设置文字之间空间　22-设置宽度因子

图 3-7　“文字格式”工具栏

下面详细介绍工具栏上各项的具体含义：

（1）“文字样式”下拉列表框用来选择设置文字样式；“字体”下拉列表框设置字体类型；“字高”下拉列表框设置字符高度。

（2）“粗体”按钮可以将被选择的文字设置成粗实体；“斜体”按钮可以将被选择的文字设置成斜体；“下画线”按钮可以为被选择的文字添加下画线。

（3）单击“放弃”按钮放弃操作，包括对文字内容或文字格式所做的修改。单击“重做”按钮重做操作，包括对文字内容或文字格式所做的修改。

（4）“堆叠”按钮，通过“堆叠”按钮可以创建分数等堆叠文字。使用堆叠字符、插入符（^）、正向斜杠（/）和磅符号（#）时，单击该按钮，堆叠字符左侧的文字将堆叠在字符右侧的文字之上。如果选定堆叠文字，单击该按钮则取消堆叠。默认情况下，包含插入符（^）的文字转换为左对正的公差值。包含正斜杠（/）的文字转换为居中对正的分数值，斜杠被转换为一条同较长的字符串长度相同的水平线。包含磅符号（#）的文字转换为被斜线（高度与两个字符串高度相同）分开的分数。斜线上方的文字向右下对齐，斜线下方的文字向左上对齐。

（5）“颜色”下拉列表框用于设置当前文字颜色。

（6）“显示标尺”按钮控制标尺的显示。

（7）单击“选项”按钮，可以弹出菜单栏，菜单栏中集中了绝大部分多行文字的操作命令，用户如果不习惯操作工具栏，可以使用菜单命令设置多行文字。

（8）工具栏上的对齐按钮包括左对齐、居中对齐、右对齐、对正、分布5种对齐方式。

（9）“编号”按钮，“项目符号”按钮和“大写字母”按钮，3个按钮的功能是使生成的多行文字以编号、项目符号和大写字母为开头形成列表。

（10）单击“插入字段”按钮，将弹出“字段”对话框，便可选择插入所需字段。字段是设置为显示可能会在图形生命周期中修改的数据的可更新文字。字段更新时，将显示最新的字段值，譬如日期、时间等。

（11）“大写”按钮用于控制字母由小写转化为大写；“小写”按钮用于控制字母由大写转化为小写。

（12）“上画线”按钮用于在文字上方添加或取消上画线。

（13） 单击“符号”按钮@，弹出如图 3-8 所示的“符号”级联菜单，在菜单中包括一些常用的符号。选择“其他”命令，弹出如图 3-9 所示的“字符映射表”对话框，对话框中提供了更多的符号供用户选择。

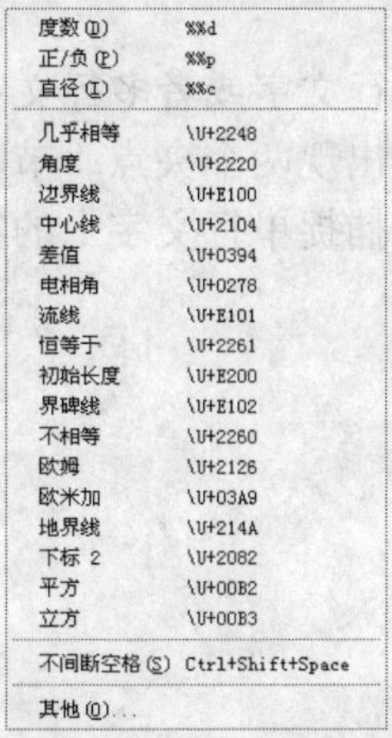

图 3-8 “符号”级联菜单

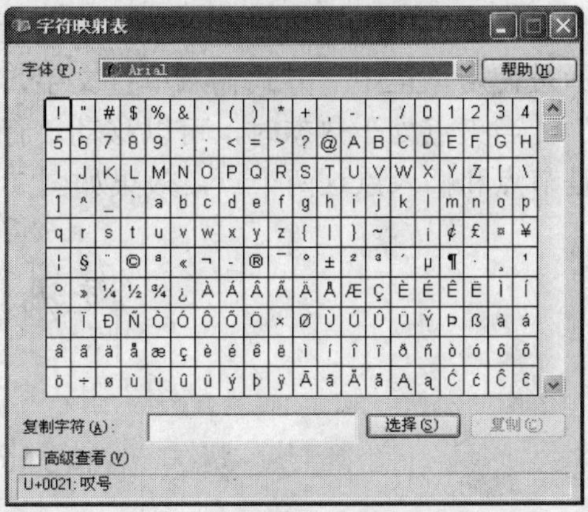

图 3-9 “字符映射表”对话框

（14） “倾斜”文字框 0/ 0.0000 用于设置选定文字的倾斜角度。倾斜角度表示的是相对于 90º 角方向的偏移角度。输入一个-85 到 85 之间的数值使文字倾斜。倾斜角度的值为正时文字向右倾斜，倾斜角度的值为负时文字向左倾斜。

（15） “追踪”文字框 a•b 1.0000 用于控制增大或减小选定字符之间的空间。1.0 设置是常规间距。设置为大于 1.0 可增大间距，设置为小于 1.0 可减小间距。

（16） “宽度比例”文字框 1.0000 用于控制扩展或收缩选定字符。1.0 设置代表此字体中字母的常规宽度。可以增大该宽度，例如，使用宽度因子 2 使宽度加倍。或者减小该宽度，例如，使用宽度因子 0.5 将宽度减半。

用户设置完成后，单击“确定”按钮，多行文字就创建完毕。

3.1.3 文字编辑

选择“修改”|“对象”|“文字”|“编辑”命令，或者单击“文字”工具栏上的“编辑文字”按钮，或者在命令行输入 Ddedit，或者直接双击文字，即可进入编辑状态，对文字内容进行修改。对于多行文字来讲，在命令行输入 Mtedit，也可以进行编辑。

单击“编辑文字”按钮，命令行提示如下：

```
命令：_ddedit
选择注释对象或 [放弃（U）]:
```

用户可以使用光标在图形中选择需要修改的文字对象，按照用户选择文字对象的不同，系统会出现两种不同的响应：

（1） 如果选择的是单行文字，用户只能对文字内容进行修改。如果要修改文字的字体样式、字高等属性，用户可以修改该单行文字所采用的文字样式，或者用“比例”按钮来修改。

（2） 如果选择的是多行文字，系统会显示多行文字编辑器，用户可以直接在其中对文字的内容和格式进行修改。

实际上，用户在具体创建文字的时候，发现文字创建的内容有问题，都可以直接双击文字对象，对于单行文字来说，双击后处于可编辑状态，用户可以重新输入文字，对于多行文字来说，双击后弹出多行文字编辑器，用户可以在编辑器里对文字内容以及其他的格式进行编辑。

当然，如果用户需要对文字位置进行调整，可以选择单行文字或者多行文字，如图 3-10 所示是使用“正中”方式输入单行文字，选择该单行文字，出现两个夹点“节点”和“插入点”，当夹点处于热态时，可以移动单行文字。如果是不要捕捉单行文字上的特殊点，一般也是节点和插入点这两个点，效果如图 3-11 所示。

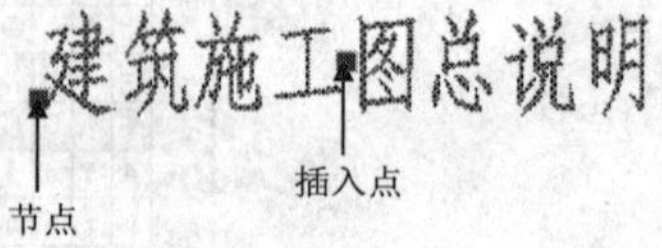

图 3-10　单行文字的夹点

图 3-11　单行文字上的辅助点

对于多行文字来说，与单行文字不同，多行文字有 5 个夹点，如图 3-12 所示的多行文字也是采用“正中”方式创建，插入点为其中一个基点，可以控制多行文字的位置，当处于热态时，可以移动多行文字，其他 4 个夹点可以控制多行文字宽度和高度。当捕捉多行文字的辅助点时，仅可以捕捉插入点，效果如图 3-13 所示。

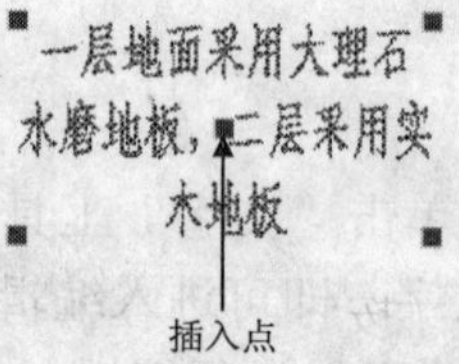

图 3-12　多行文字夹点编辑

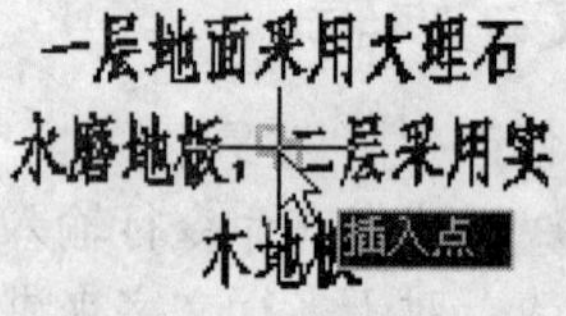

图 3-13　多行文字上的辅助点

3.1.4　表格

用户在创建表格之前，需要创建表格样式，这个在“格式”菜单里选择“表格样式”即可完成，由于表格的创建比较简单，在后面的案例中也会详细讲解，这里就不再赘述，主要给读者讲解表格的编辑方式，其中包括夹点编辑方式、选项板编辑方式和快捷菜单编辑方式。

1. 夹点编辑方式

单击网格的边框线选中表格，将显示如图 3-14 所示的夹点模式。各个夹点的功能都不相同。

- 左上夹点：移动表格。

- 右上夹点：修改表宽并按比例修改所有列。
- 左下夹点：修改表高并按比例修改所有行。
- 右下夹点：修改表高和表宽并按比例修改行和列。
- 列夹点：在列标题行的顶部，将列的宽度修改到夹点的左侧，并加宽或缩小表格以适应此修改。
- Ctrl+列夹点：加宽或缩小相邻列而不改变表宽。

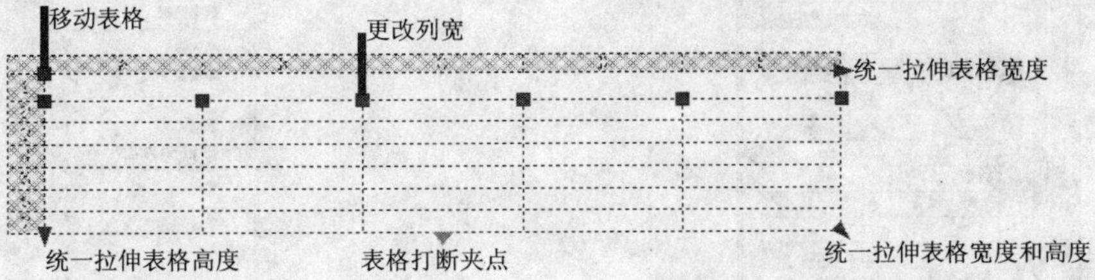

图 3-14　表格的夹点编辑模式

单击某个单元格或者按住 Shift 键并在另一个单元格内单击，便可以同时选中这两个单元格以及它们之间的所有单元格，如图 3-15 所示。要修改选定单元格的行高，请拖动顶部或底部的夹点。如果选中多个单元格，每行的行高将做同样的修改；要修改选定单元格的列宽，请拖动左侧或右侧的夹点。如果选中多个单元格，每列的列宽将做同样的修改。

门窗表		
门窗编号	规格	数量

图 3-15　单元格的夹点编辑模式

2.　选项板编辑方式

使用选项板编辑方式先单击“标准”工具栏上的“特性”按钮，然后选择要编辑的单元格，如图 3-16 所示。在“特性”选项板可以更改单元格宽度、单元格高度、对齐方式、文字内容、文字样式、文字高度、文字颜色等内容。

3.　快捷菜单编辑方式

快捷菜单编辑方式一般先选择要编辑的单元格，然后单击鼠标右键，将会弹出快捷菜单，如图 3-17 所示。如果选择了多个行或列中的单元，执行“合并”快捷命令子菜单可以按行或按列合并；要插入行或列，单击右键，弹出快捷菜单，然后执行“行”或者“列”快捷命令子菜单，再选择在上或下插入行，或者选择在左或右插入列。若选择了多行或多列，则插入的将是相同数目的行或者列。类似的可以删除用户选择的行或者列。用户还可以在单元格中插入公式，其操作与 Excel 类似。另外插入图块和字段，修改单元内容、编辑单元文字、单元对齐和单元边框的修改都能够通过快捷菜单的方式进行，在此就不详细列举。

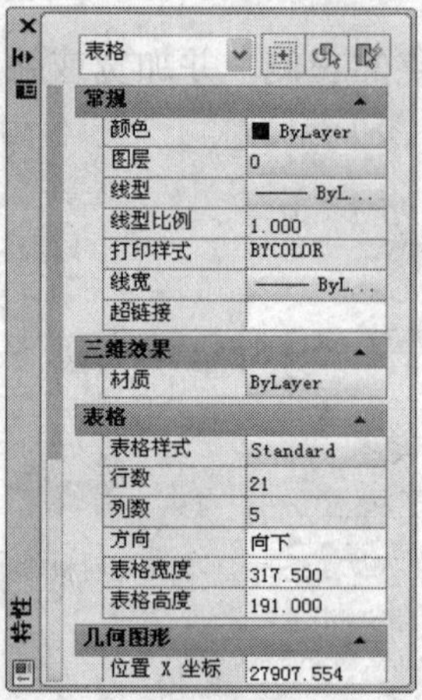

图 3-16　特性选项板编辑方式

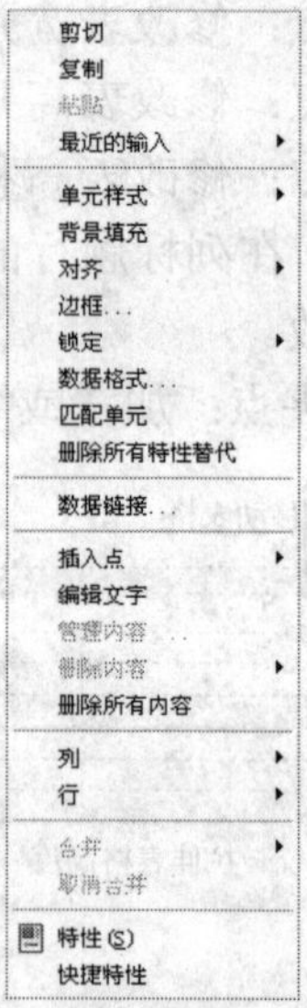

图 3-17　快捷菜单编辑方式

4. “表格”工具栏

AutoCAD 提供了最新的单元格编辑的功能，当用户选择一个或者多个单元格的时候，弹出如图 3-18 所示的“表格”工具栏，“表格”工具栏中提供了对单元格进行处理的各种工具。

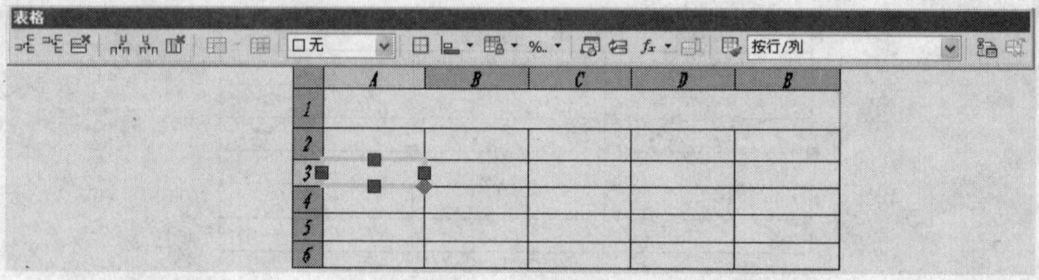

图 3-18　“表格”工具栏

3.2　建筑制图中对于文字说明的要求

《房屋建筑制图统一标准》GB-T 50001—2001 中要求图纸上所需书写的文字、数字或符号等，均应笔画清晰、字体端正、排列整齐；标点符号应清楚正确。文字的字高，应从如下系列中选用：3.5、5、7、10、14、20 mm。如需书写更大的字，其高度应按 $\sqrt{2}$ 的比值递增。图样及说明中的汉字，宜采用长仿宋体，宽度与高度的关系应符合表 3-1 中的规定。大标题、图册封面、地形图等的汉字，也可书写成其他字体，但应易于辨认。

表 3-1　长仿宋体字高宽关系（mm）

字高	20	14	10	7	5	3.5
字宽	14	10	7	5	3.5	2.5

拉丁字母、阿拉伯数字与罗马数字的书写与排列，应符合表 3-2 的规定。

表 3-2　拉丁字母、阿拉伯数字与罗马数字的书写规则（mm）

书写格式	一般字体	窄字体
大写字母高度	h	h
小写字母高度（上下均无延伸）	7/10h	10/14h
小写字母伸出头和尾部	3/10h	4/14h
笔画宽度	1/10h	1/14h
字母间距	2/10h	2/14h
上下行基准线最小间距	15/10h	21/14h
词间距	6/10h	6/14h

拉丁字母、阿拉伯数字与罗马数字，如需写成斜体字，其斜度应是从字的底线逆时针向上倾斜 75°。斜体字的高度与宽度应与相应的直体字相等。

拉丁字母、阿拉伯数字与罗马数字的字高，应不小于 2.5 mm。数量的数值注写，应采用正体阿拉伯数字。各种计量单位凡前面有量值的，均应采用国家颁布的单位符号注写。单位符号应采用正体字母。

分数、百分数和比例数的注写，应采用阿拉伯数字和数学符号，例如:四分之三、百分之二十五和一比二十应分别写成 3/4、25%和 1:20。

当注写的数字小于 1 时，必须写出个位的 0，小数点应采用圆点，齐基准线书写，例如 0.01。

3.2.1　实例 15——建筑制图中文字样式的创建

从 3.2 节可以看到，建筑制图中对于文字是有严格规定的，在一幅图纸中一般也就几种文字样式，为了使用的方便，制图人员通常预先创建可能会用到的文字样式，对文字样式进行命名，并对每种文字样式设置参数，制图人员在制图的时候，直接使用文字样式即可。

本节将给读者创建名称为 A700 的建筑文字样式，文字高度为 700，字体为仿宋体_GB2312，宽度比例 0.7，并用同样的方法创建 A350、A500 和 A1000 文字样式，数字代表文字高度。

具体操作步骤如下：

（1） 选择“格式”|“文字样式”命令，弹出“文字样式”对话框，单击“新建”按钮，弹出“新建文字样式”对话框，如图 3-18 所示。在“样式名”文本框中输入样式名称 A700，单击“确定”按钮，回到“文字样式”对话框。

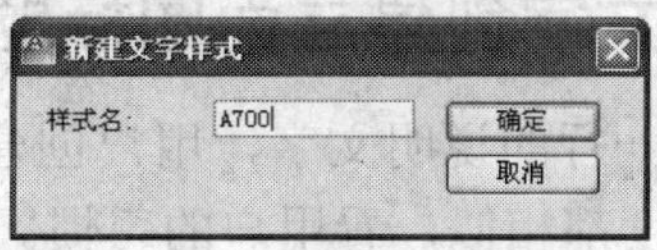

图 3-18　设置文字样式名称

（2） 在“字体名”下拉列表框中选择仿宋_GB2312，输入高度值 700，宽度比例值 0.7，具体设置如图 3-19 所示。

（3） 设置完毕，单击“应用”按钮，单击“关闭”按钮，完成创建。

（4） 使用同样的方法创建 A350、A500 和 A1000 文字样式，创建后的样式列表如图 3-20 所示。

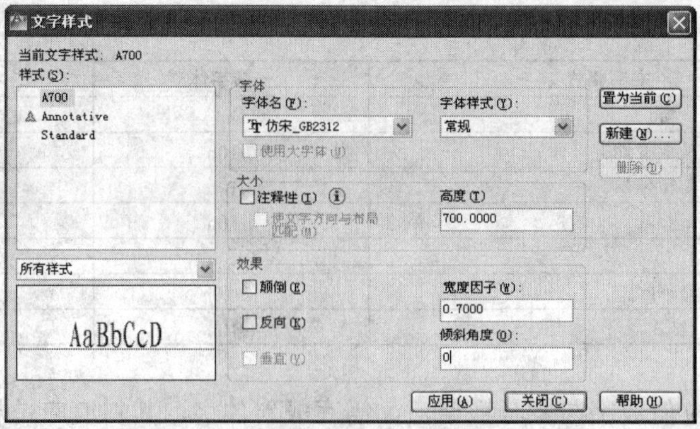

图 3-19　设置 A700 文字样式参数

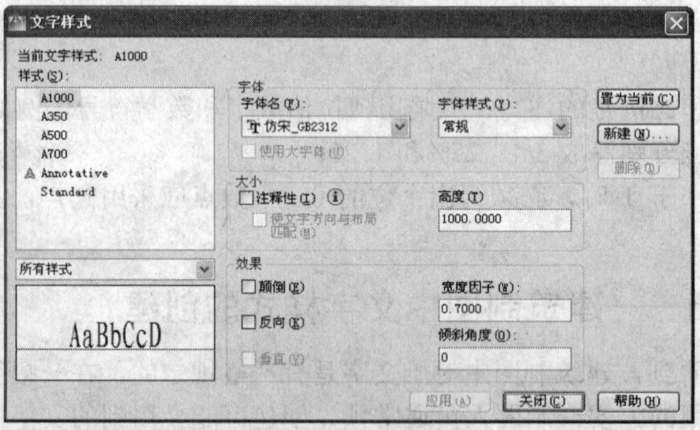

图 3-20　样式名列表

3.3　建筑图中说明文字的创建

在建筑图纸中，通常为了将图形表达的更清楚，为了工程人员更好的施工，需要在图纸上添加很多的文字性的说明，最常见的是建筑施工图说明，其他的还有像材料做法说明，平立剖面图标题等。下面通过立面图标题和施工图总说明来讲解创建方法。

3.3.1　实例 16——单行文字创建立面图标题

对于文字比较少，有些只有一行的说明文字，用户创建的时候可以使用单行文字，也可以使用多行文字，操作时间和难度都相似，看用户的习惯。

创建如图 3-21 所示的东向立面图图题，使用 3.2 节创建的文字样式。

图 3-21　东向立面图

具体操作步骤如下：

（1） 选择“绘图”|“文字”|“单行文字”命令，命令行提示如下：

```
命令：_dtext
当前文字样式： A700  当前文字高度： 700
指定文字的起点或 [对正（J）/样式（S）]：//在绘图区任意指定一点为起点
指定文字的旋转角度 <0>：//按回车键，采用默认旋转角度 0，绘图区出现单行文字动态输入框
```

（3） 在动态输入框中输入如图 3-22 所示的文字，按回车键两次，完成文字的输入，效果如图 3-23 所示。

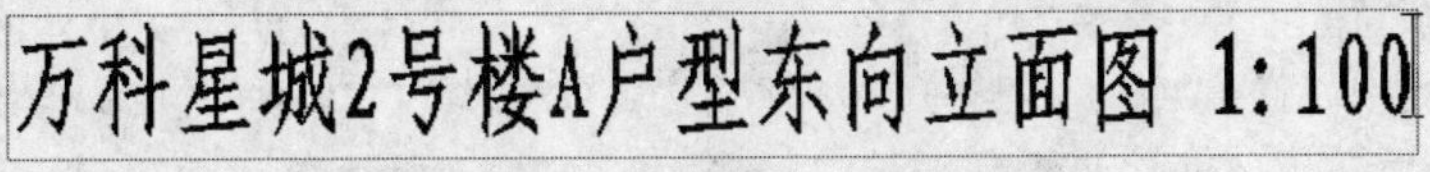

图 3-22 输入单行文字

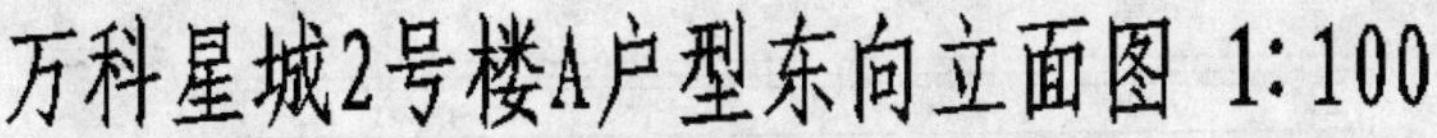

图 3-23 单行文字输入完成

（3） 执行“直线”命令，在文字底部绘制直线，直线的第一点为文字插入点，第二点相对坐标为（@11700,0），效果如图 3-24 所示。

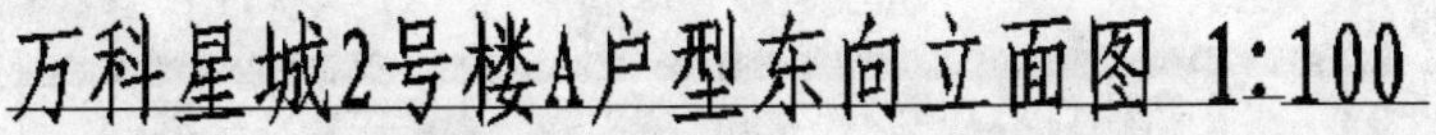

图 3-24 绘制文字底部直线

（4） 执行“移动”命令，选择步骤 3 绘制的直线为移动对象，基点为直线上任意点，偏移相对坐标为（@0,-200），效果如图 3-25 所示。

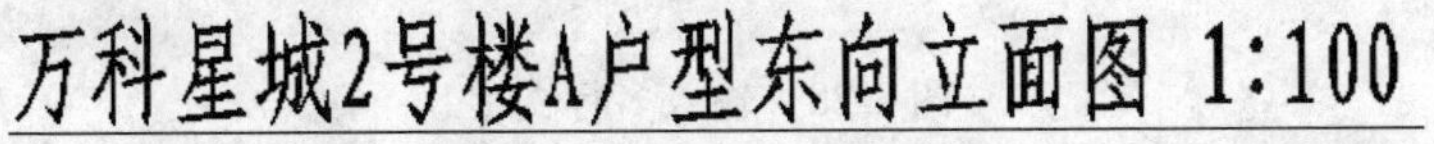

图 3-25 移动文字底部直线

（5） 选择步骤 4 移动的直线，如图 3-26 所示在“特性”工具栏的线宽下拉列表中选择 0.7 mm 线宽，设置完成，效果如图 3-21 所示。

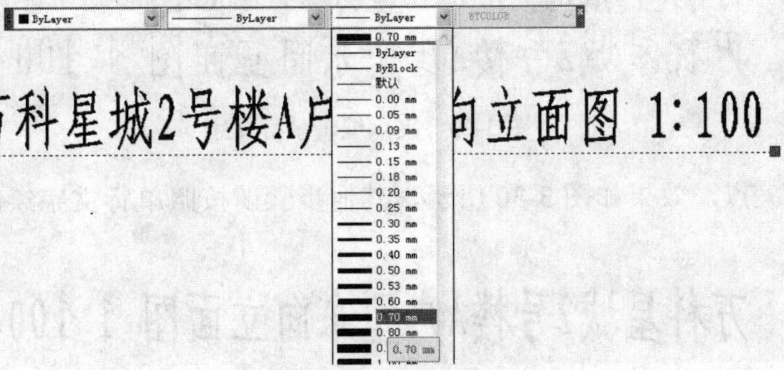

图 3-26 修改直线线宽

3.3.2 实例 17——多行文字创建立面图标题

使用多行文字创建图 3-21 所示的图题的具体步骤如下：

（1） 选择“绘图”|“文字”|“多行文字”命令，命令行提示如下：

命令：_mtext 当前文字样式:"A700" 当前文字高度:700.000

指定第一角点://在绘图区任意拾取一点

指定对角点或 [高度（H）/对正（J）/行距（L）/旋转（R）/样式（S）/宽度（W）]: j//输入 j，设置对正样式

输入对正方式 [左上（TL）/中上（TC）/右上（TR）/左中（ML）/正中（MC）/右中（MR）/左下（BL）/中下（BC）/右下（BR）]<左上（TL）>: bl//输入 bl，采用左下对正方式

指定对角点或 [高度（H）/对正（J）/行距（L）/旋转（R）/样式（S）/宽度（W）]://在绘图区拖出如图 3-27 所示的区域，弹出多行文字编辑器

图 3-27 弹出多行文字编辑器

（2） 在多行文字编辑器中输入文字，如图 3-28 所示。

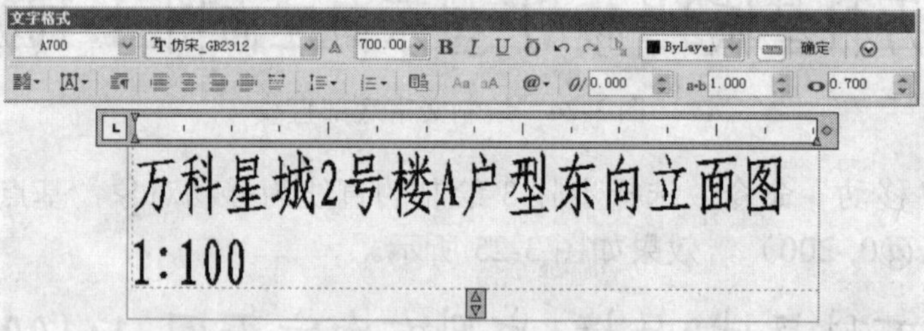

图 3-28 输入多行文字

（3） 单击“确定”按钮，完成多行文字的输入。选择多行文字，使右上方的夹点处于可编辑状态，向右拖动，使文字在一行上，如图 3-29 所示。

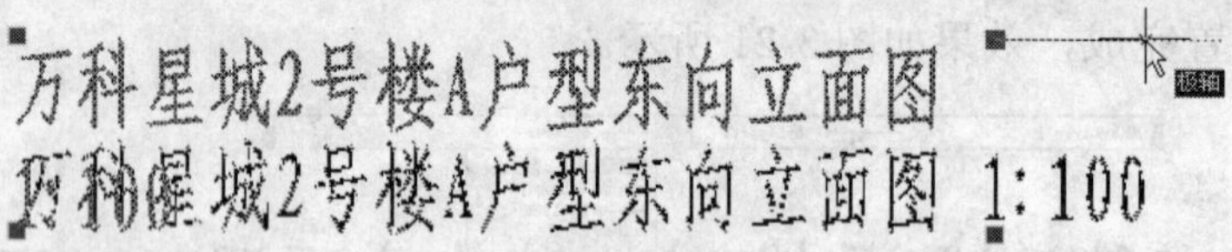

图 3-29 夹点编辑多行文字

（4） 取消夹点，效果如图 3-30 所示，其他步骤请按照单行文字绘制中步骤 3 到步骤 5 执行。

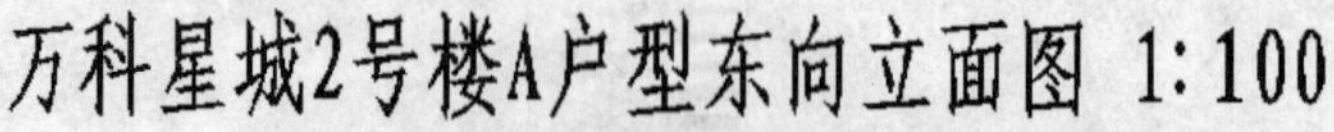

图 3-30 多行文字夹点编辑效果

3.3.3　实例 18——多行文字法创建建筑说明

建筑设计总说明，应该是建筑图中涉及文字最多的部分，整个建筑设计总说明会包含各种尺寸说明，地面露面做法说明，材料说明等，同时还包含各种表格，譬如门窗表、材料表等。3.3.3 节和 3.3.4 节将给读者讲解建筑设计总说明中文字部分的创建方法，表格部分将在 3.4 节给读者阐述。

使用多行文字方法，使用 3.2 节创建的文字样式创建建筑施工图说明，其中要求“建筑施工图设计说明”文字字高 700，“一、建筑设计”文字字高 500，其他文字字高 350，创建效果如图 3-31 所示。

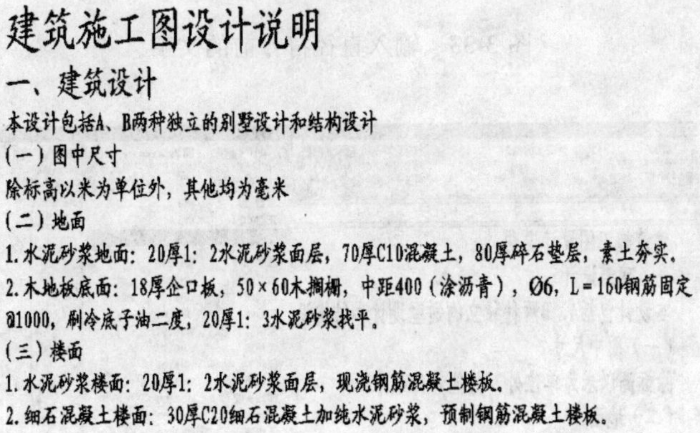

图 3-31　建筑施工图说明

具体操作步骤如下：

（1）　单击“绘图”工具栏上的“多行文字”按钮 A，命令行提示如下：

命令：_mtext 当前文字样式:"A700"　当前文字高度:700
指定第一角点://在绘图区任意拾取一点
指定对角点或 [高度 (H) /对正 (J) /行距 (L) /旋转 (R) /样式 (S) /宽度 (W)]://用光标拉动出文本编辑框，单击鼠标按钮，弹出多行文本编辑器

（2）　在文本编辑框中输入文字“建筑施工图设计说明”，按回车键，另起一行，效果如图 3-32 所示。

图 3-32　输入文字“建筑施工图设计说明”

（3）　继续输入其他文字，效果如图 3-33 所示。

（4）　单击“选项”按钮，弹出如图 3-34 所示的菜单栏，选择“直径”命令，完成直径符号的输入。

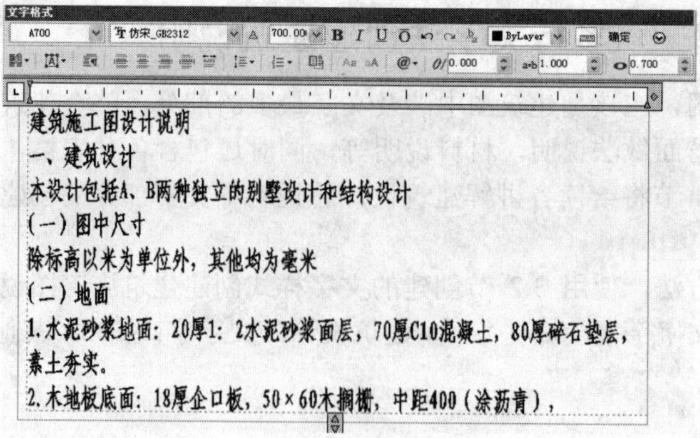

图 3-33　输入直径符号前的文字

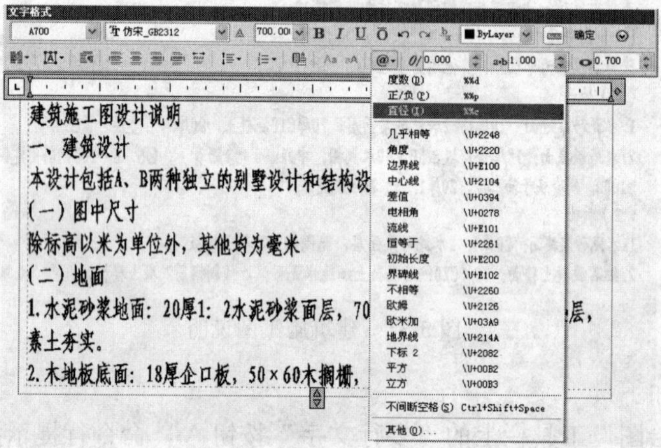

图 3-34　输入直径符号

（5）　继续使用键盘输入文字，输入直径符号以后的文字，效果如图 3-35 所示。

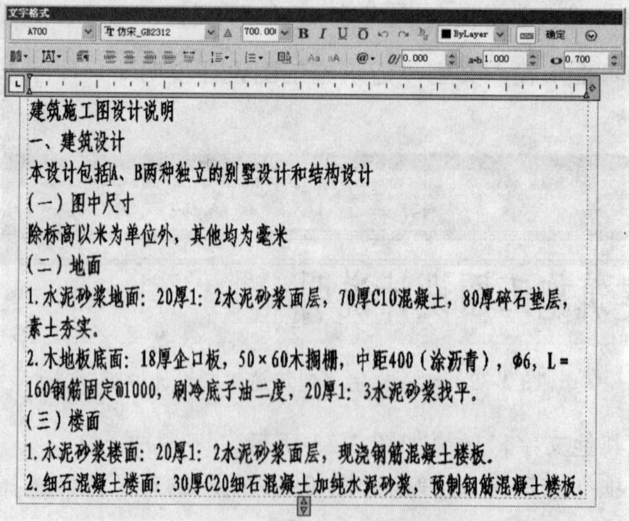

图 3-35　输入直径符号以后的文字

（6） 选择文字“一、建筑设计”，如图 3-36 所示在字高文本框中输入 500。

图 3-36　设置文字“一、建筑设计”高度

（7） 选择文字“一、建筑设计”下方所有文字，如图 3-37 所示在字高文本框中输入 350。

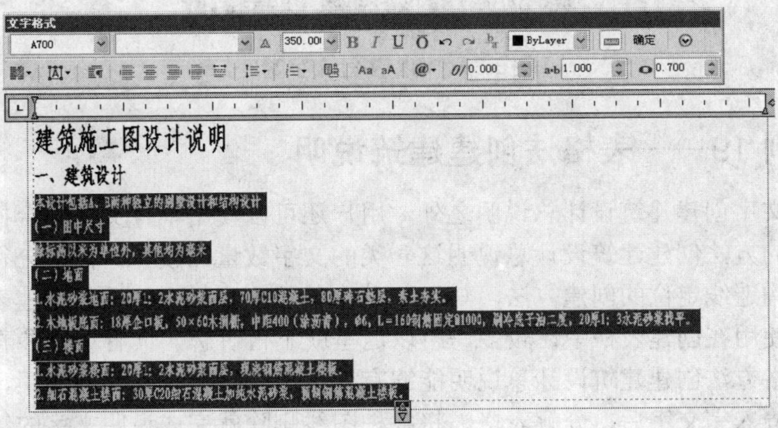

图 3-37　设置“一、建筑设计”下方文字高度

（8） 选择直径符号，在字体下拉列表中选择文字样式 Times New Roman，如图 3-38 所示。

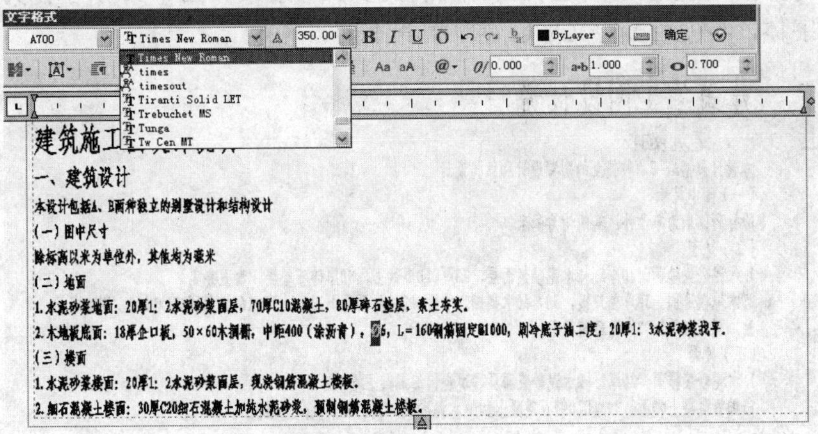

图 3-38　设置直径符号字体

（9）拖动文本编辑框标尺右端的两个小三角，改变多行文字的宽度，调整效果如图 3-39 所示，单击“确定”按钮完成创建。

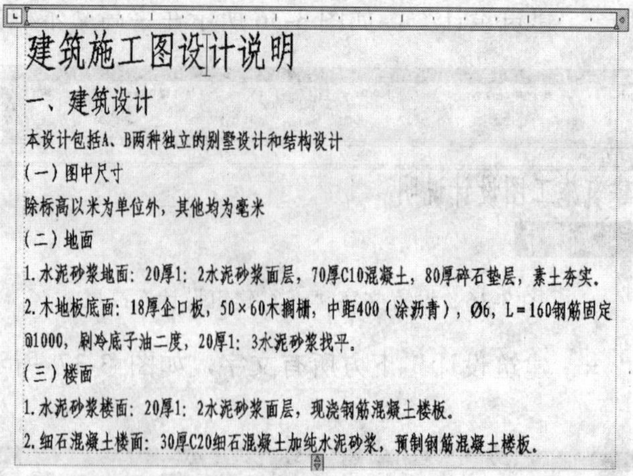

图 3-39　调整多行文字宽度

3.3.4　实例 19——表格法创建建筑说明

除了多行文字创建建筑设计总说明之外，用户还可以使用单行文字结合构造线定位的方法，以及表格的方法创建建筑设计总说明这一类的文字数量比较大，需要分行的文字。所谓单行文字结合构造线定位的创建方法，与 3.4 节中单行文字结合构造线创建表格的方法差不多，这种方法使用在创建表格中比较多，所以这里就不再讲解，读者可以参看 3.4 节的内容体会学习。表格方法创建建筑设计总说明能够有效地控制行与行之间的间距，以及每行的宽度，在表格中输入完文字后，分解表格，将各种图线删除就完成说明文字的绘制。另外，在创建建筑说明文字的时候，建议读者首先将文字输入到 Word 文档或者记事本中，这样直接从 Word 文档和记事本中复制到 AutoCAD 中会比较方便，毕竟在 AutoCAD 中输入文字还是一件不太方便的事情。

下面介绍使用表格方法绘制建筑施工说明的步骤，效果如图 3-40 所示，其中ϕ和@符号，采用 simplex 字体，与使用多行文字创建时稍有不同。

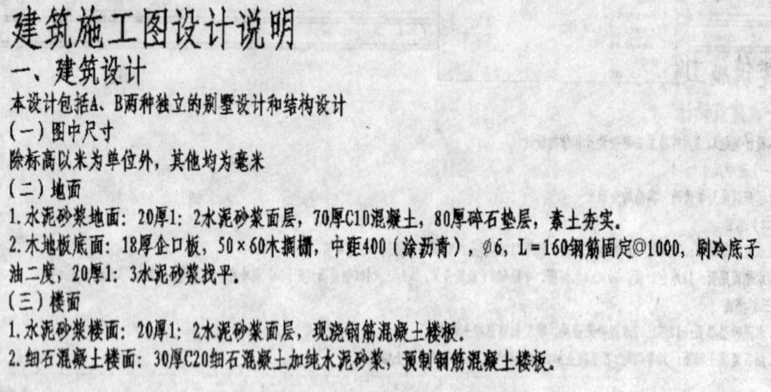

图 3-40　调整多行文字宽度

具体操作步骤如下：

（1）　选择“格式”|“表格样式”命令，弹出“表格样式”对话框，单击“新建”按钮，弹出“创建新的表格样式”对话框，在“新样式名”文本框中输入样式名“建筑施工说明”，

单击“继续”按钮，弹出“新建表格样式”对话框，在“单元样式”列表中选择“数据”选项，设置“文字”、“常规”选项卡，参数设置如图 3-41 所示。

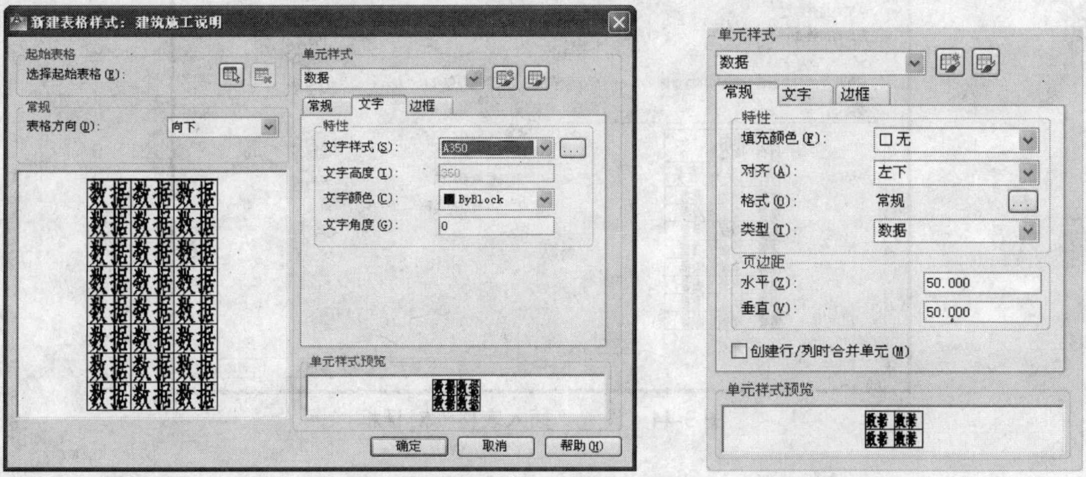

图 3-41　设置“数据”单元样式

（2）　选择“表头”选项，设置表头的参数，设置“文字样式”为 A500，其他与“数据”选项卡相同，设置如图 3-42 所示。

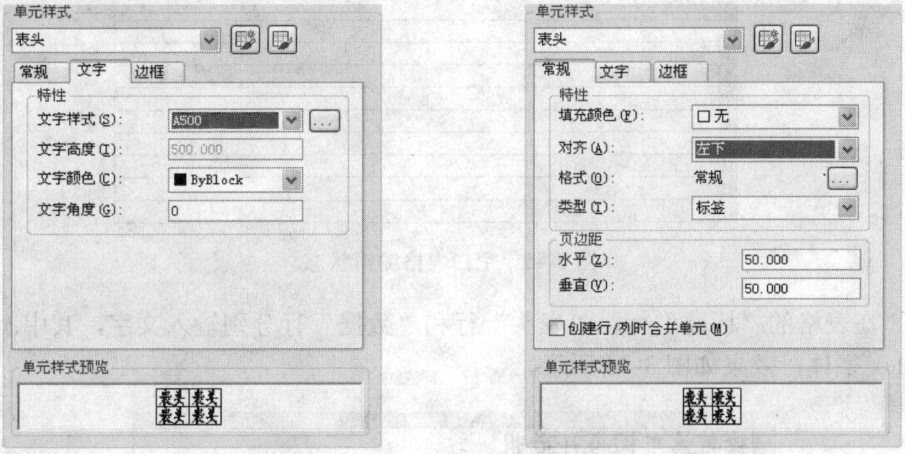

图 3-42　设置“表头”单元样式

（3）　选择“标题”选项，设置标题的参数，设置“文字样式”为 A700，其他与“数据”选项卡相同。

（4）　选择“绘图”|“表格”命令，弹出“插入表格”对话框，在“表格样式名称”下拉列表中选择“建筑施工说明”表格样式，设置“列宽”为 15 000，数据行为数 10，设置如图 3-44 所示。

（5）　单击“确定”按钮，命令行提示“指定插入点:”，在绘图区任意拾取一点，进入表格编辑状态，与多行文字编辑器类似，效果如图 3-45 所示。

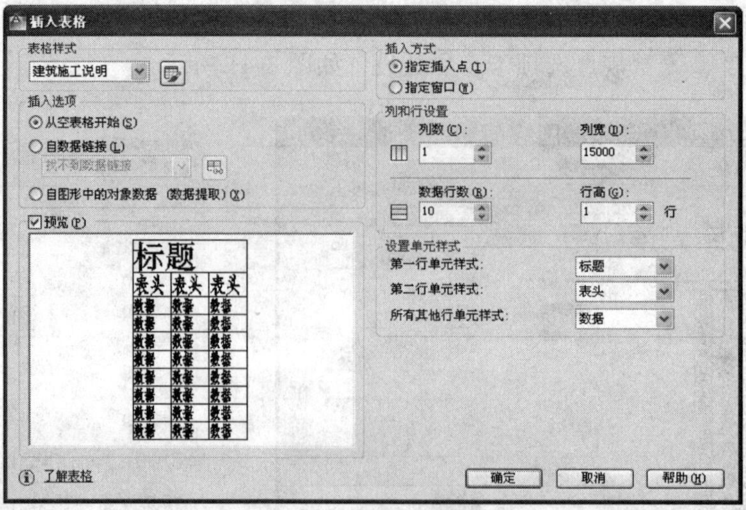

图 3-44　设置“插入表格”对话框

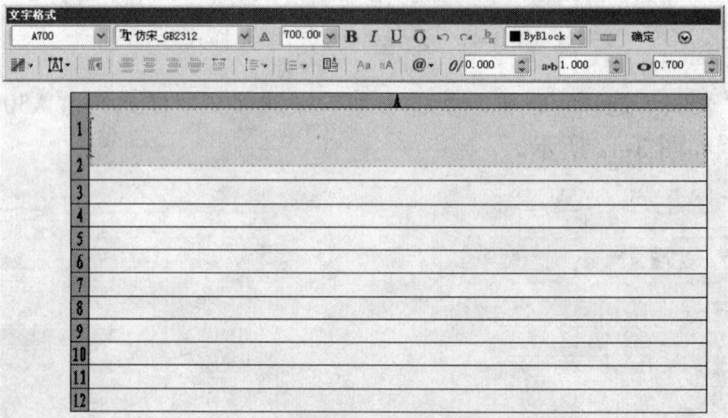

图 3-45　空白表格编辑状态

（6）在表格的“标题”行、“表头”行和“数据”行分别输入文字，其中ϕ和@符号，采用 simplex 字体，效果如图 3-46 所示。

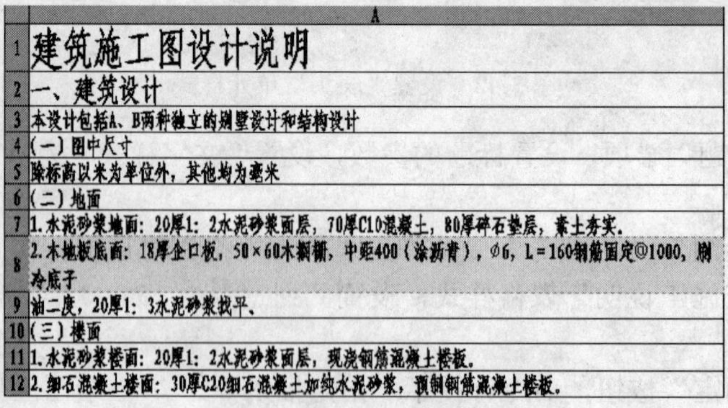

	A
1	建筑施工图设计说明
2	一、建筑设计
3	本设计包括A、B两种独立的别墅设计和结构设计
4	(一)图中尺寸
5	除标高以米为单位外，其他均为毫米
6	(二)地面
7	1.水泥砂浆地面：20厚1：2水泥砂浆面层，70厚C10混凝土，80厚碎石垫层，素土夯实。
8	2.木地板底面：18厚企口板，50×60木搁栅，中距400（涂沥青），ϕ6，L=160钢筋固定@1000，刷冷底子
9	油二度，20厚1：3水泥砂浆找平、
10	(三)楼面
11	1.水泥砂浆楼面：20厚1：2水泥砂浆面层，现浇钢筋混凝土楼板。
12	2.细石混凝土楼面：30厚C20细石混凝土加纯水泥砂浆，预制钢筋混凝土楼板。

图 3-46　在表格中输入文字

（7）输入完毕，单击“确定”按钮，完成后的表格如图 3-47 所示。

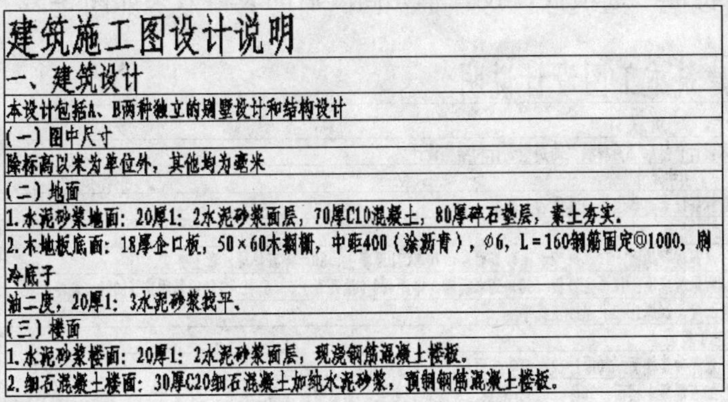

图 3-47　完成后的表格

（8） 选择表格，使表格处于夹点编辑状态，选择右侧中间的夹点，使其处于热态，向右拉伸表格，效果如图 3-48 所示。

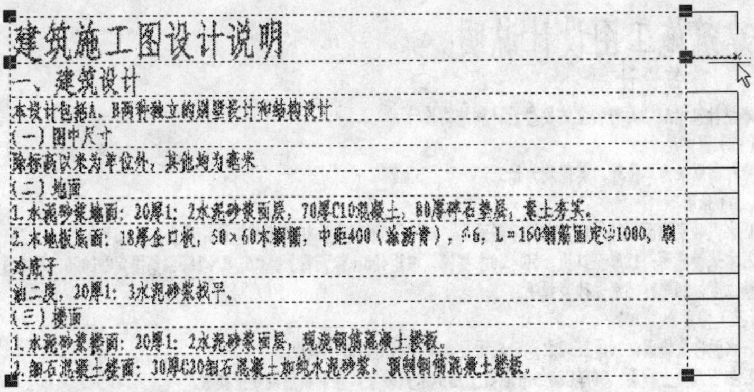

图 3-48　夹点编辑拉伸表格

（9） 调整到表格的每一行的文字都只有一行时，效果如图 3-49 所示。

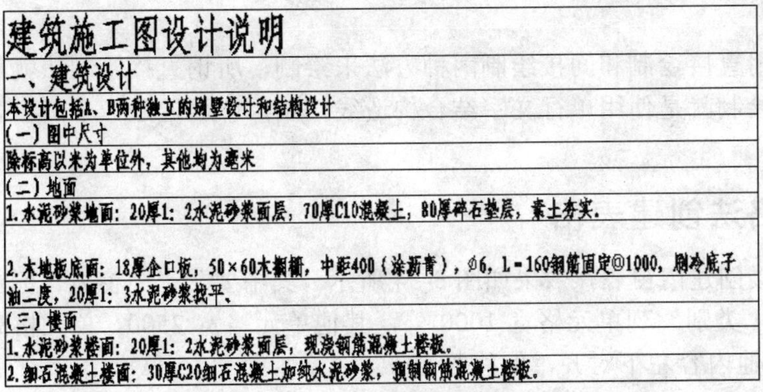

图 3-49　夹点拉伸表格效果

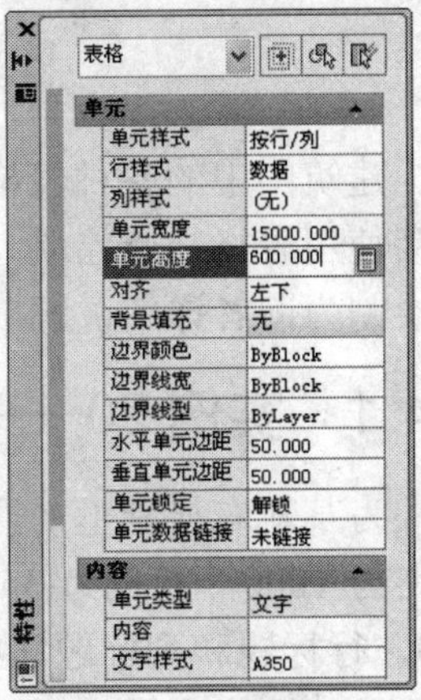

图 3-51　设置单元高度

（10） 选择“数据”单元格，选择右键快捷菜单“特性”命令，弹出“特性”选项板，在“单元高度”文本框中输入 600，如图 3-51 所示。

（11） 关闭“特性”选项板，设置单元高度后的表格效果如图 3-52 所示。

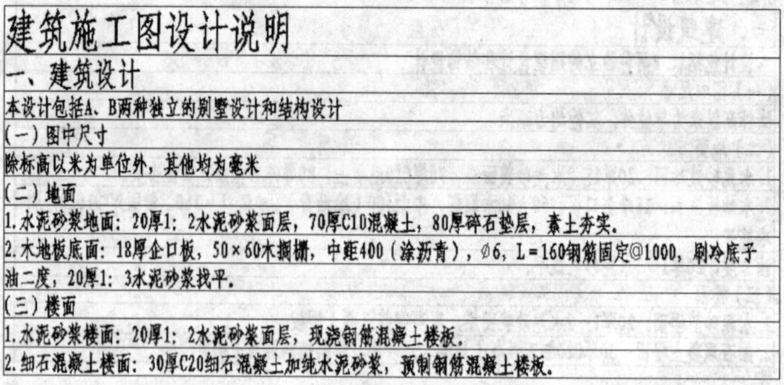

建筑施工图设计说明
一、建筑设计
本设计包括A、B两种独立的别墅设计和结构设计
(一)图中尺寸
除标高以米为单位外，其他均为毫米
(二)地面
1.水泥砂浆地面：20厚1：2水泥砂浆面层，70厚C10混凝土，80厚碎石垫层，素土夯实。
2.木地板底面：18厚企口板，50×60木搁栅，中距400（涂沥青），∅6，L=160钢筋固定@1000，刷冷底子油二度，20厚1：3水泥砂浆找平。
(三)楼面
1.水泥砂浆楼面：20厚1：2水泥砂浆面层，现浇钢筋混凝土楼板。
2.细石混凝土楼面：30厚C20细石混凝土加纯水泥砂浆，预制钢筋混凝土楼板。

图 3-52 设置单元高度后的效果

（12） 选择表格，执行“分解”命令，将表格分解，删除表格中的图线，效果如图 3-53 所示。

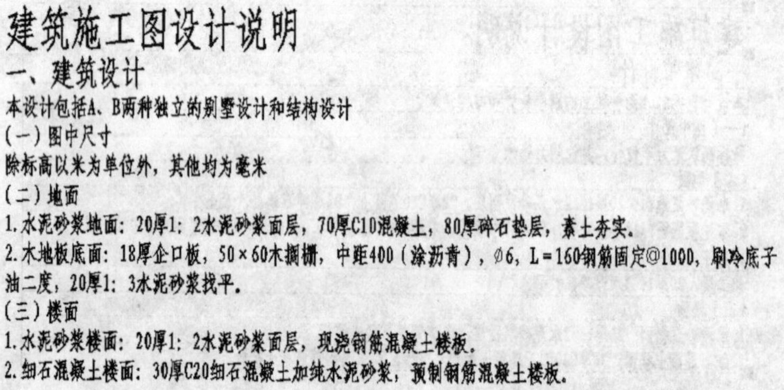

建筑施工图设计说明
一、建筑设计
本设计包括A、B两种独立的别墅设计和结构设计
(一)图中尺寸
除标高以米为单位外，其他均为毫米
(二)地面
1.水泥砂浆地面：20厚1：2水泥砂浆面层，70厚C10混凝土，80厚碎石垫层，素土夯实。
2.木地板底面：18厚企口板，50×60木搁栅，中距400（涂沥青），∅6，L=160钢筋固定@1000，刷冷底子
油二度，20厚1：3水泥砂浆找平。
(三)楼面
1.水泥砂浆楼面：20厚1：2水泥砂浆面层，现浇钢筋混凝土楼板。
2.细石混凝土楼面：30厚C20细石混凝土加纯水泥砂浆，预制钢筋混凝土楼板。

图 3-53 删除表格图线效果

3.4 建筑制图中各种表格的创建

建筑图中的各种表格可以用直接绘制和间接绘制两种方法来绘制，所谓直接绘制法就是直接使用表格功能绘制，间接绘制就是使用单行文字结合构造线绘制，下面通过一个门窗表的绘制为读者详细讲解。

3.4.1 实例 20——表格法创建表格

为某新农村别墅二层小洋楼创建门窗表，效果如图 3-54 所示。其中要求“门窗表”标题字高为 1000，其他为 350，除“类别”列单元格宽 1000 外，其他单元格宽 2500，单元格高 600，行标题和列标题居中，其他内容左下对齐，偏移各 50。

具体操作步骤如下：

（1） 选择“格式”|“表格样式”命令，弹出“表格样式”对话框，单击“新建”按钮，弹出“创建新的表格样式”对话框，在“新样式名”文本框中输入“门窗表”，如图 3-55 所示。

门窗表

类别	型号	尺寸	数量			说明
			一层	二层	总数	
门	M1	800×2100	2	2	4	实木门
	M2	900×2400	4	3	7	实木门
	M3	1200×2400	1		1	实木门
窗	N1	900×1600	2	2	4	铝合金窗
	N2	1200×1600	1	3	4	铝合金窗
	N3	1500×1600	1		1	铝合金窗

图 3-54　门窗表效果

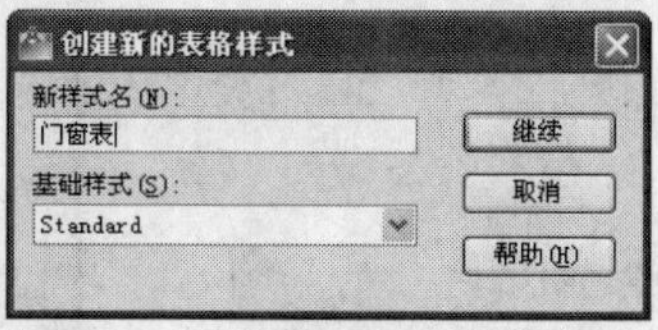

图 3-55　创建门窗表表格样式

（2）　单击“继续”按钮，弹出“新建表格样式”对话框，如图 3-56 所示设置“数据”单元样式。

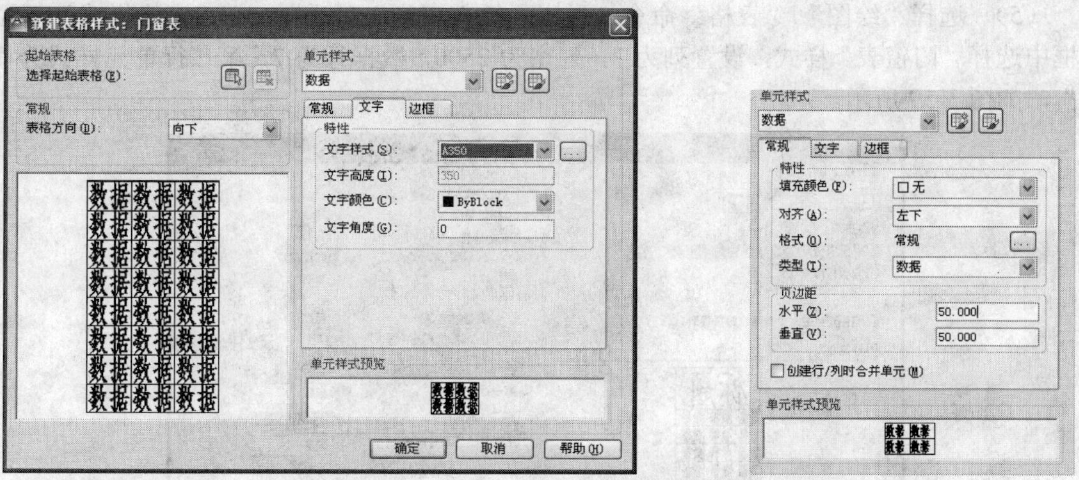

图 3-56　设置“数据”选项卡参数

（3）　选择“标题”单元样式，如图 3-58 所示设置“标题”样式各参数。

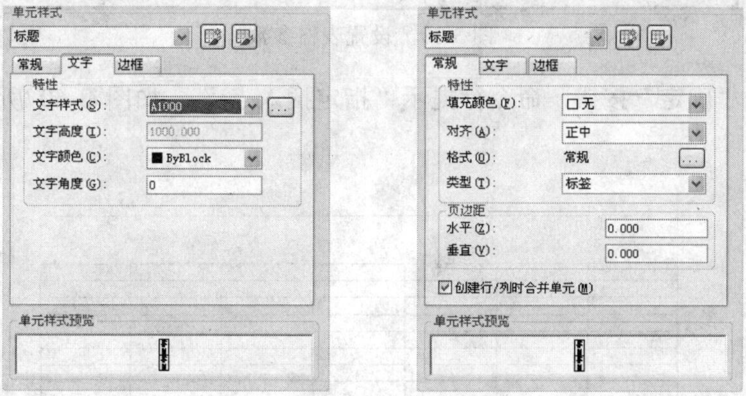

图 3-57　设置“标题”选项卡参数

（4）　单击“确定”按钮，回到“表格样式”文本框，如图 3-58 所示“样式”列表中出现“门窗表”选项，单击“关闭”按钮。

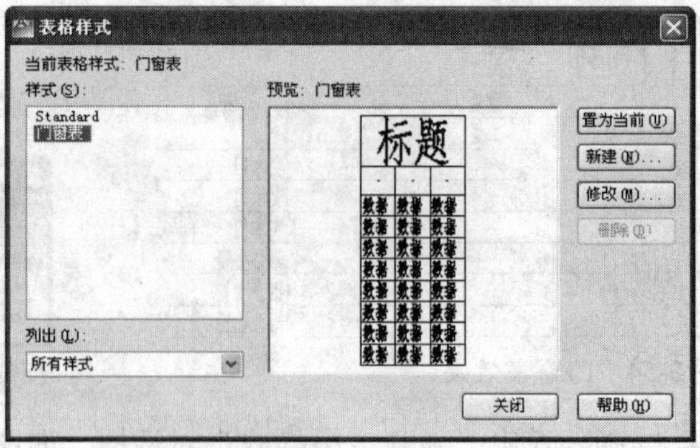

图 3-58　创建完成“门窗表”表格样式

（5） 选择“绘图”|“表格”命令，弹出“插入表格”对话框，在“表格样式”下拉列表框中选择“门窗表”样式，设置列为 7，列宽为 2500，数据行为 7，第二行单元样式为“数据”，如图 3-59 所示。

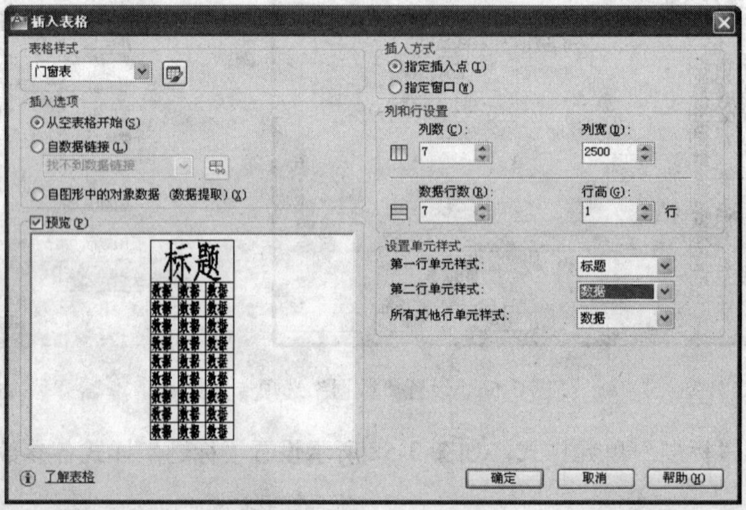

图 3-59　设置表格参数

（6） 单击“确定”按钮，命令行提示“指定插入点:”，如图 3-60 所示在绘图区任意拾取一点。

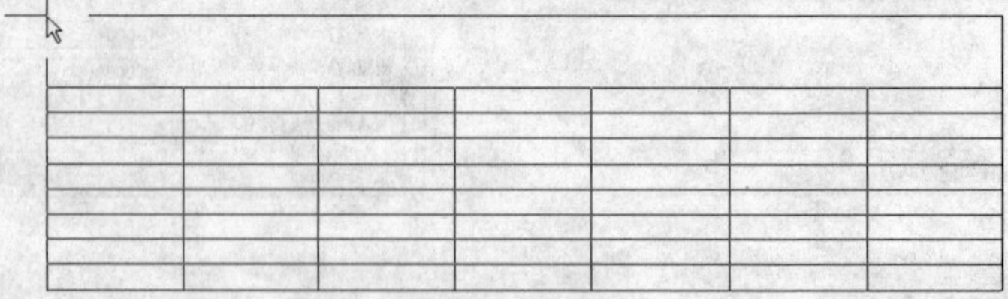

图 3-60　在绘图区指定表格的插入点

（7） 指定完成插入点后，进入表格编辑状态，与多行文字编辑器类似，效果如图 3-61 所示。

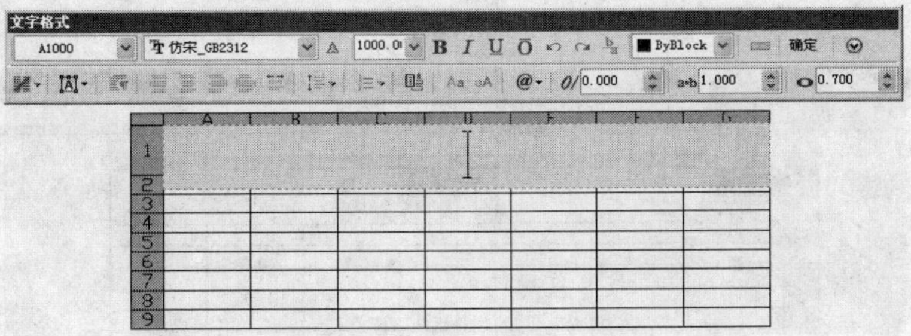

图 3-61　待输入状态表格

（8）　在“表题”中输入文字“门窗表”，如图 3-62 所示，“门窗表”之间有一个空格。

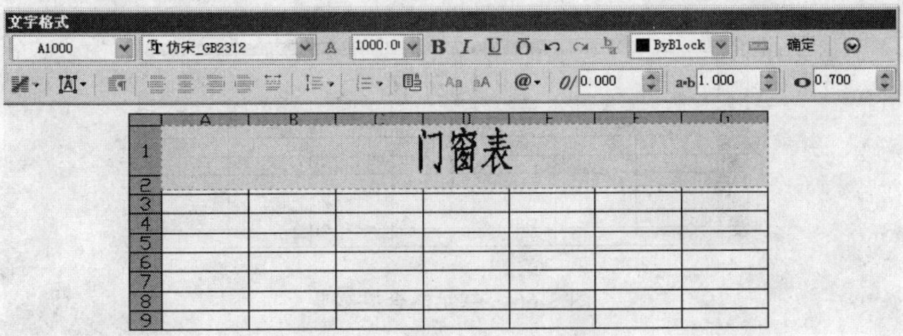

图 3-62　输入列标题

（9）　单击“确定”按钮，完成标题的输入，使用光标点击拖动形成如图 3-63 所示的选择框。

图 3-63　选择单元格

（10）　松开鼠标左键，则选择框经过的两个单元格被选中，效果如图 3-64 所示。

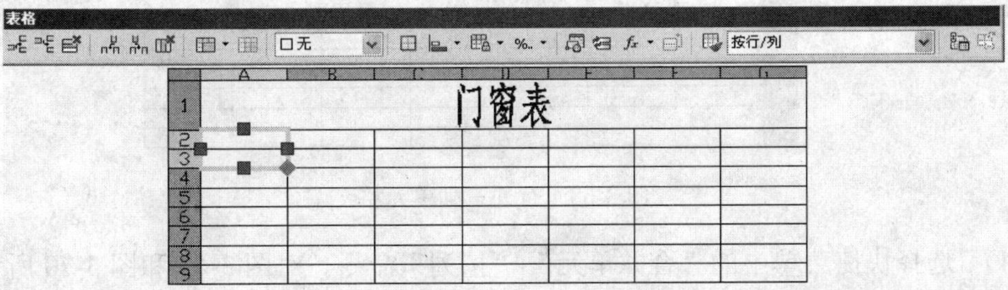

图 3-64　单元格选中状态

（11）　在“表格”工具栏中单击“合并单元”按钮，如图 3-65 所示在弹出的菜单中选择“按列”命令，合并单元格，合并效果如图 3-66 所示。

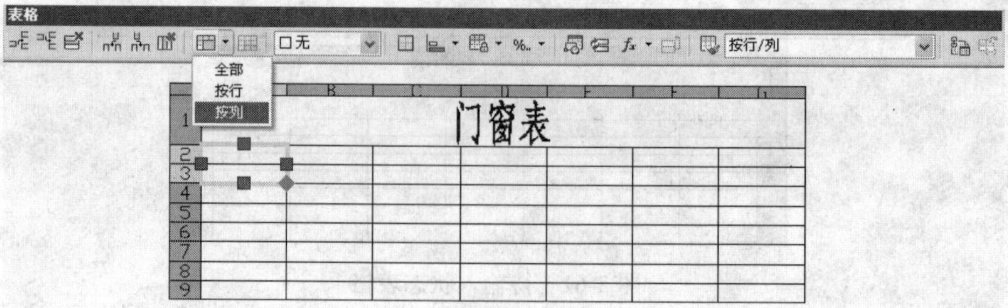

图 3-65　执行快捷菜单合并命令

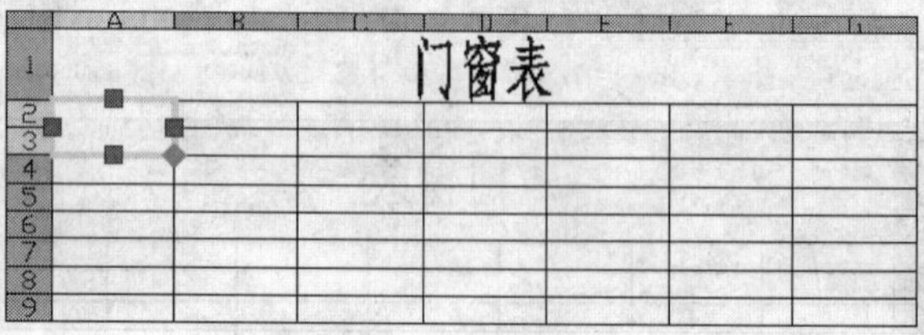

图 3-66　单元格合并效果

（12）　继续选择“合并单元”|“按列”命令，按如图 3-67 所示进行合并。

图 3-67　合并单元格列

（13）　在“表格”工具栏中单击“合并单元”按钮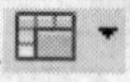，在弹出的菜单中选择“按行”命令，合并三列单元格，效果如图 3-68 所示。

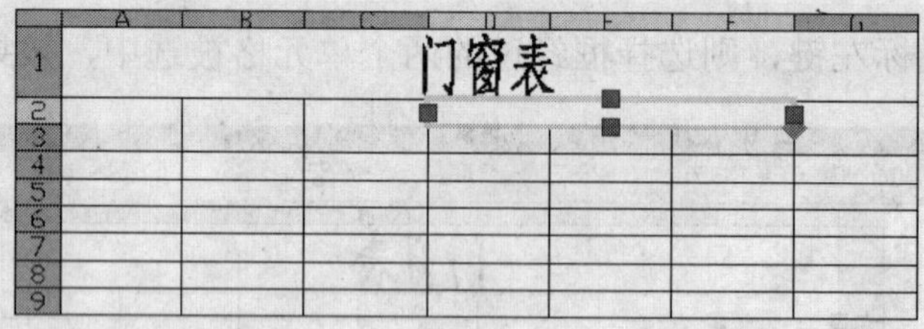

图 3-68　合并三列单元格

（14）　选择快捷菜单中的“合并单元”|“按列”命令，对图 3-69 和图 3-70 所示的单元格进行合并，合并效果如图 3-71 所示。

（15）　双击单元格，进入表格编辑状态，如图 3-72 所示，可以输入数据内容。

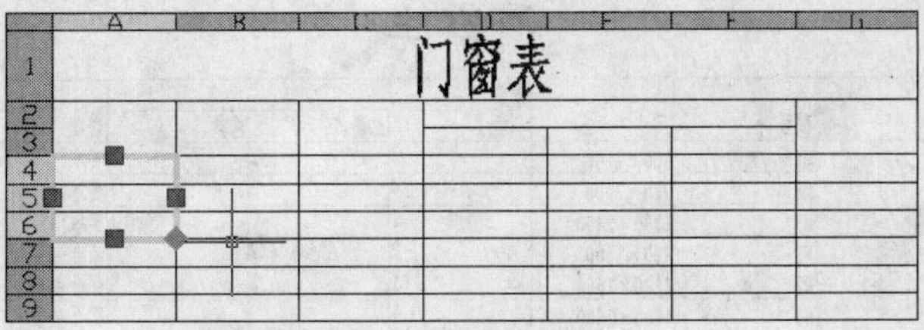

图 3-69　选择需要合并列的 3 个单元格

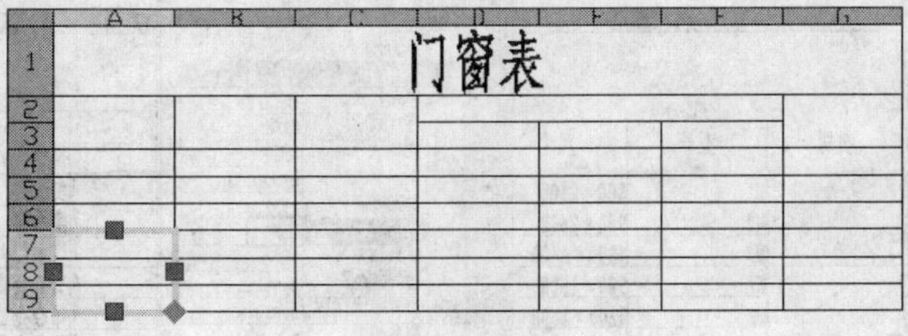

图 3-70　选择需要合并列的另外 3 个单元格

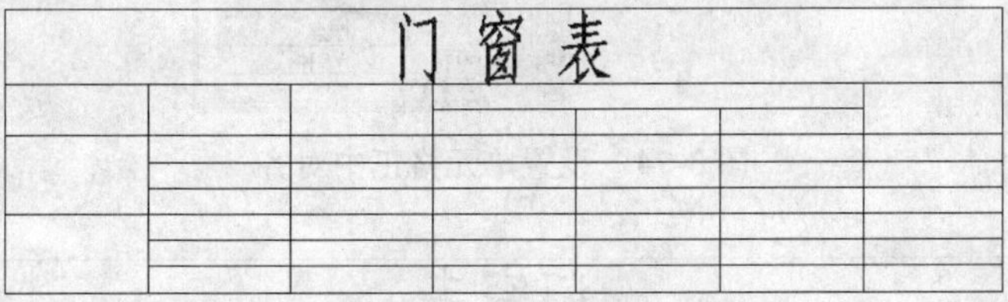

图 3-71　合并效果

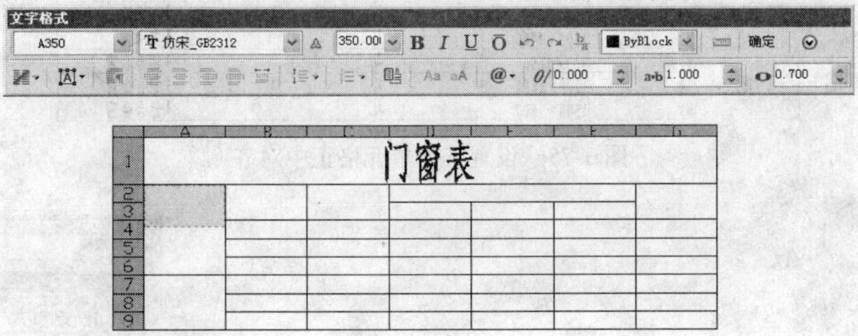

图 3-72　数据内容可编辑状态

（16）　在表格中输入各种文字内容，效果如图 3-73 所示。

（17）　选择如图 3-74 所示的单元格，执行右键快捷菜单中的“特性”命令，弹出“特性”选项板，设置“对齐”为正中。

（18）　使用同样的方法，对其他单元格的对齐方式也进行调整，调整效果如图 3-75 所示。

（19）　选择如图 3-76 所示的单元格，执行右键快捷菜单中的“特性”命令，如图 3-77 所示。在弹出的“特性”选项板中设置单元格高度为 600，执行效果如图 3-78 所示。

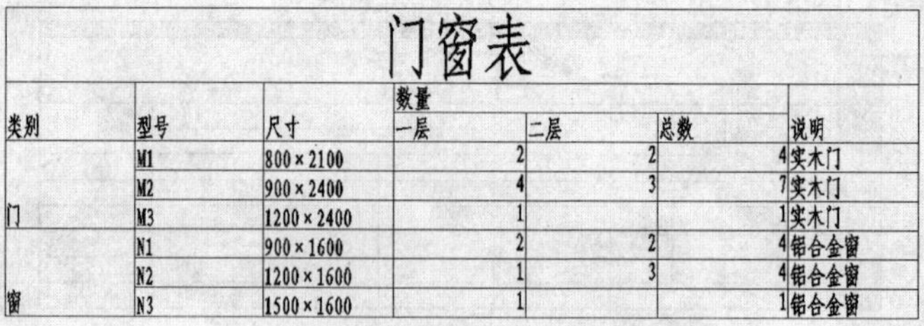

门窗表						
类别	型号	尺寸	数量 一层	二层	总数	说明
门	M1	800×2100	2	2	4	实木门
	M2	900×2400	4	3	7	实木门
	M3	1200×2400	1		1	实木门
窗	N1	900×1600	2	2	4	铝合金窗
	N2	1200×1600	1	3	4	铝合金窗
	N3	1500×1600	1		1	铝合金窗

图 3-73　创建表格内容

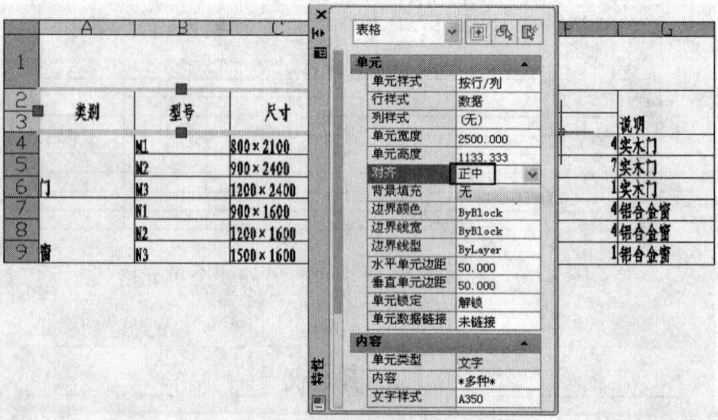

图 3-74　设置单元格正中对齐

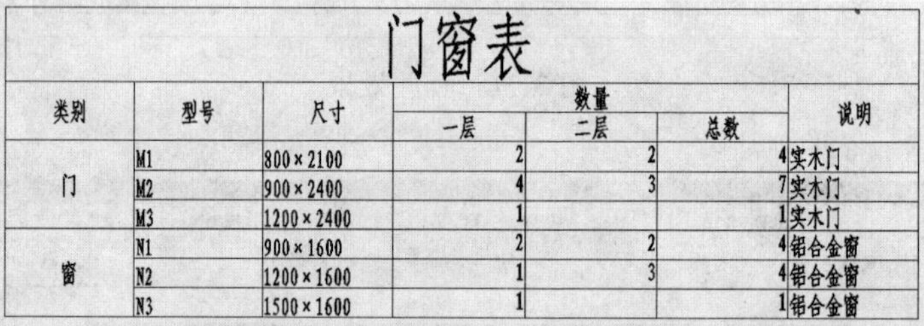

图 3-75　设置其他单元格正中对齐

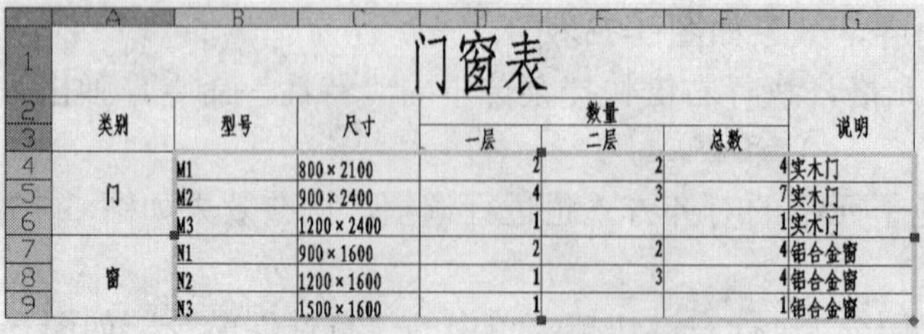

图 3-76　选择要设置单元格高度的单元格

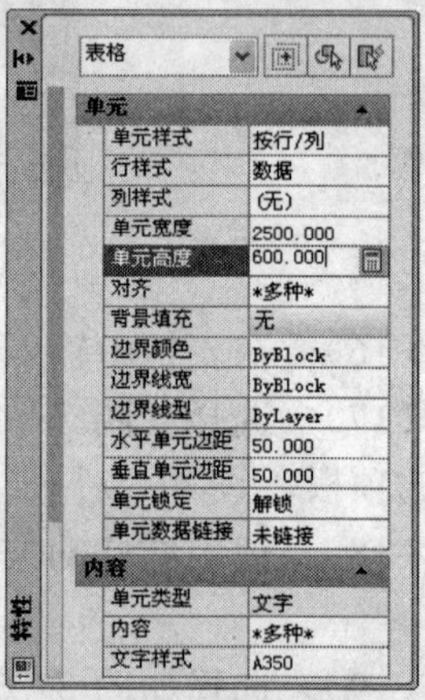

图 3-77　设置单元格高度

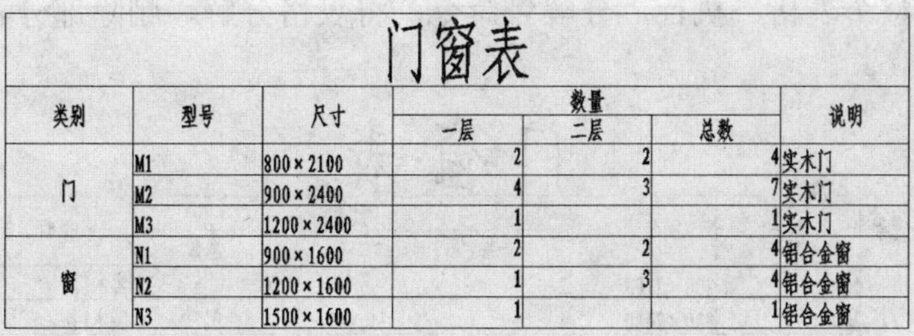

门窗表						
类别	型号	尺寸	数量			说明
			一层	二层	总数	
门	M1	800×2100	2	2	4	实木门
	M2	900×2400	4	3	7	实木门
	M3	1200×2400	1		1	实木门
窗	N1	900×1600	2	2	4	铝合金窗
	N2	1200×1600	1	3	4	铝合金窗
	N3	1500×1600	1		1	铝合金窗

图 3-78　单元格高度设置效果

（20）　使用同样的方法，设置如图 3-79 所示的单元格的高度也是 600。

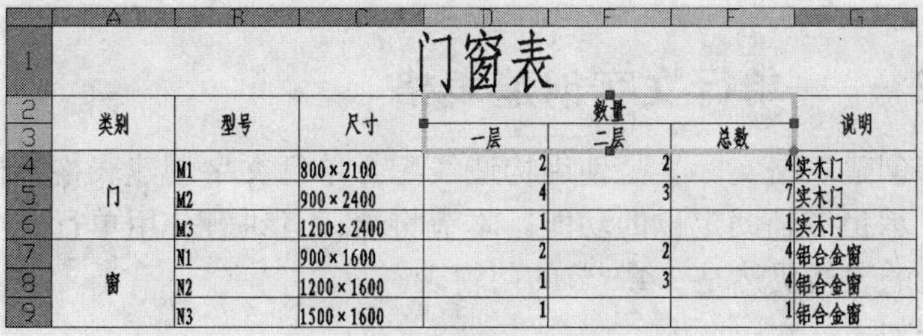

	A	B	C	D	E	F	G
1	门窗表						
2	类别	型号	尺寸	数量			说明
3				一层	二层	总数	
4	门	M1	800×2100	2	2	4	实木门
5		M2	900×2400	4	3	7	实木门
6		M3	1200×2400	1		1	实木门
7	窗	N1	900×1600	2	2	4	铝合金窗
8		N2	1200×1600	1	3	4	铝合金窗
9		N3	1500×1600	1		1	铝合金窗

图 3-79　设置其他的单元格高度

（21）　选择 B4～G9 单元格，在“特性”选项板中设置对齐方式为“左下”，执行效果如图 3-80 所示。

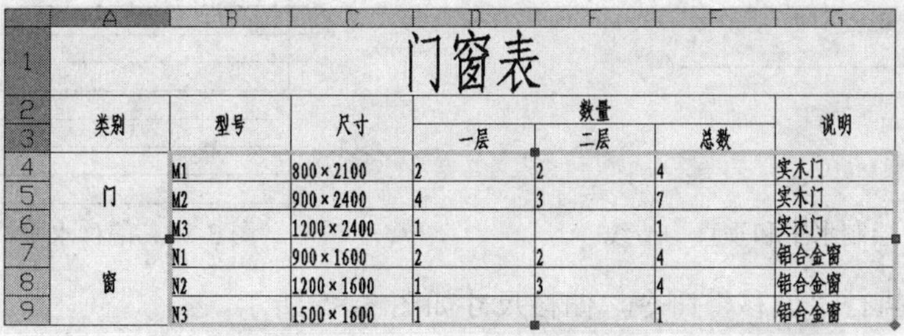

	A	B	C	D	E	F	G
1	门窗表						
2	类别	型号	尺寸	数量			说明
3				一层	二层	总数	
4	门	M1	800×2100	2	2	4	实木门
5		M2	900×2400	4	3	7	实木门
6		M3	1200×2400	1		1	实木门
7	窗	N1	900×1600	2	2	4	铝合金窗
8		N2	1200×1600	1	3	4	铝合金窗
9		N3	1500×1600	1		1	铝合金窗

图 3-80　设置单元格对齐方式

（22）　选择如图 3-81 所示的单元格，在“特性”选项板中设置单元格宽度为 1000。

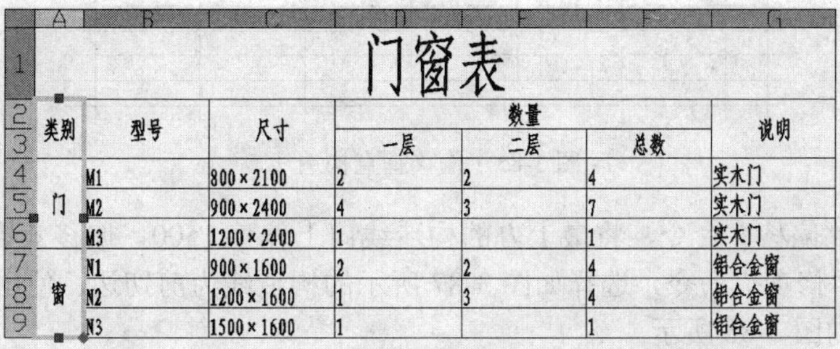

	A	B	C	D	E	F	G
1	门窗表						
2	类别	型号	尺寸	数量			说明
3				一层	二层	总数	
4	门	M1	800×2100	2	2	4	实木门
5		M2	900×2400	4	3	7	实木门
6		M3	1200×2400	1		1	实木门
7	窗	N1	900×1600	2	2	4	铝合金窗
8		N2	1200×1600	1	3	4	铝合金窗
9		N3	1500×1600	1		1	铝合金窗

图 3-81　调整第一列列宽

（23） 选择整个表格，执行“分解”命令，将表格分解，删除部分表格线，效果如图 3-82 所示。

门窗表

类别	型号	尺寸	数量			说明
			一层	二层	总数	
门	M1	800×2100	2	2	4	实木门
	M2	900×2400	4	3	7	实木门
	M3	1200×2400	1		1	实木门
窗	N1	900×1600	2	2	4	铝合金窗
	N2	1200×1600	1	3	4	铝合金窗
	N3	1500×1600	1		1	铝合金窗

图 3-82　删除部分表格线效果

3.4.2　实例 21——单行文字创建表格

使用单行文字创建表格实际上是使用构造线配合单行文字创建表格，构造线充当了表格线的功能，同时又承担了辅助定位的功能。本节将给读者讲解使用单行文字配合构造线绘制表格的方法。创造的表格仍然是 3.4.1 节的门窗表。

具体操作步骤如下：

（1） 执行“构造线”命令，输入 h，绘制水平构造线，输入 v，绘制垂直构造线，效果如图 3-83 所示。

（2） 执行“偏移”命令，向下偏移 600，连续偏移，效果如图 3-84 所示。

图 3-83　绘制水平和垂直构造线

图 3-84　偏移水平构造线

（3） 继续执行“偏移”命令，偏移尺寸如图 3-85 所示。

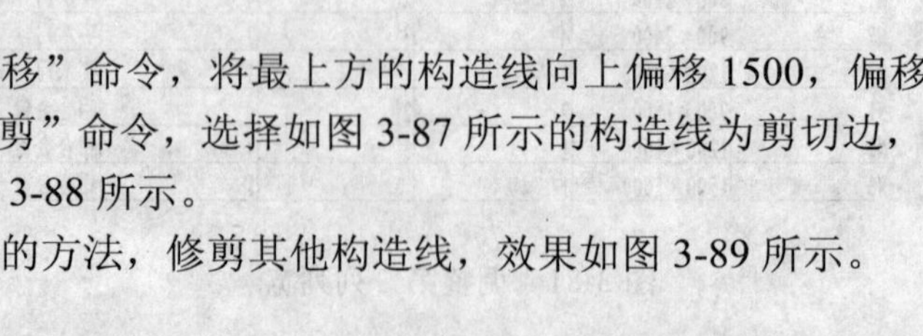

图 3-85　偏移垂直构造线

（4） 执行“偏移”命令，将最上方的构造线向上偏移 1500，偏移效果如图 3-86 所示。

（5） 执行“修剪”命令，选择如图 3-87 所示的构造线为剪切边，使用交叉窗口选择法选择修剪对象，如图 3-88 所示。

（6） 使用同样的方法，修剪其他构造线，效果如图 3-89 所示。

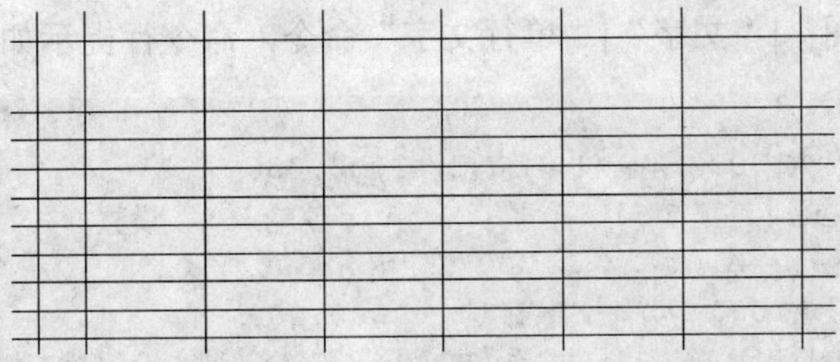

图 3-86　向上偏移水平构造线

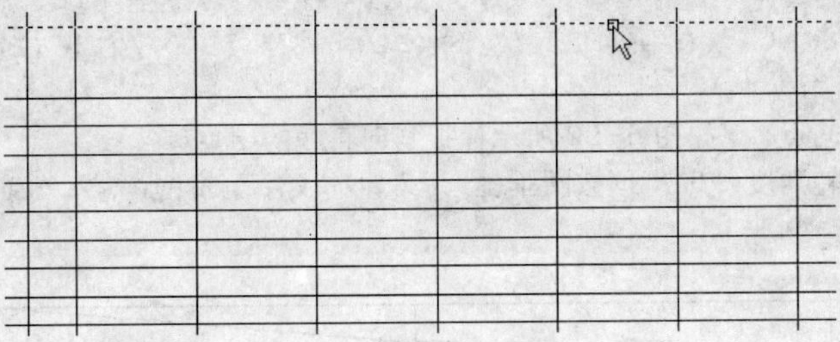

图 3-87　选择剪切线

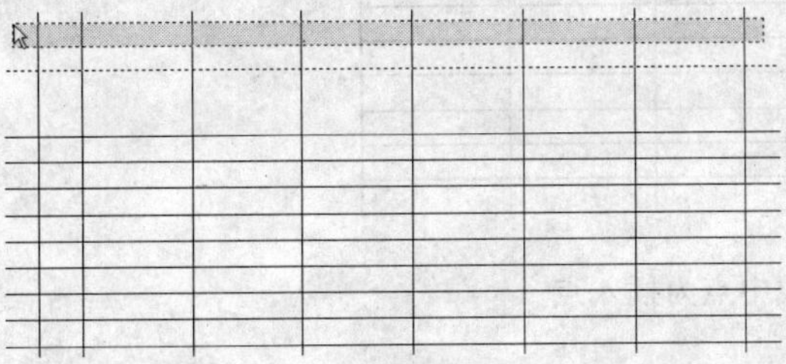

图 3-88　交叉选择修剪对象

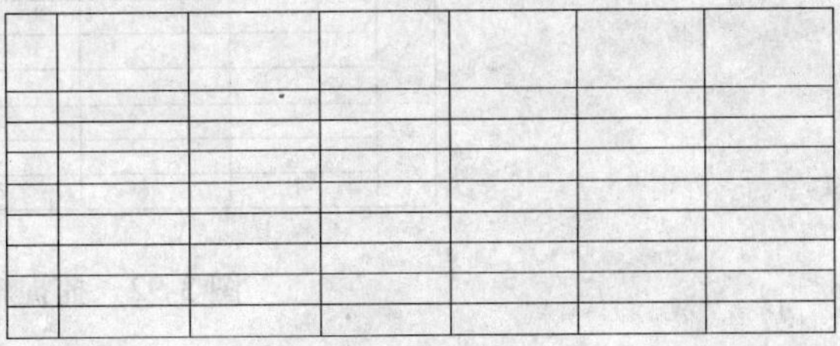

图 3-89　修剪效果

（7） 执行“偏移”命令，修剪单元格部分，修剪出的单元格效果如图 3-90 所示。

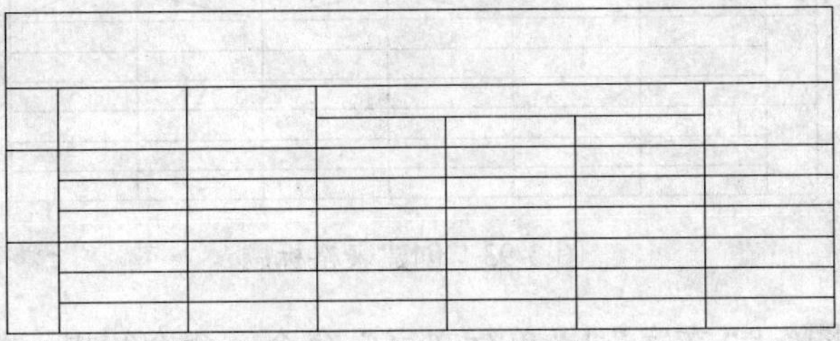

图 3-90　修剪形成表格

（8） 执行“直线”命令，连接端点，绘制斜向线作为辅助线，效果如图 3-91 所示。

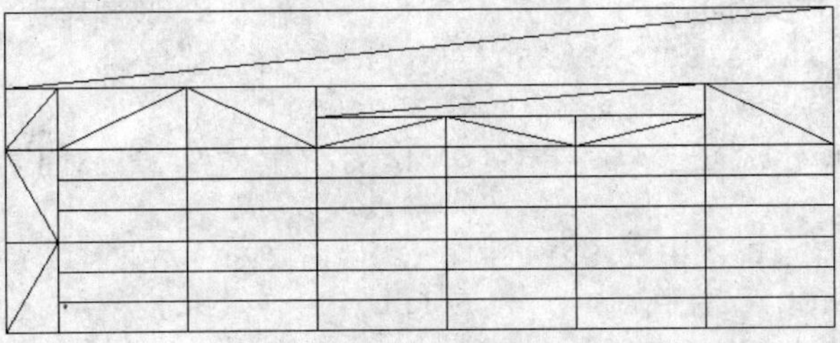

图 3-91　绘制斜向定位辅助线

（9） 选择“绘图”|“文字”|“单行文字”命令，命令行提示如下：

```
命令：_dtext
当前文字样式： A1000  当前文字高度： 1000.000
指定文字的起点或 [对正（J）/样式（S）]： s//输入 s，设置样式
输入样式名或 [?] <A1000>： A1000//使用 A1000 样式
当前文字样式： A1000  当前文字高度： 1000.000
指定文字的起点或 [对正（J）/样式（S）]： j//输入 j，设置对正样式
输入选项
[对齐（A）/调整（F）/中心（C）/中间（M）/右（R）/左上（TL）/中上（TC）/右上（TR）/左中（ML）/正中（MC）/右中（MR）/左下（BL）/中下（BC）/右下（BR）]： mc//输入 mc，设置正中对齐
指定文字的中间点://如图 3-92 所示捕捉斜向直线的中点
指定文字的旋转角度 <0>://按回车键，进入动态文字编辑框，输入“门 窗 表”，效果如图 3-93 所示
```

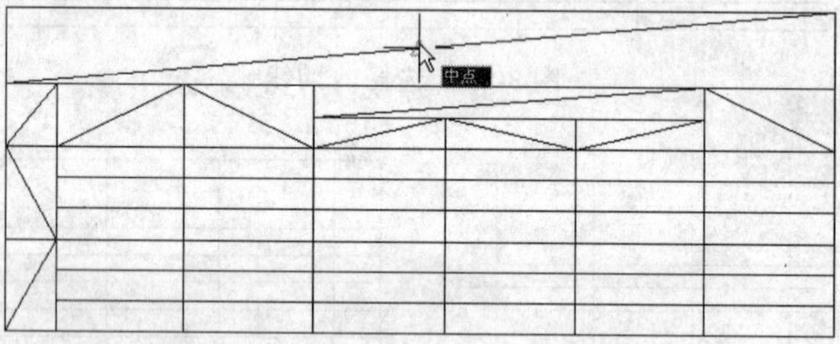

图 3-92 捕捉辅助线中点为插入点

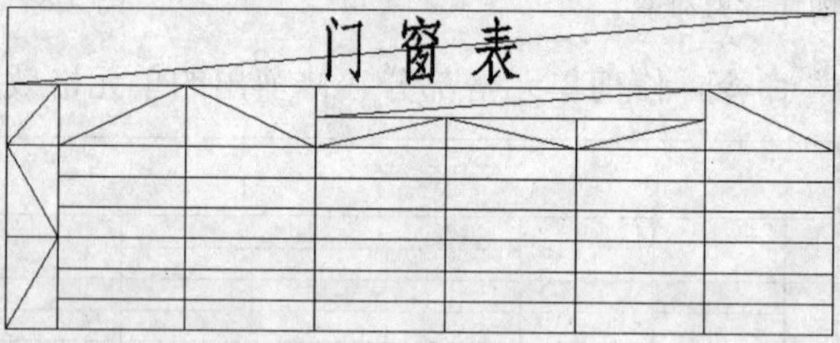

图 3-93 创建表格标题

（10） 选择“绘图”|“文字”|“单行文字”命令，命令行提示如下：

```
命令：_dtext
当前文字样式： A1000  当前文字高度： 1000.000
指定文字的起点或 [对正（J）/样式（S）]： s//输入 s，设置样式
输入样式名或 [?] <A1000>： A350//使用 A350 样式
当前文字样式： A350  当前文字高度： 350.000
指定文字的起点或 [对正（J）/样式（S）]： j//输入 j，设置对正样式
输入选项
[对齐（A）/调整（F）/中心（C）/中间（M）/右（R）/左上（TL）/中上（TC）/右上（TR）/左中（ML）/正中（MC）/右中（MR）/左下（BL）/中下（BC）/右下（BR）]： mc//输入 mc，设置正中对齐
指定文字的中间点://捕捉斜向直线的中点
```

指定文字的旋转角度 <0>://按回车键，进入动态文字编辑框，输入“类别”，效果如图 3-94 所示

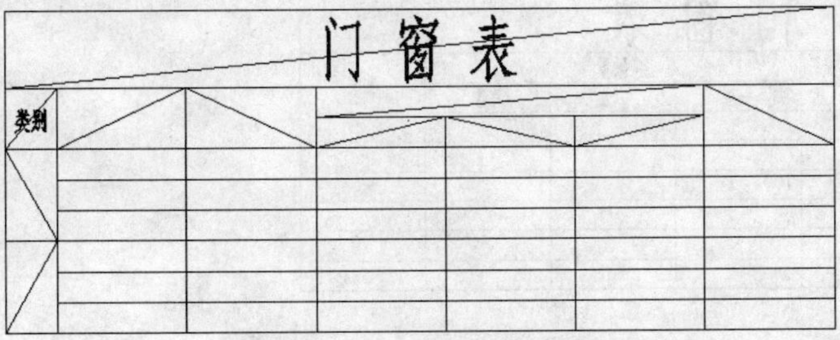

图 3-94　删除表格图线效果

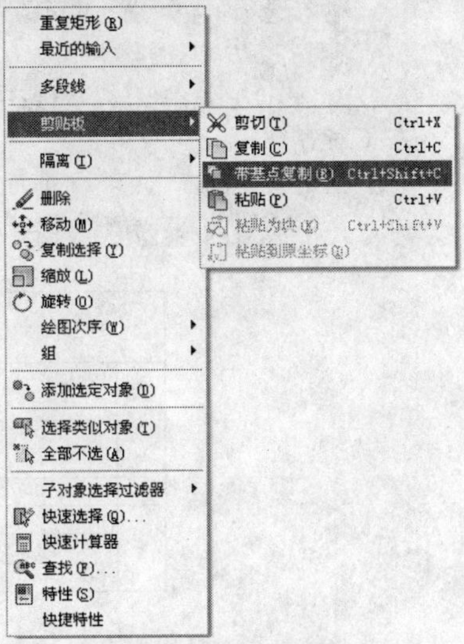

图 3-95　带基点复制

（11）选择步骤 10 创建的文字，如图 3-95 所示执行右键快捷菜单中的“剪贴板”|“带基点复制”命令，如图 3-96 所示设置插入点为基点。

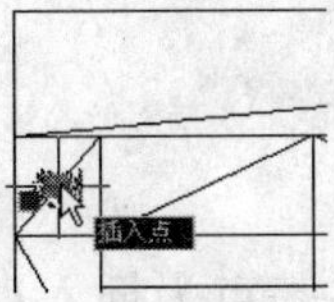

图 3-96　设置基点

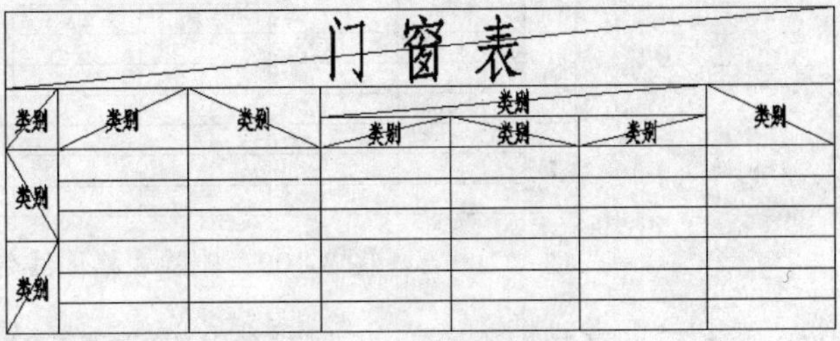

图 3-97　粘贴单行文字

（12）执行右键快捷菜单中的“剪贴板”|“粘贴”命令，捕捉斜向直线的中点粘贴单行文字，效果如图 3-97 所示。

（13）选择单行文字，双击使其处于可编辑状态，修改文字内容，效果如图 3-98 所示。

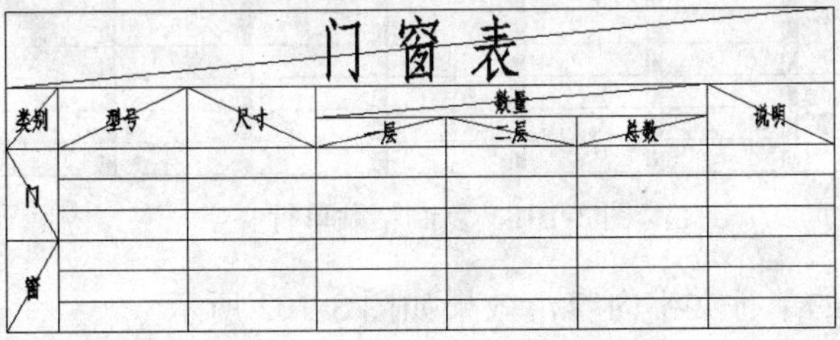

图 3-98　修改单行文字内容

（14）删除斜向直线，效果如图 3-99 所示。

（15）选择“绘图”|“文字”|“单行文字”命令，命令行提示如下：

命令：_dtext

当前文字样式： A350 当前文字高度： 350.000
指定文字的起点或 [对正 (J) /样式 (S)]: j//输入j，设置对正样式
输入选项
[对齐 (A) /调整 (F) /中心 (C) /中间 (M) /右 (R) /左上 (TL) /中上 (TC) /右上 (TR) /左中 (ML) /正中 (MC) /右中 (MR) /左下 (BL) /中下 (BC) /右下 (BR)]: bl//输入bl表示左下对齐
指定文字的左下点://捕捉图3-100所示的点为插入点
指定文字的旋转角度 <0>://按回车键，输入单行文字M1

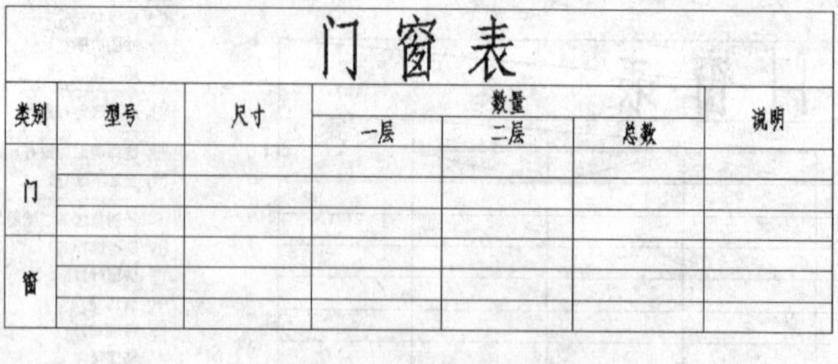

图3-99 删除斜向直线效果

图3-100 删除表格图线效果

（16） 执行“复制”命令，复制对象为步骤15创建的单行文字，基点为插入点，以构造线的交点为插入点，效果如图3-101所示。

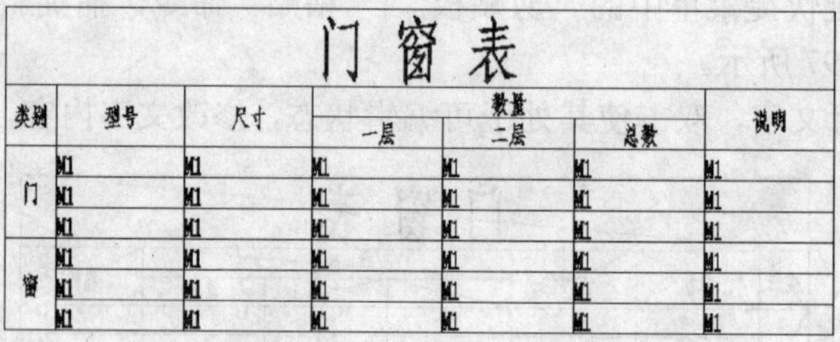

图3-101 复制粘贴单行文字

（17） 修改粘贴的单行文字内容，效果如图3-102所示。

（18） 选择如图3-103所示的文字内容。

（19） 执行“移动”命令，命令行提示如下：

命令： _move 找到 34 个
指定基点或 [位移 (D)] <位移>： //拾取任意点为基点
指定第二个点或 <使用第一个点作为位移>: @50,50//输入相对偏移坐标，效果如图3-104所示

门窗表						
类别	型号	尺寸	数量			说明
			一层	二层	总数	
门	M1	800×2100	2	2	4	实木门
	M2	900×2400	4	3	7	实木门
	M3	1200×2400	1		1	实木门
窗	N1	900×1600	2	2	4	铝合金窗
	N2	1200×1600	1	3	4	铝合金窗
	N3	1500×1600	1		1	铝合金窗

图 3-102　修改文字内容

门窗表						
类别	型号	尺寸	数量			说明
			一层	二层	总数	
门	M1	800×2100	2	2	4	实木门
	M2	900×2400	4	3	7	实木门
	M3	1200×2400	1		1	实木门
窗	N1	900×1600	2	2	4	铝合金窗
	N2	1200×1600	1	3	4	铝合金窗
	N3	1500×1600	1		1	铝合金窗

图 3-103　删除表格图线效果

门窗表						
类别	型号	尺寸	数量			说明
			一层	二层	总数	
门	M1	800×2100	2	2	4	实木门
	M2	900×2400	4	3	7	实木门
	M3	1200×2400	1		1	实木门
窗	N1	900×1600	2	2	4	铝合金窗
	N2	1200×1600	1	3	4	铝合金窗
	N3	1500×1600	1		1	铝合金窗

图 3-104　删除表格图线效果

（20）　删除部分直线，效果如图 3-105 所示。

门窗表						
类别	型号	尺寸	数量			说明
			一层	二层	总数	
门	M1	800×2100	2	2	4	实木门
	M2	900×2400	4	3	7	实木门
	M3	1200×2400	1		1	实木门
窗	N1	900×1600	2	2	4	铝合金窗
	N2	1200×1600	1	3	4	铝合金窗
	N3	1500×1600	1		1	铝合金窗

图 3-105　删除部分直线效果

3.4.3 实例22——其他创建文字的方法

建筑制图中还有一种文字说明叫引线说明，这种引线说明通常用在材料做法等的说明上，譬如大样图的材料做法说明，详图的材料做法说明。通常情况，制图人员可以使用多段线或者直线配合单行文字或者多行文字来完成。还有一种方法就是使用快速引线 qleader 命令。下面通过如图 3-106 所示的一个例子说明快速引线功能的使用方法。

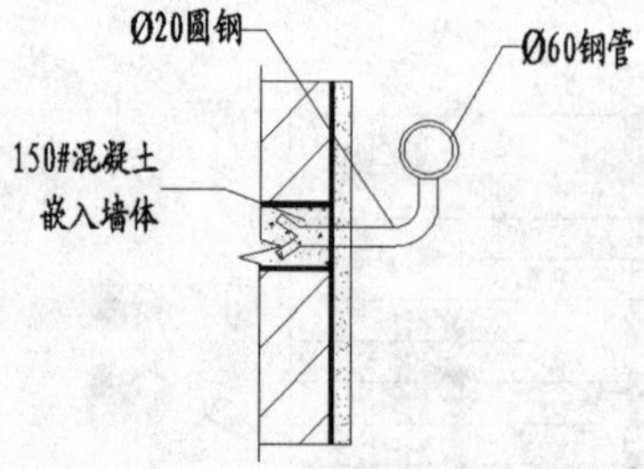

图 3-106　扶手详图说明效果

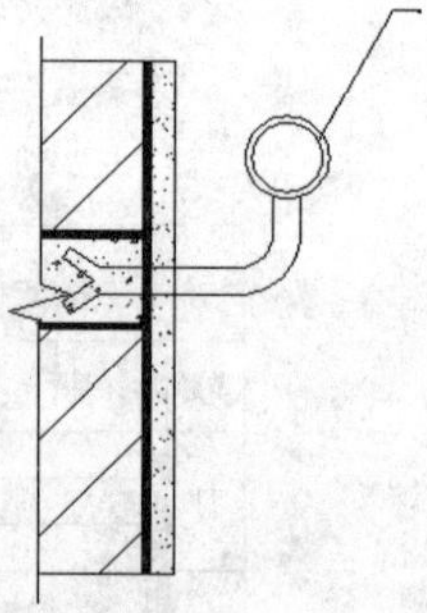

图 3-107　创建快速引线标注

具体操作步骤如下：

（1）　在命令行中输入 qleader 命令，命令行提示如下：

```
命令: qleader
指定第一个引线点或 [设置 (S) ] <设置>://引线第一点为扶手上的一点
指定下一点: @1200<60//输入第二点相对坐标
指定下一点: @200,0//输入第三点相对坐标
指定文字宽度 <0>: //按回车键
输入注释文字的第一行 <多行文字 (M) >: 60 钢管//输入文字，按回车键
输入注释文字的下一行://按回车键，效果如图 3-107 所示，注意文字很小，看不清楚
```

（2）　双击快速引线标注，弹出多行文字编辑器，如图 3-108 所示。

图 3-108　编辑快速引线标注文字

（3）在多行文字编辑器中选择文字样式 A350，并补充输入直径符号，设置字体为 Times New Roman，效果如图 3-109 所示。

（4）　文字位置不太合适，选择说明文字拖动到合适位置，效果如图 3-110 所示。

（5）　继续执行“快速引线”命令，不输入文字，按回车键，弹出多行文字编辑器，如图 3-111 所示输入另外的一个文字说明。

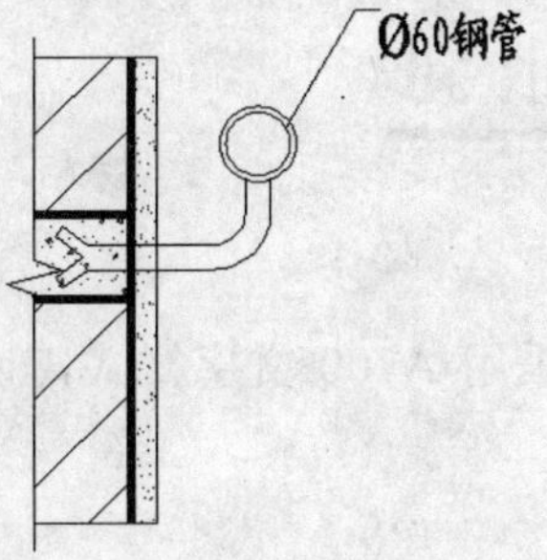

图 3-109　编辑完成的文字效果

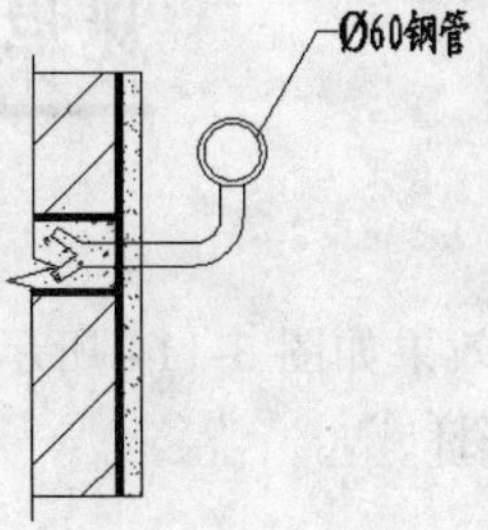

图 3-110　移动说明文字位置

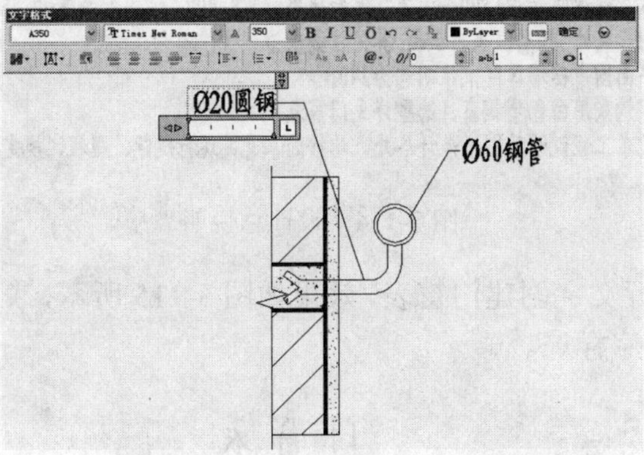

图 3-111　创建另外一个引线说明

（6）使用同样的方法输入其他文字说明，并移动说明文字到合适的位置，效果如图 3-107 所示。

3.7　上机练习

1. 按照 3.2 节介绍的创建文字样式的方法，创建名称为“建筑说明”的文字样式，要求字体为仿宋体_GB2312，文字高度为 200，宽度比例 0.7。如图 3-122 所示。

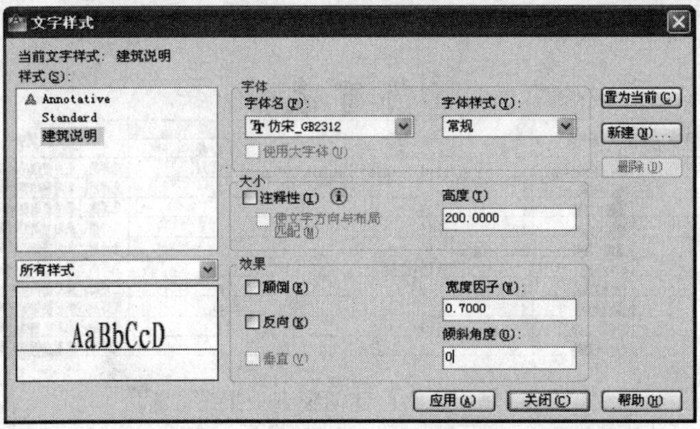

图 3-112　“建筑说明”文字样式参数说明

2. 创建如图 3-113 所示的楼梯详图图题，图题采用文字样式 A500。

楼梯第一、二跑平面图 1:50

图 3-113　楼梯详图图题

3. 创建效果如图 3-114 所示的设计总说明，其中标题采用 A700 文字样式，说明内容采用 A350 文字样式。

设计总说明

1、本工程建筑面积1500平方米，室外地平标高0.000，室内外高差-0.450。
2、图示尺寸，标高以米为单位，其他以毫米为单位。
3、平面图中砖墙厚度未注明均为240。
4、窗均采用白色塑钢窗，选型详见门窗表。
5、凡本工程说明及图纸未详尽处，均按国家有关现行规范、规程、规定执行。

图 3-114　设计总说明

4. 使用构造线和单行文字创建门窗表，效果如图 3-115 所示，表题采用 A1000 文字样式，表格中内容采用 A350 文字样式。

门 窗 表

类别	型号	宽×高	数量				说明
			一层	二层	阁楼层	总数	
门	M1	800×2100	1	1	1	3	见详图，采用塑钢型材和净白玻璃
	M2	900×2100	2			2	见详图，采用塑钢型材和净白玻璃
	M3	1000×2100	1	4		5	见详图，采用塑钢型材和净白玻璃
	M4	1200×2400	3	1		4	见详图，采用塑钢型材和净白玻璃
	M5	1800×2100	1		1	2	见详图，采用塑钢型材和净白玻璃
窗	C1	600×600		1	2	3	见详图，采用塑钢型材和净白玻璃
	C2	900×1200	2	2		4	见详图，采用塑钢型材和净白玻璃
	C3	900×1500	4			4	见详图，采用塑钢型材和净白玻璃
	C4	1200×1500		3		3	见详图，采用塑钢型材和净白玻璃
	C5	1500×1500		1		1	见详图，采用塑钢型材和净白玻璃

图 3-115　构造线创建门窗表效果图

5. 使用创建表格功能创建门窗表，效果如图 3-116 所示，表题采用 A1000 文字样式，表格中内容采用 A350 文字样式。

门 窗 表

类型	型号	宽×高	数量				说明
			一层	二层	阁楼层	总数	
门	M1	800×2100	1	1	1	3	见详图，采用塑钢型材和净白玻璃
	M2	900×2100	2			2	见详图，采用塑钢型材和净白玻璃
	M3	1000×2100	1	4		5	见详图，采用塑钢型材和净白玻璃
	M4	1200×2400	3	1		4	见详图，采用塑钢型材和净白玻璃
	M5	1800×2100	1		1	2	见详图，采用塑钢型材和净白玻璃
窗	C1	600×600		1	2	3	见详图，采用塑钢型材和净白玻璃
	C2	900×1200	2	2		4	见详图，采用塑钢型材和净白玻璃
	C3	900×1500	4			4	见详图，采用塑钢型材和净白玻璃
	C4	1200×1500		3		3	见详图，采用塑钢型材和净白玻璃
	C5	1500×1500		1		1	见详图，采用塑钢型材和净白玻璃

图 3-116　表格创建门窗表效果图

第 4 章　建筑制图中尺寸标注的创建

第 3 章给读者详细讲解了文字的创建方法，在建筑制图中，尺寸标注与文字一样，也是图形对象的一个很好的补充，也可以认为是一种比较特殊的图形对象。尺寸标注可以非常明确地表示建筑物尺寸以及建筑物关系，可以为建筑施工提供最严谨和精确的参考依据。

本章主要给读者讲解标注样式创建的方法、建筑制图中对标注的标准和规定以及建筑制图中常见的标注创建方法以及修改方法，通过本章的学习，读者应该掌握最常见的线性标注和连续标注，以及编辑标注的方法。

4.1　创建尺寸技术概述

标注显示了对象的测量值、对象之间的距离、角度或特征距指定原点的距离。AutoCAD 提供了 3 种基本的标注：长度、半径和角度。标注可以是水平、垂直、对齐、旋转、坐标、基线、连续、角度或者弧长。

标注具有以下独特的元素：标注文字、尺寸线、箭头和尺寸界线，对于圆标注还有圆心标记和中心线，如图 4-1 所示。

（1）　标注文字是用于指示测量值的字符串。文字可以包含前缀、后缀和公差。

（2）　尺寸线用于指示标注的方向和范围。对于角度标注，尺寸线是一段圆弧。

（3）　箭头，也称为终止符号，显示在尺寸线的两端。可以为箭头或标记指定不同的尺寸和形状。

（4）　尺寸界线，也称为投影线或证示线，从部件延伸到尺寸线。

（5）　中心标记是标记圆或圆弧中心的小十字。

（6）　中心线是标记圆或圆弧中心的虚线。

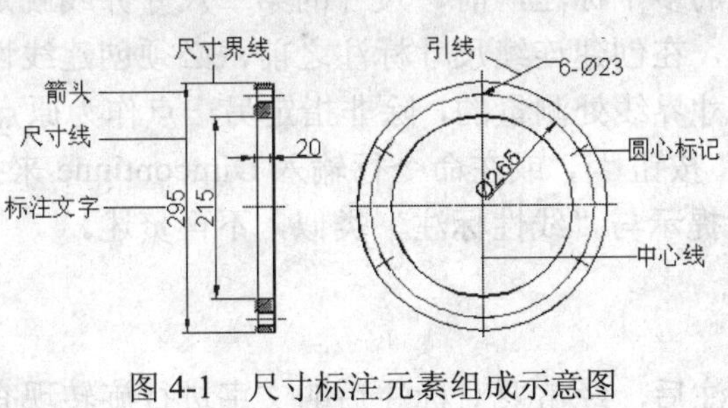

图 4-1　尺寸标注元素组成示意图

AutoCAD 将标注置于当前图层。每一个标注都采用当前标注样式，用于控制诸如箭头样式、文字位置和尺寸公差等的特性。

用户可以通过在“标注”菜单中选择合适的命令，或单击如图 4-2 所示的“标注”工具栏中的相应按钮来进行相应的尺寸标注。

图 4-2 “标注”工具栏

4.1.1 建筑制图中常用的两个基本标注形式

建筑制图中常用标注形式相对较少，通常情况下为线性标注和连续标注两种。

线性标注，能够标注水平尺寸、垂直尺寸和旋转尺寸。选择“标注”|“线性”命令，或单击“线性标注”按钮，或在命令行中输入 Dimlinear 来标注水平尺寸、垂直尺寸和旋转尺寸。单击“线性标注”按钮，命令行提示如下：

```
    命令: _dimlinear
    指定第一个尺寸界线原点或 <选择对象>://拾取第一条尺寸界线的原点
    指定第二条尺寸界线原点: //拾取第二条尺寸界线的原点
    指定尺寸线位置或
    [多行文字(M)/文字(T)/角度(A)/水平(H)/垂直(V)/旋转(R)]: //一般移动光标
指定尺寸线位置
    标注文字 = 5000
```

在命令行选项中“尺寸线位置”、“多行文字”、“文字”和“角度”选项是尺寸标注命令行中的常见选项，其中“尺寸线位置”选项表示确定尺寸线的角度和标注文字的位置；“多行文字”选项表示显示在位文字编辑器，可用它来编辑标注文字，可以通过文字编辑器来添加前缀或后缀，用控制代码和 Unicode 字符串来输入特殊字符或符号，要编辑或替换生成的测量值，请删除文字，输入新文字，然后单击“确定”按钮，如果标注样式中未打开换算单位，可以通过输入方括号（[ ]）来显示它们；“文字”选项表示在命令行自定义标注文字，要包括生成的测量值，可用尖括号（<>）表示生成的测量值。如果标注样式中未打开换算单位，可以通过输入方括号（[ ]）来显示换算单位；“角度”选项用于修改标注文字的角度。

命令行中的其他 3 个选项“水平”、“垂直”和“旋转”都是线性标注特有的选项，含义如下：“水平”选项创建水平线性标注；“垂直”选项创建垂直线性标注；“旋转”选项创建旋转线性标注。

连续标注是首尾相连的多个标注，前一尺寸的第二尺寸界线就是后一尺寸的第一尺寸界线，与基线尺寸标注一样，在创建连续尺寸标注之前，必须创建线性、对齐或角度标注，连续尺寸标注是从上一个尺寸界线处测量的，除非指定另一点作为原点。选择“标注”|“连续”命令，或单击“连续标注”按钮，或在命令行输入 Dimcontinue 来执行连续标注。单击“连续标注”按钮，命令行提示与“线性标注”类似，不再赘述。

4.1.2 尺寸编辑

在绘图过程中创建标注后，经常要对标注后的文字进行旋转现有文字或用新文字替换，可以将文字移动到新位置或返回等，也可以将标注文字沿尺寸线移动到左、右或中心或尺寸界线之内或之外的任意位置。用户可以通过命令方式和夹点编辑方式，进行编辑。

1. 命令编辑

AutoCAD 提供多种方法满足用户对尺寸标注进行编辑，Dimedit 和 Dimtedit 是两种最常用的对尺寸标注进行编辑的命令。

（1） Dimedit

单击“编辑标注”按钮，或在命令行输入 Dimedit 都可以执行该命令。命令行提示如下：

```
命令： _dimedit
输入标注编辑类型 [默认（H）/新建（N）/旋转（R）/倾斜（O）] <默认>:
```

此提示中有 4 个选项，分别为“默认（H）”、“新建（N）”、“旋转（R）”、“倾斜（O）”，各含义如下。

- “默认”选项：此选项将尺寸文本按 DDIM 所定义的默认位置，方向重新置放。
- “新建”选项：此选项是更新所选择的尺寸标注的尺寸文本，使用在位文字编辑器更改标注文字。
- “旋转”选项：此选项是旋转所选择的尺寸文本。
- “倾斜”选项：此选项实行倾斜标注，即编辑线性型尺寸标注，使其尺寸界线倾斜一个角度，不再与尺寸线相垂直，常用于标注锥形图形。

（2） Dimtedit

单击“编辑标注文字”按钮，或在命令行输入 DIMTEDIT 都可以执行该命令。命令行提示如下：

```
命令： _dimtedit
选择标注：      //选择需要编辑的尺寸标注
指定标注文字的新位置或 [左（L）/右（R）/中心（C）/默认（H）/角度（A）]： //拖动文字到需要的位置
```

此提示有左（L）、右（R）、中心（C）、默认（H）、角度（A）等 5 个选项，各项含义如下。

- “左”选项：此选项的功能是更改尺寸文本沿尺寸线左对齐。
- “右”选项：此选项的功能是更改尺寸文本沿尺寸线右对齐。
- “中心”选项：此选项的功能是更改尺寸文本沿尺寸线中间对齐。
- “默认”选项：此选项的功能是将尺寸文本按 DDIM 所定义的缺省位置、方向、重新置放。
- “角度”选项：此选项的功能是旋转所选择的尺寸文本。

2. 夹点编辑

当用户选择相应的尺寸标注时，尺寸标注上会出现相应的夹点，用户通过对夹点的移动，对尺寸标注的尺寸界线、尺寸线和标注文字进行移动，图 4-3 就演示了线性尺寸标注的夹点功能。

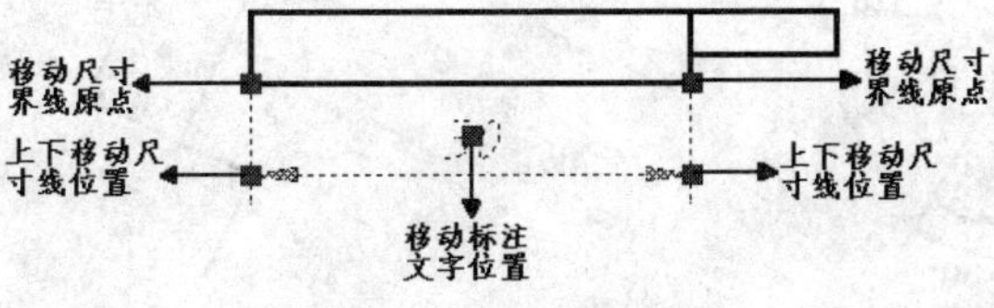

图 4-3　尺寸标注夹点功能

若需要对文字内容或者其他组成元素的特性进行更改，可以选择需要修改的标注，单击鼠标右键，在弹出的快捷菜单中选择“特性”命令，通过“特性”选项板来进行更改，关于特性面板的使用这里不再赘述。

4.2 建筑制图尺寸标注规范要求

《房屋建筑制图统一标准》GB-T 50001—2001 中对建筑制图中的尺寸标注有着详细的规定。下面分别介绍规范对尺寸界线、尺寸线、尺寸起止符号和标注文字（尺寸数字）的一些要求。

4.2.1 尺寸界线、尺寸线及尺寸起止符号

尺寸界线应用细实线绘制，一般应与被注长度垂直，其一端应离开图样轮廓线不小于 2 mm，另一端宜超出尺寸线 2～3 mm。图样轮廓线可用作尺寸界线，如图 4-4 所示。

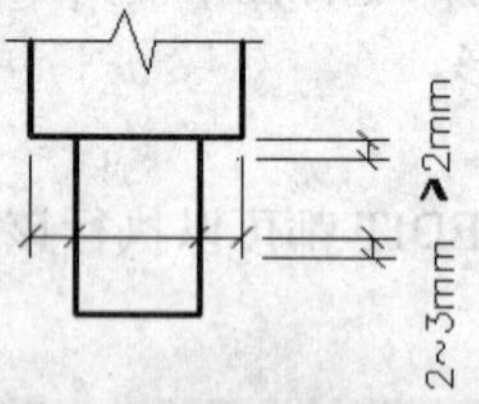

图 4-4 尺寸界线

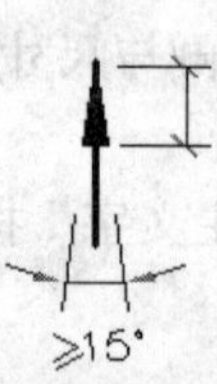

图 4-5 箭头尺寸起止符

尺寸线应用细实线绘制，应与被注长度平行。图样本身的任何图线均不得用作尺寸线。因此尺寸线应调整好位置避免与图线重合。

尺寸起止符号一般用中粗斜短线绘制，其倾斜方向应与尺寸界线成顺时针 45°角，长度宜为 2～3 mm。半径、直径、角度与弧长的尺寸起止符号，宜用箭头表示，如图 4-5 所示。

4.2.2 尺寸数字

图样上的尺寸，应以尺寸数字为准，不得从图上直接量取。但建议用按比例绘图，这样可以减少绘图错误。图样上的尺寸单位，除标高及总平面以米为单位外，其他必须以毫米为单位。

尺寸数字的方向，应按图 4-6 所示的规定注写。若尺寸数字在 30°斜线区内，宜按图 4-7 的形式注写。

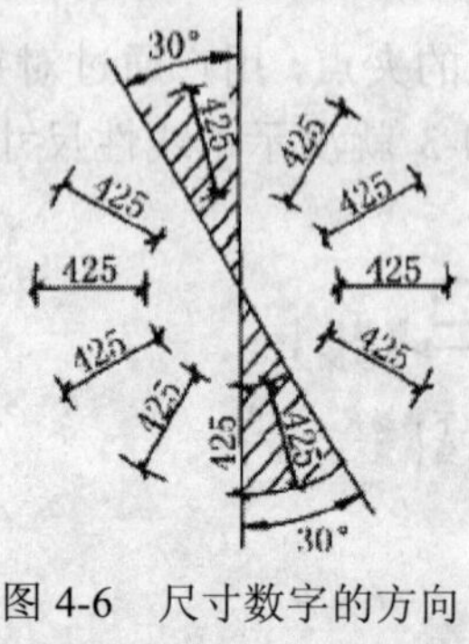

图 4-6 尺寸数字的方向

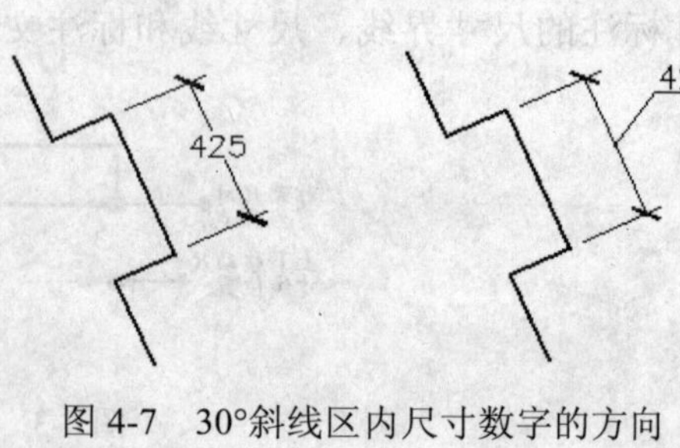

图 4-7 30°斜线区内尺寸数字的方向

尺寸数字一般应依据其方向注写在靠近尺寸线的上方中部。如没有足够的注写位置，最外边的尺寸数字可注写在尺寸界线的外侧，中间相邻的尺寸数字可错开注写，如图 4-8 所示。

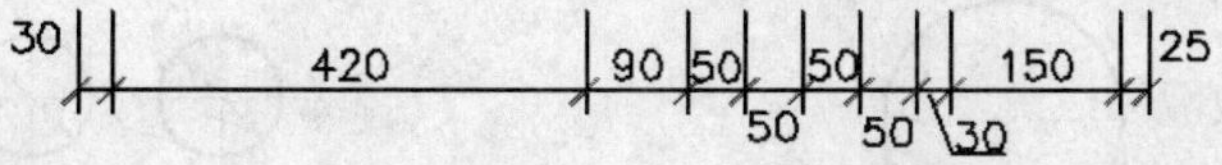

图 4-8　尺寸数字的注写位置

4.2.3　尺寸的排列与布置

尺寸宜标注在图样轮廓以外，不宜与图线、文字及符号等相交，如图 4-9 所示。

互相平行的尺寸线，应从被注写的图样轮廓线由近向远整齐排列，较小尺寸应离轮廓线较近，较大尺寸应离轮廓线较远，如图 4-10 所示。

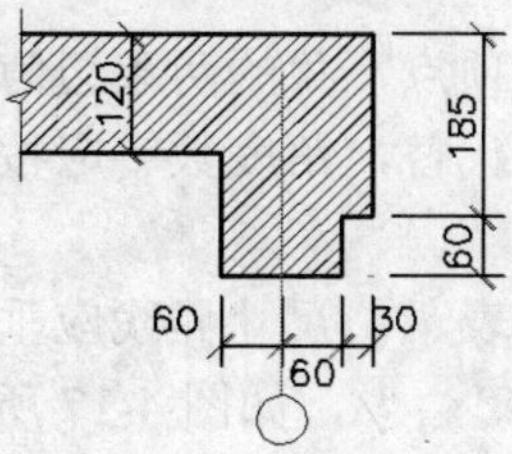

图 4-9　尺寸数字的注写

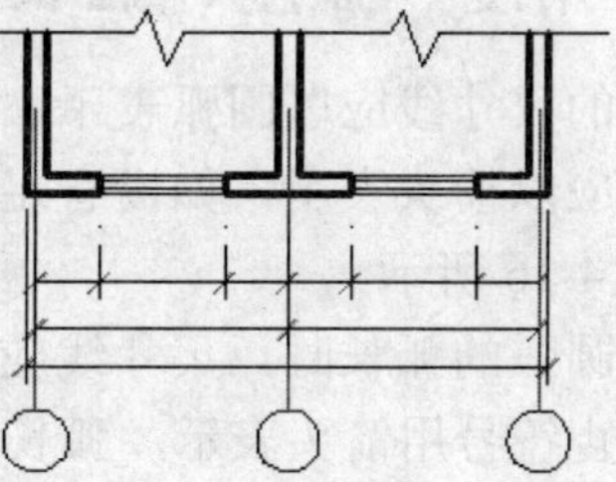

图 4-10　尺寸的排列

图样轮廓线以外的尺寸线，距图样最外轮廓之间的距离，不宜小于 10 mm。平行排列的尺寸线的间距，宜为 7～10 mm，并应保持一致，如图 4-10 所示。

总尺寸的尺寸界线应靠近所指部位，中间的分尺寸的尺寸界线可稍短，但其长度应相等，如图 4-9 所示。

4.2.4　半径、直径、球的尺寸标注

半径的尺寸线应一端从圆心开始，另一端画箭头指向圆弧。半径数字前应加注半径符号“*R*”，如图 4-11 所示。较小圆弧的半径，可按图 4-12 所示形式标注；较大圆弧的半径，可按图 4-13 所示形式标注。

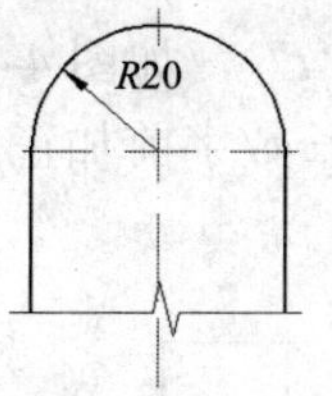

图 4-11　半径标注方法

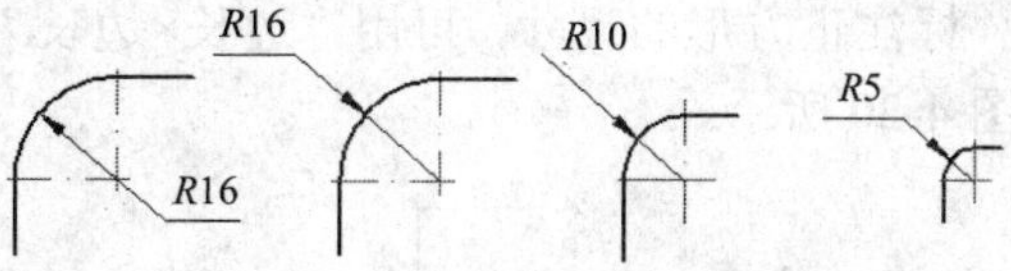

图 4-12　小圆弧半径标注方法

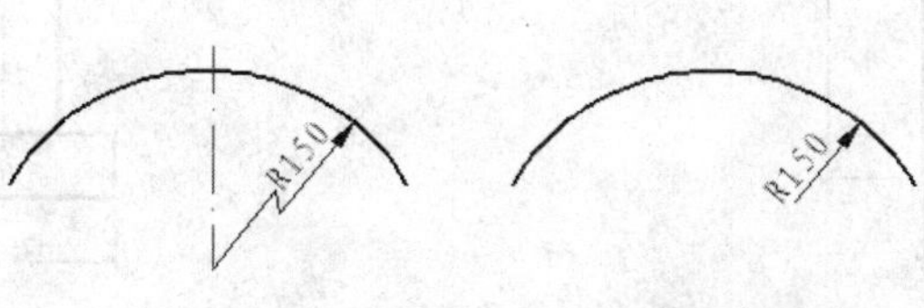

图 4-13　大圆弧半径的标注方法

标注圆的直径尺寸时，直径数字前应加直径符号“Φ”。在圆内标注的尺寸线应通过圆心，两端画箭头指至圆弧，如图 4-14 所示，对于小圆直径，可按图 4-15 所示标注。

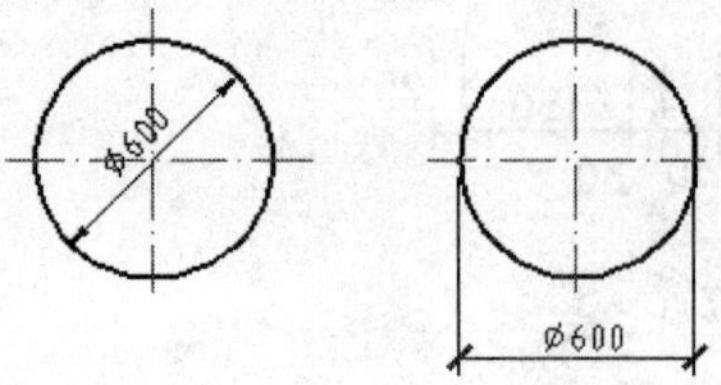

图 4-14　圆直径的标注方法

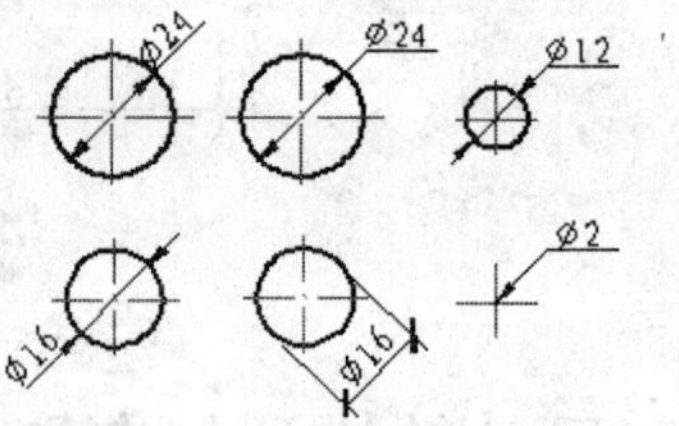

图 4-15　小圆直径的标注方法

标注球的半径尺寸时，应在尺寸前加注符号“*SR*”。标注球的直径尺寸时，应在尺寸数字前加注符号“$S\Phi$”。注写方法与圆弧半径和圆直径的尺寸标注方法相同。

4.2.5　角度、弧度、弧长的标注

角度的尺寸线应以圆弧表示。该圆弧的圆心应是该角的顶点，角的两条边为尺寸界线。起止符号应以箭头表示，如没有足够位置画箭头，可用圆点代替，角度数字应按水平方向注写，如图 4-16 所示。

标注圆弧的弧长时，尺寸线应以与该圆弧同心的圆弧线表示，尺寸界线应垂直于该圆弧的弦，起止符号用箭头表示，弧长数字上方应加注圆弧符号“⌒”，如图 4-17 所示。

标注圆弧的弦长时，尺寸线应以平行于该弦的直线表示，尺寸界线应垂直于该弦，起止符号用中粗斜短线表示，如图 4-18 所示。

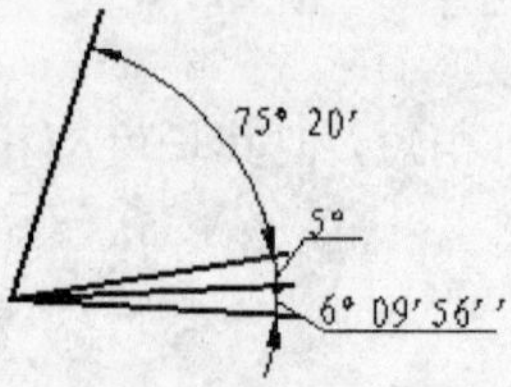

图 4-16　角度标注方法

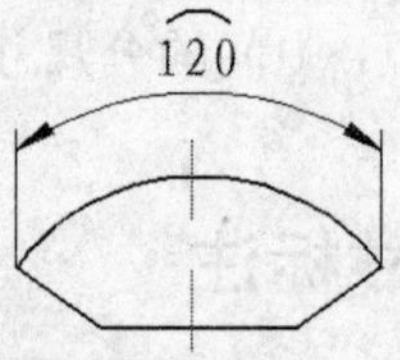

图 4-17　弧长标注方法

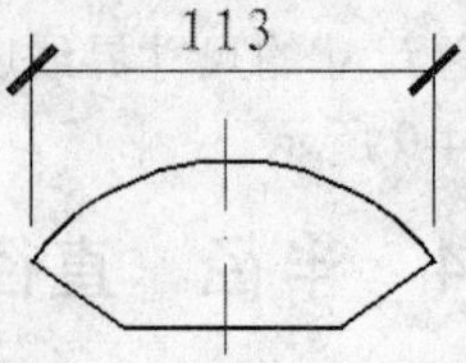

图 4-18　弦长标注方法

4.2.6　薄板厚度、正方形、坡度、非圆曲线等尺寸标注

在薄板板面标注板厚尺寸时，应在厚度数字前加厚度符号“*t*”，如图 4-19 所示。

标注正方形的尺寸，可用“边长×边长”的形式，也可在边长数字前加正方形符号“□”，如图 4-20 所示。

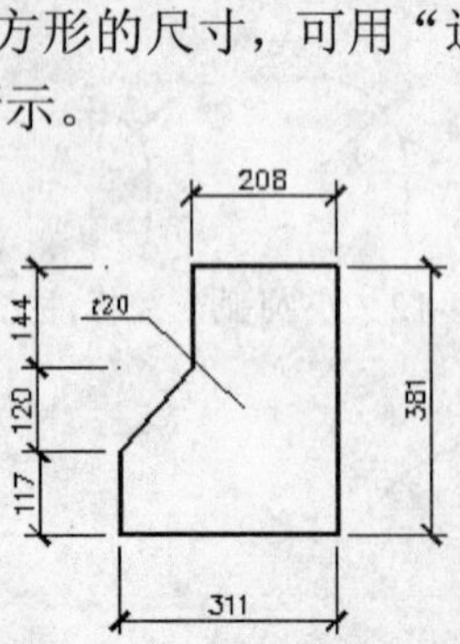

图 4-19　薄板厚度标注方法

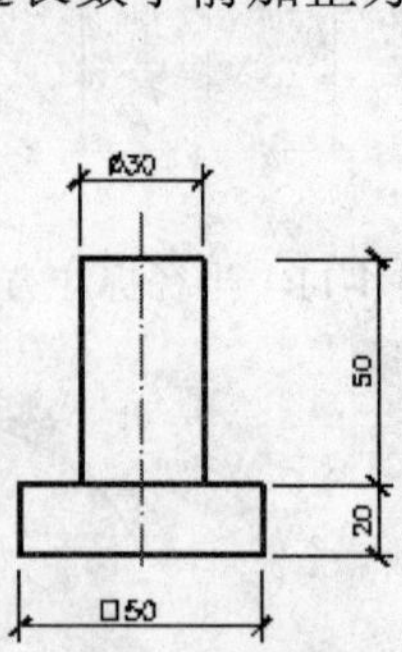

图 4-20　正方形标注方法

标注坡度时，应加注坡度符号“ ← ”，该符号为单面箭头，箭头应指向下坡方向。坡度也可用直角三角形形式标注，如图 4-21 所示。

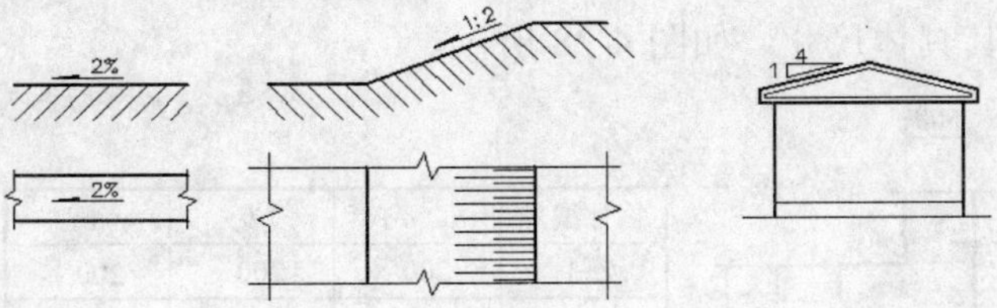

图 4-21　坡度标注方法

外形为非圆曲线的构件，可用坐标形式标注尺寸，如图 4-22 所示。复杂的图形，可用网格形式标注尺寸，如图 4-23 所示。

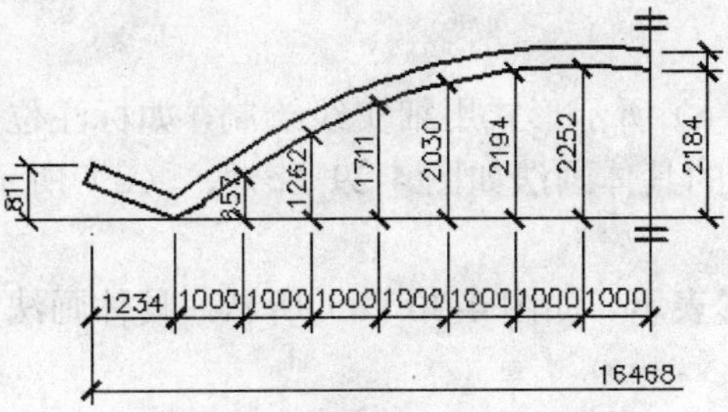

图 4-22　坐标法标注曲线尺寸

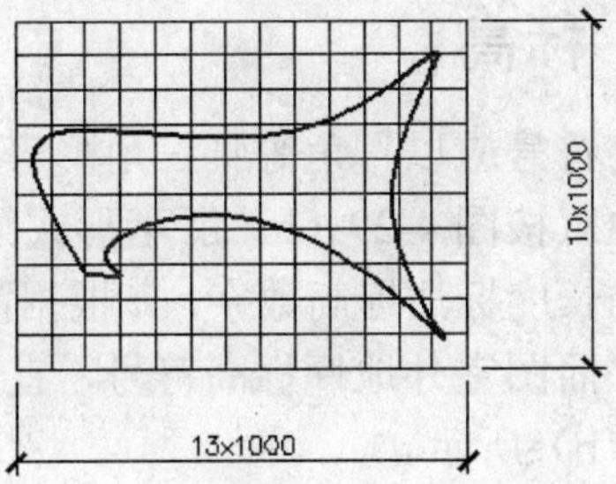

图 4-23　网格法标注曲线尺寸

4.2.7　尺寸的简化标注

连续排列的等长尺寸，可用“个数×等长尺寸=总长”的形式标注，如图 4-24 所示。构配件内的构造因素（如孔、槽等）如相同，可仅标注其中一个要素的尺寸，如图 4-25 所示。

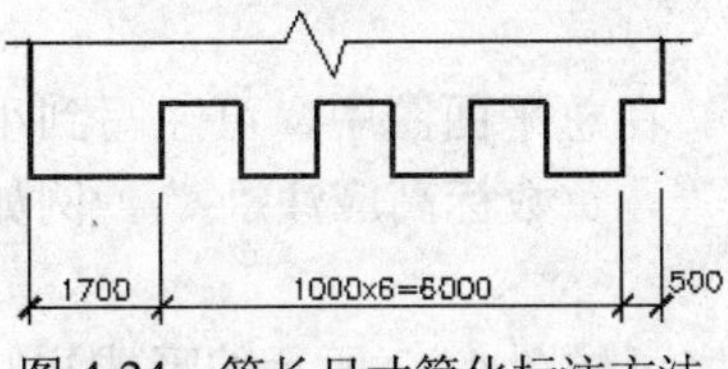

图 4-24　等长尺寸简化标注方法

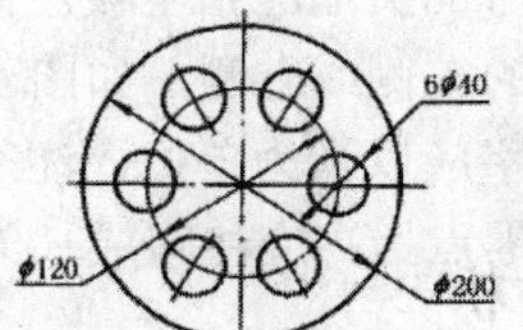

图 4-25　相同要素尺寸标注方法

对称构配件采用对称省略画法时，该对称构配件的尺寸线应略超过对称符号，仅在尺寸线的一端画尺寸起止符号，尺寸数字应按整体全尺寸注写，其注写位置宜与对称符号对齐，如图 4-26 所示。

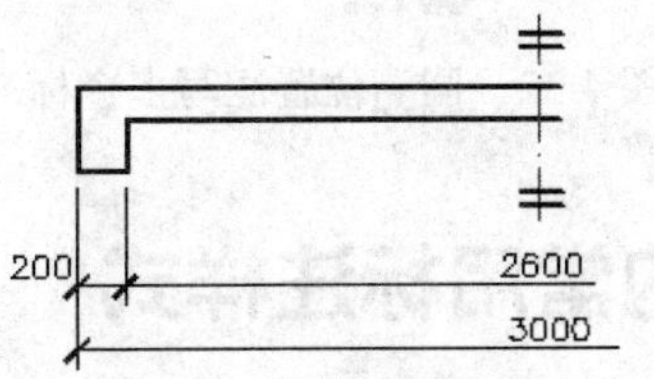

图 4-26　对称构件尺寸标注方法

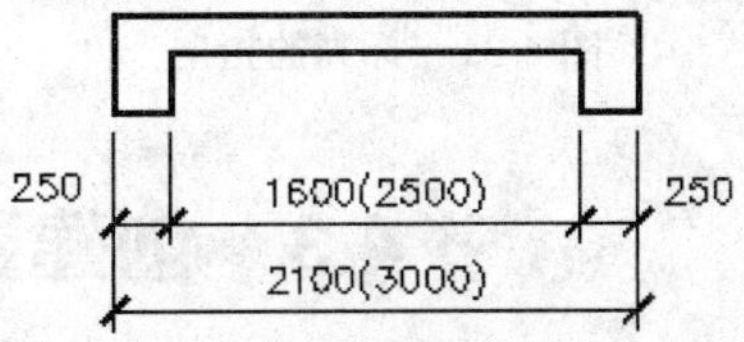

图 4-27　相似构件尺寸标注方法

两个构配件，如个别尺寸数字不同，可在同一图样中将其中一个构配件的不同尺寸数字注写在括号内，该构配件的名称也应注写在相应的括号内，如图 4-27 所示。

数个构配件，如仅某些尺寸不同，这些有变化的尺寸数字，可用拉丁字母注写在同一图样中，另列表格写明其具体尺寸，如图 4-28 所示。

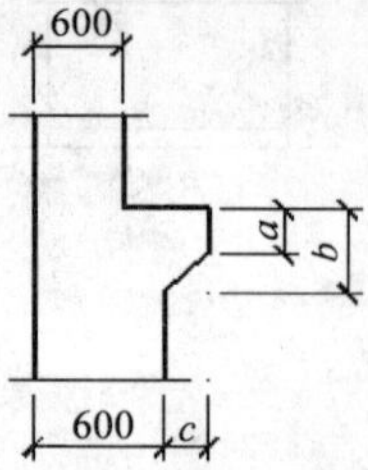

构件编号	*a*	*b*	*c*
Z-1	200	200	200
Z-2	250	450	200
Z-3	200	450	250

图 4-28　相似构配件尺寸标格式标注方法

4.2.8　标高

标高符号应以直角等腰三角形表示，按图 4-29（a）所示形式用细实线绘制，如标注位置不够，也可按图 4-29（b）所示形式绘制。标高符号的具体画法如图 4-29（c）、（d）所示。*L* 取适当长度标注标高数字，*h* 根据需要取适当高度。

总平面图室外地坪标高符号，宜用涂黑的三角形表示，如图 4-30（a）所示，具体画法如图 4-30（b）所示。

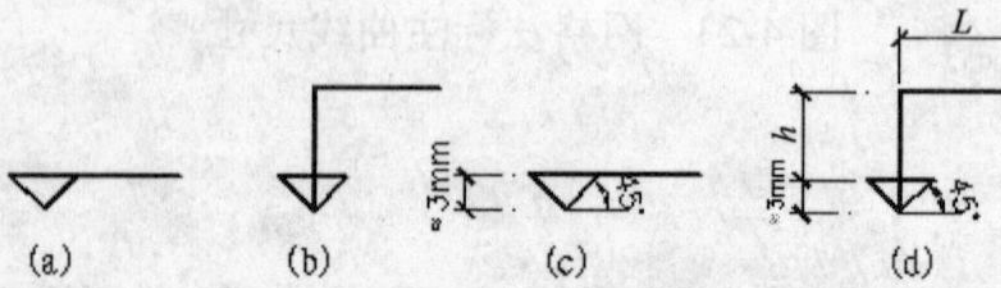

图 4-29　标高符号

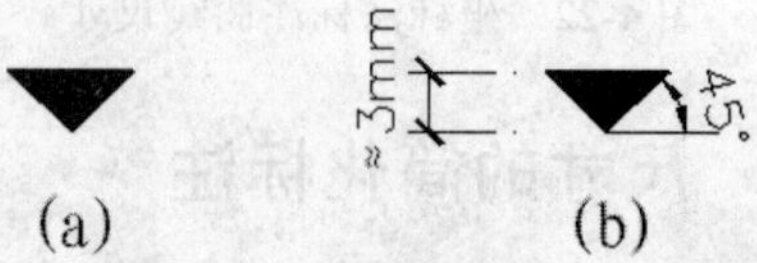

图 4-30　总平面室外地坪标高符号

标高符号的尖端应指至被注高度的位置。尖端一般应向下，也可向上。标高数字应注写在标高符号的左侧或右侧，如图 4-31 所示。

标高数字应以米为单位，注写到小数点以后第三位。在总平面图中，可注写到小数点以后第二位。零点标高应注写成±0.000，正数标高不注“+”，负数标高应注“-”，例如 3.000、-0.600。

在图样的同一位置需表示几个不同标高时，标高数字可按图 4-32 所示的形式注写。

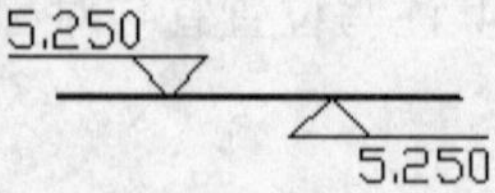

图 4-31　标高的指向

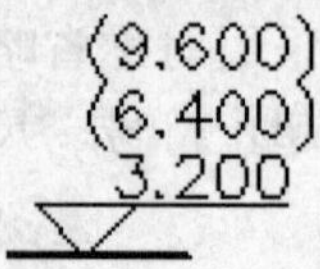

图 4-32　同一位置注写多个标高

4.3　创建建筑制图中的常用标注样式

在 AutoCAD 中对建筑图进行标注时，首先要确定标注样式，不同绘图比例的图纸采用不同的标注样式，通常情况下，我们常见的绘图比例为 1:1000、1:500、1:100、1:50、1:20、1:10 等，在这些最常见的绘图比例中，1:100 是最常见的绘图比例，通常的平面图、立面图以及剖面图都采用 1:100 比例绘制。下面通过两种方法给读者讲解 1:100 标注比例的创建。

4.3.1 实例 23——创建标注样式 S1-100

第一种绘制方法的具体步骤如下：

（1） 选择“格式”|“标注样式”命令，弹出“标注样式管理器”对话框，单击“新建”按钮，弹出“创建新标注样式”对话框，如图 4-33 所示输入新样式名为“S1-100”。

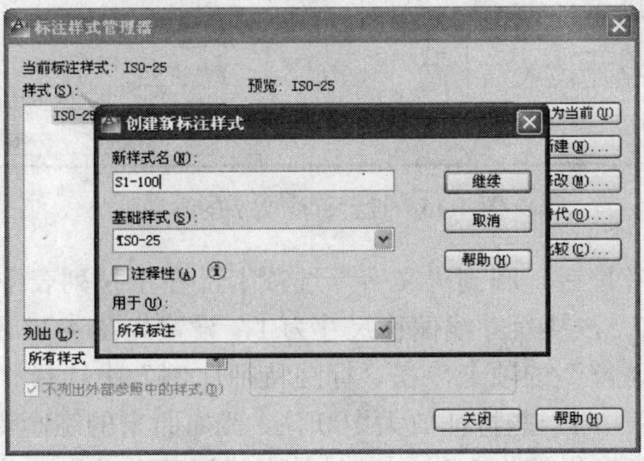

图 4-33 创建 S1-100 标注样式

（2） 单击“继续”按钮，弹出“新建标注样式”对话框，在“线”选项卡中，设置基线间距为 10，超出尺寸线距离为 2，起点偏移量为 2，选择“固定长度的延伸线”复选框，设置长度为 4，设置如图 4-34 所示。

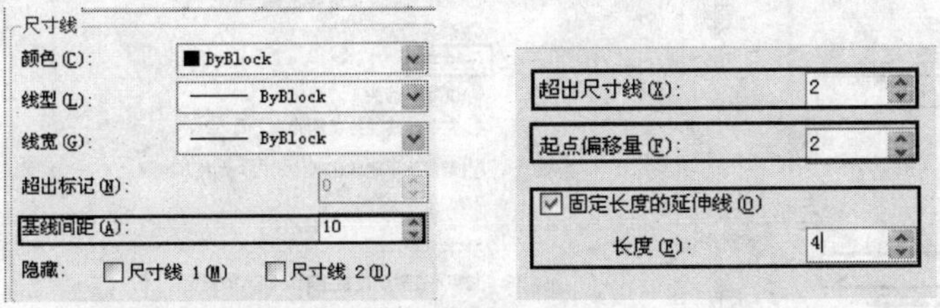

图 4-34 设置 S1-100“直线”选项卡

（3） 选择“符号和箭头”选项卡，选择箭头为“建筑标记”，箭头大小为 2.5，设置折弯角度为 45.00，设置效果如图 4-35 所示。

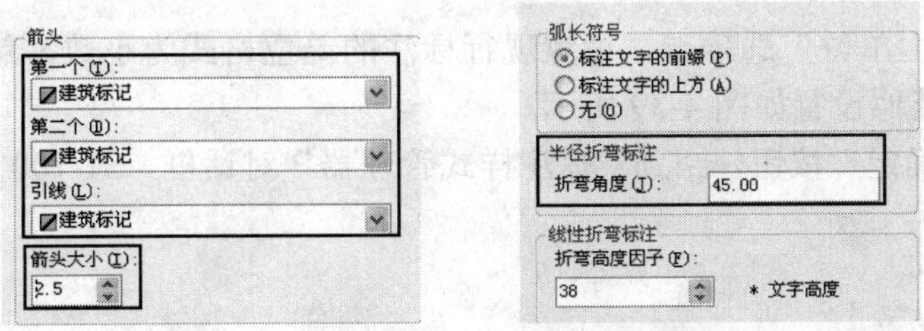

图 4-35 设置 S1-100“符号和箭头”选项卡

（4） 选择“文字”选项卡，单击“文字样式”下拉列表框后面的按钮，弹出“文字样式”对话框，单击“新建”按钮，创建“标注文字”文字样式，设置如图 4-36 所示。

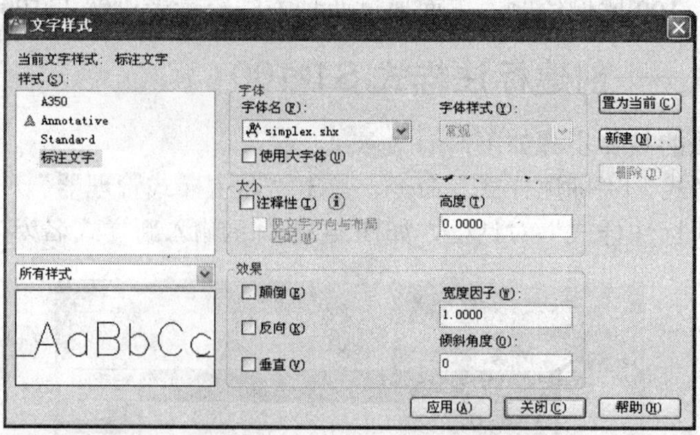

图 4-36 设置标注文字的参数

（5） 单击“关闭”按钮，回到“文字”选项卡，在下拉列表中选择“标注样式”文字样式，设置文字高度为 2.5，从尺寸线偏移尺寸为 1，设置如图 4-37 所示。

（6） 单击选择“调整”选项卡，在“标注特征比例”中选择“使用全局比例”，然后输入 100，这样就会把标注的一些特征放大 100 倍，譬如原来的字高为 2.5，放大后为 250 高，按 1:100 输出后，字体高度仍然为 2.5 mm。另外在“调整选项”选项组中选择“文字”单选项，在“文字位置”选项组选择“尺寸线上方，不带引线”，在“优化”选项组中，选择“在尺寸界线之间绘制尺寸线”，设置如图 4-38 所示。

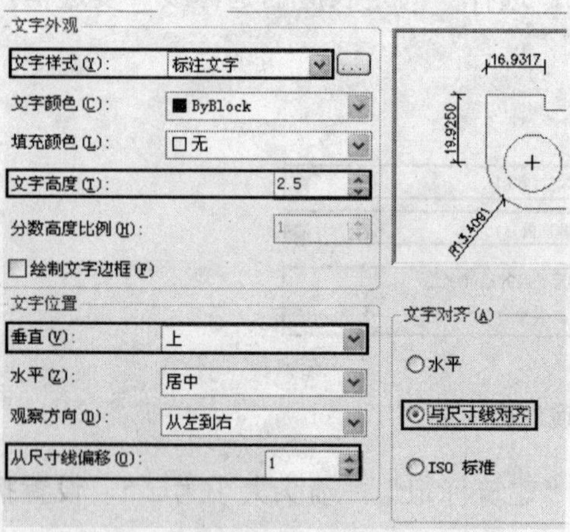

图 4-37 设置 S1-100“文字”选项卡

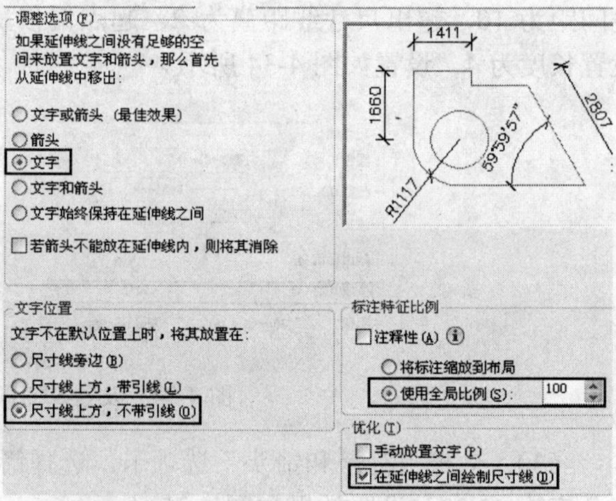

图 4-38 设置 S1-100“调整”选项卡

（7） 选择“主单位”选项卡，设置现行标注的单位格式为小数，精度为 0，测量单位的比例因子为 1，其他设置如图 4-39 所示。

（8） 单击“确定”按钮，回到“标注样式管理器”对话框，S1-100 标注样式创建完成。

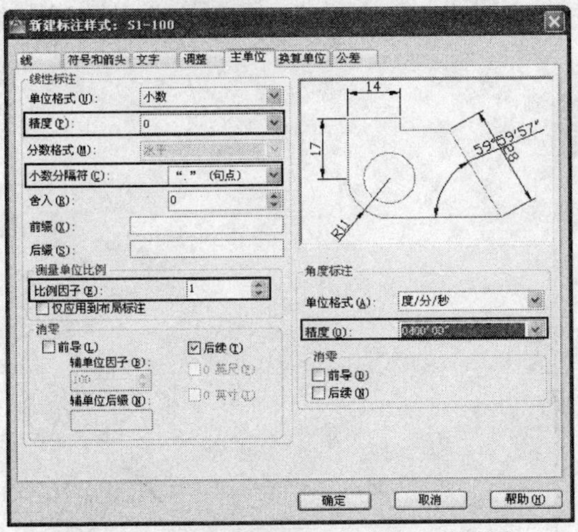

图 4-39　设置 S1-100“主单位”选项卡

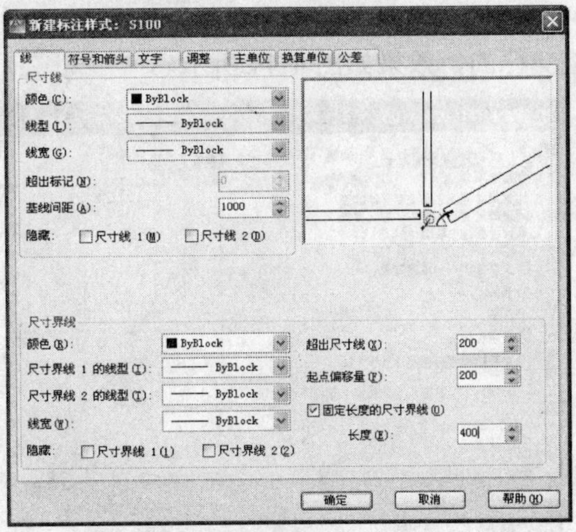

图 4-40　设置 S100“直线”选项卡

4.3.2　实例 24——创建标注样式 S100

下面介绍第 2 种创建 1:100 绘图比例标注样式的方法：

（1） 使用同样的方法打开“标注样式管理器”对话框，创建 S100 标注样式，进入“新建标注样式”对话框，设置“线”选项卡，参数如图 4-40 所示，相对于第 1 种创建方式，尺寸比例相应扩大了 100 倍。

（2） 选择“符号和箭头”选项卡，选择箭头为“建筑标记”，箭头大小为 250，设置折弯角度为 45°，设置效果如图 4-41 所示。

（3） 选择“文字”选项卡，在下拉列表中选择“标注样式”文字样式，设置文字高度为 250，从尺寸线偏移尺寸为 100，设置如图 4-42 所示。

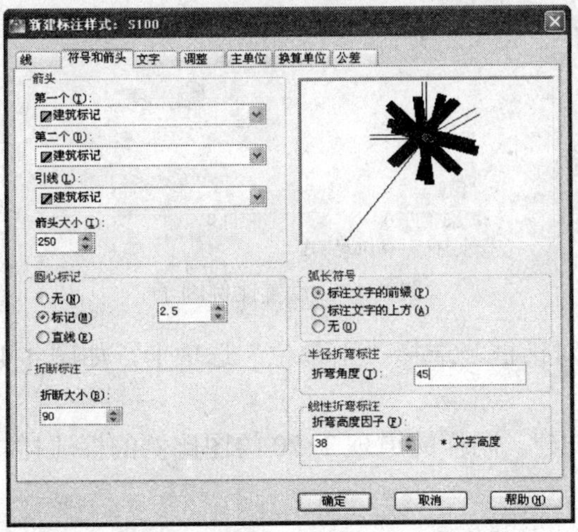

图 4-41　设置 S100“符号和箭头”选项卡

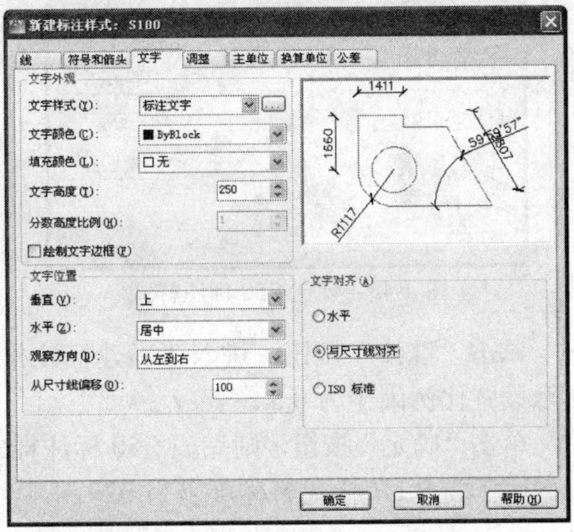

图 4-42　设置 S100“文字”选项卡

（4） 选择“调整”选项卡，在“标注特征比例”中选择“使用全局比例”，然后输入 1，在“调整选项”选项组中选择“文字”单选按钮，在“文字位置”选项组选择“尺寸线上方，不带引线”，在“优化”选项组中，选择“在尺寸界线之间绘制尺寸线”复选框，设置如图 4-43 所示。

（5） 单击“确定”按钮，完成 S100 的标注样式创建，S1-100 和 S100 产生的标注效果是一样的，效果如图 4-44 所示。

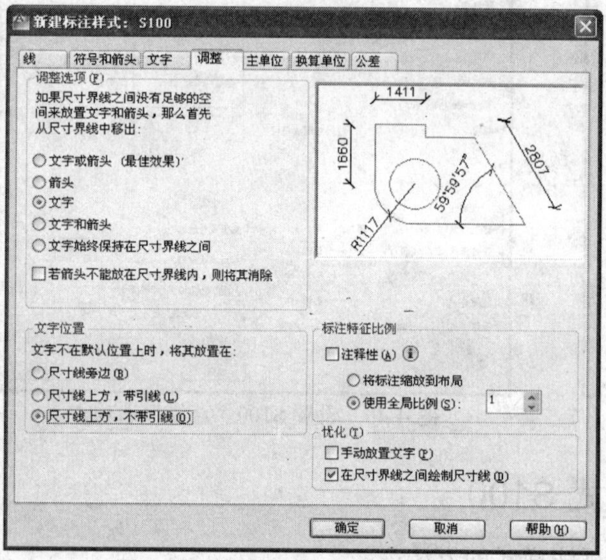

图 4-43　设置 S100“调整”选项卡

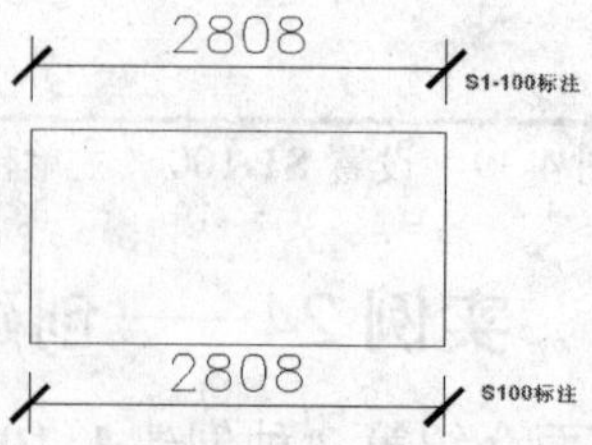

图 4-44　S1-100 和 S100 标注效果比较

4.3.3　实例 25——创建标注样式 S50

对于绘图比例不是 1:100 的图形，用户可以新创建标注样式，在 1:100 的基础上进行简单的修改即可创建适合其他绘图比例的标注样式。譬如要创建绘图比例为 1:50 的标注样式，在“标注样式管理器”对话框中单击“新建”按钮，弹出“创建新标注样式”对话框，输入新样式名 S50，基础样式为 S100，如图 4-45 所示。

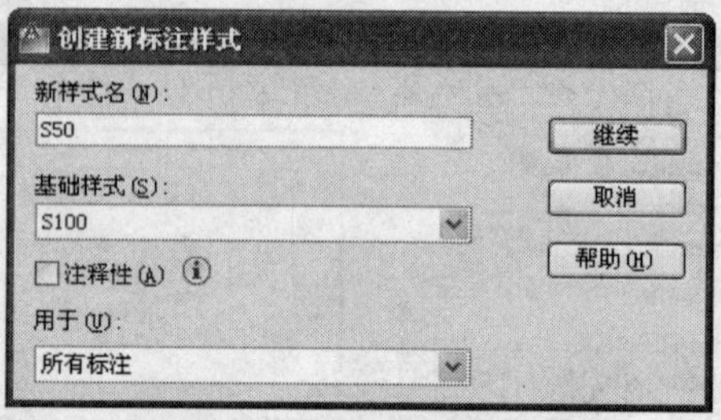

图 4-45　创建 S50 标注样式

图 4-46　设置比例因子

单击“继续”按钮，进入“新建标注样式”对话框，选择“主单位”选项卡，如图 4-46 所示设置比例因子为 0.5。

单击“确定”按钮，则完成 S50 标注样式的创建，同样的道理 1:20 绘图比例的标注样式比例因子为 0.2，样式名称可以为 S20。

4.4　建筑图中尺寸创建

建筑图中的标注常见为平立剖面图、详图、大样图标注，标注通常为长度型标注，标注方法基本类似，采用的技术通常也有几种，下面将通过一个平面图尺寸标注的创建和一个楼梯详图尺寸标注的创建为读者讲解建筑图中尺寸的标注。

4.4.1 实例 26——创建平面图中的尺寸标注

为图 4-47 所示的房屋平面图创建横向和纵向的尺寸标注。

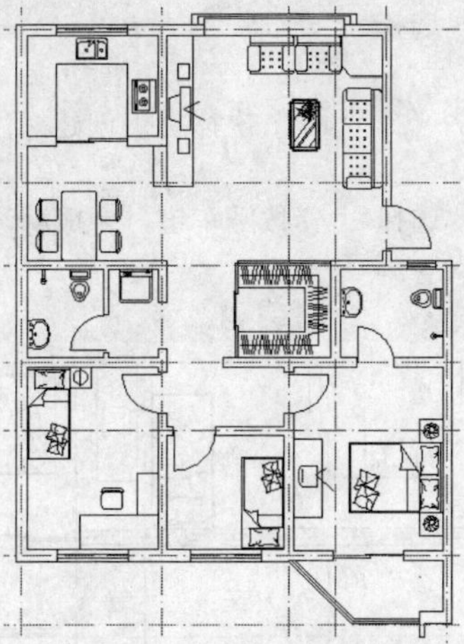

图 4-47 未标注的平面图

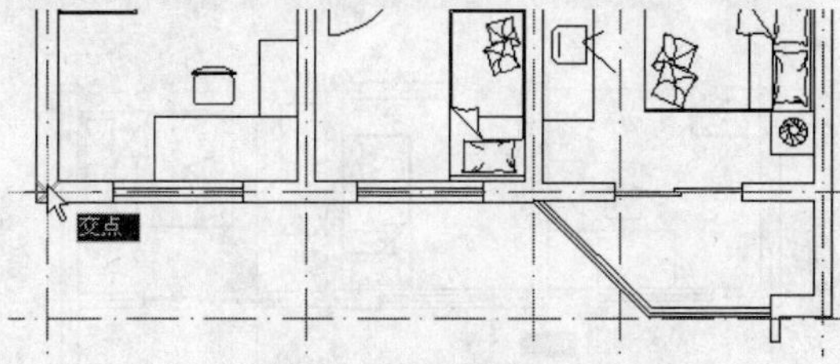

图 4-48 指定第一条尺寸界线原点

具体操作步骤如下：

（1） 单击“线性标注”按钮，命令行提示如下：

```
命令：_dimlinear
指定第一个尺寸界线原点或 <选择对象>://如图 4-48 所示指定第一条尺寸界线原点
指定第二条尺寸界线原点://如图 4-49 所示指定第二条尺寸界线原点
指定尺寸线位置或
[多行文字（M）/文字（T）/角度（A）/水平（H）/垂直（V）/旋转（R）]://指定尺寸线位置效果如图 4-50 所示
标注文字 = 763
```

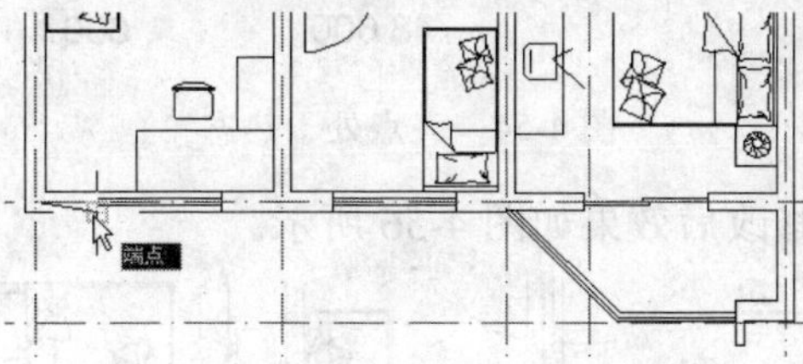

图 4-49 指定第二条尺寸界线原点

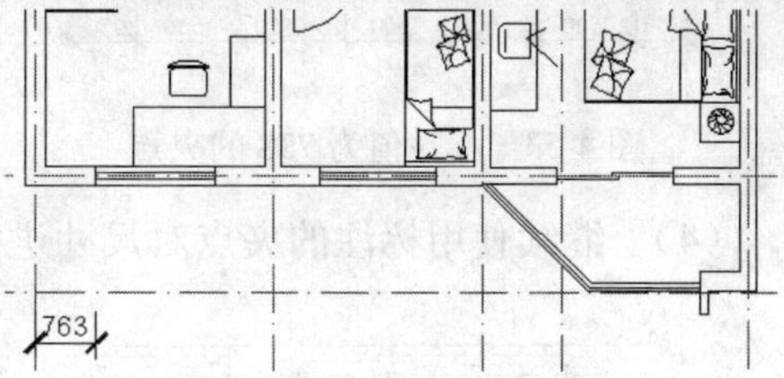

图 4-50 确定标注位置

（2） 单击“连续标注”按钮，命令行提示如下：

```
命令：_dimcontinue
指定第二条尺寸界线原点或 [放弃（U）/选择（S）] <选择>://如图 4-51 所示捕捉端点
标注文字 = 1500
指定第二条尺寸界线原点或 [放弃（U）/选择（S）] <选择>:
标注文字 = 738
指定第二条尺寸界线原点或 [放弃（U）/选择（S）] <选择>:
标注文字 = 600
指定第二条尺寸界线原点或 [放弃（U）/选择（S）] <选择>:
```

标注文字 = 1500
指定第二条尺寸界线原点或 [放弃 (U) /选择 (S)] <选择>:
标注文字 = 600
指定第二条尺寸界线原点或 [放弃 (U) /选择 (S)] <选择>:
标注文字 = 950
指定第二条尺寸界线原点或 [放弃 (U) /选择 (S)] <选择>:
标注文字 = 1500
指定第二条尺寸界线原点或 [放弃 (U) /选择 (S)] <选择>://依次捕捉点创建标注
标注文字 = 950
指定第二条尺寸界线原点或 [放弃 (U) /选择 (S)] <选择>://按回车键，完成标注，效果如图 4-52 所示
选择连续标注:

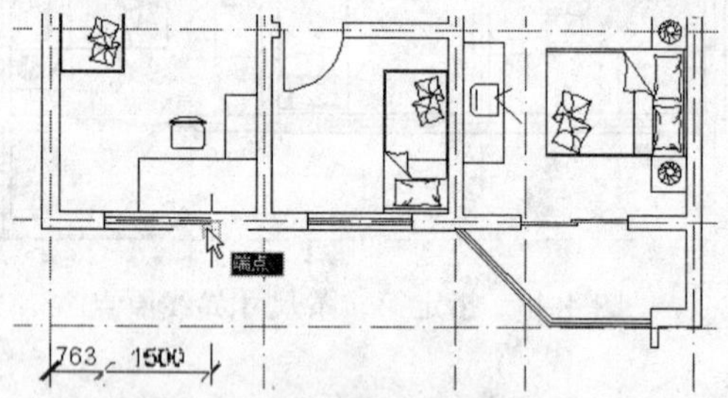

图 4-51　创建第一个连续标注

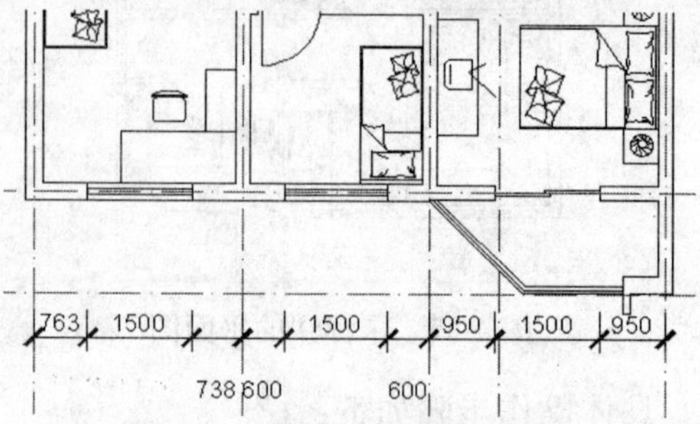

图 4-52　创建完成的连续标注

（3） 如图 4-53 所示选择尺寸值为 738 的尺寸标注，出现 5 个夹点，使中间的夹点处于热态，如图 4-54 所示使用夹点编辑标注值位置，移动后效果如图 4-55 所示。

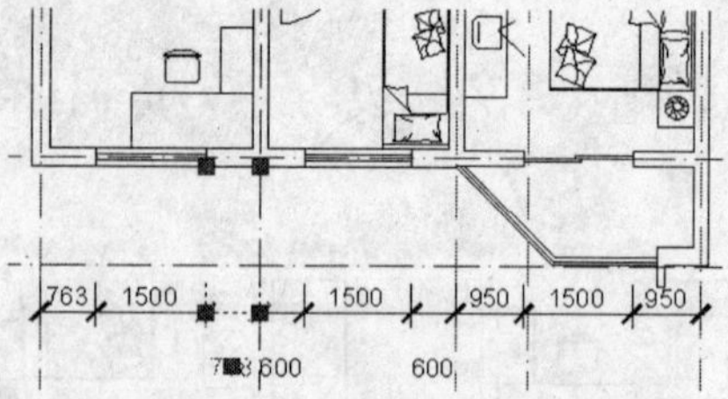

图 4-53　标注值为 738 的夹点

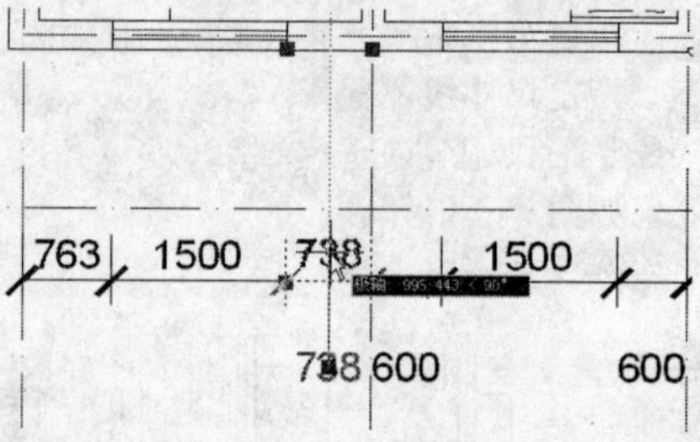

图 4-54　夹点处于热态

（4） 继续使用标注的夹点对尺寸进行编辑，修改后效果如图 4-56 所示。

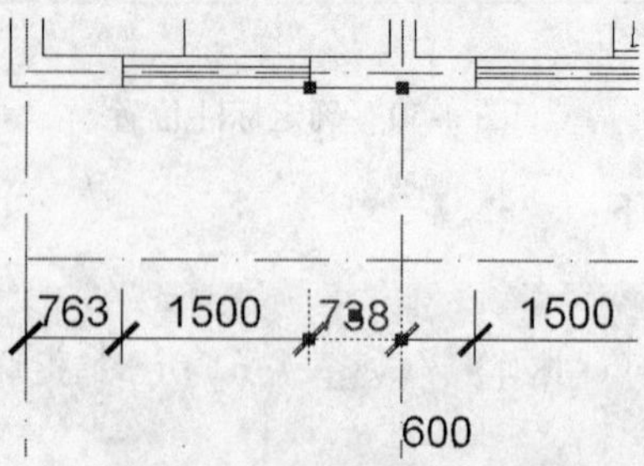

图 4-55　值为 738 的标注移动效果

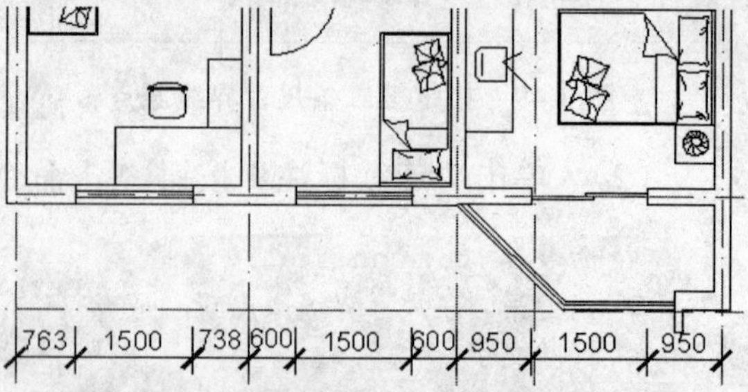

图 4-56　其他标注值移动效果

（5） 继续执行“线性标注”和“连续标注”命令，创建轴线间和总长度尺寸标注，效果如图 4-57 和图 4-58 所示。

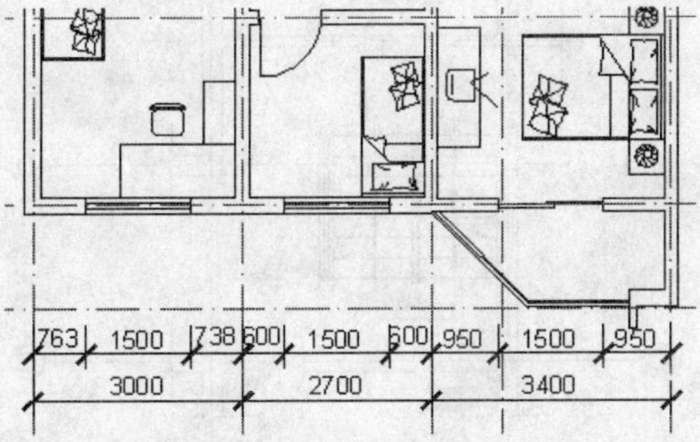

图 4-57　创建轴线间尺寸标注

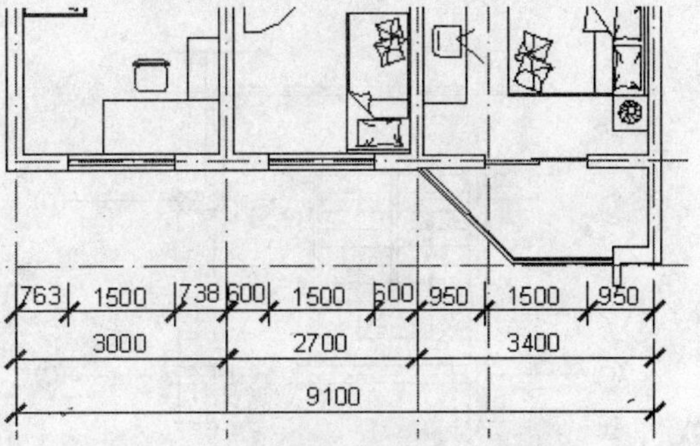

图 4-58　创建总长度尺寸标注

（6） 执行“线性标注”和“连续标注”命令，创建纵向和图形上方的横向尺寸标注，效果如图 4-59 和图 4-60 所示。

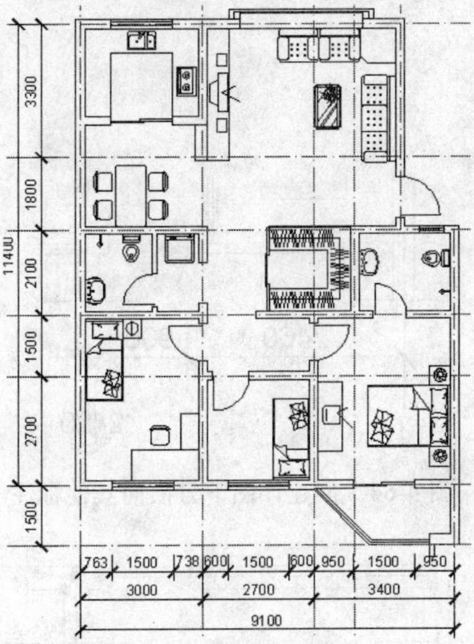

图 4-59　创建纵向尺寸标注

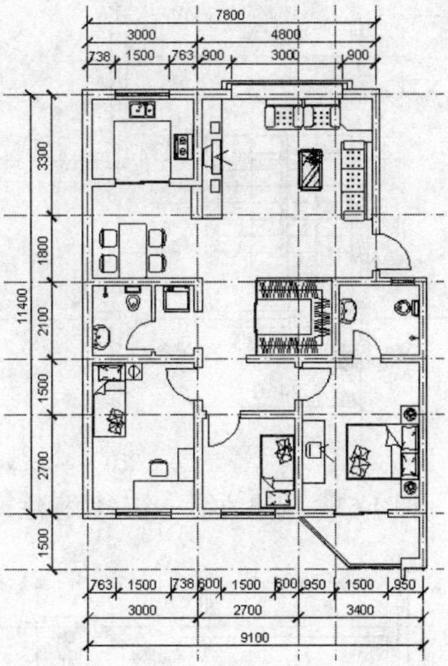

图 4-60　创建上方横向尺寸标注

4.4.2　实例 27——创建详图中的尺寸标注

如图 4-61 所示的楼梯详图创建尺寸标注，本例将采用两种方法创建，读者可以仔细体会尺寸标注方法和编辑方法的使用。

第一种创建方法具体步骤如下：

（1） 执行“线性标注”命令，如图 4-62 所示捕捉第一条尺寸界线的原点，创建完成的尺寸标注如图 4-63 所示。

（2） 执行“连续标注”命令，依次标注其他尺寸，标注效果如图 4-64 所示。

（3） 使用夹点编辑方法对标注值的位置进行编辑，如图 4-65 所示使夹点处于热态，将数值 120 移动到合适的位置，如图 4-66 所示。

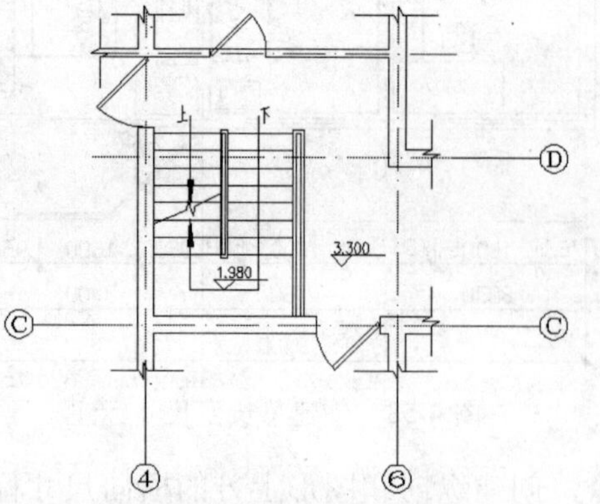

图 4-61　未标注尺寸详图

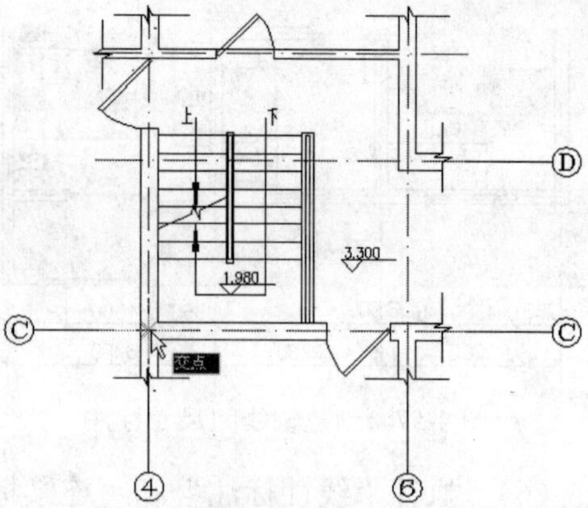

图 4-62　捕捉第一条尺寸界线原点

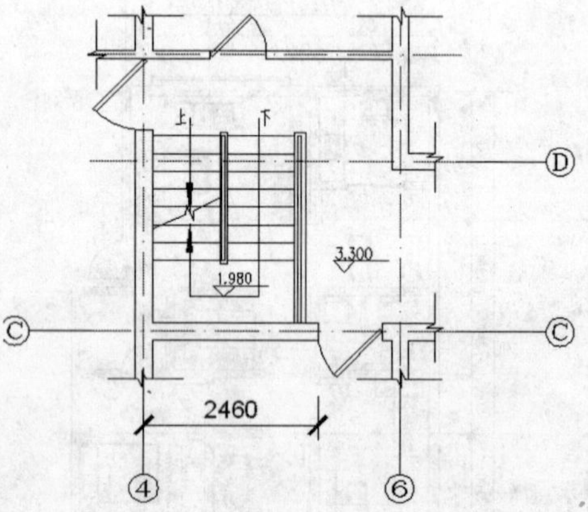

图 4-63　创建的第一个线性标注

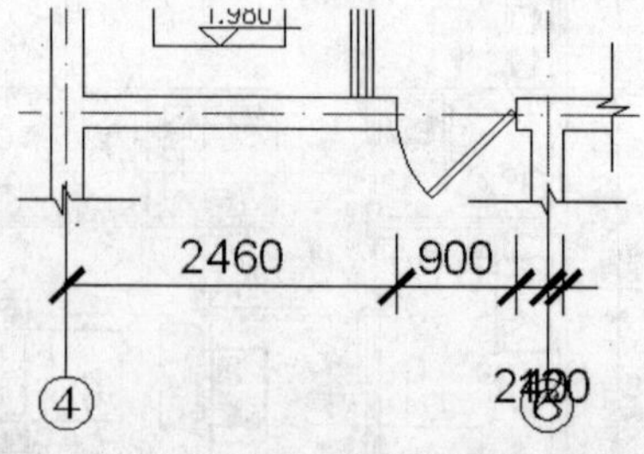

图 4-64　创建详图下方横向其他标注

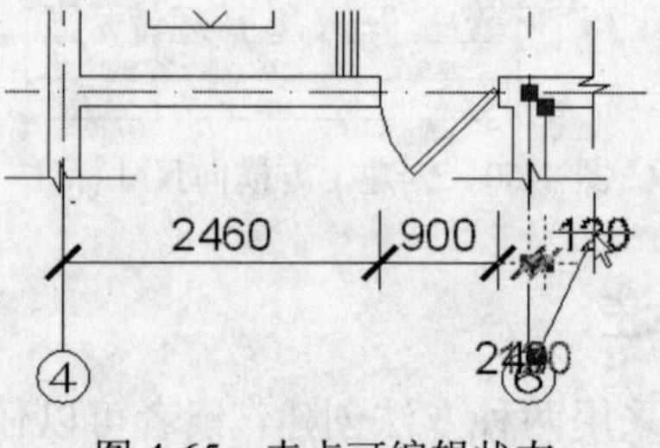

图 4-65　夹点可编辑状态

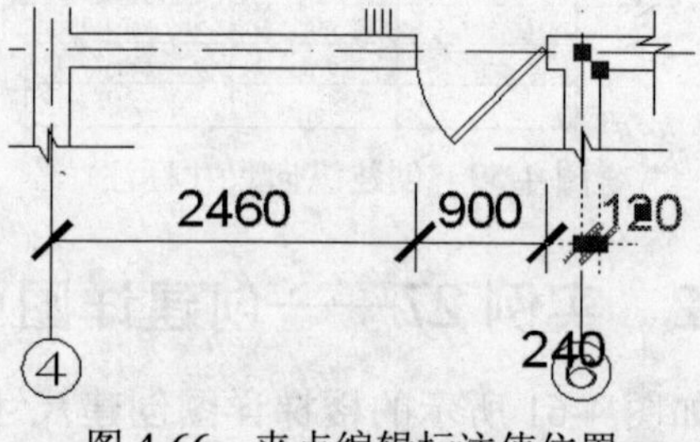

图 4-66　夹点编辑标注值位置

（4） 继续使用夹点编辑，移动标注值为 240 的数值部分，移动效果如图 4-67 所示。

（5） 使用“线性标注”和“连续标注”命令，标注详图其他位置的尺寸，效果如图 4-68 所示。

（6） 使用夹点编辑，移动标注值为 60 的数值位置，移动效果如图 4-69 所示。

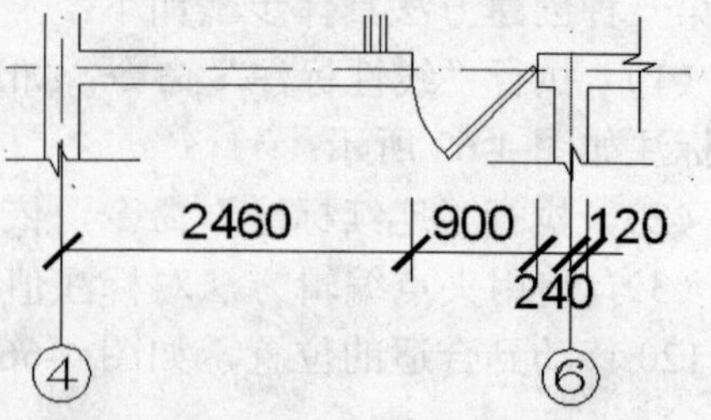

图 4-67　标注值为 240 和 120 的位置移动后效果

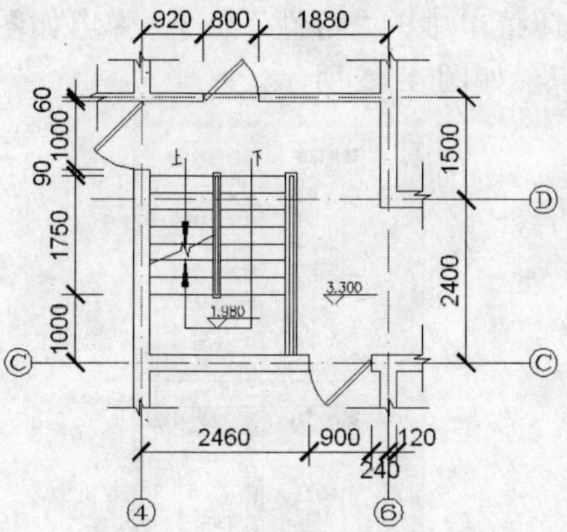

图 4-68　添加其他方向尺寸

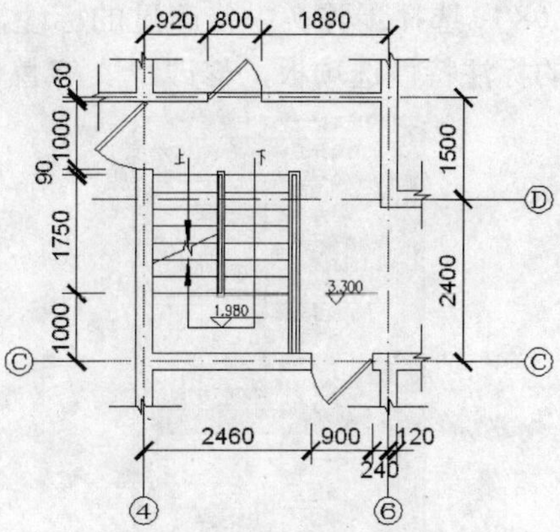

图 4-69　移动标注值位置

（7）单击“编辑标注”按钮，命令行提示如下：

命令：_dimedit

输入标注编辑类型 [默认（H）/新建（N）/旋转（R）/倾斜（O）] <默认>：n//输入 n，弹出如图 4-70 所示的多行文字编辑器，在编辑器中输入文字 250×7=1750，如图 4-71 所示，单击“确定”按钮

选择对象：找到 1 个//选择如图 4-72 所示的尺寸标注

选择对象：//按回车键，完成标注值修改，效果如图 4-73 所示

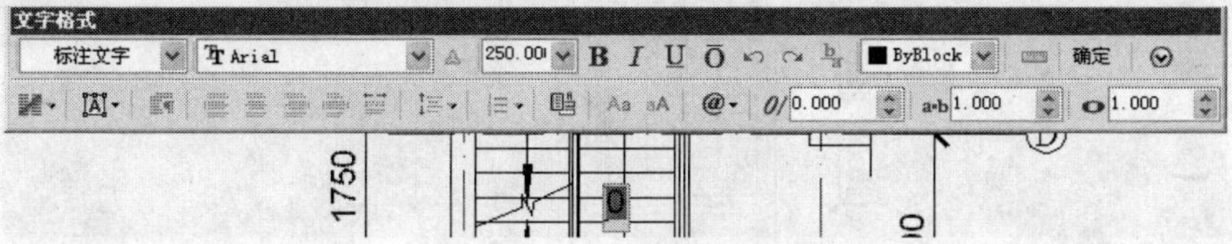

图 4-70　多行文字编辑器

图 4-71　输入新标注值

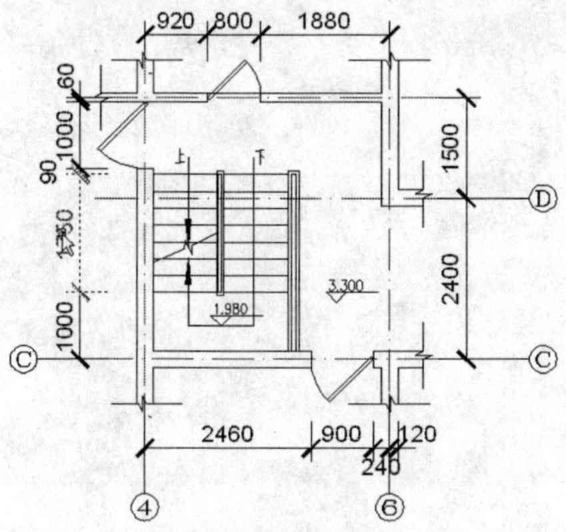

图 4-72　选择需要修改标注值的对象

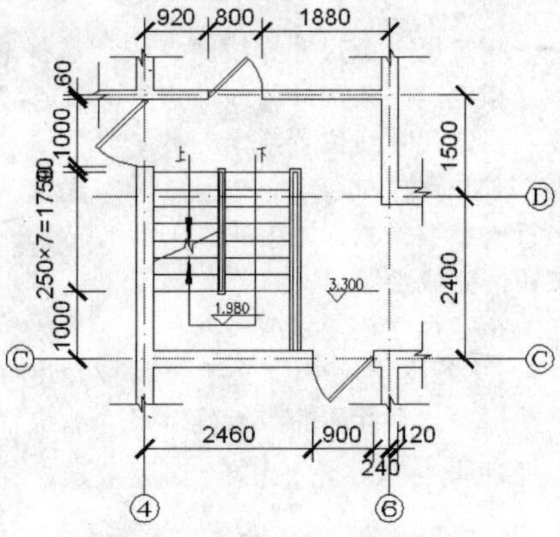

图 4-73　修改标注值效果

（8） 选择步骤 7 中修改过的标注，执行右键快捷菜单中的“特性”命令，弹出如图 4-74 所示的标注特性选项板，修改“文字替代”为 250×7，如图 4-75 所示。

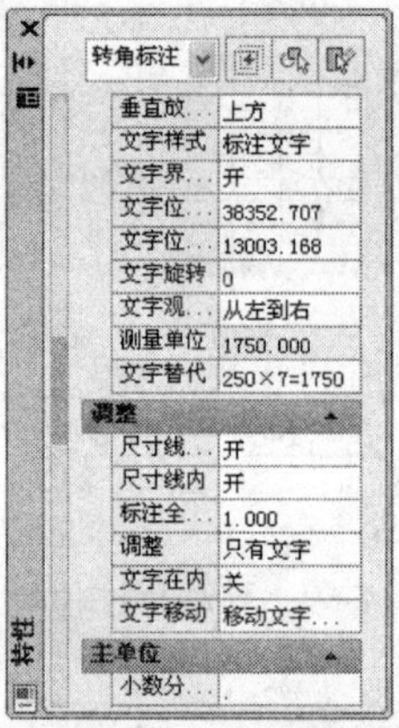

图 4-74　标注特性选项板

图 4-75　修改文字替代

（9） 修改完成后，显示效果如图 4-76 所示。

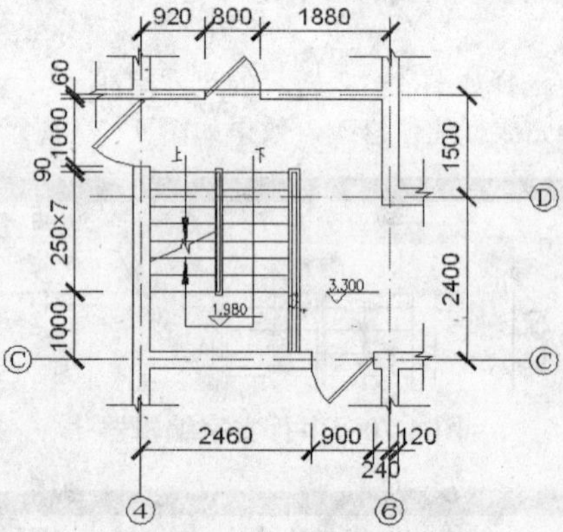

图 4-76　修改文字替代后

第 2 种方法不采用标注编辑的方法，而是直接采用线性标注创建，具体操作步骤如下：

（1） 假设其他标注已经创建完成，执行“线性标注”命令，命令行提示如下：

```
命令: _dimlinear
指定第一个尺寸界线原点或 <选择对象>://如图 4-77 所示指定第一条尺寸界线原点
指定第二条尺寸界线原点://指定第二条尺寸界线原点，如图 4-78 所示
指定尺寸线位置或
[多行文字（M）/文字（T）/角度（A）/水平（H）/垂直（V）/旋转（R）]: m//输入 m，弹出多行文字编辑器，如图 4-79 所示，在多行文字编辑器中，如图 4-80 所示输入 250×7，单击“确定”按钮，完成绘制
指定尺寸线位置或
[多行文字（M）/文字（T）/角度（A）/水平（H）/垂直（V）/旋转（R）]:// 如图 4-81 所示捕捉上一个标注的节点确定尺寸线位置
标注文字 = 1750
```

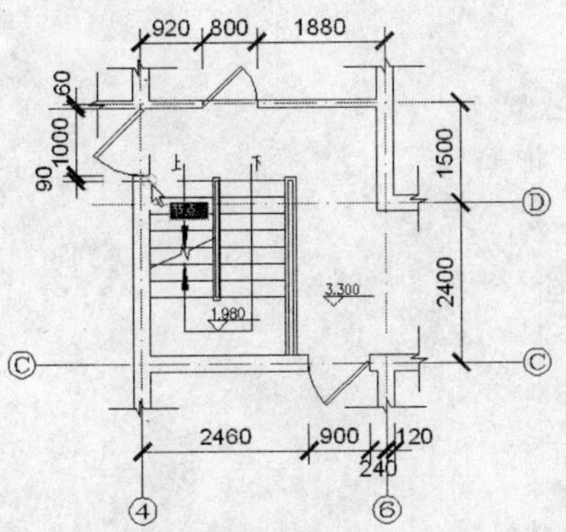

图 4-77　指定第一条尺寸界线的原点

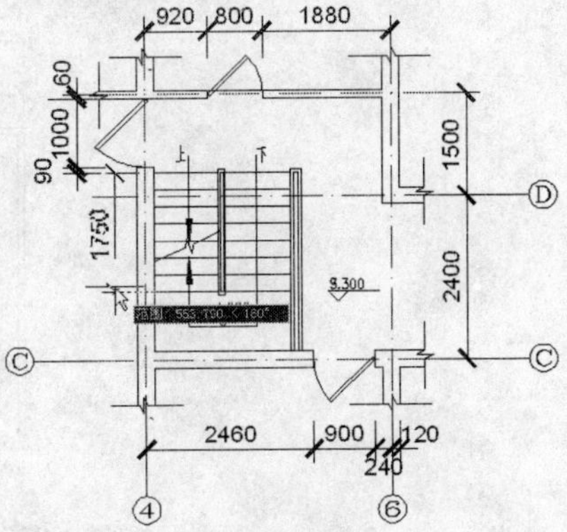

图 4-78　指定第二条尺寸界线的原点

图 4-79　弹出多行文字编辑器

图 4-80　输入标注文字

（2）　确定尺寸线放置位置后，线性标注完成，效果如图 4-82 所示。

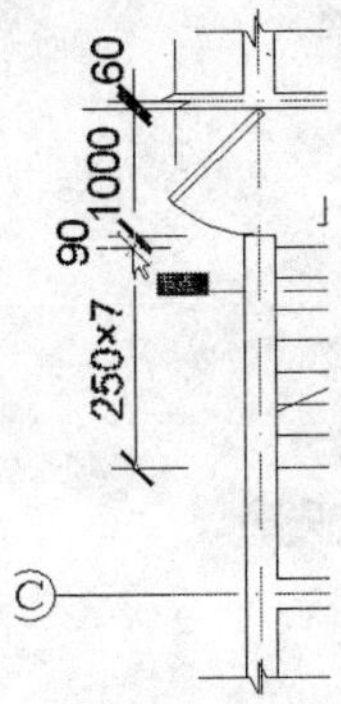

图 4-81　确定尺寸线放置位置

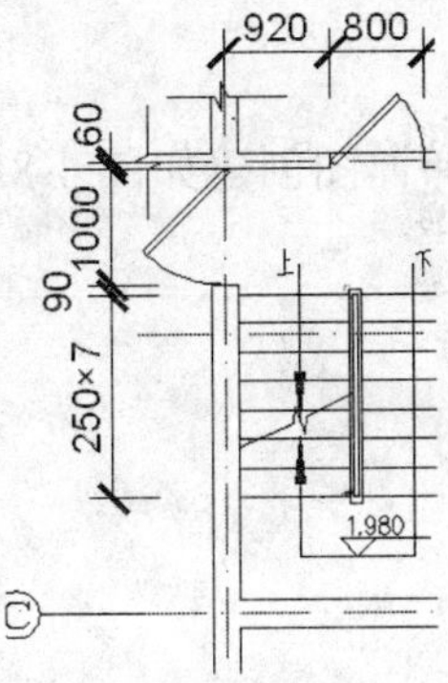

图 4-82　标注完成效果

4.5　上机练习

1. 按照 4.3 节介绍的方法，首先创建 S100 标注样式，然后在 S100 的基础上创建 S25 标注样式。

2. 为图 4-83 所示的窗立面图创建尺寸标注，窗的绘图比例为 1:25。

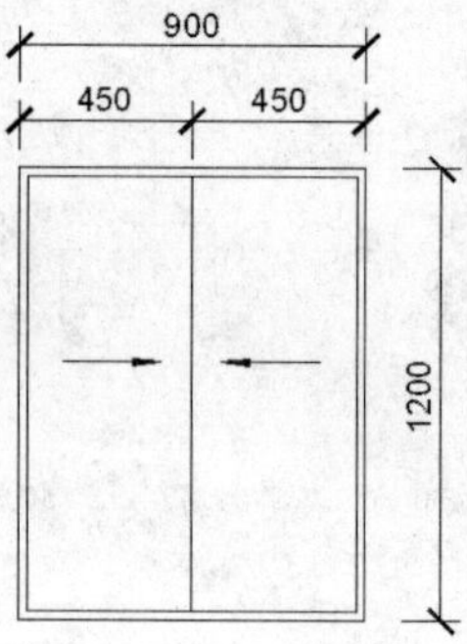

图 4-83　窗立面图创建尺寸标注

3. 为图 4-84 所示的屋顶平面图创建尺寸标注，绘图比例为 1:100。

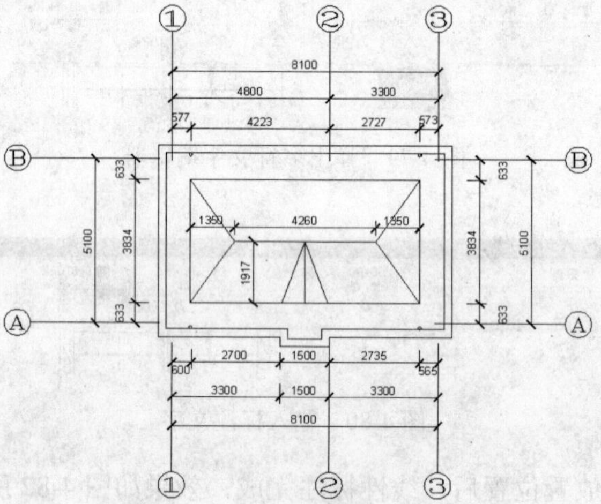

图 4-84　屋顶平面图创建尺寸标注

4. 为楼梯详图创建如图 4-85 所示的尺寸标注。

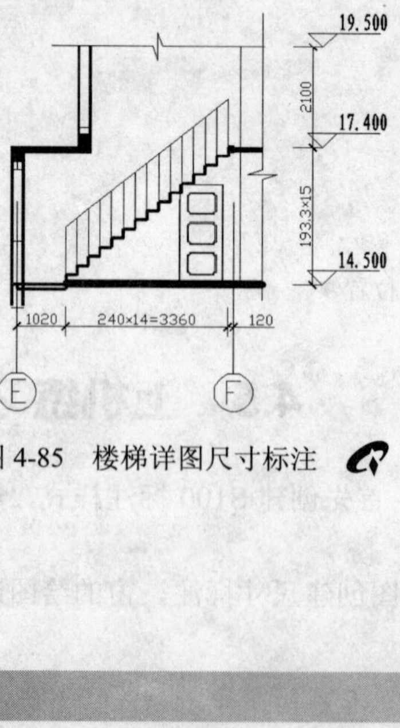

图 4-85　楼梯详图尺寸标注

第 5 章　建筑制图中的平立剖面图绘制

建筑设计通常分为初步设计和施工图设计两个阶段，规模较大形式复杂或者非常重要的建筑也可能分为初步设计、扩初设计和施工图设计三个阶段，其中以施工图设计阶段的图纸最为详细。通常需要绘制总平面图，平、立、剖面图以及建筑详图等大量的图纸，来确保施工队伍能够实现设计者的设计意图。

本章主要给读者详细讲解建筑平面图、立面图、剖面图和总平面图的绘制方法，在立面图和剖面图的绘制方法上也介绍了两种。通过本章的学习，希望读者能够非常熟练地绘制各类建筑平面图、立面图、剖面图和总平面图。

5.1　建筑平面图绘制概述

建筑平面图是通过使用假想一水平剖切面，将建筑物在某层门窗洞口范围内剖开，移去剖切平面以上的部分，对剩下的部分作水平面的正投影图形成的。建筑平面图又简称平面图，一般通过其来表示建筑物的平面形状，房间的布局、形状、大小、用途，墙、柱的位置及墙厚和柱子的尺寸，门窗的类型、位置，尺寸大小，各部分的联系。

建筑平面图是建筑施工图中最重要又是最基本的图样之一，是施工放线、墙体砌筑和安装门窗的依据。建筑平面图应与建筑层数对应，一般建筑物有几层就应有几个建筑平面图分别与之对应，例如：“首层平面图”、“第一层平面图”、“第二层平面图”、“第三层平面图”、“顶层平面图”等。很多情况下，建筑物层数较多而中间层（除去首层和顶层的中间楼层）又完全相同，可以共用一个建筑平面图，称其为“标准层平面图”，也称为中间层平面图。因此，一般情况下，三层或者三层以上的建筑物，至少应绘制三个楼层平面图，即一层平面图、中间层平面图和顶层平面图。

屋顶平面图也是一种建筑平面图，它是在空中对建筑物的直接水平正投影图。

5.1.1　建筑平面图绘制内容以及规定

建筑平面图应该表达的内容有：

（1）　表示墙、柱、墩，内外门窗位置及编号，房间的名称或编号，轴线编号。

（2）　注出室内外的有关尺寸及室内楼、地面的标高（底层地面为±0.000）。

（3）　表示电梯、楼梯的位置及楼梯的上下行方向。

（4）　表示阳台、雨蓬、踏步、斜坡、通气竖道、管线竖井、烟囱、消防梯、雨水管、散水、排水沟、花池等位置及尺寸。

（5）　画出卫生器具、水池、工作台、橱、柜、隔断及重要设备位置。

（6）　表示地下室、地坑、地沟、各种平台、楼阁（板）、检查孔、墙上留洞、高窗等位置尺寸与标高。如果是隐蔽的或者在剖切面以上部位的内容，应以虚线表示。

（7） 画出剖面图的剖切符号及编号（一般只标注在底层平面图上）。

（8） 标注有关部位上节点详图的索引符号。

（9） 在底层平面图附近绘制出指北针，一般取上北下南。

（10） 屋面平面图一般内容有：女儿墙、檐沟、屋面坡度、分水线与落水口、变形缝、楼梯间、水箱间、天窗、上人孔、消防梯及其他构筑物、索引符号等。

这些内容根据具体取舍。当比例大于 1:50 时平面图上的断面应画出其材料图例和抹灰层的面层线，当比例为 1:100~1:200 时，抹灰面层线可以不画出，而断面材料图例可用简化画法。

绘制平面图时应当注意以下三方面原则性内容：

（1） 图示方法正确。

（2） 线型分明。

（3） 尺寸齐全。

绘制平面图时的具体要求如下。

（1） 平面图上的线型一般有三种：粗实线、中粗实线、细实线。只有墙体、柱子等断面轮廓线、剖切符号以及图名底线用粗实线绘制，门扇的开启线用中粗实线绘制，其余部分均用细实线绘制。若有在剖切位置以上的构件，可以用细虚线或中粗虚线绘制。

（2） 底层平面图中，图样周围要标注三道尺寸。第一道是反映建筑物总长或总宽的总体尺寸；第二道是反映轴线间距的轴线尺寸；第三道是反映门窗洞口的大小和位置细部尺寸。其他细部尺寸可以直接标注在图样内部或就近标注。底层平面图上应有反映房屋朝向的指北针。反映剖面图剖切位置的剖切符号必须画在底层平面图上。

（3） 中间层或标准层，除了没有指北针和剖切符号外，其余绘制的内容与底层平面图类似。这些平面图只标注两道尺寸：轴间尺寸和总体尺寸，与底层平面图相同的细部尺寸可以不标注。

（4） 屋顶平面是反映屋顶组织排水状况的平面图，对于一些简单的房屋可以省略不画。

（5） 在同一张图纸上绘制多于一层的平面图时，各层平面图宜按层数由低向高的顺序从左至右或从下至上布置。

（6） 除顶棚平面图外，各种平面图应按正投影法绘制。顶棚平面图宜用镜像投影法绘制。

（7） 建筑物平面图应注写房间的名称或编号。编号注写在直径为 6 mm 细实线绘制的圆圈内，并在同张图纸上列出房间名称表。

（8） 平面较大的建筑物，可分区绘制平面图，但每张平面图均应绘制组合示意图。各区应分别用大写拉丁字母编号。在组合示意图中要提示的分区，应采用阴影线或填充的方式表示。

（9） 为表示室内立面在平面图上的位置，应在平面图上用内视符号注明视点位置、方向及立面编号。符号中的圆圈应用细实线绘制，根据图面比例圆圈直径可选择 8～12 mm。立面编号宜用拉丁字母或阿拉伯数字。

5.1.2 建筑平面图中墙线的绘制

墙体构成了建筑平面图的基本框架，因此在开始正式的平面图绘制之前，需要先给读者讲解绘制墙体的方法。墙体的绘制方法总结起来有以下三种：

（1） 多段线偏移法。

（2） 多线法。

（3） 直线偏移法。

在如图 5-1 所示的简单轴线网中绘制 370 的墙体，使用多段线，可以按照以下的步骤完成。

（1） 执行“多段线”命令可沿轴线绘制闭合多段线，效果如图 5-2 所示。

（2） 执行“偏移”命令，将绘制完成的多段线向内偏移 120，向外偏移 250，删除步骤 1 绘制的多段线，墙体绘制完成，效果如图 5-3 所示。

图 5-1 简单轴线网格

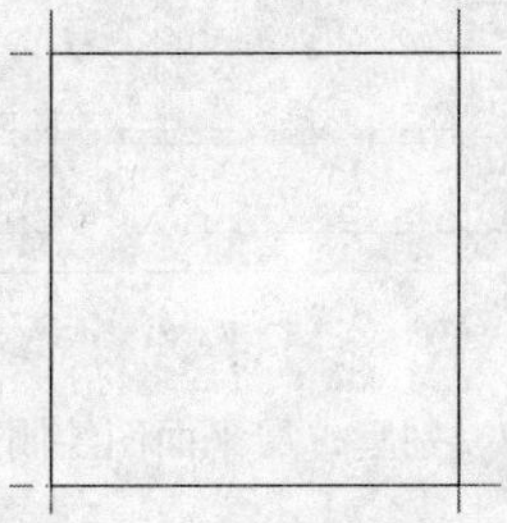

图 5-2 绘制多段线

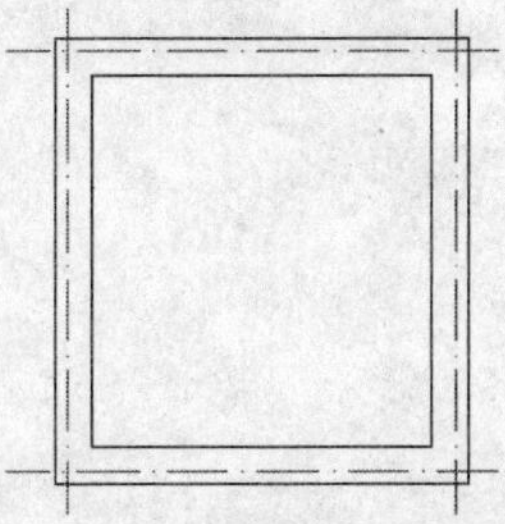

图 5-3 偏移多段线形成墙体

使用多线法来绘制的时候，如果墙体是关于轴线对称的，譬如 240 的墙，关于轴线是对称的，轴线两侧都是 120，这样的墙体，用户可以使用默认的 STANDARD 样式绘制，设置比例为 240 即可，也可以重新创建新的多线样式，将多线的宽度直接设置为墙体的厚度，按照比例为 1 绘制即可，譬如 240 的墙体，图元设置如图 5-4 所示。

对于关于轴线不对称的墙体，不可以采用默认的 STANDARD 样式绘制，需要重新创建新的多线样式创建，譬如 370 墙体，就需要创建 W370 多线样式，图元设置如图 5-5 所示。

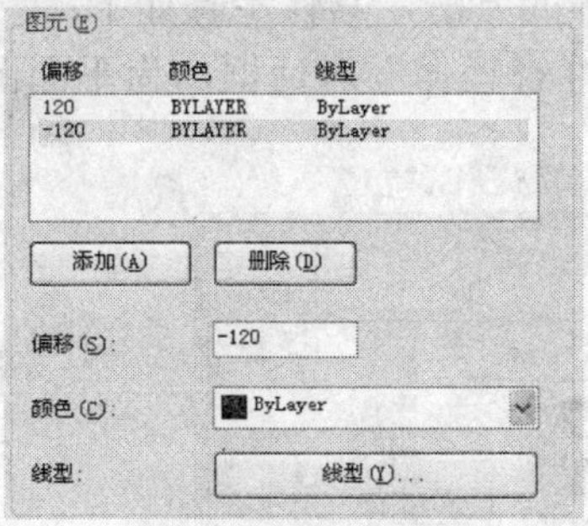

图 5-4 设置厚 240 墙体多线样式

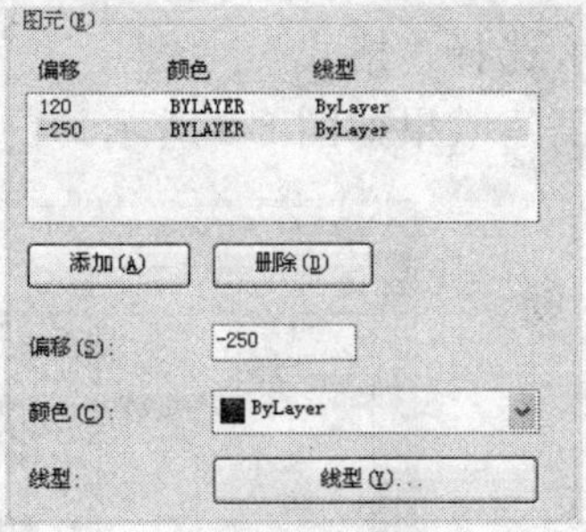

图 5-5 设置厚 370 墙体多线样式

创建完成多线样式后，执行“多线”命令，捕捉轴线的交点，绘制效果如图 5-6 所示。用户可以用多线命令中的闭合选项将图形封闭，或者使用多线编辑中的角点结合将图形封闭。

直线法绘制比较直接，类似于传统的手工图纸作图，用丁字尺和直尺一段一段的绘制墙体，不提倡用户绘制的时候使用。

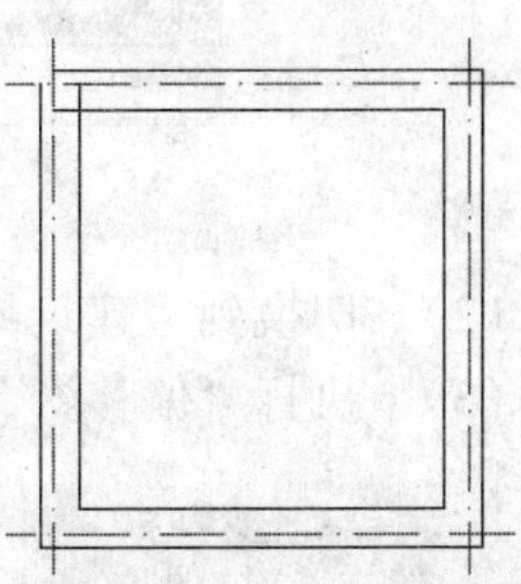

图 5-6 绘制多线墙体

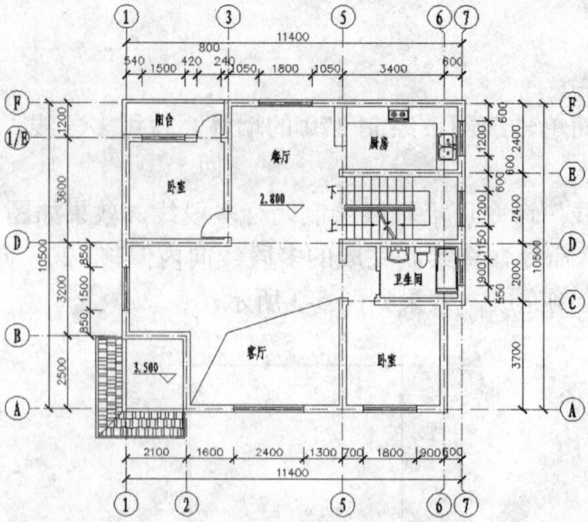

图 5-7 别墅二层平面图绘制效果

5.2 创建别墅二层平面图

本例将给读者讲解一个别墅二层平面图的绘制方法，平面图绘制比例为 1:100，绘制效果如图 5-7 所示。

5.2.1 实例 28——创建墙体

本节主要给用户讲解使用“多线”相关命令绘制墙体的方法，具体步骤如下：

（1） 选择“格式”|“图层”命令，弹出“图层特性管理器”对话框，为平面图创建各种图层，创建效果如图 5-8 所示。

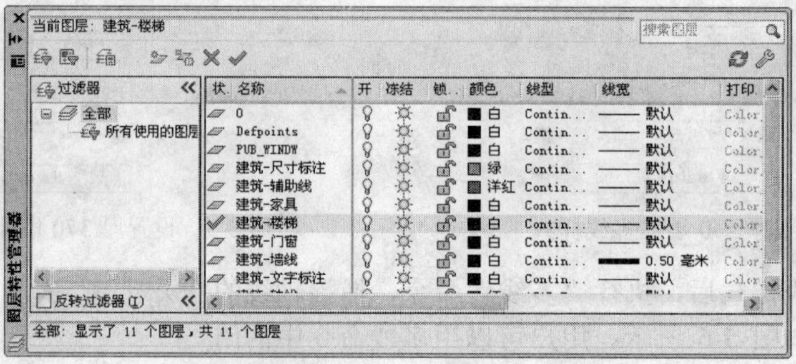

图 5-8 创建平面图图层

（2） 切换到“建筑-辅助线”图层，执行“构造线”命令，绘制水平构造线。

（3） 执行“偏移”命令，向上偏移 2500，命令行提示如下：

```
命令： _offset
当前设置： 删除源=否  图层=源  OFFSETGAPTYPE=0
指定偏移距离或 [通过（T）/删除（E）/图层（L）] <通过>： 2500//输入偏移距离
```

选择要偏移的对象，或 [退出（E）/放弃（U）] <退出>://选择步骤 1 绘制的水平构造线
指定要偏移的那一侧上的点，或 [退出（E）/多个（M）/放弃（U）] <退出>://在步骤 1 绘制的水平构造线上方指定一点，向上偏移，偏移效果如图 5-9 所示
选择要偏移的对象，或 [退出（E）/放弃（U）] <退出>：*取消*

（4） 继续执行“偏移”命令，将水平构造线向上偏移，偏移尺寸如图 5-9 所示。

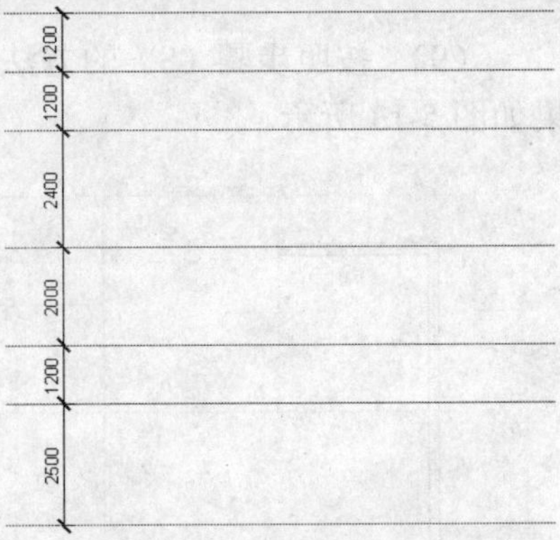

图 5-9 向上偏移其他尺寸

（5） 执行“构造线”命令，绘制竖向构造线，并将构造线向右偏移，偏移尺寸如图 5-10 所示。

（6） 使用“修剪”命令，对竖向和水平构造线进行修剪，修剪效果如图 5-11 所示。

（7） 接下来要绘制墙线，墙线有两种绘制方法，第一是采用默认的 STANDARD 样式，第二是设置按照墙的厚度定义多线样式 W240，现定义 W240 多线样式。选择“格式”|“多线样式”命令，弹出“多线样式”对话框，单击“新建”按钮，弹出“创建新的多线样式”对话框，在“新样式名”文本框中输入 W240，单击“继续”按钮进入“新建多线样式”对话框，在“图元”选项组下设置参数，参数设置如图 5-4 所示。

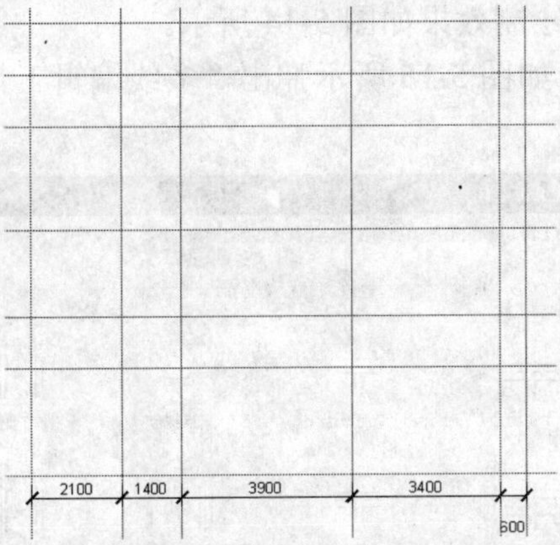

图 5-10 偏移竖向构造线

图 5-11 修剪构造线

（8） 切换到“建筑-墙线”图层，首先使用 STANDARD 样式绘制墙线，执行“多线”命令，命令行提示如下：

命令：_mline
当前设置：对正 = 上，比例 = 20.00，样式 = STANDARD
指定起点或 [对正（J）/比例（S）/样式（ST）]： j//输入 j，设置对正样式
输入对正类型 [上（T）/无（Z）/下（B）] <上>： z//设置“无”对正样式，表示居中对齐
当前设置：对正 = 无，比例 = 20.00，样式 = STANDARD
指定起点或 [对正（J）/比例（S）/样式（ST）]： s//输入 s，设置比例
输入多线比例 <20.00>： 240//设置比例为 240
当前设置：对正 = 无，比例 = 240.00，样式 = STANDARD
指定起点或 [对正（J）/比例（S）/样式（ST）]://捕捉辅助线上的第一个交点
指定下一点://

```
指定下一点或 [放弃（U）]:
指定下一点或 [闭合（C）/放弃（U）]:
指定下一点或 [闭合（C）/放弃（U）]:
指定下一点或 [闭合（C）/放弃（U）]:
指定下一点或 [闭合（C）/放弃（U）]://依次捕捉辅助线的交点
指定下一点或 [闭合（C）/放弃（U）]://按回车键，完成绘制，效果如图 5-12 所示
```

（9） 按照步骤（8）的方法继续使用 W240 方式绘制墙体，依次捕捉辅助线的交点，效果如图 5-13 所示。

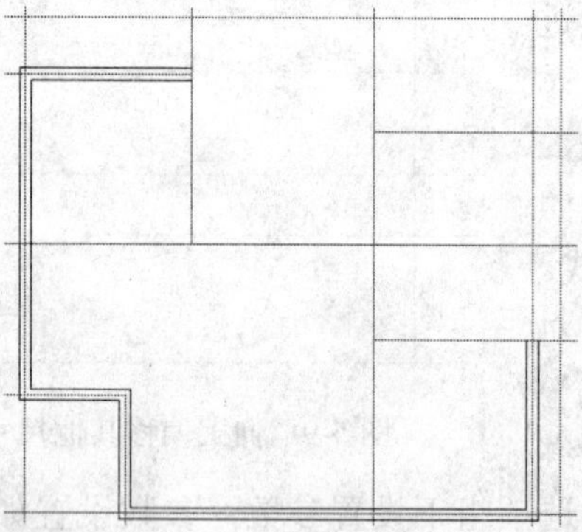

图 5-12 使用 Standard 多线样式绘制墙体

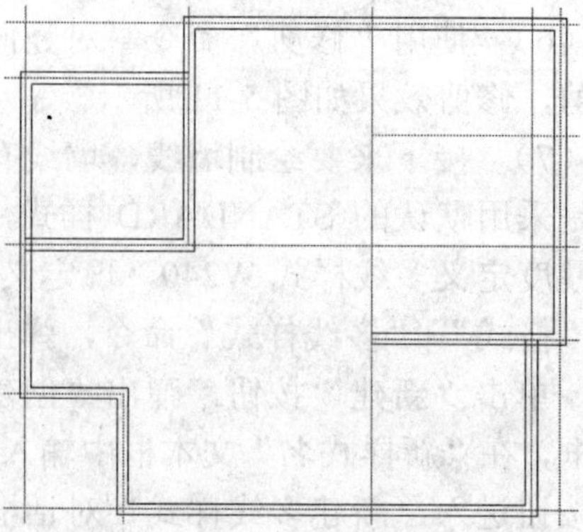

图 5-13 使用 W240 多线样式绘制墙体

（10） 继续使用“多线”命令绘制其他墙体，绘制效果如图 5-14 所示。

（11） 选择“修改”|“对象”|“多线”命令，如图 5-15 所示弹出“多线编辑工具”对话框。

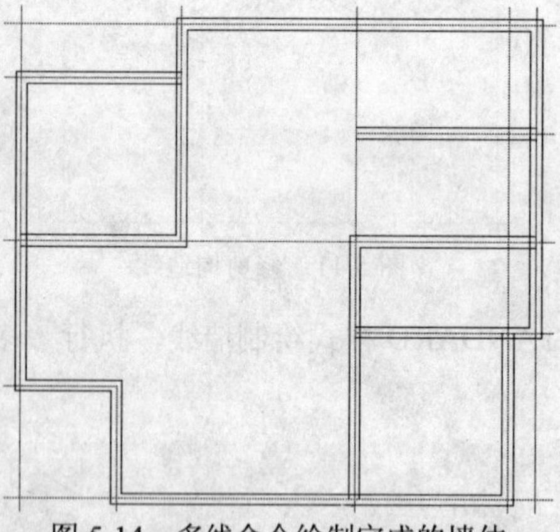

图 5-14 多线命令绘制完成的墙体

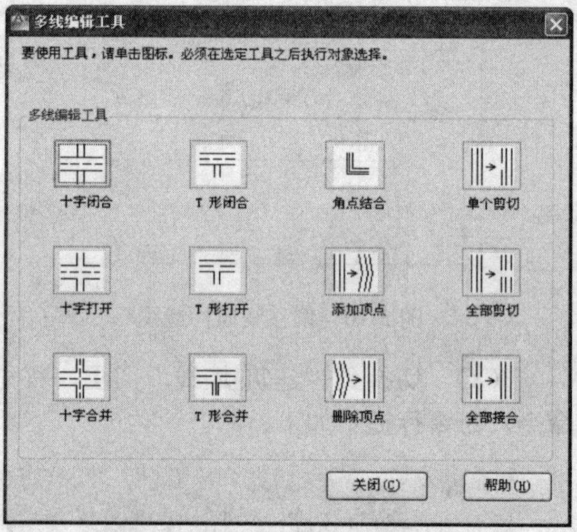

图 5-15 “多线编辑工具”对话框

（12） 单击“多线编辑工具”对话框中的“T 形合并”图标，命令行提示“选择第一条多线: ”，如图 5-16 所示拾取第一条多线。

（13） 选择完第一条多线后，命令行提示“选择第二条多线: ”，如图 5-17 所示拾取第二条多线，T 形合并完成，合并效果如图 5-18 所示。T 形合并时，需要注意选择多线的顺序，步骤 12 和 13 颠倒过来，则合并效果会完全改变。

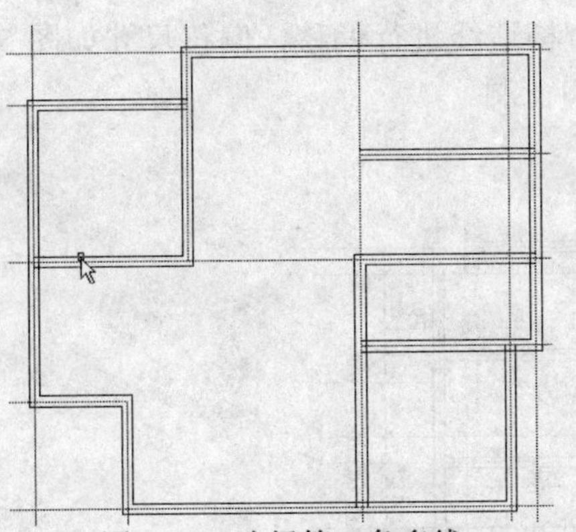

图 5-16　选择第一条多线

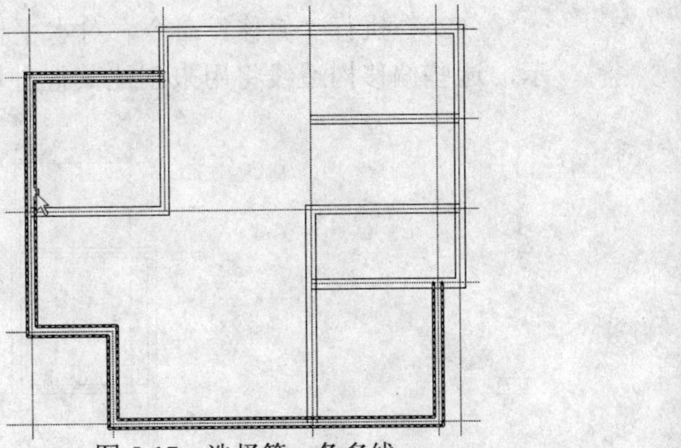

图 5-17　选择第一条多线

（14）　继续执行“T 形合并”，墙体合并的效果如图 5-19 所示。

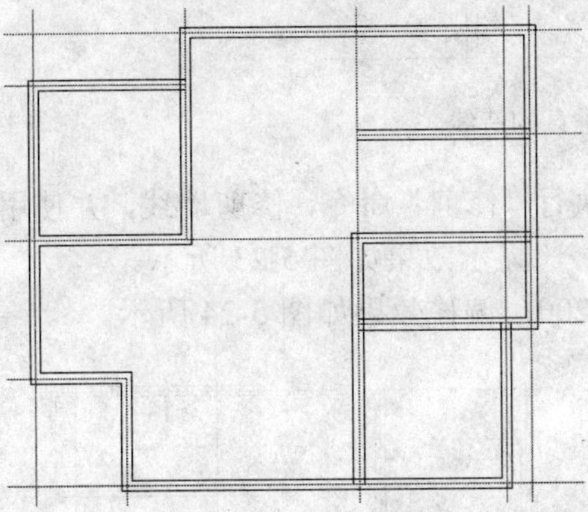

图 5-18　T 形合并效果

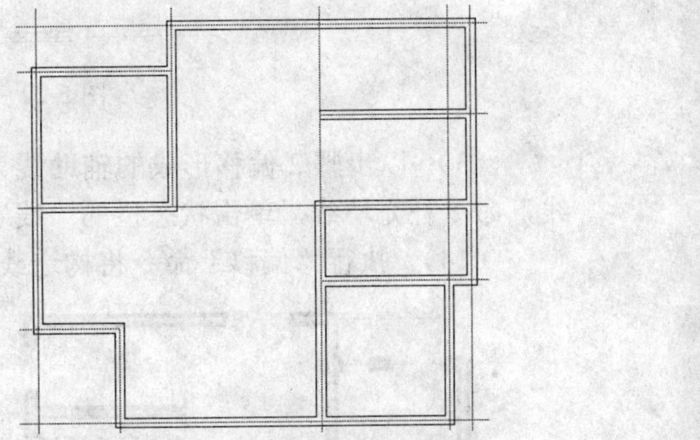

图 5-19　其他墙线的 T 形合并效果

5.2.2　实例 29——创建门窗

本节主要讲解如何使用“偏移”和“块”相关命令创建门窗的方法，具体步骤如下：

（1）　通过偏移辅助线来开窗洞和门洞。执行“偏移”命令，将辅助线偏移如图 5-20 所示的距离，执行“修剪”命令，以偏移后的辅助线为剪切边，修剪墙线，平面图下方的墙线修剪效果如图 5-21 所示。使用“直线”命令，补充门洞和窗洞的墙线。

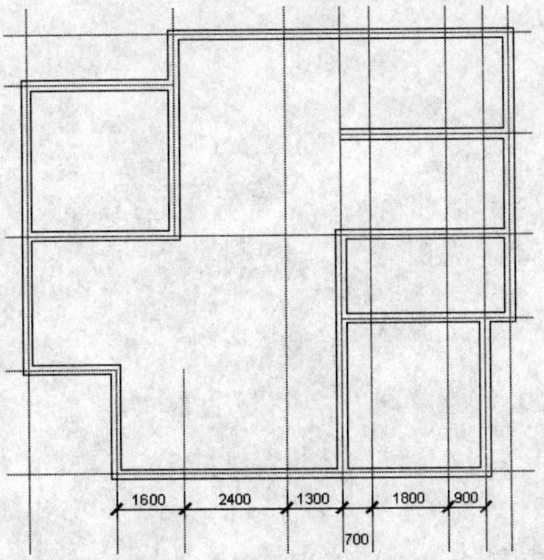

图 5-20　偏移竖向辅助线

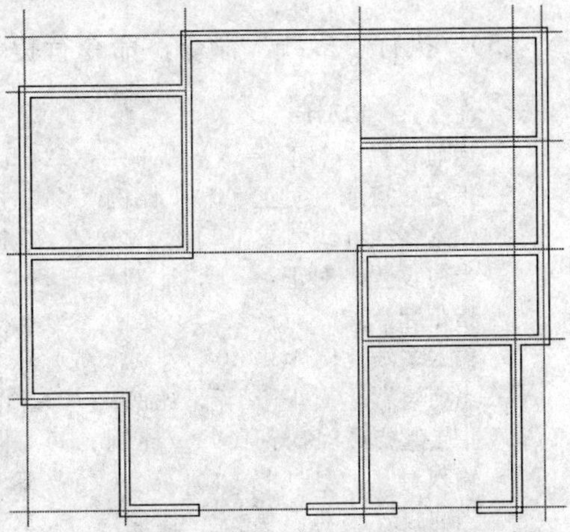

图 5-21　创建平面图下方墙体的门洞和窗洞

（2） 执行“偏移”命令，对水平构造线和垂直构造线进行偏移，偏移尺寸如图 5-22 所示，这些偏移构造线将用来创建其他外墙上的门洞和窗洞。

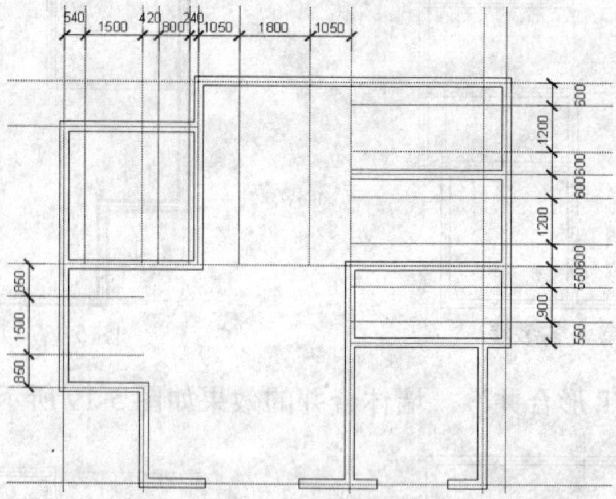

图 5-22 偏移水平和垂直构造线

（3） 以步骤 2 偏移形成的辅助线为剪切边，执行“修剪”命令，修剪墙线，并使用“直线”命令补充墙线，单击状态栏的“线宽”按钮线宽，显示效果如图 5-23 所示。

（14） 执行“偏移”命令将构造线向右偏移 1200，偏移效果如图 5-24 所示。

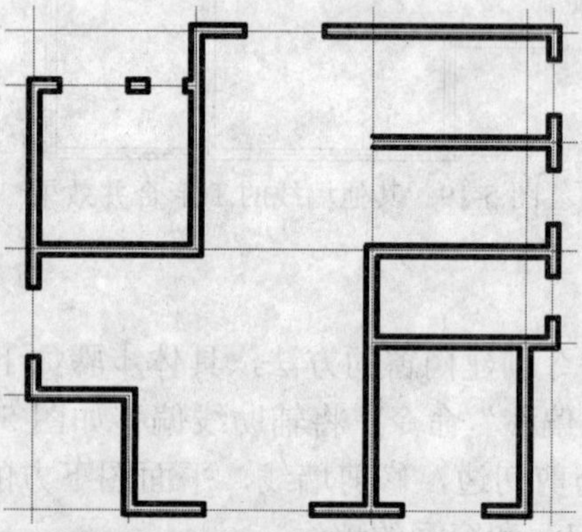

图 5-23 外墙上门洞和窗洞效果

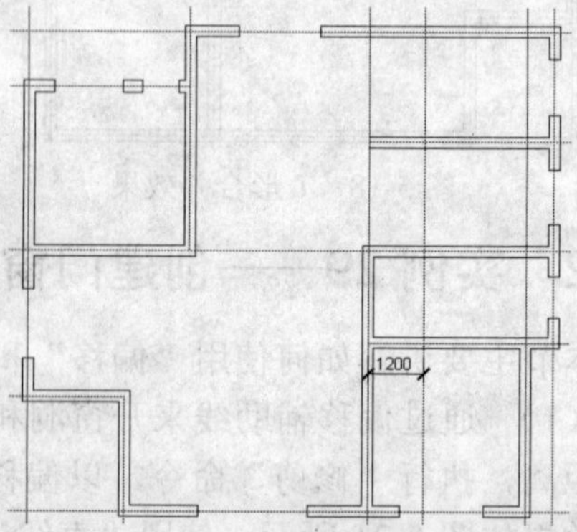

图 5-24 将构造线向右偏移 1200

（5） 执行“多线”命令，命令行提示如下：

```
命令: _mline
当前设置: 对正 = 无，比例 = 1.00，样式 = W370
指定起点或 [对正 (J) /比例 (S) /样式 (ST) ]:  st//输入 st，重新设置多线样式
输入多线样式名或 [?]:  W240//选择 W240 多线样式绘图
当前设置: 对正 = 无，比例 = 1.00，样式 = W240
指定起点或 [对正 (J) /比例 (S) /样式 (ST) ]:  s//输入 s，确定比例
输入多线比例 <1.00>:  0.5//输入多线比例
当前设置: 对正 = 无，比例 = 0.50，样式 = W240
指定起点或 [对正 (J) /比例 (S) /样式 (ST) ]:  j//输入 j，设置对正方式
输入对正类型 [上 (T) /无 (Z) /下 (B) ] <无>:  z//采用“无”对正，表示居中对齐
当前设置: 对正 = 无，比例 = 0.50，样式 = W240
指定起点或 [对正 (J) /比例 (S) /样式 (ST) ]://捕捉辅助线的交点
```

```
指定下一点：
指定下一点或 [放弃（U）]://按回车键，完成绘制
```

（6） 使用“T 型闭合”功能对步骤 19 绘制完成的多线进行编辑，效果如图 5-25 所示。

（7） 执行“偏移”命令，将辅助线进行偏移，偏移尺寸如图 5-26 所示。

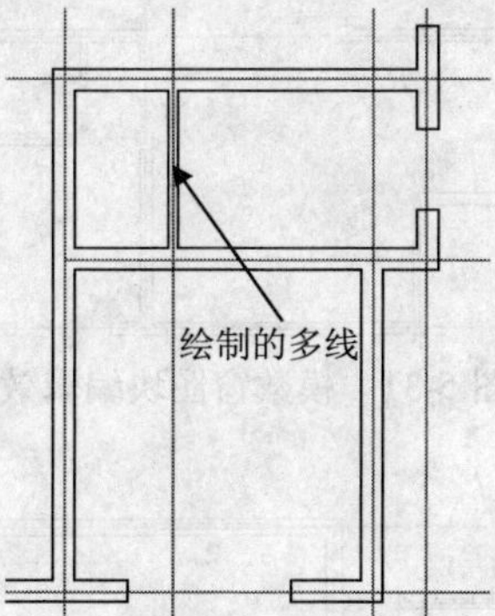

图 5-25　绘制厚度为 120 的墙体

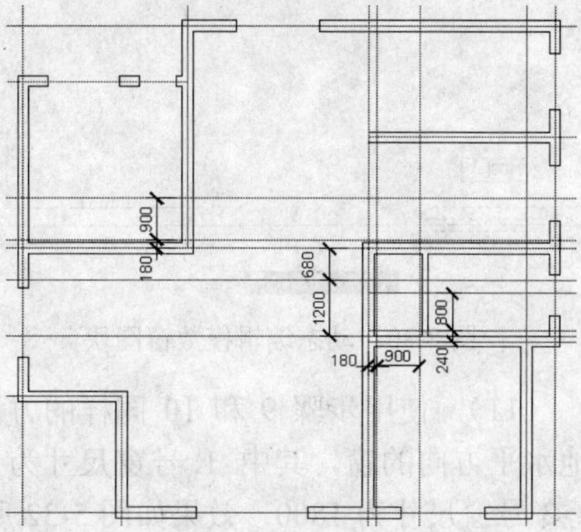

图 5-26　偏移绘制室内门洞的辅助线

（8） 执行“修剪”命令，以步骤 21 绘制的辅助线为剪切边，修剪墙线，并使用“直线”命令补充墙线，绘制效果如图 5-27 所示。

（9） 切换到“建筑-门窗”涂层，选择“插入”|“块”命令，弹出“插入”对话框，如图 5-28 所示在“名称”列表中选择第 2 章已经创建好的“模数窗”图块，单击“确定”按钮，命令行提示“指定插入点”，如图 5-29 所示捕捉插入点。

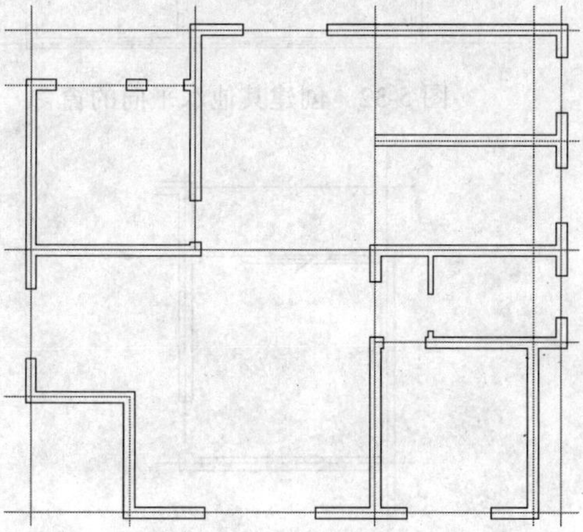

图 5-27　绘制完成的室内门洞

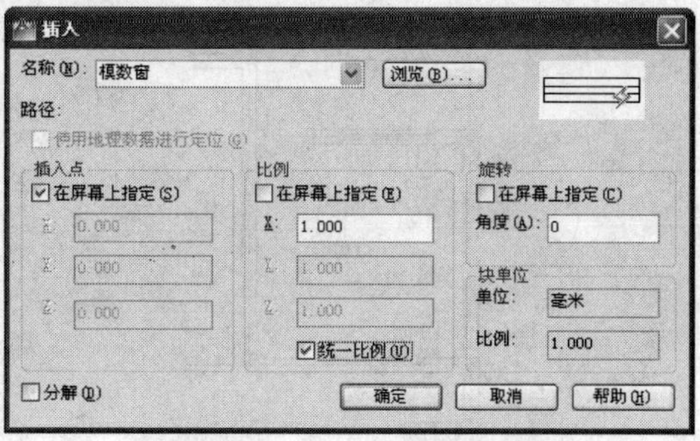

图 5-28　插入模数窗图块

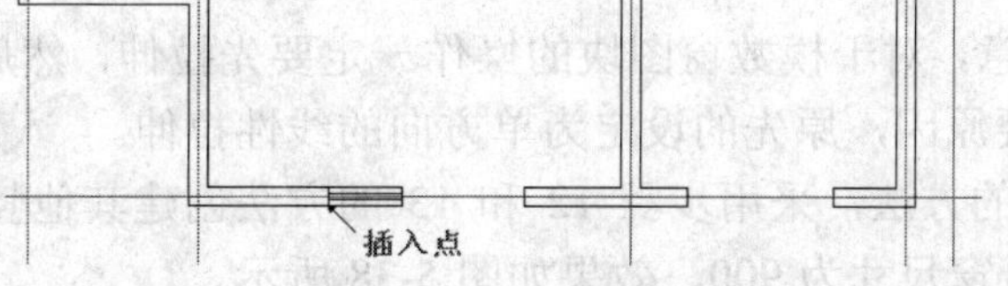

图 5-29　指定模数窗图块插入点

（10） 单击状态栏的“动态输入”按钮DYN，选择步骤 9 插入的模数窗图块，使用动态输入，如图 5-30 所示输入长度值为 2400，按回车键，修改长度后的效果如图 5-31 所示。

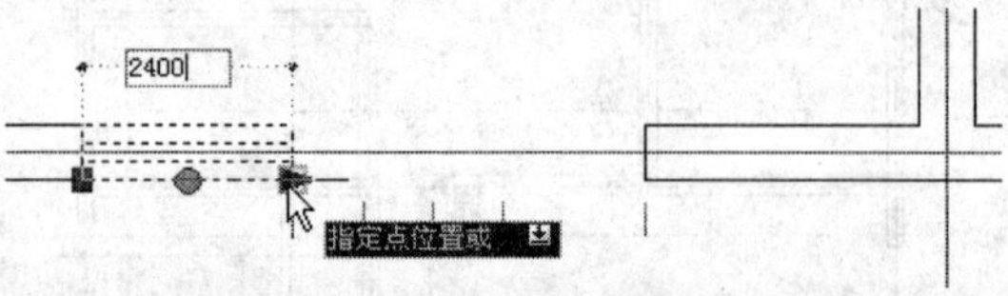

图 5-30 动态编辑模数窗图块

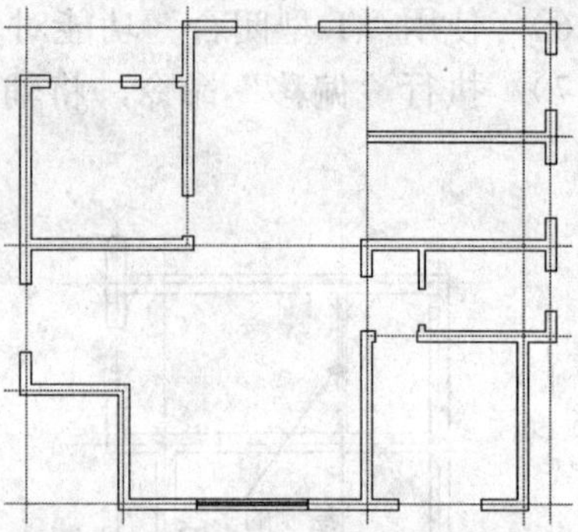
图 5-31 模数窗图块编辑效果

（11） 使用步骤 9 和 10 同样的方法，创建其他水平方向的窗，其中 1 号窗尺寸为 1500，2 号，3 号窗尺寸为 1800，效果如图 5-32 所示。

（12） 继续插入“模数窗”图块，插入点如图 5-33 所示，使用夹点编辑功能，使线性拉伸夹点处于热态，即可编辑状态，输入长度尺寸为 1500，按回车键，完成长度设定，效果如图 5-34 所示。

（13） 使用夹点编辑功能，使得旋转夹点处于热态，如图 5-35 所示输入旋转角度 90º，按回车键，完成旋转，效果如图 5-36 所示。

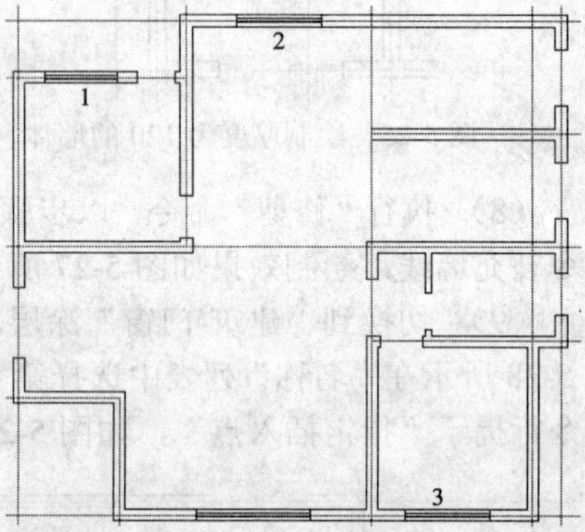

图 5-32 创建其他水平向的窗

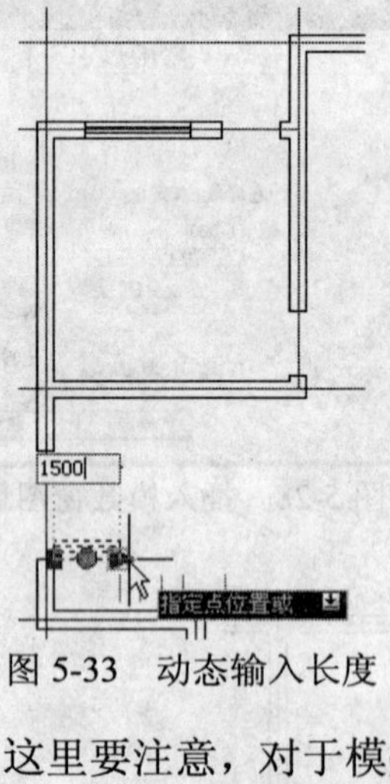

图 5-33 动态输入长度

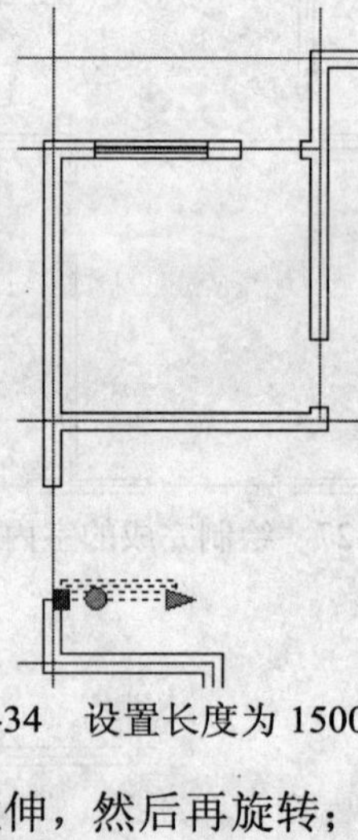
图 5-34 设置长度为 1500 效果

（14） 这里要注意，对于模数窗图块的操作一定要先拉伸，然后再旋转；否则会出现图 5-38 所示的情形，主要原因，原先的设定为单方向的线性拉伸。

（15） 使用同样的方法，采用步骤 12 和 13 的方法创建其他竖向的窗，其中 4 号和 5 号窗尺寸为 1200，6 号窗尺寸为 900，效果如图 5-38 所示。

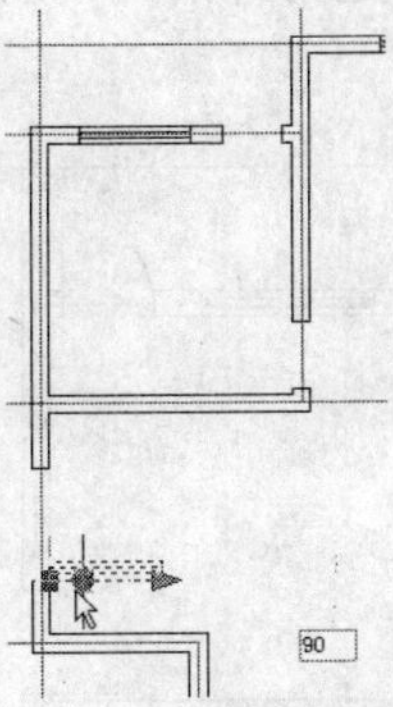

图 5-35　动态输入旋转角度

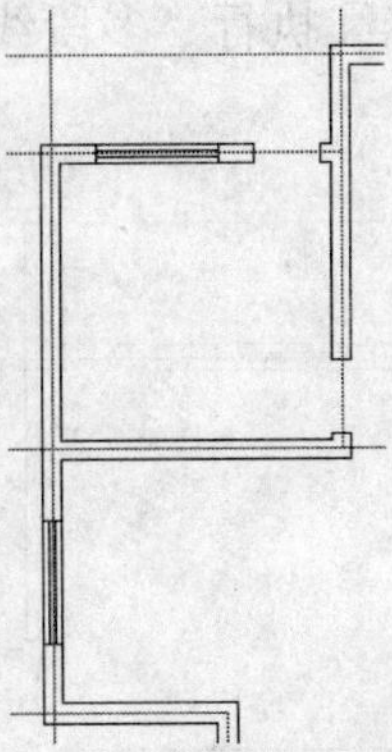

图 5-36　模数窗旋转 90º 效果

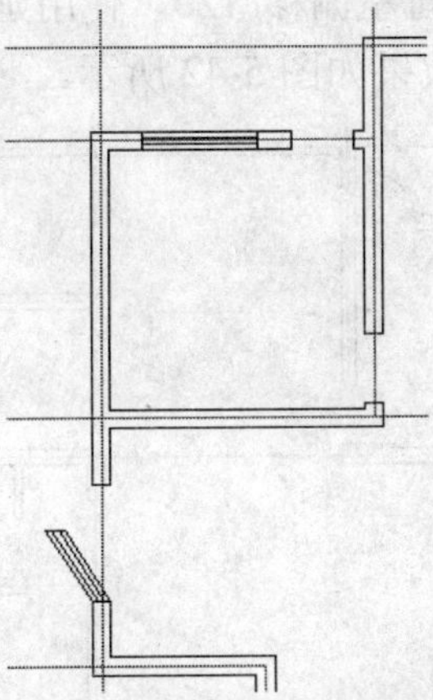

图 5-37　错误的操作步骤效果

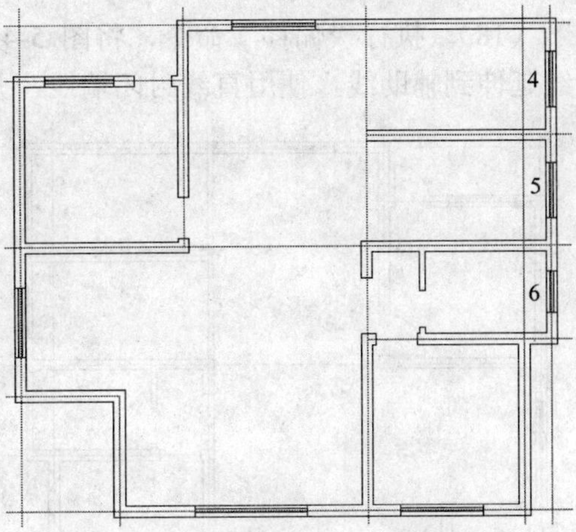

图 5-38　创建其他竖向模数窗效果

（15）　使用动态块来绘图比较适合大量，且比较复杂的图纸，对于简单的图纸，用户可以直接使用直线命令和偏移命令绘制窗户。窗户的绘制采用动态图块插入的方法，下面门的绘制采用直接绘制的方法。使用多段线绘制门，执行“多段线”命令，命令行提示如下：

```
命令: _pline
指定起点://捕捉如图 5-40 所示的第一点
当前线宽为 0.000
指定下一个点或 [圆弧（A）/半宽（H）/长度（L）/放弃（U）/宽度（W）]: @0,800//输入第二点相对坐标
指定下一点或 [圆弧（A）/闭合（C）/半宽（H）/长度（L）/放弃（U）/宽度（W）]: a//输入 a，表示绘制圆弧
指定圆弧的端点或
[角度（A）/圆心（CE）/闭合（CL）/方向（D）/半宽（H）/直线（L）/半径（R）/第二个点（S）/放弃（U）/宽度（W）]: ce//输入 ce，要求指定圆弧圆心
指定圆弧的圆心://捕捉圆心为多段线的第一点
指定圆弧的端点或 [角度（A）/长度（L）]: a//输入 a，要求指定角度
指定包含角: 90//输入包含角为 90
指定圆弧的端点或
[角度（A）/圆心（CE）/闭合（CL）/方向（D）/半宽（H）/直线（L）/半径（R）/第二个点（S）/放弃（U）/宽度（W）]://按回车键，绘制效果如图 5-39 所示
```

（17） 继续执行“多段线”命令，使用步骤 30 的方法创建另外的门，效果如图 5-40 所示，门宽 900。

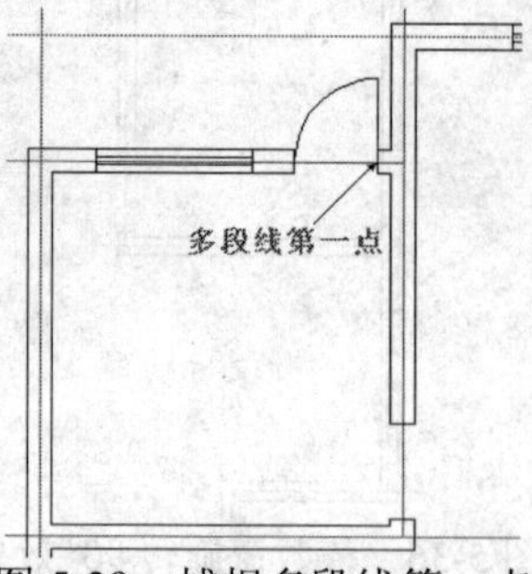

图 5-39　捕捉多段线第一点

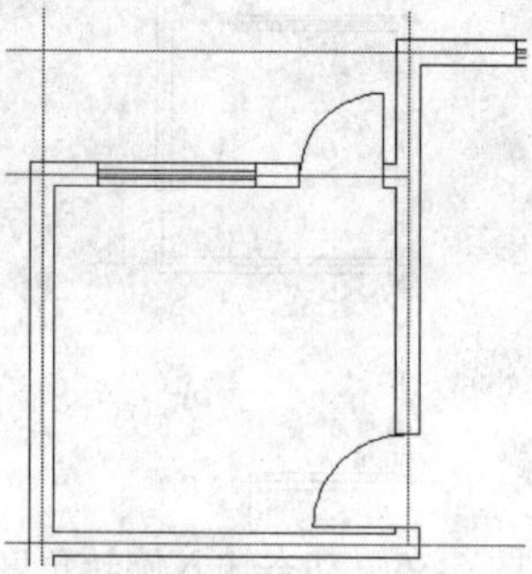
图 5-40　绘制其他门

（18） 执行“偏移”命令，将图 5-41 所示的辅助线向左偏移 120，使用延伸命令，将墙线延伸到辅助线，使用直线封闭墙线，并删除辅助线，效果如图 5-42 所示。

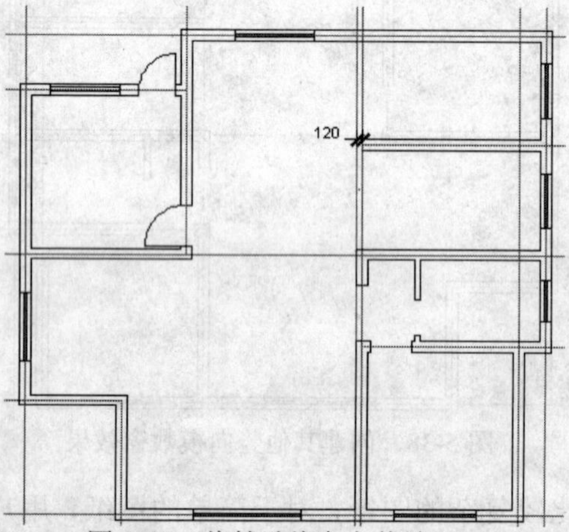

图 5-41　将辅助线向左偏移 120

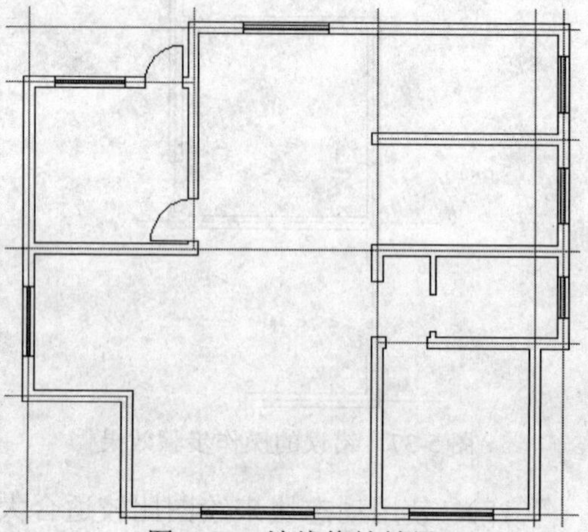
图 5-42　墙线修补效果

5.2.3 实例 30——创建楼梯

本节将主要讲解创建楼梯的技术和方法，具体步骤如下：

（1） 执行“偏移”命令，如图 5-43 所示尺寸偏移辅助线，创建绘制楼梯的辅助线，使用直线命令，沿着辅助线绘制两条楼梯线，楼梯线效果如图 5-44 所示。

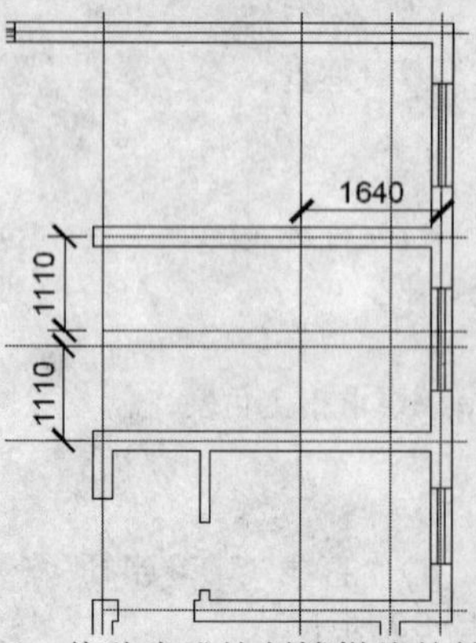

图 5-43　偏移生成绘制楼梯线的辅助线

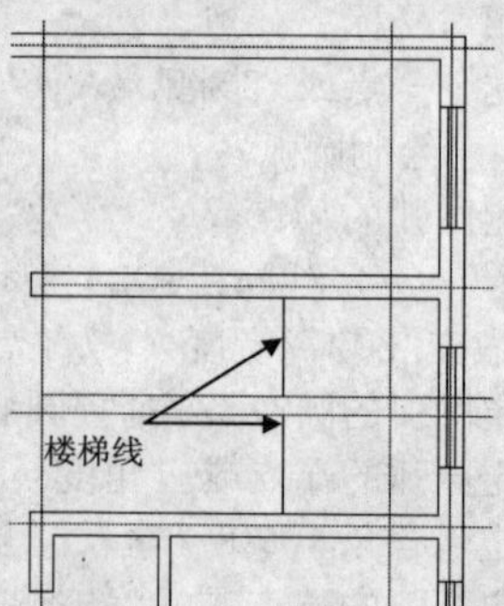

图 5-44　绘制最初的两条楼梯线

（2） 执行“矩形阵列”命令，选择步骤 33 绘制的两条楼梯线为阵列对象，阵列行数为 1，列数为 9，列间距为-280，阵列效果如图 5-45 所示。

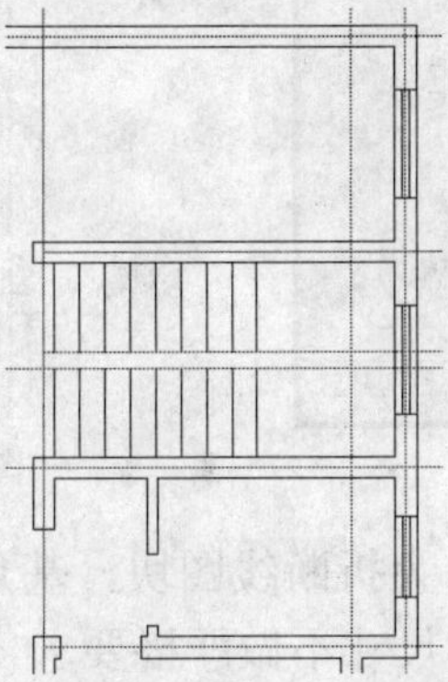

图 5-45 楼梯线阵列效果

（3） 执行“多段线”命令，绘制楼梯扶手线，命令行提示如下：

```
命令: _pline
指定起点: from//使用相对点法创建多段线起点
基点://捕捉如图 5-46 所示的点为基点
 <偏移>: @60,0//输入偏移距离
当前线宽为 0.000
指定下一个点或 [圆弧 (A) /半宽 (H) /长度 (L) /放弃 (U) /宽度 (W) ]: @0,-180
指定下一点或 [圆弧 (A) /闭合 (C) /半宽 (H) /长度 (L) /放弃 (U) /宽度 (W) ]:@-2360,0
指定下一点或 [圆弧 (A) /闭合 (C) /半宽 (H) /长度 (L) /放弃 (U) /宽度 (W) ]:@0,180//依次输入其他点的相对坐标
指定下一点或 [圆弧 (A) /闭合 (C) /半宽 (H) /长度 (L) /放弃 (U) /宽度 (W) ]: c//输入 c 表示绘制闭合多段线，绘制效果如图 5-46 所示
```

（4） 执行“偏移”命令，将步骤 35 绘制的多段线向内偏移 60，偏移效果如图 5-47 所示。

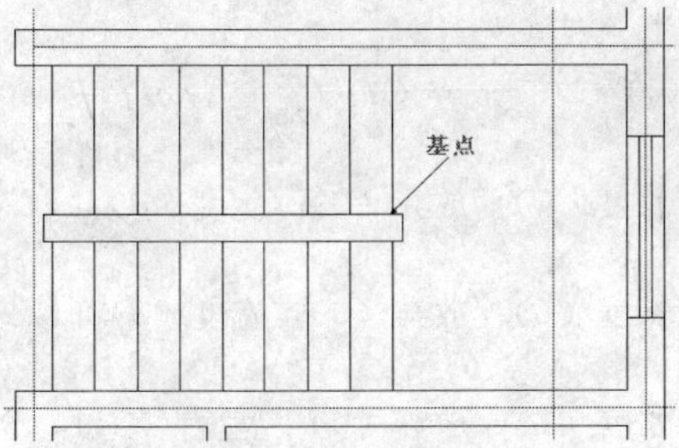

图 5-46 绘制楼梯扶手线

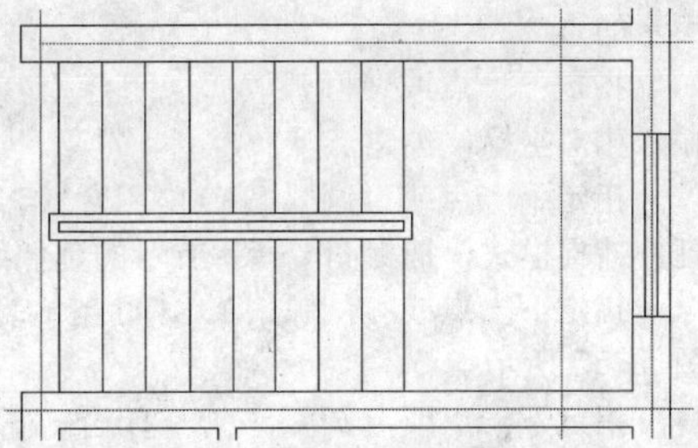

图 5-47 向内偏移楼梯扶手线

（5） 选择“插入”|“块”命令，弹出“插入”对话框，如图 5-48 所示选择“折断线”图块，单击“确定”按钮，指定插入点为踏步线中点，如图 5-49 所示。

（6） 执行“旋转”命令，以步骤 5 插入的折断线图块插入点为基点，将图库逆时针旋转 60º，效果如图 5-50 所示。

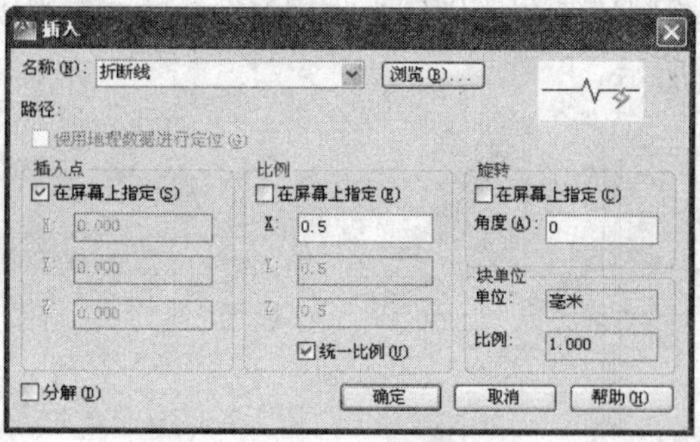

图 5-48　插入折断线图块

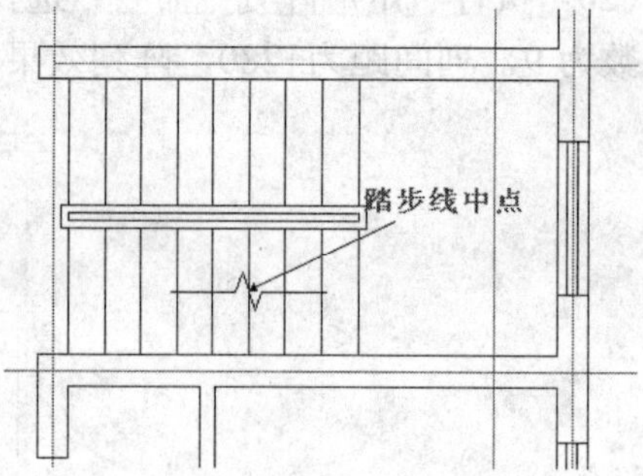

图 5-49　捕捉踏步线中点为插入点

（7）　执行“复制”命令，对象为折断线图块，基点为折断线的插入点，复制命令的插入点为折断线中间直线上一点，具体尺寸不做严格要求，复制效果如图 5-51 所示。

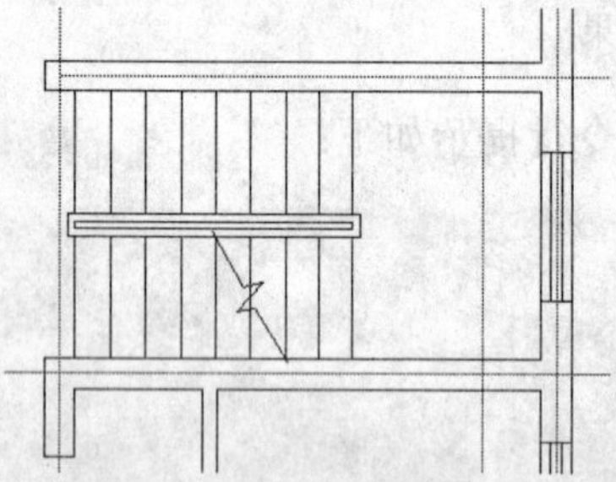

图 5-50　旋转折断线图块

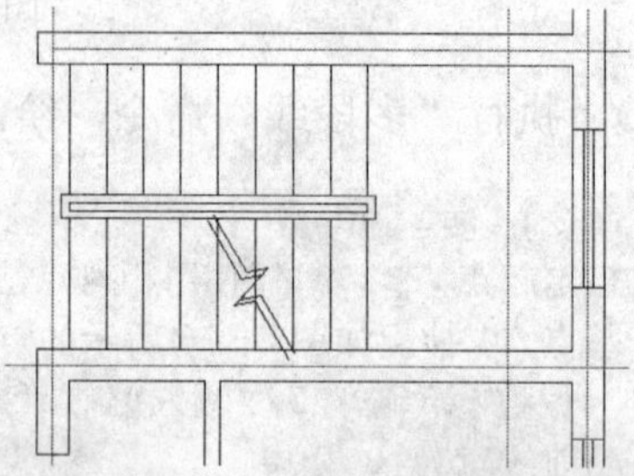

图 5-51　复制折断线

（8）　执行“分解”命令，将折断线分解，使用“延伸”和“修剪”命令将图线编辑，效果如图 5-52 所示。

（9）　使用“多段线”命令绘制楼梯方向线，命令行提示如下：

命令：_pline

指定起点://捕捉如图 5-53 所示的点 1 为起点（踏步线中点）

当前线宽为 0.000

指定下一个点或 [圆弧（A）/半宽（H）/长度（L）/放弃（U）/宽度（W）]://捕捉图 5-53 所示的点 2

指定下一点或 [圆弧（A）/闭合（C）/半宽（H）/长度（L）/放弃（U）/宽度（W）]：@560,0//输入相对坐标，创建点 3

指定下一点或 [圆弧（A）/闭合（C）/半宽（H）/长度（L）/放弃（U）/宽度（W）]://使用延伸捕捉模式，捕捉图 5-53 所示的延伸线交点 4

指定下一点或 [圆弧（A）/闭合（C）/半宽（H）/长度（L）/放弃（U）/宽度（W）]://捕捉图 5-53 所示点 5

指定下一点或 [圆弧（A）/闭合（C）/半宽（H）/长度（L）/放弃（U）/宽度（W）]：w//输入 w，设置多线宽度

指定起点宽度 <0.000>：50//输入起点宽度

指定端点宽度 <50.000>：0//输入端点宽度

指定下一点或 [圆弧（A）/闭合（C）/半宽（H）/长度（L）/放弃（U）/宽度（W）]：@-200,0//输入相对坐标

指定下一点或 [圆弧（A）/闭合（C）/半宽（H）/长度（L）/放弃（U）/宽度（W）]://按回车键，完成绘制，效果如图 5-54 所示

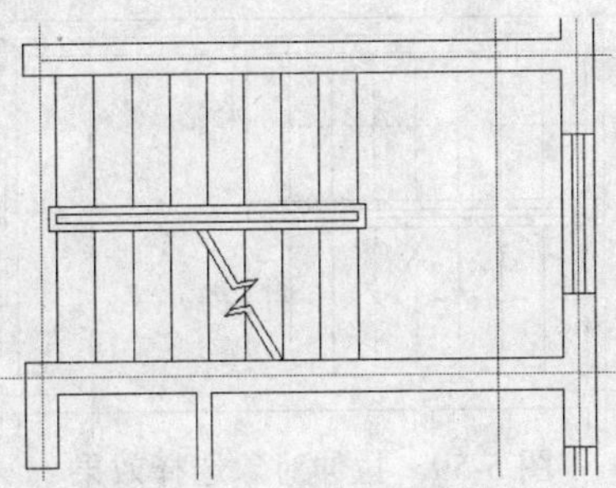

图 5-52　修剪折断线

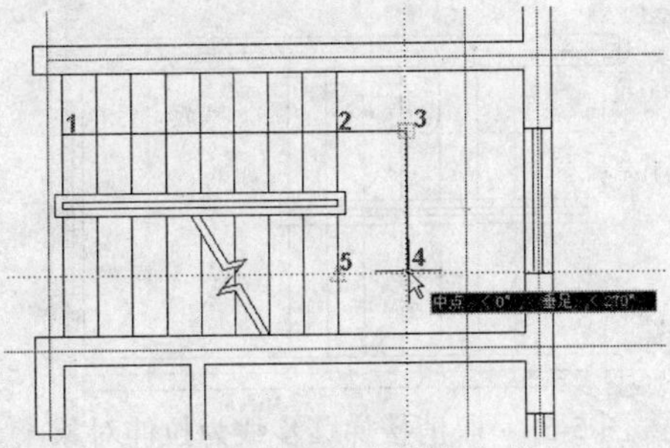

图 5-53　绘制楼梯方向线

（10）　使用同样的方法，绘制另外一段楼梯方向线，箭头部分，起点宽度为 50，端点宽度为 0，箭头长 200，效果如图 5-55 所示。

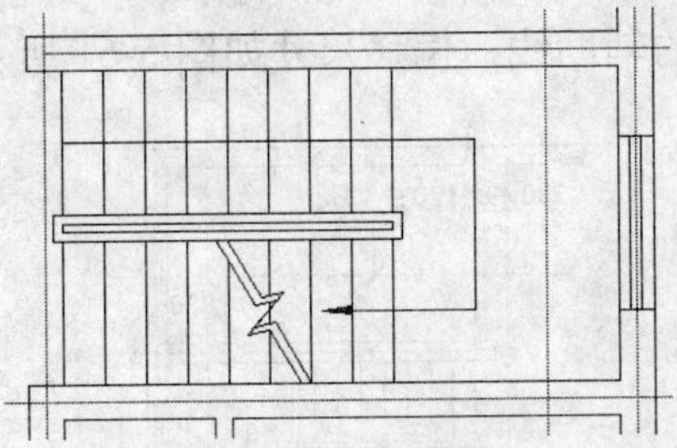

图 5-54　绘制效果

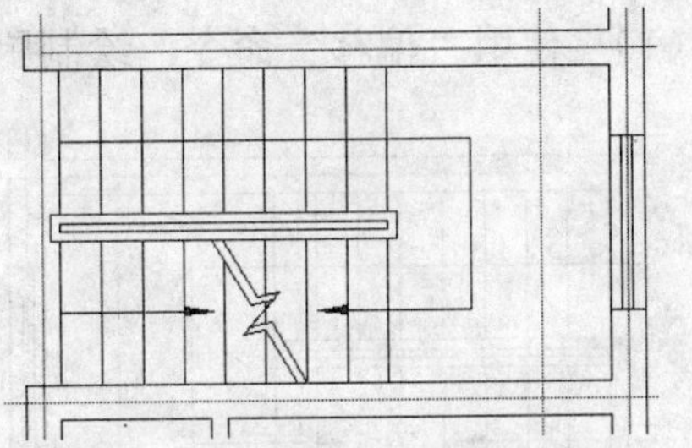

图 5-55　绘制另外一段方向线

（11）　单击“拉伸”按钮，命令行提示如下：

```
命令： _stretch
以交叉窗口或交叉多边形选择要拉伸的对象...
选择对象：指定对角点：找到 2 个//如图 5-56 所示交叉窗口选择拉伸对象
选择对象：指定对角点：找到 2 个，总计 4 个//如图 5-57 所示交叉窗口选择拉伸对象，选择对象效果如图 5-58 所示
选择对象：找到 1 个，删除 1 个，总计 3 个//按 Shift 键删除一条踏步线
选择对象：找到 1 个，删除 1 个，总计 2 个//按 Shift 键删除另一条踏步线，对象选择如图 5-59 所示
选择对象：//按回车键，完成选择
指定基点或 [位移（D）] <位移>://捕捉下方的楼梯方向线的左端点为基点
指定第二个点或 <使用第一个点作为位移>： @-300,0//输入相对坐标，拉伸结果如图 5-60 所示
```

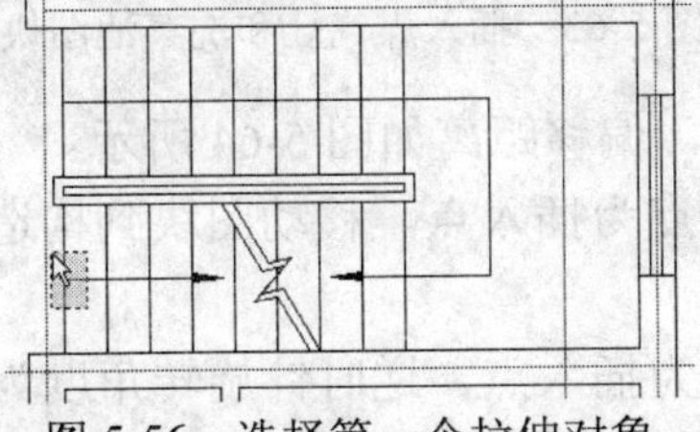

图 5-56　选择第一个拉伸对象

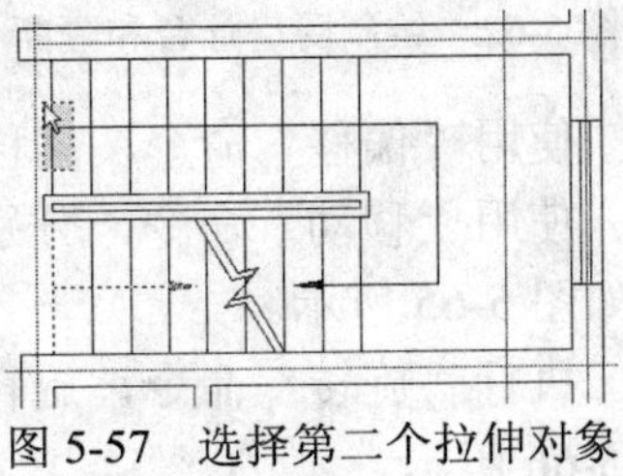

图 5-57　选择第二个拉伸对象

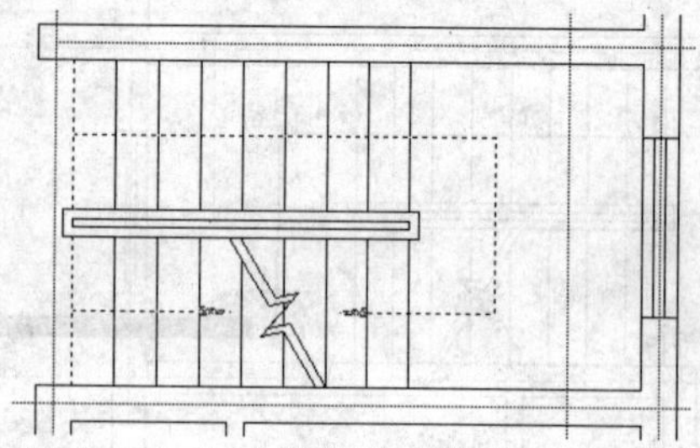

图 5-58　取消楼梯踏步线为拉伸对象

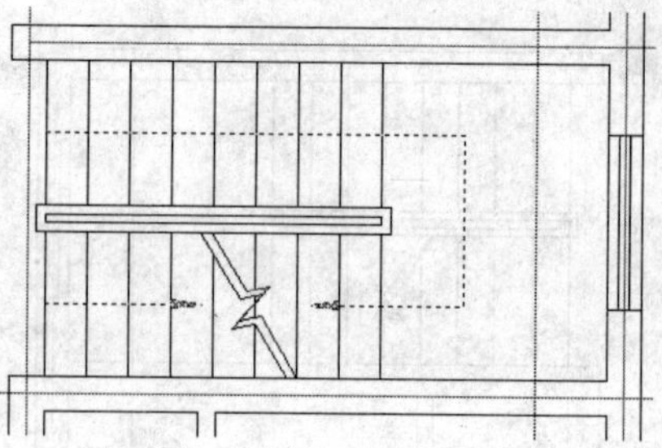

图 5-59　拉伸对象选择效果

5.2.4　实例 31——布置厨具和洁具

本节主要讲解布置厨具和洁具的方法，具体步骤如下：

（1）　使用“偏移”命令，绘制厨房灶台和隔断的辅助线，偏移尺寸如图 5-61 所示。

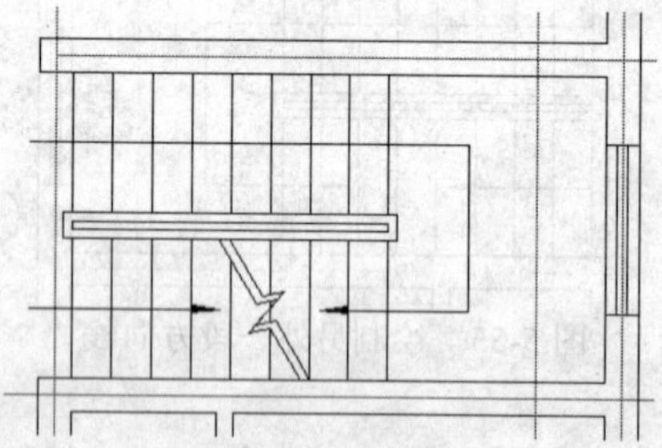

图 5-60　拉伸后效果

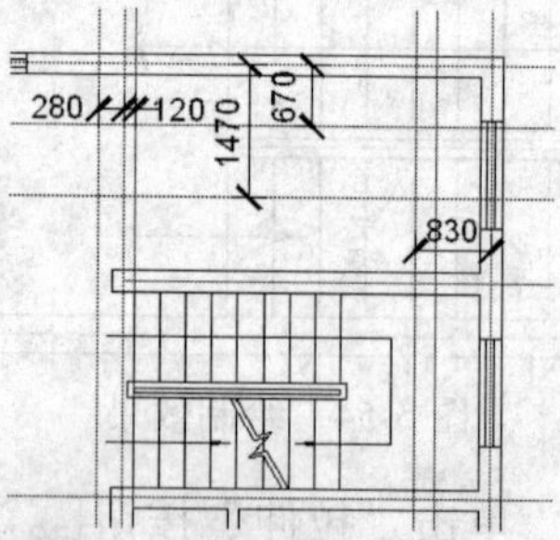

图 5-61　绘制厨房的辅助线

（2）　使用“直线”命令，绘制厨房灶台和隔断，效果如图 5-62 所示。

（3）　选择“插入”|“块”命令，在绘图区任意插入煤气灶和洗菜池图块，如图 5-63 所示。

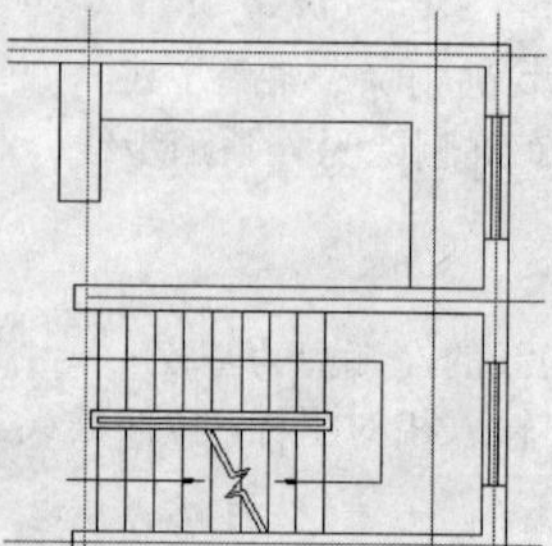

图 5-62　绘制厨房灶台和隔断

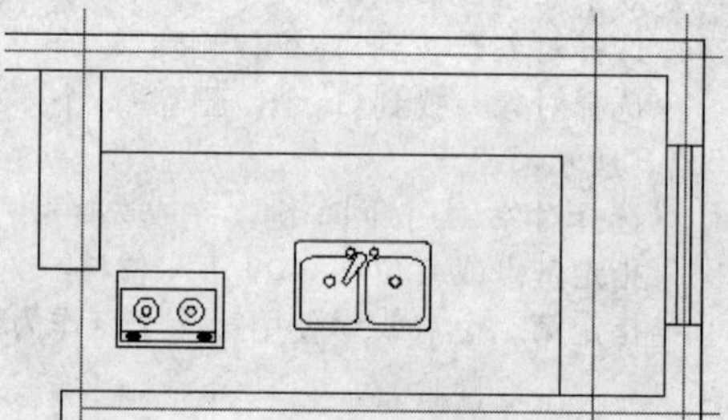

图 5-63　插入煤气灶和洗菜池图块

（4）　使用“偏移”命令，偏移辅助线构造定位点，偏移距离如图 5-64 所示。

（5）　使用“移动”命令，分别移动两个图块，基点为插入点，移动图块到构造的定位点，效果如图 5-65 所示。

（6）　执行“旋转”命令，旋转洗手池图块，基点为插入点，逆时针旋转角度为−90º，效果如图 5-66 所示。

（7）　在绘图区插入浴缸、坐便器、洗脸池图块，效果如图 5-67 所示。

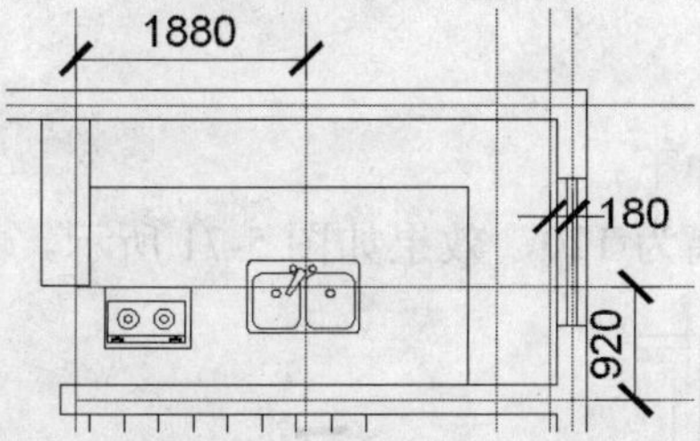

图 5-64　偏移生成图块插入点辅助线

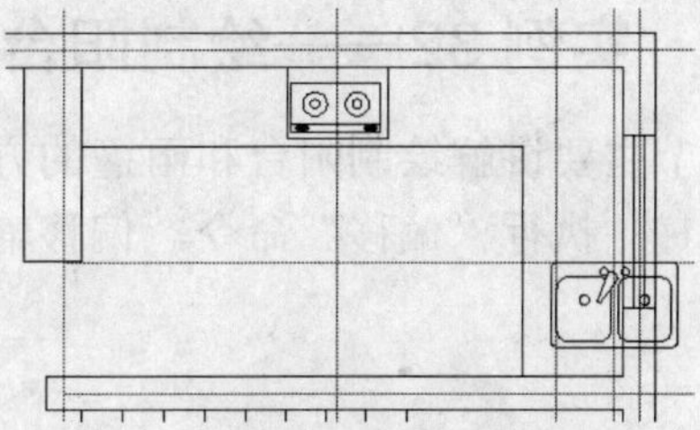

图 5-65　移动图块位置到插入点

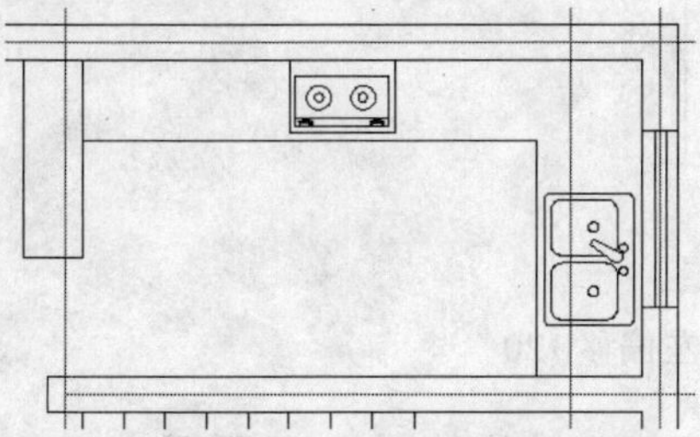

图 5-66　绕插入点旋转洗菜池图块

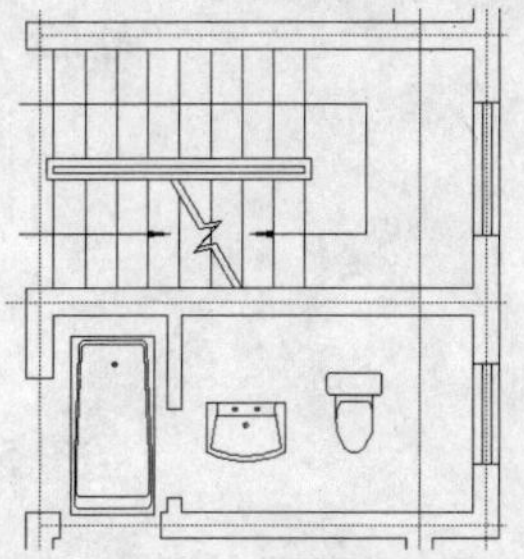

图 5-67　插入浴缸、坐便器、洗脸池图块

（8）执行“偏移”命令，偏移辅助线，构造插入点，偏移距离如图 5-68 所示。

（9）执行“移动”命令，移动步骤 7 插入的图块到辅助线构造的插入点，效果如图 5-69 所示。

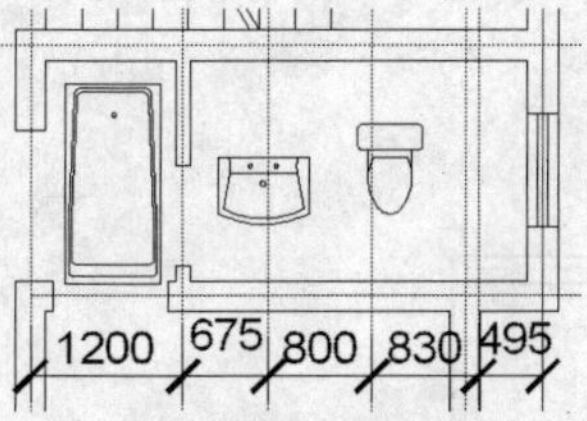

图 5-68　偏移生成洗手间图块插入点辅助线

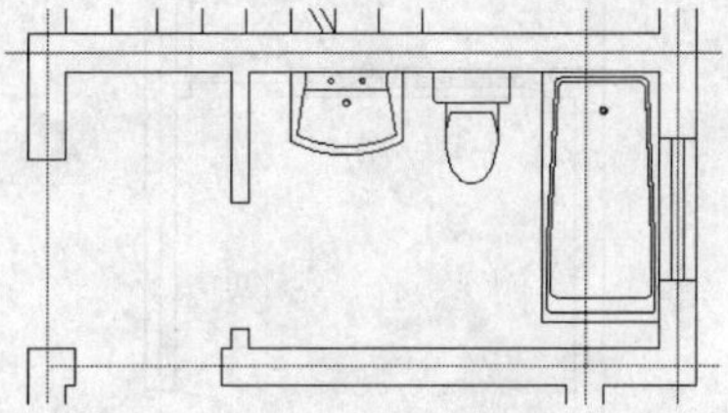

图 5-69　移动洗手间图块位置

（10）执行“矩形”命令绘制矩形，矩形尺寸为 30×800，第一个角点为如图 5-70 所示的基点，第二个角点坐标为（@-30,800），另一个矩形尺寸为 15×850，使用相对点法确定第一个角点，基点为图 5-70 所示基点，偏移（@0,-25）形成第一个角点，第二个角点相对坐标为（@15,850），效果如图 5-70 所示。

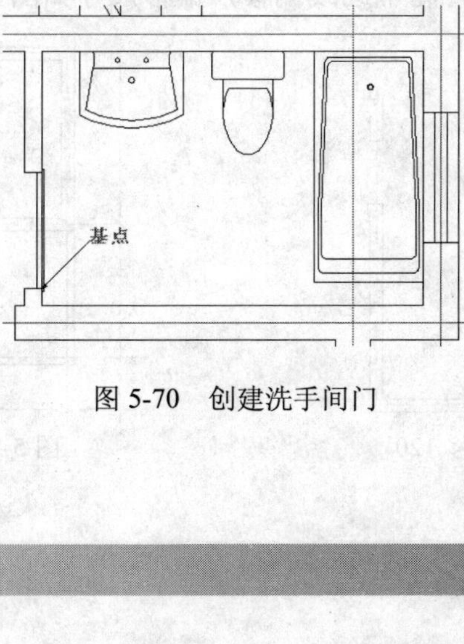

图 5-70　创建洗手间门

5.2.5 实例 32——绘制阳台和雨篷

本节主要讲解绘制阳台和雨篷的方法，具体步骤如下：

（1） 执行"偏移"命令，偏移辅助线，偏移距离为 120，效果如图 5-71 所示。

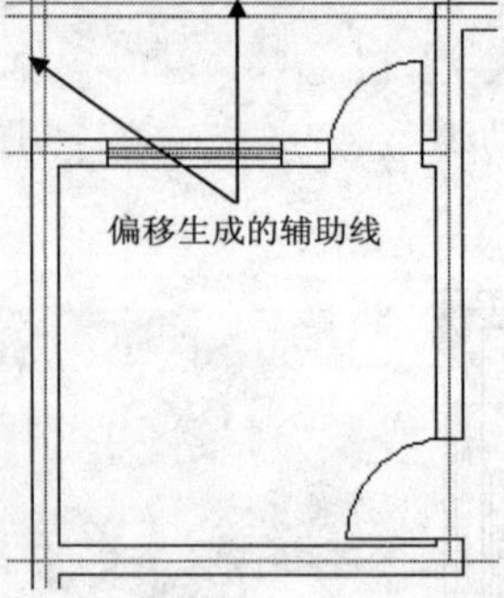

图 5-71 将辅助线向上和向左偏移 120

（2） 执行"多段线"命令，绘制北侧阳台的轮廓线，效果如图 5-72 所示。

（3） 执行"多段线"命令，捕捉辅助线的交点绘制入口雨蓬顶板轮廓，效果如图 5-73 所示。

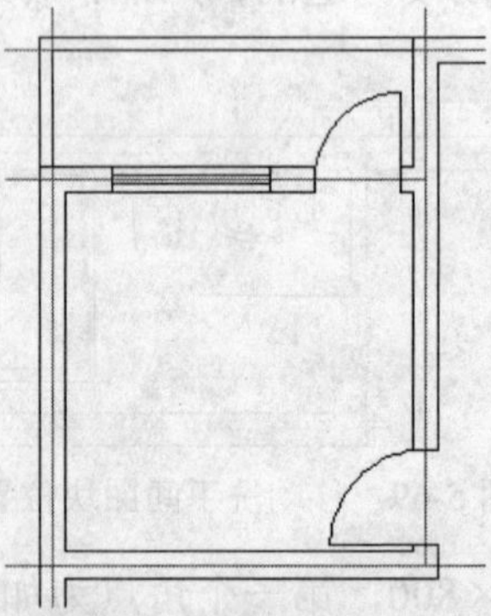

图 5-72 绘制北侧阳台

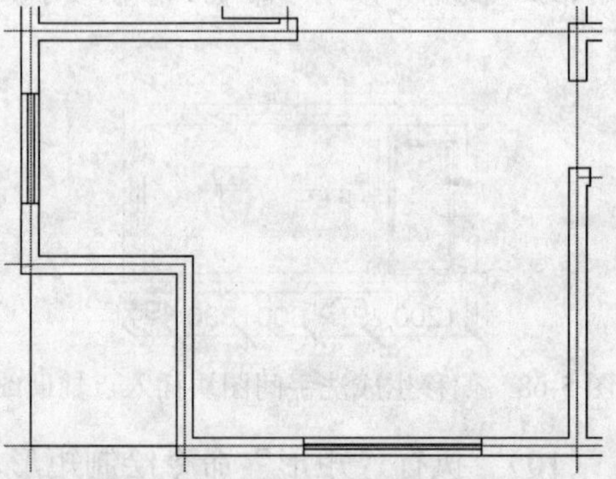

图 5-73 绘制入口雨蓬顶板轮廓

（4） 执行"偏移"命令，将步骤 3 绘制的多段线向外偏移 120，偏移效果如图 5-74 所示。

（5） 使用"偏移"命令，将辅助线偏移，偏移尺寸如图 5-75 所示。

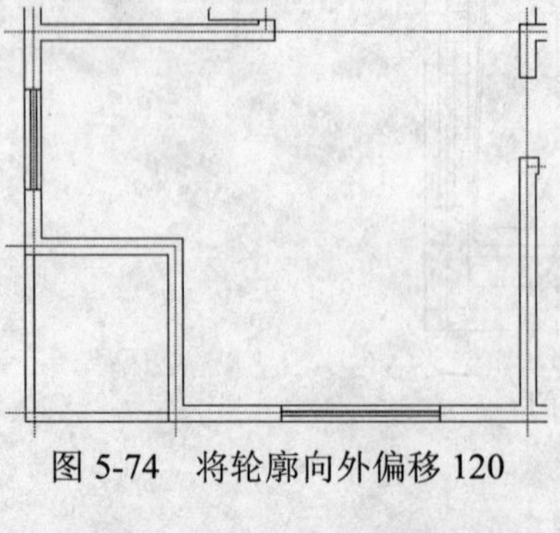

图 5-74 将轮廓向外偏移 120

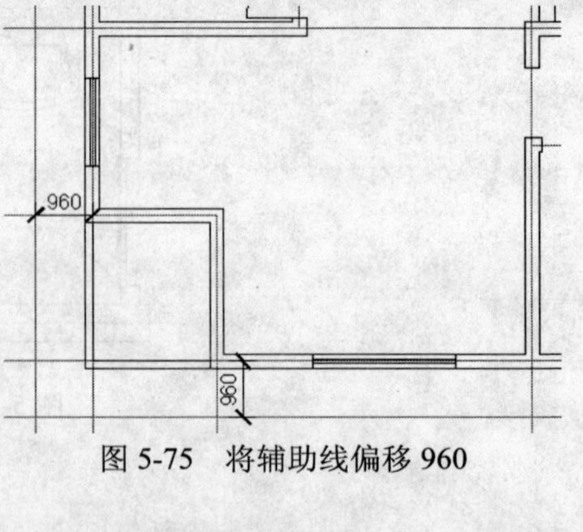

图 5-75 将辅助线偏移 960

（6） 执行“多段线”命令，命令行提示如下：

```
命令：_pline
指定起点://捕捉外墙拐角角点
当前线宽为 0.000
指定下一个点或 [圆弧（A）/半宽（H）/长度（L）/放弃（U）/宽度（W）]://捕捉如图 5-76 所示的垂足
指定下一点或 [圆弧（A）/闭合（C）/半宽（H）/长度（L）/放弃（U）/宽度（W）]://捕捉辅助线交点
指定下一点或 [圆弧（A）/闭合（C）/半宽（H）/长度（L）/放弃（U）/宽度（W）]://捕捉外墙角点延长线的交点，如图 5-77 所示
指定下一点或 [圆弧（A）/闭合（C）/半宽（H）/长度（L）/放弃（U）/宽度（W）]://捕捉外墙的拐角点
指定下一点或 [圆弧（A）/闭合（C）/半宽（H）/长度（L）/放弃（U）/宽度（W）]://按回车键，完成绘制，效果如图 5-78 所示
```

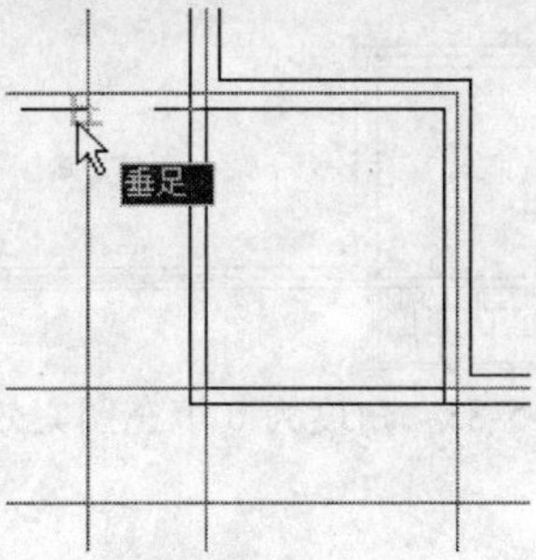

图 5-76 捕捉垂足

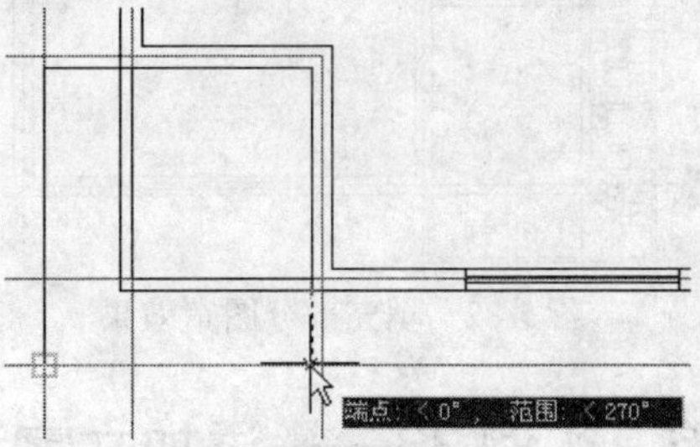

图 5-77 捕捉延长线交点

（7） 执行“偏移”命令，将步骤 6 绘制的多段线向外偏移 60，效果如图 5-79 所示。

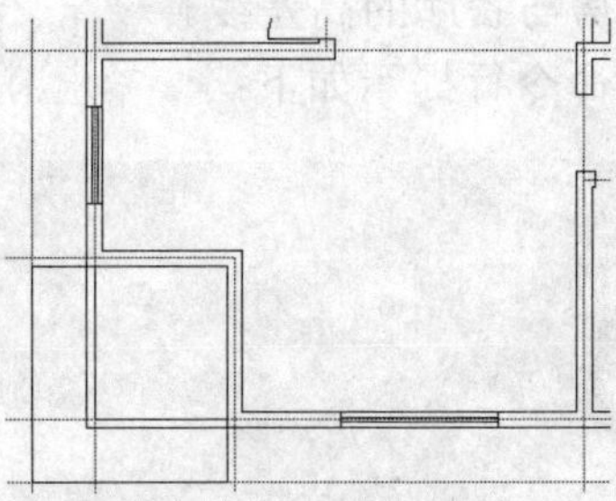
图 5-78 绘制多段线效果

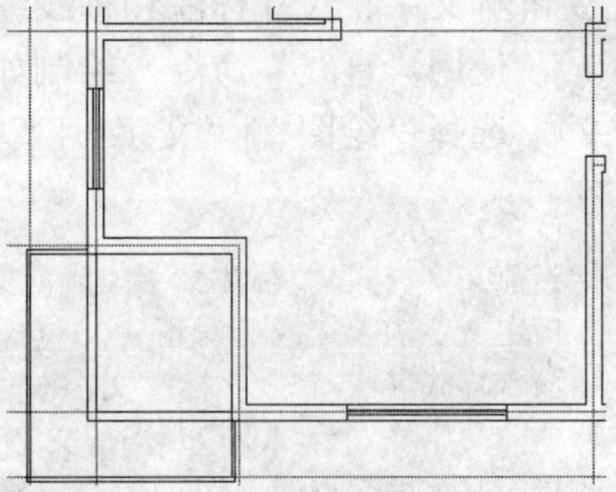
图 5-79 将多段线向外偏移 60

（8） 执行“直线”命令，捕捉角点绘制斜向直线，效果如图 5-80 所示。

（9） 单击“图案填充”按钮，弹出“图案填充和渐变色”对话框，如图 5-81 所示。设置填充图案为 AR-RSHKE，角度为 270，比例为 1.000，填充图案设置效果如图 5-82 所示。

（10） 继续执行“图案填充”命令，设置填充图案为 AR-RSHKE，角度为 0，比例为 1，填充图案设置效果如图 5-83 所示。

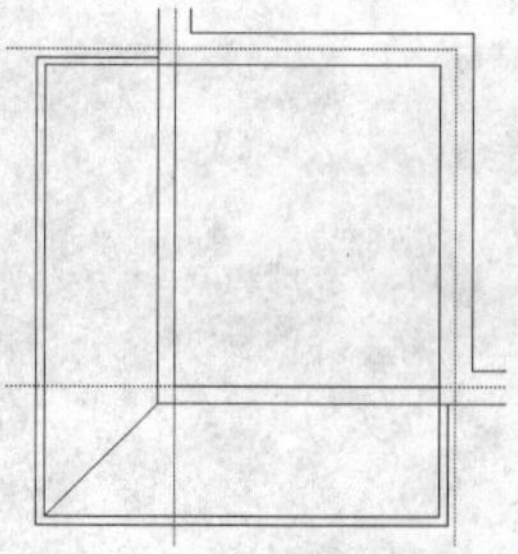

图 5-80　绘制斜向直线

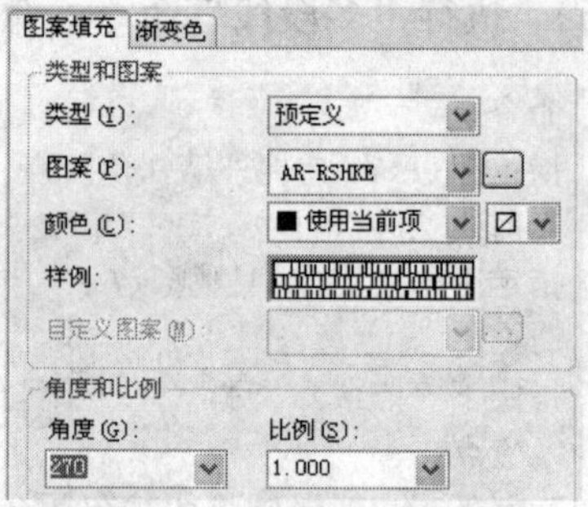

图 5-81　设置填充图案

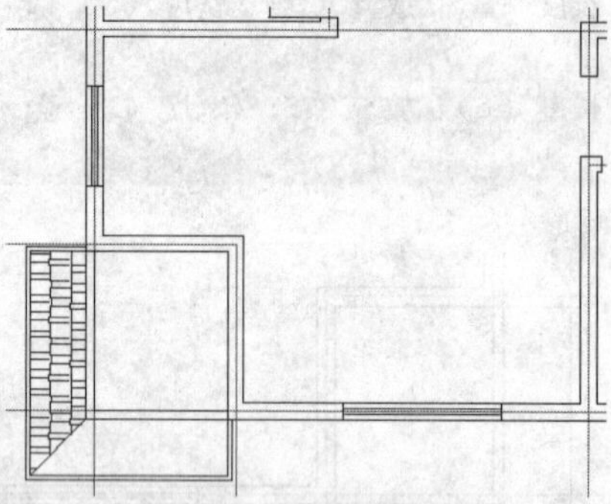

图 5-82　填充部分图案效果

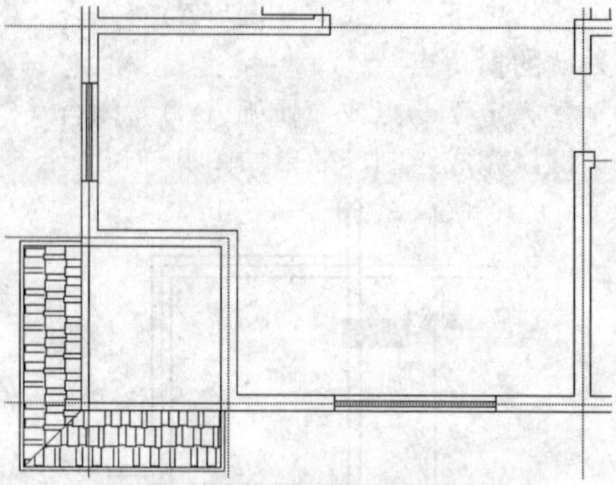

图 5-83　角度为 0 填充图案效果

5.2.6　实例 33——添加文字和标注

在主体图形绘制完毕后，就需要对图形进行一些修补，并添加适当的文字、尺寸标注等。本节主要讲解文字、尺寸标注和轴线编号的创建方法，具体步骤如下：

（1）使用“直线”命令，绘制如图 5-84 所示的厨房与餐厅的高差线。

（2）选择“绘图”|“文字”|“单行文字”命令，命令行提示如下：

```
命令: _dtext
当前文字样式: 标注文字　当前文字高度: 350.000
指定文字的起点或 [对正 (J) /样式 (S) ]: s//输入 s，设置样式名
输入样式名或 [?] <标注文字>: A350//输入样式名称 A350
当前文字样式: A350　当前文字高度: 350.000
指定文字的起点或 [对正 (J) /样式 (S) ]: j//输入 j，设置对正样式
输入选项
[对齐 (A) /调整 (F) /中心 (C) /中间 (M) /右 (R) /左上 (TL) /中上 (TC) /右上 (TR) /左中 (ML) /正中 (MC) /右中 (MR) /左下 (BL) /中下 (BC) /右下 (BR) ]: mr//设置右中对正样式
指定文字的右中点://捕捉楼梯方向线的左端点
指定文字的旋转角度 <0>://按回车键，进入单行文字动态编辑器，输入文字“上”，效果如图 5-85 所示
```

（3）继续执行“单行文字”命令，采用字体样式 A350，创建房间功能说明文字，文字如图 5-86 所示。

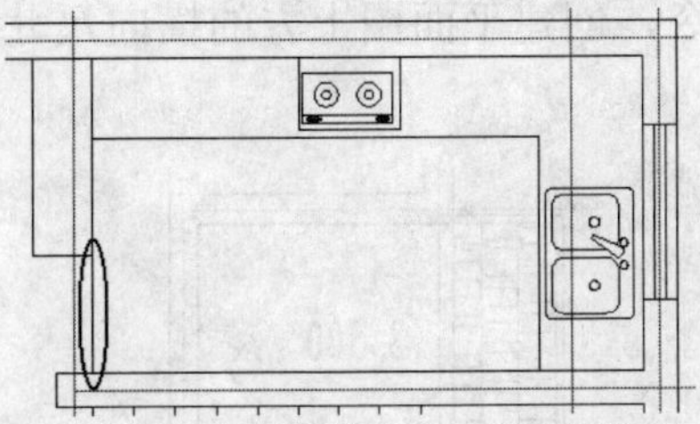

图 5-84　厨房与餐厅的高差线

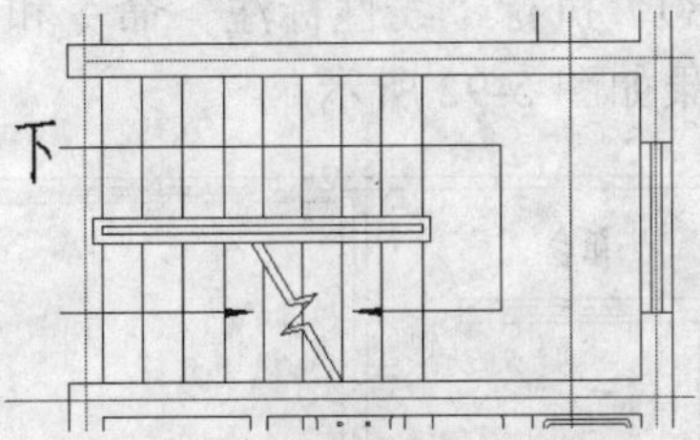

图 5-85　创建楼梯说明文字

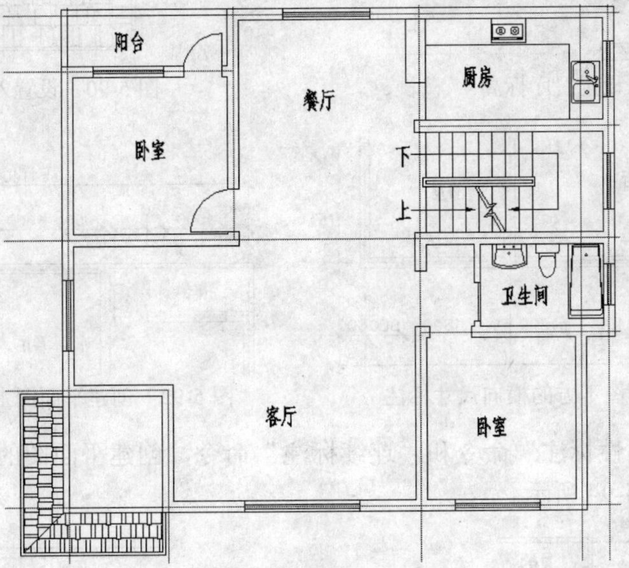

图 5-86　创建其他说明文字

（4） 使用“多段线”命令，绘制隔断线，起点和最后一点都是墙体的角点，第二点位置要求不严格，效果如图 5-87 所示。

（5） 选择“插入”|“块”命令，如图 5-88 所示插入标高图块，输入标高值为 2.800，插入点为餐厅内的任意一点，创建餐厅的标高，效果如图 5-89 所示。

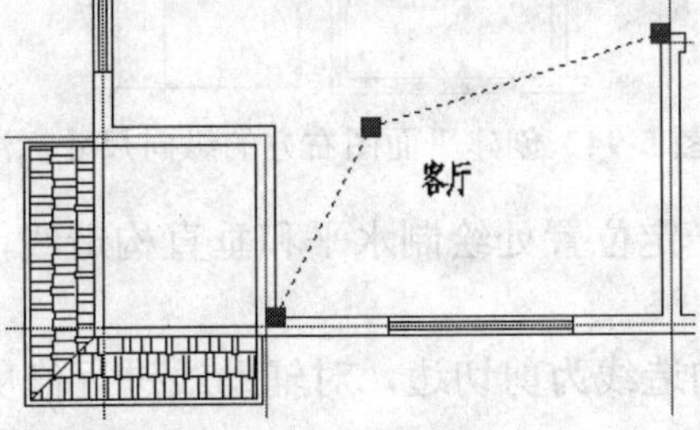

图 5-87　绘制隔断线

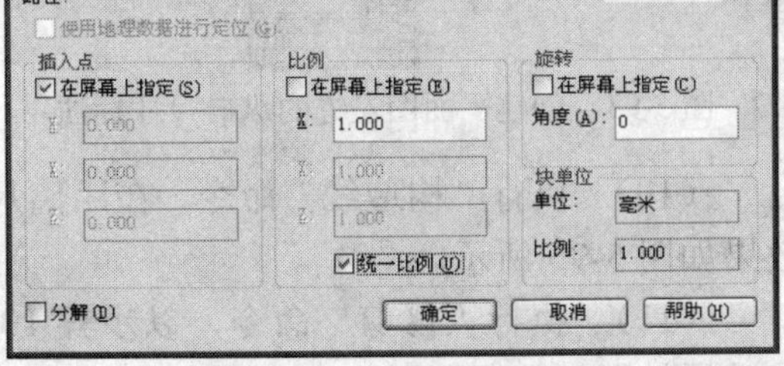

图 5-88　插入标高图块

（6） 使用同样的方法，创建入口雨蓬标高，效果如图 5-90 所示。

（7） 执行“线性标注”和“连续标注”命令，创建平面图下方的横向尺寸标注，标注效果如图 5-91 所示。

（8） 执行“线性标注”命令和“连续标注”命令，创建平面图上方的横向尺寸标注，标注效果如图 5-92 所示。

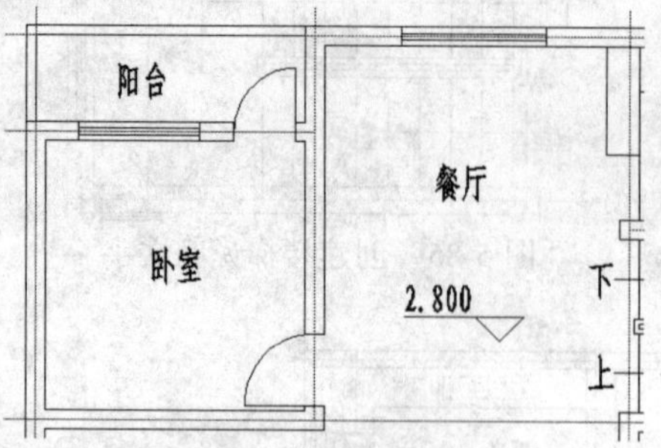

图 5-89 设置餐厅标高

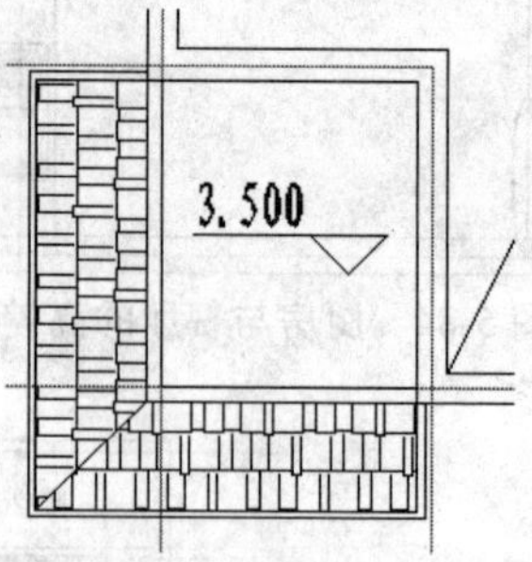

图 5-90 设置入口雨蓬标高

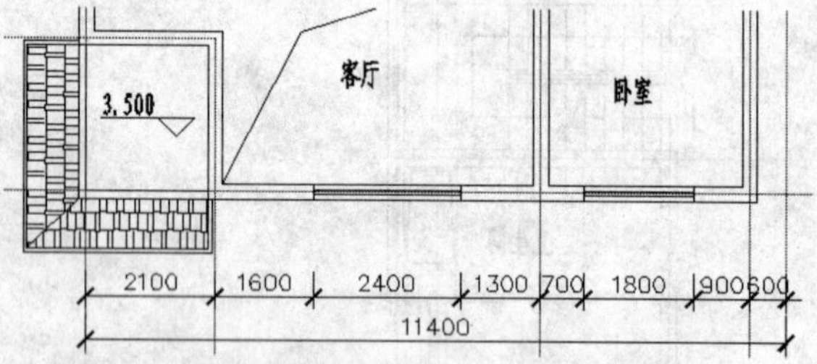

图 5-91 创建平面图下方的横向尺寸标注

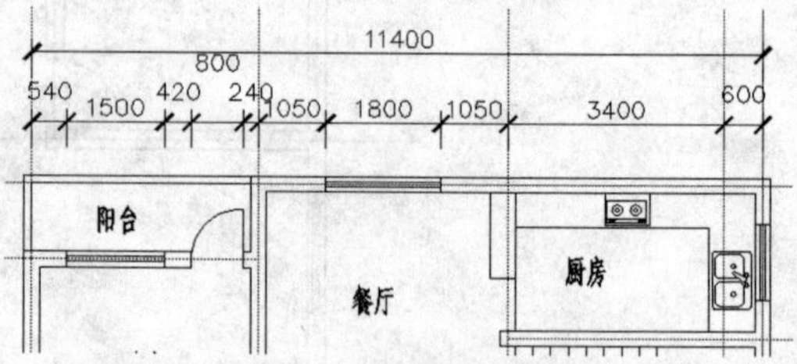

图 5-92 创建平面图上方的横向尺寸标注

（9） 执行“线性标注”命令和“连续标注”命令，创建平面图的纵向尺寸标注，标注效果如图 5-93 和图 5-94 所示。

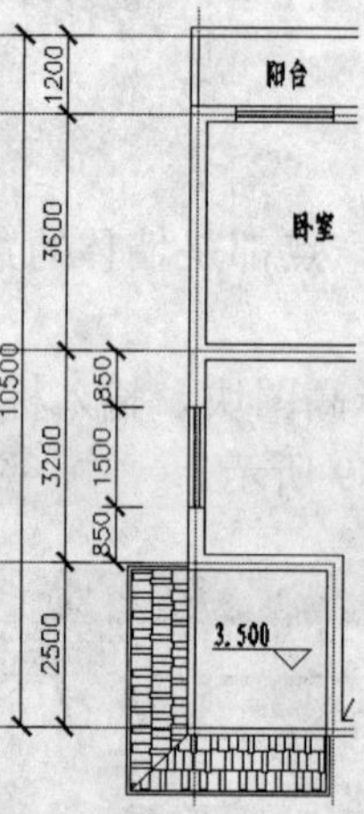

图 5-93 创建平面图左方的纵向尺寸标注

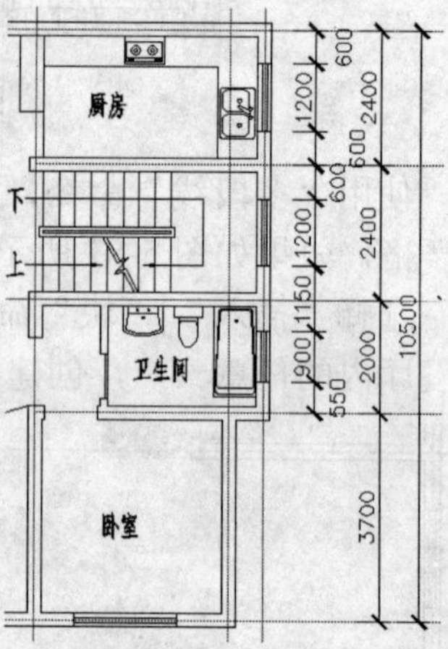

图 5-94 创建平面图右方的纵向尺寸标注

（10） 执行“构造线”命令，在距离尺寸标注一定位置处绘制水平和垂直构造线，绘制效果如图 5-95 所示。

（11） 执行“修剪”命令，以步骤 10 绘制的构造线为剪切边，对辅助线进行修剪，修剪效果如图 5-96 所示。

（12） 选择所有的辅助线，将辅助线放到“建筑-轴线”图层，并执行右键快捷菜单，弹出“特性”选项板，如图 5-97 所示，设置线性比例为 50。

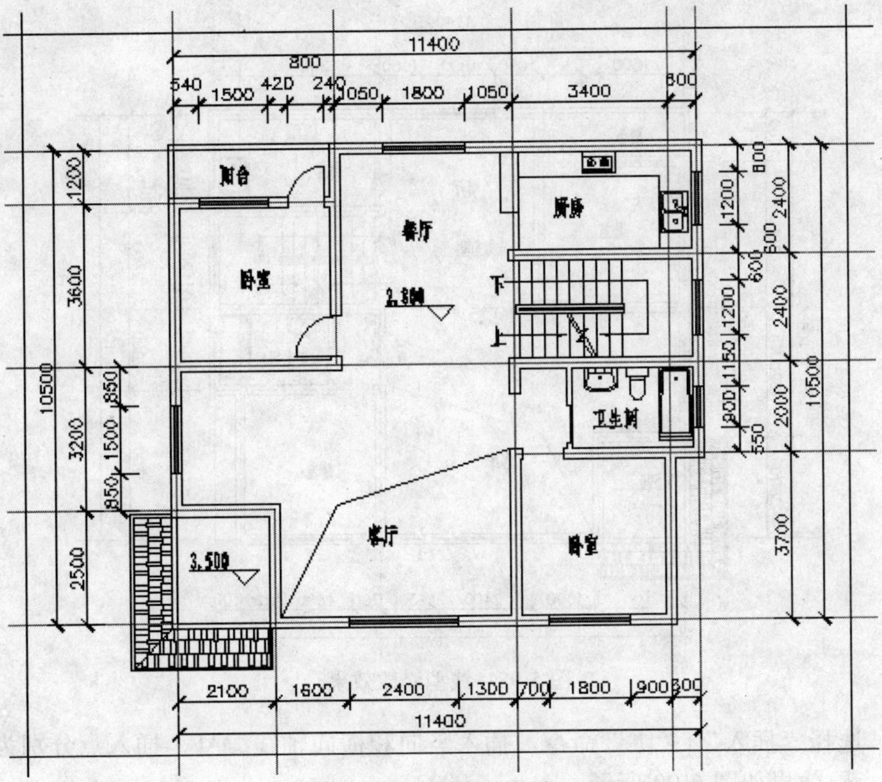

图 5-95　绘制构造线

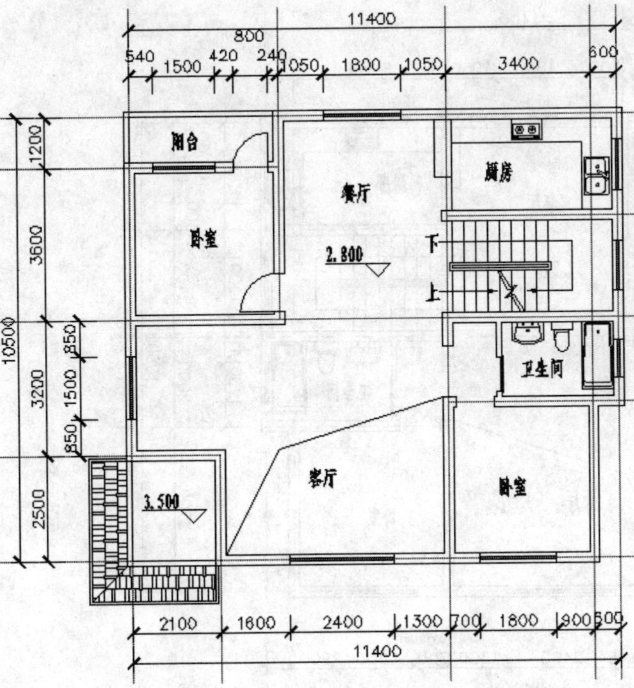

图 5-96　修剪辅助线

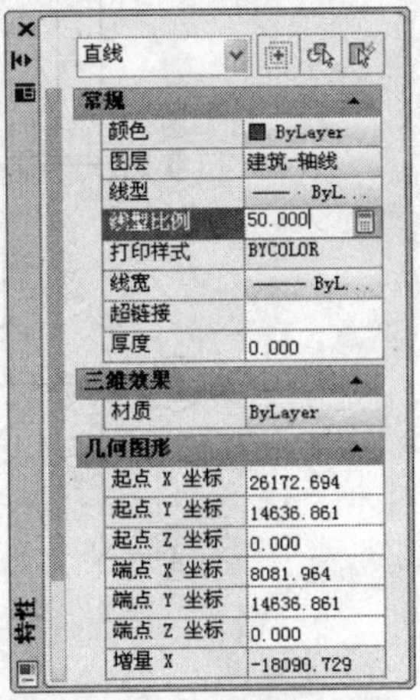

图 5-97　修改辅助线图层和线型比例

（13）关闭“特性”选项板，修改轴线线型后的效果如图 5-98 所示。

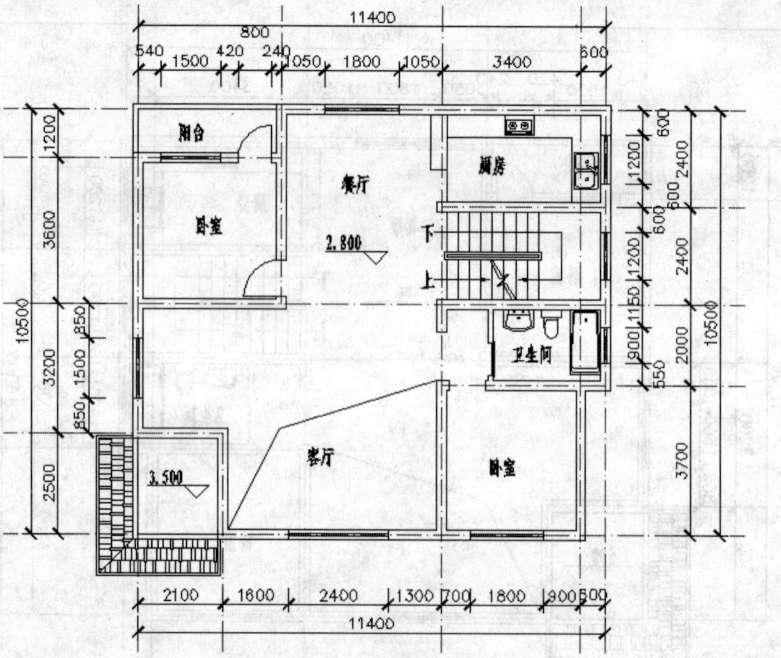

图 5-98　线型修改效果

（14）选择“插入”|“块”命令，插入竖向和横向轴线编号，插入点分别为轴线的下端点和左端点，效果如图 5-99 所示。

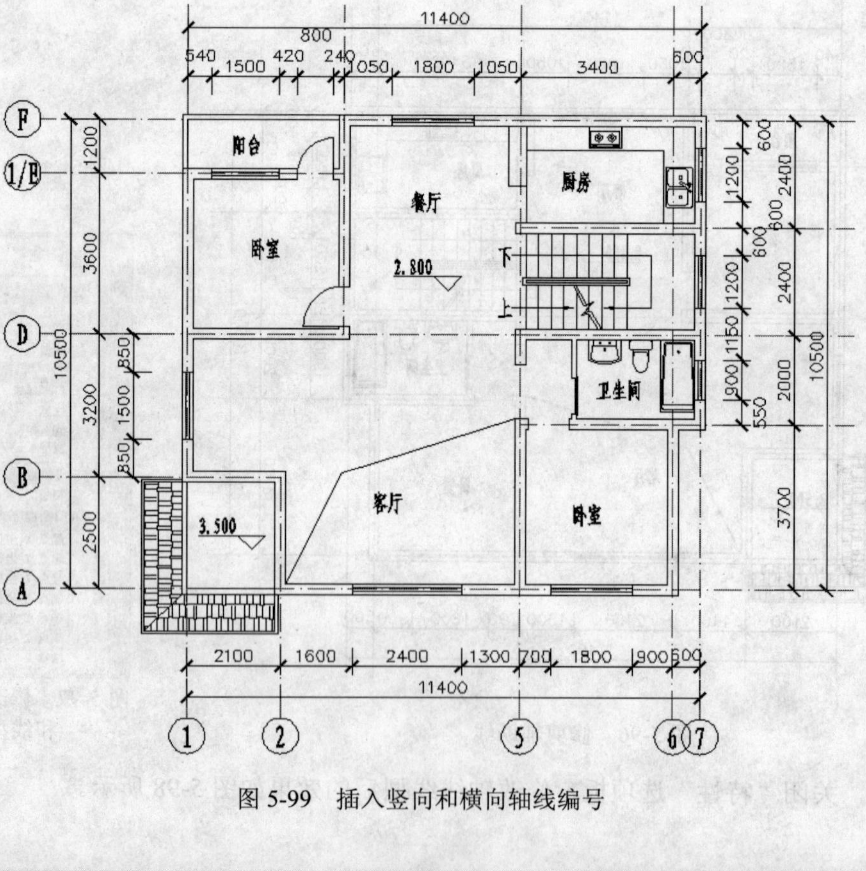

图 5-99　插入竖向和横向轴线编号

（15） 观察轴线编号 6 和 7，可以看到是重合的，使用“移动”命令对 6，7 号轴线编号进行修改，将轴线编号 6 向左偏移 150，轴线编号 7 向右偏移 150，效果如图 5-100 所示。

（16） 切换到“建筑-轴线”图层，执行“直线”命令，命令行提示如下：

```
命令： _line 指定第一点://捕捉轴线编号 6 的插入点
指定下一点或 [放弃（U）]: @300<45//相对极坐标创建第二点
指定下一点或 [放弃（U）]://按回车键，绘制完成直线
```

（17） 使用同样的方法绘制长度为 300，角度为 135 的直线，第一点为轴线编号 7 的插入点，效果如图 5-101 所示。

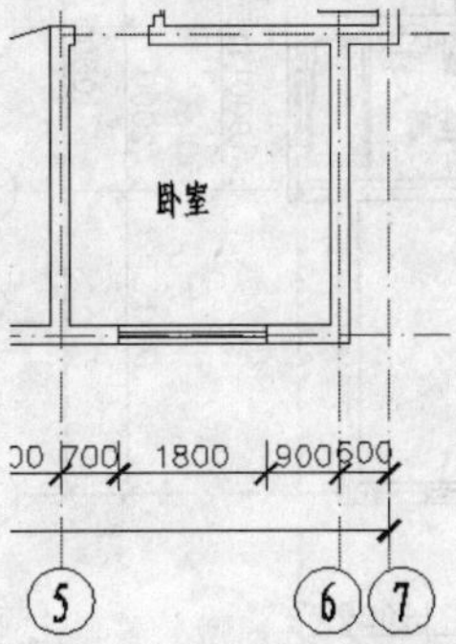

图 5-100　移动轴线编号

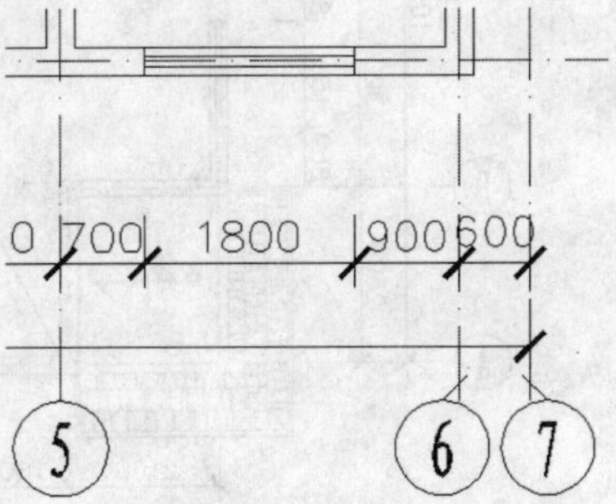

图 5-101　补充斜向轴线

（18） 执行“修剪”命令，对轴线和步骤 16、17 绘制的直线进行修剪，修剪效果如图 5-102 所示。

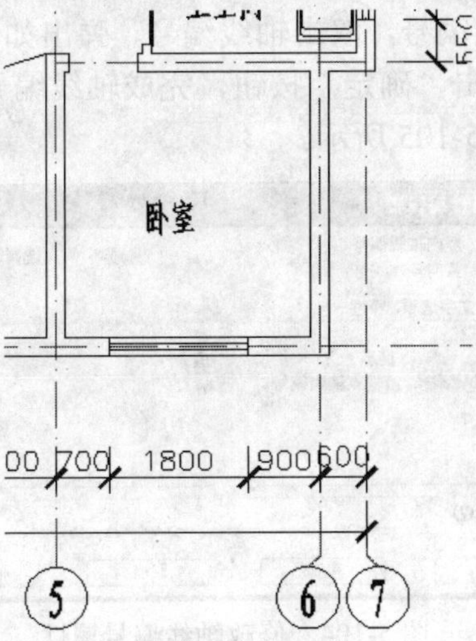

图 5-102　修剪轴线

（19） 执行“复制”命令，复制轴线编号 1，基点为轴线编号圆的下象限点，分别复制到竖向轴线的上端点，复制轴线编号 A，基点为轴线编号圆的左象限点，分别复制到水平轴线的右端点，效果如图 5-103 所示。

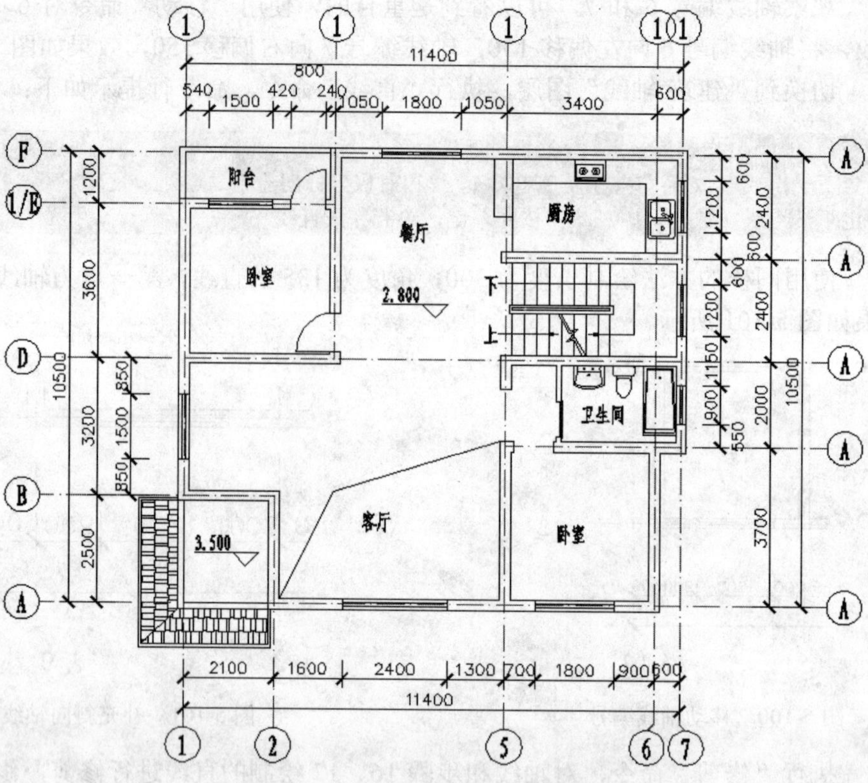

图 5-103　使用复制命令创建其他轴线编号

（20）　选择上方左二轴线编号，双击轴线编号，弹出如图 5-104 所示的“增强属性编辑器”对话框，修改值为 3，单击“确定”按钮，完成轴线编号修改。其他轴线编号的修改采用同样的方法，修改结果如图 5-105 所示。

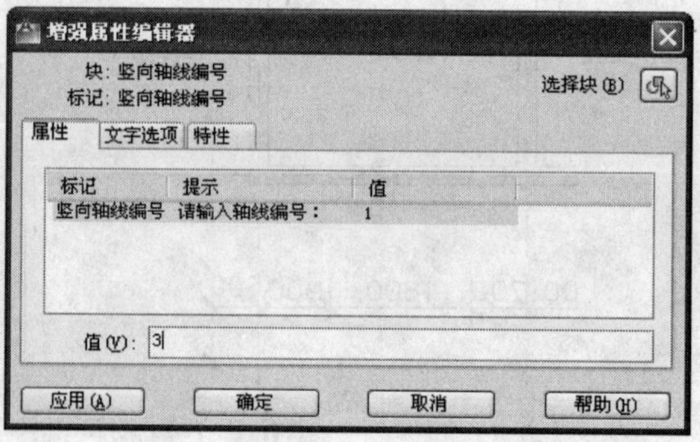

图 5-104　修改轴线编号属性

（21）　使用步骤 15～18 所示的方法修改 6 号，7 号轴线上方的编号，效果如图 5-106 所示。

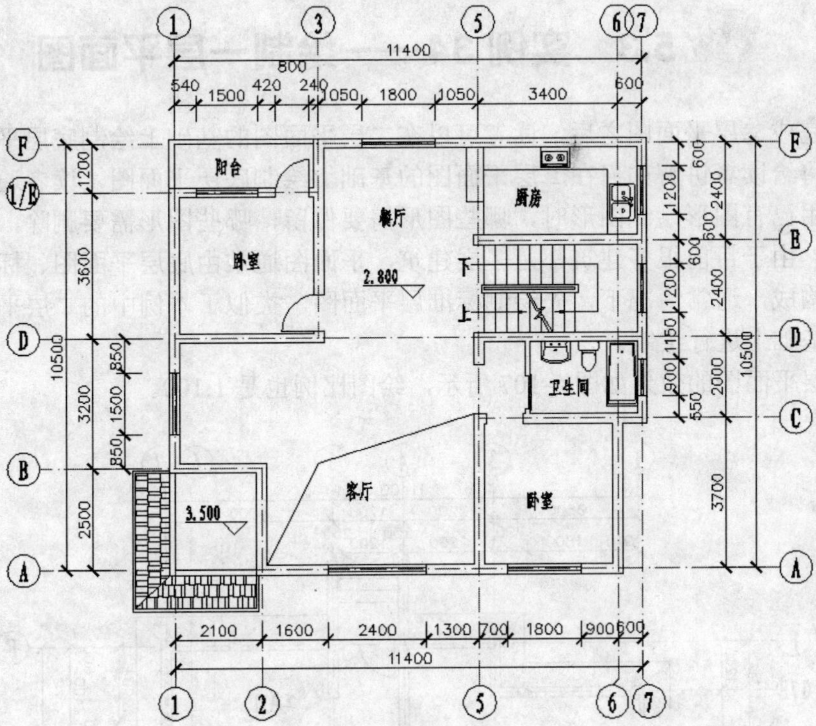

图 5-105　修改轴线编号属性结果

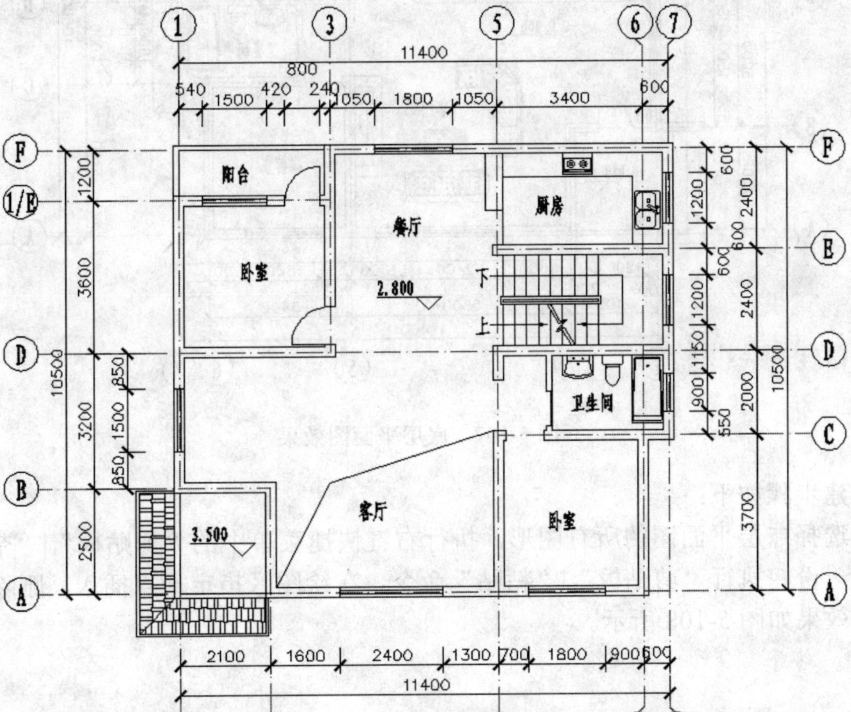

图 5-106　移动轴线编号效果

5.3 实例 34——绘制一层平面图

在绘制完成二层平面图之后，读者可以在二层平面图的基础上绘制底层平面图和屋顶平面图，本节将给读者讲解如何在二层平面图的基础上绘制底层平面图，读者通过本节的学习要了解，使用已有图形绘制图形时，哪些图形需要保留，哪些图形需要删除，哪些图形仅稍作改动即可。由于目前很多建筑都是多层建筑，平面图通常由底层平面图、标准层平面图和屋顶平面图构成，通常情况下，先绘制标准层平面图，类似于本例中的二层平面图，其他平面图在它的基础上进行绘制。

别墅底层平面图的效果如图 5-107 所示，绘图比例也是 1:100。

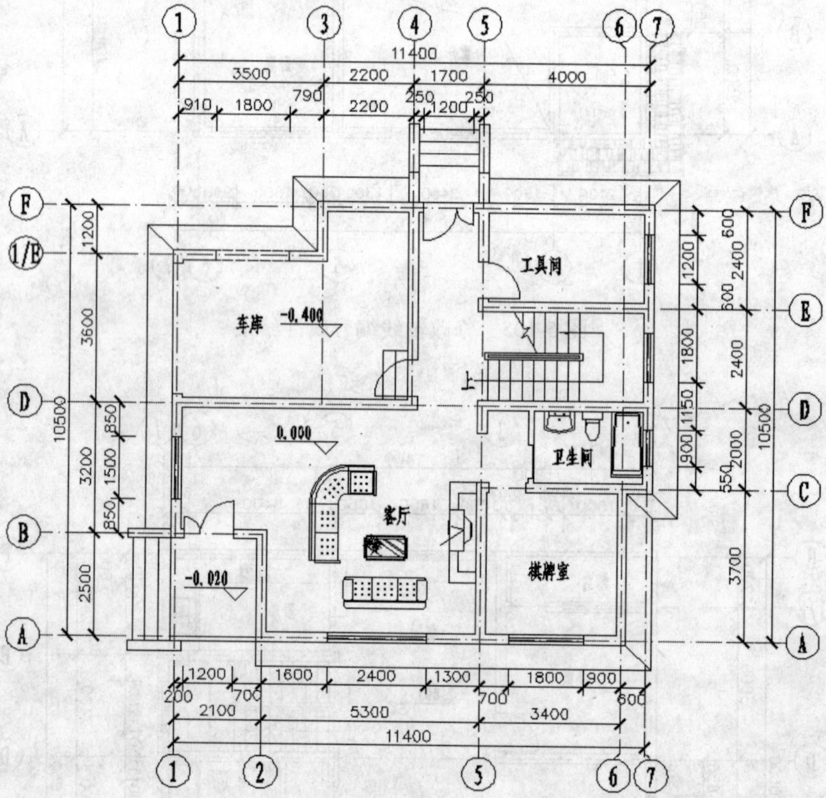

图 5-107　底层平面图效果

具体创建步骤如下：

（1）　选择二层平面图的所有图形，执行右键快捷菜单中的“剪贴板”|“带基点复制”命令，复制一份，执行“剪贴板”|“粘贴”命令，在绘图区指定一点插入，删除部分墙体和部分门窗，效果如图 5-108 所示。

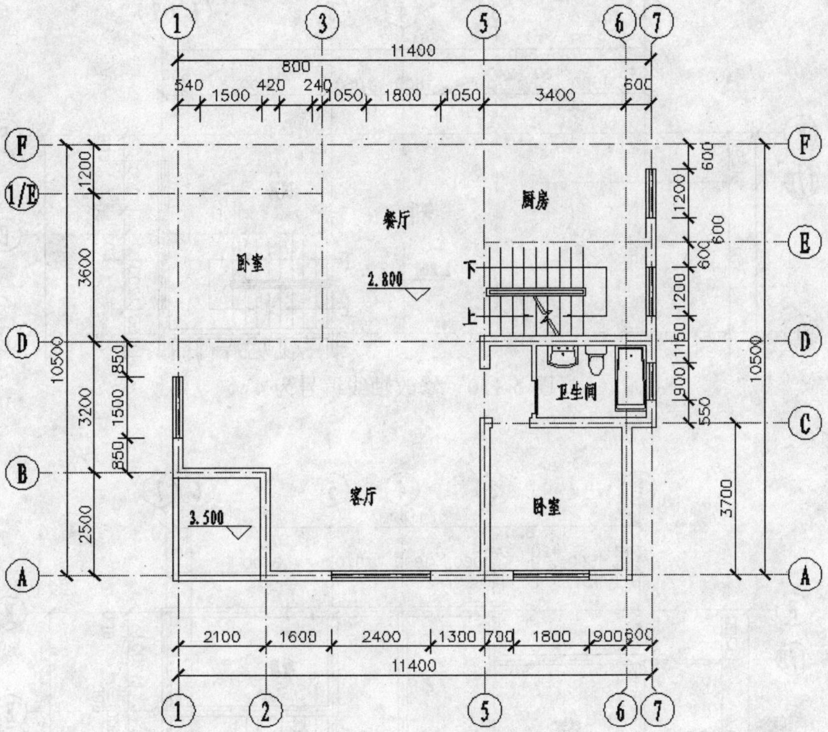

图 5-108　删除部分图线后的二层平面图

（2）选择轴线 3 和轴线编号，使用“复制”命令，基点为任意一点，插入点为（@2200,0），复制效果如图 5-109 所示。

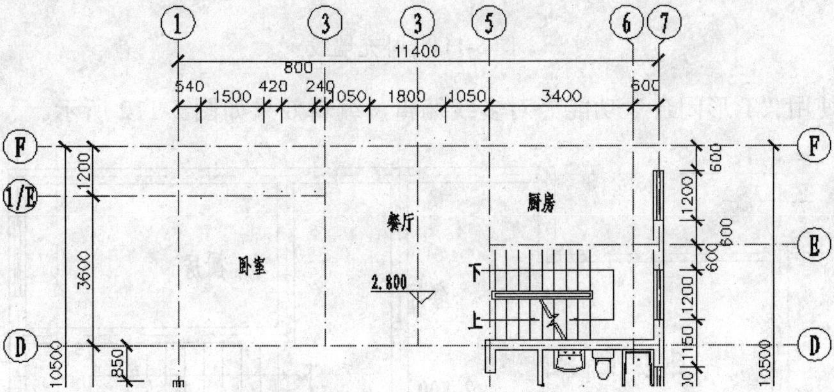

图 5-109　复制轴线 3 及其编号

（3）　双击步骤 2 复制命令形成的轴线编号，在弹出的“增强属性编辑器”对话框中修改轴线编号为 4，单击“确定”按钮，效果如图 5-110 所示。

（4）　执行“多线”命令，使用 W240 多线样式补充墙体，线型比例为 1，对正为 z，绘制效果如图 5-111 所示。

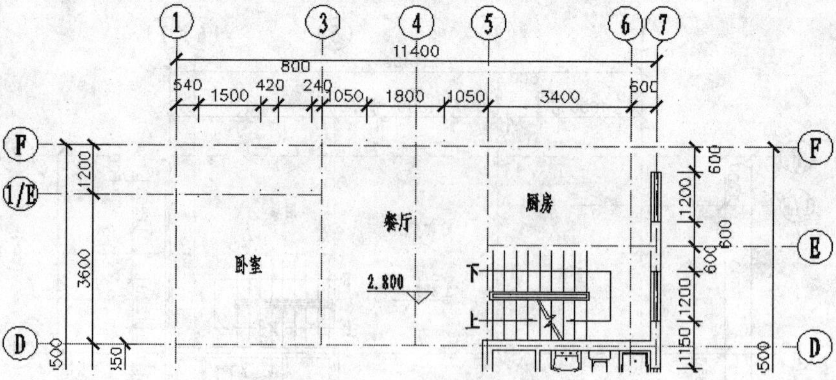

图 5-110　修改轴线编号为 4

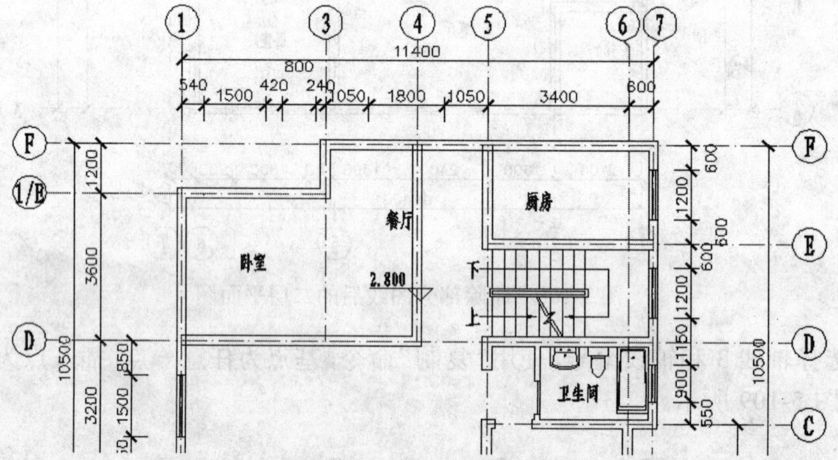

图 5-111　补充墙线

（5） 使用“T 形闭合”功能对多线编辑，编辑效果如图 5-112 所示。

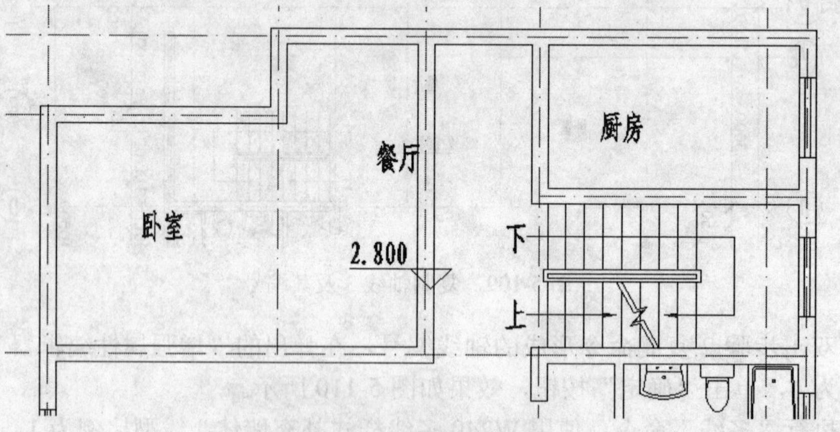

图 5-112　编辑补充的墙线

（6）使用“偏移”命令将 1 号轴线向右偏移 910，3 号轴线向左偏移 790，效果如图 5-113 所示。

（7） 执行“修剪”命令，以步骤 6 偏移生成的轴线为剪切边，对墙线进行修剪创建高窗窗洞，使用“直线”命令补充墙线，效果如图 5-114 所示。

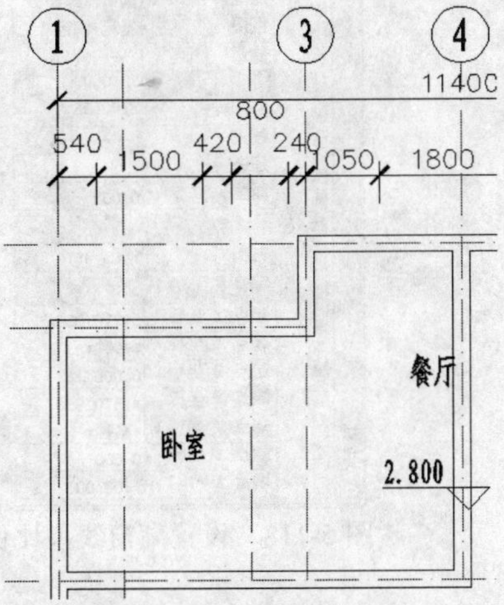

图 5-113 偏移轴线 1，3

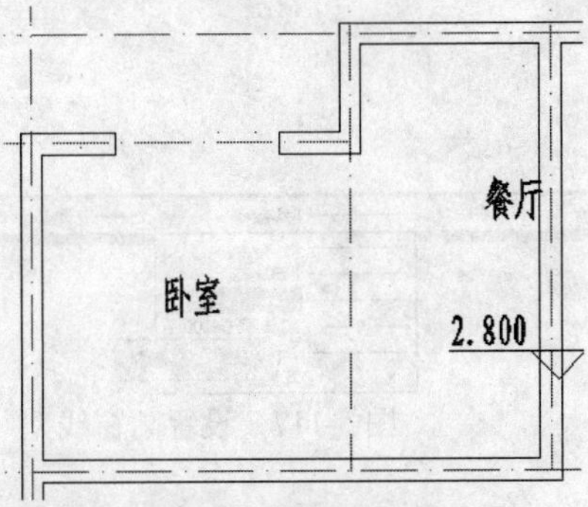

图 5-114 修剪墙线创建窗洞

（8） 切换到门窗图层，使用“直线”命令绘制高窗线，效果如图 5-115 所示。

（9） 在“特性”工具栏的线型下拉列表，选择“其他”选项，在弹出的对话框中单击“加载”按钮，弹出“加载或重载线型”对话框，选择 ACAD_ISO02W100，如图 5-116 所示。

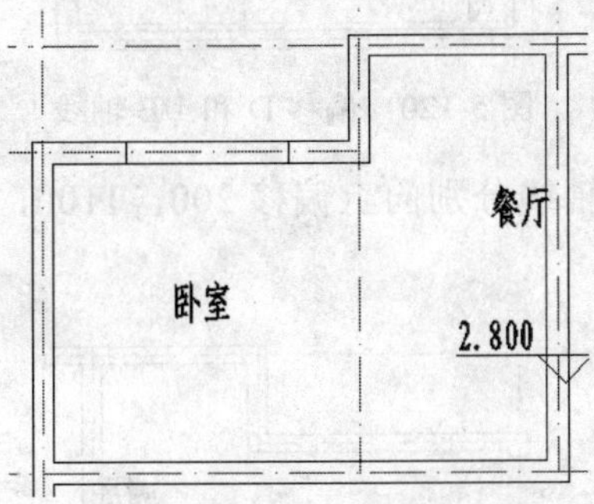

图 5-115 创建窗线

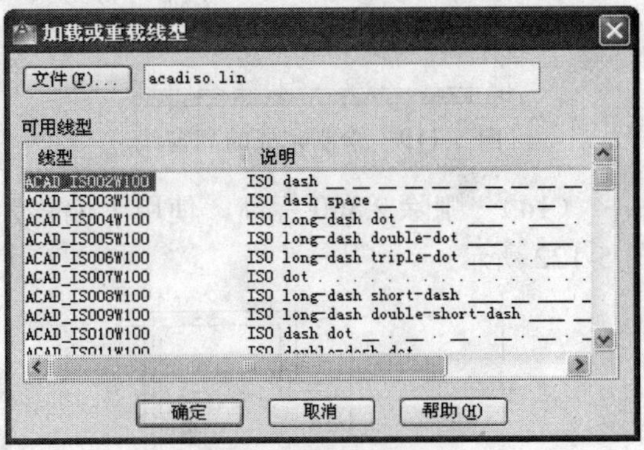

图 5-116 加载线型

（10） 单击“确定”按钮，ACAD_ISO02W100 线型被添加到线型下拉列表中，选择步骤 8 绘制的两条高窗线，如图 5-117 所示在线型下拉列表中选择 ACAD_ISO02W100 线型，设置高窗线型为 ACAD_ISO02W100。

（11） 选择高窗线，执行右键快捷菜单中的“特性”命令，弹出“特性”选项板，如图 5-118 所示。在“线型比例”文本框中设置高窗的窗线线型比例为 20.000，设置后的效果如图 5-119 所示。

（12） 执行“偏移”命令将轴线 D 向上偏移 200，1/E 轴线向下偏移 200，效果如图 5-120 所示。

（13） 使用“修剪”命令修剪多线，并用直线补充墙线，删除辅助线，创建 3200 宽门洞，效果如图 5-121 所示。

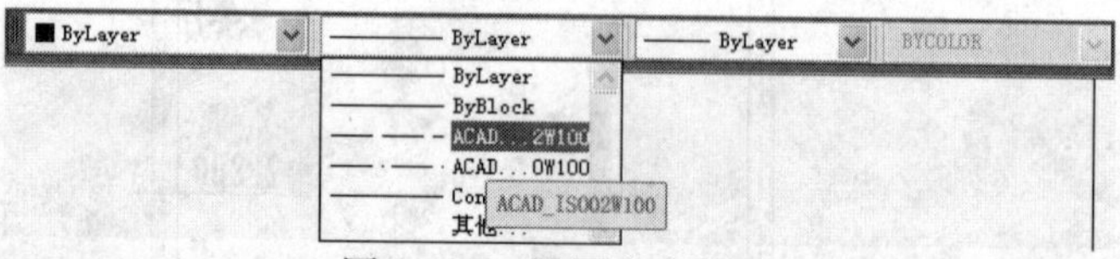

图 5-117 设置高窗线型

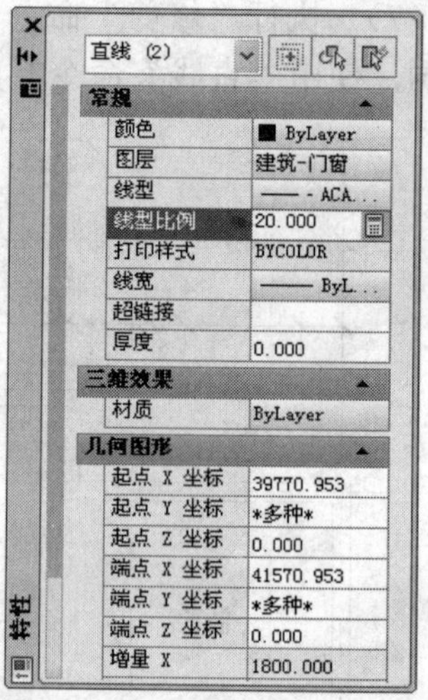

图 5-118 设置高窗线型比例

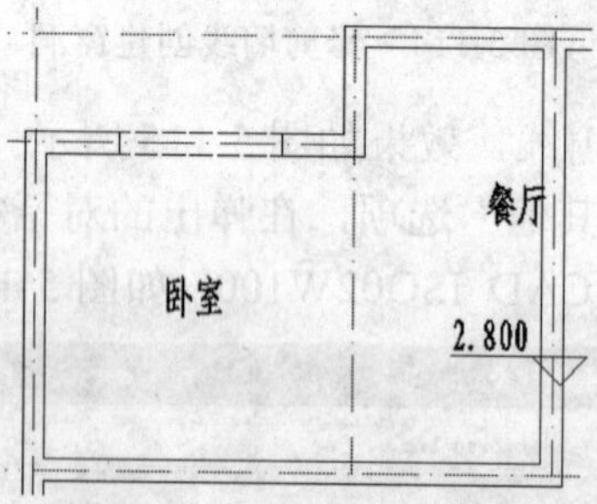

图 5-119 绘制完成的高窗线

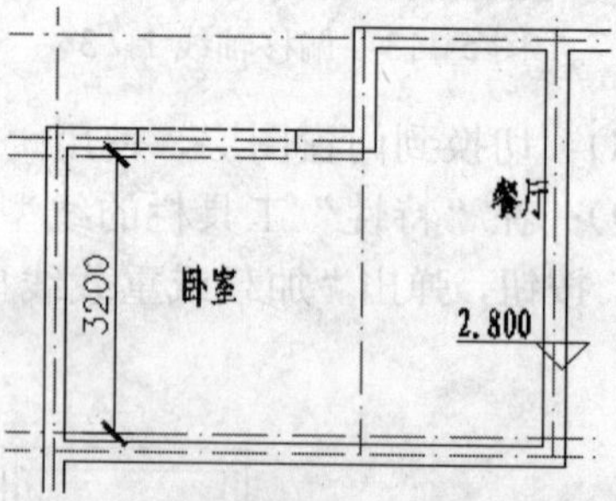

图 5-120 偏移 D 和 1/E 轴线

（14） 删除 2.800 标高，使用“偏移”命令将 D 轴线分别向上偏移 200，1100，效果如图 5-122 所示。

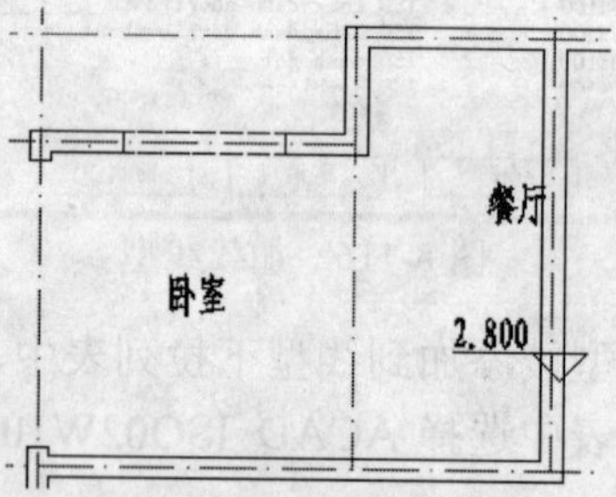

图 5-121 修剪墙线创建门洞

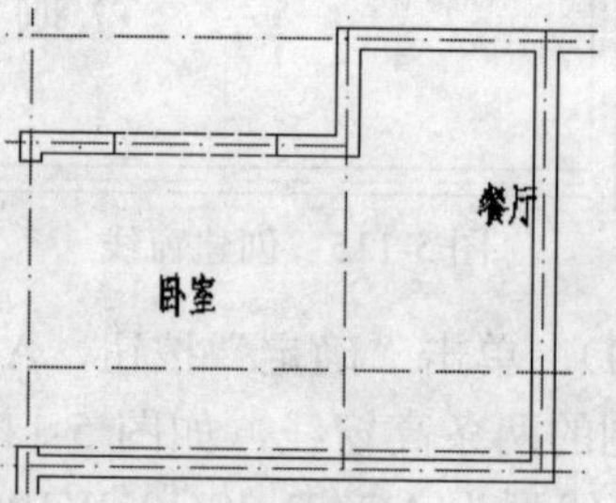

图 5-122 偏移 D 轴线

（15） 执行“修剪”命令修剪步骤 14 创建偏移轴线之间的墙线部分，使用“直线”命令补充墙线，创建 900 宽门洞，效果如图 5-123 所示。

（16） 使用“多段线”命令绘制门，命令行提示如下：

```
命令: _pline
指定起点://捕捉图 5-126 所示的中点
当前线宽为 0.000
指定下一个点或 [圆弧 (A) /半宽 (H) /长度 (L) /放弃 (U) /宽度 (W) ]: @-900,0//输入相对坐标
```

指定下一个点或 [圆弧 (A) /闭合 (C) /半宽 (H) /长度 (L) /放弃 (U) /宽度 (W)]: a//输入 a，表示绘制弧

指定圆弧的端点或

[角度 (A) /圆心 (CE) /闭合 (CL) /方向 (D) /半宽 (H) /直线 (L) /半径 (R) /第二个点 (S) /放弃 (U) /宽度 (W)]: ce//输入 ce，要求指定圆弧的圆心

指定圆弧的圆心:// 捕捉图 5-124 所示的中点

指定圆弧的端点或 [角度 (A) /长度 (L)]: a//输入 a，表示要求输入包含角

指定包含角: -90//输入包含角

指定圆弧的端点或

[角度 (A) /圆心 (CE) /闭合 (CL) /方向 (D) /半宽 (H) /直线 (L) /半径 (R) /第二个点 (S) /放弃 (U) /宽度 (W)]://按回车键，完成门的绘制，效果如图 5-125 所示

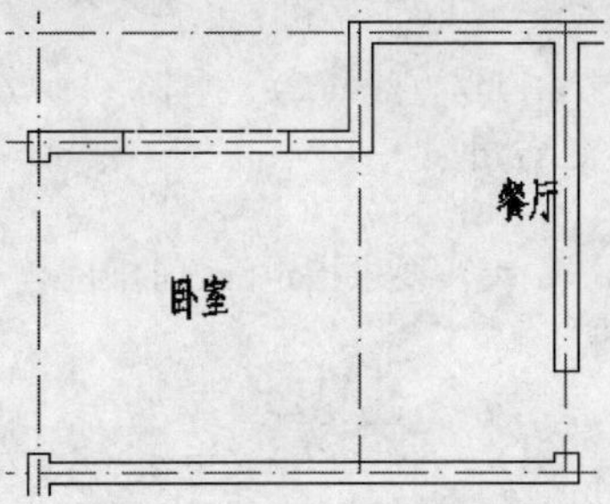

图 5-123　创建 900 门洞

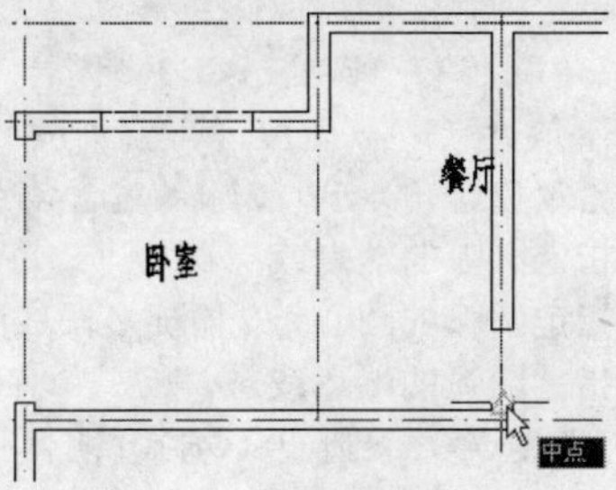

图 5-124　捕捉多段线起点

(17)　执行“偏移”命令，将 4 号轴线分别向左偏移 400 和 700，D 轴线向上偏移 1300，偏移效果如图 5-126 所示。

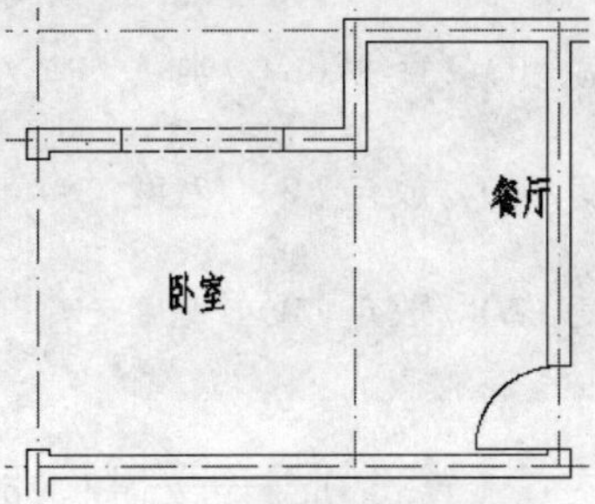

图 5-125　绘制 900 门效果

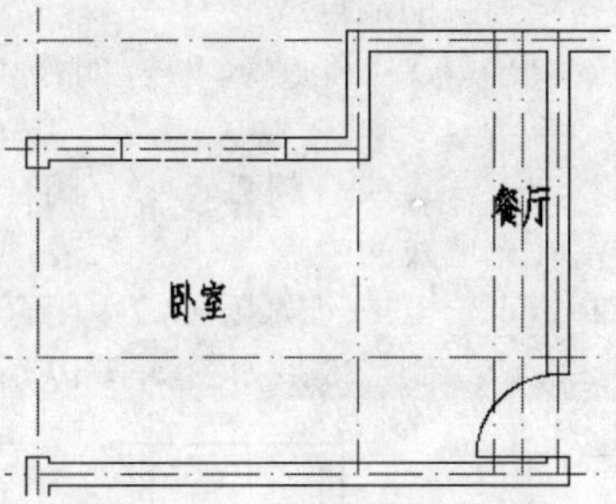

图 5-126　偏移轴线 4 和 D

(18)　使用“直线”命令，捕捉步骤 17 偏移生成的图线生成的交点绘制踏步线，删除步骤 17 偏移生成的图线，效果如图 5-127 所示。

(19)　执行“偏移”命令，将 4 号轴线向右偏移 250，5 号轴线向左偏移 250，效果如图 5-128 所示。

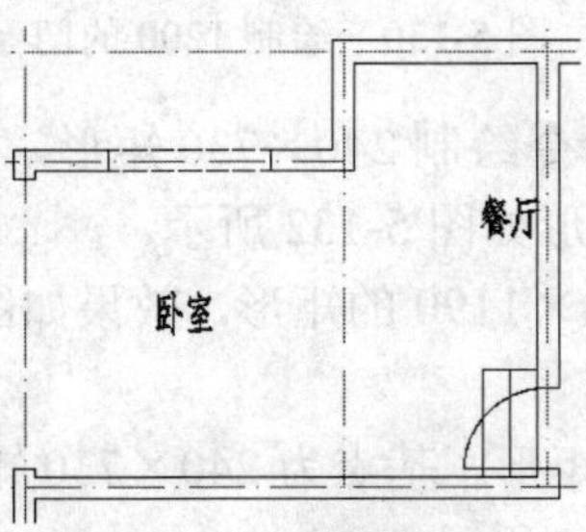

图 5-127　绘制台阶

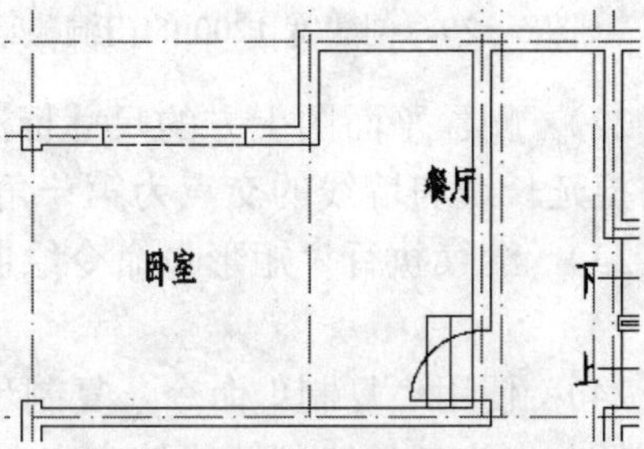

图 5-128　偏移轴线 4 和 5

（20） 执行“修剪”命令，以步骤 19 偏移生成的图线为剪切线，修剪墙线，并使用“直线”命令补充墙线，效果如图 5-129 所示。

（21） 使用“多段线”命令绘制门，命令行提示如下：

```
命令: _pline
指定起点://捕捉补充墙线的中点
当前线宽为 0.000
指定下一个点或 [圆弧（A）/半宽（H）/长度（L）/放弃（U）/宽度（W）]：@0,-800//输入第二点的相对坐标
指定下一个点或 [圆弧（A）/闭合（C）/半宽（H）/长度（L）/放弃（U）/宽度（W）]：a//输入 a，表示绘制圆弧
指定圆弧的端点或
[角度（A）/圆心（CE）/闭合（CL）/方向（D）/半宽（H）/直线（L）/半径（R）/第二个点（S）/放弃（U）/宽度（W）]：a//输入 a，表示要求输入包含角
指定包含角：90//输入包含角 90º
指定圆弧的端点或 [圆心（CE）/半径（R）]：ce//输入 ce，要求指定圆弧的圆心
指定圆弧的圆心://捕捉多段线的起点为圆心
指定圆弧的端点或
[角度（A）/圆心（CE）/闭合（CL）/方向（D）/半宽（H）/直线（L）/半径（R）/第二个点（S）/放弃（U）/宽度（W）]：ce//输入 ce，要求指定圆心
指定圆弧的圆心://捕捉另一端补充墙线的中点
指定圆弧的端点或 [角度（A）/长度（L）]：a//输入 a，指定圆弧的角度
指定包含角：90//输入包含角 90º
指定圆弧的端点或
[角度（A）/圆心（CE）/闭合（CL）/方向（D）/半宽（H）/直线（L）/半径（R）/第二个点（S）/放弃（U）/宽度（W）]：l//输入 l，表示绘制直线
指定下一点或 [圆弧（A）/闭合（C）/半宽（H）/长度（L）/放弃（U）/宽度（W）]://捕捉另一端补充墙线的中点
指定下一点或 [圆弧（A）/闭合（C）/半宽（H）/长度（L）/放弃（U）/宽度（W）]://按回车键，完成绘制，效果如图 5-130 所示
```

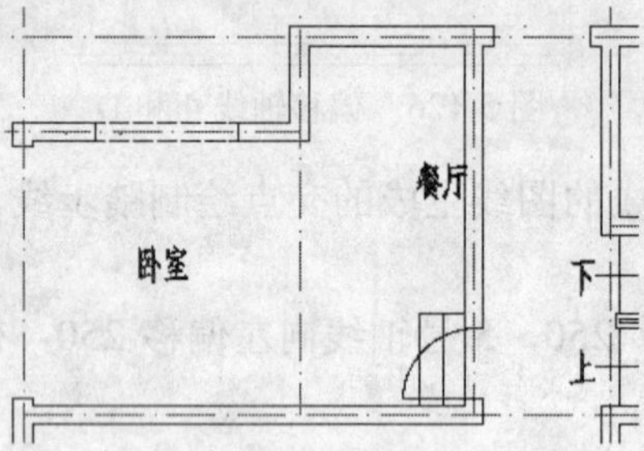

图 5-129 创建宽 1200 的门洞

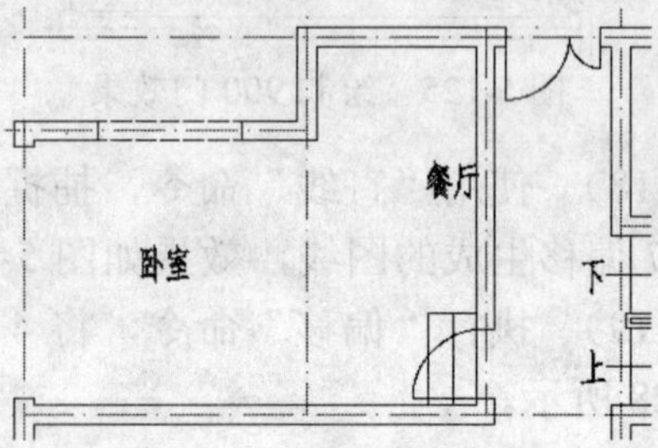

图 5-130 绘制 1200 的门

（22） 删除平面图上方的尺寸标注，执行“矩形”命令绘制 240×730 矩形，如图 5-131 所示捕捉延长线与墙线的交点为第一角点，绘制完成的矩形如图 5-132 所示。

（23） 继续执行“矩形”命令绘制第 2 个尺寸为 240×1190 的矩形，效果如图 5-133 所示。

（24） 使用“复制”命令，复制步骤 22，23 绘制的矩形，基点为 240×730 矩形的左下角点，插入点为延长线与墙线的交点，复制效果如图 5-134 所示。

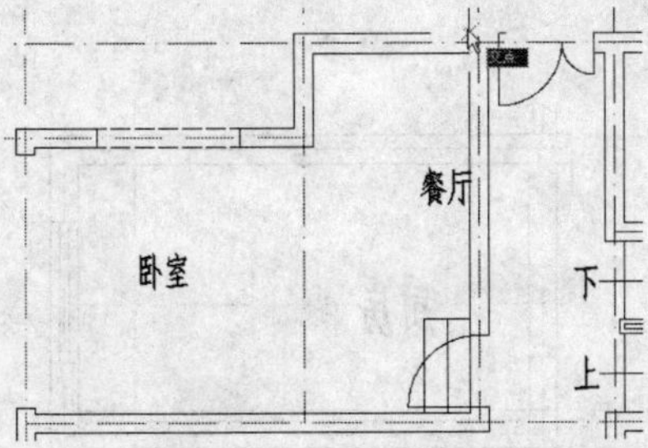

图 5-131　捕捉延伸交点为矩形第一个角点

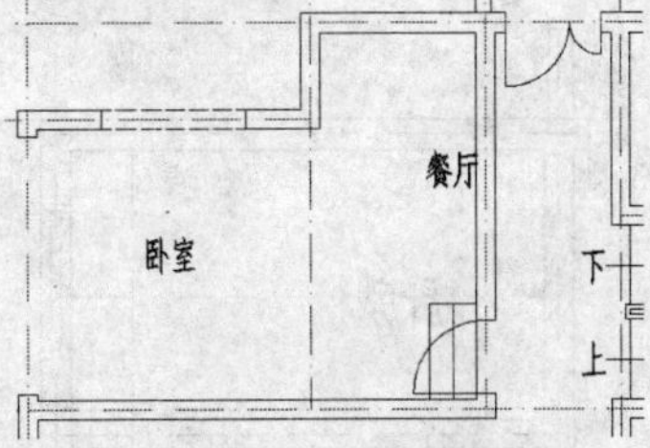

图 5-132　绘制完成的矩形

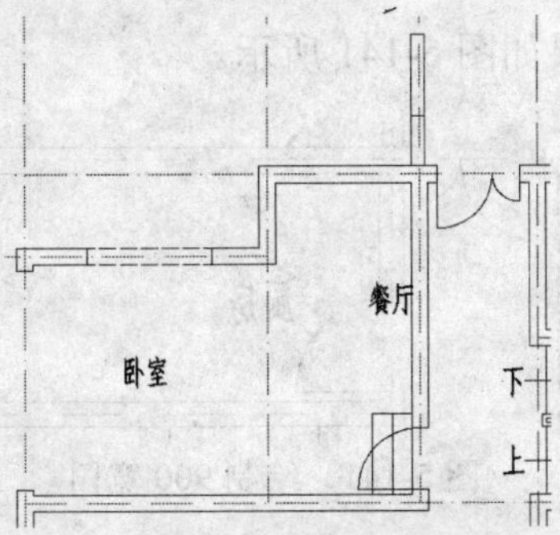

图 5-133　绘制第二个矩形

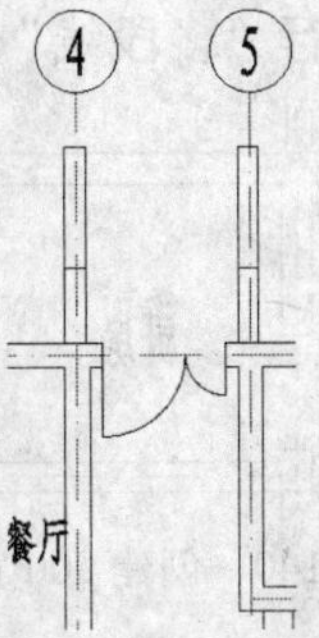

图 5-134　复制矩形

（25）执行“直线”命令绘制直线，命令行提示如下：

```
命令：_line 指定第一点：from//输入 from，使用相对点法指定第一点
基点：//捕捉如图 5-135 所示的端点
<偏移>：@0,900//输入相对坐标
指定下一点或［放弃（U）］://捕捉垂足，如图 5-136 所示
指定下一点或［放弃（U）］://按回车键，完成绘制
```

（26）执行“矩形阵列”命令，选择步骤 25 绘制的直线为阵列对象，设置阵列行数为 4，列数为 1，行间距为 300，阵列效果如图 5-137 所示。

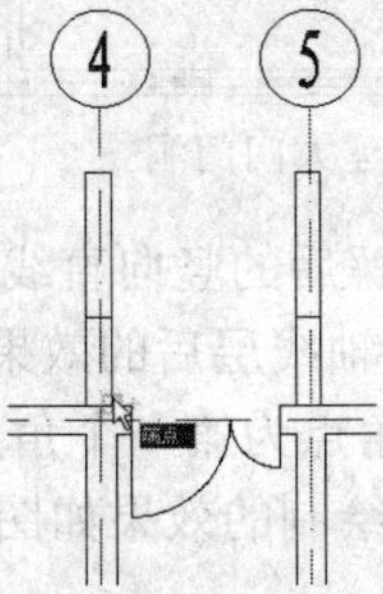

图 5-135　捕捉基点

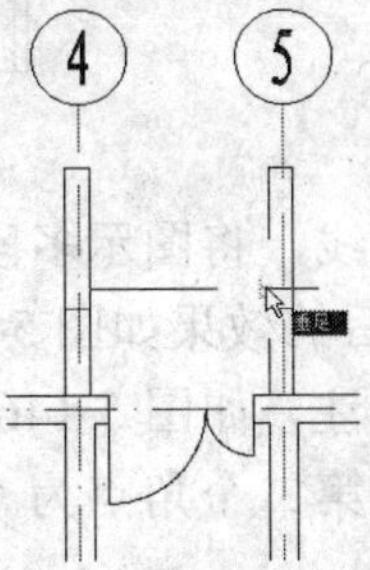

图 5-136　绘制第一条台接线

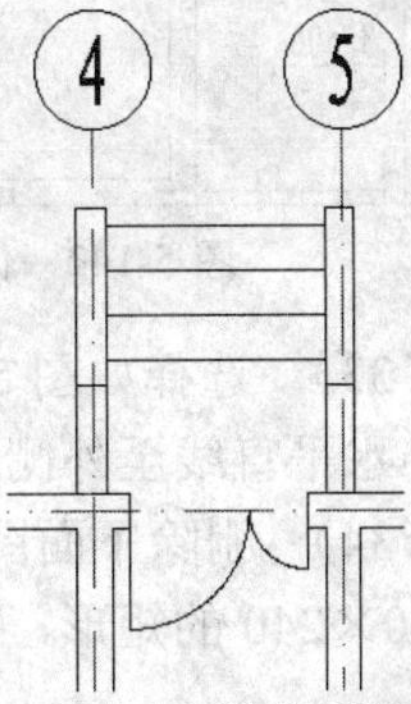

图 5-137　台阶阵列效果

（27）执行“偏移”命令，将轴线 E，分别向上偏移 300，1200，效果如图 5-138 所示。

（28）执行“延伸”命令将步骤 27 偏移生成的图线延伸到墙线的另一端，效果如图 5-139 所示。

（29）执行“修剪”命令，以步骤 28 延伸生成的图线为剪切边，修剪墙线，并使用“直

线”命令补充墙线，效果如图 5-140 所示。

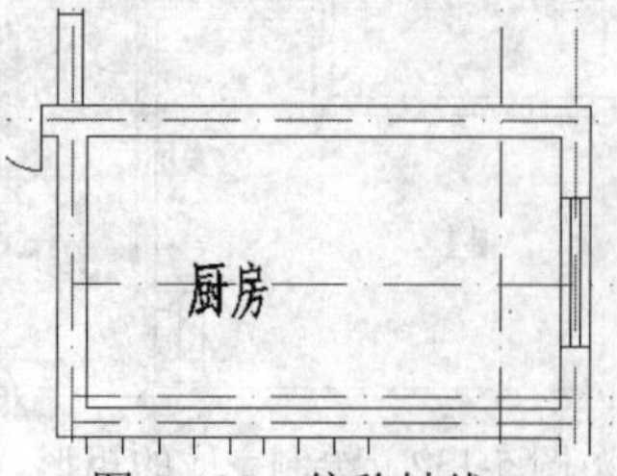

图 5-138　偏移轴线 E

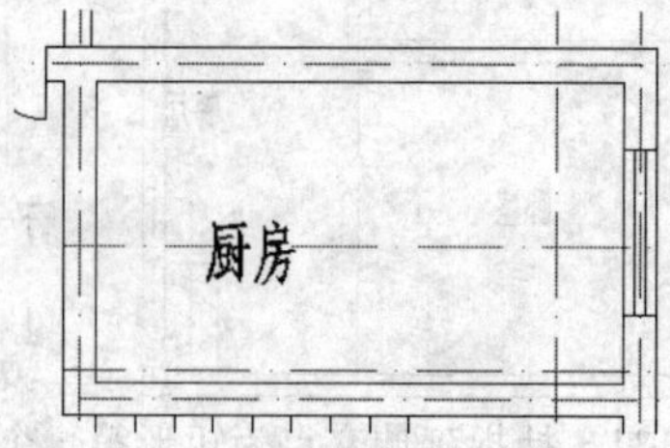

图 5-139　延伸偏移线

（30）执行“多段线”命令绘制宽 900 的门，效果如图 5-141 所示。

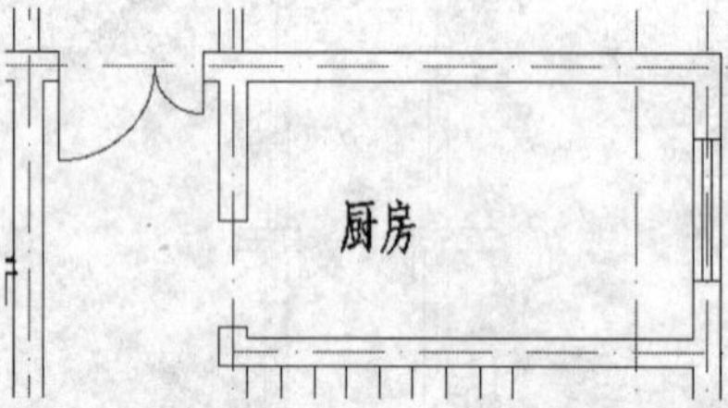

图 5-140　创建 900 宽门洞

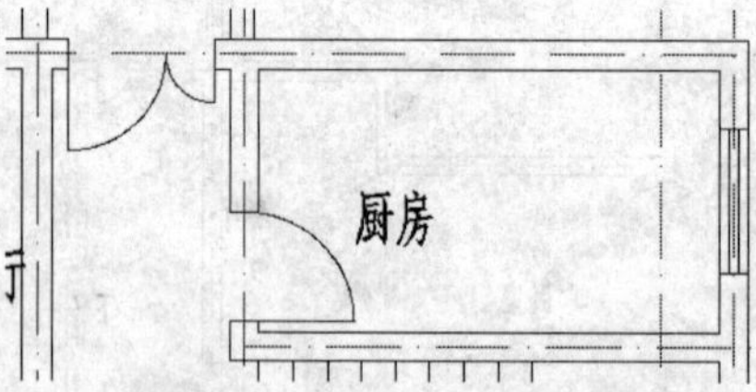

图 5-141　绘制 900 宽门

（31）执行“偏移”命令，将轴线 1 向右分别偏移 200，1400，偏移效果如图 5-142 所示。

（32）执行“修剪”命令，以步骤 31 偏移生成的图线为剪切边，修剪墙体，使用“直线”命令补充墙线。使用“多段线”命令绘制门，门的绘制方法与步骤 21 类似，不再赘述，效果如图 5-143 所示。

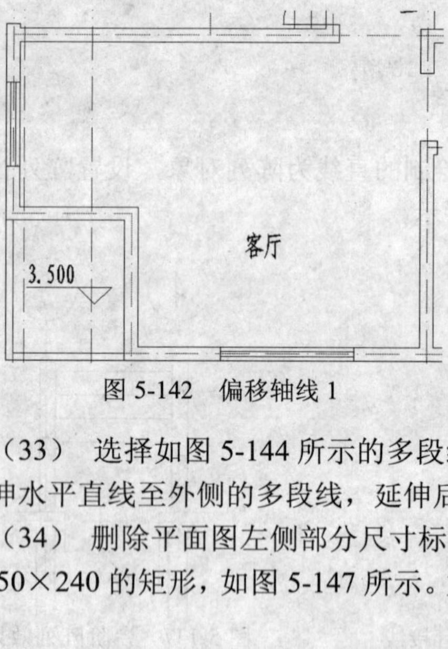

图 5-142　偏移轴线 1

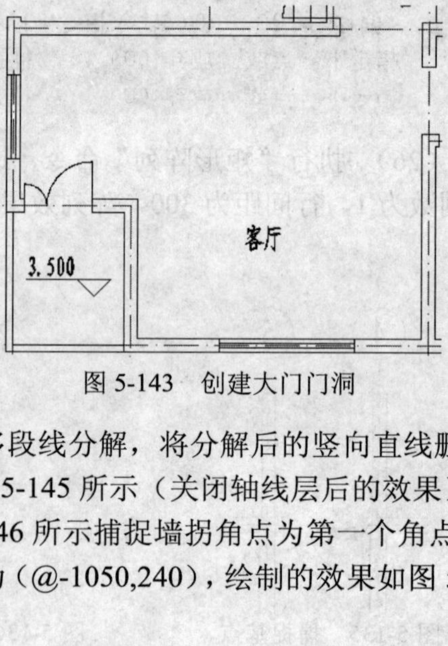

图 5-143　创建大门门洞

（33）选择如图 5-144 所示的多段线，将图示多段线分解，将分解后的竖向直线删除，并延伸水平直线至外侧的多段线，延伸后的效果如图 5-145 所示（关闭轴线层后的效果）。

（34）删除平面图左侧部分尺寸标注，如图 5-146 所示捕捉墙拐角点为第一个角点，绘制 1050×240 的矩形，如图 5-147 所示。第二个角点为（@-1050,240），绘制的效果如图 5-148 所示。

（35）执行“矩形”命令绘制矩形，命令行提示如下：

```
命令: _rectang
指定第一个角点或 [倒角 (C) /标高 (E) /圆角 (F) /厚度 (T) /宽度 (W) ]: from//使用相对点法确定第一个角点
基点: //捕捉如图 5-148 所示的端点为基点
```

<偏移>: @270,0//输入相对坐标，确定第一个角点

指定另一个角点或 [面积(A)/尺寸(D)/旋转(R)]: @-1320,-240//输入第二个角点相对坐标，效果如图 5-149 所示

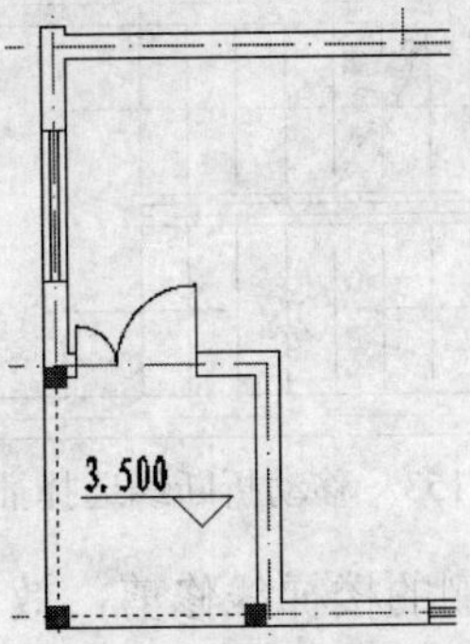

图 5-144　分解多段线

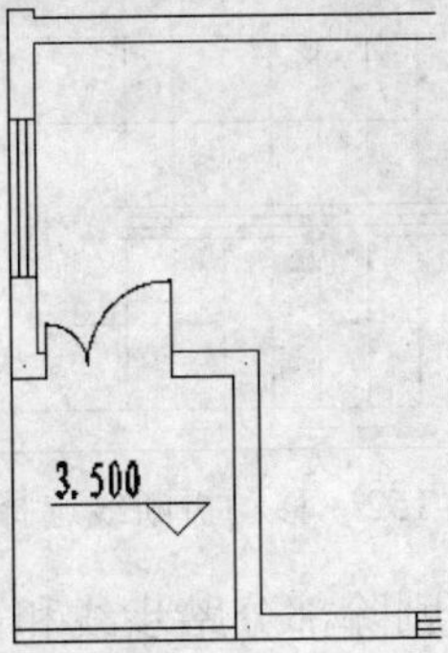

图 5-145　删除直线并修补另外一条直线

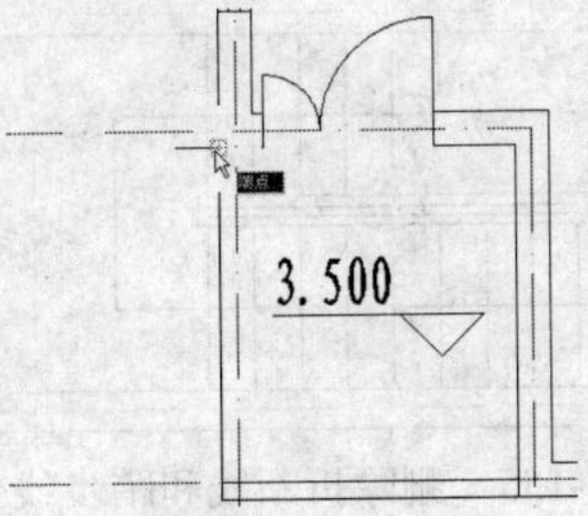

图 5-146　捕捉矩形第一个角点

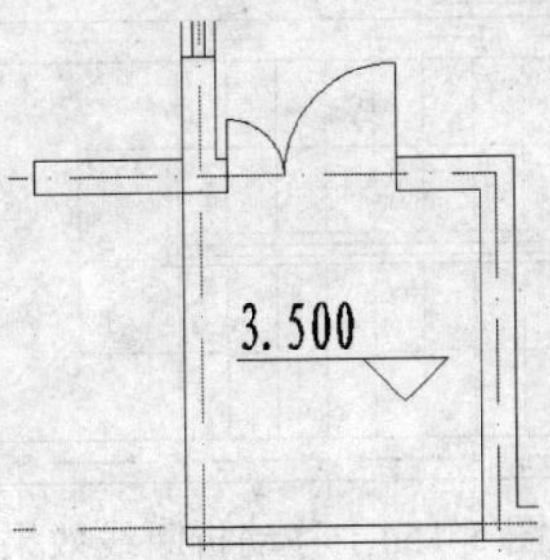

图 5-147　创建矩形

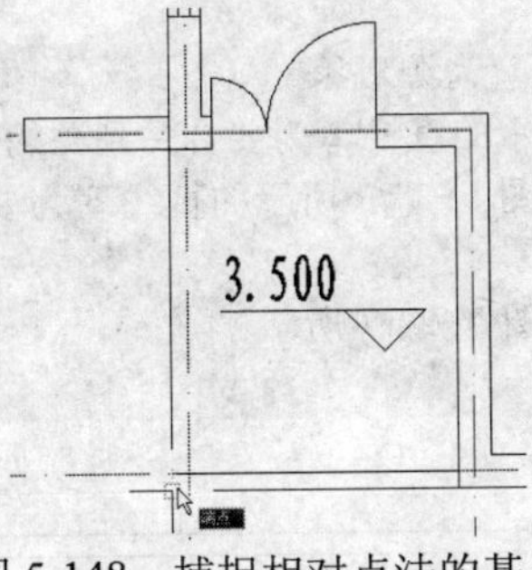

图 5-148　捕捉相对点法的基点

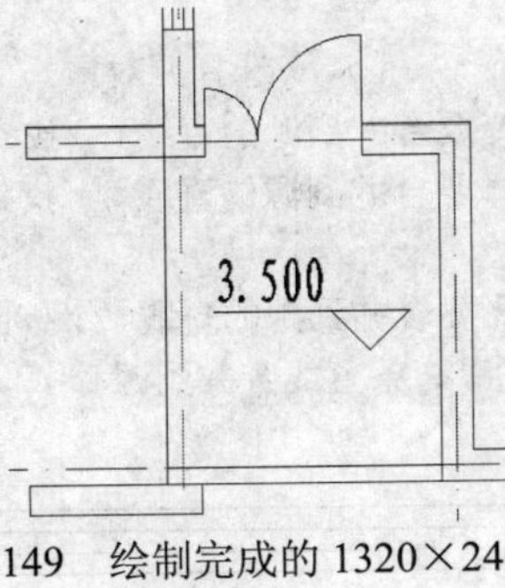

图 5-149　绘制完成的 1320×240 矩形

（36） 使用“分解”命令将图 5-150 所示的多段线分解，执行“偏移”命令，将分解后的竖向直线连续向左偏移 300，效果如图 5-151 所示。

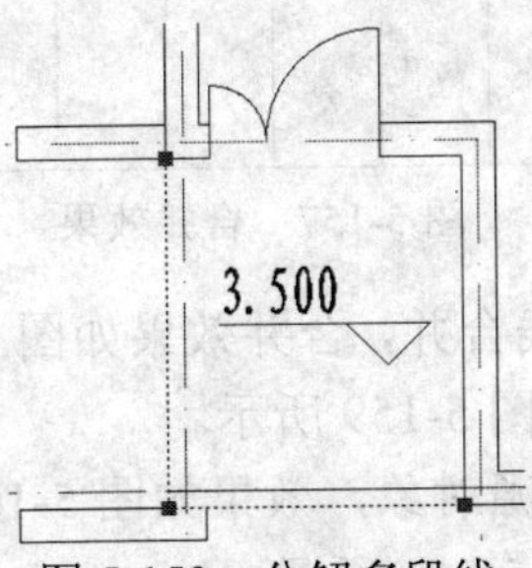

图 5-150　分解多段线

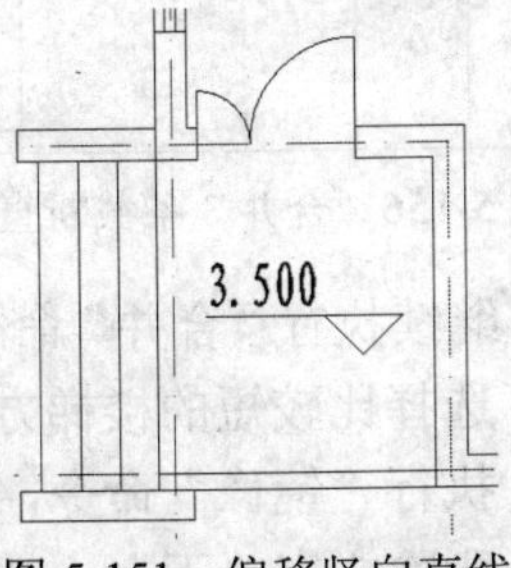

图 5-151　偏移竖向直线

（37） 对二层平面图中原来的楼梯线进行修改，选择折断线，如图 5-152 所示捕捉折断线的端点为基点，插入点为如图 5-153 所示的踏步线的端点，移动效果如图 5-154 所示。

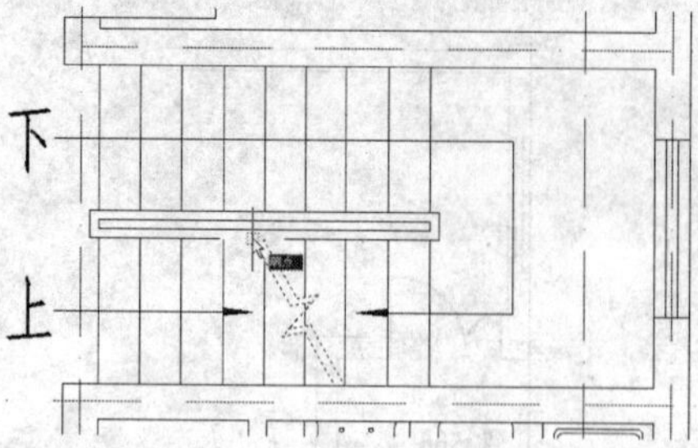

图 5-152 移动折断线选择基点

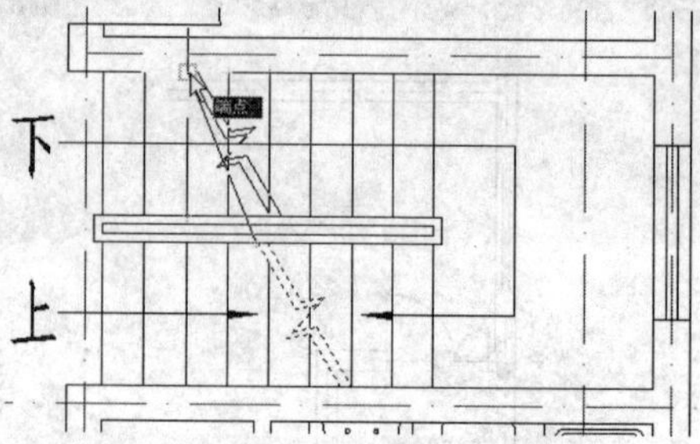

图 5-153 移动折断线选择插入点

（38） 删除部分踏步线和部分折断线，并将折断线下侧的楼梯线修剪，效果如图 5-155 所示。

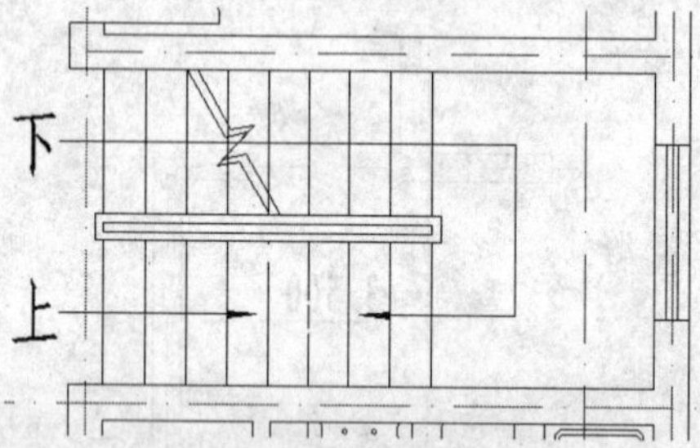

图 5-154 移动折断线效果

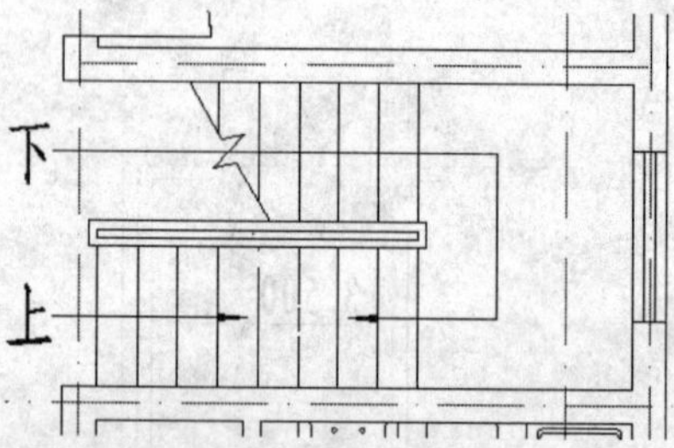

图 5-155 删除折断线和踏步线效果

（39） 单击“合并”按钮，命令行提示如下：

```
命令： _join 选择源对象://选择图 5-156 所示的直线 1 为源对象
选择要合并到源的直线： 找到 1 个//选择图 5-156 所示的直线 2 为要合并到源的对象
选择要合并到源的直线： 找到 1 个，总计 2 个//选择图 5-159 所示的直线 3 为要合并到源的对象
选择要合并到源的直线://按回车键，完成合并，效果如图 5-157 所示
已将 2 条直线合并到源
```

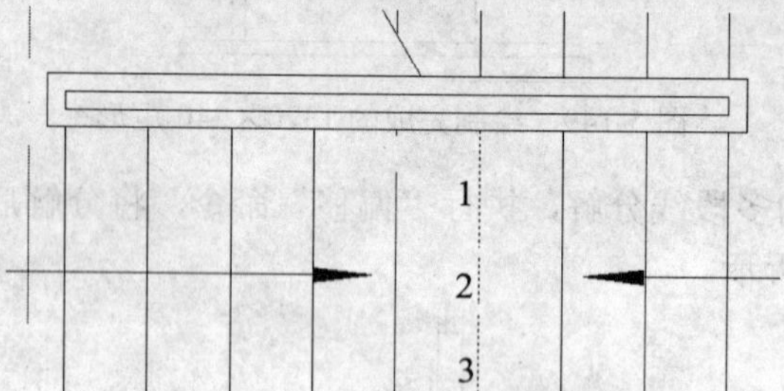

图 5-156 合并 3 条截断直线

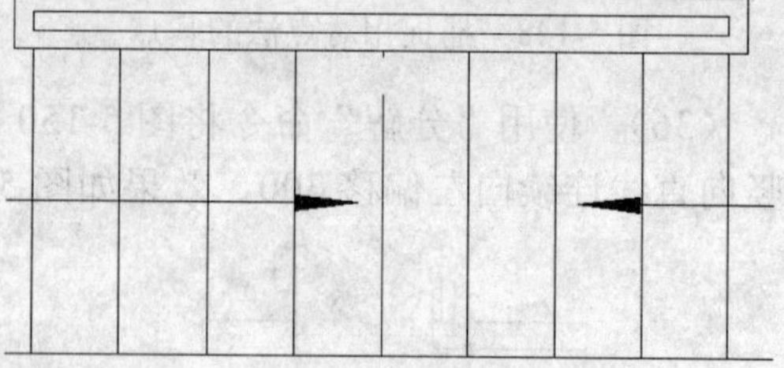
图 5-157 合并效果

（40） 继续执行“合并”命令，将其他被截断的踏步线合并，合并效果如图 5-158 所示。
（41） 选择比较短的楼梯方向线，将其删除，效果如图 5-159 所示。
（42） 执行“镜像”命令，将下方向线镜像，并删除源对象，效果如图 5-160 所示。
（43） 删除文字“下”，楼梯线修改完成，效果如图 5-161 所示。

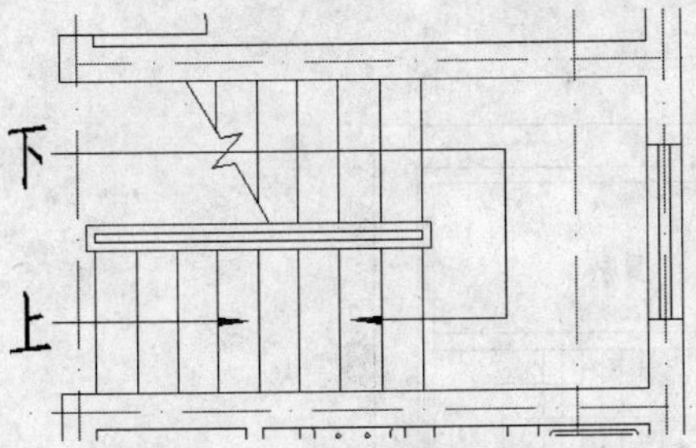

图 5-158　其他直线合并效果

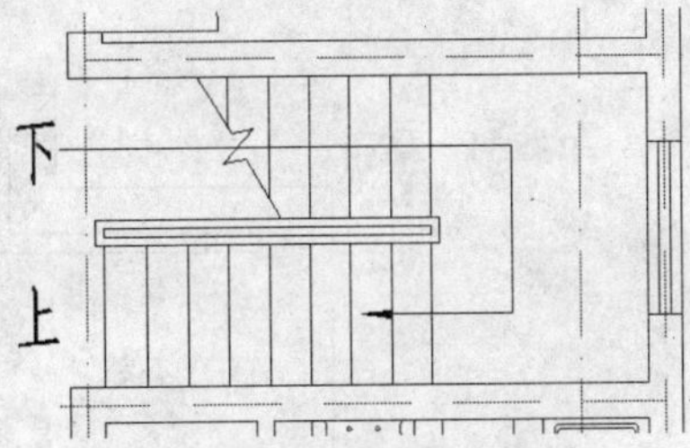

图 5-159　删除上方向线

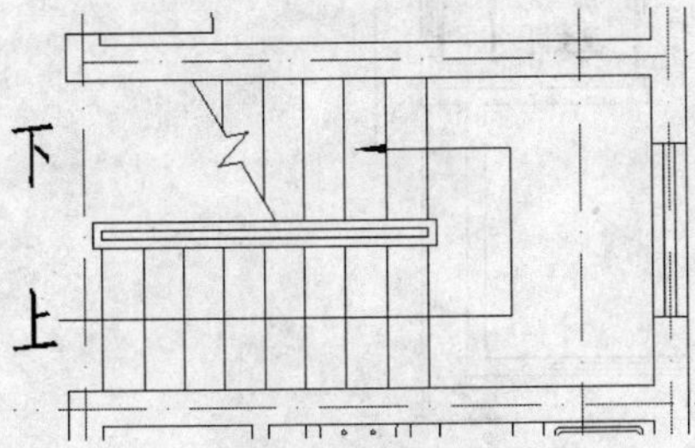

图 5-160　镜像下方向线

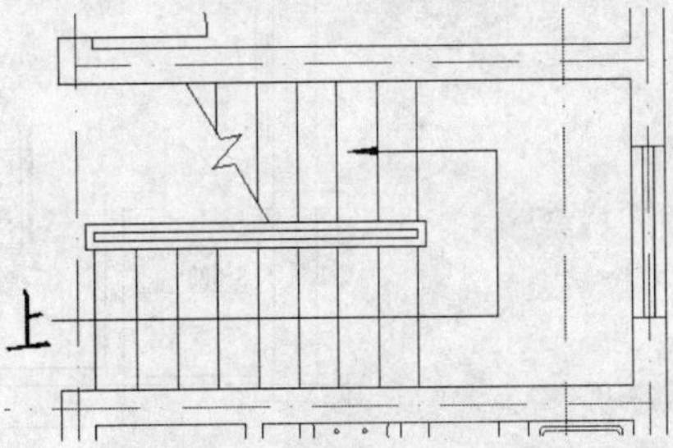

图 5-161　删除文字“下”

（44） 在客厅插入已经创建好的各图块，图块的位置不作严格要求，效果如图 5-162 所示。

（45） 使用“轴线”命令将外侧的轴线均向外偏移 720，效果如图 5-163 所示。

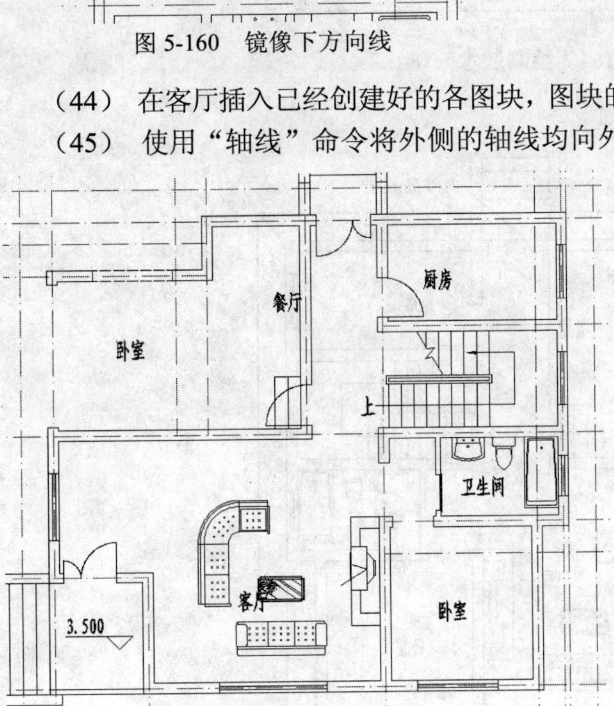

图 5-162　在客厅插入图块

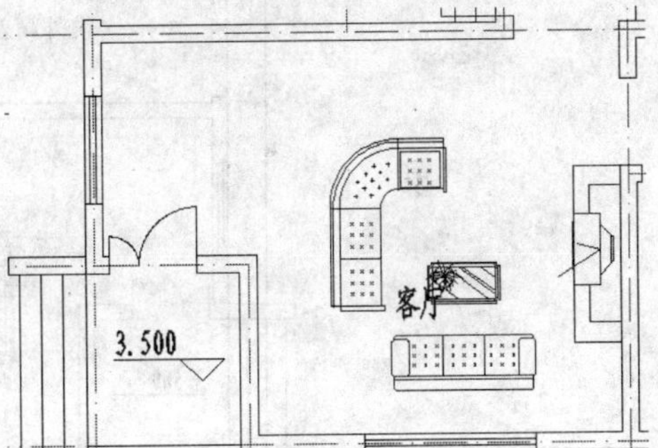

图 5-163　将外侧轴线向外偏移 720

（46） 使用“直线”命令沿步骤 45 偏移生成的图线的交点绘制散水，关闭轴线层，效果如图 5-164 所示。

（47） 使用“直线”命令，为平面图中添加部分内外高差线，效果如图 5-165 所示。

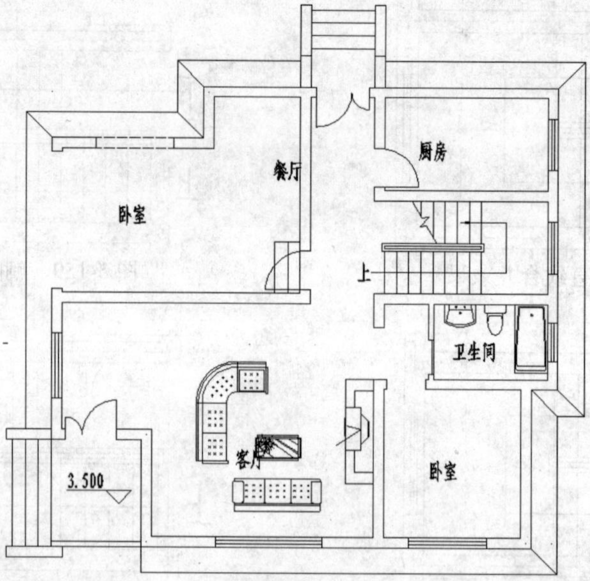

图 5-164　绘制散水

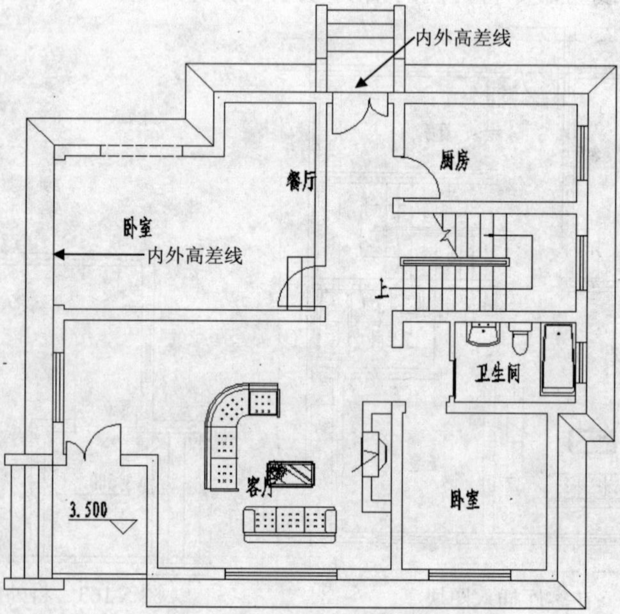

图 5-165　添加内外高差线

（48）　修改房间功能文字，并添加标高符号，效果如图 5-166 所示。

（49）　单击“拉伸”按钮，命令行提示如下：

```
命令: _stretch
以交叉窗口或交叉多边形选择要拉伸的对象...
选择对象: 指定对角点: 找到 14 个//如图 5-167 所示，使用交叉窗口选择拉伸对象
```

选择对象://按回车键，完成选择

指定基点或［位移（D）］ <位移>://基点为任意点

指定第二个点或 <使用第一个点作为位移>: @0,1500//输入拉伸距离,拉伸后效果如图5-168所示

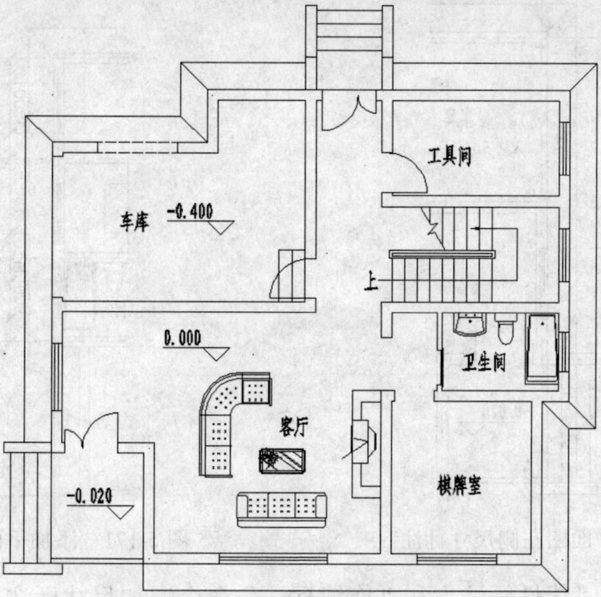

图 5-166 添加说明文字和标高符号

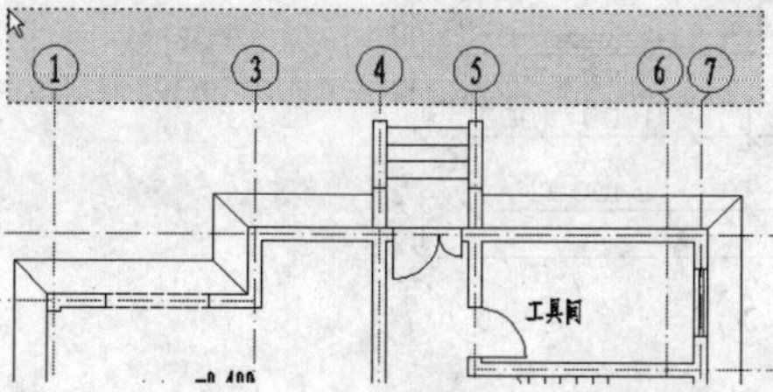

图 5-167 选择拉伸轴线和编号

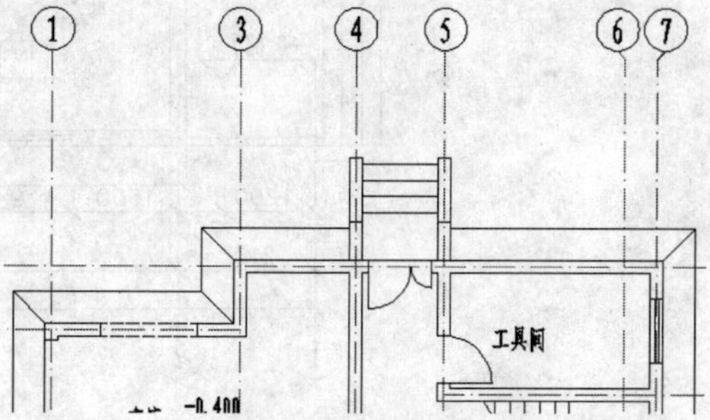

图 5-168 轴线拉伸效果

（50） 使用 S100 标注样式，使用“线性标注”和“连续标注”命令添加尺寸标注，平面图上方的尺寸标注如图 5-169 所示。

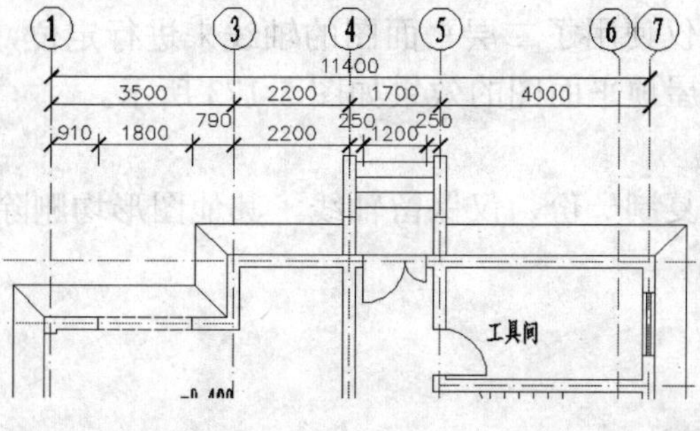

图 5-169 添加平面图上方的尺寸标注

（51） 继续使用“线性标注”和“连续标注”命令添加尺寸标注，平面图左侧和右侧的尺寸标注分别如图 5-170 和图 5-171 所示。

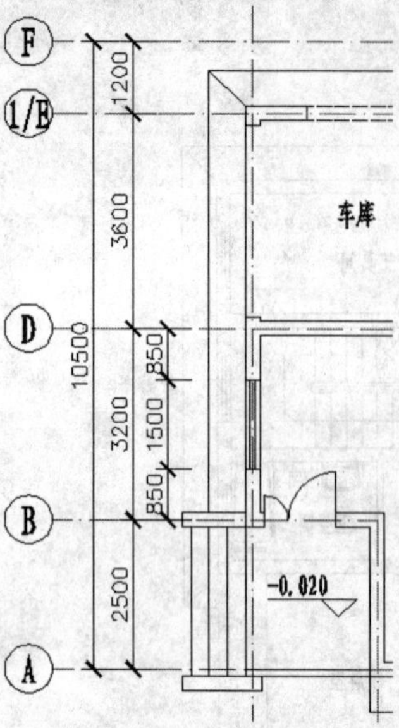

图 5-170 添加平面图左侧尺寸标注

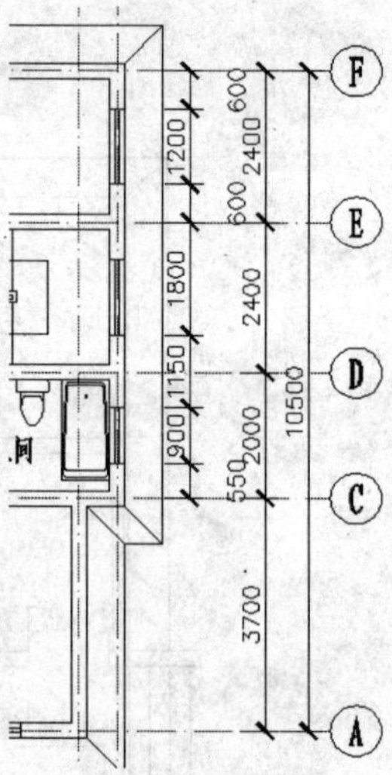

图 5-171 添加平面图右侧尺寸标注

（52） 继续使用“线性标注”和“连续标注”命令添加尺寸标注，平面图下方的尺寸标注分别如图 5-172 所示，底层平面图绘制完成。

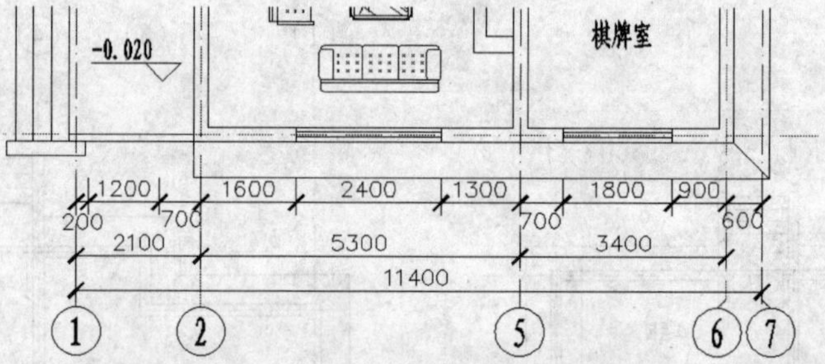

图 5-172 添加平面图下方尺寸标注

5.4 实例 35——绘制屋顶平面图

屋顶平面图的绘制仅仅使用了二层平面图的轴线来进行定位，而其他的图形则对于屋顶平面图的绘制没有帮助，屋顶平面图的效果如图 5-173 所示。

具体绘制步骤如下：

（1） 将二层平面图复制一份，仅保留轴线，其他图形均删除，效果如图 5-174 所示。

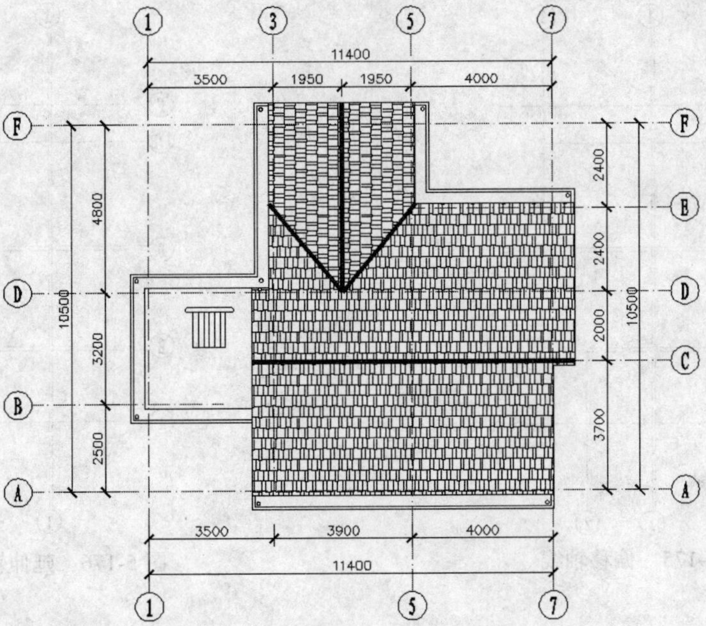

图 5-173　屋顶平面图效果图

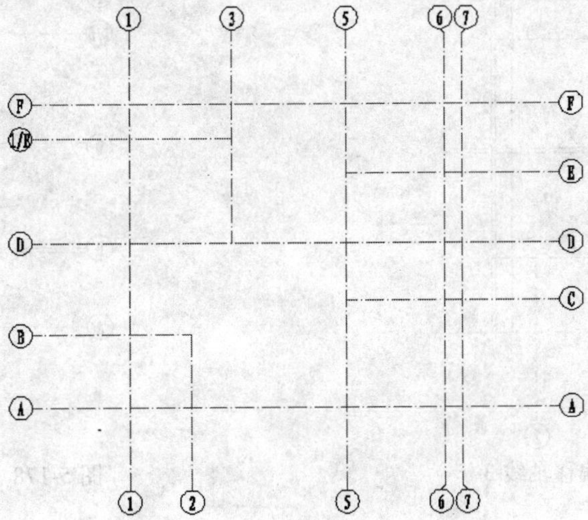

图 5-174　二层平面图保留轴线效果

（2）使用“偏移”命令，将轴线 D 向上偏移 120，轴线 B 向下偏移 120，轴线 1 向左偏移 120，效果如图 5-175 所示。

（3）执行“延伸”命令，将轴线 3 延伸到轴线 A，延伸轴线 B 的偏移线到轴线 3，效果如图 5-176 所示。

（4）执行“偏移”命令，将轴线 3 分别向左偏移 120，620，效果如图 5-177 所示。

（5）执行“偏移”命令，将轴线 F 向上偏移 620，效果如图 5-178 所示。

（6）在“图层特性管理器”对话框中增加“建筑-屋面”图层，执行“多段线”命令绘制多段线，起点如图 5-179 所示，完成效果如图 5-180 所示。

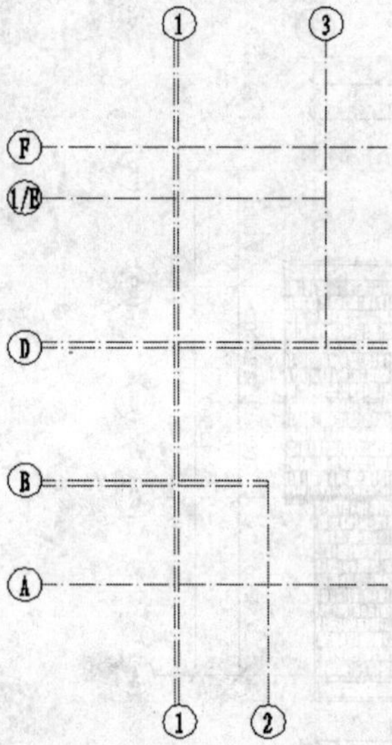

图 5-175　偏移轴线

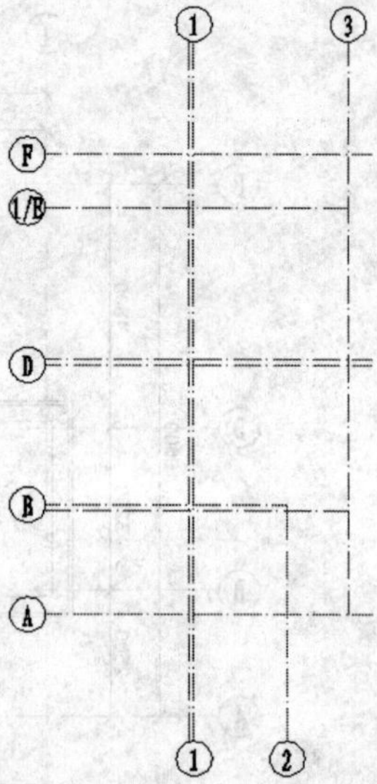

图 5-176　延伸轴线 3

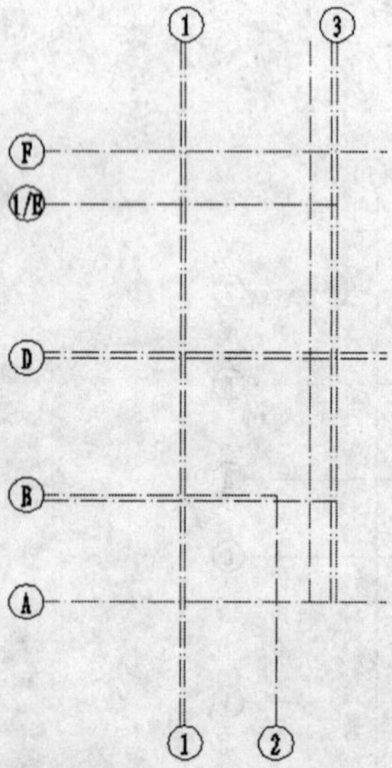

图 5-177　偏移轴线 3

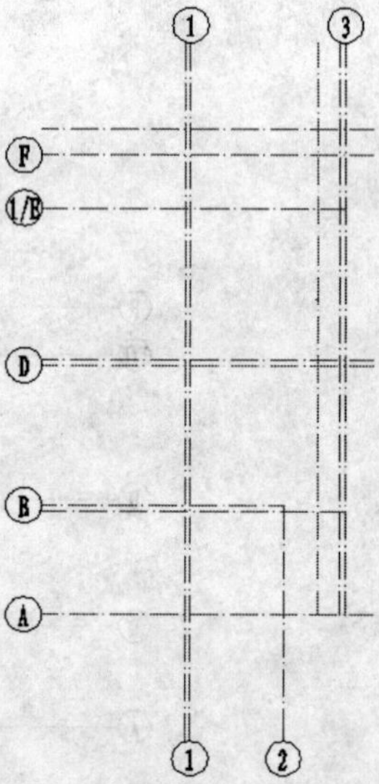

图 5-178　偏移轴线 F

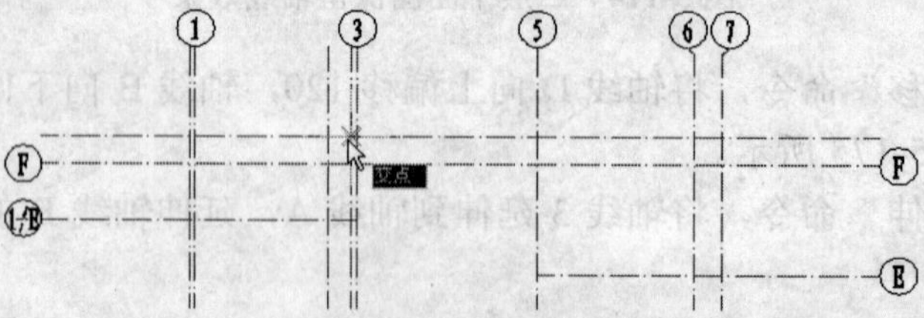

图 5-179　沿偏移的轴线交点绘制多段线起点

（7）　将步骤 6 绘制的多段线，向外偏移 400，关闭轴线层，效果如图 5-181 所示。

（8）　使用“直线”命令将图 5-181 所示的两个多段线的上端封闭，效果如图 5-182 所示。

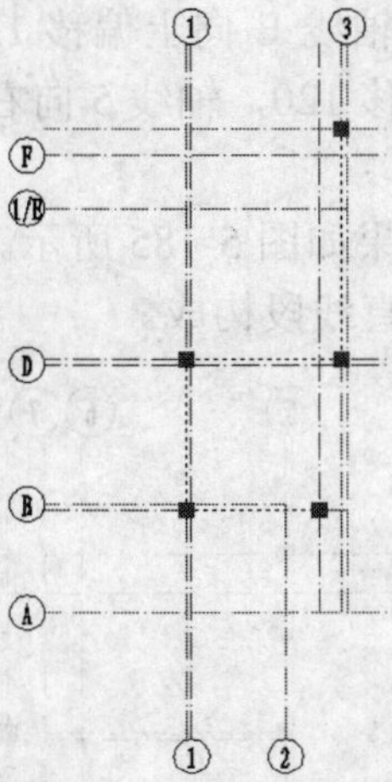

图 5-180　绘制多段线效果

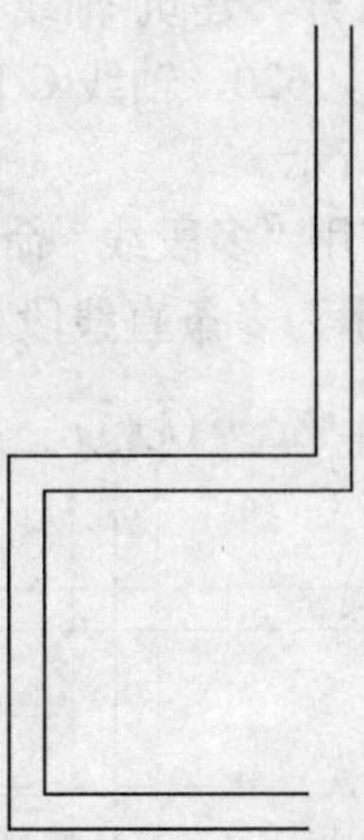

图 5-181　偏移多段线效果

（9）　在命令行中输入 pedit 命令合并多段线，命令行提示如下：

```
命令: pedit
选择多段线或 [多条 (M) ]: m
选择对象: 找到 1 个//偏移 400 形成的多段线
选择对象: 找到 1 个, 总计 2 个//封闭直线
选择对象://按回车键, 完成选择
是否将直线和圆弧转换为多段线? [是 (Y) /否 (N) ]? <Y>//输入 y, 表示要将所选对象转换为多段线
输入选项 [闭合 (C) /打开 (O) /合并 (J) /宽度 (W) /拟合 (F) /样条曲线 (S) /非曲线化 (D) /线型生成 (L) /放弃 (U) ]: j//输入 j, 合并多段线
合并类型 = 延伸
输入模糊距离或 [合并类型 (J) ] <0.000>:
多段线已增加 1 条线段
输入选项 [闭合 (C) /打开 (O) /合并 (J) /宽度 (W) /拟合 (F) /样条曲线 (S) /非曲线化 (D) /线型生成 (L) /放弃 (U) ]://按回车键, 完成多段线合并
```

（10）　执行“偏移”命令，选择步骤 9 合并的多段线为偏移对象，向内偏移 80，偏移效果如图 5-183 所示。

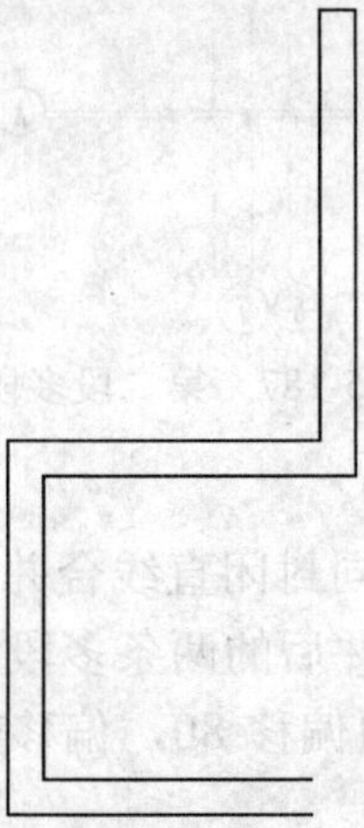

图 5-182　直线上端封闭并合并多段线

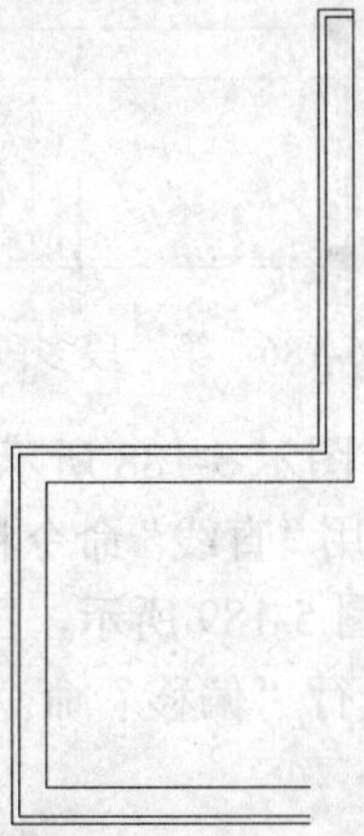

图 5-183　将合并多段线向内偏移 80

（11） 打开“建筑-轴线”图层，执行“偏移”命令将轴线 E 向上偏移 120，轴线 7 分别向右偏移 20，620，轴线 C 向下偏移 120，轴线 A 向下偏移 120，轴线 5 向右偏移 120，效果如图 5-184 所示。

（12） 使用“多段线”命令，绘制 5 条多段线，总的效果如图 5-185 所示。除了图 5-186 和图 5-187 所示为多条直线段构成多段线外，其他均由一条直线段构成。

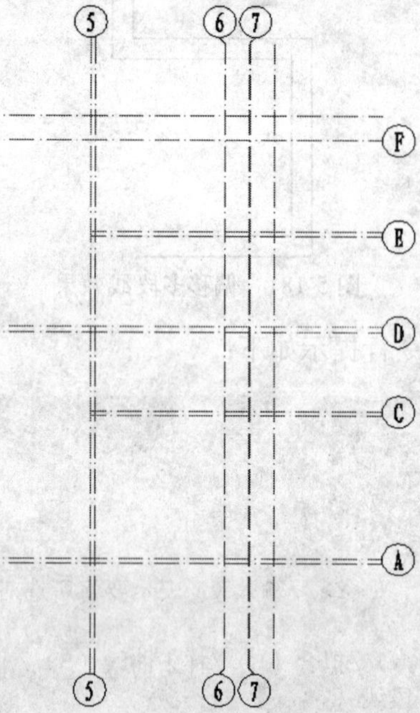

图 5-184 偏移轴线 E，7，C，A，5

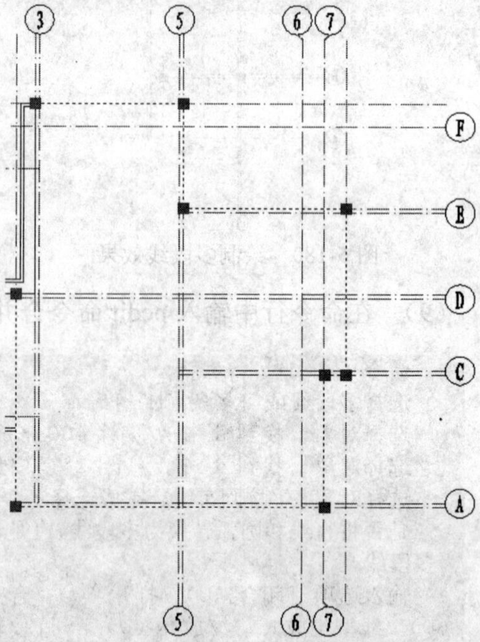

图 5-185 绘制多段线

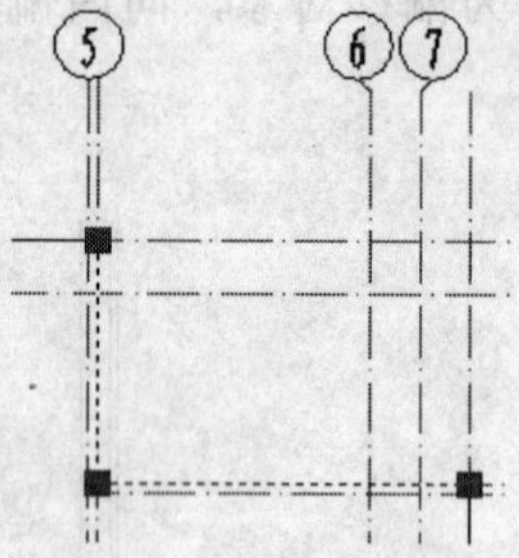

图 5-186 第一段多段线

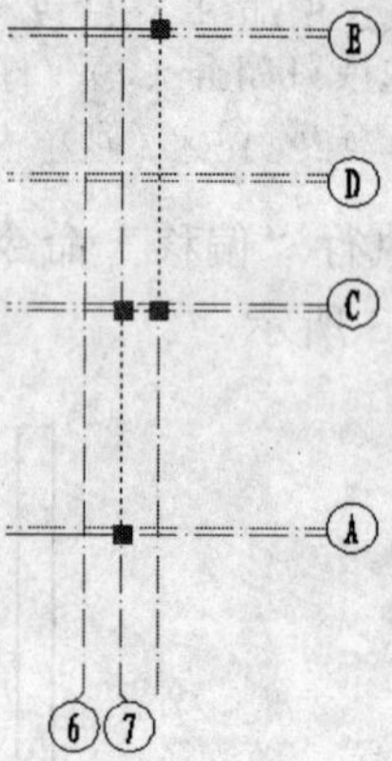

图 5-187 第二段多段线

（13） 将图示 5-188 所示的两条多段线分别向外偏移 400。

（14） 使用“直线”命令将多段线封闭，并将各多段线连同封闭直线合并为新的多段线，合并的效果如图 5-189 所示，图 5-189 中所选择的多段线为合并后的两条多段线。

（15） 执行“偏移”命令，将步骤 14 合并的多段线向内偏移 80，偏移效果如图 5-190 所示。

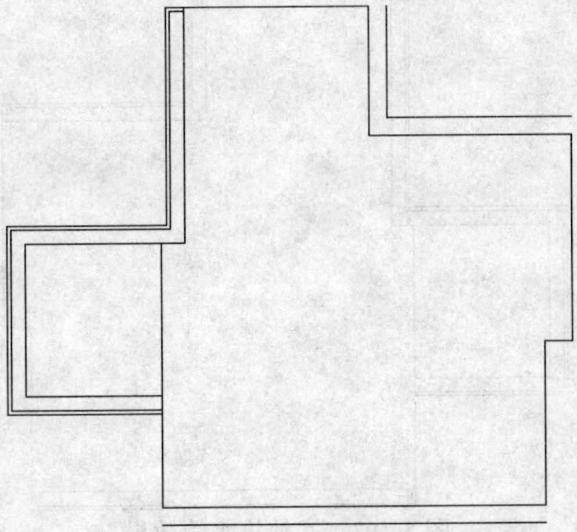

图 5-188　关闭轴线效果

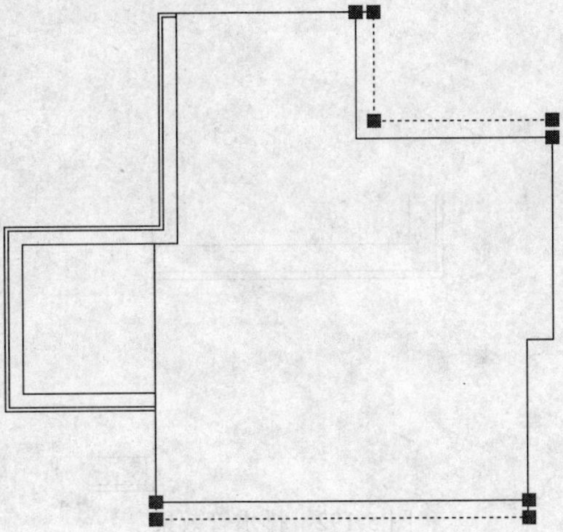

图 5-189　合并多段线

（16） 执行“圆”命令，绘制半径为 50 的圆作为排水管，圆心距离各个转角上下各 100，命令行提示如下：

```
命令：_circle 指定圆的圆心或 [三点（3P）/两点（2P）/相切、相切、半径（T）]：from//使用相对点法确定圆心
基点：//捕捉图 5-191 所示的端点
<偏移>：@100,100//输入相对偏移距离，确定圆心
指定圆的半径或 [直径（D）]：50//输入圆的半径，按回车键，效果如图 5-192 所示
```

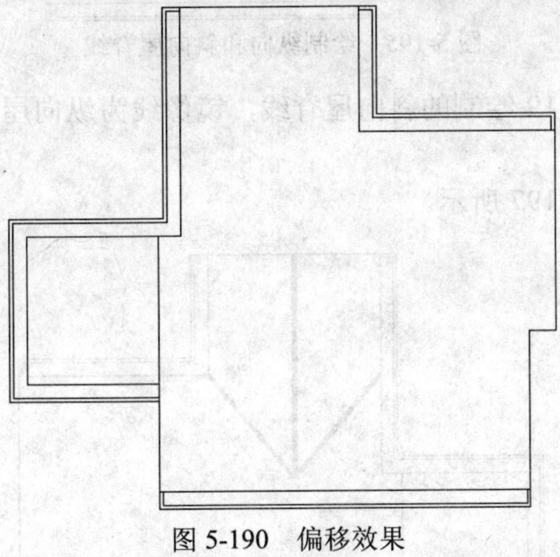

图 5-190　偏移效果

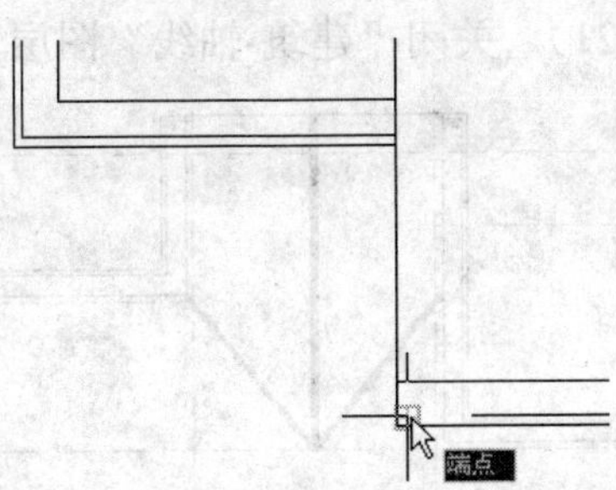

图 5-191　捕捉排水管圆心相对点法的基点

（17） 继续执行“圆”命令，绘制其他排水管，效果如图 5-193 所示。

（18） 删除轴线偏移线，并过轴线 C 绘制多段线作为横向屋脊线，屋脊线宽度为 100，将轴线 5 向左偏移 1950，效果如图 5-194 所示。

（19） 执行“多段线”命令，按照图 5-195 所示绘制纵向和斜向屋脊线，宽度同样为 100，效果如图 5-195 所示。

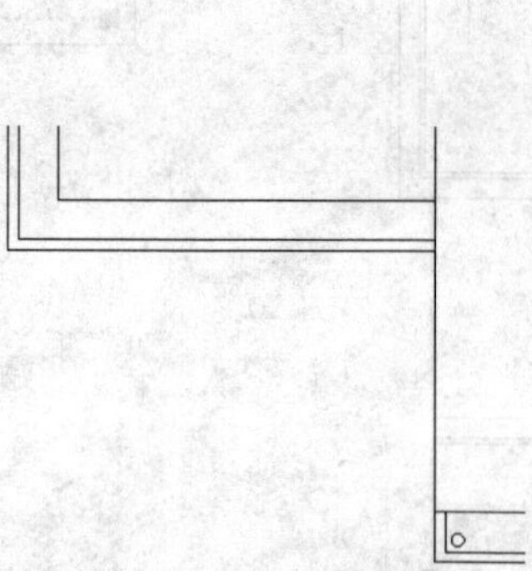

图 5-192　排水管效果

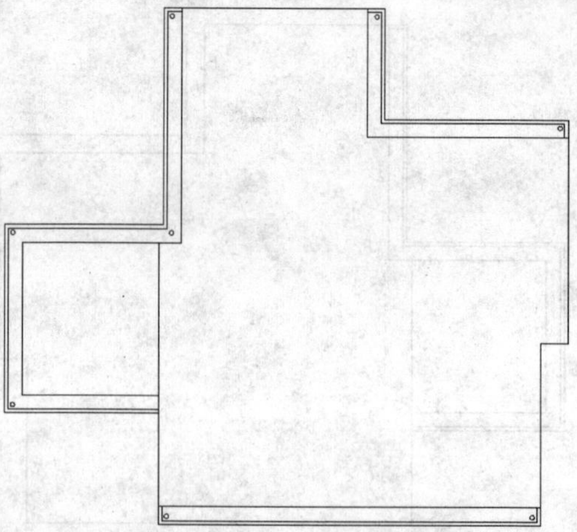

图 5-193　其他排水管效果

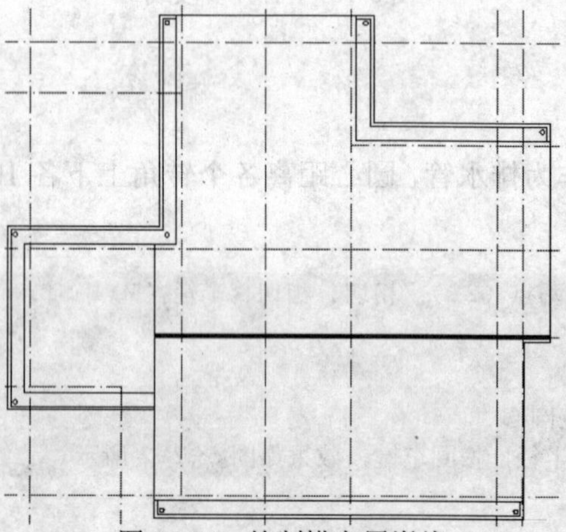

图 5-194　绘制横向屋脊线

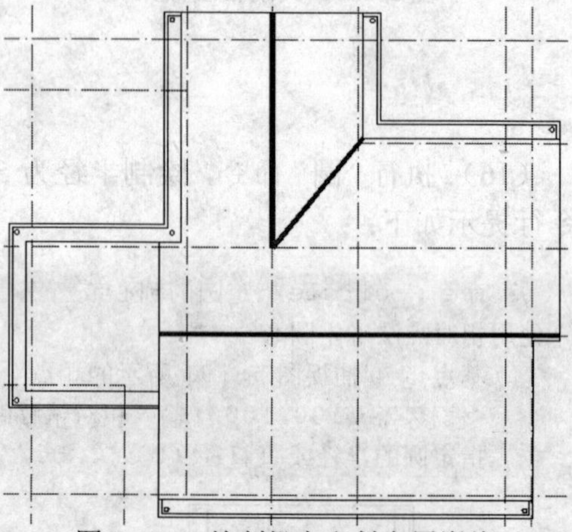

图 5-195　绘制纵向和斜向屋脊线

（20）执行“镜像”命令，镜像对象为步骤 19 绘制的斜向屋脊线，镜像线为纵向屋脊线，镜像后的效果如图 5-196 所示。

（21）关闭“建筑-轴线”图层，效果如图 5-197 所示。

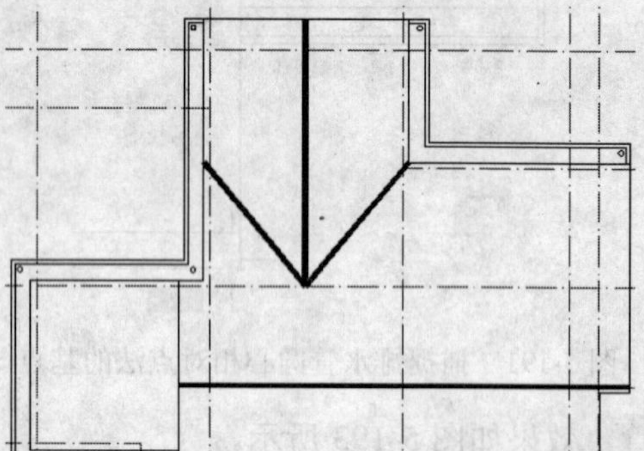

图 5-196　镜像屋脊线

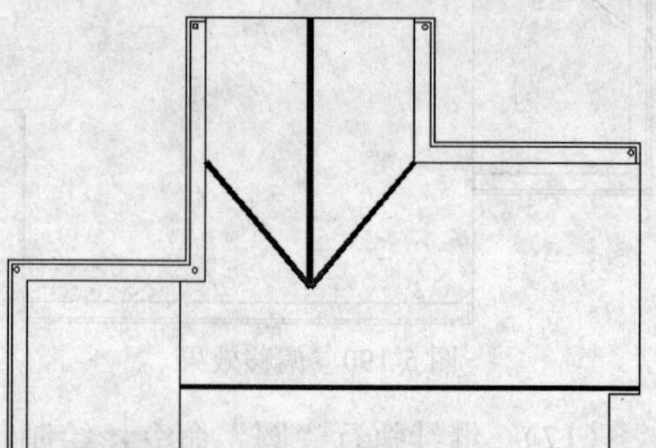

图 5-197　关闭轴线效果

（22） 执行“直线”命令绘制竖向长 1000 的直线，执行“矩形阵列”命令，对长 1000 的直线阵列，阵列行数为 1，列数为 7，列间距为 150，阵列效果如图 5-198 所示。

图 5-198 阵列效果

（23） 使用“直线”命令连接阵列各直线的下端，并以竖向第 4 条直线的上端为起点，绘制长度为 600 水平线，效果如图 5-199 所示。

（24） 执行“镜像”命令，将绘制的长 600 的直线沿竖向第 4 条直线镜像，并将源对象和镜像对象向上偏移 150，效果如图 5-200 所示。

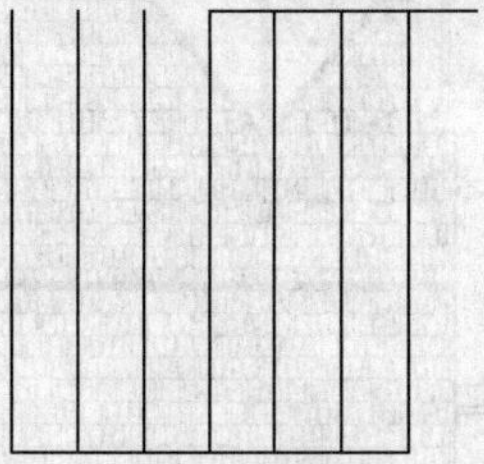

图 5-199 绘制直线

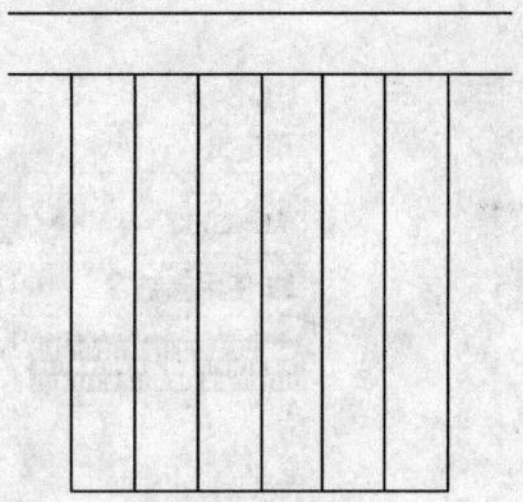

图 5-200 镜像并向上偏移 150

（25） 执行“圆”命令，捕捉直线端点，使用两点法绘制圆，绘制效果如图 5-201 所示。

（26） 执行“修剪”命令，以上下直线为剪切边，修剪圆，修剪效果如图 5-202 所示。

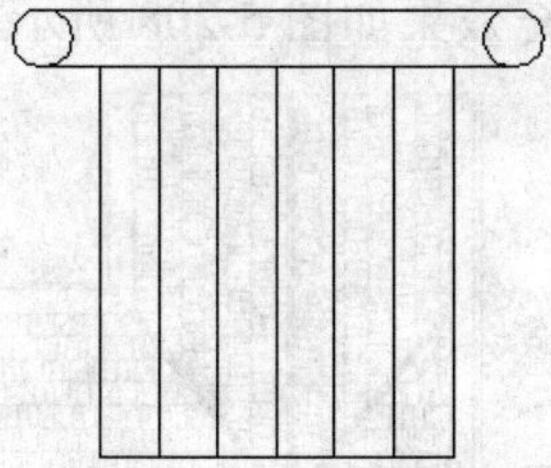

图 5-201 绘制圆

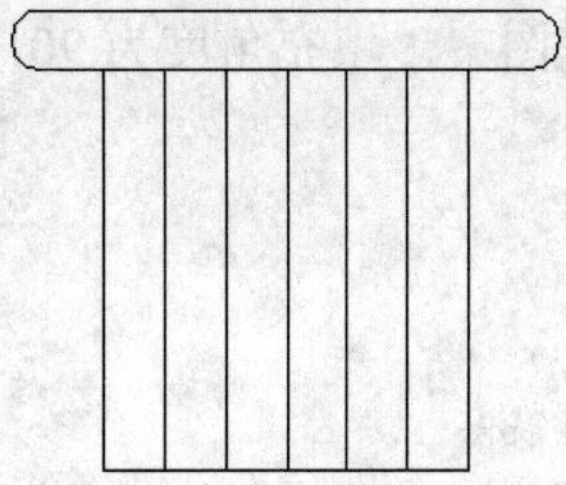

图 5-202 太阳能热水器效果

（27） 执行“绘图”|“块”|“创建”命令，如图 5-203 所示在弹出的“块定义”对话框中创建“太阳能热水器”图块，基点为步骤 24 偏移直线的中间端点。

（28） 执行“插入”|“块”命令，将“太阳能热水器”图块插入到图形中，位置不作特殊要求，效果如图 5-204 所示。

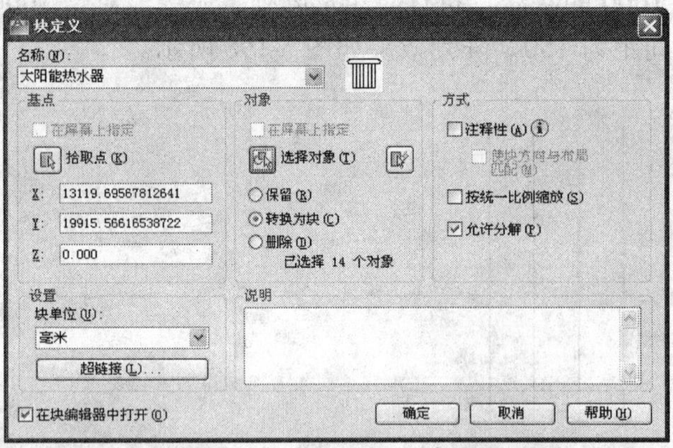

图 5-203　定义太阳能热水器图块

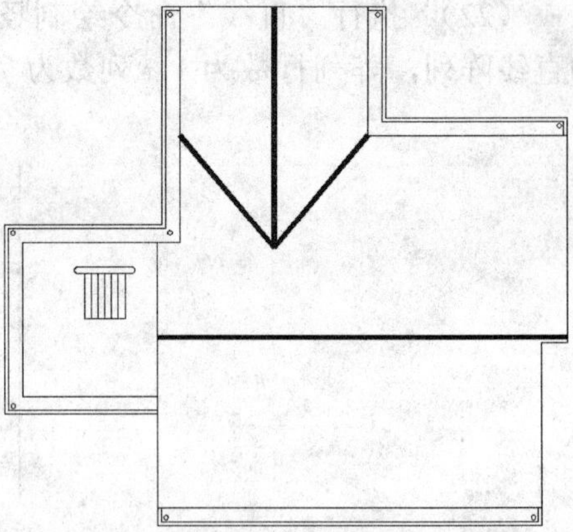

图 5-204　插入太阳能热水器图块

（29）执行“图案填充”命令，弹出“图案填充和渐变色”对话框，如图 5-205 所示设置填充图案，填充效果如图 5-206 所示。

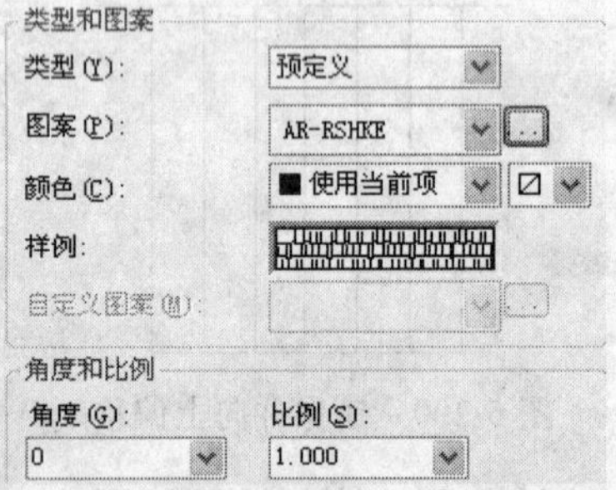

图 5-205　设置填充图案，角度为 0

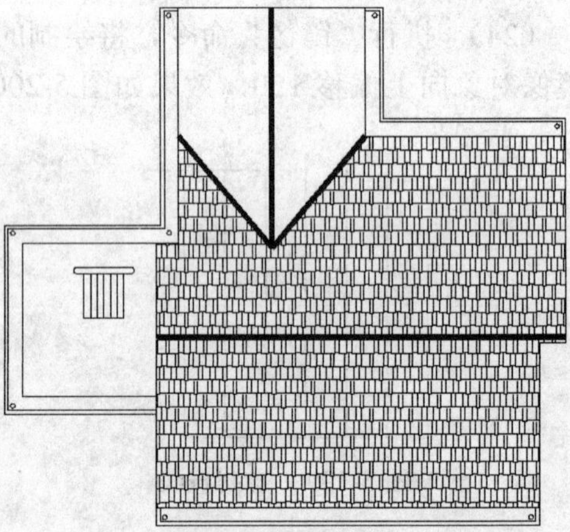

图 5-206　角度为 0 填充效果

（30）继续执行“图案填充”命令，弹出“图案填充和渐变色”对话框，如图 5-207 所示设置填充图案，填充角度为 90，填充屋顶其他坡面，填充效果如图 5-208 所示。

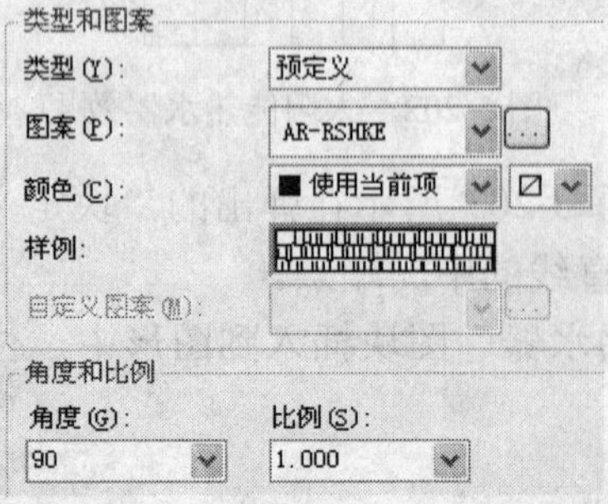

图 5-207　设置填充图案，角度 90

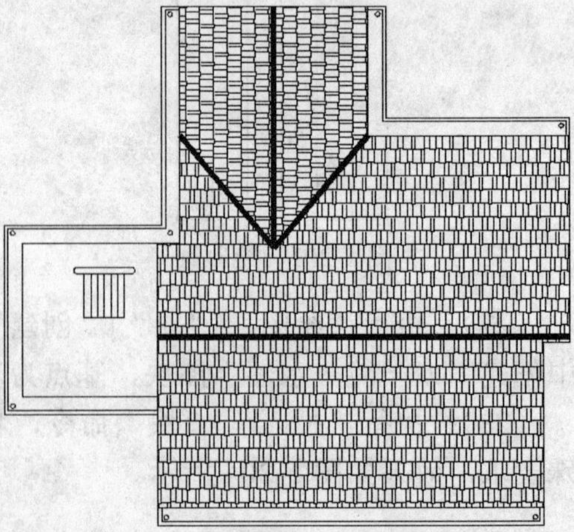

图 5-208　角度为 90 填充效果

（31） 打开“建筑-轴线”图层，删除轴线 1/E，轴线 2，轴线 6，效果如图 5-209 所示。

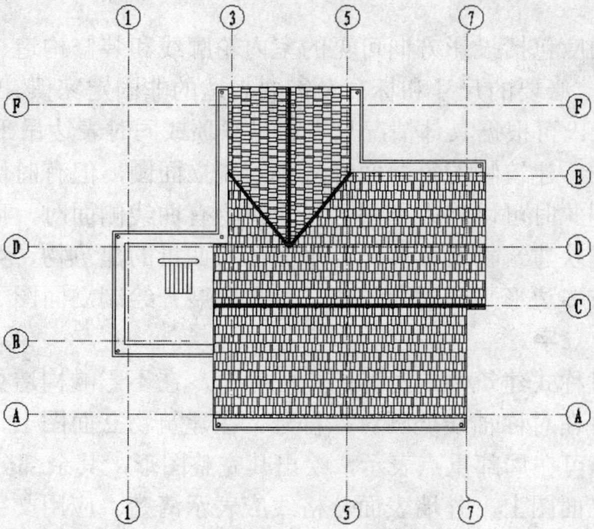

图 5-209 修理轴线层图线

（32） 执行“构造线”命令过轴线 7 的轴线编号圆的下象限点绘制水平构造线，将竖直轴线向上延伸至构造线，效果如图 5-210 所示。

（33） 执行“移动”命令，移动轴线编号，基点为下象限点，插入点为轴线端点，同时删除斜向轴线，效果如图 5-211 所示。

图 5-210 绘制水平构造线为辅助线

图 5-211 移动轴线编号 7

（34） 使用“线性标注”和“连续标注”添加屋顶平面图的尺寸标注，添加效果如图 5-173 所示。

5.2 建筑立面图的绘制

建筑立面图是建筑物在与建筑物立面平行的投影面上投影所得的正投影图，其展示了建筑物外貌和外墙面装饰材料，是建筑施工中控制高度和外墙装饰效果等的技术依据。建筑物东西南北每一个立面都要画出它的立面图，通常建筑立面图的命名应根据建筑物的朝向，例如南立面图、北立面图、东立面图、西立面图等。也可以根据建筑物的主要入口来命名，如正立面图、背立面图、侧立面图等。此外还可以按轴线编号来命名，如①～⑨立面图。

5.2.1 建筑立面图的内容及相关规定

建筑立面图应该表达的内容和要求有：

（1） 建筑立面图应包括投影方向可见的建筑外轮廓线和墙面线脚、构配件、墙面做法及必要的尺寸和标高等。

（2） 室内立面图应包括投影方向可见的室内轮廓线和装修构造、门窗、构配件、墙面做法、固定家俱、灯具、必要的尺寸和标高及需要表达的非固定家俱、灯具、装饰物件等（室内立面图的顶棚轮廓线，可根据具体情况只表达吊平顶或同时表达吊平顶及结构顶棚）。

（3） 一般情况下，建筑物的每一面都应该绘制立面图，但有时侧立面图比较简单或者与其他立面图相同，则此时可以略去不画。当建筑物有曲线侧面时，可以将曲线侧面展开绘制展开立面图，从而反映建筑物实际情况。平面形状曲折的建筑物，可绘制展开立面图、展开室内立面图。圆形或多边形平面的建筑物，可分段展开绘制立面图、室内立面图，但均应在图名后加注“展开”二字。

（4） 较简单的对称式建筑物或对称的构配件等，在不影响构造处理和施工的情况下，立面图可绘制一半，并在对称轴线处画对称符号。在建筑物立面图上，相同的门窗、阳台、外檐装修、构造做法等可在局部重点表示，绘出其完整图形，其余部分只画轮廓线。

（5） 在建筑物立面图上，外墙表面分格线应表示清楚。应用文字说明各部位所用面材及色彩。

（6） 有定位轴线的建筑物，宜根据两端定位轴线号编注立面图名称（如：①～⑩立面图、A～F 立面图）。无定位轴线的建筑物可按平面图各面的朝向确定名称。

（7） 建筑物室内立面图的名称，应根据平面图中内视符号的编号或字母确定（如：①立面图、A 立面图）。

5.2.2 实例 36——北向立面图

本节将要在绘制完成的平面图基础上绘制北向立面图，立面图在横向的尺寸完全由底层平面图、二层平面图和屋顶平面图来确定，纵向的尺寸通过构造线来确定，通常情况下，建筑制图中，立面图的绘制都会借助平面图来确定尺寸。当然，对于比较简单的平面图，用户也可以直接使用构造线定位，进行绘制，而不借助平面图定位尺寸。绘制完成的北向立面图效果如图 5-212 所示。

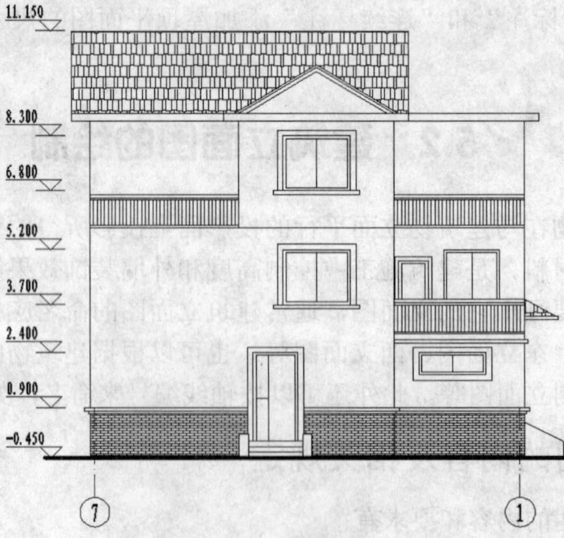

图 5-212 北向立面图效果

具体操作步骤如下：

（1） 由于绘制的是北向立面图，所以需要复制底层平面图，将底层平面图旋转 180º，效果如图 5-213 所示。

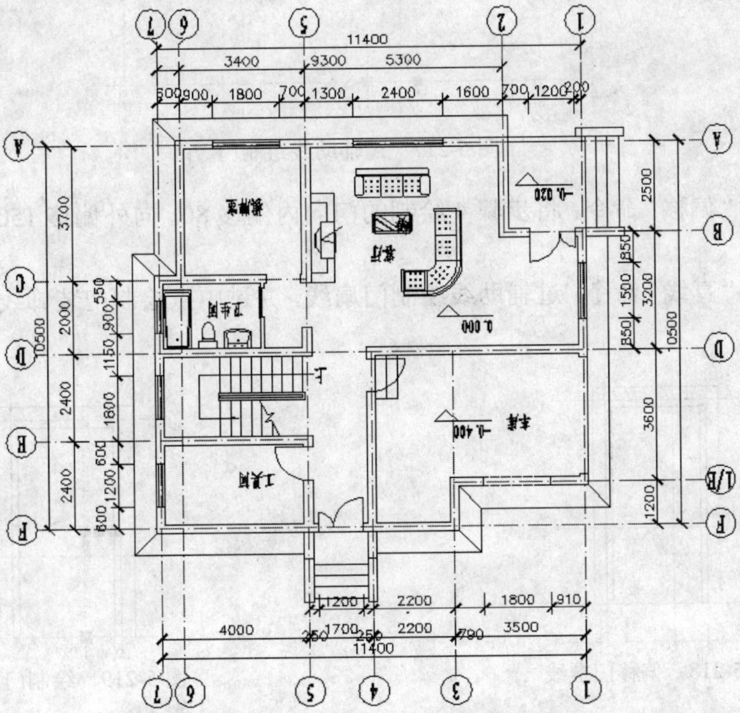

图 5-213　旋转 180º 后的底层平面图

（2） 沿旋转后的底层平面图的 1 号和 7 号轴线绘制辅助线，并执行“构造线”命令绘制水平向构造线，将构造线向上偏移，偏移尺寸和效果如图 5-214 所示。

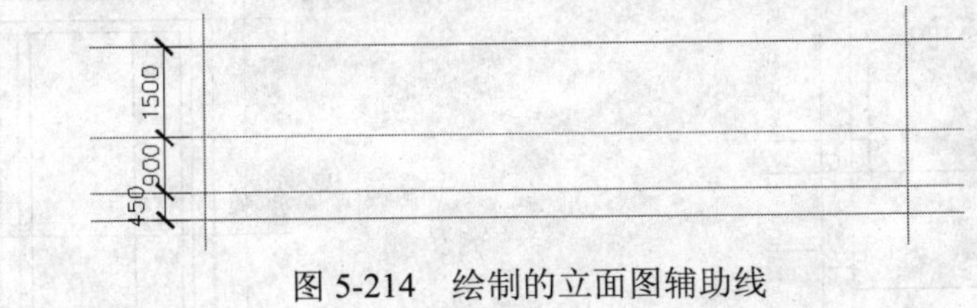

图 5-214　绘制的立面图辅助线

（3） 执行“构造线”命令，沿着旋转后的底层平面图的门和门扇线绘制竖向辅助线，效果如图 5-215 所示，绘制完成的竖向辅助线与步骤 2 绘制的水平辅助线相交，效果如图 5-216 所示。

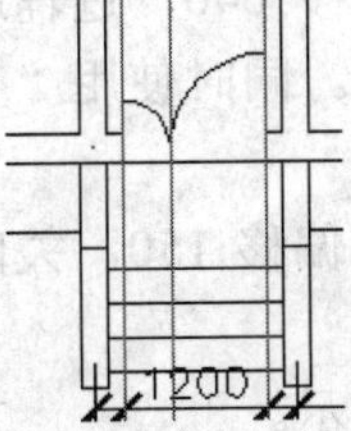

图 5-215　过底层平面图绘制门和门扇辅助线

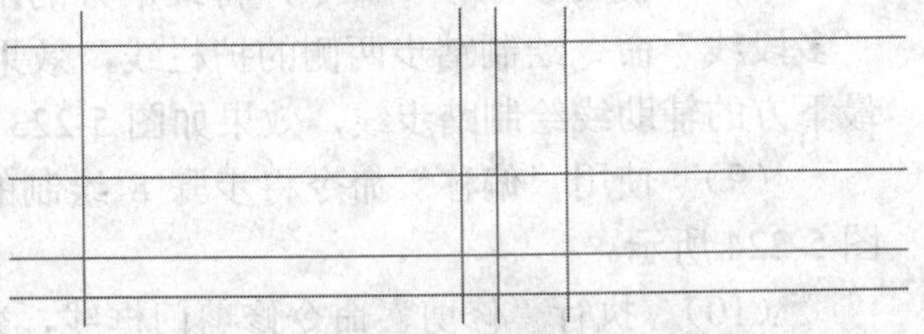

图 5-216　立面图中辅助线显示结果

（4） 使用“多段线”命令绘制过步骤2和3的构造线的交点绘制门矩形，宽1200，高2400，效果如图5-217所示。

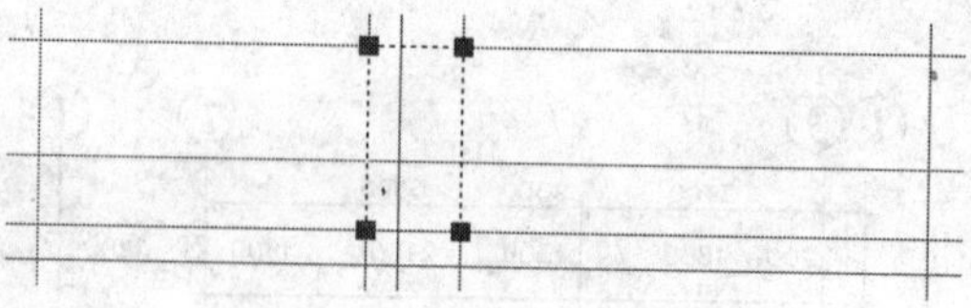

图5-217 过辅助线绘制门

（5） 执行“偏移”命令，将步骤4绘制的门向内偏移80，向外偏移150，效果如图5-218所示。

（6） 使用“直线”命令，过辅助线绘制门扇线，并过中点绘制门装饰线，效果如图5-219所示。

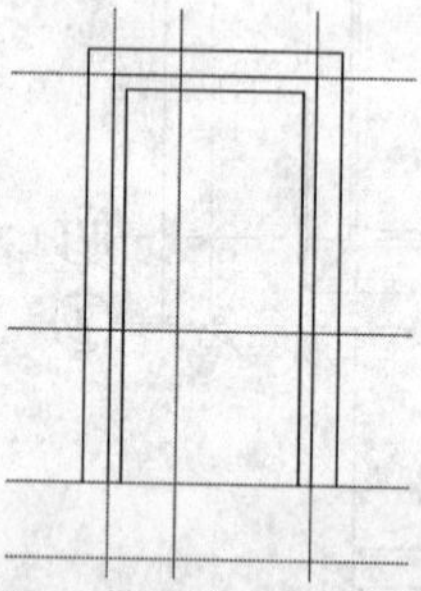

图5-218 偏移门框线

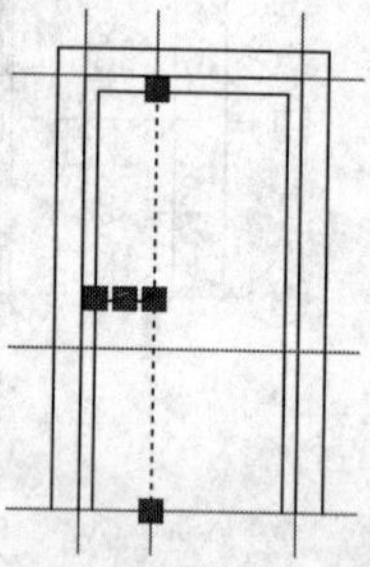

图5-219 绘制门扇线

（7） 删除绘制门的竖向辅助线，执行“构造线”命令绘制门前台阶的竖直辅助线，效果如图5-220所示。图5-221显示了底层平面图中绘制的台阶竖向辅助线在北向立面图中的表现情形。

图5-220 过底层平面图绘制门前台阶辅助线

图5-221 门前台阶辅助线在立面图中的表现

（8） 使用“偏移”命令，将最下方的水平辅助线向上偏移640，过辅助线的交点使用“多段线”命令绘制踏步两侧的护栏线，效果如图5-222所示。同时使用“直线”命令，沿最下方的辅助线绘制踏步线，效果如图5-223所示。

（9） 使用“偏移”命令将步骤8绘制的踏步线依次向上偏移150，关闭辅助线效果如图5-224所示。

（10） 执行“修剪”命令修剪门框线，效果如图5-225所示。

（11） 删除底层平面图中门前台阶的4条竖向辅助线，过高窗绘制两条竖向辅助线，效果如图 5-226 所示。

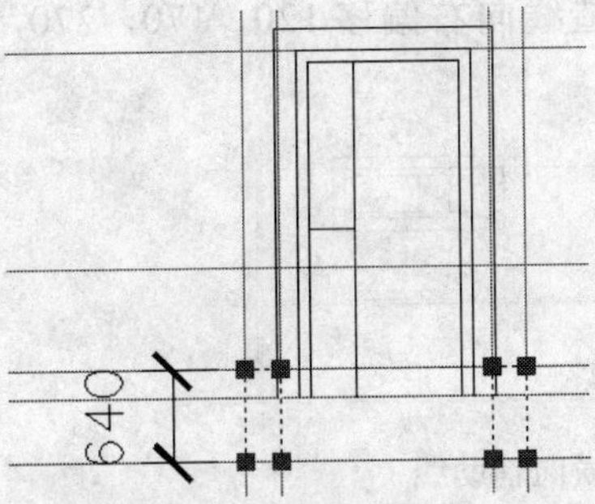

图 5-222　绘制立面图中护栏线

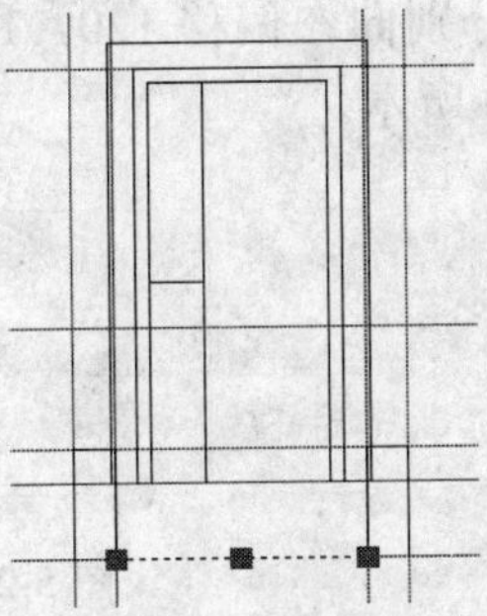

图 5-223　绘制立面图中踏步线

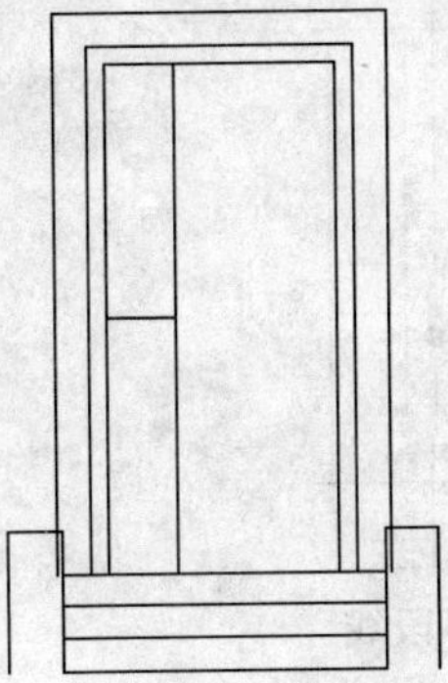

图 5-224　根据辅助线绘制的门前台阶

图 5-225　修剪门前台接线

（12）底层平面图中的两条竖向辅助线在北向立面图中与水平辅助线相交，过辅助线交点，绘制 1800×600 的高窗，效果如图 5-227 所示。

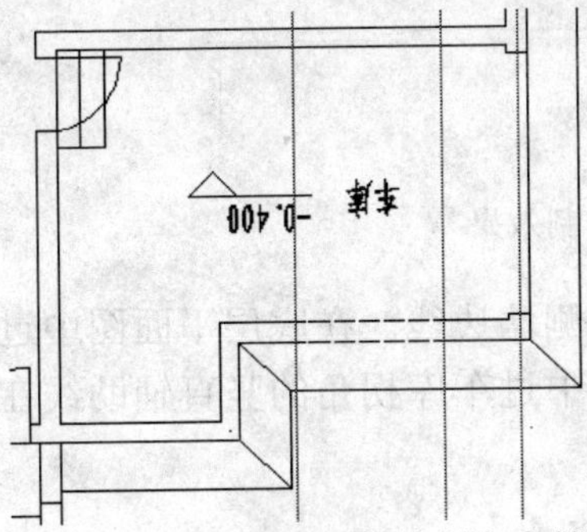

图 5-226　在底层平面图中绘制高窗辅助线

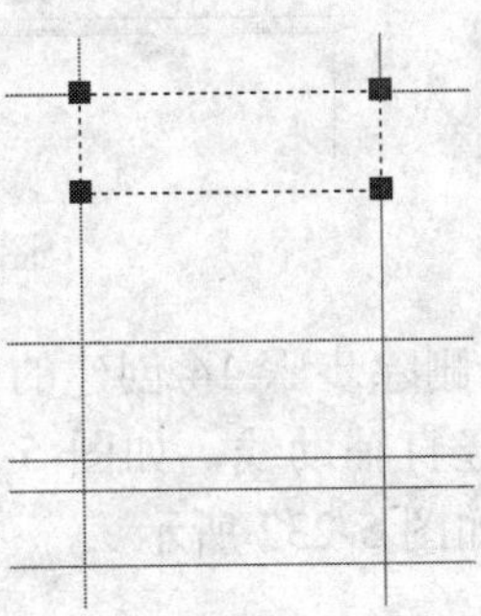

图 5-227　高窗辅助线在立面图中的表现

（13）执行“偏移”命令，向内偏移 80，向外偏移 150，连接上下边中点，效果如图 5-228 所示。

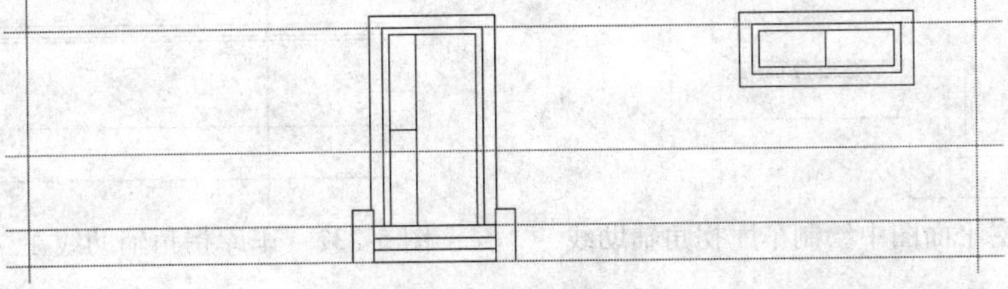

图 5-228　绘制高窗效果

（14） 选择如图 5-233 所示的水平构造线，分别向下偏移 50 和 150，选择图示的左侧竖向构造线分别向左偏移 120，170，270，右侧竖向构造线向右偏移 120，170，270，偏移效果如图 5-229 所示。

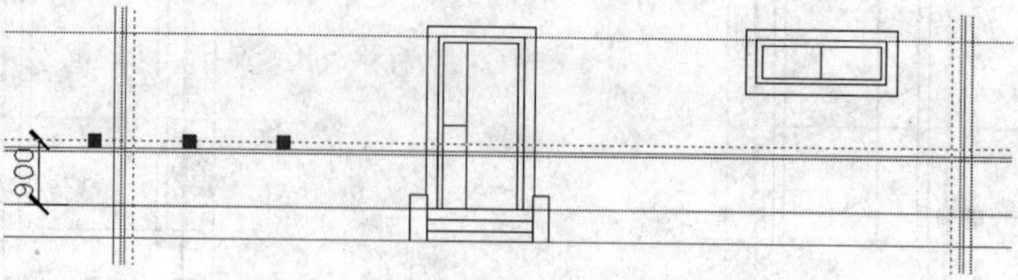

图 5-229 偏移立面图中纵横和横向辅助线

（15） 过步骤 14 绘制的辅助线的交点绘制直线和多段线，效果如图 5-230 所示。

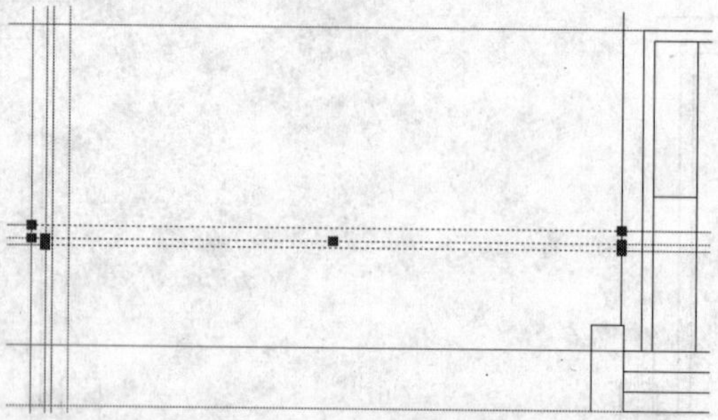

图 5-230 过偏移的辅助线绘制直线和多段线

（16） 关闭“建筑-辅助线”图层，显示已经绘制的总体效果，如图 5-231 所示。

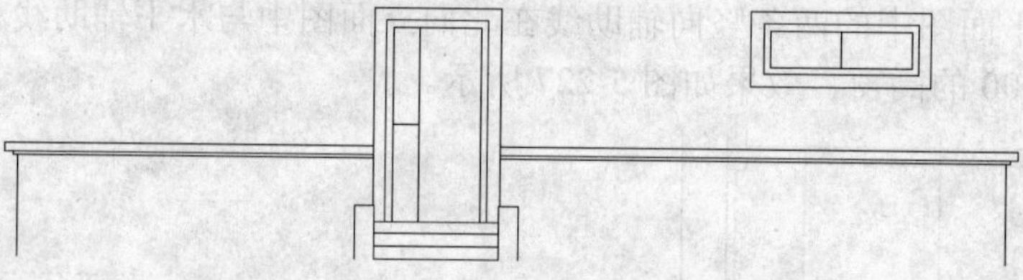

图 5-231 关闭辅助线层的绘制效果

（17） 删除步骤 14 创建的辅助线，仅留两条最外侧墙边线。在底层平面图中过车库拐角的墙绘制竖直辅助线，如图 5-231 所示。底层平面图中过车库拐角的竖直辅助线在北向立面图中表现如图 5-232 所示。

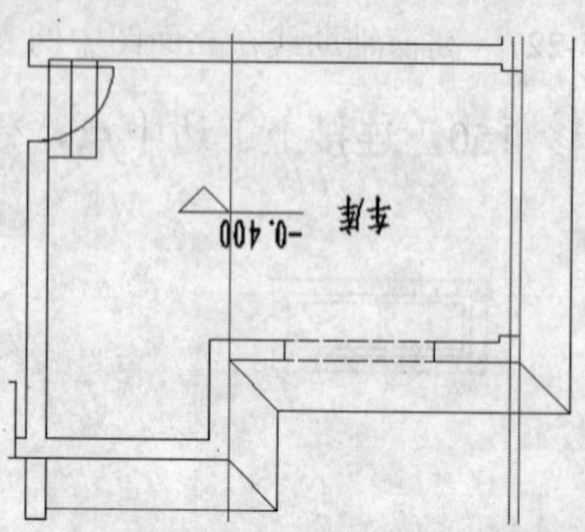

图 5-231 在底层平面图中绘制车库拐角辅助线

图 5-232 车库拐角辅助线在立面图中的表现

（18） 执行“偏移”命令，将步骤 17 绘制的辅助线分别向右偏移 50 和 150，如图 5-233 所示。

（19） 过步骤 17、18 绘制的辅助线与水平辅助线的交点，绘制多段线，效果如图 5-234 所示。

图 5-233 偏移车库拐角辅助线

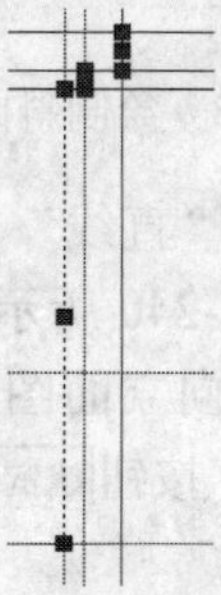

图 5-234 过辅助线绘制直线

（20） 保留车库拐角辅助线，删除其他辅助线，效果如图 5-235 所示。

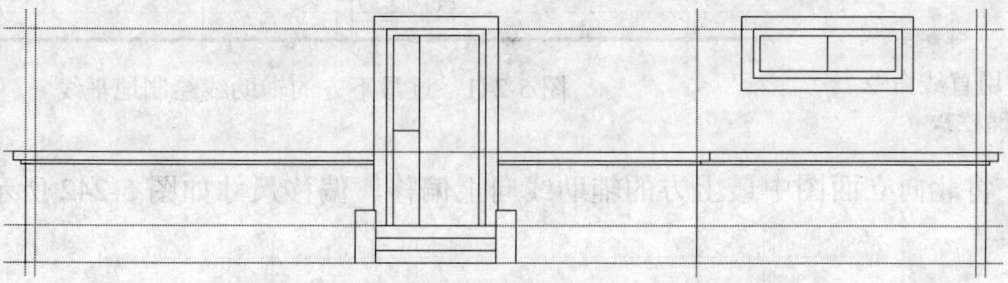

图 5-235 车库拐角在立面图中的表现

（21） 在底层平面图中过正门入口的踏步绘制辅助线，效果如图 5-236 所示。底层平面图中过正门踏步绘制的竖向辅助线在北向立面图中的表现如图 5-237 所示。

图 5-236 在底层平面图中绘制正门踏步辅助线

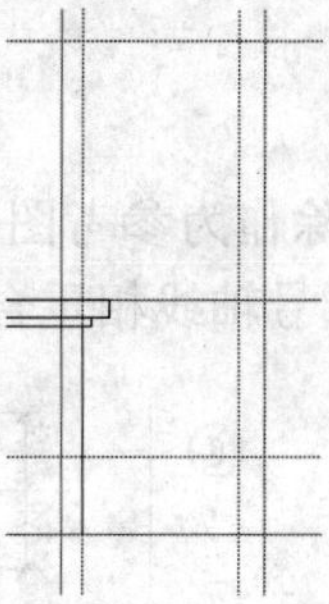

图 5-237 正门踏步辅助线在立面图中的表现

（22） 过步骤 21 绘制的竖向辅助线与水平辅助线的交点绘制斜向构造线，效果如图 5-238 所示。

（23） 执行“偏移”命令，将斜向构造线向上移动 500，同时删除步骤 22 绘制的构造线，效果如图 5-239 所示。

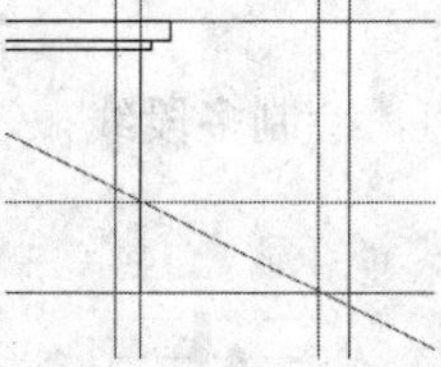

图 5-238　绘制斜向辅助线

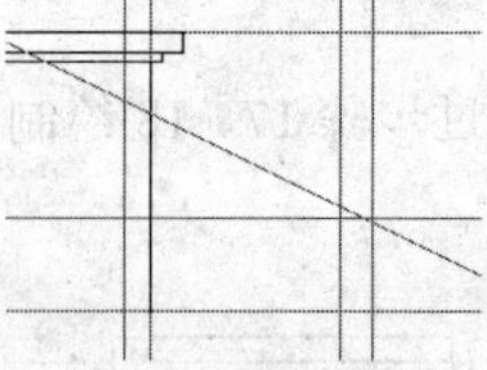

图 5-239　将斜向辅助线向上偏移 500

（24）　使用“直线”命令，捕捉步骤 23 绘制的斜向构造线与竖向辅助线的交点绘制栏板线，效果如图 5-240 所示。

（25）　在北向立面图中，在“建筑-墙线”图层中过最下方的辅助线绘制直线，并单击状态栏的“线宽”按钮线宽，显示效果如图 5-241 所示。

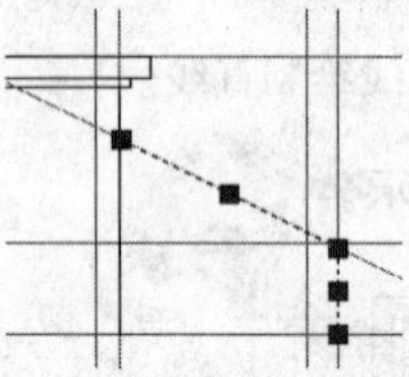

图 5-240　使用直线命令绘制楼梯栏板

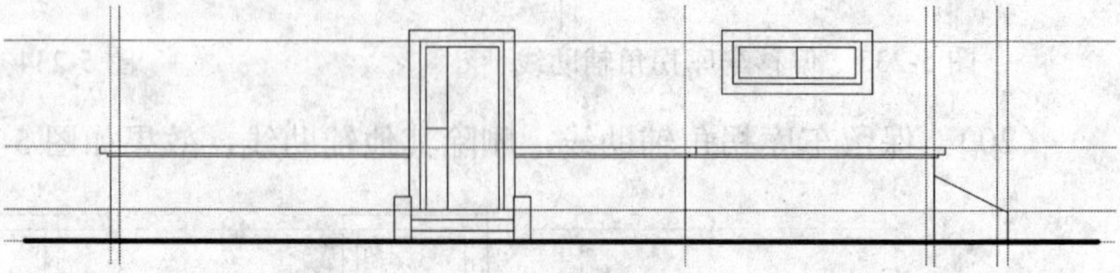

图 5-241　过最下方的辅助线绘制地平线

（26）　将北向立面图中最上方的辅助线向上偏移，偏移尺寸如图 5-242 所示。

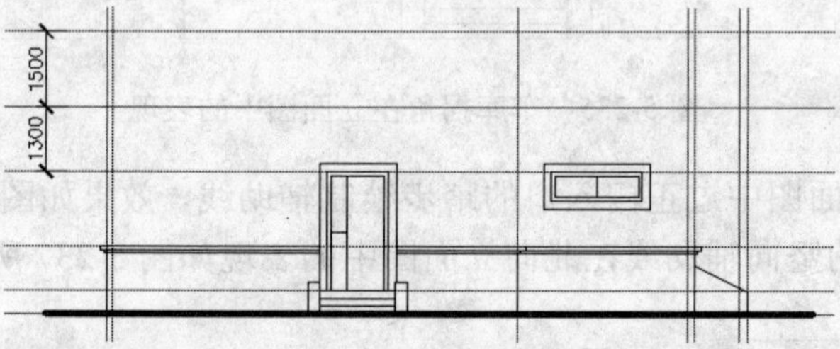

图 5-242　偏移立面图中的水平构造线

（27）　删除作为参考图使用的底层平面图，将二层平面图旋转 180º，移动到北向立面图下方，使得 1 号轴线相重合，效果如图 5-243 所示。

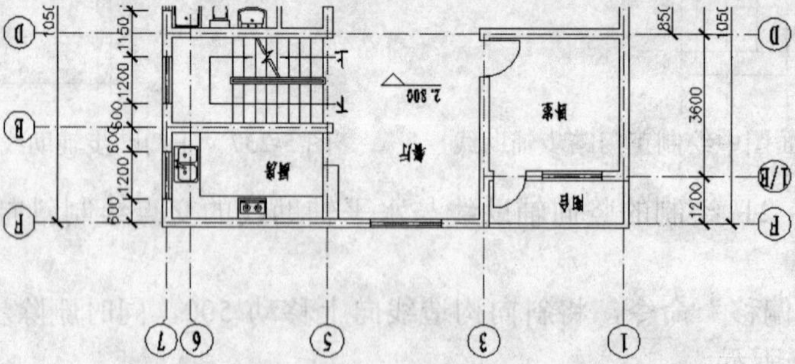

图 5-243　二层平面图旋转 180 度效果

（28）　关闭“建筑-轴线”图层，过二层平面图餐厅、阳台的窗户和门绘制垂直构造线，效果如图 5-244 所示。图 5-245 是过二层平面图餐厅、阳台的窗户和门的垂直构造线在北向立面图中的表示。

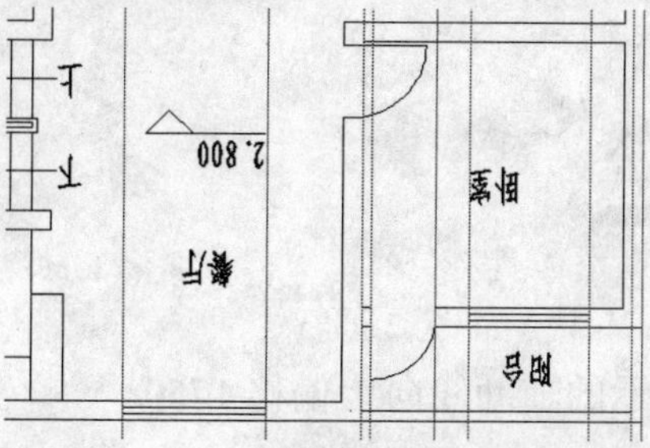
图 5-244　二层平面图绘制门窗辅助线

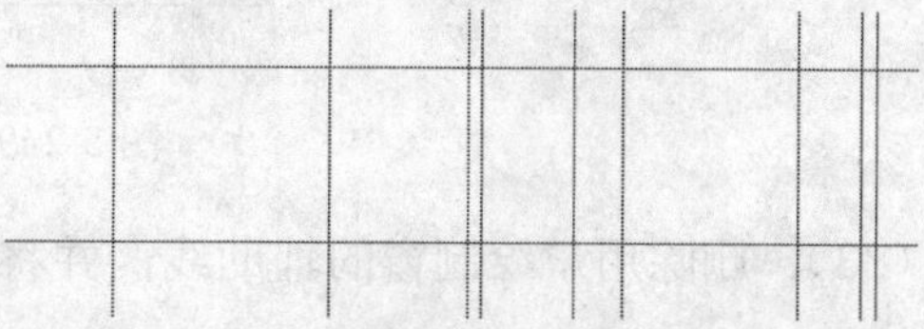
图 5-245　北向阳台门和餐厅窗辅助线在立面图中的表现

（29）执行“矩形”命令，如图 5-246 所示捕捉步骤 28 绘制的竖直辅助线与水平辅助线的交点绘制两个窗户。

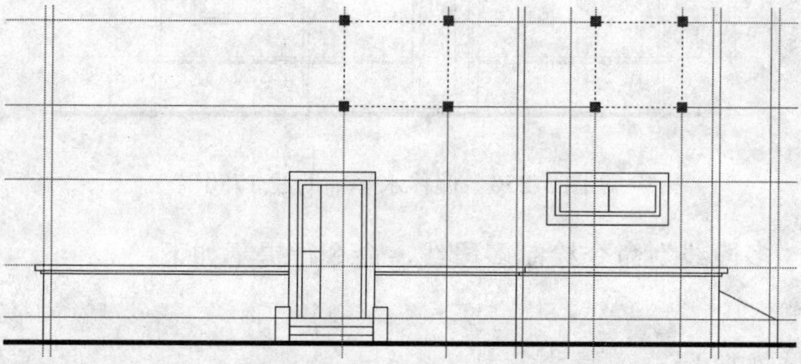
图 5-246　绘制餐厅窗和阳台窗立面图

（30）将步骤 29 绘制的左侧窗户向内偏移 80，向外偏移 150，右侧窗户向内偏移 80，效果如图 5-247 所示。

（31）使用“直线”命令，捕捉窗线的上下边中点绘制窗扇线，效果如图 5-248 所示。

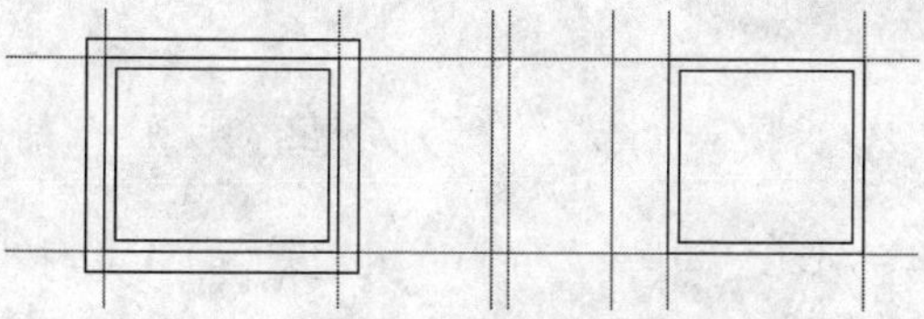
图 5-247　偏移窗框线

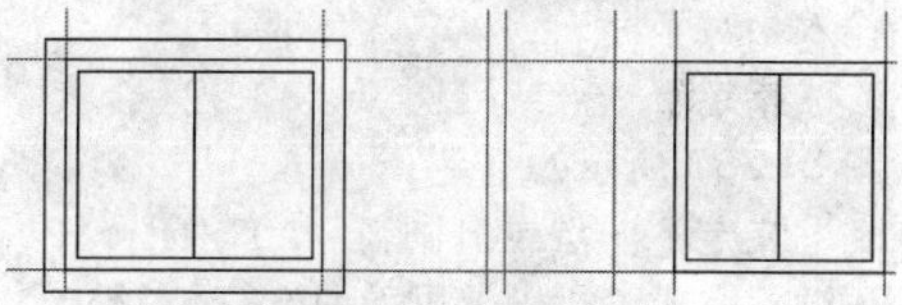
图 5-248　绘制窗扇线

（32）使用“修剪”命令修剪左侧窗户外侧矩形，并使用相对点法绘制窗台，命令行提示如下：

```
命令: _rectang
指定第一个角点或 [倒角 (C) /标高 (E) /圆角 (F) /厚度 (T) /宽度 (W) ]: from//输入from，使用相对点法绘制
基点: //如图 5-249 所示捕捉端点为基点
<偏移>: @100,0//输入相对坐标确定第一个角点
指定另一个角点或 [面积 (A) /尺寸 (D) /旋转 (R) ]: @-2300,-100//输入第二个角点的相对坐标
```

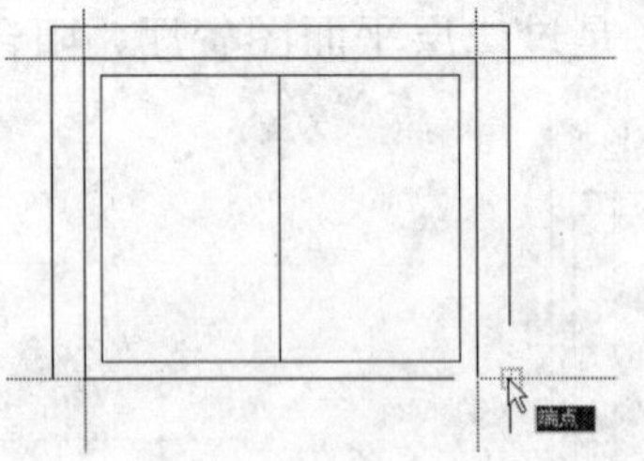

图 5-249 捕捉基点

（33） 删除用户绘制窗的辅助线，并将图 5-250 所示的辅助线向上偏移 1750。

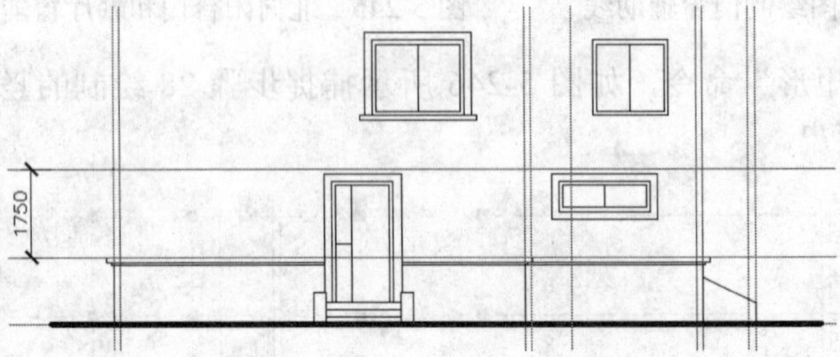

图 5-250 偏移水平辅助线 1750

（34） 执行“多段线”命令绘制多段线，命令行提示如下：

命令: _pline

指定起点://如图 5-251 所示捕捉起点

当前线宽为 0.000

指定下一点或 [圆弧（A）/半宽（H）/长度（L）/放弃（U）/宽度（W）]://如 5-252 所示捕捉多段线第 2 点

指定下一点或 [圆弧（A）/闭合（C）/半宽（H）/长度（L）/放弃（U）/宽度（W）]: @100,0//输入相对坐标

指定下一点或 [圆弧（A）/闭合（C）/半宽（H）/长度（L）/放弃（U）/宽度（W）]: @0,100//输入相对坐标

指定下一点或 [圆弧（A）/闭合（C）/半宽（H）/长度（L）/放弃（U）/宽度（W）]://捕捉图 5-253 所示的垂足

指定下一点或 [圆弧（A）/闭合（C）/半宽（H）/长度（L）/放弃（U）/宽度（W）]://按回车键，完成绘制，效果如图 5-254 所示

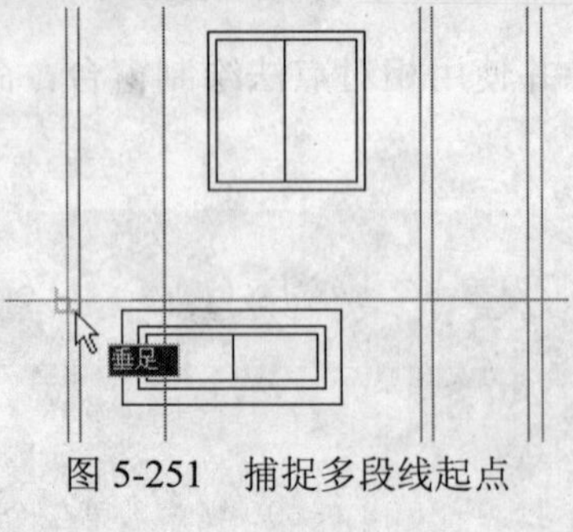

图 5-251 捕捉多段线起点

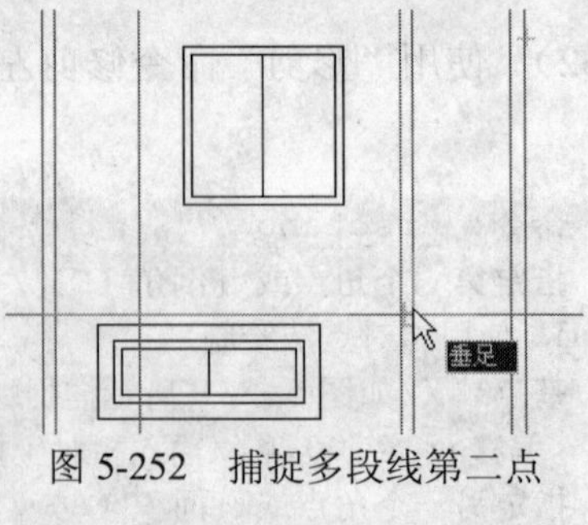

图 5-252 捕捉多段线第二点

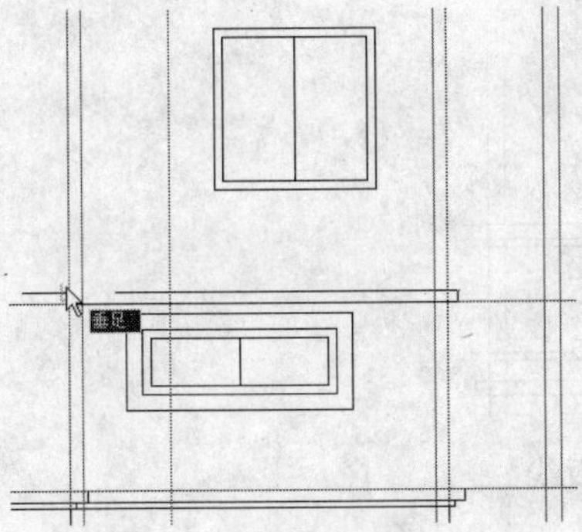

图 5-253 捕捉多段线最后一点

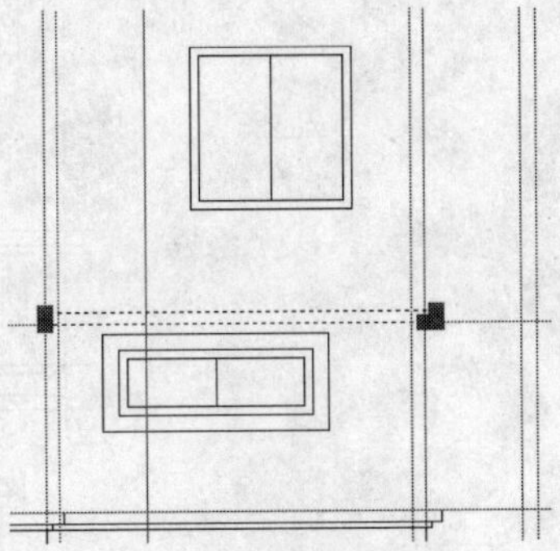

图 5-254 闭合多段线

（35） 执行“偏移”命令，将辅助线偏移，偏移尺寸如图 5-255 所示。

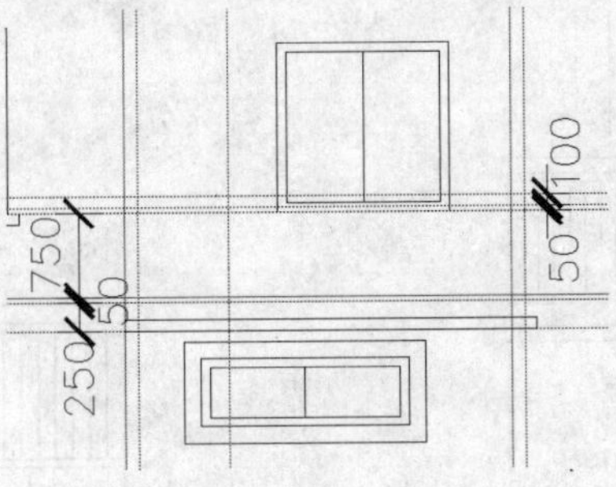

图 5-255 偏移水平向辅助线

（36） 使用“直线”命令绘制直线，关闭“建筑-辅助线”图层后，效果如图 5-256 所示。

（37） 打开关闭“建筑-辅助线”图层，执行“直线”命令，命令行提示如下：

```
命令: _line 指定第一点: from//输入 from，使用相对点法确定直线的第一点
基点: //捕捉图 5-257 所示的端点为基点
<偏移>: @100,0//输入相对偏移距离，确定第一点
指定下一点或 [放弃 (U) ]://捕捉垂足确定第二点
指定下一点或 [放弃 (U) ]://按回车键，完成绘制，第一条阳台栏板线如图 5-258 所示
```

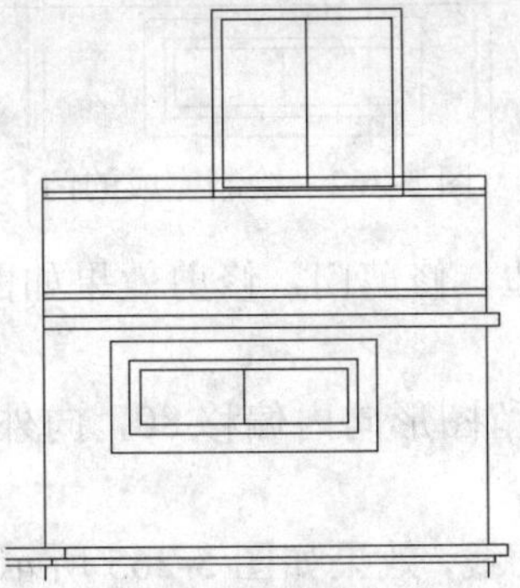

图 5-256 绘制直线

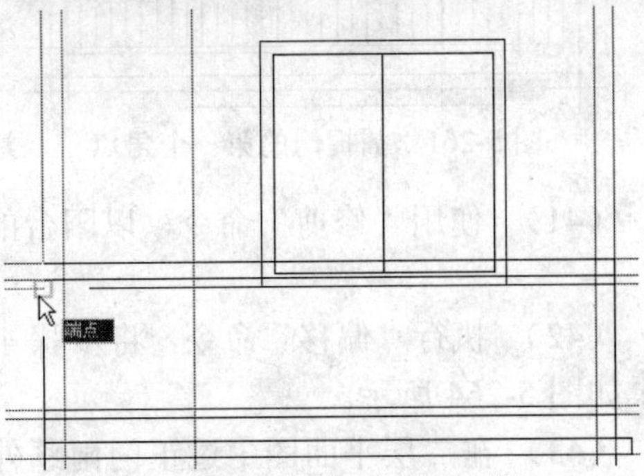

图 5-257 捕捉相对点法的基点

（38） 执行“矩形阵列”命令，阵列对象为步骤 37 绘制的阳台栏板线，阵列行数为 1，列数为 34，列间距为 100，阵列效果如图 5-259 所示。

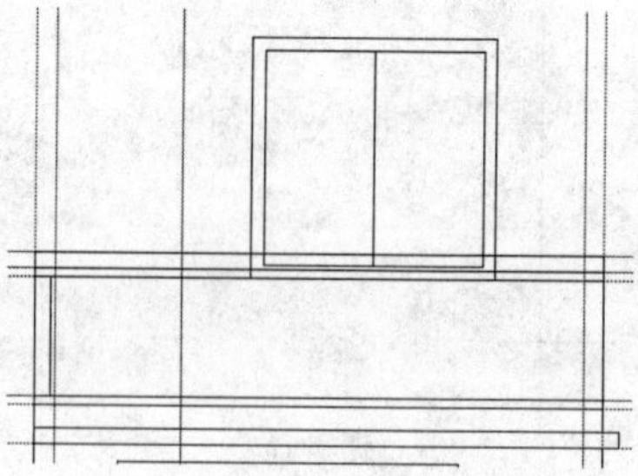

图 5-258　绘制阳台栏板线

（39） 执行“修剪”命令，以阳台的扶手线为剪切边，修剪效果如图 5-260 所示。

图 5-259　阳台栏板阵列效果

图 5-260　修剪北向阳台窗户线

（40） 执行“矩形”命令绘制高 800×2000 的门，第一个角点如图 5-261 所示的交点，绘制效果如图 5-262 所示。

图 5-261　捕捉门的第一个角点

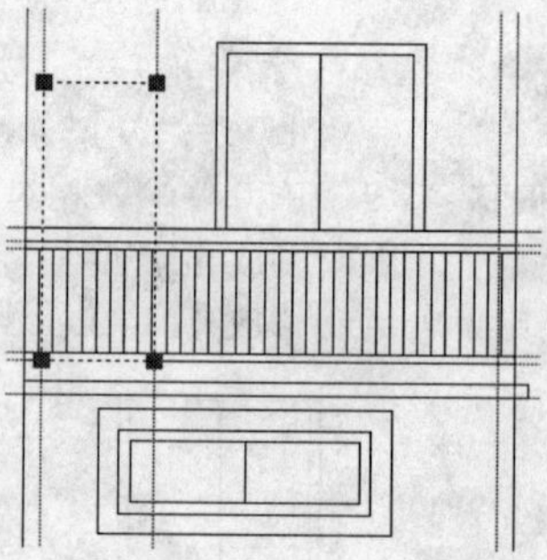

图 5-262　绘制完成的门

（41） 使用“修剪”命令，以阳台的扶手线为剪切边，修剪门，修剪效果如图 5-264 所示。

（42） 执行“偏移”命令，将步骤 41 修剪后的门遗留图形向内偏移 80，向外偏移 100，效果如图 5-264 所示。

（43） 在二层平面图中过正门雨蓬外侧绘制竖向辅助线，效果如图 5-265 所示。图 5-266 是二层平面图中正门雨蓬外侧的竖向辅助线在北向立面图中的表现。

图 5-263　修剪阳台门

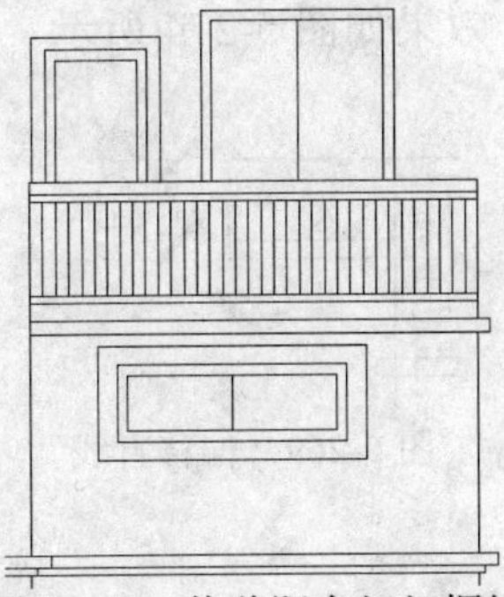

图 5-264　偏移阳台门门框线

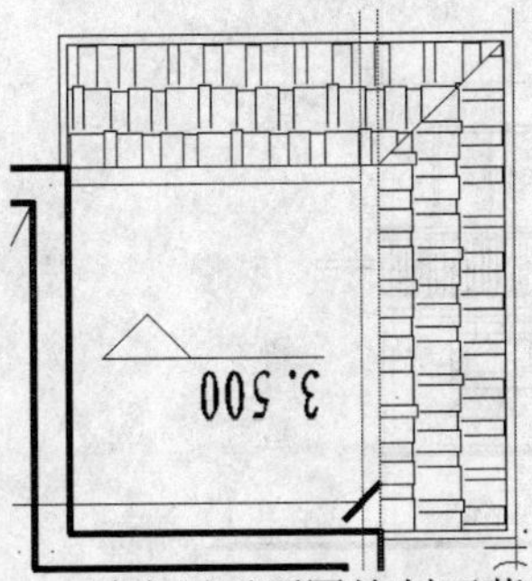

图 5-265　过底层平面图绘制雨蓬辅助线

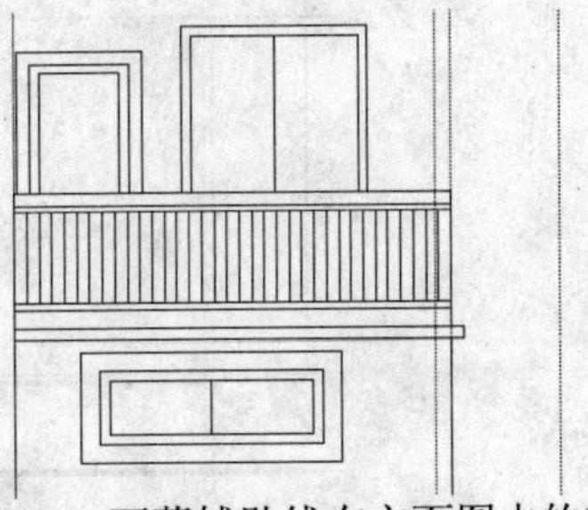

图 5-266　雨蓬辅助线在立面图中的表现

（44）执行“偏移”命令，将图 5-267 所示的水平辅助线向上偏移 2400。

（45）以过步骤 44 绘制的水平辅助线和阳台最右侧栏板线的交点为第一点，绘制直线，将直线向上偏移 100，使用直线连接，效果如图 5-268 所示。

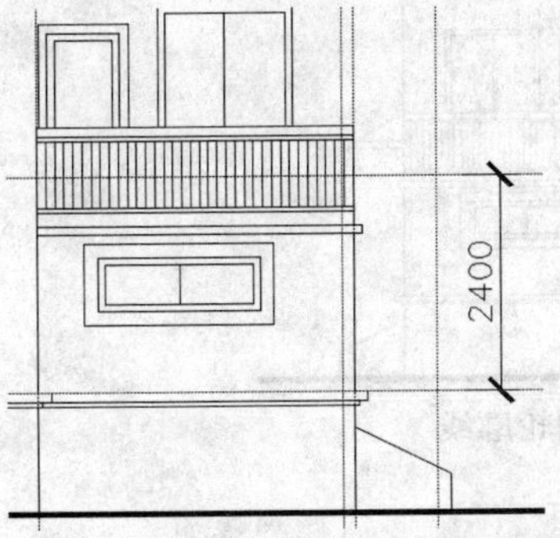

图 5-267　将立面图中的水平辅助线向上偏移 2400

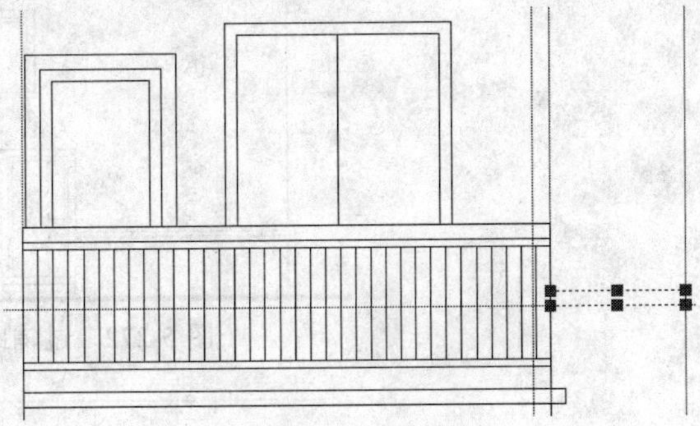

图 5-268　绘制雨蓬板

（46）执行“偏移”命令，将步骤 45 偏移生成的直线向上偏移 450，将竖向连接直线向左偏移 60，效果如图 5-269 所示。

（47）使用“直线”命令连接直线的交点，删除步骤 46 创建的偏移线，效果如图 5-270 所示。

（48）使用“偏移”命令补充水平辅助线，偏移尺寸如图 5-271 所示，并同时补充轴线 5 左侧墙体的竖向构造线。

（49）过步骤 48 创建的竖向构造线与水平构造线的交点绘制外墙轮廓，关闭“建筑-辅助线”图层，效果如图 5-272 所示。

（50）执行“偏移”命令，以图 5-273 所示的直线为偏移对象，分别向上偏移 50，750，

800，900，效果如图 5-274 所示。

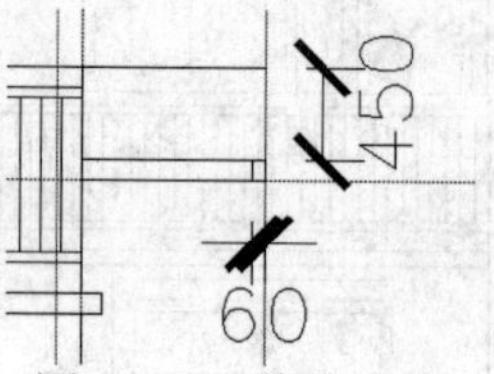

图 5-269　偏移直线

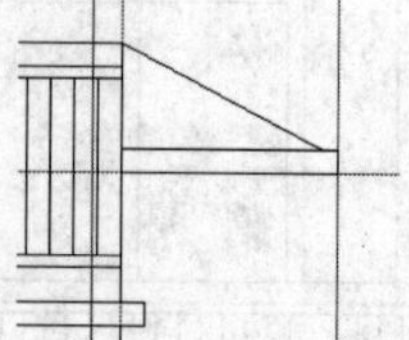

图 5-270　绘制雨蓬坡面

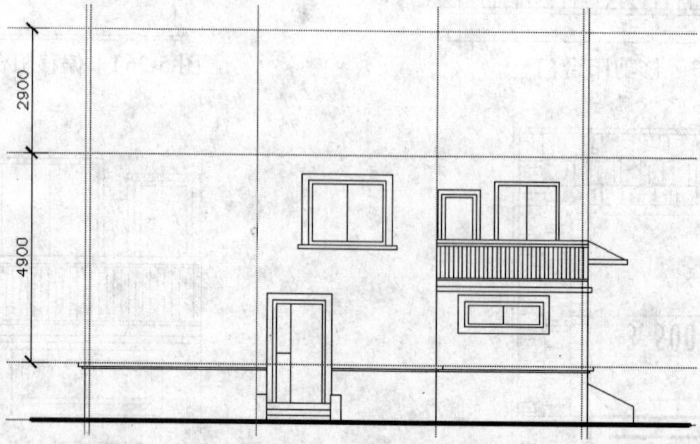

图 5-271　补充辅助线

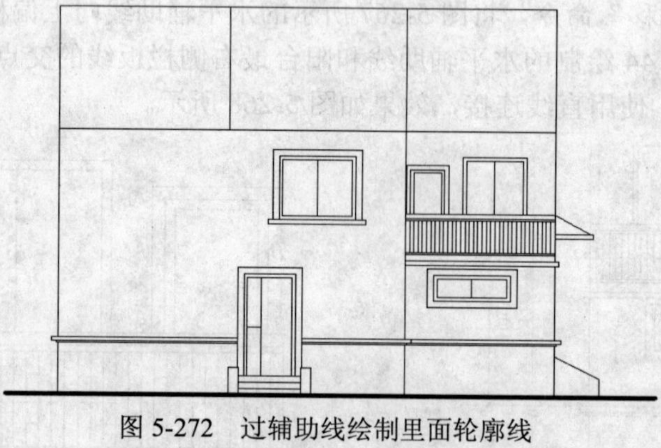

图 5-272　过辅助线绘制里面轮廓线

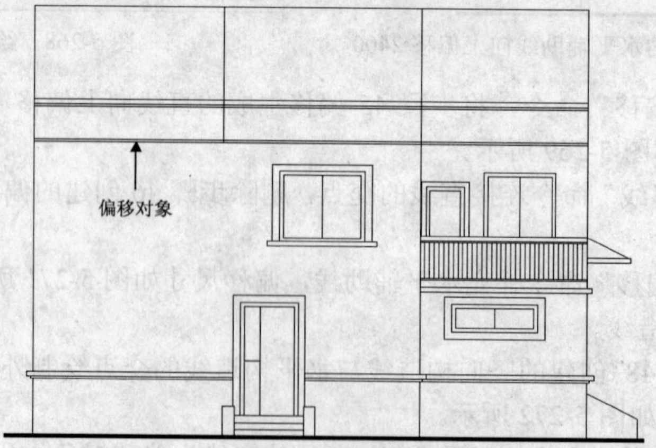

图 5-273　偏移轮廓线

（51） 复制如图 5-274 所示的窗户，捕捉中点为基点，插入点为如图 5-275 所示的垂足。

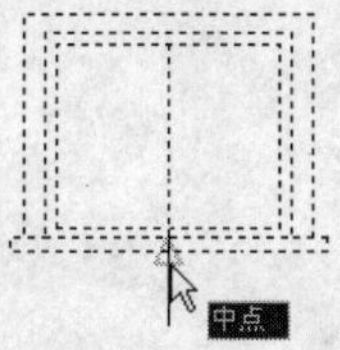

图 5-274 指定复制窗户的基点

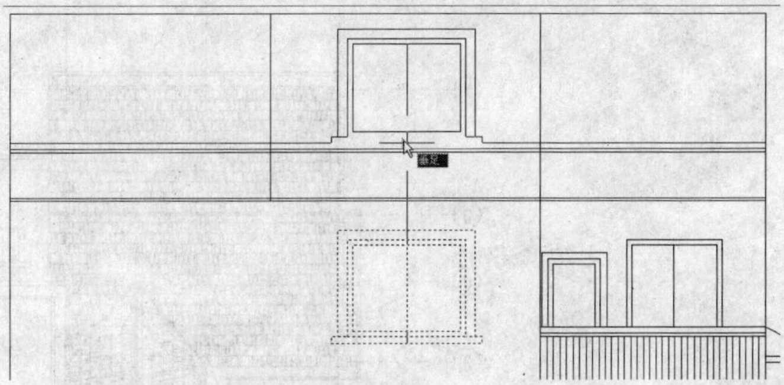

图 5-275 指定复制窗户的插入点

（52） 执行“修剪”命令，以新创建的窗两侧的墙线为剪切边，修剪墙线之间的部分，修剪效果如图 5-276 所示。

图 5-276 修剪效果

（53） 按照步骤 37 创建第一条栏板线，执行“阵列矩形”命令，以栏板线为阵列对象，左侧阳台阵列行数为 1，列数为 39，列间距为 100，右侧阳台的列为 34，其他与左侧同，阵列效果如图 5-277 所示。

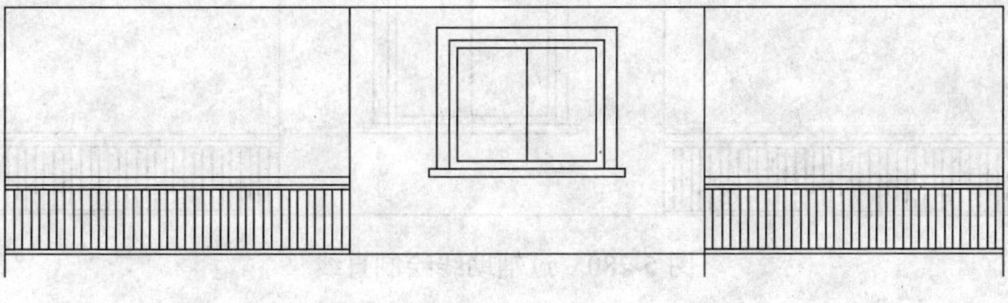

图 5-277 栏板线绘制效果

（54） 删除二层平面图，将屋顶平面图旋转 180º，复制屋顶平面图，使 1 号轴线与北向立面图的 1 号轴线重合，效果如图 5-278 所示。

（55） 在北向立面图中，将最上方水平辅助线向上偏移 200，并沿屋顶侧边绘制竖直构造线，效果如图 5-279 所示。

（56） 过步骤 55 绘制的辅助线的交点绘制直线，关闭“建筑-辅助线”图层，效果如图 5-280 所示。

（57） 执行“偏移”命令，如图 5-281 所示偏移辅助线，偏移尺寸如图所示。

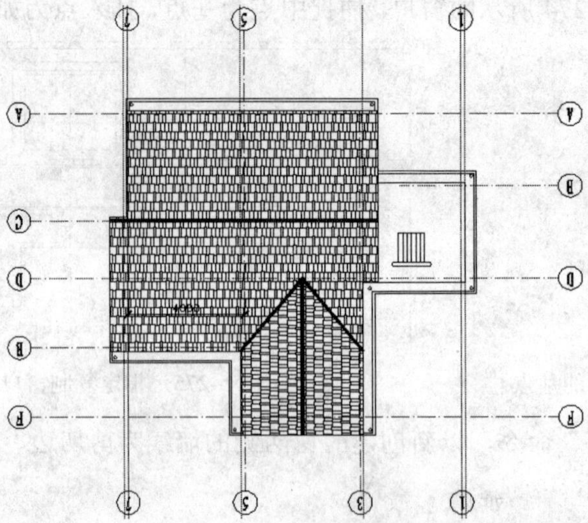

图 5-278　屋顶平面图旋转 180º 效果并绘制辅助线

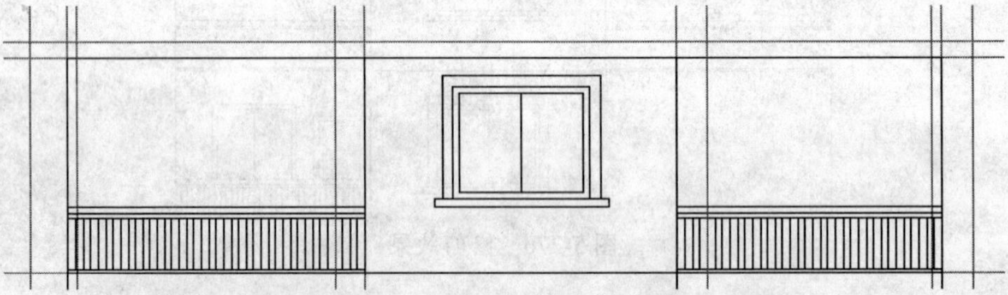

图 5-279　屋顶平面图辅助线在立面图中的表现

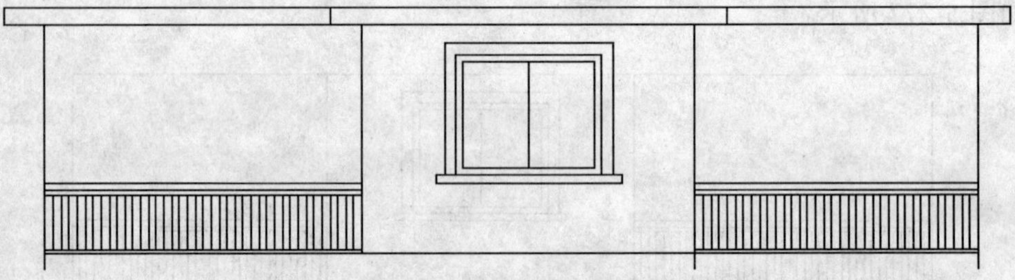

图 5-280　过辅助线绘制直线

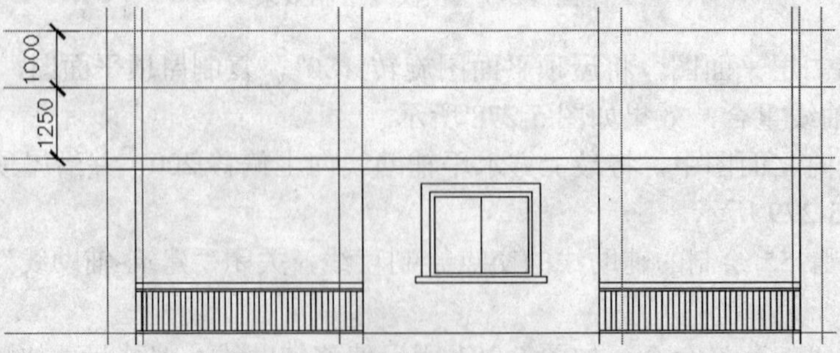

图 5-281　将立面图中的辅助线向上偏移

（58）根据步骤 57 绘制的辅助线绘制屋顶线，并将斜屋顶线向外偏移 60，向内偏移 100，效果如图 5-282 所示。

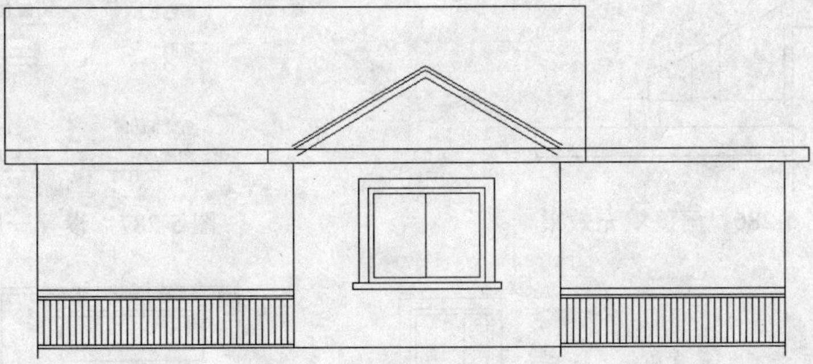

图 5-282　根据辅助线绘制屋顶

（59）使用“修剪”和“延伸”命令，对偏移后的斜屋顶线进行编辑，效果如图 5-283 所示。

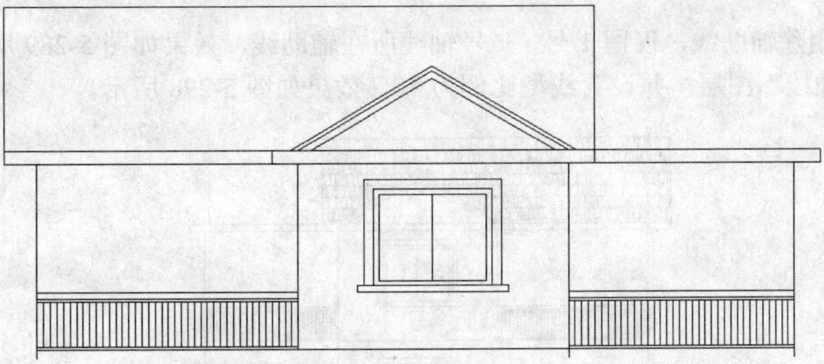

图 5-283　修剪屋顶线

（60）单击“图案填充”按钮，在弹出的“图案填充和渐变色”对话框中设置屋顶的填充图案，参数设置如图 5-284 所示，填充效果如图 5-285 所示。

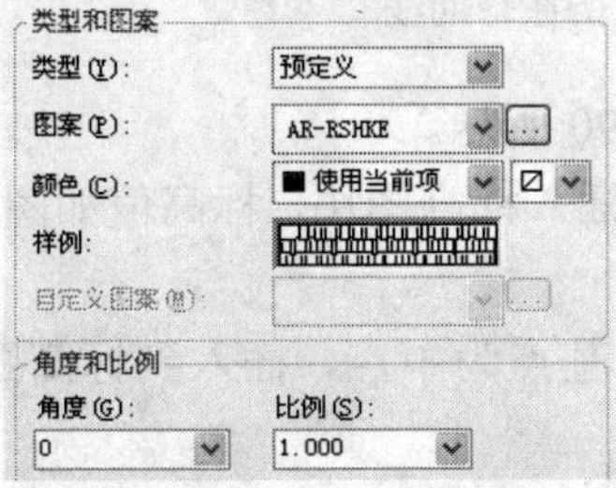

图 5-284　设置屋顶填充图案

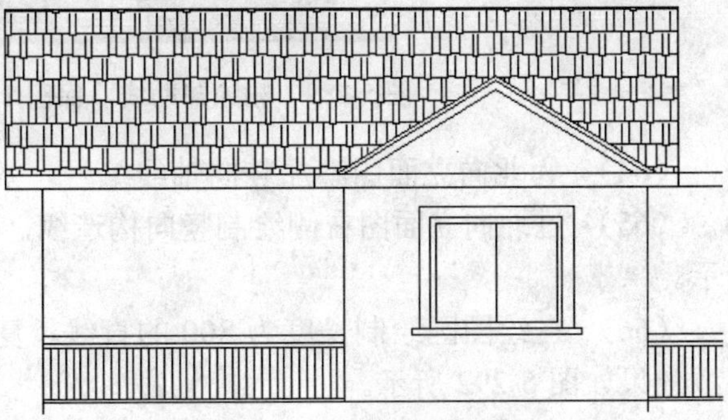

图 5-285　屋顶填充效果

（61）使用同样的参数设置，填充雨蓬，效果如图 5-286 所示。

（62）单击“图案填充”按钮，在弹出的“图案填充和渐变色”对话框中设置一层墙面的填充图案，参数设置如图 5-287 所示，填充效果如图 5-288 所示。

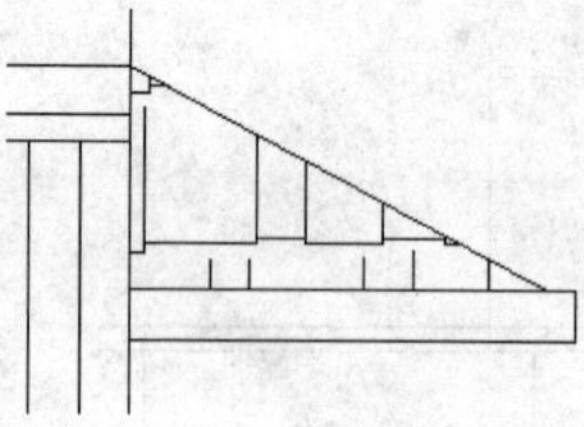
图 5-286　雨蓬填充效果

图 5-287　设置一层墙面填充图案

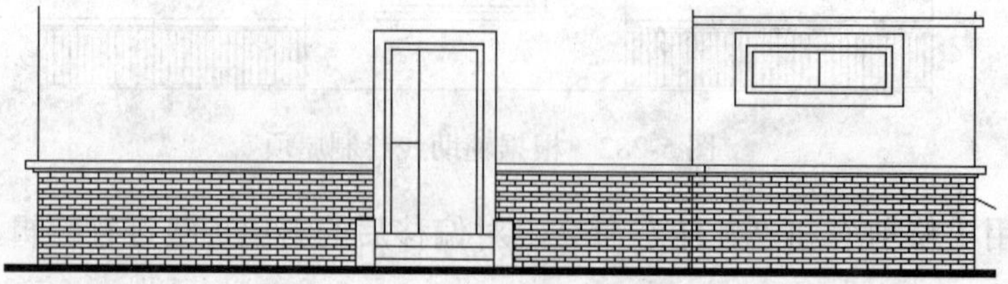
图 5-288　一层墙面填充效果

（63）删除辅助线，仅留 1 号，7 号轴线所在辅助线，效果如图 5-289 所示。将辅助线移到“建筑-轴线”图层，并设置线型比例为 50，效果如图 5-298 所示。

图 5-289　删除辅助线，保留 1 号，7 号轴线所在辅助线

（64）为北向立面图添加竖向轴线编号，效果如图 5-290 所示。

（65）过北向立面图右侧绘制竖向构造线，在构造线上插入标高图块，标高值如图 5-291 所示。

（66）在绘图区绘制长度为 800 的直线，复制该直线，基点为中点，插入到标高图块底部，效果如图 5-292 所示。

（67）删除竖向构造线，绘制完成北向立面图效果如图 5-293 所示。

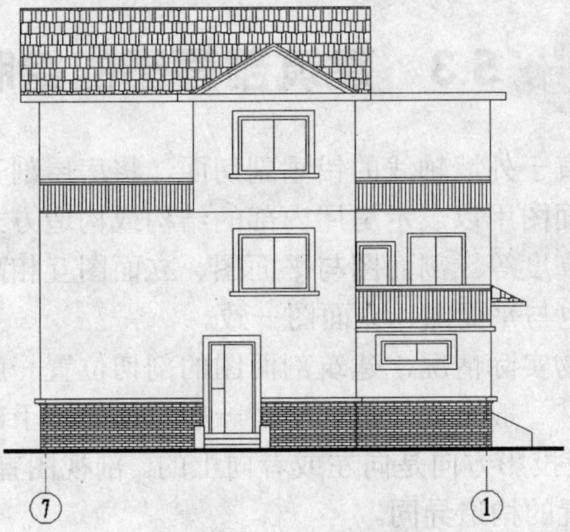

图 5-290　添加轴线编号

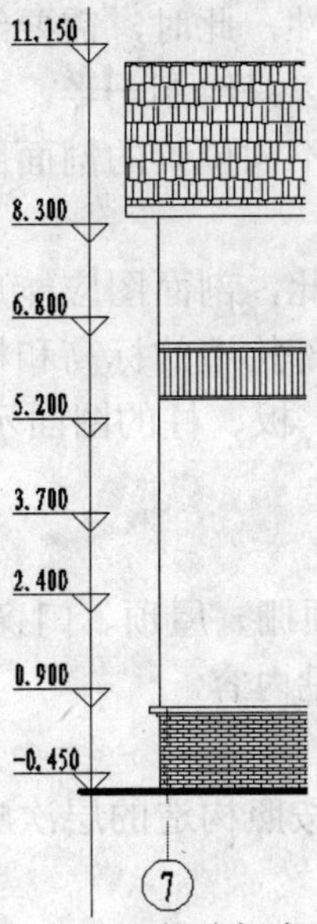

图 5-291　创建标高

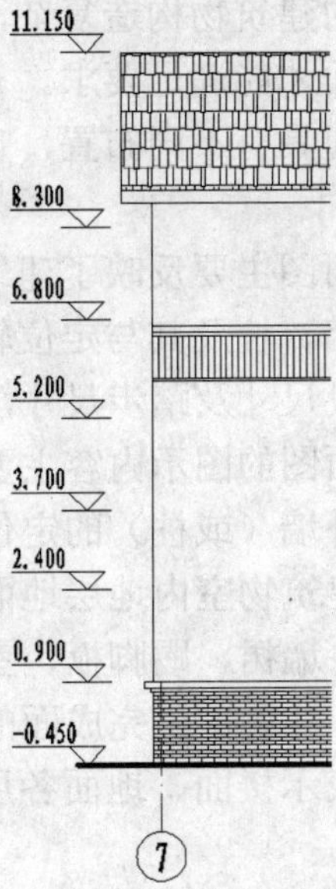

图 5-292　创建标高底线

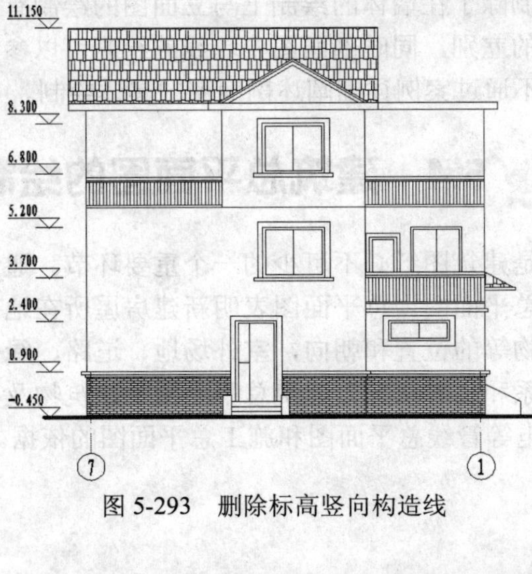

图 5-293　删除标高竖向构造线

5.3　建筑剖面图的绘制

假想用一个或多个垂直于外墙轴线的铅垂副切面，将房屋剖开所得的投影图，称为建筑剖面图，简称剖面图。剖面图用以表示房屋内部的结构或构造方式、屋面形状、分层情况和各部位的联系、材料及其高度等。剖面图与平面图、立面图互相配合，是不可缺少的重要图样之一。采用的比例一般也与平面图、立面图一致。

为了清楚地反映建筑物实际情况，建筑剖面图的剖切位置一般选择在建筑物内部构造复杂或者具有代表性的位置。一般来说，剖切平面一般应该平行于建筑物长度或者宽度方向，最好能通过门、窗洞。一般投影方向是向左或者向上的。剖视图宜采用平行剖切面进行剖切，从而表达出建筑物不同位置的构造异同。

不同图形之间，剖切面数量也是不同的。结构简单的建筑物，可能绘制一两个剖切面就行了，但有的建筑物构造复杂，其内部功能又没有什么规律性，此时，需要绘制从多个角度剖切的剖切面才能满足要求。有的对称的建筑物，剖面图可以只绘制一半，有的建筑物在某一条轴线之间具有不同布置，也可以在同一个剖面图上绘出不同位置的剖面图，但是要给出说明。

建筑剖面图主要反映了建筑内部的空间形式及标高，因此，剖面图应能反映出剖切后所能表现到的墙、柱及其与定位轴线之间的关系，表现出各细部构造的标高和构造形式，表示出楼梯的踢段尺寸及踏步尺寸，位于墙体内的门窗高度和梁、板、柱的图面示意。

建筑剖面图的图示内容主要概括为以下部分：

（1）　外墙（或柱）的定位轴线。

（2）　建筑物室内地层地面、地坑、地沟、各层楼面、顶棚、屋顶、门窗、楼梯、阳台、雨蓬、留洞、墙裙、踢脚板、室外地面、散水、排水沟等能见内容。

（3）　标注各部位完成面的标高和高度方向的尺寸。

（4）　表示楼面、地面各层的构造做法。一般用引出线按照构造的层次顺序分层加以文字说明。

（5）　表示需要画详图之处的索引符号。

由于建筑剖面图的绘制除了在墙体的绘制上与立面图的绘制有一定差别之外，其他的绘制方法与立面图没有太大的差别，同时剖面图中墙线的绘制可以参考平面图中墙线的绘制方法进行绘制，因此本节将不通过案例详细阐述剖面图的具体绘制。

5.4　建筑总平面图的绘制

建筑总平面图的绘制是建筑图纸必不可少的一个重要环节。通常是通过在建设地域上空向地面一定范围投影得到总平面图。总平面图表明新建房屋所在地有关范围内的总体布置，它反映了新建房屋、建筑物等的位置和朝向，室外场地、道路、绿化的布置，地形、地貌标高以及其和原有环境的关系和临界状况。建筑总平面图是建筑物及其他设施施工的定位、土方施工以及绘制水、暖、电等管线总平面图和施工总平面图的依据。

5.4.1 建筑总平面图的内容

建筑总平面图所要表达的内容如下：

（1） 建筑地域的环境状况，如地理位置、建筑物占地界限及原有建筑物、各种管道等。

（2） 应用图例以表明新建区、扩建区和改建区的总体布置，表明各个建筑物和构筑物的位置，道路、广场、室外场地和绿化等的布置情况以及各个建筑物和层数等。在总平面图上，一般应该画出所采用的主要图例及其名称。此外，对于《总图制图标准》中所缺乏规定而需要自定的图例，必须在总平面图中绘制清楚，并注明名称。

（3） 确定新建或者扩建工程的具体位置，一般根据原有的房屋或者道路来定位。

（4） 当新建成片的建筑物和构筑物或者较大的公共建筑和厂房时，往往采用坐标来确定每一个建筑物及其道路转折点等的位置。在地形起伏较大的地区，还应画出地形等高线。

（5） 注明新建房屋底层室内和室外平整地面的绝对标高。

（6） 未来计划扩建的工程位置。

（7） 画出风向频率玫瑰图形以及指北针图形，用来表示该地区的常年风向频率和建筑物、构筑物等地方向，有时也可以只画出单独的指北针。

（8） 注写图名和比例尺。

5.4.2 建筑总平面图的绘制方法及步骤

绘制建筑总平面图时，坐标和尺寸定位以及标高是建筑总平面图绘制的关键。具体绘制的步骤如下：

（1） 设定图形界限，按制图标准创建常用图层。

（2） 设定好坐标原点，确定好图纸坐标与测量点位置的坐标关系。

（3） 根据坐标值和设计依据文件中规定的位置关系绘制建筑红线图。

（4） 绘制已建建筑或构筑物的平面图和已有道路布置图。

（5） 坐标定位，新建建筑的平面和新建道路布置图。

（6） 绘制绿化和其他设施的布置图如停车坪、运动场地等

（7） 填充图样，规范未规定的图样，要单独绘制图例并注明。

（8） 标注文字、坐标、及尺寸，绘制风玫瑰或指北针。

（9） 填写图框标题栏，打印出图。

结合上述要求，建筑剖面图的绘制步骤如下：

（1） 绘制轴线、室内外地坪线、楼面线和顶棚线，并绘制墙线，主要使用的命令有“直线”命令、“偏移”命令和“修剪”命令。

（2） 确定门窗位置和楼梯位置，以及绘制其他细部如门洞、楼梯、楼板、雨蓬、檐口、屋面、台阶等，主要通过“直线”命令和“修改”工具栏上的一些修改命令完成。

（3） 填充材料图案、注写标高、尺寸、图名、比例和相关的文字说明，调整图层。

5.4.3 实例 37——绘制小区总平面图

创建如图 5-294 所示的小区总平面图，绘图比例为 1:1000。

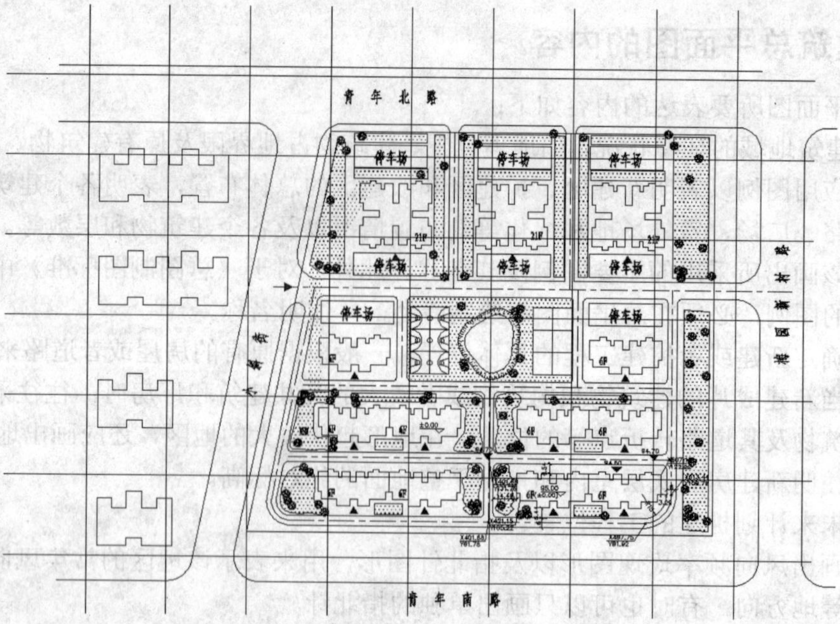

图 5-294　小区总平面图

具体的操作步骤如下：

（1） 选择“格式”|“图形界限”命令，命令行提示如下：

```
命令: '_limits
重新设置模型空间界限:
指定左下角点或 [开 (ON) /关 (OFF) ] <0.0000,0.0000>:  //接受默认值
指定右上角点 <420.0000,297.0000>: 841,594//设置图形的绘制范围为 841×594
```

（2） 单击“样式”工具栏上的“文字样式”按钮，弹出“文字样式”对话框，单击“新建”按钮，创建 A5 文字样式，字体采用“仿宋-GB2312”，字高为 5，高宽比为 0.7。同样可以设置 A7 文字样式，字高为 7。

（3） 在第 4 章中讲解过创建尺寸标注样式的两种方法，本节使用的尺寸标注需要在第 4 章已经创建的 S1-100 的基础上进行修改，修改“调整”选项卡中的“全局比例”为 1，调整“主单位”选项卡中“线性标注”的精度为“0.00”，其他参数设置与 S1-100 相同，继续采用 S1-100 的命名。

（4） 单击“图层”工具栏上的“图层特性管理器”按钮，在弹出的“图层特性管理器”对话框中创建如图 5-295 所示的图层，图层的颜色、线型和线宽设置参考图中设置。

（5） 在“图层”工具栏的下拉列表中，选择“辅助线”图层为当前图层，执行“构造线”命令，过坐标原点，绘制水平构造线和垂直构造线，绘制坐标网格线。执行“偏移”命令，将水平和垂直构造线分别向上和向右偏移 50，形成 50 mm×50 mm 的坐标网格，效果如图 5-296 所示。

（6） 由于 50×50 网格的左下交点的坐标需要定位测量坐标的（152.30, 69.20）。执行“移动”命令，将步骤 5 创建的网格移动，相对坐标为（@152.30,69.20），移动效果如图 5-297 所示。

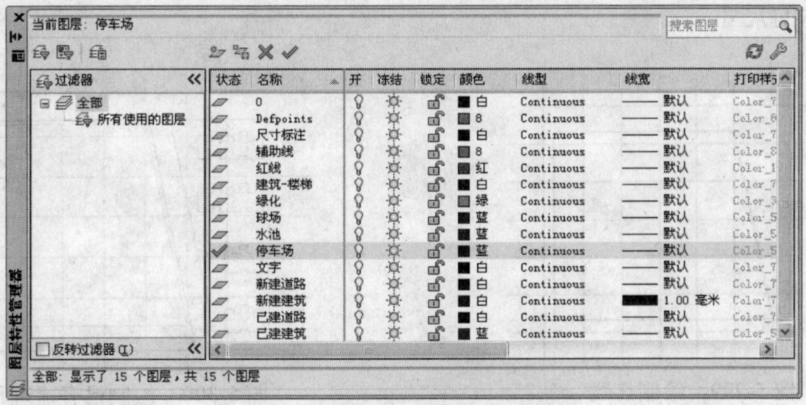

图 5-295　创建小区总平面图图层

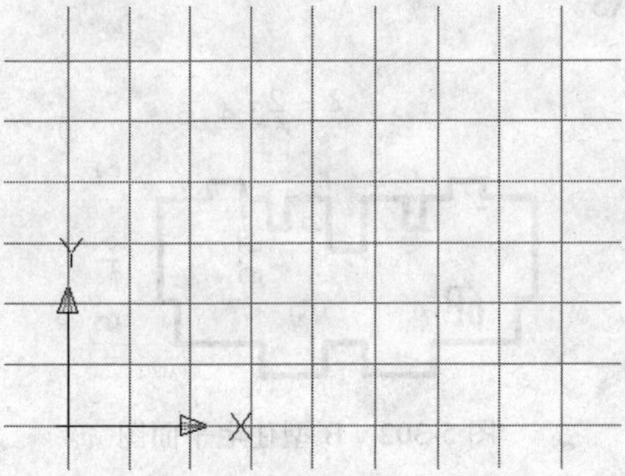

图 5-296　绘制 50×50 坐标网格

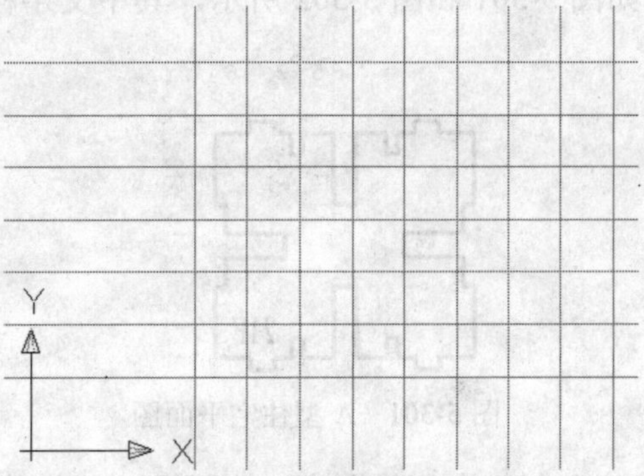

图 5-297　移动坐标网格

（7）　在步骤 6 移动完成后的坐标网格周围绘制水平和垂直构造线，以这些构造线为剪切边，对网格构造线进行修剪，修剪效果如图 5-298 所示。

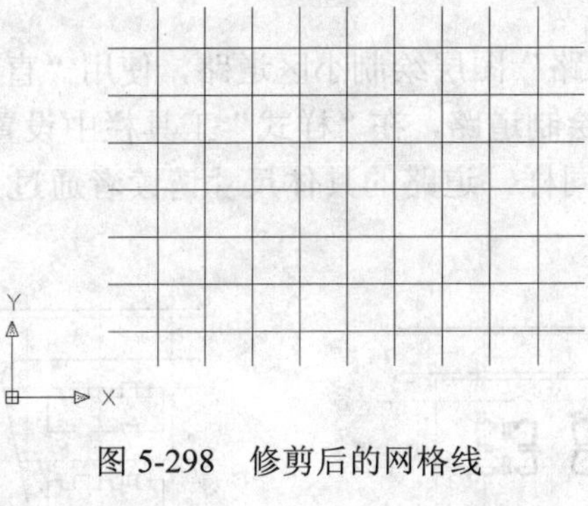

图 5-298　修剪后的网格线

（8）切换到“红线”图层，使用“多段线”命令绘制红线，四个角点坐标分别是（302.3000，334.7025）、（538.8513，334.7025）、（535.3304，93.6450）、（252.3000，84.7025），效果如图 5-299 所示。

（9）　切换到“已建建筑”和“已建道路”图层，根据已有的建筑数据绘制已建的建筑物、构筑物和道路，效果如图 5-300 所示。为了图面的整洁，没有在图中标注出具体的尺寸位置，读者可以在本书提供的源文件中，打开源文件，使用尺寸标注基本工具和点坐标查询工具查询具体的尺寸。

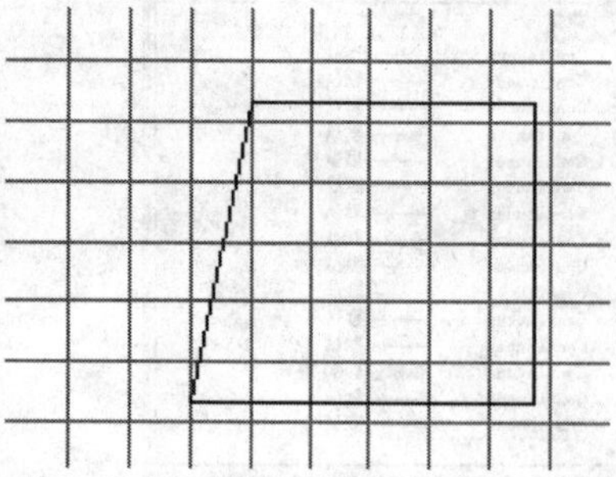

图 5-299　绘制红线

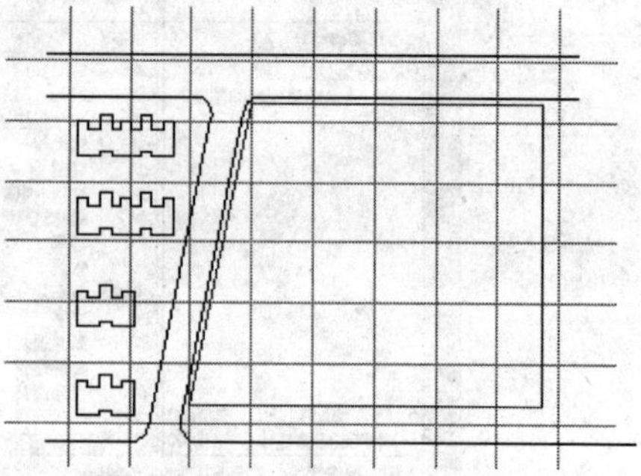

图 5-300　绘制已有建筑和道路

（10）　切换到“新建建筑”图层，使用“多段线”命令绘制新建建筑单体的轮廓线，尺寸如图 5-301 和图 5-302 所示，其中文字样式采用 A5。

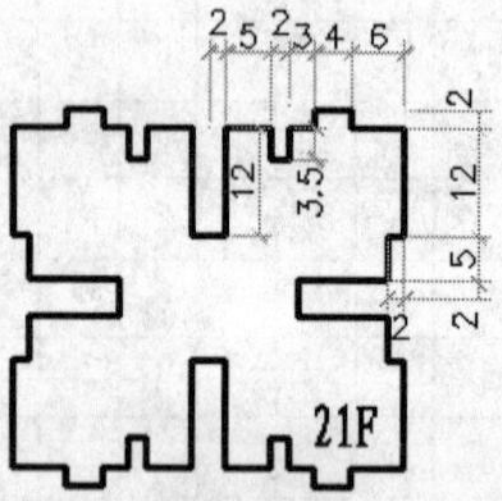

图 5-301　A 型住宅平面图

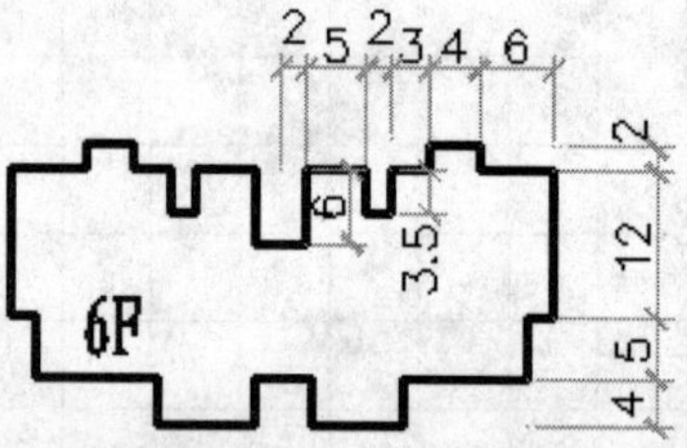

图 5-302　B 型住宅平面图

（11）　在红线图内，按照设计的位置布置各种建筑，按平面图上从左至右，从上至下的顺序，各新建建筑左上角点的坐标分别为（321.0409，302.5105）、（392.5711，302.5105）、（464.1013，302.5105）、（296.2189，206.0352）、（463.1456，206.0352）、（296.2189，162.3036）、（419.1456，162.3036）、（296.2189，122.2162）、（419.1456，122.2162），效果如图 5-303 所示。

（12）　切换到“新建道路”图层绘制小区道路，使用“直线”命令绘制道路中线，使用“偏移”命令偏移道路中线绘制道路，在“样式”工具栏中设置道路中心线采用 CENTER 线型，效果如图 5-304 所示。同样，道路的具体尺寸请读者通过尺寸标注工具和点坐标查询工具到源图中获取。

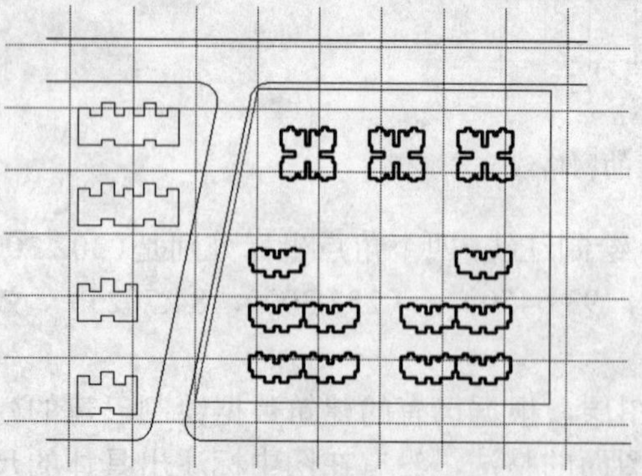

图 5-303　布置各类型建筑物

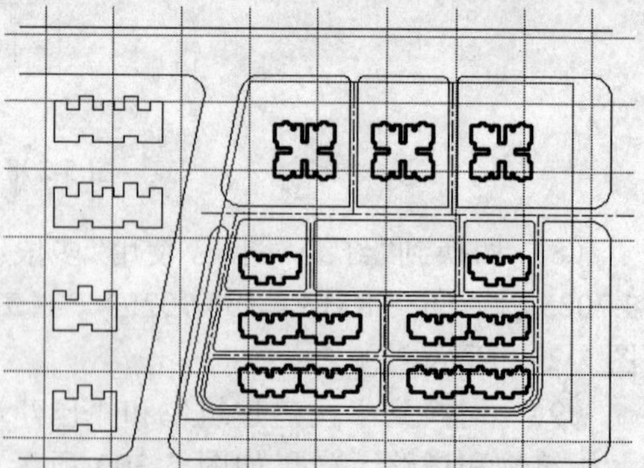

图 5-304　绘制小区道路

（13） 切换到“水池”图层，选择“格式”|“点的样式”命令，弹出“点样式”对话框，选择⊕点样式，按照设计尺寸绘制水池边界上的点，效果如图 5-305 所示。

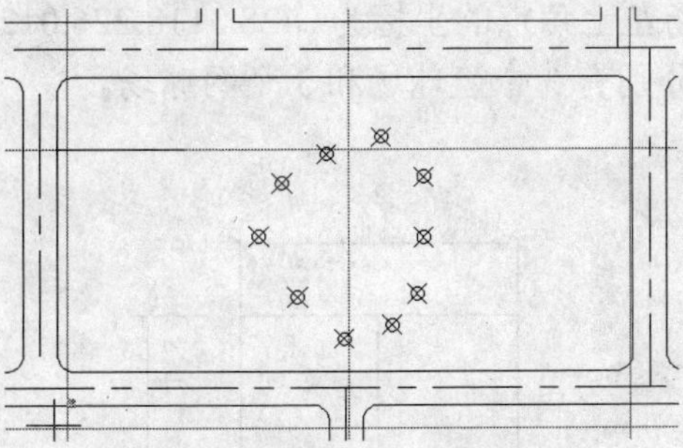

图 5-305 绘制水池边界点

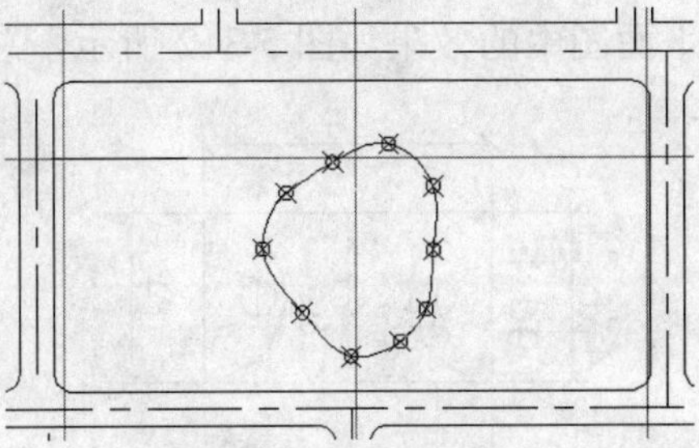

图 5-306 绘制水池边界

（14） 单击“绘图”工具栏上的“样条曲线”按钮～，连接各点，确定好起点和端点的切线方向，效果如图 5-306 所示。

（15） 执行“偏移”命令，将步骤 14 绘制完成的样条曲线，向外偏移 4，将偏移生成的样条曲线向内偏移，偏移两次分别为 1，选择“绘图”|“点”|“定数等分”命令，将外面的 3 条封闭的样条曲线分成 80 份、80 份和 40 份，如图 5-307 所示，使用“对象捕捉”功能的“节点”捕捉方式，使用“直线”命令，绘制水池的边坡线，效果如图 5-308 所示。

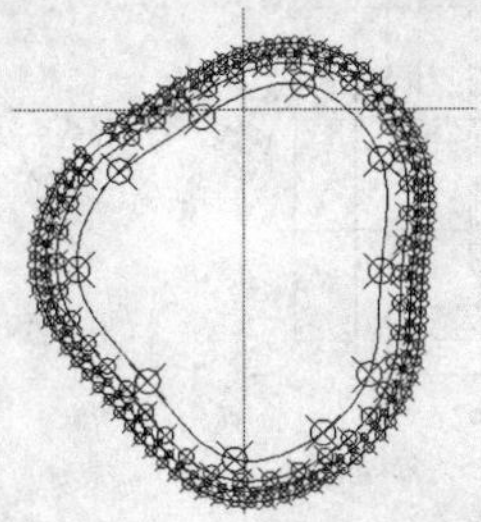

图 5-307 绘制边坡过程

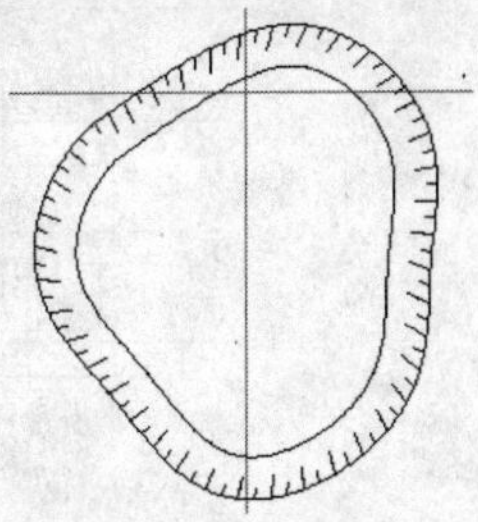

图 5-308 绘制边坡效果

（16） 切换到“停车场”图层，执行“矩形”命令绘制 14×45 的矩形，绘制 8 个这样的矩形，其左上角点从上往下，从左到右的坐标依次为（317.2077,326.7718）、（393.6106,326.7718）、（462.2305,326.9335）、（317.2077,259.4442）、（393.6106, 259.4442）、（462.2305,259.4442）、（297.2461,229.3306）、（462.2305,229.3306），绘制效果如图 5-309 所示。

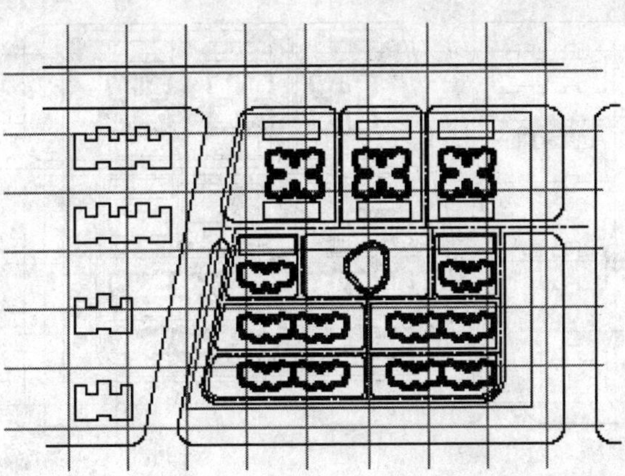

图 5-309 绘制停车场

（17） 切换到“球场”图层，使用“直线”、“矩形”、“圆”命令，以及“修剪”命令绘制如图 5-310 和图 5-311 所示的篮球场和网球场，场地尺寸按照图示尺寸绘制。其中篮球场左上角点的坐标为（352.5275,226.0121），网球场左上角点的坐标为（428.3118,226.0121），在总平面图中的效果如图 5-312 所示，总平面图中分别有 3 个篮球场和 3 个网球场。

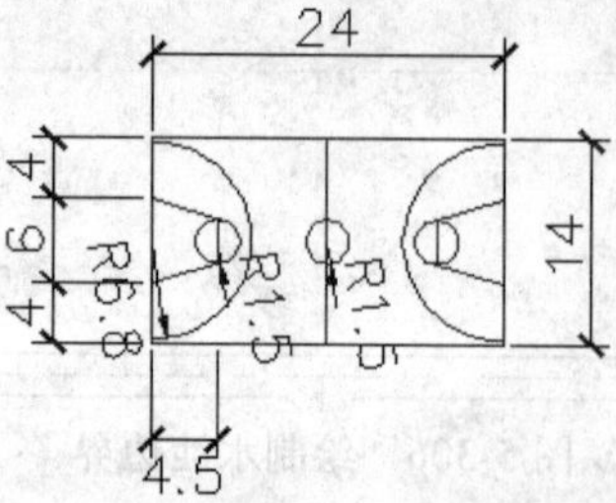

图 5-310 绘制篮球场

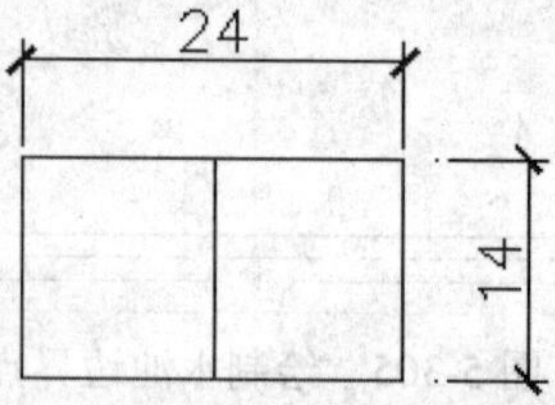

图 5-311 绘制网球场

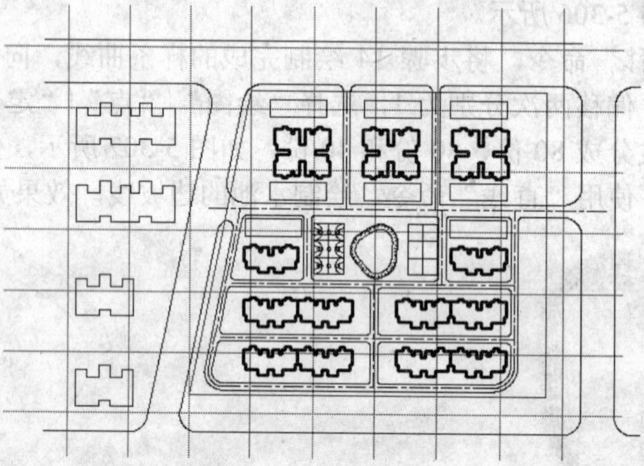

图 5-312 布置球场

（18） 切换到“绿化”图层，使用“多段线”、“直线”、“样条曲线”、“偏移”和“圆角”命令等绘制绿化带，执行“图案填充”命令填充植被图块，填充图案为 SWAMP，填充比例为 0.1，效果如图 5-313 所示。

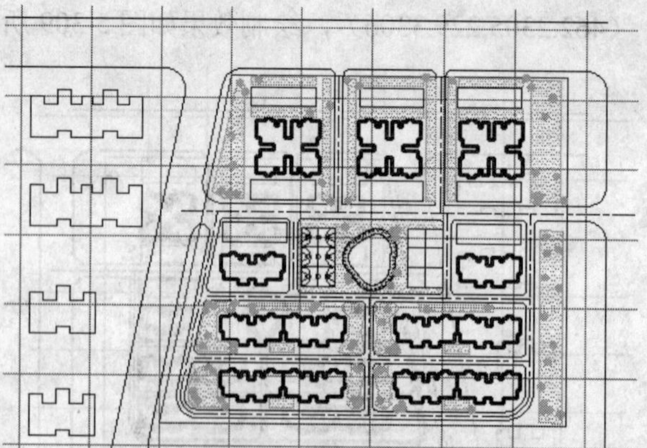

图 5-313 绘制绿化带

（19） 选择“工具”|“查询”|“点坐标”命令，选择新建建筑左下角点和右上角点，命令行提示如下：

```
命令: '_id 指定点:  X = 421.1456     Y = 105.2162     Z = 0.0000
命令: '_id 指定点:  X = 507.1456     Y = 122.2162     Z = 0.0000
```

（20） 使用“快速引线”命令，为左下角点和右上角点创建坐标标注，效果如图 5-314 所示，其中尺寸值使用步骤 19 查询出的尺寸值。

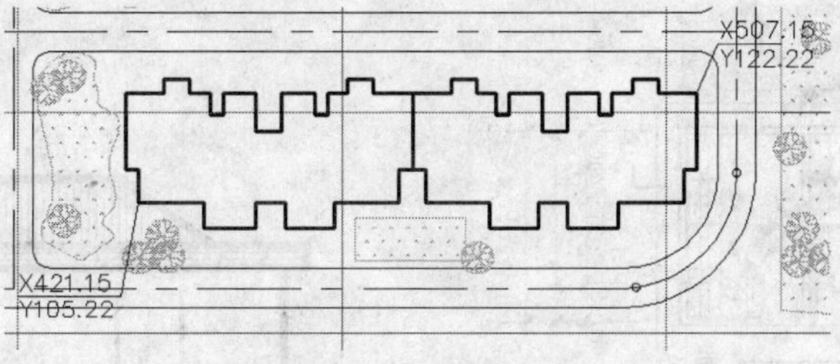

图 5-314　标注建筑角点坐标

（21） 切换到“尺寸标注”图层，对新建建筑、场地、道路交点和转弯点标注坐标与标高，以及各自的定位尺寸，总平面图右下角标注效果如图 5-315 所示，标注样式采用经过修改的 S1-100。

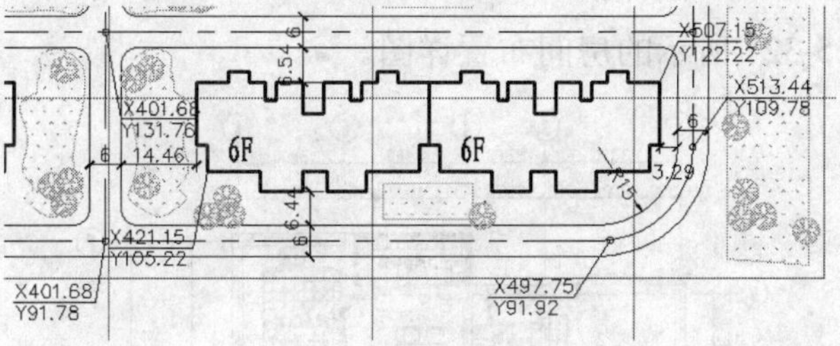

图 5-315　标注道路的坐标和定位尺寸

（22） 根据制图规范，创建建筑和道路的标高，效果如图 5-316 所示。

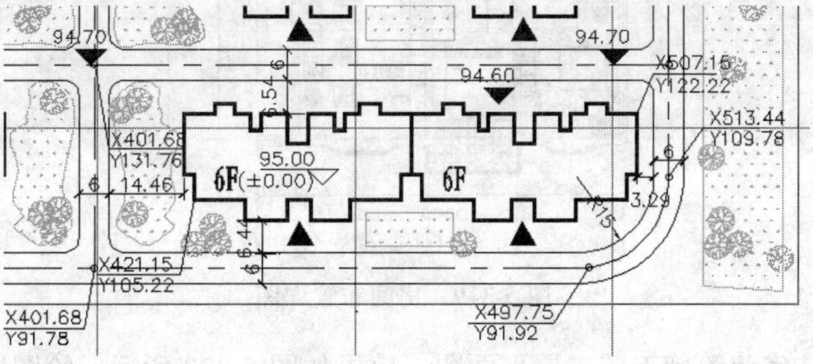

图 5-316　标注标高

（23） 限于篇幅限制，总图其他部分的尺寸标注就不再介绍，读者可以自行添加，在总图的绘制过程中，主要的是图形的定位，读者在阅读本书时请经常执行“工具”|“查询”|“点坐标”命令来查询源图，以便方便快捷地参照本书所讲解的捕捉进行制图。

5.5 上机练习

1. 根据图 5-317 所示的建筑平面图，创建如图 5-318 所示的北向立面图，绘图比例设置为 1:100。

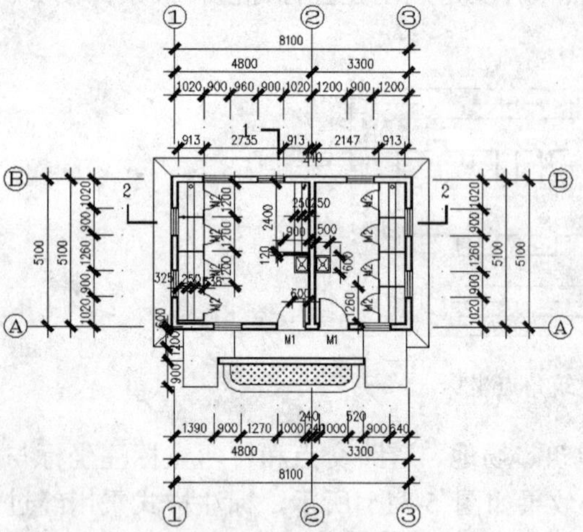

图 5-317　标注标高

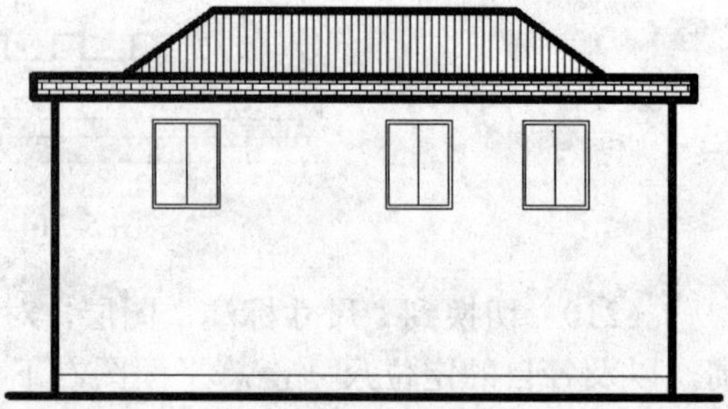

图 5-318　标注标高

2. 创建效果如图 5-327 所示的房间布置详图。

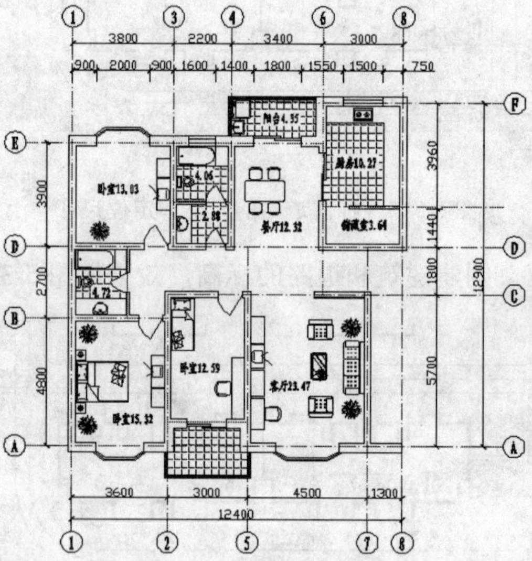

图 5-319　房间布置详图

3. 创建小型住宅建筑施工图二层平面图，效果如图 5-320 所示，绘图比例为 1:100。

4. 创建小型住宅建筑施工图屋顶平面图，效果如图 5-321 所示，绘图比例为 1:100。

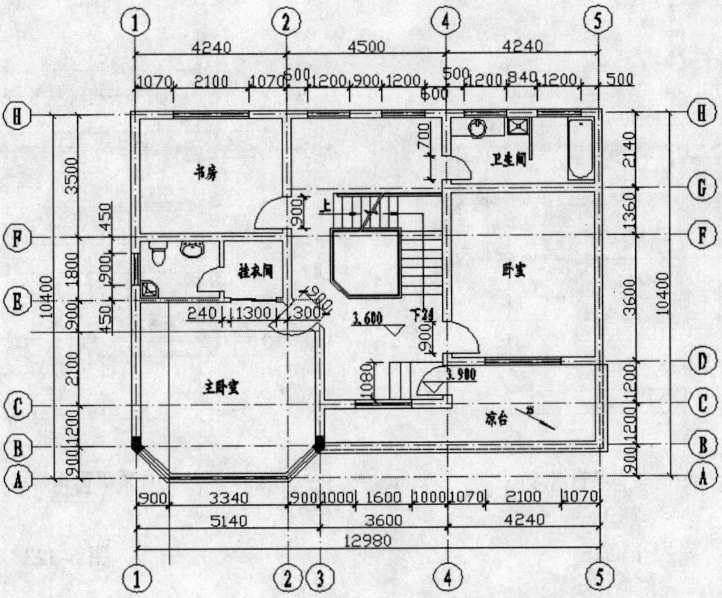

图 5-320　小型住宅建筑施工图二层平面图

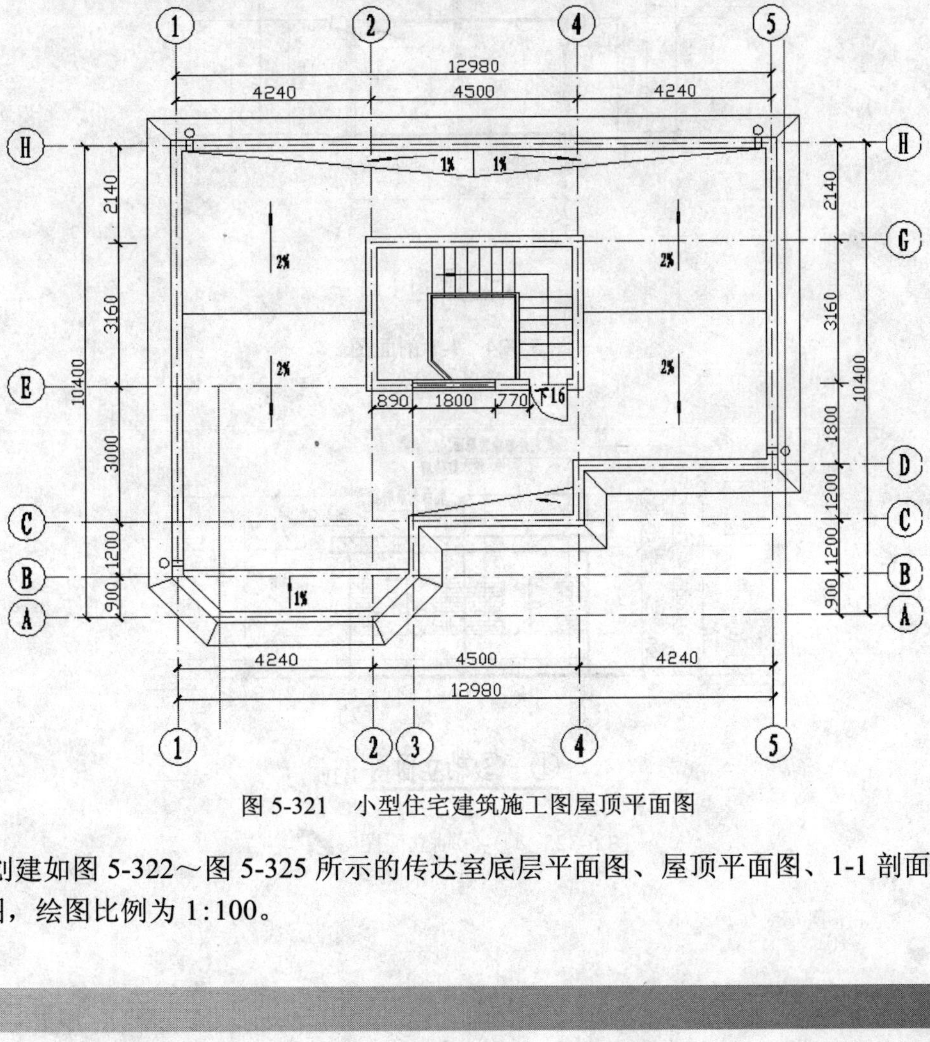

图 5-321　小型住宅建筑施工图屋顶平面图

5. 创建如图 5-322～图 5-325 所示的传达室底层平面图、屋顶平面图、1-1 剖面图和 1~3 轴立面图，绘图比例为 1:100。

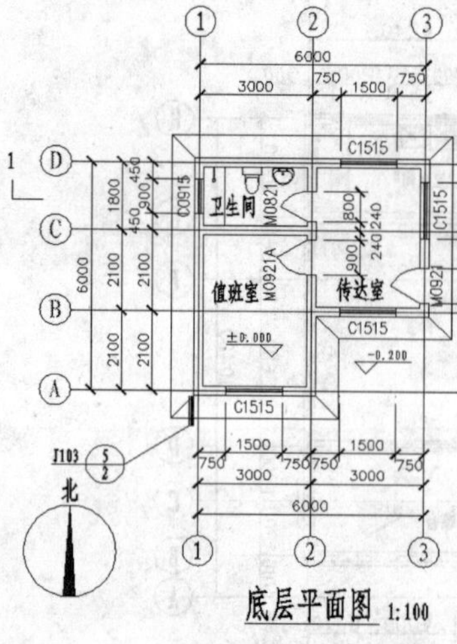

图 5-322　底层平面图

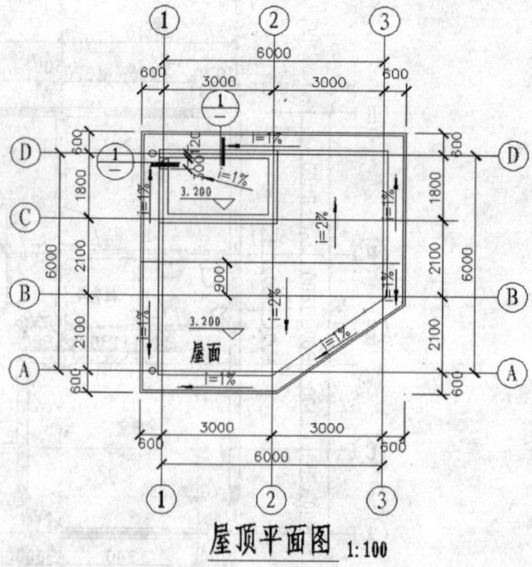

图 5-323　屋顶平面图

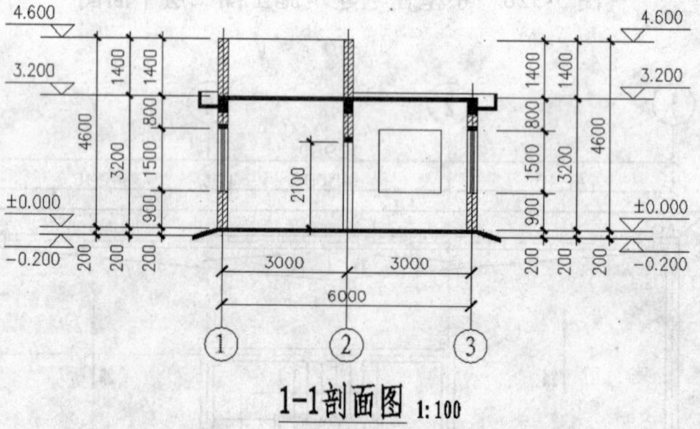

图 5-324　1-1 剖面图

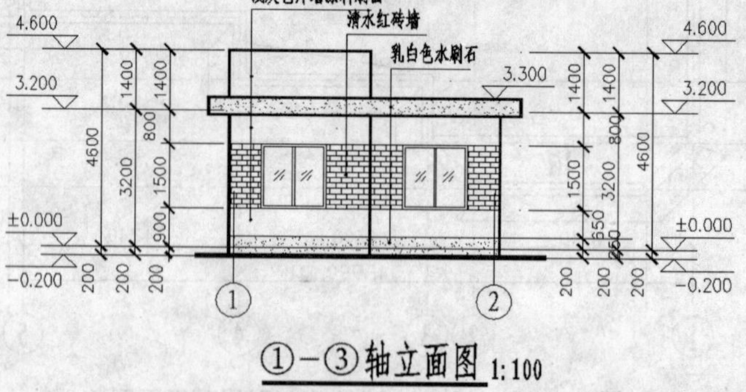

图 5-325　①~③轴立面图

第 6 章　建筑制图中的详图绘制

建筑平面图、立面图和剖面图虽然把房屋主体表现出来了，也把房屋基本的尺寸和位置关系表现出来了，但是由于比例比较小，没有办法把所有的内容都详细地表达清楚，对于建筑物的一些关键部位，就需要通过绘制详图来表达建筑更详尽的构造，譬如楼梯平面图、楼梯剖面图、外墙身详图、z 洗手间详图等。

本章通过对常见的集中详图的绘制，主要讲解了两种详图的绘制方法，希望读者通过本章的学习，可以熟练地掌握从无到有和以平面图、立面图或者剖面图为基础进行详图绘制的方法，并能够熟练使用各种绘图技术。

6.1　建筑详图的内容及相关规定

建筑详图一般由节点大样图和楼梯详图两种。

（1）节点大样图。

节点大样图，又称为节点详图，通常是用来反映房屋的细部构造、配件形式、大小、材料做法，一般采用较大的绘制比例，如 1:20、1:10、1:5、1:2、1:1 等。节点详图的特点：图示详尽、表达清楚；尺寸标注齐全。详图的图示方法视细部的构造复杂程度而定。有时只需要一个剖面详图就能够表达清楚，有时还需要附加另外的平面详图或立面详图。详图的数量选择与房屋的复杂程度和平、立、剖面图的内容和比例有关。

（2）楼梯详图。

楼梯详图的绘制是建筑详图绘制的重点。楼梯是由楼梯段（包括踏步和斜梁）、平台和栏杆扶手等组成。楼梯详图主要表达楼梯的类型、结构形式、各部位的尺寸及装修尺寸，是楼梯放样施工的主要依据。

楼梯详图一般包括平面图、剖面图及踏步、栏杆详图等，通常都绘制在同一张图纸中单独出图。平面和剖面的比例要一致，以便对照阅读。踏步和栏杆扶手的详图的比例应该大一些，以便详细表达该部分的构造情况。楼梯详图包含建筑详图和结构详图，分别绘制在建筑施工图和结构施工图中。对一些比较简单的楼梯，可以考虑将楼梯的建筑详图和结构详图绘制在同一张图纸上。

楼梯平面图和房屋平面图一样，要绘制出底层平面图、中间层平面图（标准层平面图）和顶层平面图。楼梯平面图的剖切位置在该层往上走的第一梯段的休息平台下的任意位置。各层被剖切的梯段按照制图标准要求，用一条 45° 的折断线表示。并用上下行线表示楼梯的行走方向。

楼梯平面图中，要注明楼梯间的开间和进深尺寸外、楼地面的标高、休息平台的标高和尺寸，以及各细部的详细尺寸。通常将梯段长度和踏面数、踏面宽度尺寸合并写在一起。如采用 11×260=2860，表示该梯段有 11 个踏步面，踏步面宽度为 260 mm，梯段总长为 2 860 mm。

楼梯平面图的图层也可以使用“建筑-墙体”、“建筑-轴线”、“建筑-尺寸标注”、“建筑-其他”4 个图层。一般来说，“建筑-墙体”采用粗实线，建议线宽 0.7 mm。“建筑-其他”采用细实线、线宽 0.35 mm。其他和建筑平面图绘制中的设置类似。具体绘制中，用户可以选择“绘图”|“点”|“定数等分”命令，来划分踏面，然后用“直线”命令和“偏移”命令来实现。

楼梯剖面图是用假象的铅垂面将各层通过某一梯段和门窗洞切开向未被切到的梯段投影。剖面图能够完整清晰地表达各梯段、平台、栏板的构造及相互间的空间关系。一般说来，楼梯间的屋面无特别之处，就无需绘制出来。在多层或高层房屋中，若中间各层楼梯的构造相同，则楼梯剖面图只需要绘制出底层、中间层和顶层剖面图中间用折 45° 断线分开。楼梯剖面图还应表达出房屋的层数、楼梯梯段数、踏步级数以及楼梯类型和结构形式。剖面图中应注明地面、平台面、楼面等的标高和梯段、栏板的高度尺寸。

楼梯剖面图的图层设置与建筑剖面图的设置类似。但值得注意的是当绘图比例大于等于 1:50 时规范规定要绘制出材料图例。楼梯剖面图中除了断面轮廓线用粗实线外，其余的图形绘制均用细实线。

6.2 建筑详图的绘制

建筑详图的绘制一般情况下有两种方法，一种是直接绘制法，即用户根据详图的要求从无到有绘制图形，另一种方法是利用平面图、剖面图或者立面图中已经有的图形部分，对图形进行细化，进行编辑和修剪，从而创建新的图形。这两种方法在建筑制图中都经常使用，读者都要掌握。本节将要给读者讲解 3 个直接绘制的案例和 1 个通过第 5 章已经绘制的平面图绘制的案例。

6.2.1 实例 37——凸窗大样图

绘制如图 6-1 所示的凸窗大样图，大样图的绘图比例为 1:10。

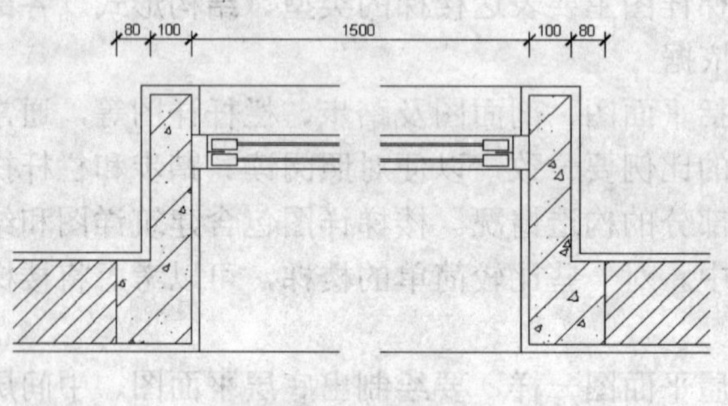

图 6-1 凸窗大样图

具体操作步骤如下：

（1）执行“多段线”命令，绘制多段线，起点为任一点，后续各点相对坐标为（@3300,0）、（@0,4000）、（@1000,0）、（@0,-6000）、（@-4300,0），效果如图 6-2 所示。

（2） 执行“偏移”命令，将步骤 1 绘制的多段线向外偏移 200，效果如图 6-3 所示。

图 6-2 绘制多段线

图 6-3 偏移多段线

（3） 执行“直线”命令，命令行提示如下：

命令：_line
指定第一点：from//输入 from，使用相对点法指定第一点
基点：//捕捉如图 6-4 所示的端点为基点
<偏移>：@-800,0//输入相对坐标确定第一点
指定下一点或［放弃（U）］://捕捉如图 6-5 所示的垂足为第二点
指定下一点或［放弃（U）］://按回车键，完成绘制

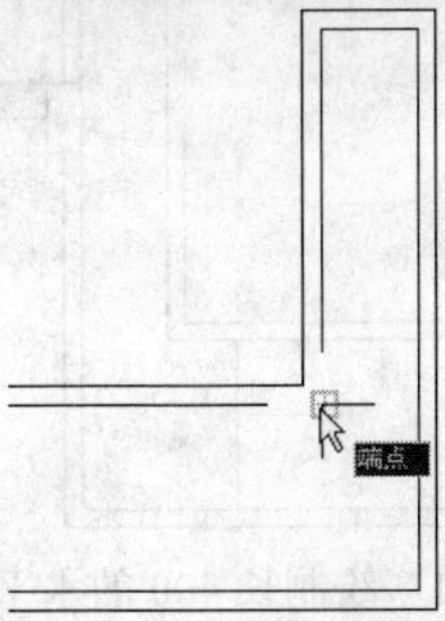

图 6-4 绘制直线捕捉端点

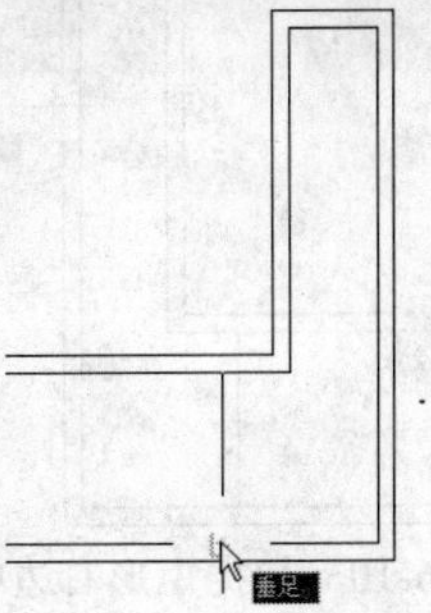

图 6-5 捕捉垂足

（4） 执行“矩形”命令，命令行提示如下：

命令：_rectang
指定第一个角点或［倒角（C）/标高（E）/圆角（F）/厚度（T）/宽度（W）］：from//使用相对点法指定矩形的第一个角点
基点：//捕捉如图 6-6 所示的端点为基点
<偏移>：@0,-1000//输入相对坐标，确定矩形的第一个角点
指定另一个角点或［面积（A）/尺寸（D）/旋转（R）］：@400,-800//输入相对坐标确定第二个角点，效果如图 6-7 所示

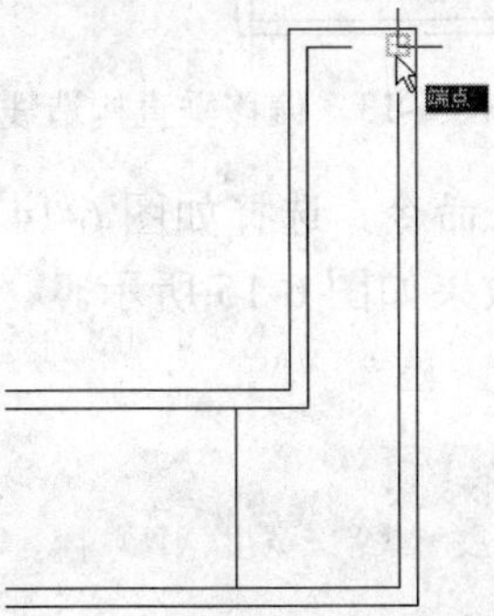

图 6-6 绘制矩形捕捉端点

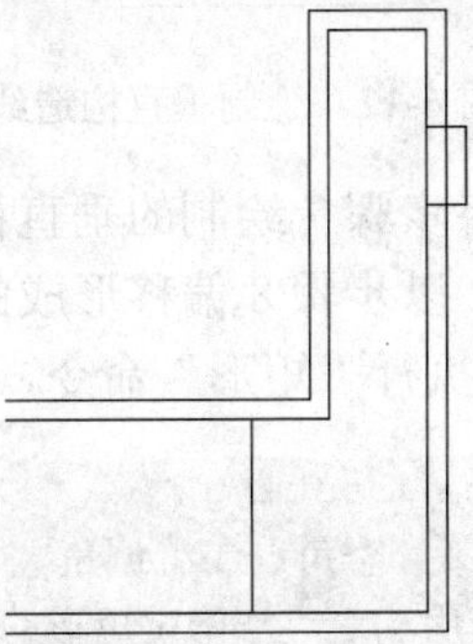

图 6-7 绘制完成的矩形

（5） 执行“修剪”命令，选择图 6-8 所示的矩形为剪切边，选择在矩形内部的部分修剪，修剪效果如图 6-9 所示。

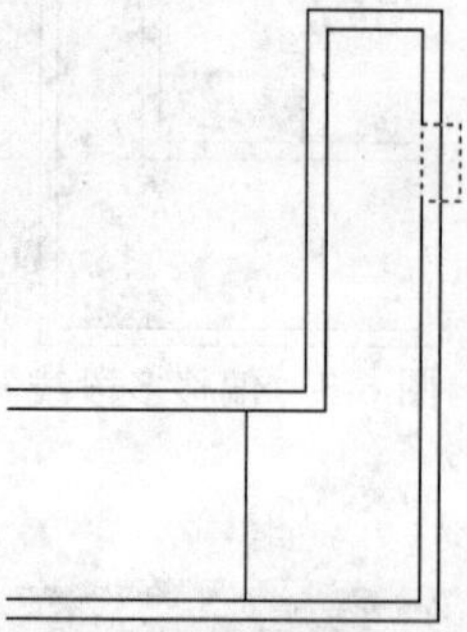

图 6-8　选择矩形为剪切边

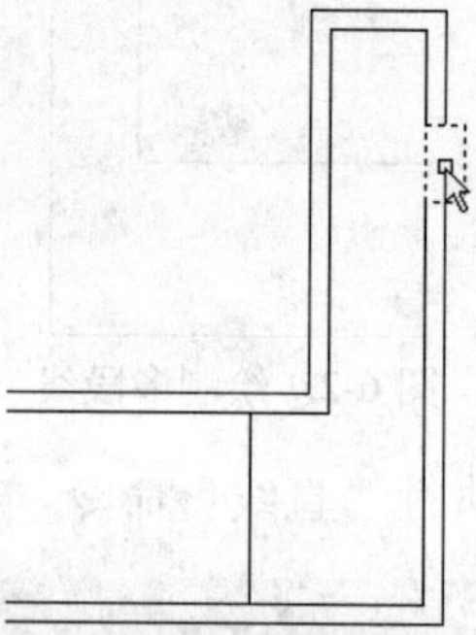

图 6-9　修剪多段线效果

（6） 执行“直线”命令，捕捉如图 6-10 所示的矩形右边的中点，绘制长度为 400 的水平直线，如图 6-10 所示。

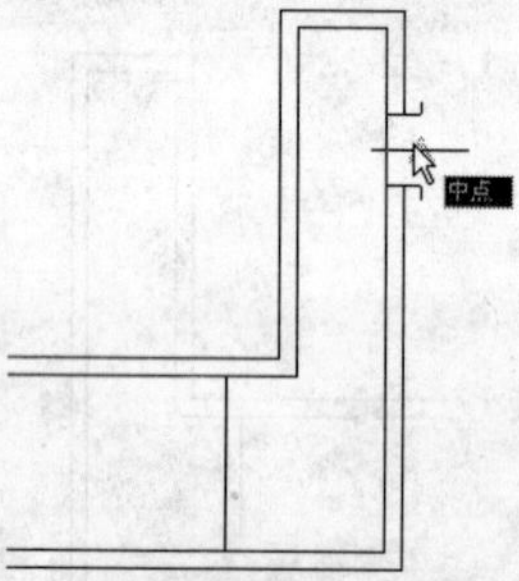

图 6-10　捕捉矩形右边中点

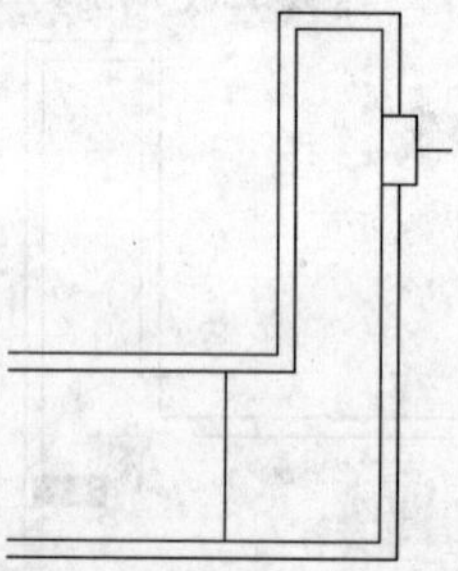

图 6-11　绘制长 400 的水平直线

（7） 使用“构造线”命令过矩形左侧边绘制垂直构造线，效果如图 6-12 所示。

（8） 执行“偏移”命令，将构造线向右偏移 4000，效果如图 6-13 所示。

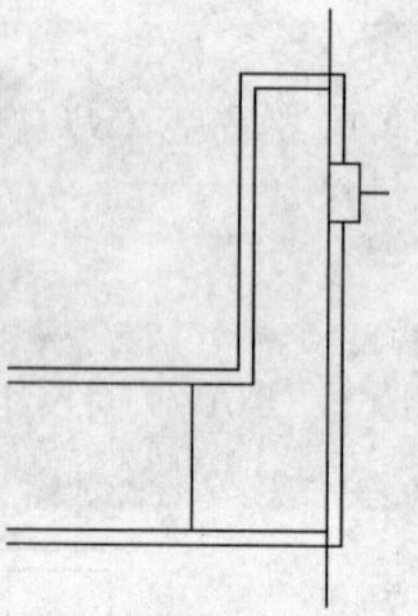

图 6-12　绘制垂直构造线

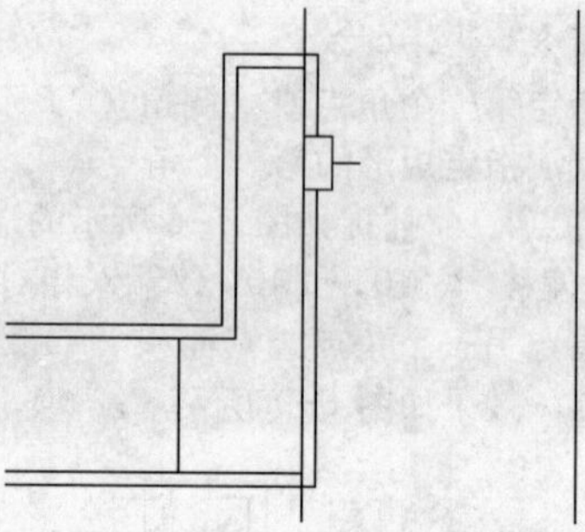

图 6-13　偏移垂直构造线

（9） 将步骤 7 绘制的垂直构造线删除。执行“镜像”命令，选择如图 6-14 所示的对象为镜像对象，以步骤 8 偏移形成的构造线为镜像线，镜像效果如图 6-15 所示。

（10） 执行“矩形”命令，命令行提示如下：

```
命令：_rectang
指定第一个角点或 [倒角（C）/标高（E）/圆角（F）/厚度（T）/宽度（W）]：from//输入from，使用相对点法确定矩形的第一个角点
```

```
基点：//捕捉如图 6-16 所示的点为基点
<偏移>：@90,-90//输入相对偏移坐标
指定另一个角点或 [面积（A）/尺寸（D）/旋转（R）]：@600,-250//输入偏移坐标确定第二个角点，绘制效果如图 6-16 所示
```

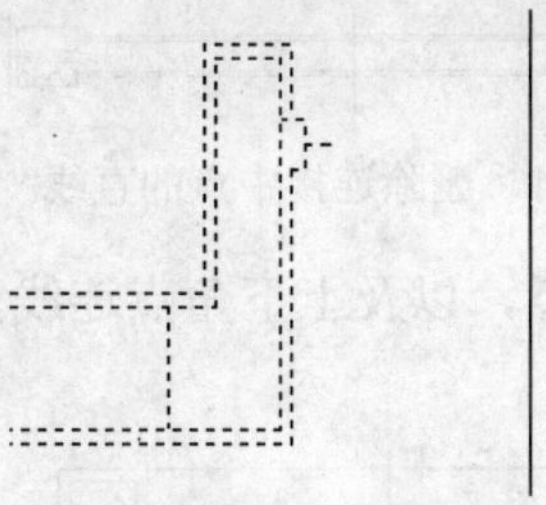

图 6-14　选择镜像对象

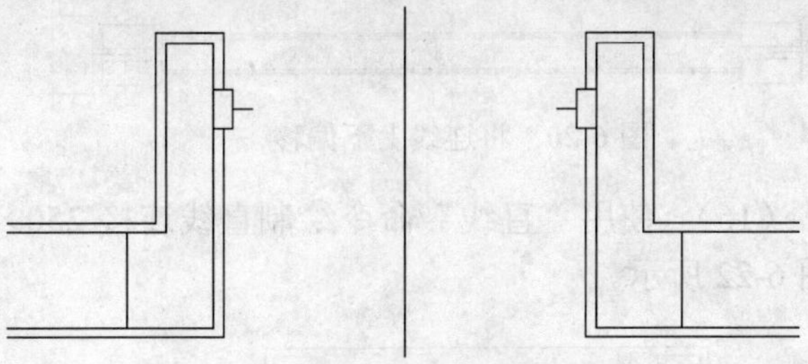

图 6-15　镜像效果

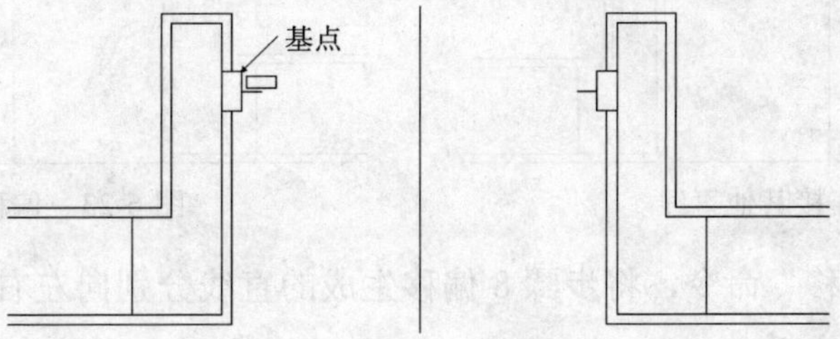

图 6-16　指定基点

（11）　执行“镜像”命令，镜像对象为步骤 10 绘制的矩形，以步骤 6 绘制的直线为镜像线，效果如图 6-17 所示。

（12）　继续执行“镜像”命令，镜像对象为步骤 10 绘制的矩形和步骤 11 镜像的矩形，以步骤 8 偏移生成的直线为镜像线，效果如图 6-18 所示。

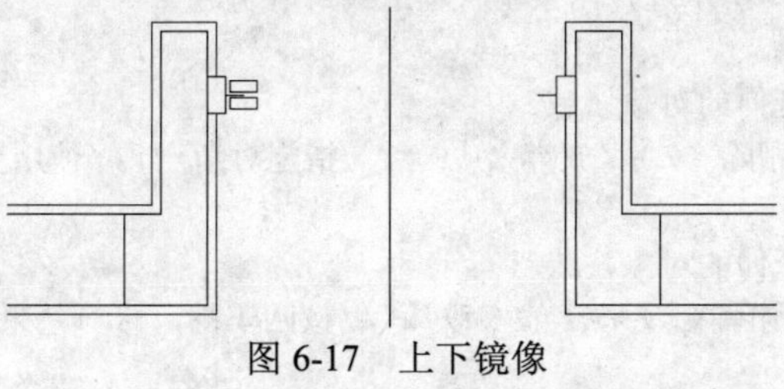

图 6-17　上下镜像

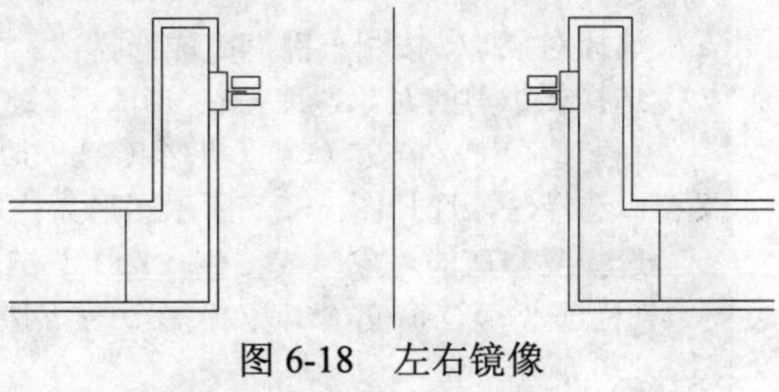

图 6-18　左右镜像

（13）　执行“直线”命令，使用直线连接矩形中点，效果如图 6-19 所示。

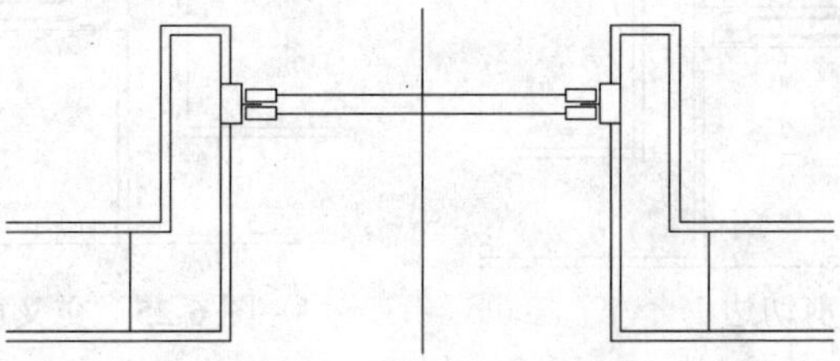

图 6-19　过矩形中点绘制直线

（14）　执行“偏移”命令，将步骤 13 绘制的直线分别向上和向下各偏移 25，效果如图

6-20 所示。

（15） 执行“删除”命令，删除步骤 13 绘制的直线，效果如图 6-21 所示。

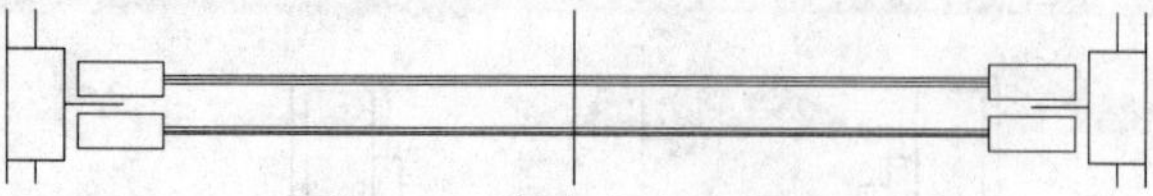

图 6-20　将连线上下偏移

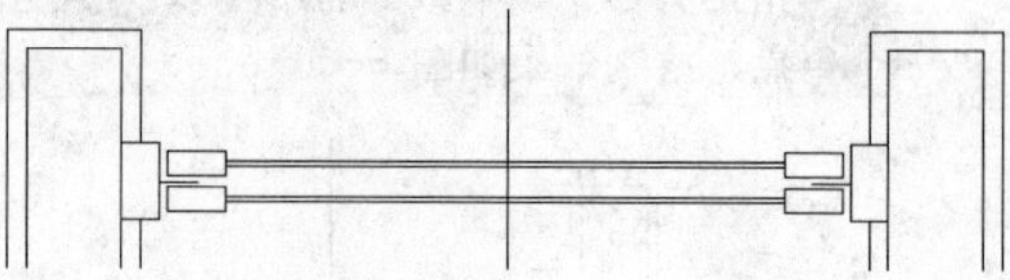

图 6-21　删除连接中点的直线

（16） 使用“直线”命令绘制直线连接 250×600 矩形角点，以及上下角点连线，效果如图 6-22 所示。

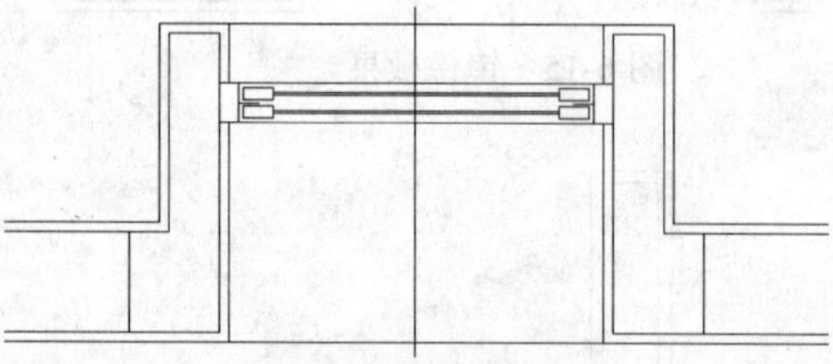

图 6-22　连接其他直线

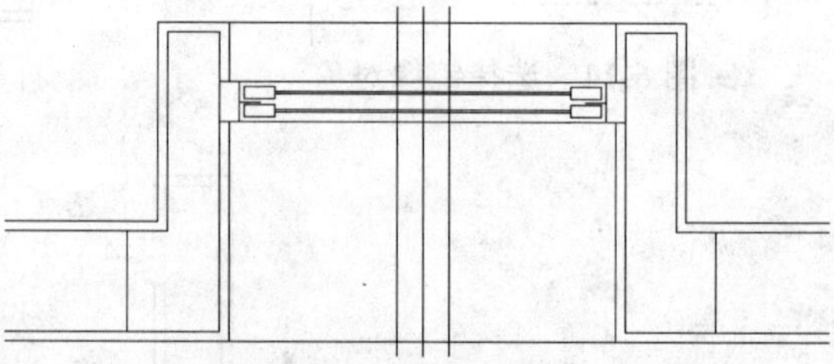

图 6-23　偏移垂直构造线

（17） 执行“偏移”命令，将步骤 8 偏移生成的直线分别向左右各偏移 500，效果如图 6-23 所示。

（18） 删除图 6-23 所示的中间的构造线。执行“修剪”命令，命令行提示如下：

```
命令: _trim
当前设置:投影=UCS，边=无
选择剪切边...
选择对象或 <全部选择>:  找到 1 个
选择对象: 找到 1 个，总计 2 个//如图 6-24 所示选择两条垂直构造线为剪切边
选择对象://按回车键，完成选择
选择要修剪的对象，或按住 Shift 键选择要延伸的对象，或
[栏选（F）/窗交（C）/投影（P）/边（E）/删除（R）/放弃（U）]:  指定对角点://使用交叉窗口选择法，选择图 6-25 所示图形为修剪对象
选择要修剪的对象，或按住 Shift 键选择要延伸的对象，或
[栏选（F）/窗交（C）/投影（P）/边（E）/删除（R）/放弃（U）]://按回车键，修剪效果如图 6-26 所示
```

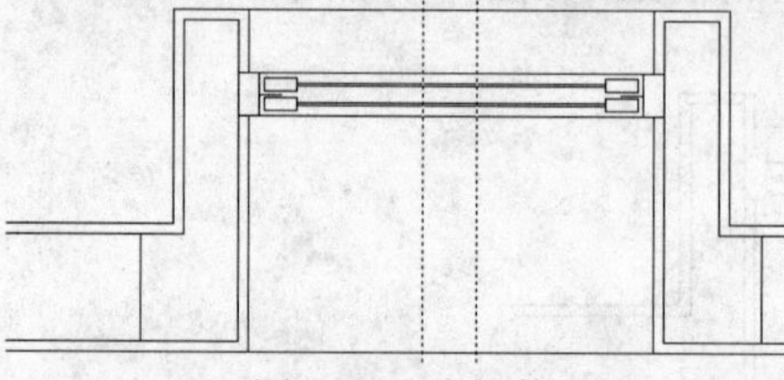

图 6-24　选择剪切边

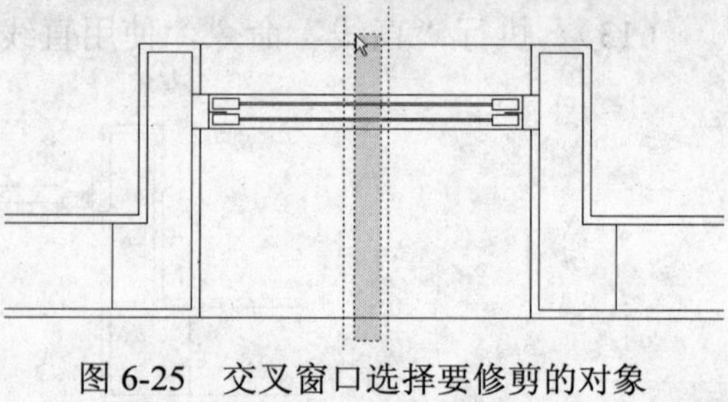

图 6-25　交叉窗口选择要修剪的对象

（19） 执行“直线”命令，绘制如图 6-27 所示的直线 1 和 2，绘制这两条直线主要是形成封闭图形，可以添加填充图案。

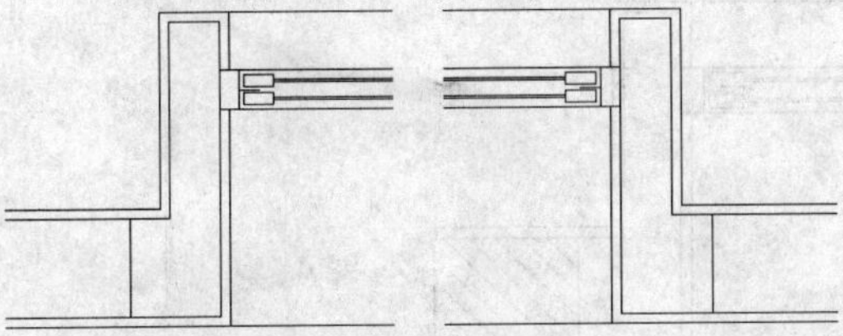

图 6-26　修剪效果

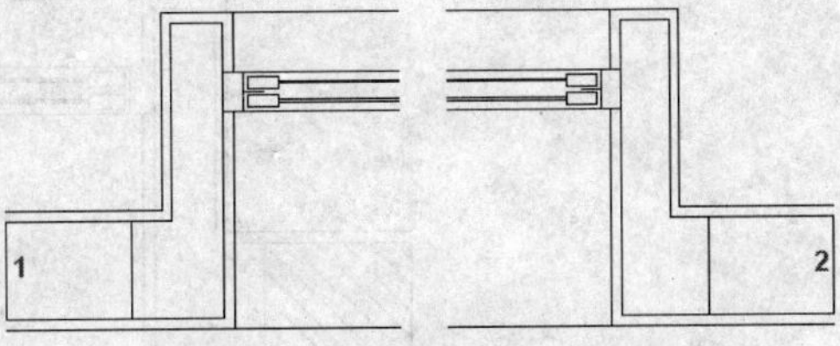

图 6-27　绘制直线 1 和 2

（20）　单击“图案填充”按钮，弹出“图案填充和渐变色”对话框，单击“图案”下拉列表框后的按钮，弹出“填充图案选项板”对话框，选择 LINE 填充图案，单击“确定”按钮回到“图案填充和渐变色”对话框。单击“添加:拾取点”按钮，回到绘图区，如图 6-28 所示拾取封闭区域内一点，按回车键回到“图案填充和渐变色”对话框，其他参数设置如图 6-29 所示，单击“确定”按钮，完成填充，效果如图 6-30 所示。

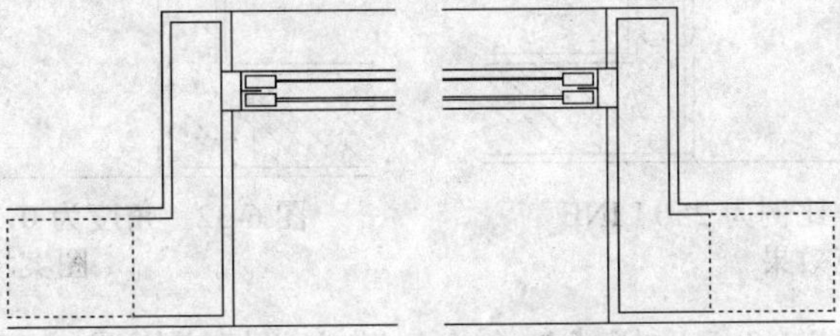

图 6-28　选择填充区域

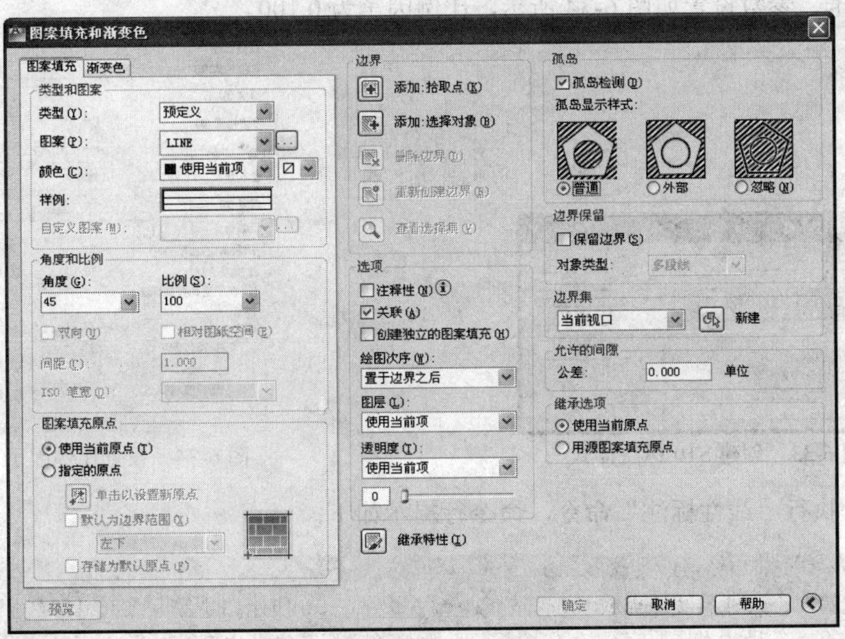

图 6-29　设置填充参数

（21）　删除帮助形成封闭区域辅助填充的直线。

（22）　继续执行“图案填充”命令，选择填充图案为 LINE，角度为 45°，比例为 250，填充效果如图 6-31 所示。

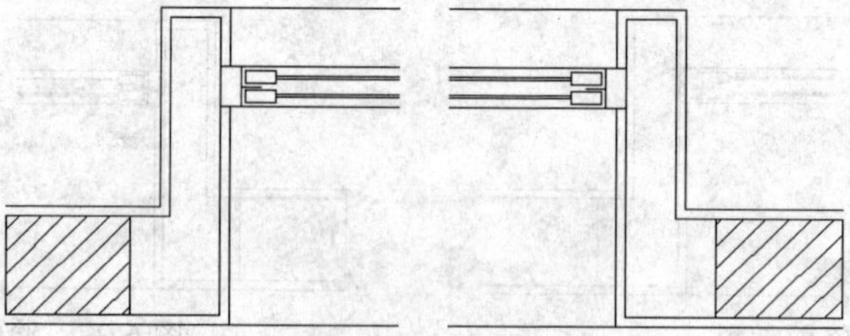

图 6-30　填充效果

（23）　执行“图案填充”命令，选择填充图案为 AR-CONC ，角度为 0，比例为 10，填充效果如图 6-32 所示。

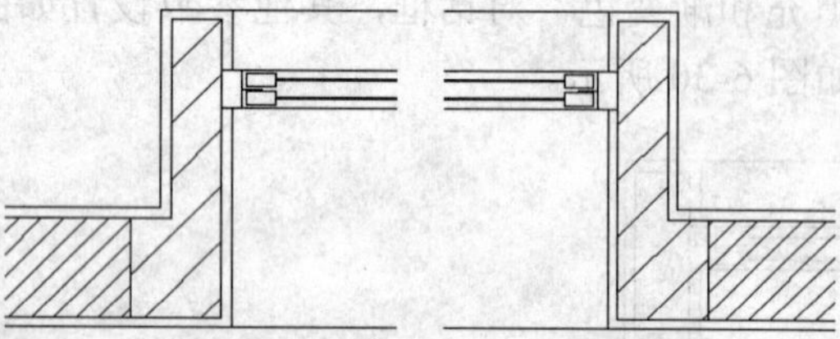

图 6-31　角度为 45，比例为 250 LINE 图案填充效果

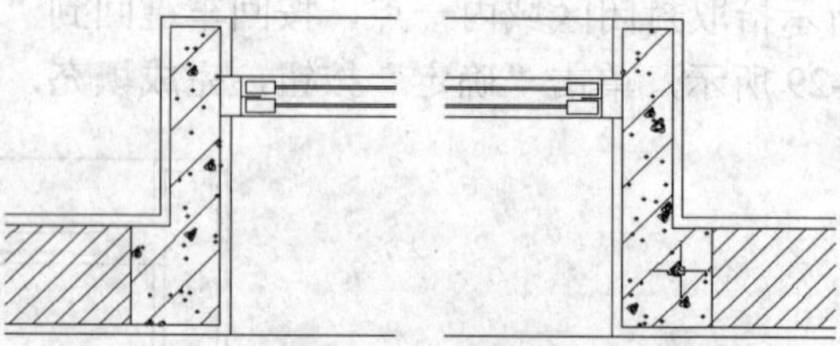

图 6-32　角度为 0，比例为 10 AR-CONC 图案填充效果

（24）　选择“格式”|“标注样式”命令，弹出“标注样式管理器”对话框，单击“新建”按钮，如图 6-33 所示创建 S10 标注样式，单击“继续”按钮，进入参数设置，选择“主单位”选项卡，参数设置如图 6-34 所示，比例因子为 0.100。

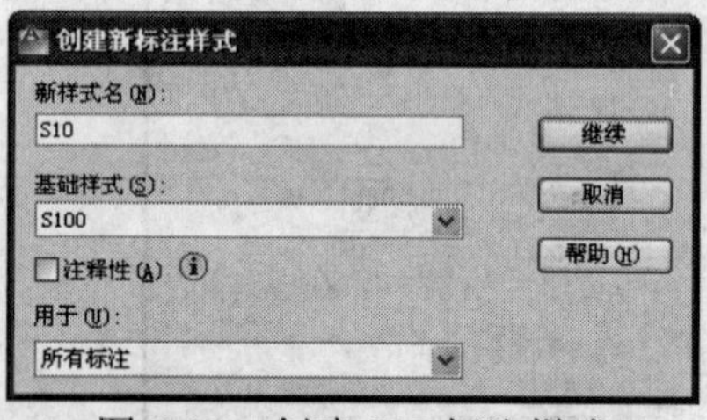

图 6-33　创建 S10 标注样式

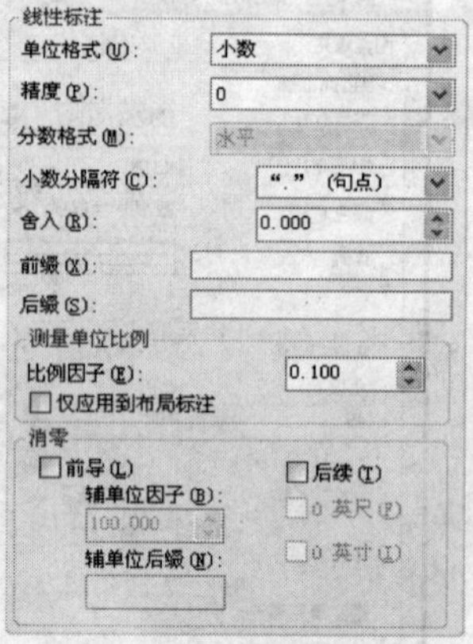

图 6-34　设置比例因子

（25）　执行“线性标注”命令，命令行提示如下：

```
命令: _dimlinear
指定第一个尺寸界线原点或 <选择对象>://如图 6-35 所示指定第一条尺寸界线原点
指定第二条尺寸界线原点:// 如图 6-35 所示指定第二条尺寸界线原点
指定尺寸线位置或
[多行文字(M)/文字(T)/角度(A)/水平(H)/垂直(V)/旋转(R)]://指定一个合适的尺寸线位置，效果如图 6-35 所示
标注文字 = 80
```

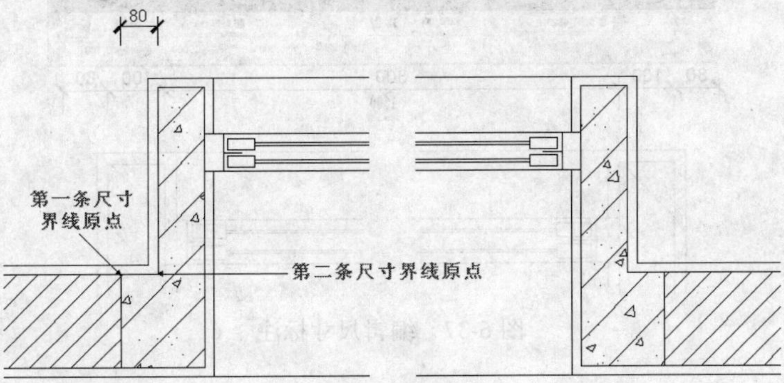

图 6-35　创建线性标注

（26）　执行“连续标注”命令，命令行提示如下：

命令：_dimcontinue
指定第二条尺寸界线原点或 [放弃（U）/选择（S）] <选择>:
标注文字 = 100
指定第二条尺寸界线原点或 [放弃（U）/选择（S）] <选择>:
标注文字 = 800
指定第二条尺寸界线原点或 [放弃（U）/选择（S）] <选择>:
标注文字 = 100
指定第二条尺寸界线原点或 [放弃（U）/选择（S）] <选择>:
标注文字 = 80
指定第二条尺寸界线原点或 [放弃（U）/选择（S）] <选择>://依次拾取需要创建标注的点，创建效果如图 6-36 所示
选择连续标注://按回车键，完成创建，效果如图 6-36 所示

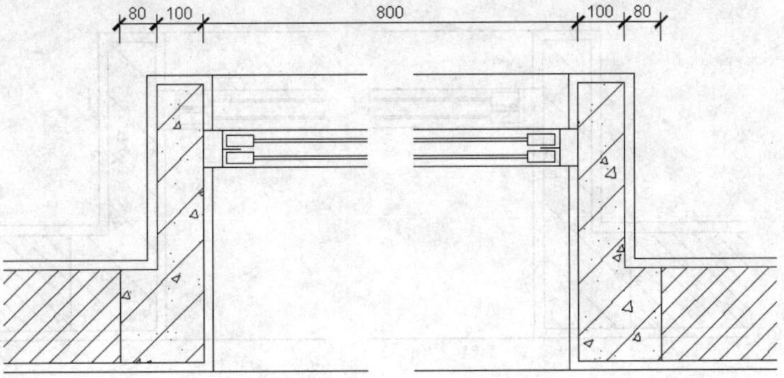

图 6-36　创建连续标注

（27）　单击“编辑标注”按钮，命令行提示如下：

命令：_dimedit
输入标注编辑类型 [默认（H）/新建（N）/旋转（R）/倾斜（O）] <默认>: n//输入 n，按回车键，弹出如图 6-37 所示的多行文字编辑器，在多行文字编辑器中输入标注值为 1500，单击“确定”按钮，回到命令行
选择对象：找到 1 个//选择标注值为 800 的尺寸标注
选择对象://按回车键，修改后如图 6-38 所示

图 6-37　编辑尺寸标注

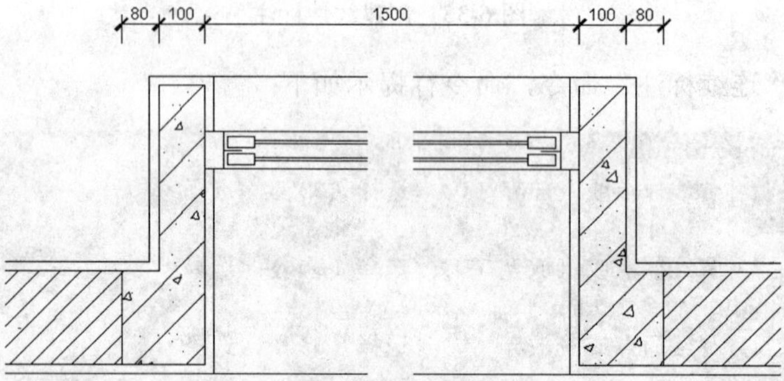

图 6-38　修改标注值效果

（28）继续使用“线性标注”和“连续标注”命令，创建其他标注，效果如图 6-39 所示。

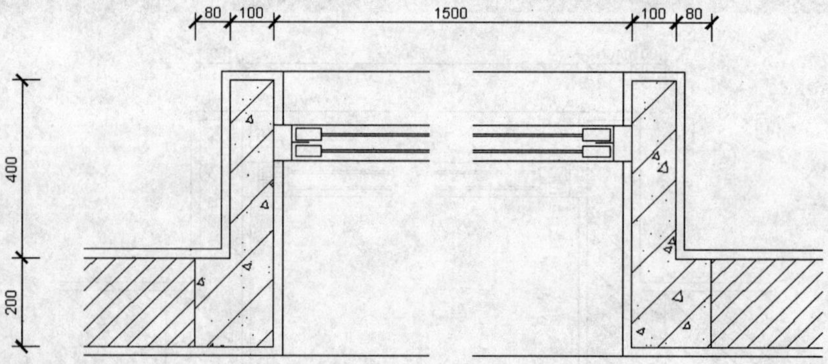

图 6-39　补充其他标注

（29）选择“绘图”|“文字”|“单行文字”命令，命令行提示如下：

```
命令: _dtext
当前文字样式: 标注文字  当前文字高度: 350.000
指定文字的起点或 [对正 (J) /样式 (S) ]: s//输入 s，表示设置样式
输入样式名或 [?] <标注文字>: A700//选择样式为 A700
当前文字样式: A700  当前文字高度: 700.000
指定文字的起点或 [对正 (J) /样式 (S) ]://在绘图区指定文字起点
指定文字的旋转角度 <0>://按回车键，弹出单行文字动态编辑框，输入如图 6-40 所示的文字
```

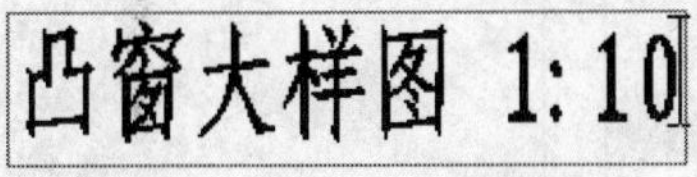

图 6-40　创建图题

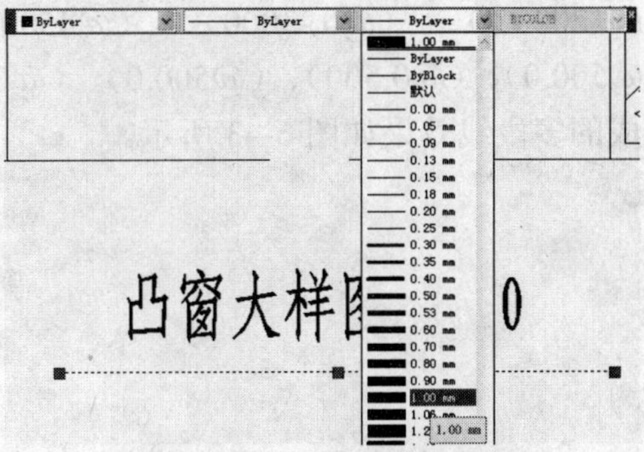

图 6-41　设置下画线的线宽

（30）　使用“直线”命令绘制一条长 7000 的水平直线，设置线宽为 1 mm，效果如图 6-41 所示。

（31）　选择文字和直线，分别调整文字和直线位置，最终效果如图 6-1 所示。

6.2.2　实例 38——女儿墙详图

女儿墙是建筑详图中最常见的一个详图类型，各种建筑图纸中几乎都会遇到，本节将绘制效果如图 6-42 所示的女儿墙图，绘图比例为 1:10。

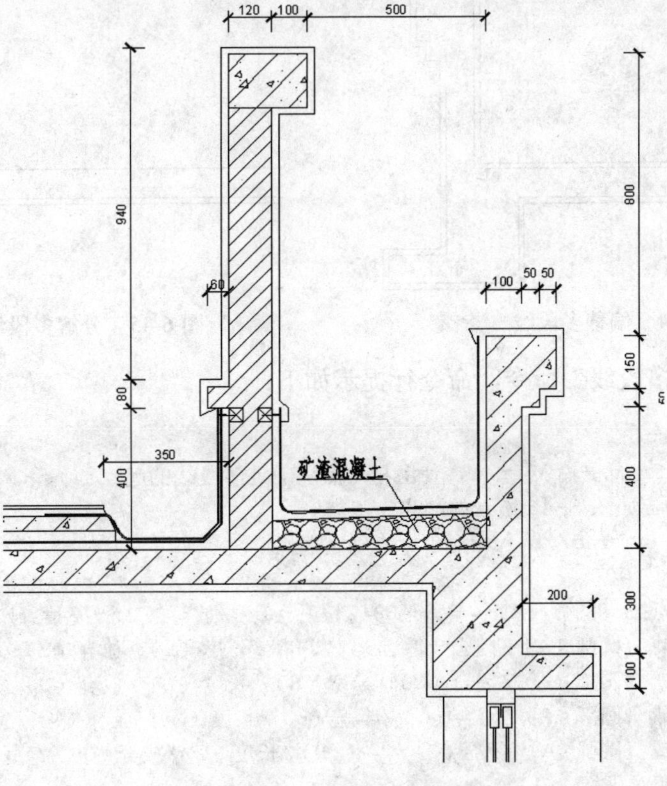

图 6-42　女儿墙大样图

具体操作步骤如下：

（1）　执行“多段线”命令，在绘图区任意拾取一点为起点，其他点的相对坐标依次是

（@12000,0）、（@0,-3000）、（@4500,0）、（@0,1000）、（@-2000,0）、（@0,7000）、（@500,0）、（@0,500）、（@500,0）、（@0,1500）、（@-2000,0）、（@0,-6000）、（@-13500,0），完成的多段线效果如图 6-43 所示。

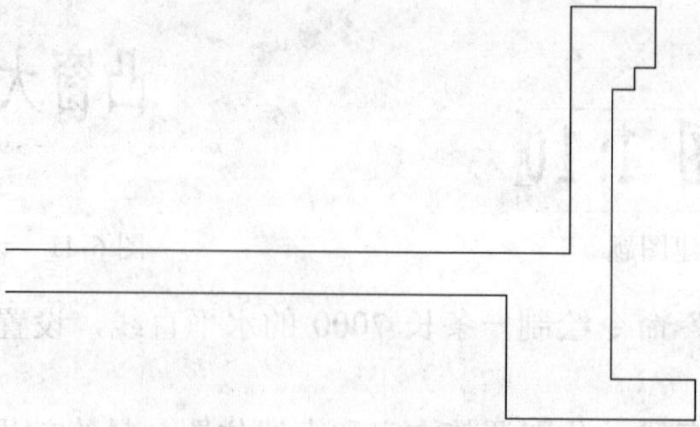

图 6-43　绘制多段线轮廓

（2） 执行“偏移”命令，将步骤 1 绘制的多段线向外侧偏移 200，效果如图 6-44 所示。

（3） 执行“删除”命令，将偏移生成的多段线分解，删除如图 6-45 所示的两条直线。

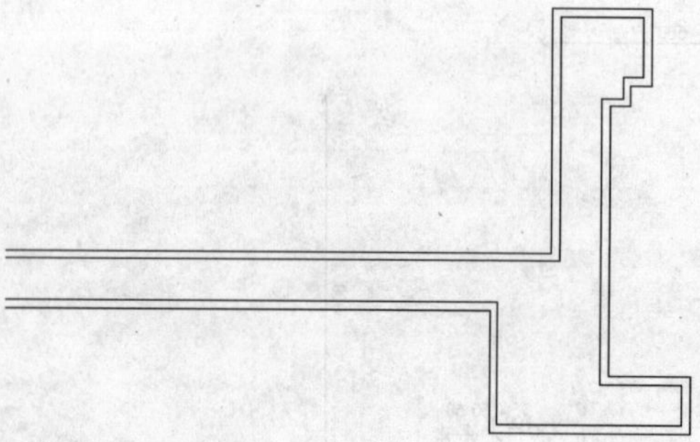

图 6-44　偏移多段线

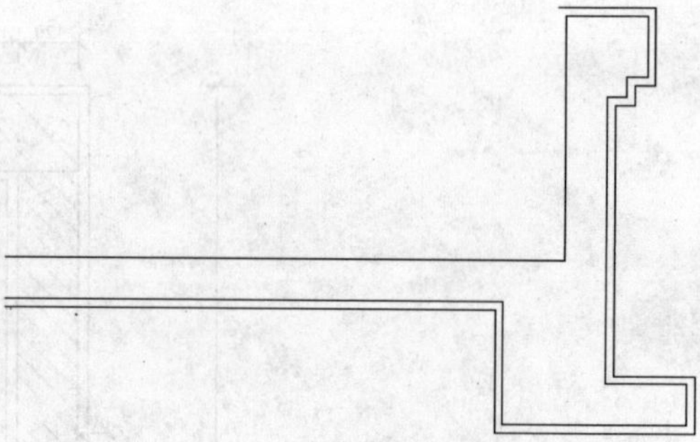

图 6-45　分解多段线并删除部分

（4） 执行“多段线”命令，命令行提示如下：

```
命令： _pline
指定起点： from//输入 from，使用相对点法确定多段线的起点
基点： //捕捉如图 6-46 所示的端点为基点
<偏移>： @-6000,0//输入相对坐标，确定起点
当前线宽为 0.000
指定下一个点或 [圆弧 (A) /半宽 (H) /长度 (L) /放弃 (U) /宽度 (W) ]： @0,12500
指定下一点或 [圆弧 (A) /闭合 (C) /半宽 (H) /长度 (L) /放弃 (U) /宽度 (W) ]:@1000,0
指定下一点或 [圆弧 (A) /闭合 (C) /半宽 (H) /长度 (L) /放弃 (U) /宽度 (W) ]:@0,1500
指定下一点或 [圆弧 (A) /闭合 (C) /半宽 (H) /长度 (L) /放弃 (U) /宽度 (W) ]:@-2200,0
指定下一点或 [圆弧(A)/闭合(C)/半宽(H)/长度(L)/放弃(U)/宽度(W)]:@0,-14000//
依次输入其他点相对坐标
指定下一点或 [圆弧 (A) /闭合 (C) /半宽 (H) /长度 (L) /放弃 (U) /宽度 (W) ]://按回
车键，完成绘制，效果如图 6-47 所示
```

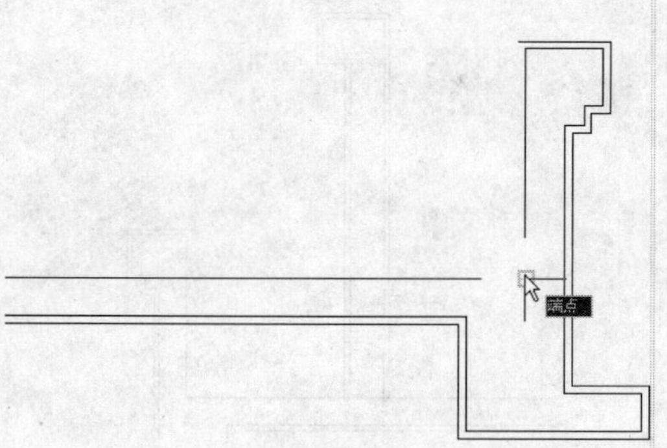

图 6-46　捕捉端点为多段线的起点

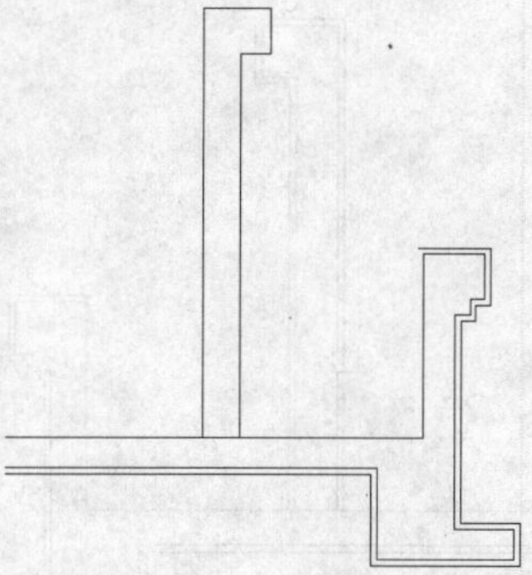

图 6-47　多段线绘制效果

（5） 执行“偏移”命令，将步骤 4 绘制的多段线向外偏移 200，效果如图 6-48 所示，并将多段线分解。

（6） 执行“多段线”命令，命令行提示如下：

```
命令：_pline
指定起点：from//输入 from，使用相对点法创建多段线起点
基点：//捕捉如图 6-49 所示的点为基点
<偏移>：@0,-9400//输入相对坐标，确定多段线的起点
当前线宽为 0.000
指定下一个点或 [圆弧（A）/半宽（H）/长度（L）/放弃（U）/宽度（W）]：@-600,0
指定下一点或 [圆弧（A）/闭合（C）/半宽（H）/长度（L）/放弃（U）/宽度（W）]：@0,-600
指定下一点或 [圆弧（A）/闭合（C）/半宽（H）/长度（L）/放弃（U）/宽度（W）]：@600,0//依次输入其他点的相对坐标
指定下一点或 [圆弧（A）/闭合（C）/半宽（H）/长度（L）/放弃（U）/宽度（W）]：//按回车键，完成绘制，效果如图 6-49 所示
```

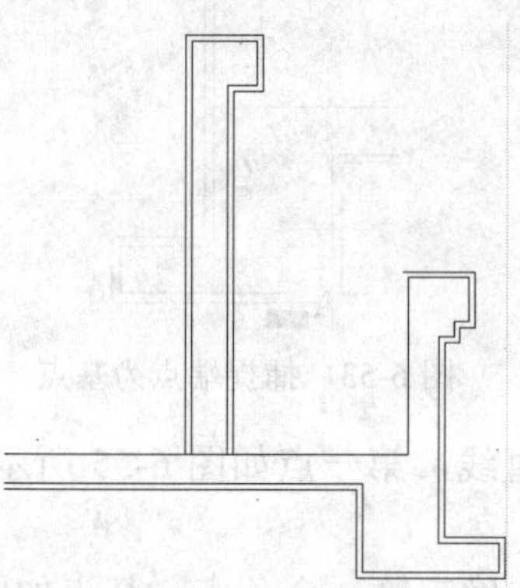

图 6-48　偏移多段线

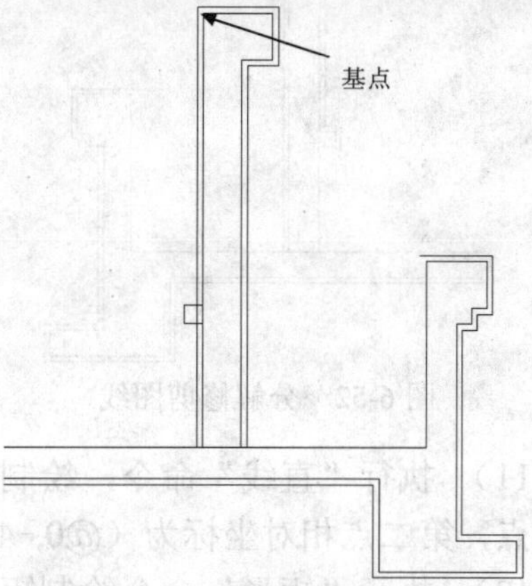

图 6-49　捕捉绘制多段线的基点

（7） 执行“修剪”命令，以步骤 6 绘制的多段线为剪切边，修剪多段线之间的部分，效果如图 6-50 所示。

（8） 执行“偏移”命令，将步骤 6 绘制的多段线向外偏移 200，效果如图 6-51 所示。

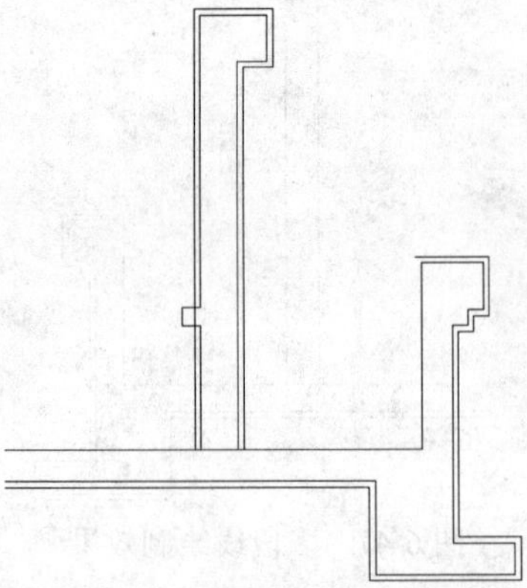

图 6-50　修剪多段线之间的直线

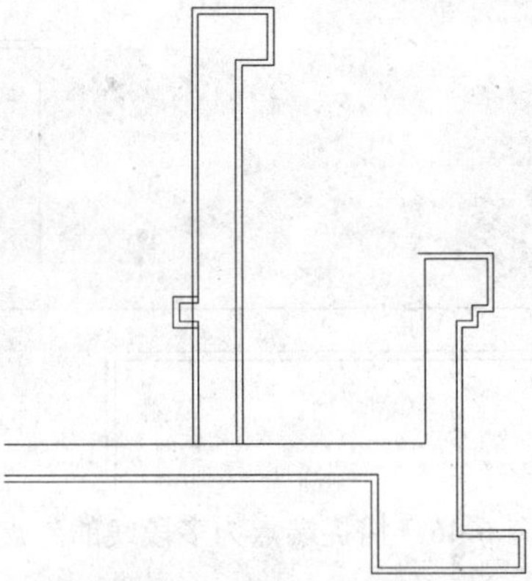

图 6-51　偏移多段线

（9） 执行“分解”命令，将步骤 8 偏移生成的多段线分解，删除下方的水平直线，并执行“修剪”命令，对直线进行修剪，效果如图 6-52 所示。

（10） 执行“矩形”命令，命令行提示如下：

```
命令: _rectang
指定第一个角点或 [倒角（C）/标高（E）/圆角（F）/厚度（T）/宽度（W）]: from//输入from，使用相对点法确定矩形的第一个角点
基点: //捕捉图 6-53 所示的点为基点
<偏移>: @1500,0//输入相对坐标，确定矩形的第一个角点
指定另一个角点或 [面积（A）/尺寸（D）/旋转（R）]: @800,-400//输入第二个角点的相对坐标，效果如图 6-54 所示
```

图 6-52　分解修剪图线

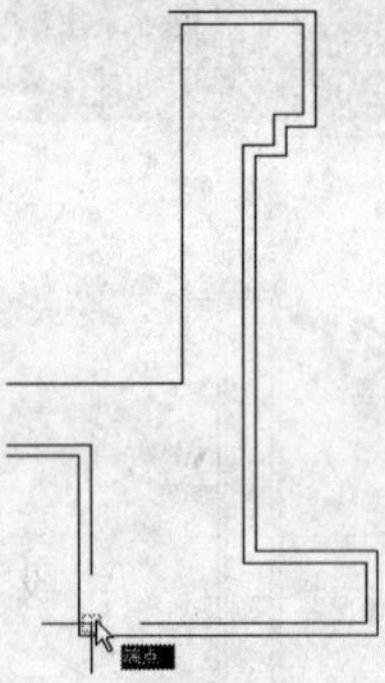

图 6-53　捕捉端点为基点

（11） 执行“直线”命令，绘制长度为 400 的垂直线，第一点如图 6-55 所示为矩形下边的中点，第二点相对坐标为（@0,-400）。

（12） 执行“矩形”命令绘制矩形，使用相对点法确定第一个角点，基点如图 6-56 所示，偏移为（@90,-90），另一个角点为（@250,-600），绘制效果如图 6-57 所示。

（13） 执行“修剪”命令，以 800×400 的矩形为剪切边修剪多段线，效果如图 6-58 所示。

（14） 如图 6-59 所示，执行“构造线”命令在合适位置绘制水平构造线。

（15） 执行“直线”命令绘制直线，第一个点为 250×600 的中点，第二个点为步骤 14 绘制的构造线的垂足，效果如图 6-60 所示。

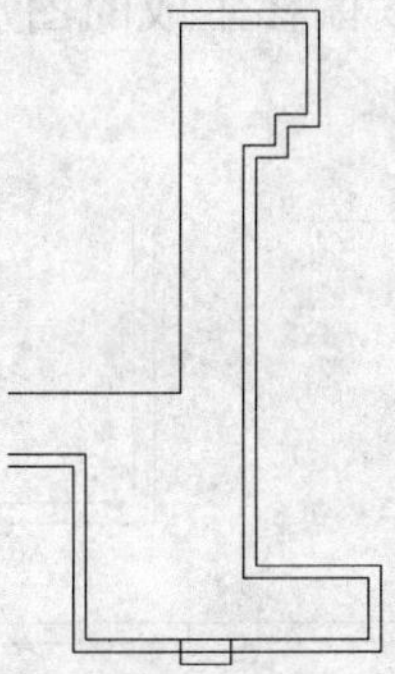

图 6-54　绘制 800×400 矩形

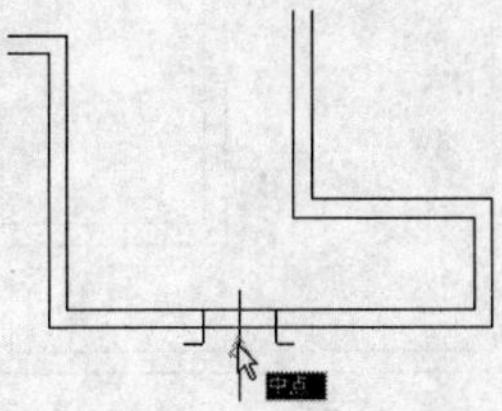

图 6-55　捕捉中点为直线起点

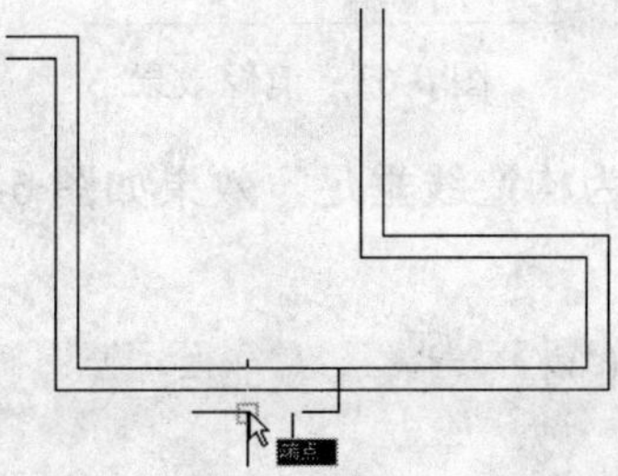

图 6-56　捕捉端点为矩形的基点

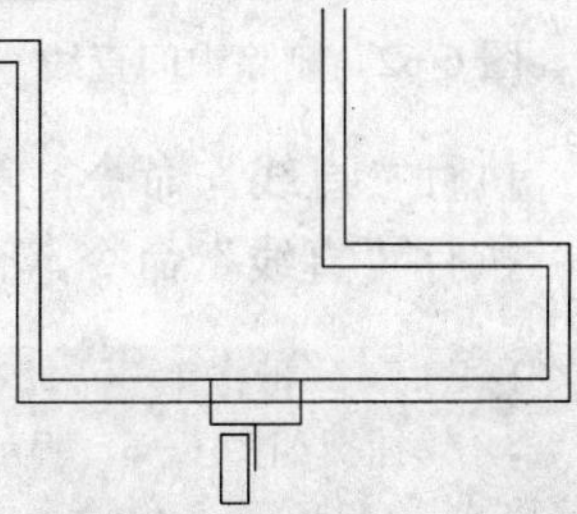

图 6-57　绘制 250×600 的矩形

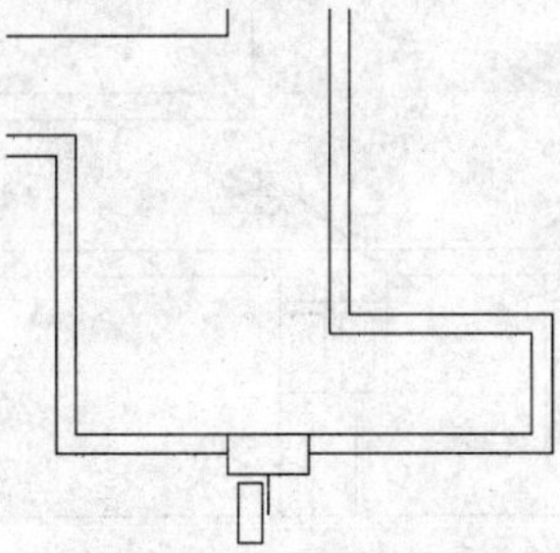

图 6-58　修剪多段线

图 6-59　绘制水平构造线

（16）　执行“偏移”命令将步骤 15 绘制的直线向左右各偏移 25，效果如图 6-61 所示。

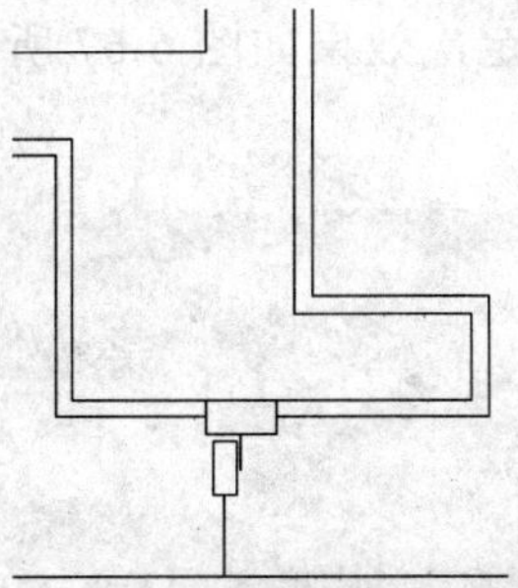

图 6-60　过 250×600 矩形中点绘制垂直线

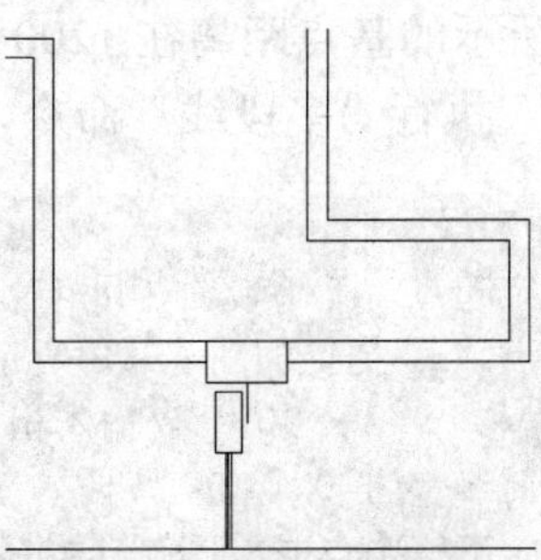

图 6-61　将直线向左右偏移 25

（17）　执行“删除”命令，将步骤 15 绘制的直线删除，效果如图 6-62 所示。

（18） 执行“镜像”命令，以 250×600 的矩形和步骤 16 偏移生成的图形为对象，镜像线为步骤 11 绘制的直线，镜像效果如图 6-63 所示。

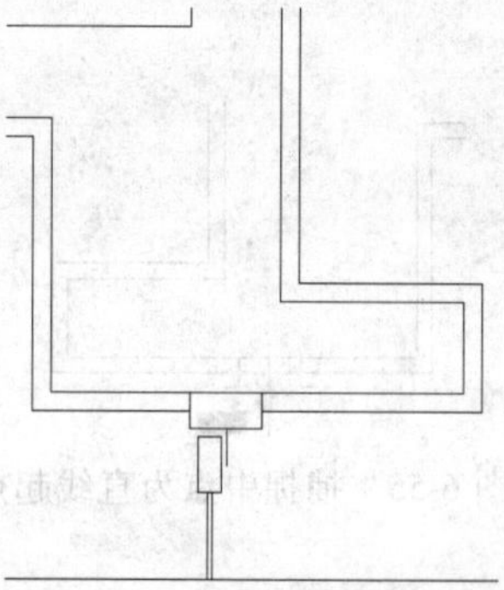

图 6-62 删除中间直线

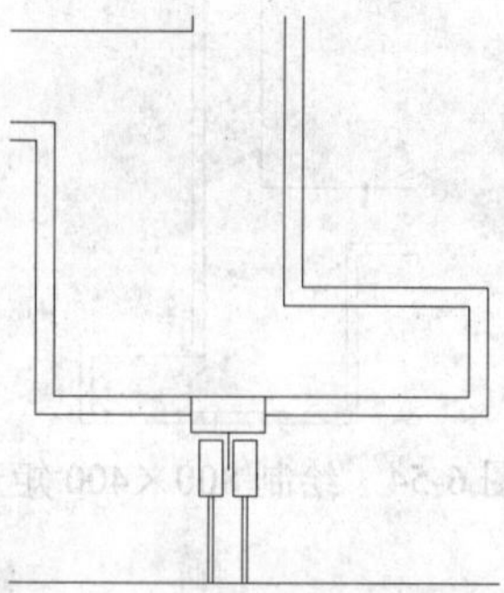

图 6-63 镜像效果

（19） 执行“直线”命令，第一点为角点，第二点为构造线垂足，效果如图 6-64 所示。

（20） 执行“直线”命令，命令行提示如下：

```
命令: _line 指定第一点: from//输入 from，使用相对点法确定直线的第一点
基点: //捕捉如图 6-65 所示的点为基点
<偏移>: @-1200,0//输入相对偏移距离
指定下一点或 [放弃 (U) ]://捕捉构造线的垂足
指定下一点或 [放弃 (U) ]://按回车键，完成绘制，效果如图 6-65 所示
```

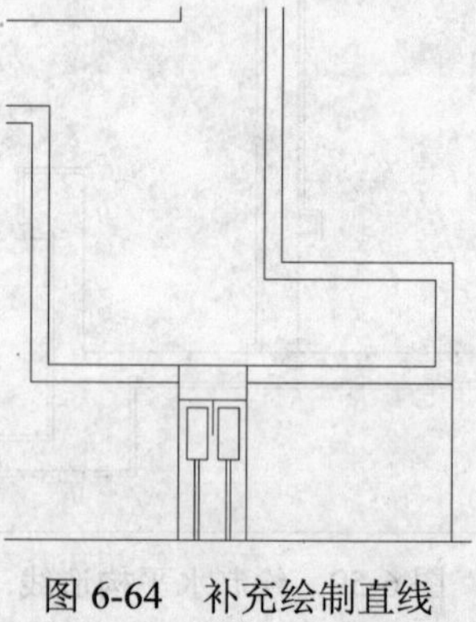

图 6-64 补充绘制直线

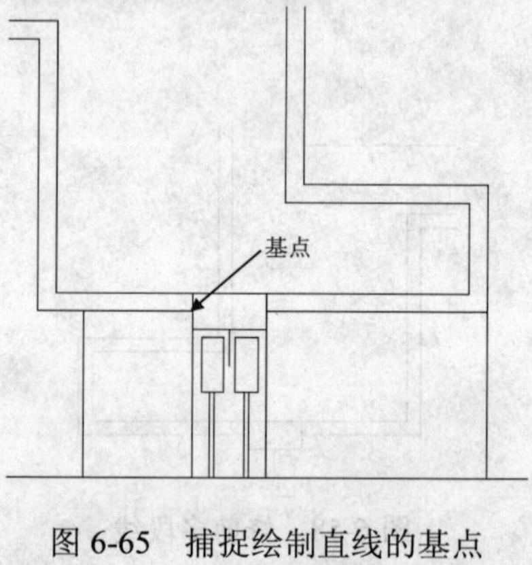

图 6-65 捕捉绘制直线的基点

（21） 如图 6-66 所示删除步骤 14 创建的水平构造线，并同时绘制竖向辅助线，辅助线与图 6-65 所示的基点距离在 1200～1400，读者可以随意指定，效果如图 6-67 所示。

（22） 执行“多段线”命令，命令行提示如下：

```
命令: _pline
指定起点: from//使用相对点法确定多段线的起点
基点: //捕捉如图 6-68 所示的基点
<偏移>: @-200,0//输入相对坐标确定多段线的起点
当前线宽为 0.000
指定下一个点或 [圆弧 (A) /半宽 (H) /长度 (L) /放弃 (U) /宽度 (W) ]: @0,-3300
指定下一点或 [圆弧(A)/闭合(C)/半宽(H)/长度(L)/放弃(U)/宽度(W)]:@-500,-500//依次输入多段线的其他点相对坐标
```

指定下一点或 [圆弧 (A) /闭合 (C) /半宽 (H) /长度 (L) /放弃 (U) /宽度 (W)]://捕捉垂足

指定下一点或 [圆弧 (A) /闭合 (C) /半宽 (H) /长度 (L) /放弃 (U) /宽度 (W)]://按回车键，完成绘制，效果如图 6-68 所示

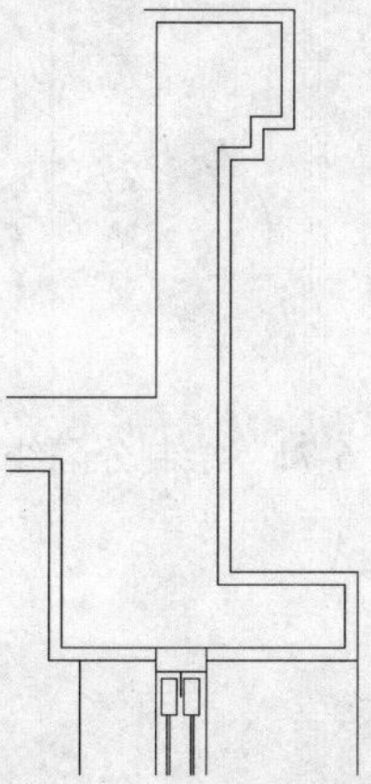

图 6-66　删除水平辅助线

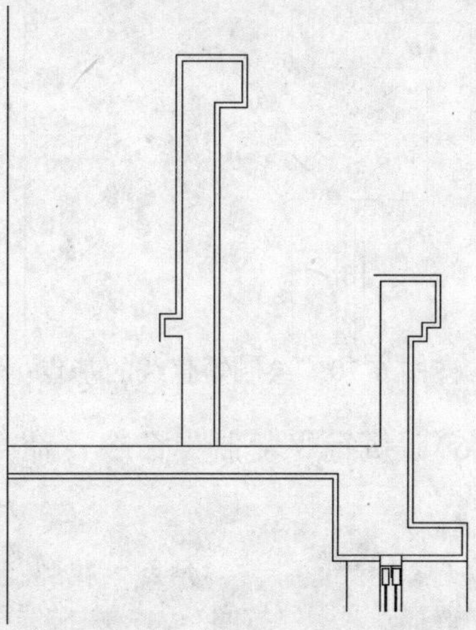

图 6-67　绘制垂直辅助线

（23） 执行“偏移”命令，将步骤 22 绘制的多段线连续向左上偏移 40，偏移 3 次，效果如图 6-69 所示。

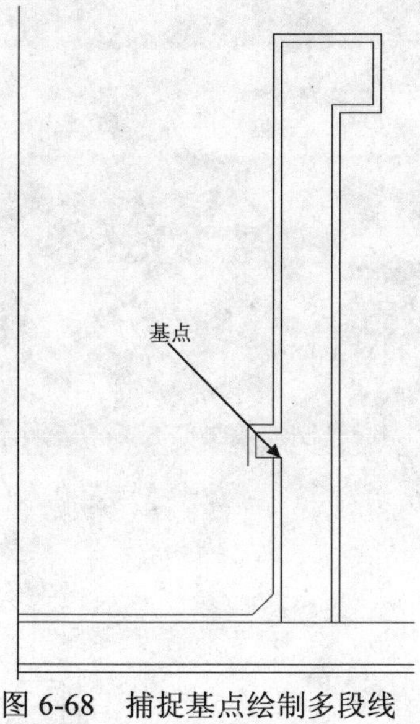

图 6-68　捕捉基点绘制多段线

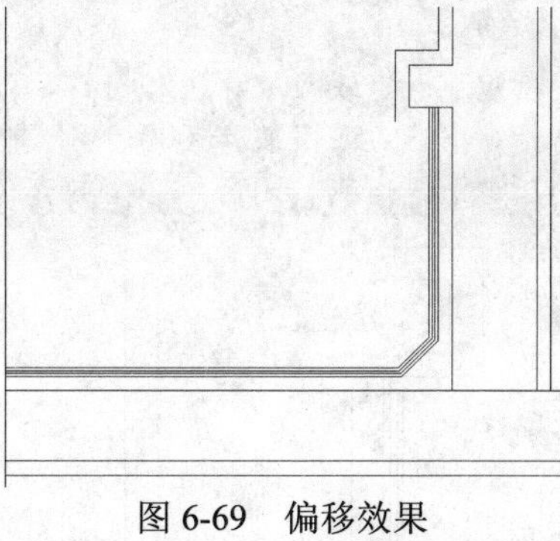

图 6-69　偏移效果

（24） 执行“直线”命令绘制直线，使用相对点法确定第一点，基点如图 6-702 所示，偏移相对坐标为（@0,-500），第二点捕捉垂足，绘制出的长为 40 的短直线效果如图 6-70 所示。

（25） 执行“偏移”命令，将步骤 24 创建的直线向下偏移 500，偏移 5 次，效果如图 6-71 所示。

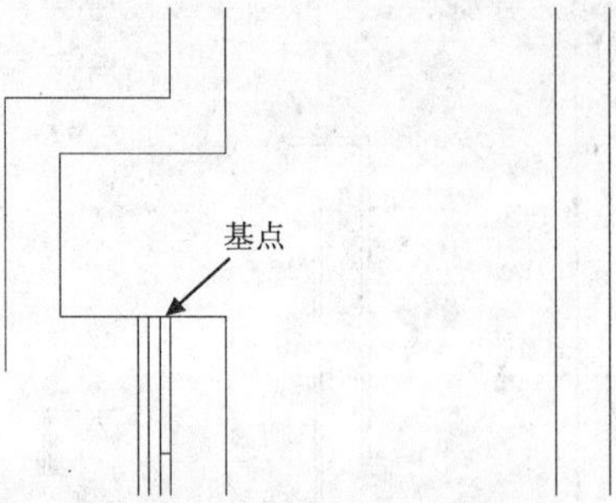

图 6-70　绘制短直线的基点

图 6-71　绘制分隔线

（26）执行“复制”命令，命令行提示如下：

命令：_copy
选择对象：指定对角点：找到 6 个//选择步骤 24 和 25 创建短直线
选择对象://按回车键，完成选择
当前设置：　复制模式 = 多个
指定基点或［位移（D）/模式（O）］ <位移>：//任意点为基点
指定第二个点或［阵列（A）］ <使用第一个点作为位移>：@-80,0//输入插入点的相对坐标
指定第二个点或［阵列（A）/退出（E）/放弃（U）］ <退出>://按回车键，完成复制，效果如图 6-72 所示

（27）执行“直线”命令，命令行提示如下：

命令：_line
指定第一点：from// 使用相对点法确定直线的第一点
基点：//捕捉如图 6-73 所示的点为基点
<偏移>：@-3150,240//输入相对坐标确定直线的第一点
指定下一点或［放弃（U）］：@0,300//输入第二点的相对坐标
指定下一点或［放弃（U）］://捕捉到构造线的垂足
指定下一点或［闭合（C）/放弃（U）］://按回车键，完成绘制，效果如图 6-73 所示

图 6-72　复制直线

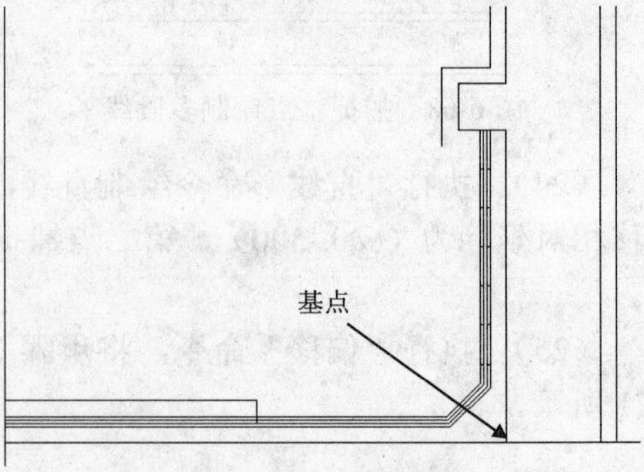

图 6-73　绘制直线

（28） 执行“偏移”命令，将绘制的横向直线向上偏移 400，生成的直线向上偏移 200，再将生成的直线向上偏移 100，效果如图 6-74 所示。

（29） 分别用直线连接两直线的端点，其中间隔 100 的直线端点绘制直线，其他 3 个端点用一条直线连接效果如图 6-75 所示。

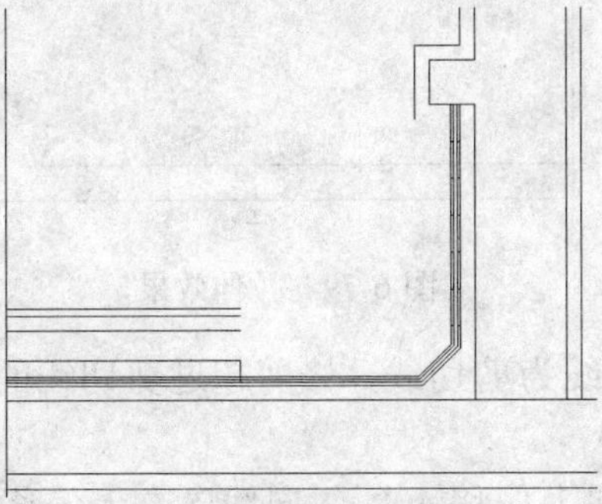

图 6-74　将直线向上偏移

图 6-75　连接直线

（30） 使用夹点编辑功能，选择要夹点编辑的直线，使其上端点处于热态，效果如图 6-76 所示，命令行提示如下：

```
** 拉伸 **//选择夹点
指定拉伸点或 [基点（B）/复制（C）/放弃（U）/退出（X）]：b//输入b，要求夹点编辑基点
指定基点://选择夹点为基点
** 拉伸 **//
指定拉伸点或 [基点（B）/复制（C）/放弃（U）/退出（X）]：@-350,0//输入拉伸尺寸，按回车键，效果如图 6-77 所示
```

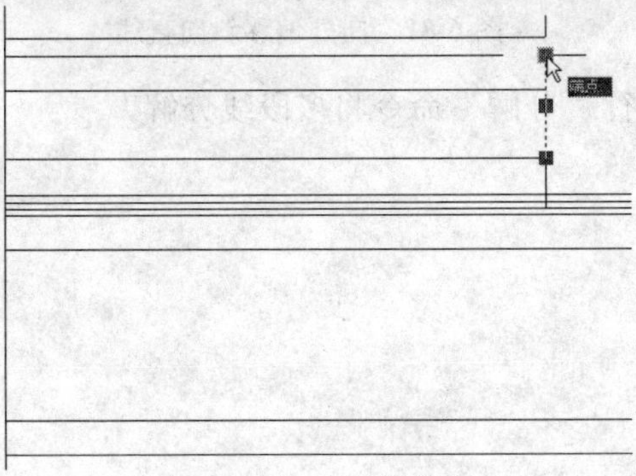

图 6-76　夹点编辑热态

图 6-77　夹点编辑效果

（31） 执行“拉伸”命令，命令行提示如下：

```
命令： _stretch
以交叉窗口或交叉多边形选择要拉伸的对象...
选择对象：指定对角点：找到 3 个//如图 6-78 所示选择拉伸对象
选择对象://按回车键，完成选择
指定基点或 [位移（D）] <位移>://任意点为基点
指定第二个点或 <使用第一个点作为位移>： @-350,0//输入拉伸距离，效果如图 6-79 所示
```

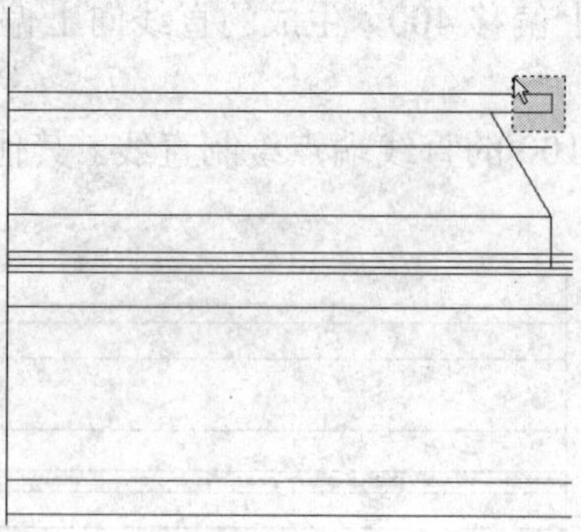

图 6-78　拉伸对象

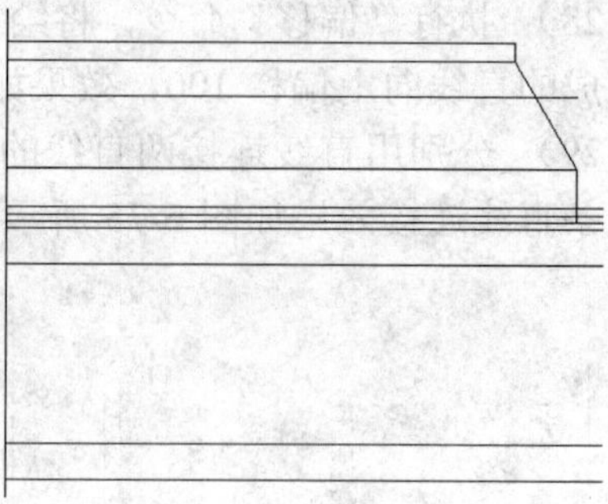

图 6-79　拉伸效果

（32） 执行“修剪”命令修剪直线，选择斜向直线为剪切线，修剪超过剪切线的直线部分，效果如图 6-80 所示。

（33） 执行“偏移”命令把图 6-81 所示的直线向上偏移 40，斜向线向右上偏移 40，都偏移 2 次。

图 6-80　修剪其中一条直线

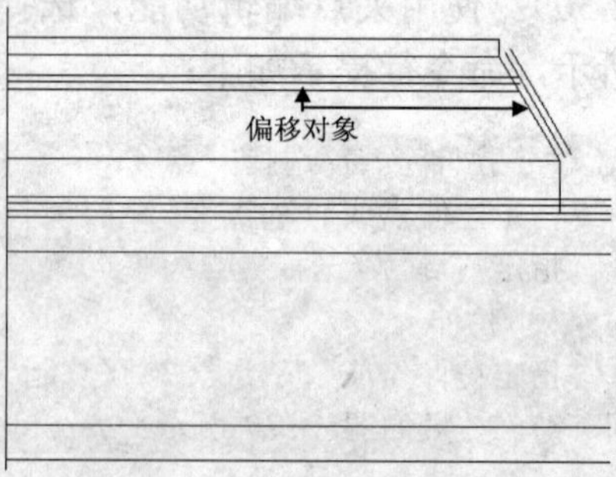

图 6-81　向外偏移斜向直线

（34） 选择如图 6-82 所示的两条多段线，执行“分解”命令将多段线分解。

图 6-82　分解多段线

图 6-83　延伸直线

（35） 执行“延伸”命令，将偏移生成的斜向线延伸到步骤 34 分解的多段线，效果如图 6-83 所示。

（36） 执行“修剪”命令，对偏移的斜向线、水平直线以及分解的多段线进行修剪，修剪效果如图 6-84 所示。

图 6-84　修剪直线

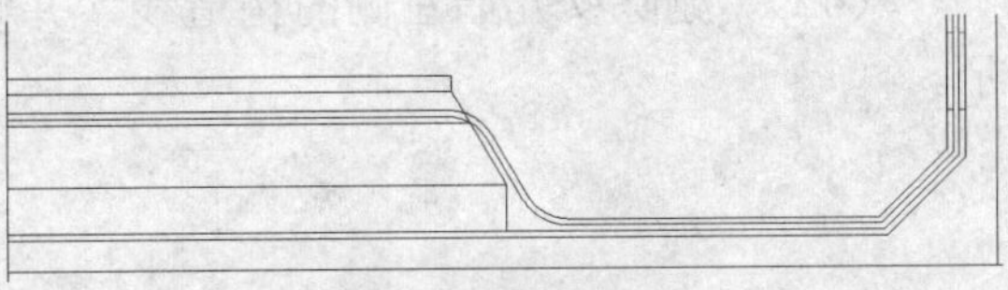

图 6-85　圆角图线

（37）　执行“圆角”命令，对步骤 36 修剪后的直线进行圆角操作，内圆角半径 300，外圆角半径 340，效果如图 6-85 所示。

（38）　执行“多段线”命令，命令行提示如下：

```
    命令: _xline 指定点或 [水平(H)/垂直(V)/角度(A)/二等分(B)/偏移(O)]: v//
输入 v，绘制垂直构造线
    指定通过点: from//输入 from，通过相对点法确定通过点
    基点: //捕捉如图 6-86 所示的基点
    <偏移>: @-2000,0.//输入相对坐标，确定通过点
    指定通过点://按回车键，完成绘制，效果如图 6-86 所示
```

（39）　执行“修剪”命令，以步骤 38 绘制的构造线为剪切边，对水平直线进行修剪，修剪效果如图 6-87 所示。

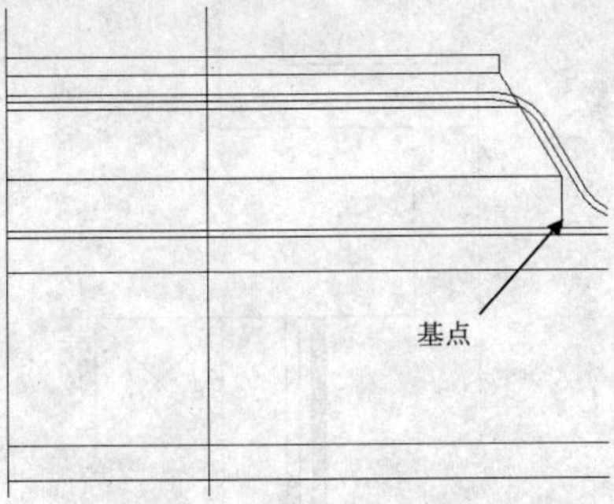

图 6-86　绘制竖向构造线

图 6-87　根据构造线修剪油毡线

（40）使用绘制横向小直线的方法绘制竖向小直线，偏移的距离也为 500，效果如图 6-88 所示。

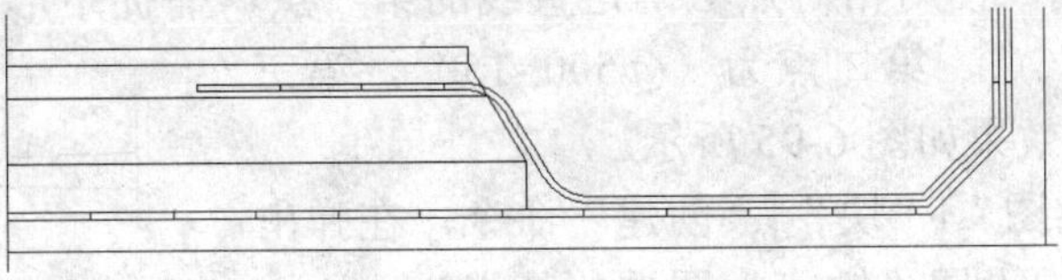

图 6-88　绘制竖向小直线

（41）　如图 6-89 所示的 3 条直线使用捕捉连接圆弧端点的方法绘制，绘制完成的女儿墙屋顶防水油毡效果如图 6-90 所示。

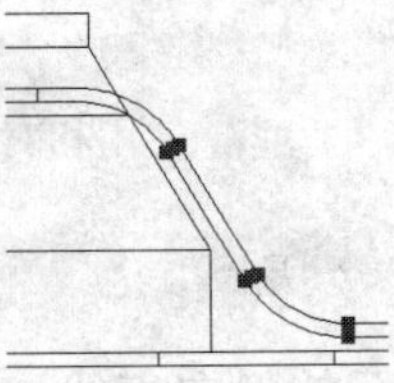

图 6-89　连接圆弧点的直线

图 6-90　油毡绘制效果

（42） 删除女儿墙左侧的构造线，并修剪斜向直线经过油毡的部分，效果如图 6-91 所示。

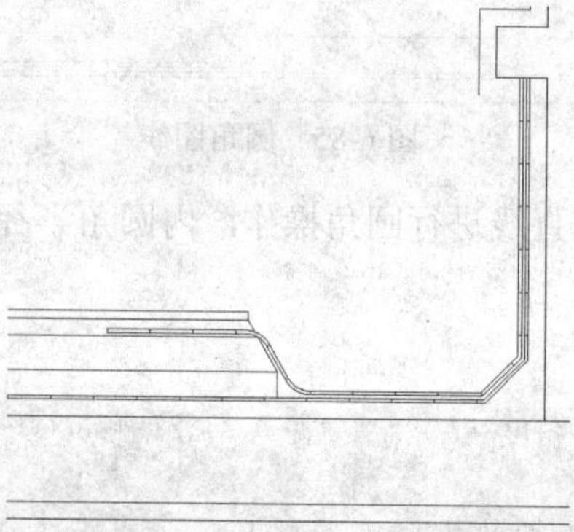
图 6-91 修剪斜向边中的一部分

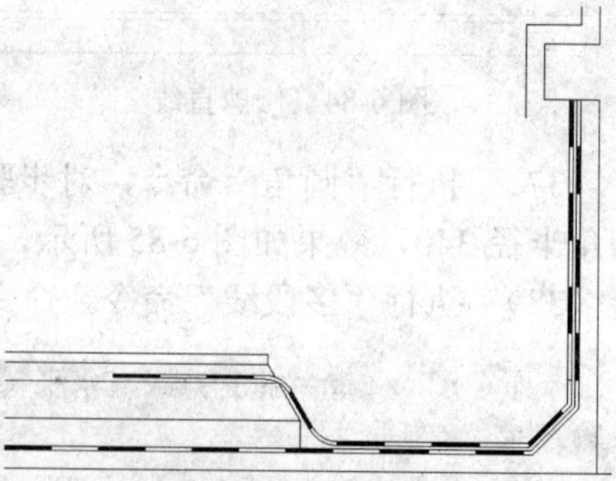
图 6-92 创建填充

（43） 执行“图案填充”命令，设置填充图案为 SOLID，填充效果如图 6-92 所示。

（44） 执行“矩形”命令，绘制 400×400 的矩形，第一个角点如图 6-93 所示，另一个角点为（@400,-400），效果如图 6-93 所示。

（45） 执行“直线”命令，绘制连接矩形角点的斜向直线，效果如图 6-94 所示。

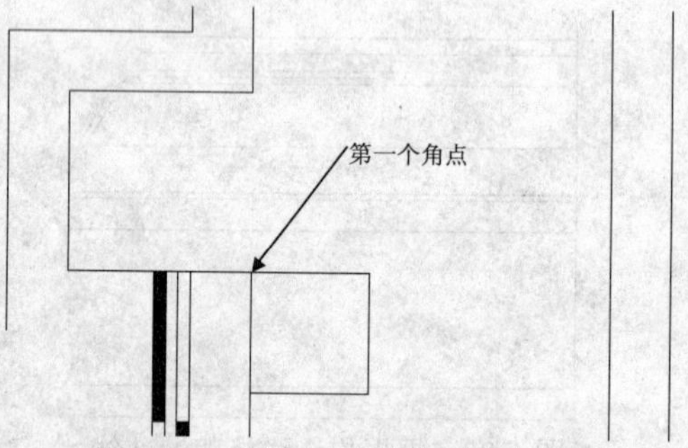

图 6-93 指定矩形的第一个角点

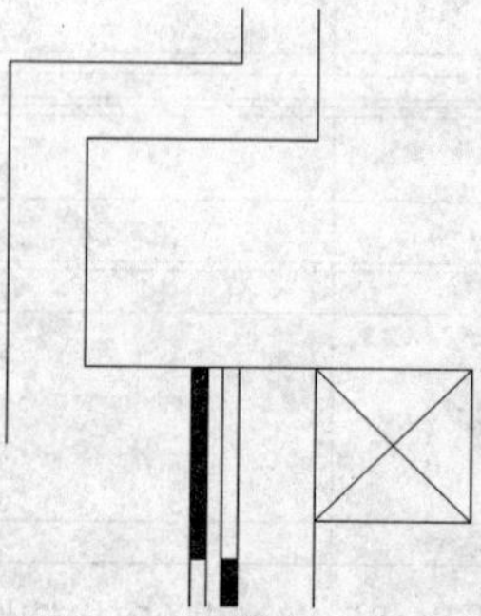
图 6-94 绘制斜向直线

（46） 在绘图区绘制 10×120 矩形，第一点为任意点，第二个角点为（@10,120）。

（47） 绘制直线，使用相对点法确定直线的第一点，捕捉矩形右边中点为基点，偏移（@0,15）为直线第一点，第二点为（@500,-15），第三点为（@-500,-15），效果如图 6-95 所示。

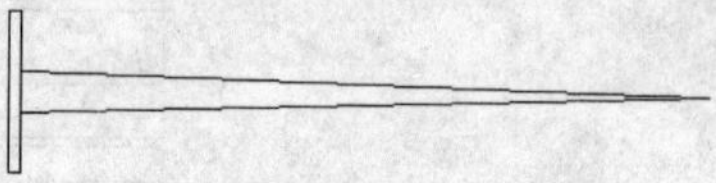
图 6-95 绘制固定钉

（48） 执行“绘图”|“块”|“创建”命令，在弹出的“块定义”对话框中设置“铁钉”图块，基点为右边中点，将图 6-95 所示的图形创建为图块。

（49） 执行“插入”|“块”命令，插入铁钉图块，单击“确定”按钮，命令行提示如下：

```
命令：_insert
指定插入点或 [基点（B）/比例（S）/X/Y/Z/旋转（R）]：from//使用相对点法确定插入点
基点：//捕捉图 6-96 所示的点为基点
<偏移>：@0,-200//输入相对坐标，按回车键，效果如图 6-96 所示
```

（50） 使用“直线”命令，捕捉端点，绘制如图 6-97 所示的斜向直线。

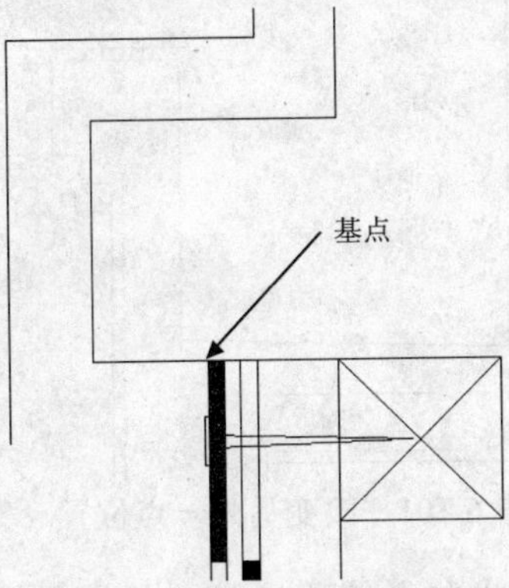

图 6-96　插入图块相对点法基点

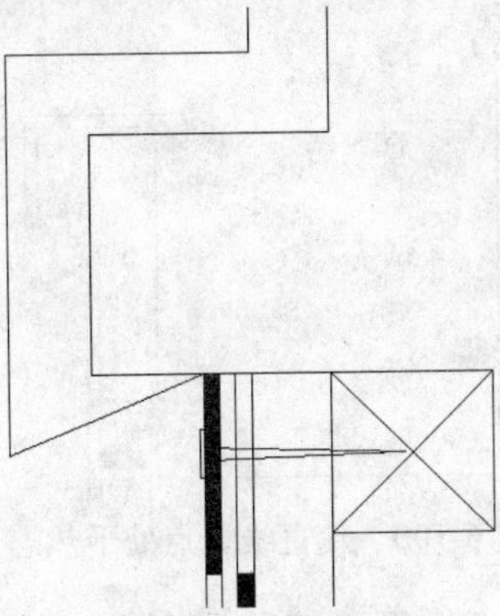

图 6-97　绘制滴水线

（51）　在命令行中输入 UCS 命令，命令行提示如下：

```
命令: ucs
当前 UCS 名称: *世界*
指定 UCS 的原点或 [面(F)/命名(NA)/对象(OB)/上一个(P)/视图(V)/世界(W)/X/Y/Z/Z轴 (ZA)] <世界>://如图 6-98 所示捕捉 UCS 的新原点
指定 X 轴上的点或 <接受>://按回车键，完成设置
```

（52）　执行“直线”命令绘制直线，直线第一点为（0,800），第二点捕捉垂足，如图 6-99 所示。

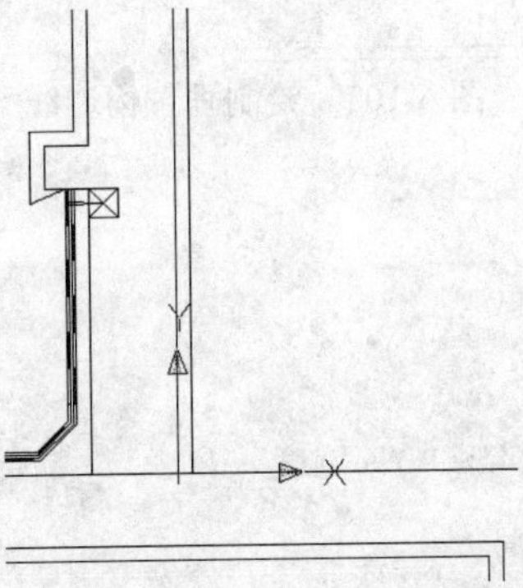

图 6-98　创建用户坐标系

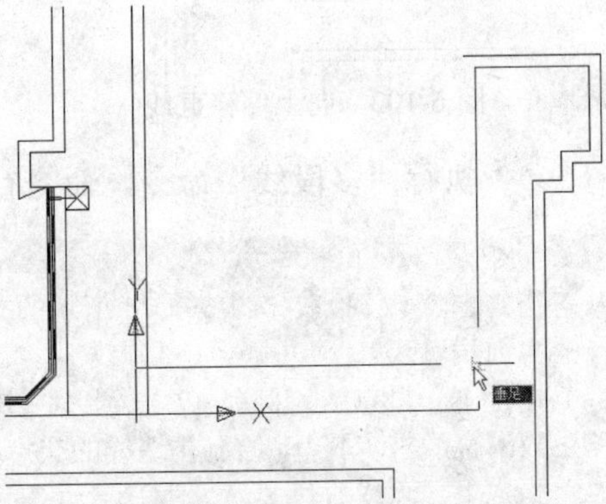

图 6-99　在新坐标系绘制直线

（53）　使用“夹点编辑”功能编辑步骤 52 绘制的直线，使步骤 52 绘制的直线右端点处于热态，命令行提示如下：

```
** 拉伸 **
指定拉伸点或 [基点 (B) /复制 (C) /放弃 (U) /退出 (X) ]: b//输入 b，确定拉伸基点
指定基点://捕捉如图 6-100 所示的端点为基点
** 拉伸 **
指定拉伸点或 [基点 (B) /复制 (C) /放弃 (U) /退出 (X) ]: @0,200//输入拉伸的相对坐标，效果如图 6-101 所示
命令: *取消*
```

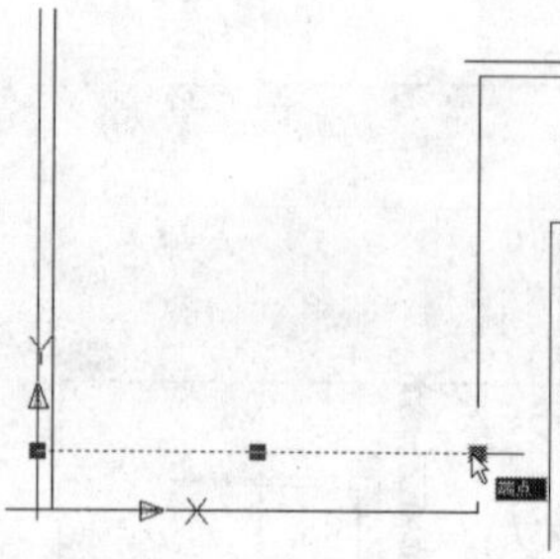

图 6-100　使直线端点处于热态

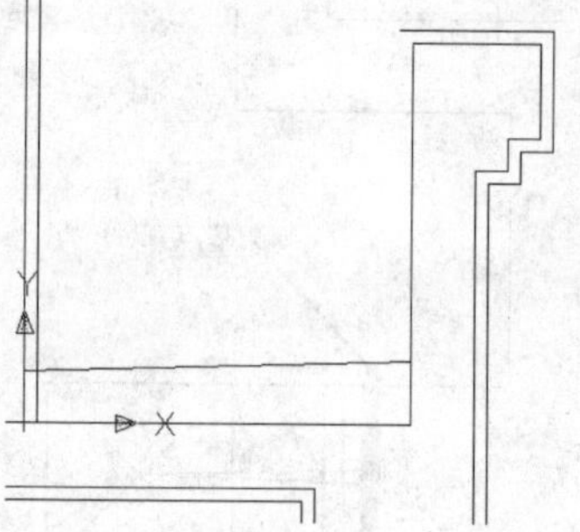

图 6-101　改变另外一点位置

（54）执行“偏移”命令，将步骤 53 夹点编辑的直线向上偏移 200，效果如图 6-102 所示。

（55）执行“构造线”命令，过如图 6-103 所示的点绘制竖向构造线。

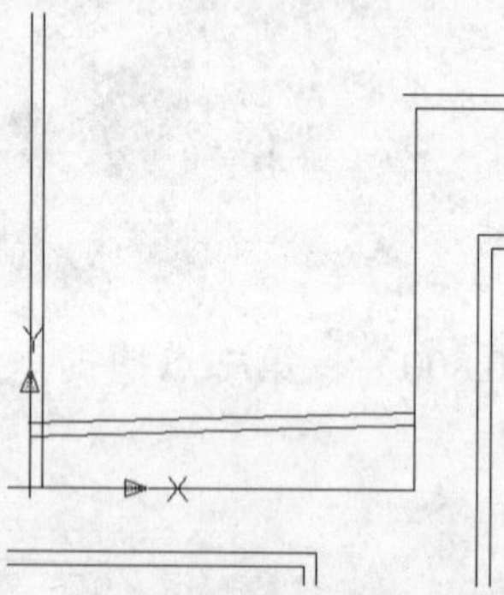

图 6-102　向上偏移直线

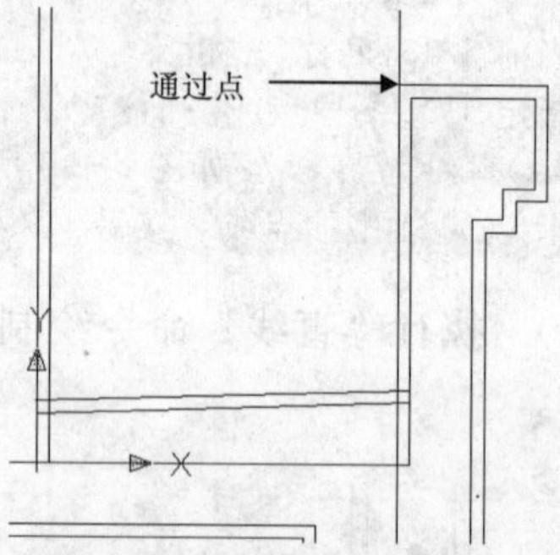

图 6-103　绘制垂直构造线

（56）执行“多段线”命令，命令行提示如下：

命令：_pline

指定起点://拾取如图 6-104 所示的交点为起点

当前线宽为 0.000

指定下一个点或 [圆弧(A)/半宽(H)/长度(L)/放弃(U)/宽度(W)]://捕捉步骤 54 偏移生成的直线与步骤 55 绘制构造线的交点

指定下一点或 [圆弧(A)/闭合(C)/半宽(H)/长度(L)/放弃(U)/宽度(W)]://捕捉步骤 54 偏移生成的直线与左侧墙线的交点

指定下一点或 [圆弧(A)/闭合(C)/半宽(H)/长度(L)/放弃(U)/宽度(W)]://捕捉如图 6-105 所示的延长线上的交点

指定下一点或 [圆弧(A)/闭合(C)/半宽(H)/长度(L)/放弃(U)/宽度(W)]://按回车键，完成绘制，效果如图 6-106 所示

（57）删除步骤 55 绘制的垂直构造线，同时过步骤 56 绘制的多段线的最后一个点绘制水平构造线，效果如图 6-107 所示。

（58）执行“偏移”命令，将步骤 57 创建的水平构造线向上移动 200，基点为任意点，移动相对坐标为（@0,220），效果如图 6-108 所示。

（59）执行“修剪”命令，以步骤 58 移动后的直线为剪切边，修剪墙线，效果如图 6-109 所示，图 6-109 中所显示的小缺口即为修剪部分。

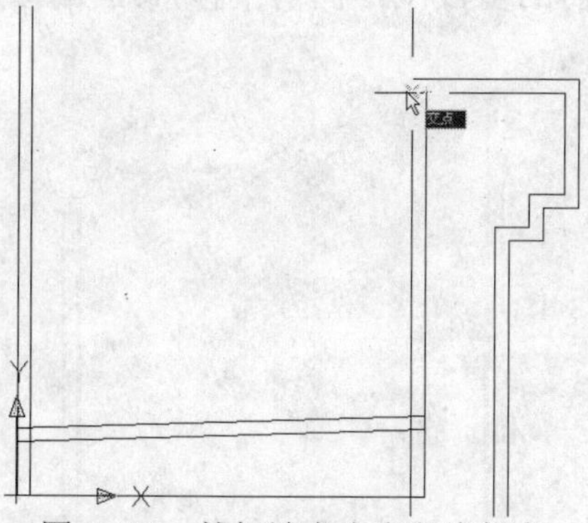

图 6-104　捕捉端点为多段线起点

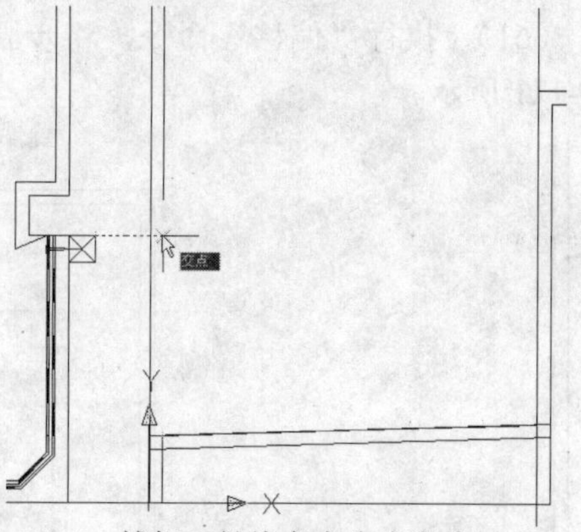

图 6-105　捕捉延长线交点为多段线最后一点

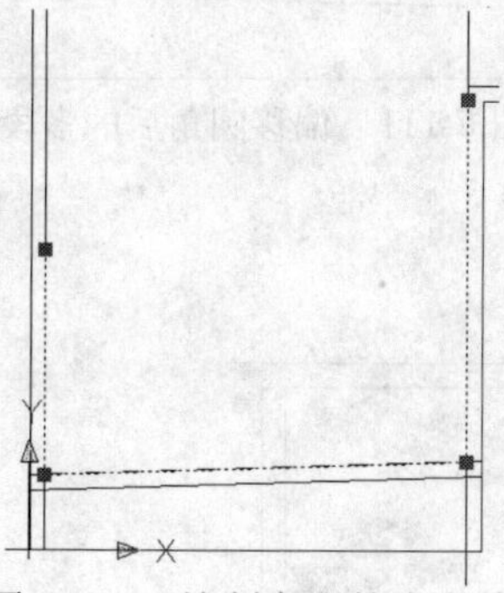

图 6-106　绘制完成的多段线

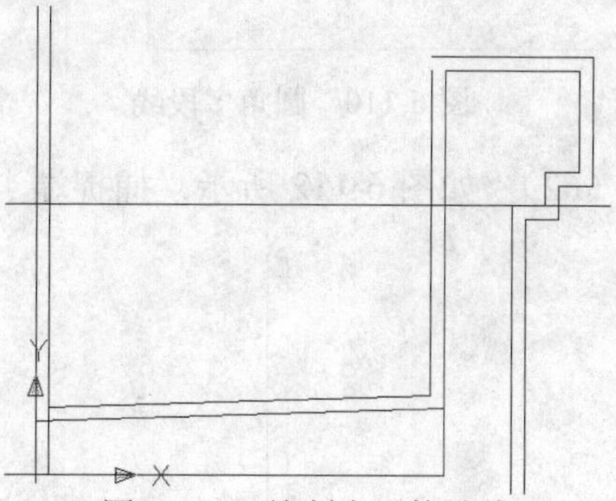

图 6-107　绘制水平构造线

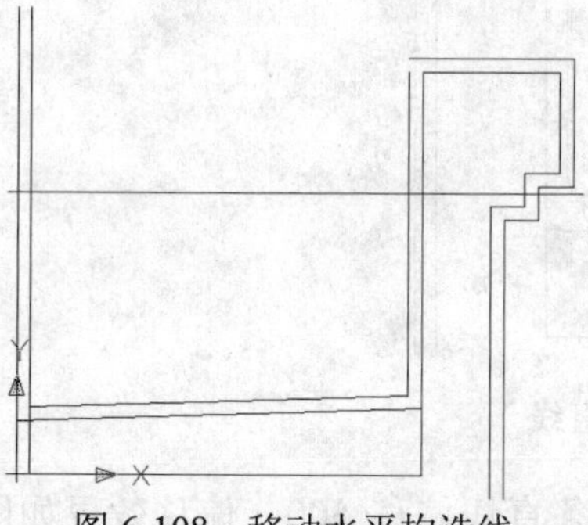

图 6-108　移动水平构造线

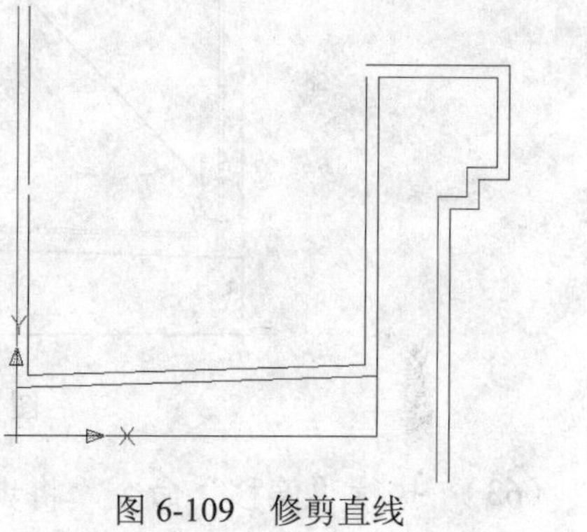

图 6-109　修剪直线

（60）　执行“圆角”命令，命令行提示如下：

```
命令：_fillet
当前设置：模式 = 修剪，半径 = 340.000
选择第一个对象或 [放弃（U）/多段线（P）/半径（R）/修剪（T）/多个（M）]：r//输入 r，要求输入圆角半径
指定圆角半径 <340.000>：340//输入圆角半径
选择第一个对象或 [放弃（U）/多段线（P）/半径（R）/修剪（T）/多个（M）]：//选择步骤 56 绘制多段线的第一条组成直线
选择第二个对象，或按住 Shift 键选择要应用角点的对象：//选择步骤 56 绘制的多段线的第二条组成直线
…//继续执行圆角命令，将多段线的两个角都圆角，效果如图 6-110 所示
```

（61） 执行“偏移”命令，将步骤 6-110 圆角后的多段线，向内偏移 40，偏移效果如图 6-111 所示。

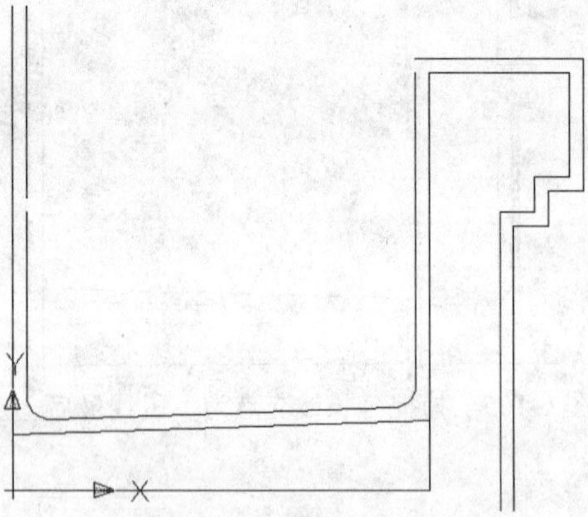

图 6-110 圆角多段线

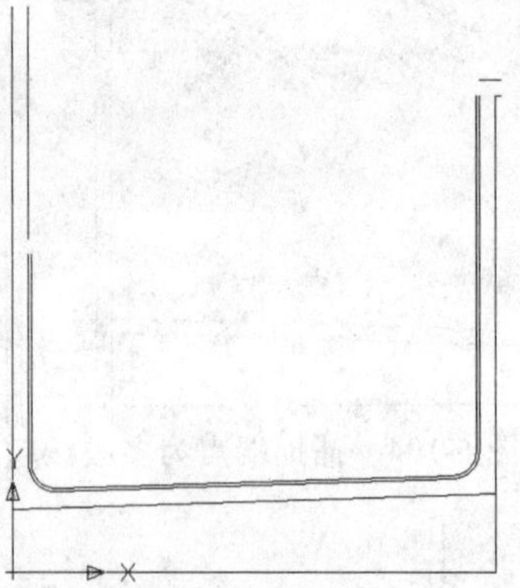

图 6-111 偏移圆角后的多段线

（62） 如图 6-112 所示，捕捉端点，绘制 3 条直线。

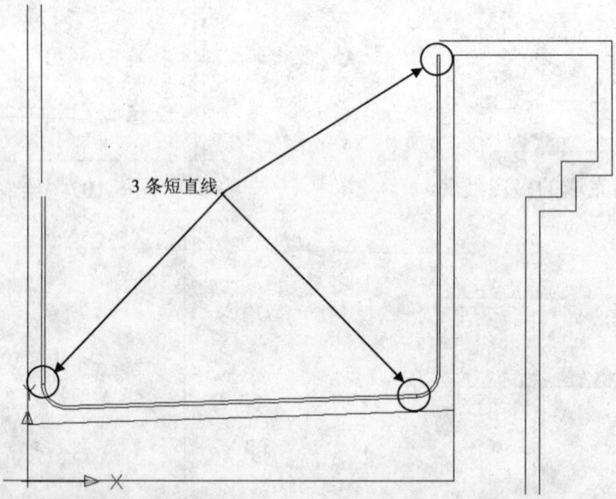

图 6-112 绘制油毡短直线

（63） 执行“偏移”命令，将步骤 62 绘制的 3 条直线偏移 500，偏移效果如图 6-113 所示。

（64） 执行“图案填充”命令，设置填充图案为 SOLID，填充效果如图 6-114 所示。

（65） 执行“多段线”命令，命令行提示如下：

命令：_pline
指定起点://如图 6-115 所示捕捉端点为起点
当前线宽为 0.000
指定下一个点或 [圆弧（A）/半宽（H）/长度（L）/放弃（U）/宽度（W）]：@-280,0
指定下一点或 [圆弧（A）/闭合（C）/半宽（H）/长度（L）/放弃（U）/宽度（W）]：@200,-400
指定下一点或 [圆弧（A）/闭合（C）/半宽（H）/长度（L）/放弃（U）/宽度（W）]：@40,0//依次输入相对坐标
指定下一点或 [圆弧（A）/闭合（C）/半宽（H）/长度（L）/放弃（U）/宽度（W）]：//按回车键，完成绘制，效果如图 6-116 所示

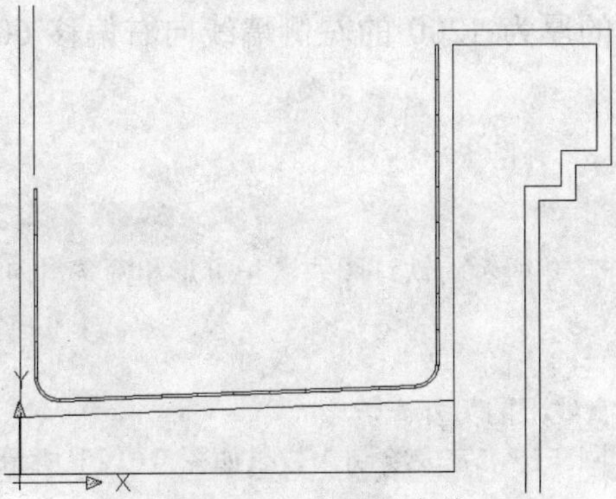

图 6-113　偏移短直线

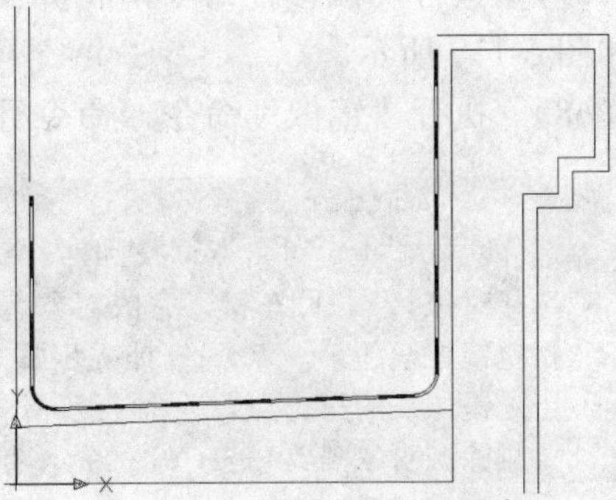

图 6-114　填充 SOLID 图案

图 6-115　捕捉端点为多段线的第一点

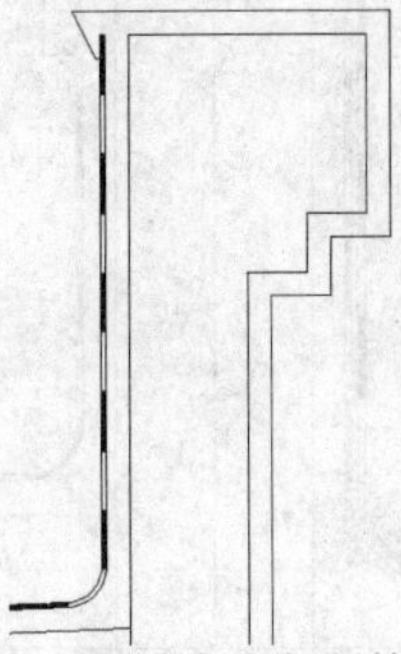

图 6-116　绘制油毡上方的多段线

（66）执行“多段线”命令，命令行提示如下：

命令：_pline
指定起点://如图 6-117 所示捕捉端点为起点
当前线宽为 0.000
指定下一个点或 [圆弧（A）/半宽（H）/长度（L）/放弃（U）/宽度（W）]：@240,-200
指定下一点或 [圆弧（A）/闭合（C）/半宽（H）/长度（L）/放弃（U）/宽度（W）]:@0,-400
指定下一点或 [圆弧（A）/闭合（C）/半宽（H）/长度（L）/放弃（U）/宽度（W）]:@-200,0//依次输入其他点的相对坐标
指定下一点或 [圆弧（A）/闭合（C）/半宽（H）/长度（L）/放弃（U）/宽度（W）]://按回车键，完成绘制，效果如图 6-118 所示

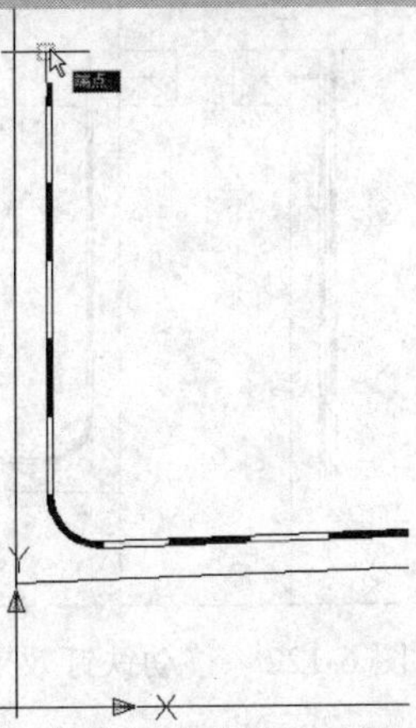

图 6-117　捕捉端点为多段线起点

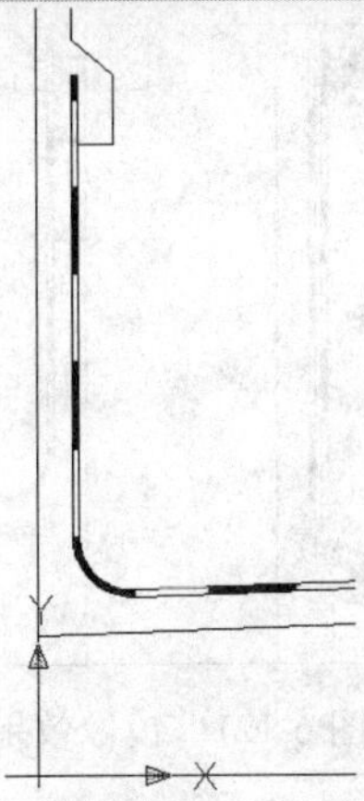

图 6-118　绘制油毡左侧上方的多段线

（67） 执行“偏移”命令，将如图 6-119 所示的厚为 1200 的左侧墙线向右偏移 600，效果如图 6-119 所示。

（68） 执行“镜像”命令，命令行提示如下：

```
命令: _mirror
选择对象: 指定对角点: 找到 4 个//选择如图 6-120 所示的铁钉图块、正方形和两条斜向直线
选择对象://按回车键，完成对象选择
指定镜像线的第一点: //捕捉步骤 67 偏移生成的直线上的一点
指定镜像线的第二点:// 捕捉步骤 67 偏移生成的直线上的另外一点
要删除源对象吗? [是 (Y) /否 (N) ] <N>://按回车键，完成绘制，效果如图 6-121 所示
```

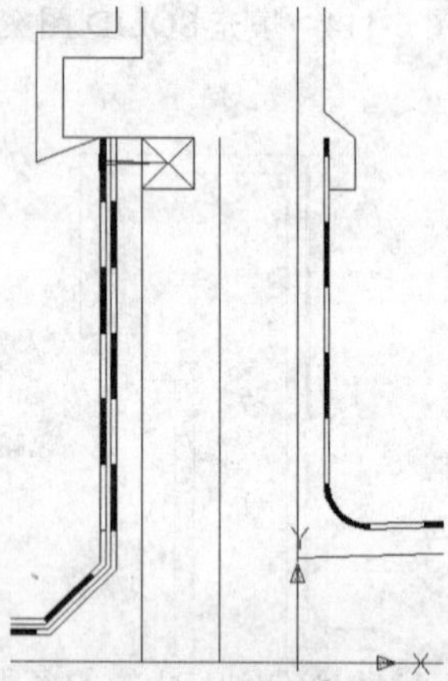

图 6-119 将墙线向右偏移 600

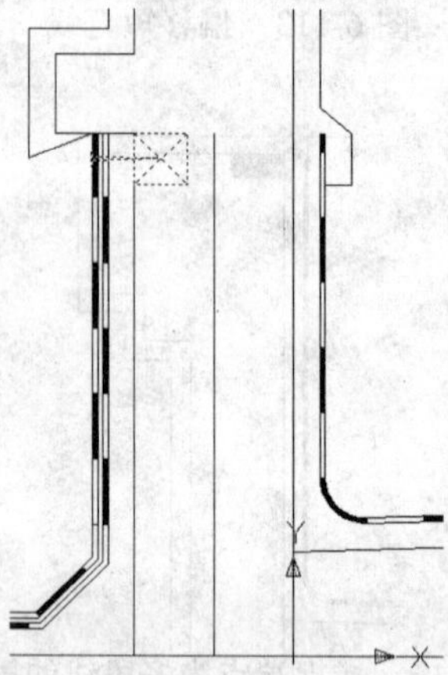

图 6-120 选择镜像对象

（69） 执行“移动”命令，命令行提示如下：

```
命令: _move
选择对象: 找到 1 个//选择镜像生成的铁钉图块
选择对象://按回车键，完成选择
指定基点或 [位移 (D) ] <位移>:  //任意拾取一点为基点
指定第二个点或 <使用第一个点作为位移>: @-80,0//输入相对坐标，按回车键，完成图块移动，
效果如图 6-122 所示
```

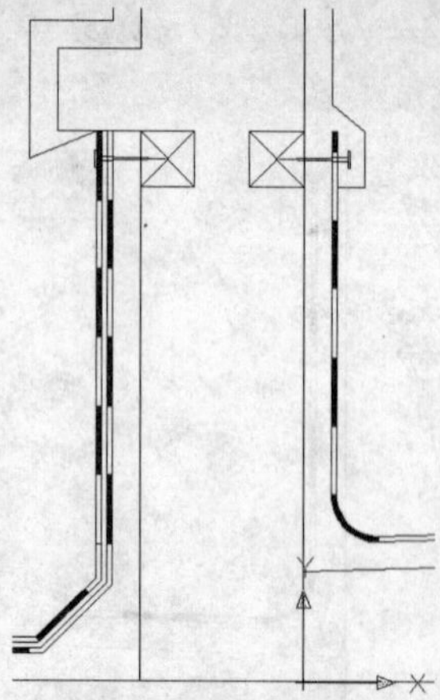

图 6-121 镜像效果

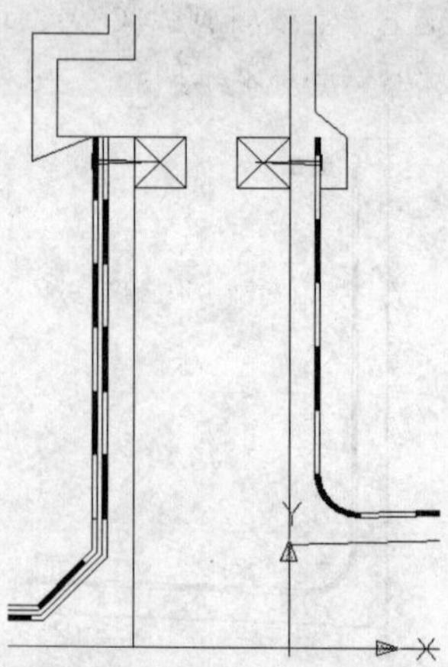

图 6-122 移动铁钉效果

（70） 在命令行中输入 UCS，命令行提示如下：

```
命令: ucs
当前 UCS 名称: *没有名称*
指定 UCS 的原点或 [面(F)/命名(NA)/对象(OB)/上一个(P)/视图(V)/世界(W)/X/Y/Z/Z 轴(ZA)] <世界>: w//恢复世界坐标系
```

（71） 使用“直线”命令，补充如图 6-123 所示的图线。

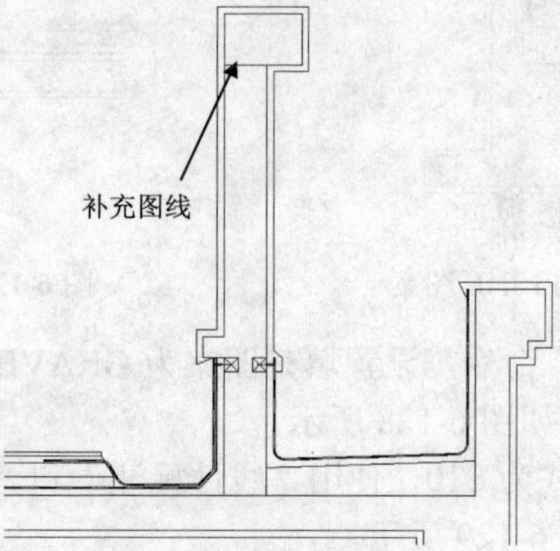

图 6-123 补充图线

（72） 执行“图案填充”命令，设置填充图案为 LINE，填充角度为 45º，比例为 100，其他采用默认设置，填充效果如图 6-124 所示。

（73） 使用“直线”命令，捕捉端点绘制直线，使需要填充的区域形成封闭区域辅助线，效果如图 6-125 所示。

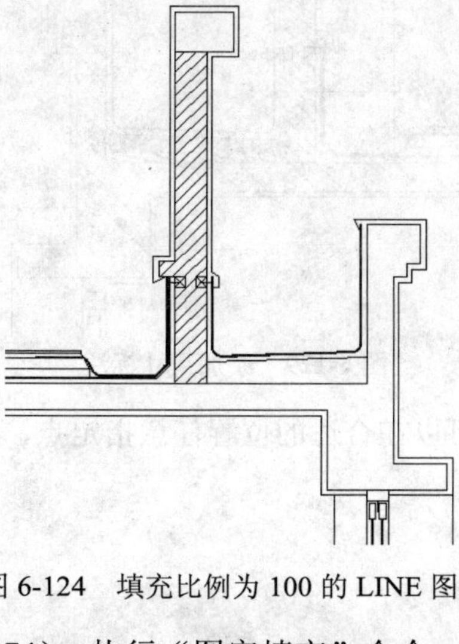

图 6-124 填充比例为 100 的 LINE 图案

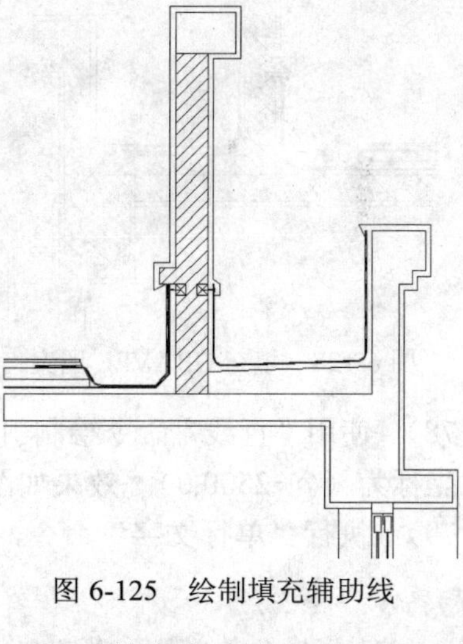

图 6-125 绘制填充辅助线

（74） 执行“图案填充”命令，设置填充图案为 LINE，填充角度为 45º，比例为 200，其他采用默认设置，填充效果如图 6-126 所示。

（75） 执行“图案填充”命令，设置填充图案为 AC-CONC，填充角度为 0º，比例为 10，其他采用默认设置，填充效果如图 6-127 所示。同时删除为了图案填充而绘制的直线。

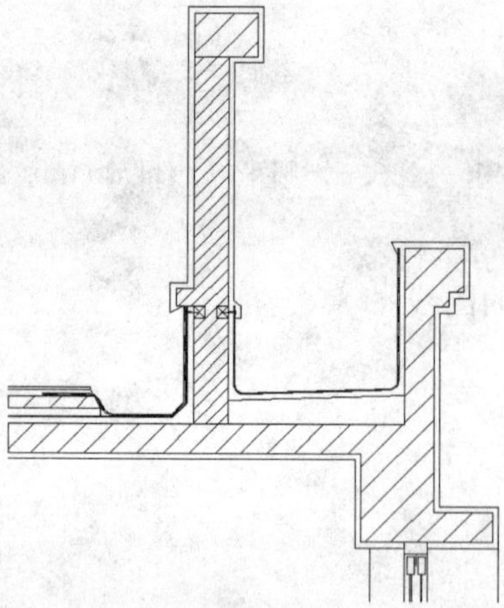

图 6-126　填充比例为 200 的 LINE 图案

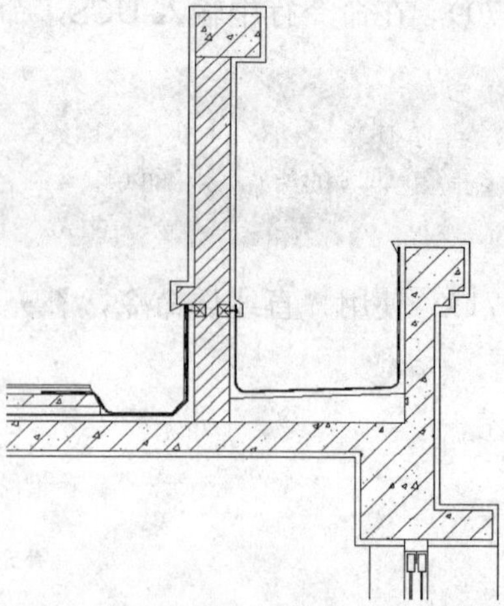

图 6-127　填充 AC-CONC 图案

（76） 执行“图案填充”命令，设置填充图案为 GRAVEL，填充角度为 0，比例为 40，其他采用默认设置，填充效果如图 6-128 所示。

（77） 选择尺寸标注样式为 S10，使用“线性标注”和“连续标注”命令，为女儿墙大样图添加尺寸标注，效果如图 6-129 所示。

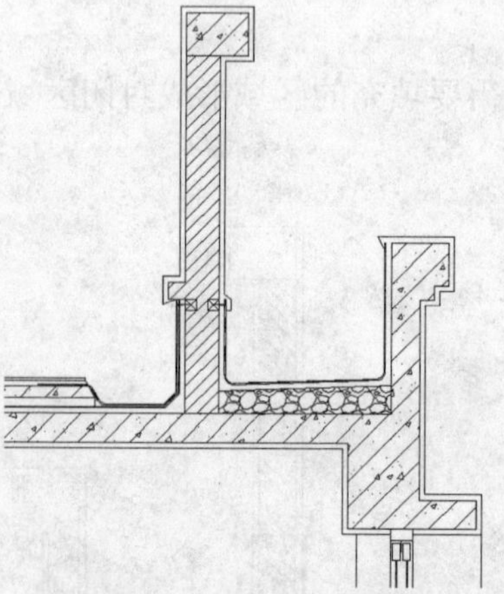

图 6-128　填充 GRAVEL 图案

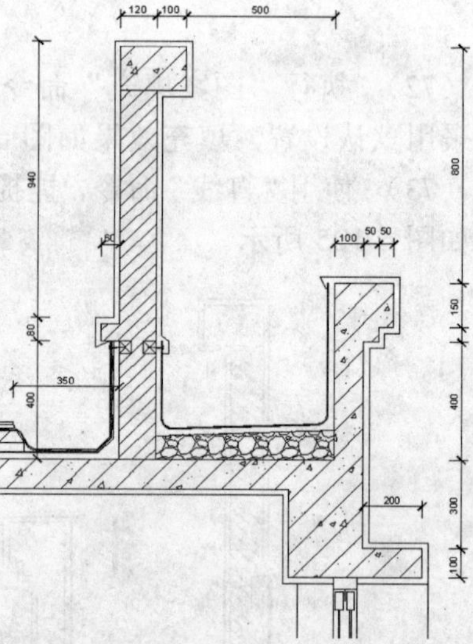

图 6-129　添加尺寸标注

（78） 使用“直线”命令绘制引出线，起先两点可以在合适的位置任意指定点，最后一点相对坐标为（@-2500,0），效果如图 6-130 所示。

（79） 执行“单行文字”命令，命令行提示如下：

```
命令： _dtext
当前文字样式： A500  当前文字高度： 0.000
指定文字的起点或 [对正（J）/样式（S）]： S//输入 s，表示要设置样式
输入样式名或 [?] <A500>: A500//选择文字样式为 A500
当前文字样式： A500  当前文字高度： 500.000
指定文字的起点或 [对正（J）/样式（S）]： j//输入 j，表示要设置对正样式
```

```
输入选项
[对齐（A）/调整（F）/中心（C）/中间（M）/右（R）/左上（TL）/中上（TC）/右上（TR）/左中（ML）/正中（MC）/右中（MR）/左下（BL）/中下（BC）/右下（BR）]: bl//输入bl，表示左下对齐
指定文字的左下点://捕捉水平引线的左端点
指定文字的旋转角度 <0>://按回车键，弹出单行文字动态输入框，输入如图 6-131 所示的文字
```

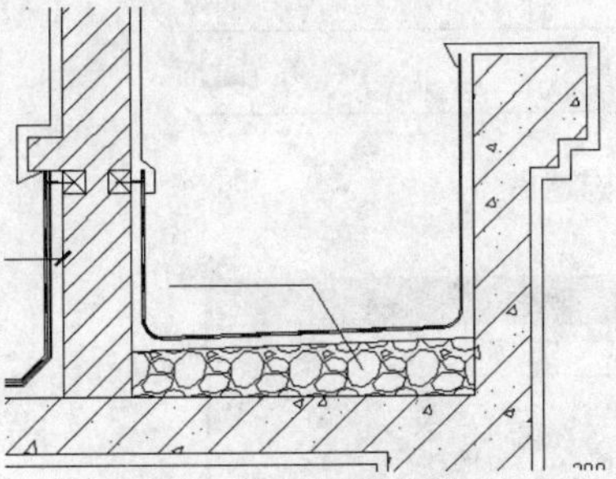

图 6-130　绘制引出线

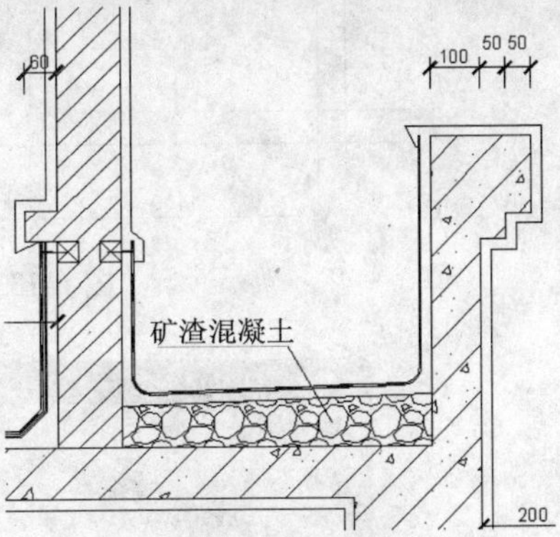

图 6-131　添加说明文字

6.2.3　实例 39——楼梯间详图

在平面图中，但凡二层以上的建筑都会出现楼梯间图形的绘制，在平面图中绘制后，为了更好的说明构造情况或者实际做法，通常会单独给出楼梯间的详图，与楼梯间类似的，建筑图纸中还会给出洗手间详图、厨房详图等。本节通过一个高层建筑中常见的楼梯间详图的绘制，为读者讲解使用直接方法绘制楼梯间详图的方法，绘制效果如图 6-132 所示，本图绘图比例为 1:50。

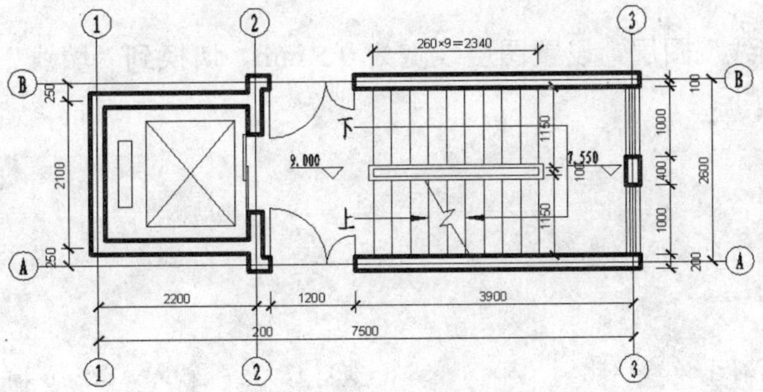

图 6-132　楼梯间详图

具体绘制步骤如下：

（1）执行“构造线”命令，绘制水平和垂直构造线，使用“偏移”命令，将构造线水平构造线向上偏移，将垂直构造线向右偏移，尺寸如图 6-133 所示。

（2）选择“格式”|“多线样式”命令，弹出“多线样式”对话框，单击“新建”按钮，弹出“创建新的多线样式”对话框，设置多线样式名称为 W200，单击“继续”按钮，弹出“新建多线样式”对话框，如图 6-134 所示设置图元的参数，单击“确定”按钮，完成多线

样式的创建。

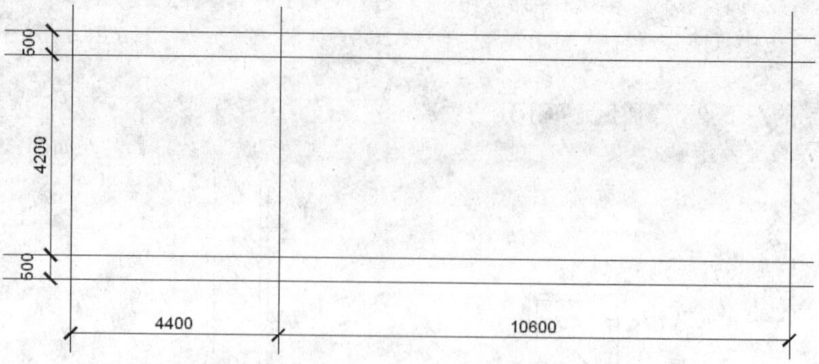

图 6-133　绘制水平和垂直构造线

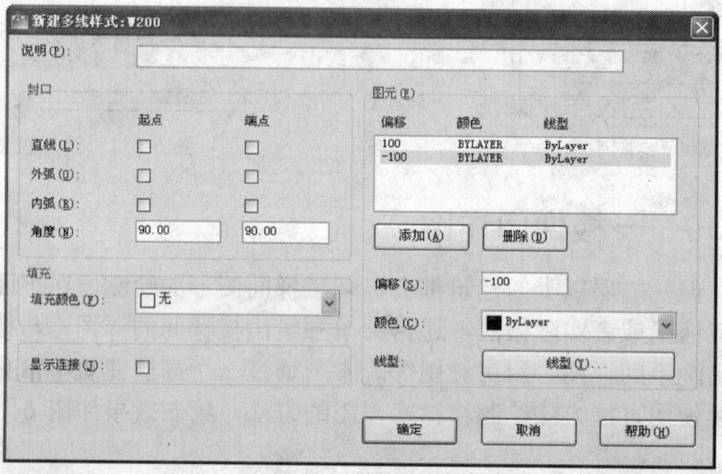

图 6-134　设置 W200 多线样式

（3） 创建“墙线”图层，设置图层线宽为 0.5 mm，切换到“墙线”图层，执行“多线”命令，命令行提示如下：

```
命令: _mline
当前设置: 对正 = 上, 比例 = 20.00, 样式 = STANDARD
指定起点或 [对正 (J) /比例 (S) /样式 (ST) ]:  st//输入 st, 表示要求设置多线样式
输入多线样式名或 [?]:  W200//输入多线样式 W200
当前设置: 对正 = 上, 比例 = 20.00, 样式 = W200
指定起点或 [对正 (J) /比例 (S) /样式 (ST) ]:  s//输入 s, 表示输入多线比例
输入多线比例 <20.00>:  2//输入比例为 2
当前设置: 对正 = 上, 比例 = 2.00, 样式 = W200
指定起点或 [对正 (J) /比例 (S) /样式 (ST) ]:  j//输入 j, 表示设置对正样式
输入对正类型 [上 (T) /无 (Z) /下 (B) ] <上>:  z//输入 z, 表示居中对齐
当前设置: 对正 = 无, 比例 = 2.00, 样式 = W200
指定起点或 [对正 (J) /比例 (S) /样式 (ST) ]://捕捉最右侧垂直构造线和最上方水平构造线的交点
指定下一点:
指定下一点或 [放弃 (U) ]:
指定下一点或 [闭合 (C) /放弃 (U) ]://依次捕捉如图 6-135 所示的交点
```

```
指定下一点或 [闭合(C)/放弃(U)]:c//输入 c，绘制完成闭合多线，效果如图 6-135 所示
```

（4） 继续执行“多线”命令，参数设置与步骤 3 相同，绘制多线效果如图 6-136 所示。

图 6-135　绘制墙线

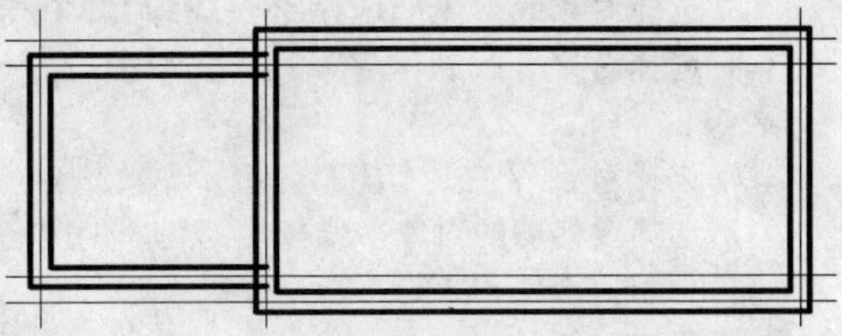

图 6-136　绘制另外一段墙线

（5） 对多线进行编辑，使用“T 形合并”功能，命令行提示如下：

```
命令: _mledit
选择第一条多线://选择如图 6-137 所示的多线
选择第二条多线://选择如图 6-138 所示的多线
选择第一条多线 或 [放弃(U)]://按回车键，T 形合并效果如图 6-139 所示
```

图 6-137　选择 T 形闭合的第一条多线

图 6-138　选择 T 形闭合的第二条多线

（6） 继续对多线进行编辑，使用“T 形合并”功能，效果如图 6-140 所示。

图 6-139　T 形闭合效果

图 6-140　另一侧多线 T 形闭合效果

（7） 执行“偏移”命令，将最上方水平构造线向下偏移 1500，最下方水平构造线向上偏移 1500，效果如图 6-141 所示。

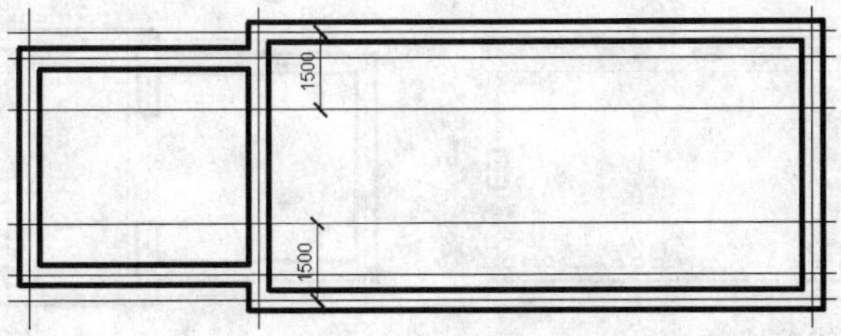

图 6-141　偏移水平构造线

（8） 执行“修剪”命令，修剪墙体，命令行提示如下：

命令: _trim
当前设置:投影=UCS，边=无
选择剪切边...
选择对象或 <全部选择>: 找到 1 个
选择对象: 找到 1 个，总计 2 个//依次选择步骤 7 偏移生成的两条水平构造线如图 6-142 所示
选择对象://按回车键，完成对象选择
选择要修剪的对象，或按住 Shift 键选择要延伸的对象，或
[栏选（F）/窗交（C）/投影（P）/边（E）/删除（R）/放弃（U）]://如图 6-143 所示选择要修剪的对象
选择要修剪的对象，或按住 Shift 键选择要延伸的对象，或
[栏选（F）/窗交（C）/投影（P）/边（E）/删除（R）/放弃（U）]://按回车键，完成修剪操作

图 6-142　选择剪切边

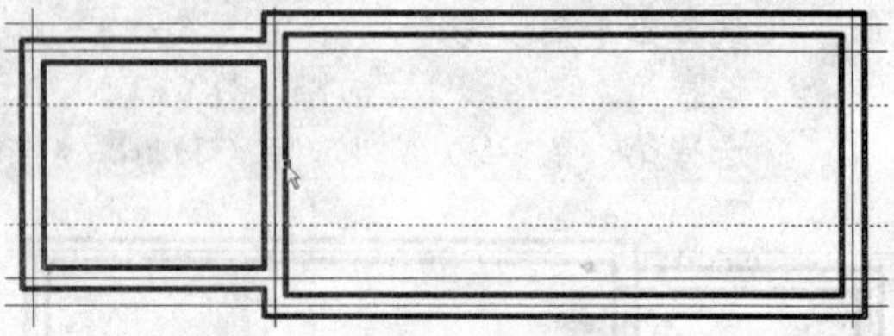

图 6-143　选择修剪对象

（9） 使用“直线”命令，对步骤 8 修剪完成后的墙线进行修补，效果如图 6-144 所示。

（10） 执行“偏移”命令，将最上方水平构造线和最下方水平构造线偏移，偏移尺寸如图 6-145 所示。

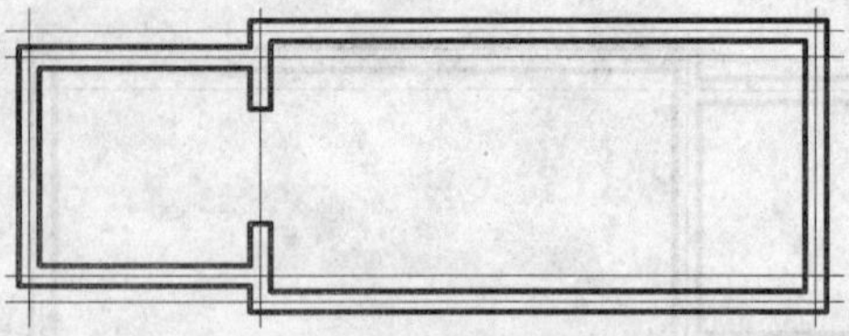

图 6-144　修剪效果

图 6-145　偏移水平构造线形成其他辅助线

（11） 执行“修剪”命令，以步骤 10 偏移生成的水平构造线为剪切边，修剪最右侧墙线，并使用“直线”命令，补充墙线，删除偏移生成的水平构造线，效果如图 6-146 所示。

（12） 执行“偏移”命令，将左二垂直构造线向右偏移，偏移尺寸如图 6-147 所示。

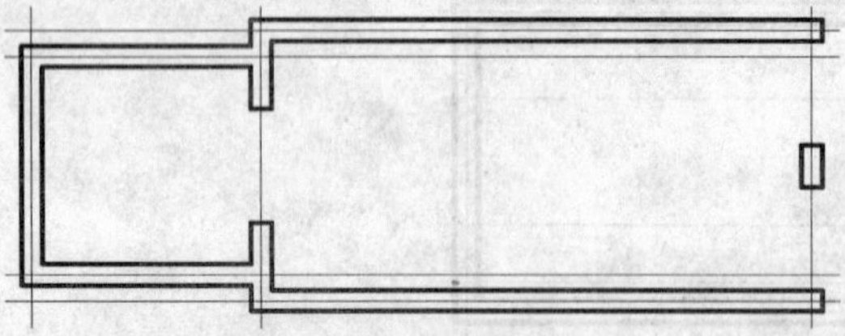

图 6-146　修剪墙体

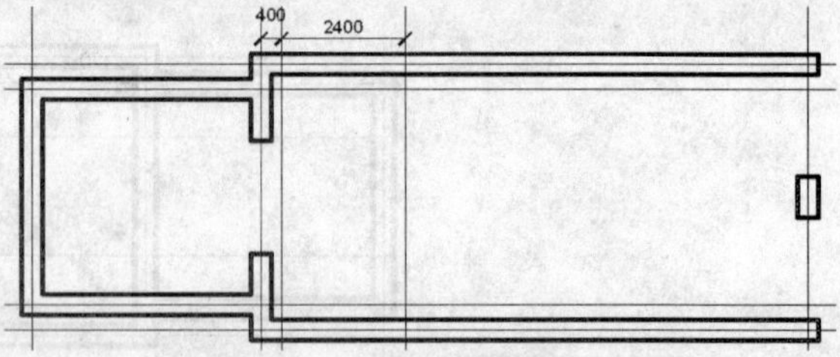

图 6-147　偏移垂直构造线

（13） 使用“修剪”命令，以步骤 12 偏移生成的垂直构造线为剪切边，修剪剪切边之间的墙体，使用“直线”命令补充墙线，并删除偏移生成的构造线，效果如图 6-148 所示。

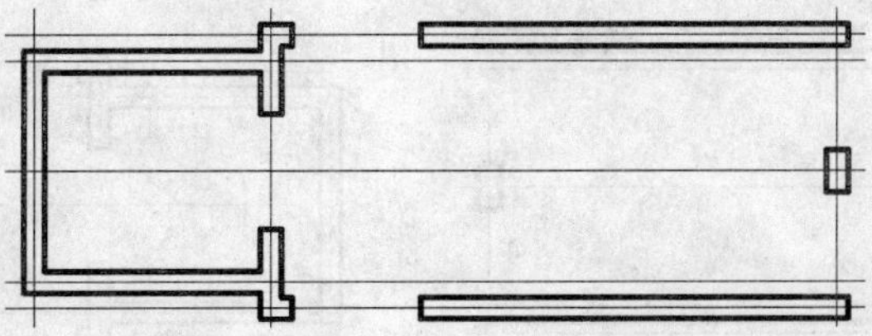

图 6-148　修剪墙体创建门洞

（14）　执行“矩形”命令，绘制两个矩形，第一个矩形第一个角点为图 6-149 所示的端点 1，第二个角点为（@380,1900），第二个矩形第一个角点为端点 2，第二个角点为（@-2480,3000），效果如图 6-149 所示。

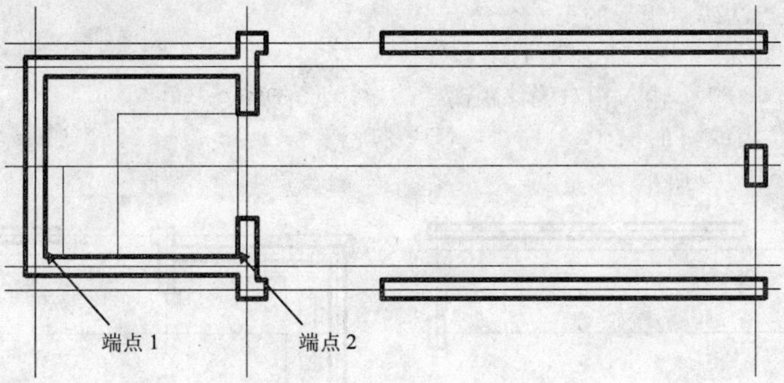

图 6-149　绘制两个矩形

（15）执行“移动”命令，移动 380×1900 矩形，基点为任意点，移动距离为（@380,950），效果如图 6-150 所示。

（16）执行“移动”命令，移动 2480×3000 矩形，基点为任意点，移动距离为（@-380,400），效果如图 6-151 所示。

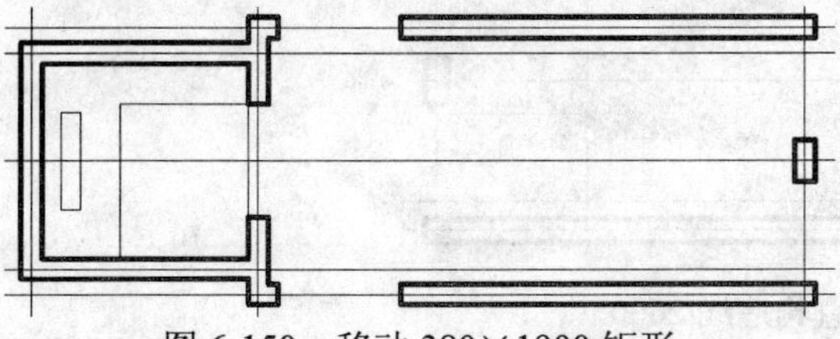

图 6-150　移动 380×1900 矩形

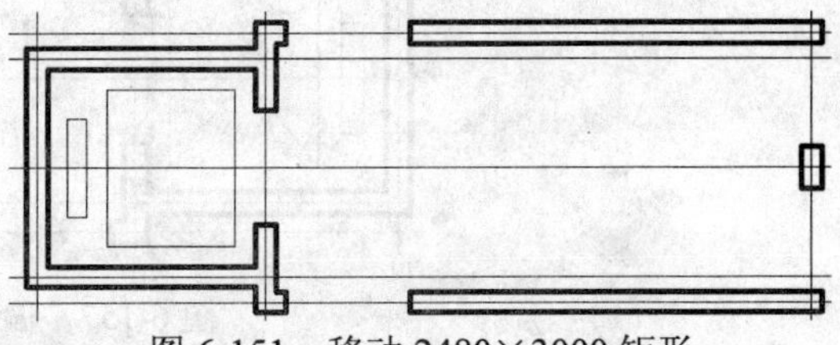

图 6-151　移动 2480×3000 矩形

（17）　使用“直线”命令连接 2480×3000 矩形角点，效果如图 6-152 所示。

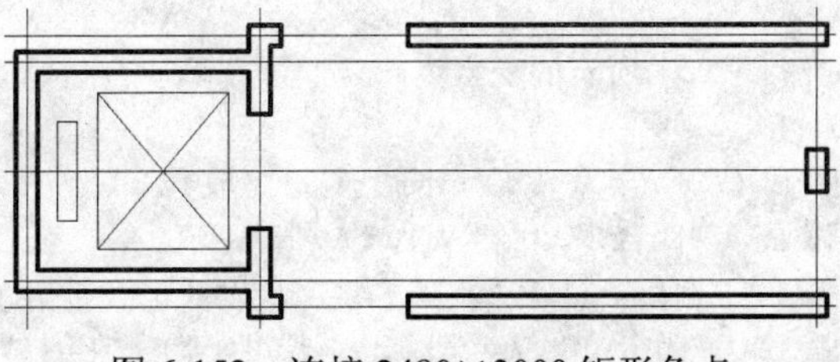

图 6-152　连接 2480×3000 矩形角点

（18）　执行“矩形”命令，绘制矩形电梯门，第一个角点如图 6-153 所示，第二个角点相对坐标为（@-68,1300），绘制效果如图 6-154 所示。

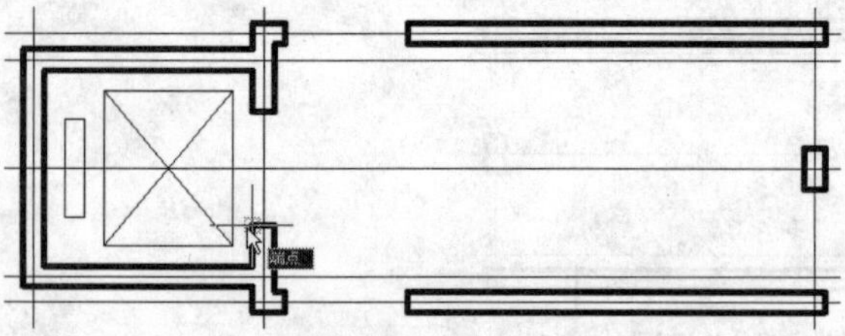

图 6-153　捕捉端点为矩形第一个角点

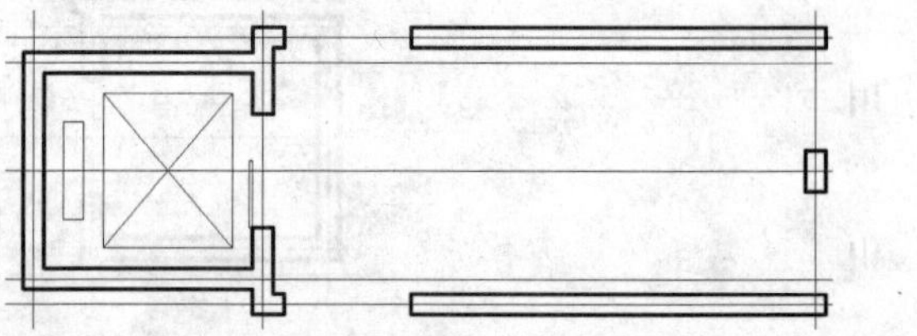

图 6-154　绘制完成矩形电梯门

（19）　继续执行“矩形”命令，命令行提示如下：

```
命令: _rectang
指定第一个角点或 [倒角(C)/标高(E)/圆角(F)/厚度(T)/宽度(W)]: from//输入from，使用相对点法确定矩形的第一个角点
基点: //捕捉如图 6-155 所示的端点为基点
<偏移>: @-68,0//输入相对偏移距离，确定矩形的第一个角点
指定另一个角点或 [面积(A)/尺寸(D)/旋转(R)]: @-68,-1300//输入另一个角点相对坐标，效果如图 6-156 所示
```

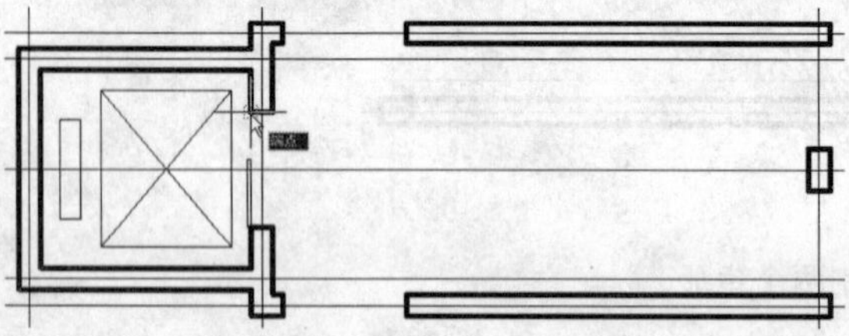

图 6-155　捕捉端点为另一半电梯门的第一个角点

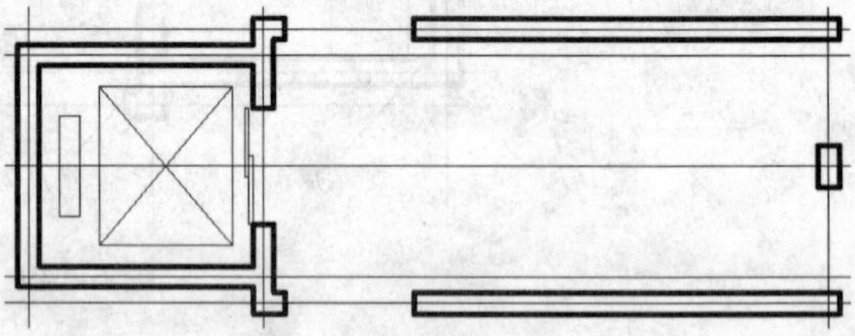

图 6-156　绘制出另一半电梯门

（20）　执行“偏移”命令，将最右侧垂直构造线向左偏移 2600，效果如图 6-157 所示。

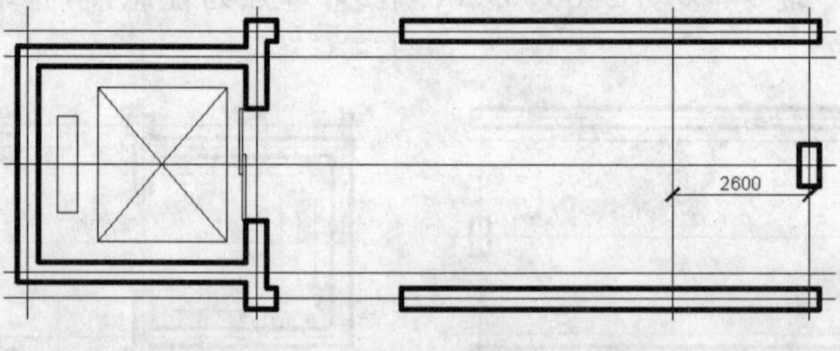

图 6-157　偏移垂直构造线 2600

（21）　执行“多段线”命令，命令行提示如下：

```
命令: _pline
指定起点://捕捉如图 6-158 所示的交点为起点
当前线宽为 0.000
指定下一个点或 [圆弧(A)/半宽(H)/长度(L)/放弃(U)/宽度(W)]: @0,100
指定下一点或 [圆弧(A)/闭合(C)/半宽(H)/长度(L)/放弃(U)/宽度(W)]:@-4680,0
指定下一点或 [圆弧(A)/闭合(C)/半宽(H)/长度(L)/放弃(U)/宽度(W)]:@0,-200
指定下一点或 [圆弧(A)/闭合(C)/半宽(H)/长度(L)/放弃(U)/宽度(W)]:@4680,0//依次输入多段线其他的点坐标
指定下一点或 [圆弧(A)/闭合(C)/半宽(H)/长度(L)/放弃(U)/宽度(W)]: c//输入c，完成多段线的绘制，效果如图 6-159 所示
```

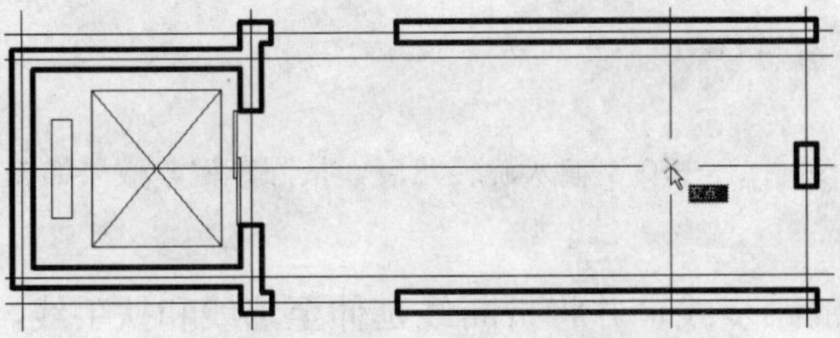

图 6-158　捕捉交点为多段线起点

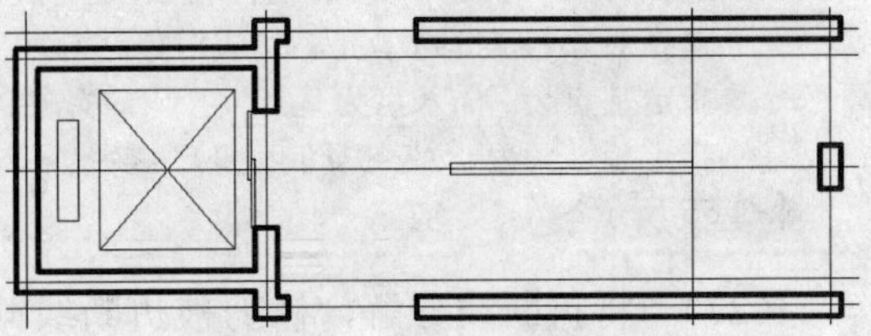

图 6-159　绘制完成的多段线

（22）　执行“偏移”命令，将绘制多段线向外偏移 120，效果如图 6-160 所示。

（23）　使用“直线”命令绘制两条踏步线，删除辅助构造线，效果如图 6-161 所示。

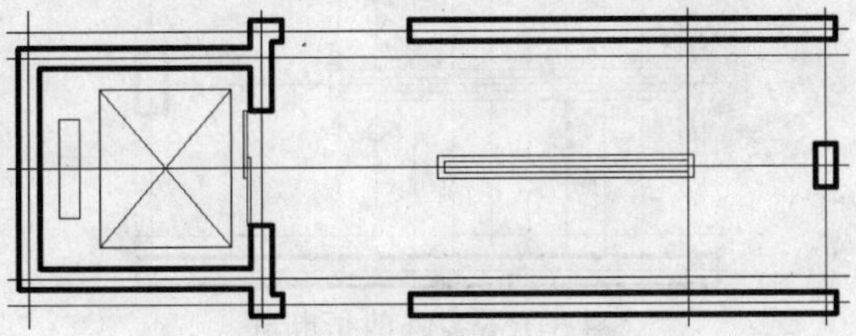

图 6-160　偏移多段线

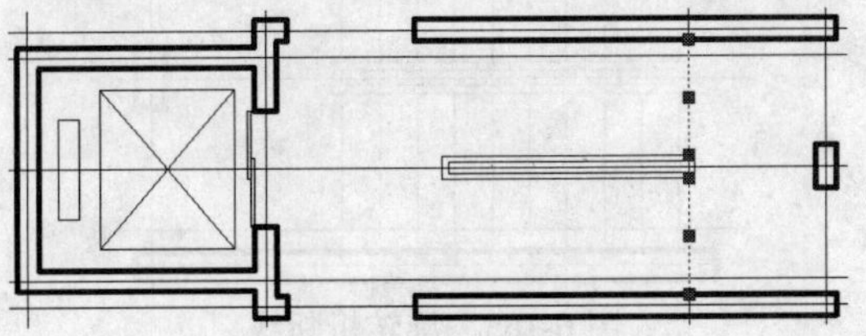

图 6-161　绘制踏步线

（24）　执行“矩形阵列”命令，阵列对象为步骤 23 绘制的踏步线，行数为 1，列数为 10，列间距为 520，阵列效果如图 6-162 所示。

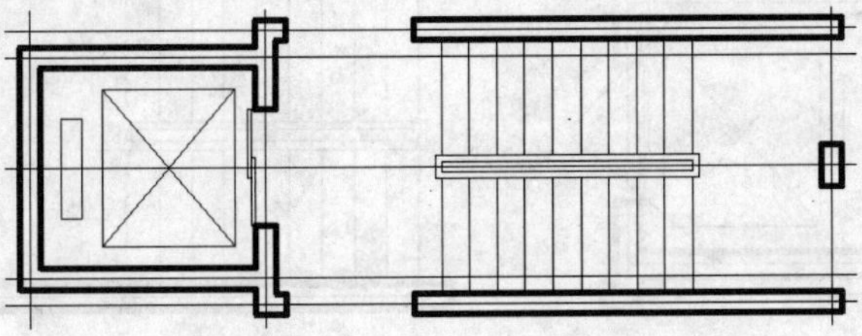

图 6-162　踏步线阵列效果

（25）　执行“插入”|“块”命令，如图 6-163 所示在“插入”对话框中选择“折断线”图块，插入点为如图 6-164 所示的楼梯线中点。

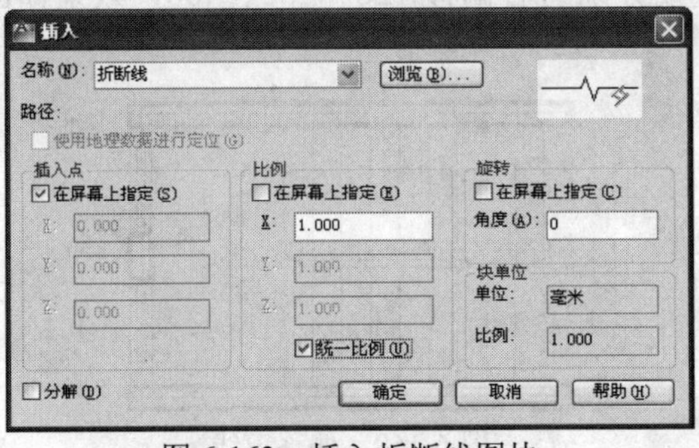

图 6-163　插入折断线图块

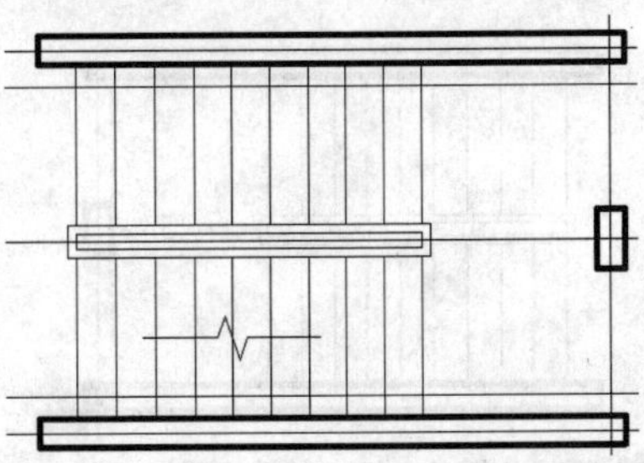

图 6-164　捕捉踏步线中点插入折断线

（26）　执行“旋转”命令，命令行提示如下：

```
命令: _rotate
UCS 当前的正角方向:  ANGDIR=逆时针  ANGBASE=0
```

```
选择对象: 找到 1 个//选择折断线为旋转对象
选择对象://按回车键，完成对象选择
指定基点://插入点为基点
指定旋转角度，或 [复制 (C) /参照 (R) ] <0>:  -60//输入旋转角度，按回车键，效果如图 6-165 所示
```

（27） 将折断线分解，修剪被折断线截断的踏步线，并将折断线延伸至墙线和扶手线，效果如图 6-166 所示。

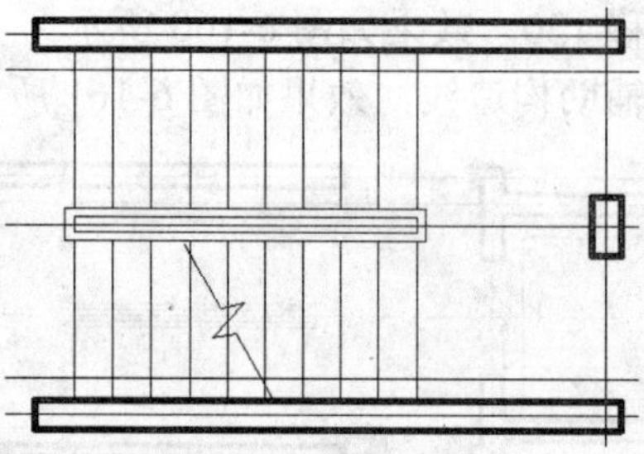
图 6-165 旋转折断线

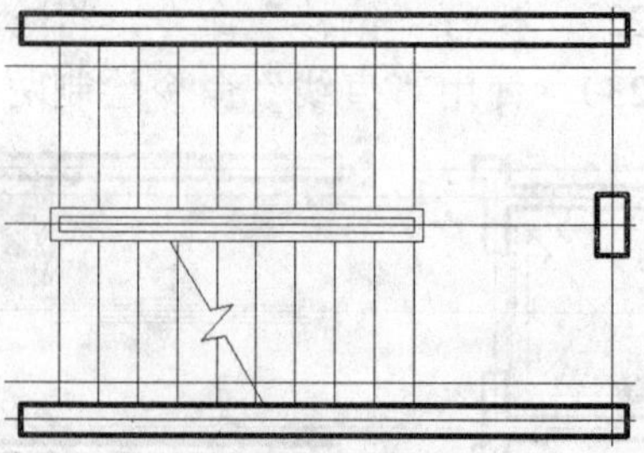
图 6-166 修剪折断线

（28） 执行“修剪”命令修剪两侧的水平构造线，并删除中间的水平构造线，效果如图 6-167 所示。

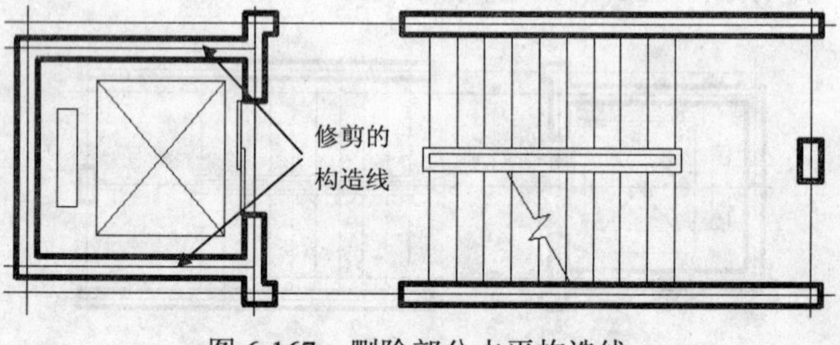

图 6-167 删除部分水平构造线

（29） 使用“直线”命令，绘制窗户线，第一点为墙角点，第二点如图 6-168 所示的垂足。

（30） 执行“偏移”命令，将绘制完成的直线分别向右偏移 120、280、400，效果如图 6-169 所示。

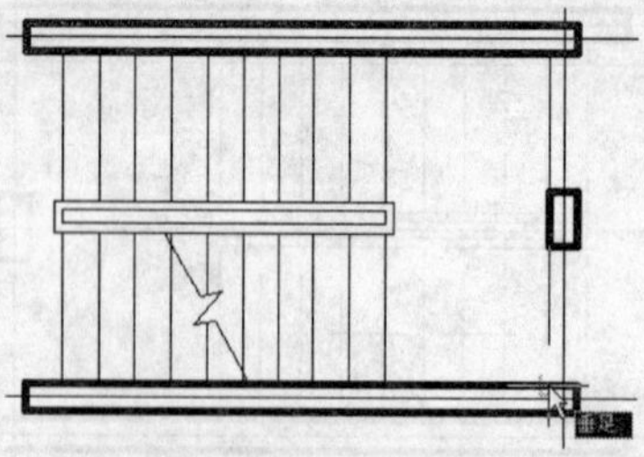

图 6-168 绘制窗线

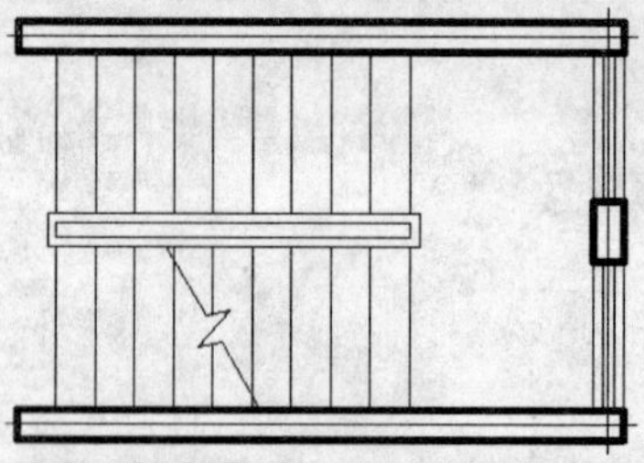
图 6-169 偏移窗线

（31） 执行“多段线”命令，命令行提示如下：

```
命令: _pline
指定起点://捕捉如图 6-175 所示的点为起点
```

当前线宽为 0.000

指定下一个点或 [圆弧 (A) /半宽 (H) /长度 (L) /放弃 (U) /宽度 (W)]: @0,-1600//输入第二点相对坐标

指定下一点或 [圆弧 (A) /闭合 (C) /半宽 (H) /长度 (L) /放弃 (U) /宽度 (W)]: a//输入 a，表示绘制圆弧

指定圆弧的端点或

[角度 (A) /圆心 (CE) /闭合 (CL) /方向 (D) /半宽 (H) /直线 (L) /半径 (R) /第二个点 (S) /放弃 (U) /宽度 (W)]: r//输入 r，表示要求指定圆弧半径

指定圆弧的半径: 1600//输入圆弧半径为 1600

指定圆弧的端点或 [角度 (A)]: a//输入 a，表示要求输入包含角

指定包含角: 90//输入角度 90

指定圆弧的弦方向 <270>: 45//输入圆弧的弦方向角度

指定圆弧的端点或

[角度 (A) /圆心 (CE) /闭合 (CL) /方向 (D) /半宽 (H) /直线 (L) /半径 (R) /第二个点 (S) /放弃 (U) /宽度 (W)]: r//输入 f，要求输入圆弧的半径

指定圆弧的半径: 800//输入圆弧的半径为 800

指定圆弧的端点或 [角度 (A)]: a//输入 a，表示指定圆弧的包含角

指定包含角: 90//输入圆弧的包含角为 90

指定圆弧的弦方向 <90>: -45//输入圆弧的弦方向角度

指定圆弧的端点或

[角度 (A) /圆心 (CE) /闭合 (CL) /方向 (D) /半宽 (H) /直线 (L) /半径 (R) /第二个点 (S) /放弃 (U) /宽度 (W)]: l//输入 l，表示绘制直线

指定下一点或 [圆弧 (A) /闭合 (C) /半宽 (H) /长度 (L) /放弃 (U) /宽度 (W)]:@0,800//输入直线下一点的坐标

指定下一点或 [圆弧 (A) /闭合 (C) /半宽 (H) /长度 (L) /放弃 (U) /宽度 (W)]://按回车键，完成绘制，效果如图 6-170 所示

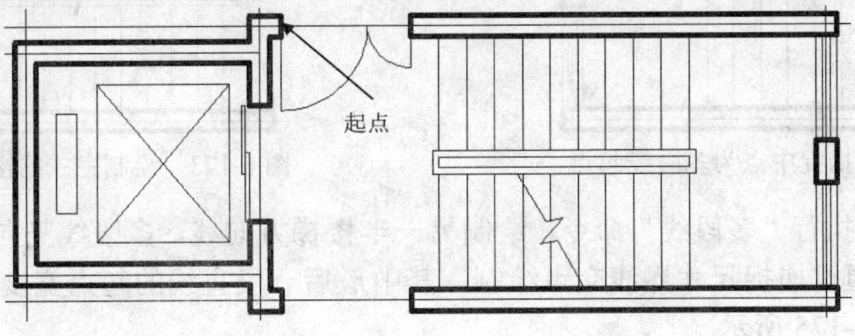

图 6-170　绘制门

（32） 执行“镜像”命令，命令行提示如下：

命令: _mirror

选择对象: 找到 1 个//选择步骤 31 绘制的门

选择对象://按回车键，完成选择

指定镜像线的第一点: //捕捉竖向墙线的中点

指定镜像线的第二点://捕捉竖向墙线的另一个中点

要删除源对象吗？[是 (Y) /否 (N)] <N>://按回车键，完成镜像，效果如图 6-171 所示

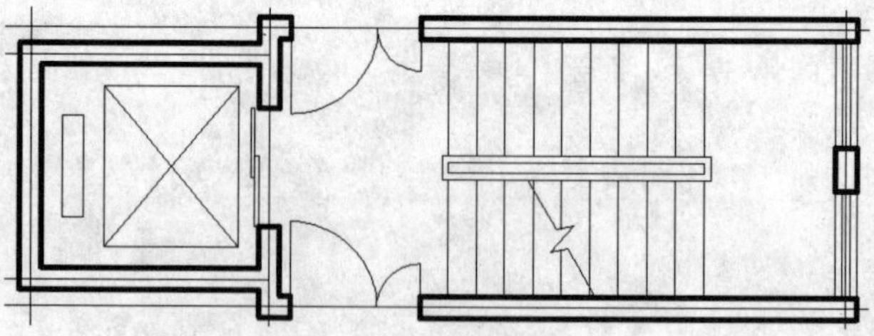

图 6-171　镜像门

（33）执行“多段线”命令，命令行提示如下：

命令：_pline

指定起点://捕捉如图 6-172 所示的中点为多段线起点

当前线宽为 0.000

指定下一个点或 [圆弧（A）/半宽（H）/长度（L）/放弃（U）/宽度（W）]://捕捉左起第三条踏步线的中点

指定下一点或 [圆弧（A）/闭合（C）/半宽（H）/长度（L）/放弃（U）/宽度（W）]：w//输入 w，表示设置多段线宽度

指定起点宽度 <0.000>：150//输入起点宽度值

指定端点宽度 <150.000>：0//输入端点宽度值

指定下一点或 [圆弧（A）/闭合（C）/半宽（H）/长度（L）/放弃（U）/宽度（W）]：//捕捉左起第 4 条踏步线中点

指定下一点或 [圆弧（A）/闭合（C）/半宽（H）/长度（L）/放弃（U）/宽度（W）]：//按回车键，完成多段线绘制，效果如图 6-173 所示

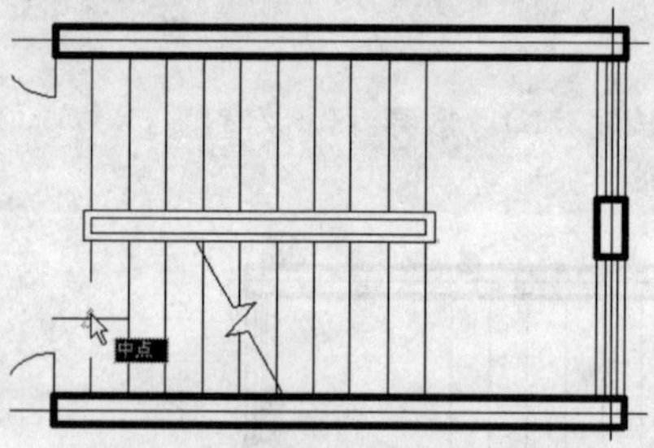

图 6-172　捕捉中点为多段线起点

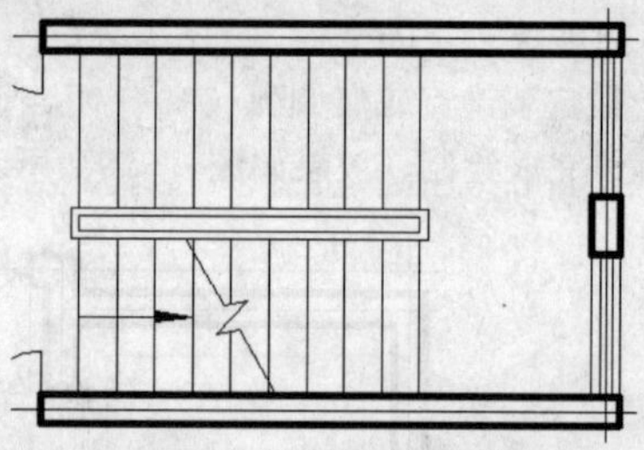

图 6-173　绘制完成的楼梯方向线

（34）继续执行“多段线”命令，绘制另一半楼梯方向线，多段线竖向直线部分效果如图 6-174 所示。通过捕捉尺寸界线交点绘制，其中最后一段直线的起点宽度为 50，端点宽度为 0，效果如图 6-175 所示。

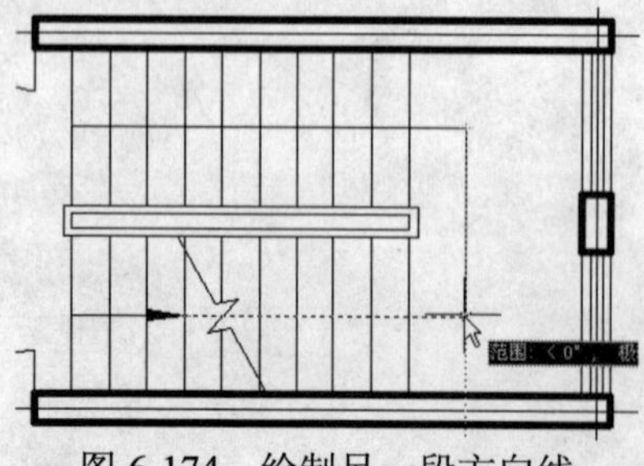

图 6-174　绘制另一段方向线

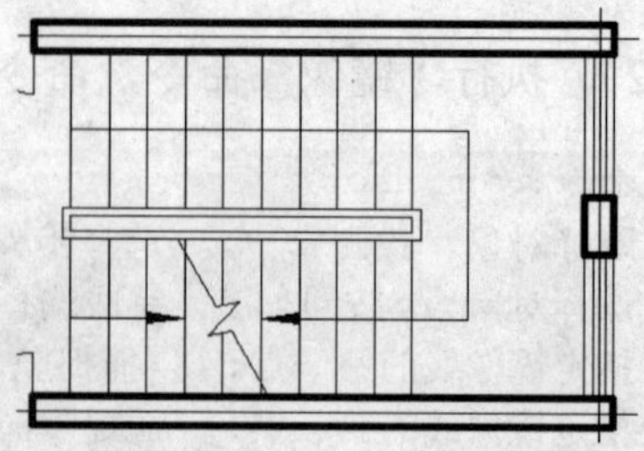

图 6-175　另一段方向线效果

（35）执行“拉伸”命令，命令行提示如下：

```
命令: _stretch
以交叉窗口或交叉多边形选择要拉伸的对象...
选择对象: 指定对角点: 找到 2 个//如图 6-176 所示交叉窗口选择拉伸对象
选择对象: 指定对角点: 找到 2 个，总计 4 个//如图 6-177 所示交叉窗口选择拉伸对象
选择对象: 找到 1 个，删除 1 个，总计 3 个//按 Shift 键，删除一条楼梯线
选择对象: 找到 1 个，删除 1 个，总计 2 个//按 Shift 键，删除另一条楼梯线
选择对象://按回车键，完成对象选择
指定基点或 [位移(D)] <位移>://在绘图区任意拾取一点
指定第二个点或 <使用第一个点作为位移>: @-520,0//输入相对距离，效果如图 6-178 所示
```

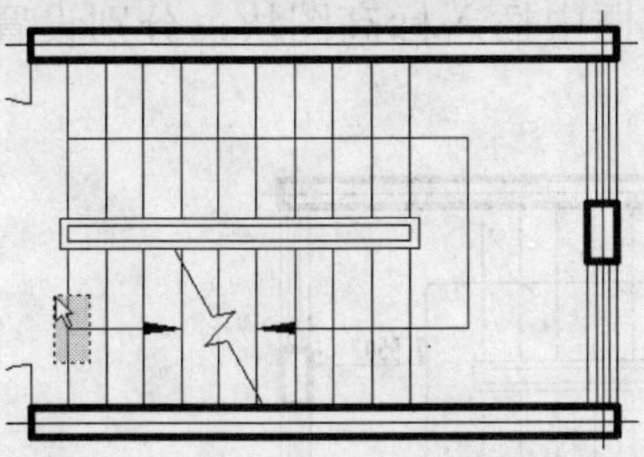

图 6-176　交叉窗口选择拉伸对象

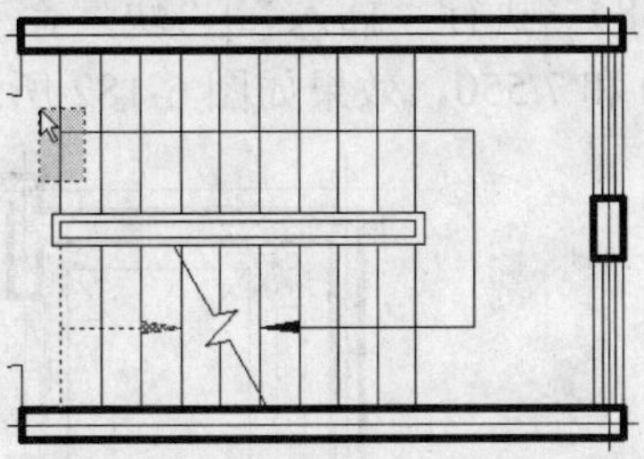

图 6-177　交叉窗口选择另外的拉伸对象

（36）执行“单行文字”命令，命令行提示如下：

```
命令: _dtext
当前文字样式: A500 当前文字高度: 500.000
指定文字的起点或 [对正(J)/样式(S)]: s//输入 s，要求设置文字样式
输入样式名或 [?] <A500>: A500//输入 A500 文字样式
当前文字样式: A500 当前文字高度: 500.000
指定文字的起点或 [对正(J)/样式(S)]: j//输入 j，要求设置对正样式
输入选项
[对齐(A)/调整(F)/中心(C)/中间(M)/右(R)/左上(TL)/中上(TC)/右上(TR)/左中(ML)/正中(MC)/右中(MR)/左下(BL)/中下(BC)/右下(BR)]: mr//输入 mr，表示右中对齐
指定文字的右中点://捕捉如图 6-179 所示的端点
指定文字的旋转角度 <0>://按回车键，弹出单行文字动态输入框，输入文字“上”，按两次回车键，效果如图 6-180 所示
```

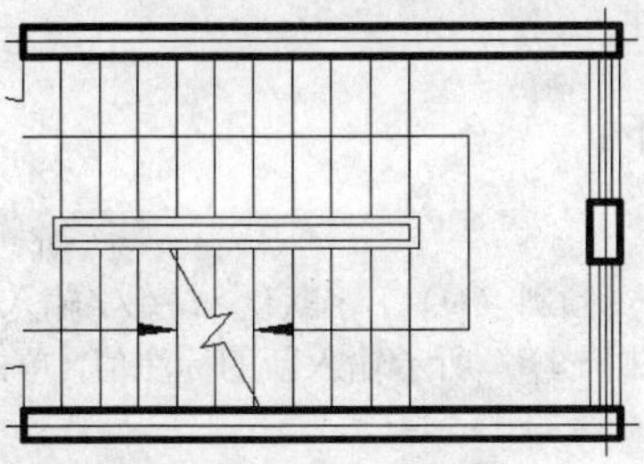

图 6-178　拉伸效果

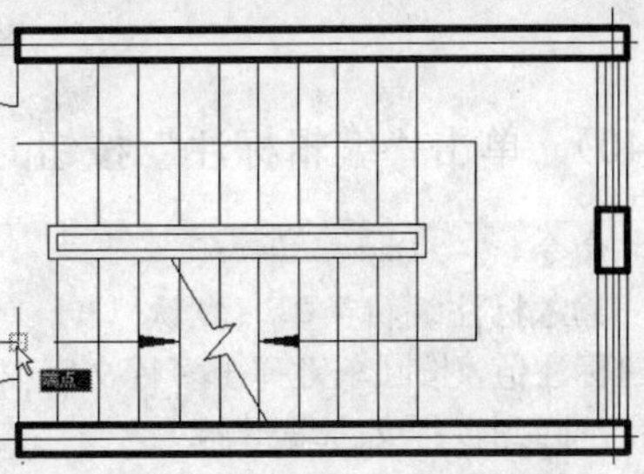

图 6-179　捕捉文字的插入点

（37）执行同样的命令，绘制“下”单行文字，其参数设置与“上”文字相同，效果如图 6-181 所示。

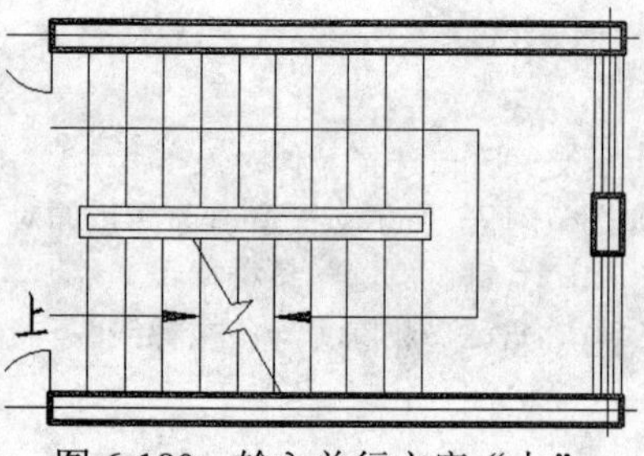

图 6-180　输入单行文字“上”

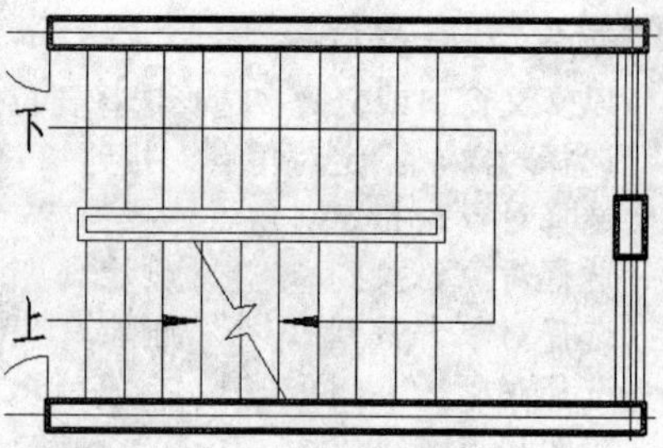

图 6-181　输入单行文字“下”

（38）执行“插入”|“块”命令，在“块”对话框中插入标高图块，分别设置标高值为 9.000 和 7.550，效果如图 6-182 所示。

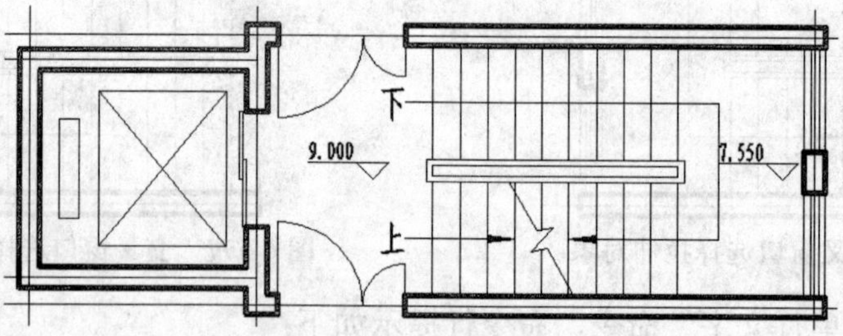

图 6-182　插入标高

（39）执行“线性标注”和“连续标注”命令，创建楼梯间详图的尺寸标注，效果如图 6-183 所示。

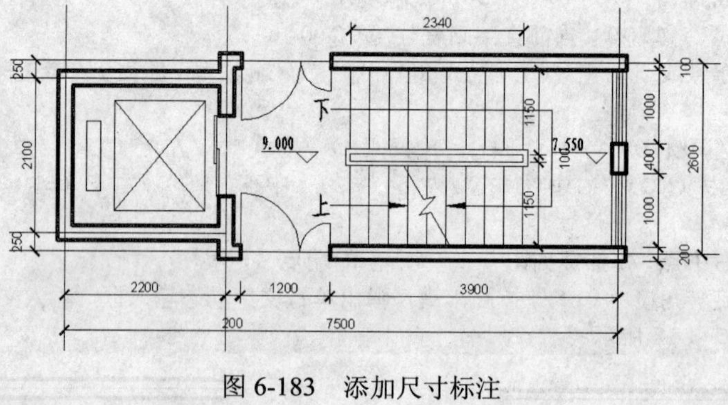

图 6-183　添加尺寸标注

（40）单击“编辑标注”按钮，命令行提示如下：

```
命令：_dimedit
输入标注编辑类型 [默认（H）/新建（N）/旋转（R）/倾斜（O）] <默认>：n//输入 n，表示新建标注值，按回车键弹出多行文字编辑器，在编辑器中如图 6-184 所示输入新的标注值，单击“确定”按钮，回到多行文字编辑器
选择对象：找到 1 个//选择标注值为 2340 的尺寸标注
选择对象：//按回车键，修改效果如图 6-185 所示
```

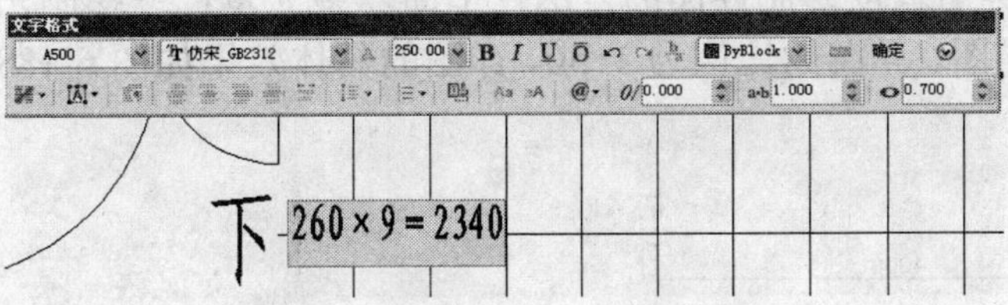

图 6-184　修改尺寸标注数值

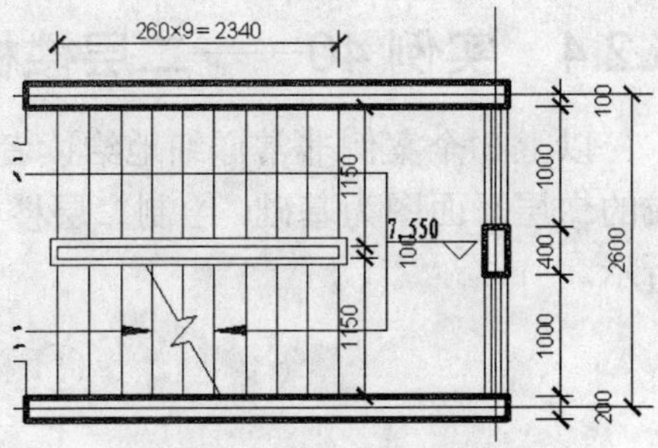

图 6-185　修改尺寸标注效果

（41）距离尺寸标注一段距离绘制水平和垂直构造线，以绘制完成的水平和垂直构造线为剪切边，修剪楼梯详图中的轴线，修剪效果如图 6-186 所示。

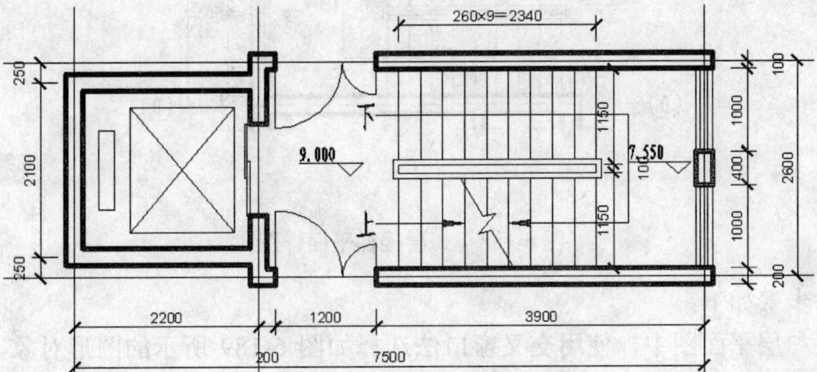

图 6-186　修剪轴线

（42）执行“插入”|“块”命令，在“块”对话框中插入“横向轴线编号”和“纵向轴线编号”图块，插入效果如图 6-187 所示。

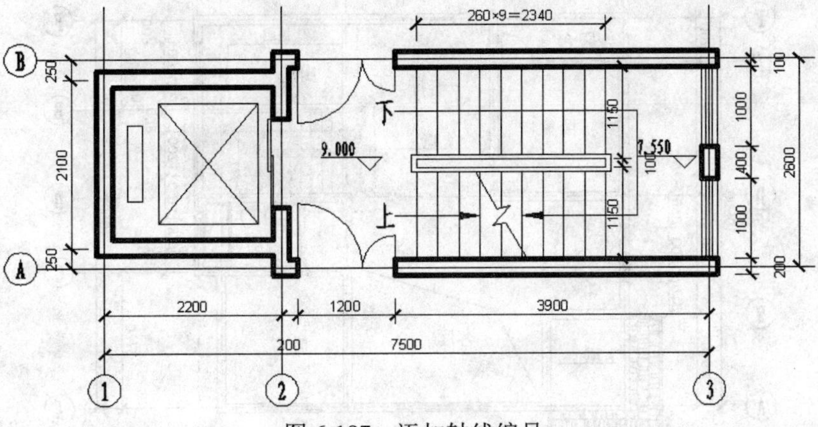

图 6-187　添加轴线编号

（43）使用“复制”命令，分别复制轴线编号到轴线的另一端，楼梯间详图绘制完毕。

6.2.4 实例 40——二层楼梯详图

以上 3 个案例非常详细地给读者讲解了直接绘制详图的方法，下面以第 5 章已经绘制完成的二层平面图为基础，绘制二层楼梯详图，详图的比例为 1:50，详图的具体效果如图 6-188 所示。

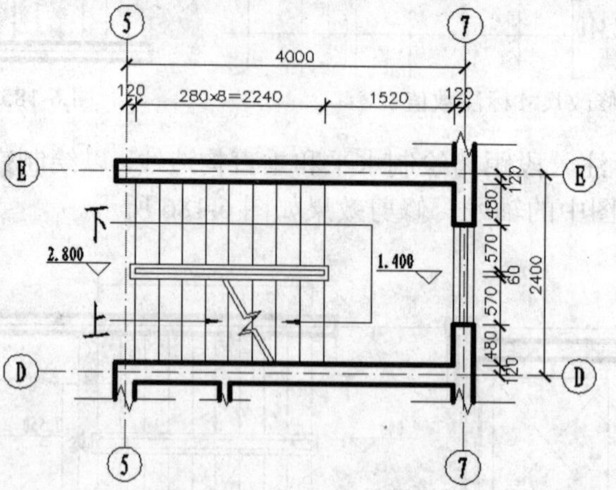

图 6-188　二层楼梯平面详图

具体操作步骤如下：

（1） 在二层平面图中，使用交叉窗口法选择如图 6-189 所示的图形对象，执行右键快捷菜单中的“剪贴板”|“带基点复制”命令，拾取交叉窗口内一点为基点，具体位置不作严格要求。

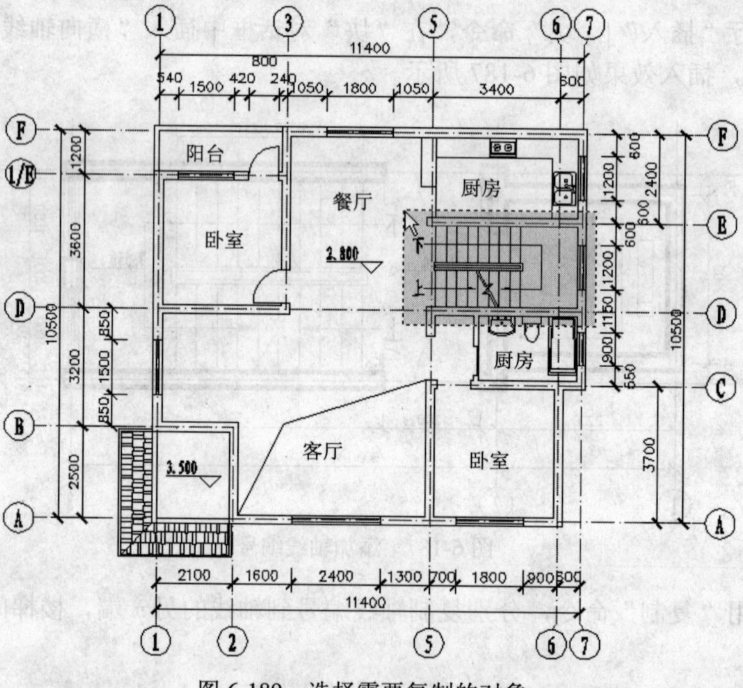

图 6-189　选择需要复制的对象

（2） 执行右键快捷菜单中的“剪贴板”|“粘贴”命令，在绘图区粘贴步骤 1 复制的图形，效果如图 6-190 所示。

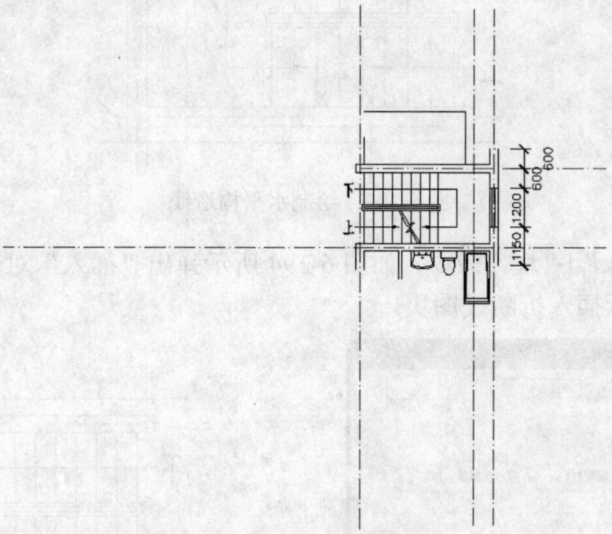

图 6-190　复制对象粘贴效果

（3） 选择图 6-190 中的尺寸标注，部分洁具图块以及部分图形，执行“删除”命令，效果如图 6-191 所示。

（4） 单击“缩放”按钮，命令行提示如下：

```
命令: _scale
选择对象: 指定对角点: 找到 51 个//使用交叉窗口法选择图 6-191 中所有的对象
选择对象://按回车键，完成选择
指定基点://任意拾取一点为基点
指定比例因子或 [复制 (C) /参照 (R) ] <1.000>:  2//输入 2，表示放大两倍，按回车键，
放大效果如图 6-192 所示，从图 6-191 和图 6-192 所显示的轴线可以看出两个图的区别
```

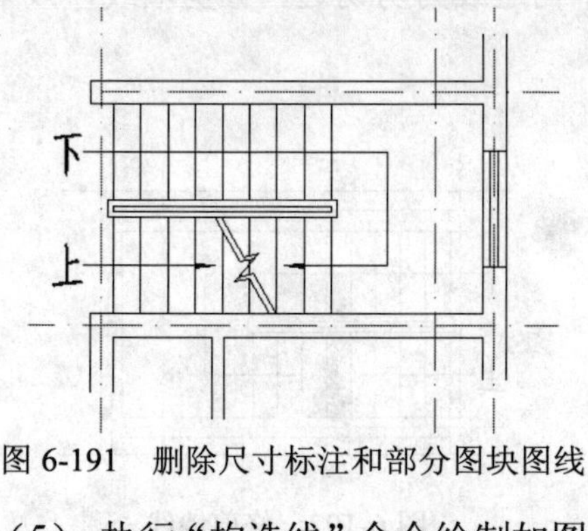

图 6-191　删除尺寸标注和部分图块图线

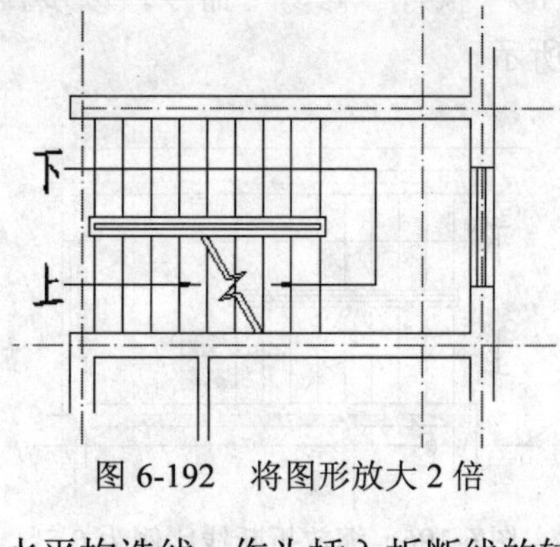

图 6-192　将图形放大 2 倍

（5） 执行“构造线”命令绘制如图 6-193 所示的水平构造线，作为插入折断线的辅助线。

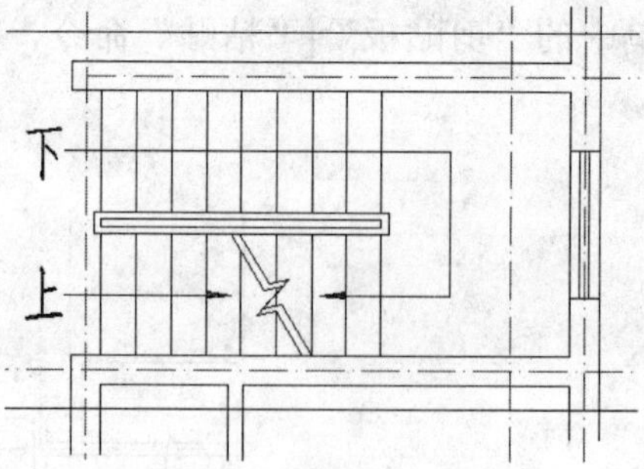

图 6-193　绘制水平构造线

（6） 执行“插入”|“块”命令，如图 6-194 所示弹出“插入”对话框，选择“折断线”图块，如图 6-195 所示插入折断线图块。

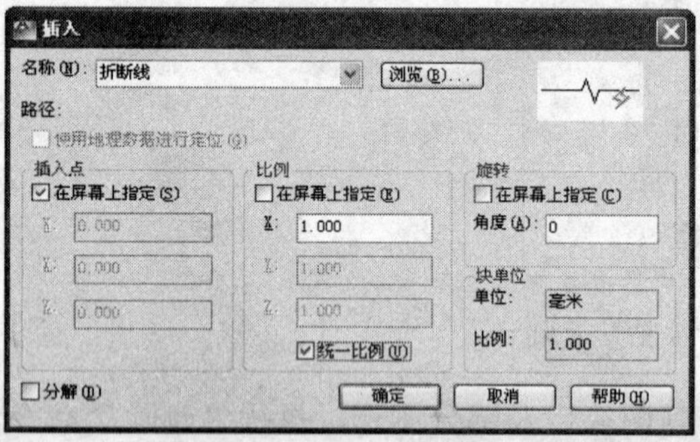

图 6-194　插入折断线图块

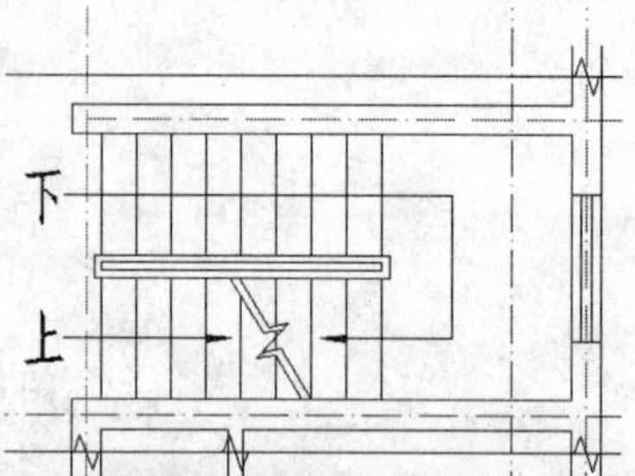

图 6-195　插入折断线效果

（7） 单击“缩放”按钮，命令行提示如下：

```
命令: _scale
选择对象: 找到 1 个//选择位于 120 墙上的折断线
选择对象://按回车键，完成选择
指定基点://任意拾取一点为基点
指定比例因子或 [复制 (C) /参照 (R) ] <2.000>:  0.5//输入比例因子，按回车键，效果
如图 6-196 所示
```

（8） 执行“修剪”命令，以步骤 5 绘制的水平构造线为剪切边，修剪墙线，效果如图 6-197 所示。

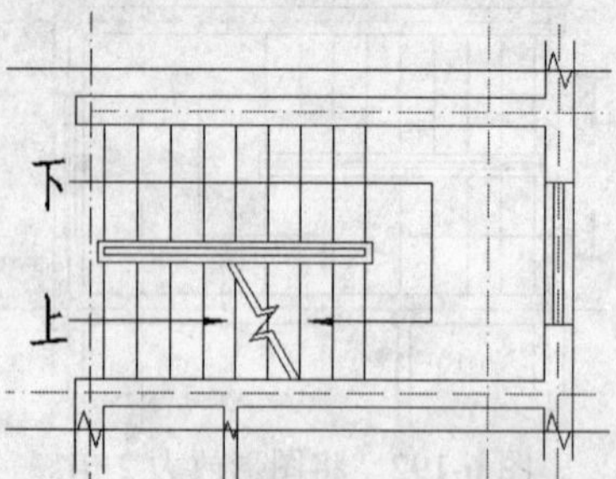

图 6-196　缩放折断线比例为 0.5

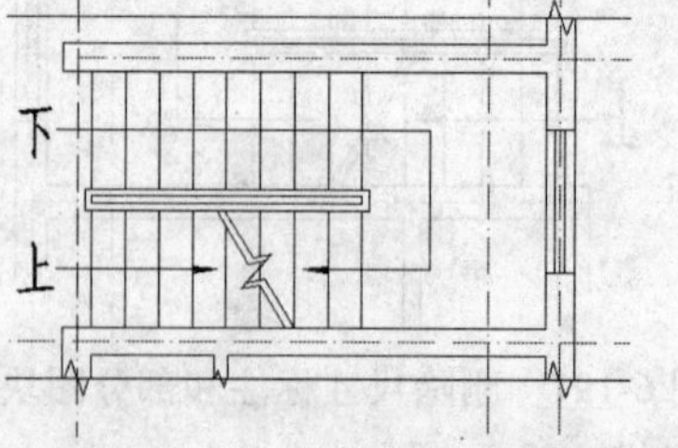

图 6-197　修剪墙线

（9） 选择步骤 5 绘制的水平构造线，按 Delete 键删除，效果如图 6-198 所示。

（10） 选择 6 号轴线，按 Delete 键删除，效果如图 6-199 所示。

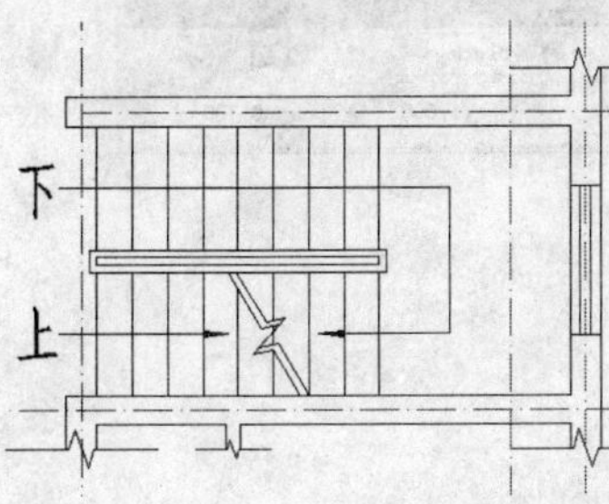

图 6-198　删除构造线

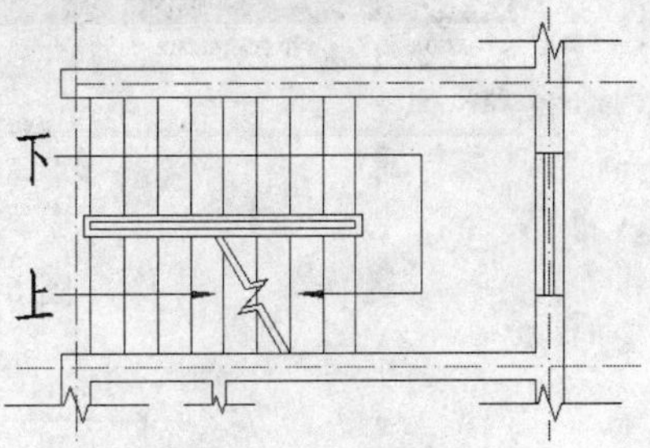

图 6-199　删除轴线 6

（11）　单击状态栏的“线宽”按钮，则详图中显示线宽，效果如图 6-200 所示。

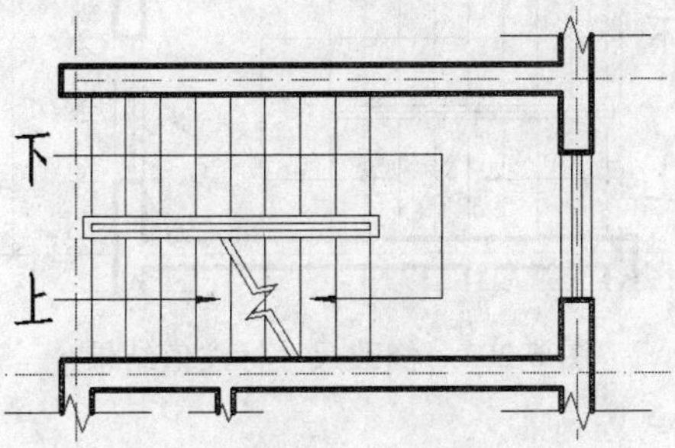

图 6-200　显示线宽

（12）　使用 S50 尺寸样式，执行“线性标注”和“连续标注”命令为详图添加尺寸标注，效果如图 6-201 所示。

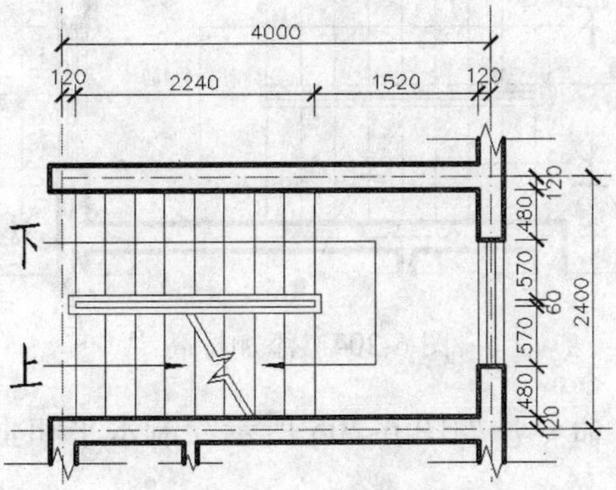

图 6-201　添加尺寸标注

（13）　单击“编辑标注”按钮，命令行提示如下：

```
命令：_dimedit
输入标注编辑类型［默认（H）/新建（N）/旋转（R）/倾斜（O）］<默认>：n//输入 n，按回车键，弹出多行文字编辑器，输入新的数值，如图 6-202 所示，单击“确定”按钮，回到命令行
选择对象：找到 1 个//选择标注值为 2240 的标注
选择对象://按回车键，完成标注编辑，效果如图 6-203
```

（14）　在详图中插入“标高”图块，设置标高值分别为 1.400 和 2.800，效果如图 6-204 所示。

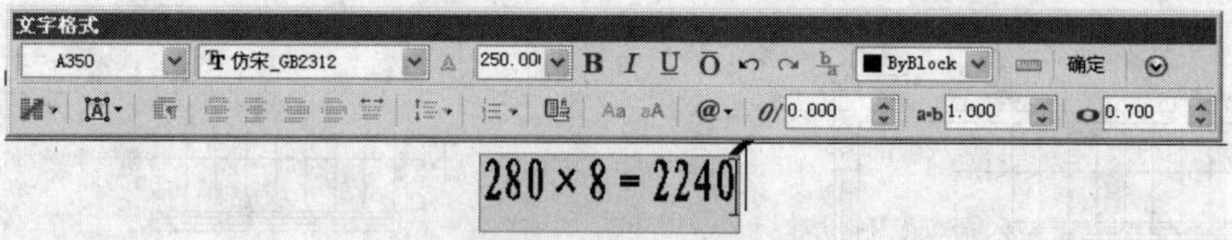

图 6-202　修改尺寸标注值

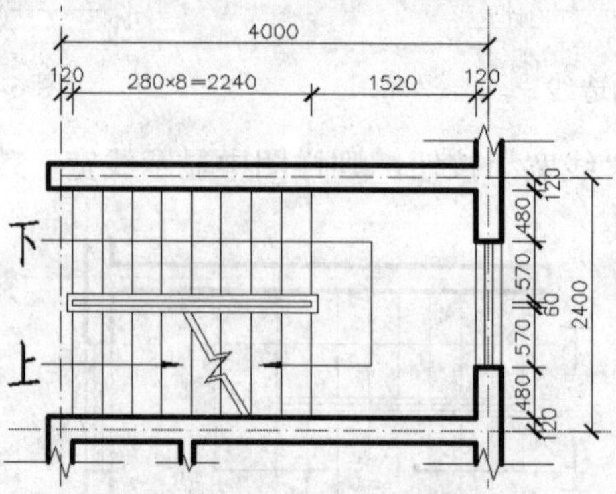

图 6-203　修改尺寸标注值结果

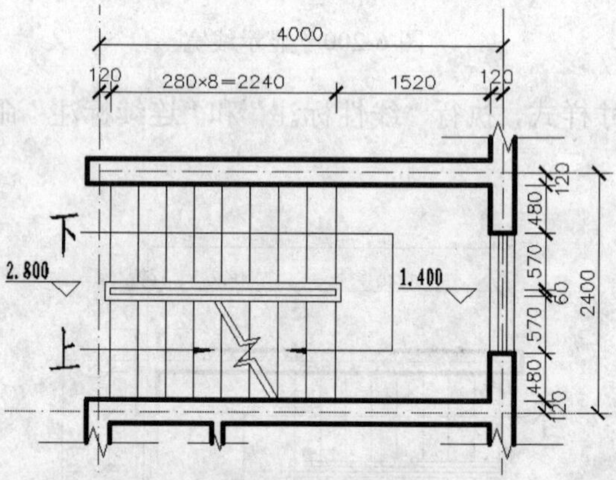

图 6-204　添加标高

（15） 执行“构造线”命令，如图 6-205 所示绘制水平和垂直构造线。

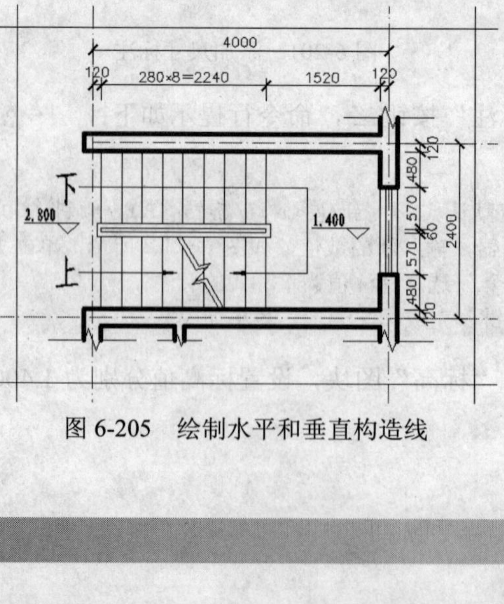

图 6-205　绘制水平和垂直构造线

（16） 执行“修剪”命令，以步骤 15 绘制的水平和垂直构造线为剪切边，修剪轴线，再执行“延伸”命令，以步骤 15 绘制的左侧垂直构造线为延伸边界，将轴线延伸，效果如图 6-206 所示。

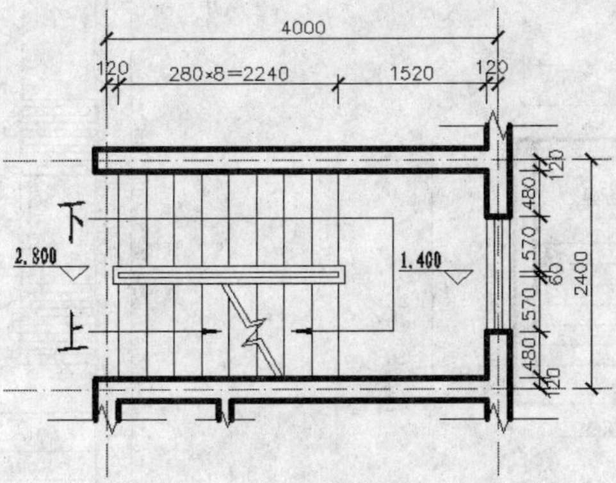

图 6-206 修剪和延伸轴线

（17） 在详图中插入“横向轴线编号”和“竖向轴线编号”图块，插入图块效果如图 6-207 所示。

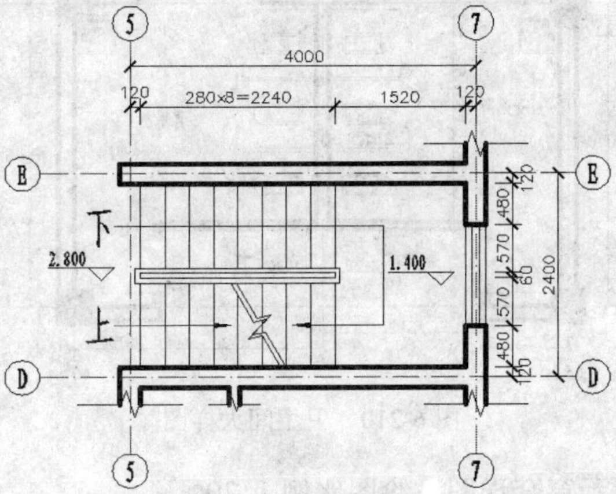

图 6-207 添加轴线编号

6.3 上机练习

1. 创建如图 6-208 所示的楼梯间平面详图，绘图比例 1:50。
2. 创建如图 6-209 所示的外墙身详图，绘图比例 1:100。

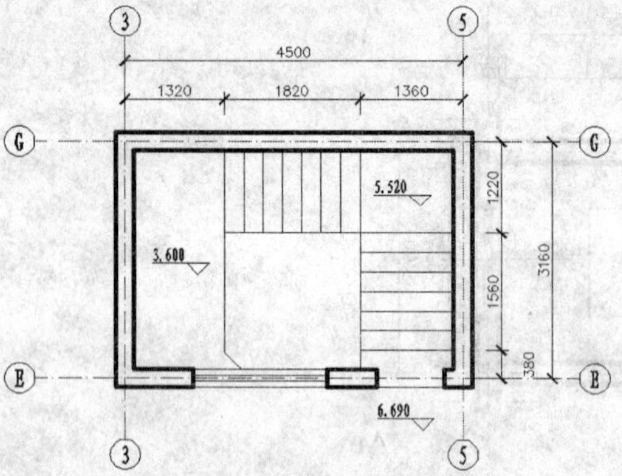

图 6-208　楼梯间平面详图

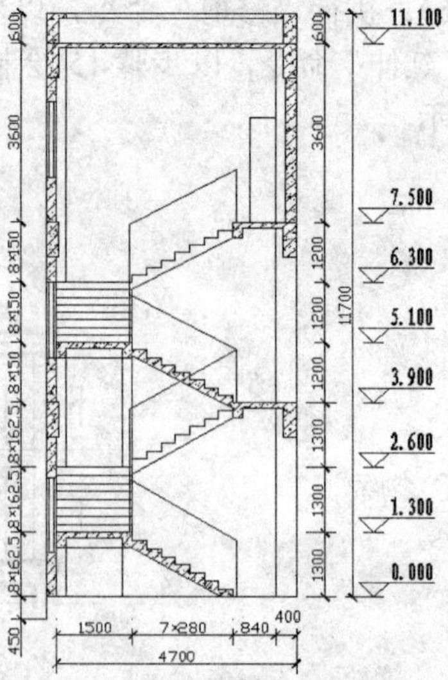

图 6-209　外墙身详图

3. 创建如图 6-210 所示的卫生间大样图，绘图比例 1:50。

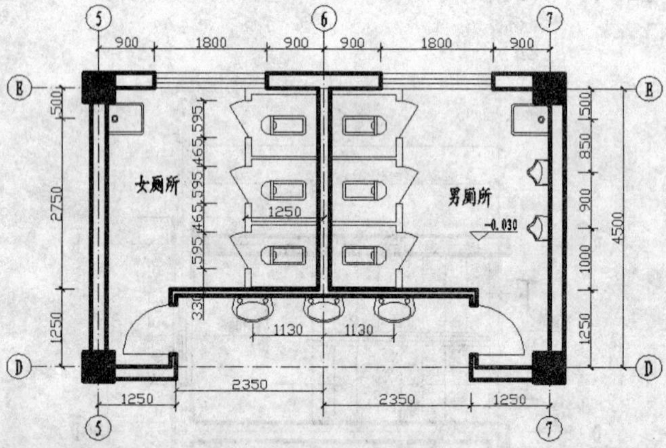

图 6-210　卫生间大样图

4. 创建如图 6-211 所示窗套详图，绘图比例 1:20。

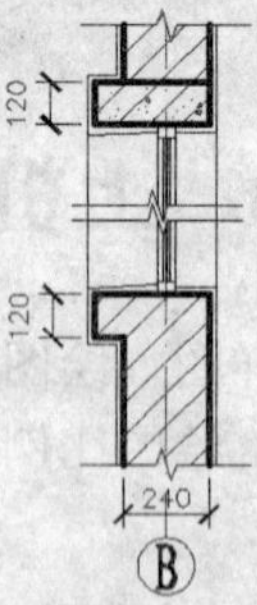

图 6-211　窗套详图

第 7 章　建筑图中三维效果图的绘制

在早期的 AutoCAD 版本中，提供的三维功能不是非常强大，经过 2008、2009 和 2012 版本的发展和完善之后，添加了一些 3ds max 中的基本功能，使得 AutoCAD 在精细三维作图和渲染方面有了得天独厚的优势。在建筑图中，通常需要绘制各种建筑图形的三维效果来配合平面图形，以提高整个建筑图纸的表现性。

本章通过对基本的三维家俱、三维房间以及小区三维效果图的创建，为读者讲解了各种三维技术的使用和方法，注重了技术和方法的双重使用，基本涵盖了使用 AutoCAD 进行三维建筑制图的所有技术。

7.1　绘制三维基本家俱

在绘制三维效果图时，通常需要绘制一些常见的家俱三维效果，这个就和建筑平面图中通常都要绘制厕所洁具、厨房厨具和客厅的沙发、电视、茶几等一样，在三维效果图中也需要创建一些三维家俱来增加三维效果图的表现。

三维家俱的绘制最基本的绘制原则其实就是布尔运算，说得通俗一点，就是对基本实体或者其他方法创建的实体，譬如拉伸、扫掠、旋转等进行加法和减法。所谓的加法，是指一个三维家俱，是由一系列的基本实体相叠加而成，所谓的减法，类似于雕刻，先绘制一个主要实体，从这个实体里逐步减去其他的实体从而形成三维家俱。这两种方法没有明显的优劣性，主要针对不同的情况使用不同的方法，有些三维家俱比较适合用加法绘制，有些比较适合用减法绘制，而还有一些则使用加法和减法绘制都是可以的。

加法和减法是从总体上阐述了绘制三维家俱的原则，而在细微的操作中，对于某一个部分，我们通常也可以采用几种不同的方法来实现，以最基本的坐标系为例，在绘制三维实体时，用户可以使用世界坐标系，也可以使用 UCS 命令创建用户坐标系，或者采用动态 UCS，因此，实际绘图中，读者可以根据实际情况灵活应用各种实体的创建和编辑方法，多看多练，才能熟练掌握各种三维家俱的绘制方法。

7.1.1　实例 41——圆形餐桌的绘制

图 7-1 显示的是常见的一个圆形餐桌，下面的步骤完全采用加法的方式创建餐桌，并采用了平面图中创建图块的方法，将三维家俱分拆成几部分，每一部分单独创建，在所有的部分都创建完成后，对各部分进行定位组装。

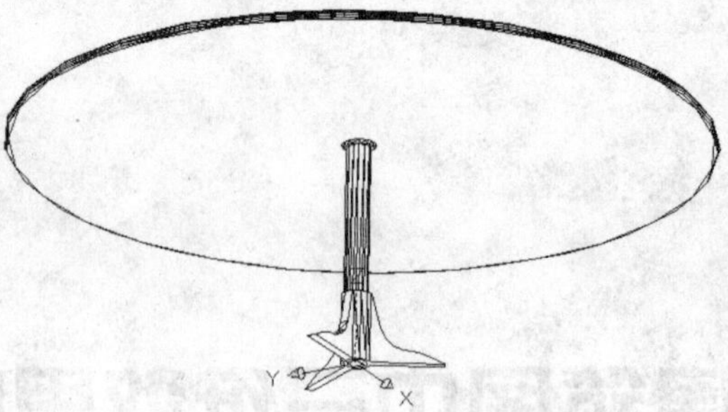

图 7-1　餐桌三维效果图

具体操作步骤如下：

（1） 绘制桌面，选择“视图”|“三维视图”|“西南等轴测”命令，切换到西南等轴测图，单击“圆柱体”按钮，命令行提示如下：

```
命令：_cylinder
指定底面的中心点或 [三点（3P）/两点（2P）/切点、切点、半径（T）/椭圆（E）]:0,0,0//输入原点坐标作为圆柱体底面的圆心
指定底面半径或 [直径（D）] <1000>: 600//输入底面半径
指定高度或 [两点（2P）/轴端点（A）] <50>: 30//输入圆柱高度，按回车键，效果如图 7-2所示
```

（2） 单击“圆环体”按钮，命令行提示如下：

```
命令：_torus
指定中心点或 [三点（3P）/两点（2P）/ 切点、切点、半径（T）]: 0,0,15//输入圆环体中心点绝对坐标
指定半径或 [直径（D）] <1200>:600//输入圆环的半径
指定圆管半径或 [两点（2P）/直径（D）]: 15//输入圆管半径，按回车键，效果如图 7-3 所示
```

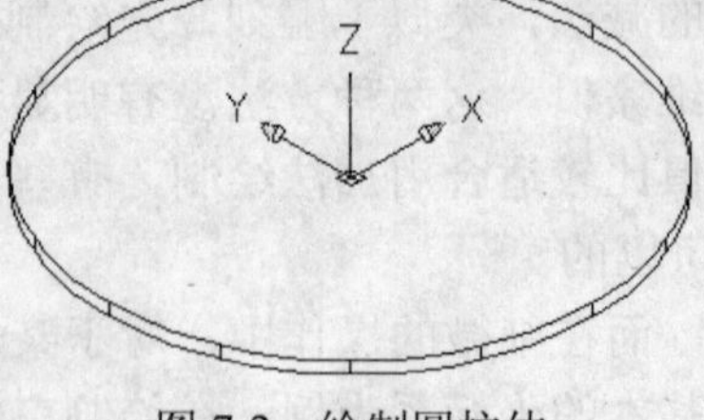

图 7-2　绘制圆柱体

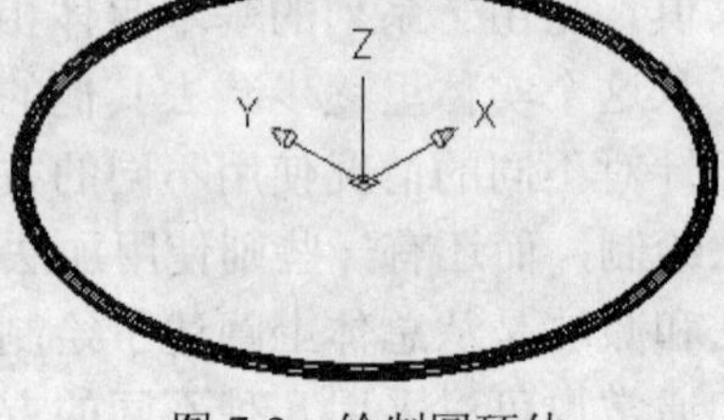

图 7-3　绘制圆环体

（3） 单击“并集”按钮，选择步骤 1 绘制的圆柱体和步骤 2 绘制的圆环体进行合并，并将合并后的实体定义成图块，图块名称为“桌面”，块基点为（0,0,0）。

（4） 绘制桌脚，切换到俯视图，在俯视图中拾取任意点为圆心，绘制半径 400 的圆，效果如图 7-4 所示。

（5） 执行“多段线”命令，命令行提示如下：

```
命令：_pline
指定起点：from//使用相对点确定多段线起点
```

基点://捕捉半径 400 圆圆心
<偏移>: @400<120//相对极坐标
当前线宽为 0
指定下一个点或 [圆弧 (A) /半宽 (H) /长度 (L) /放弃 (U) /宽度 (W)]: @300,0
指定下一点或 [圆弧 (A) /闭合 (C) /半宽 (H) /长度 (L) /放弃 (U) /宽度 (W)]:@0,250
指定下一点或 [圆弧 (A) /闭合 (C) /半宽 (H) /长度 (L) /放弃 (U) /宽度 (W)]:@-50,0//依次输入多段线点坐标
指定下一点或 [圆弧 (A) /闭合 (C) /半宽 (H) /长度 (L) /放弃 (U) /宽度 (W)]://捕捉半径 400 圆的上象限点
指定下一点或 [圆弧 (A) /闭合 (C) /半宽 (H) /长度 (L) /放弃 (U) /宽度 (W)]://按回车键，效果如图 7-5 所示

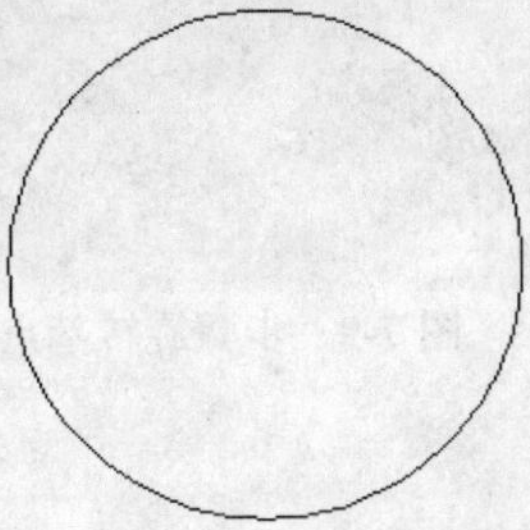

图 7-4　绘制半径 400 的圆

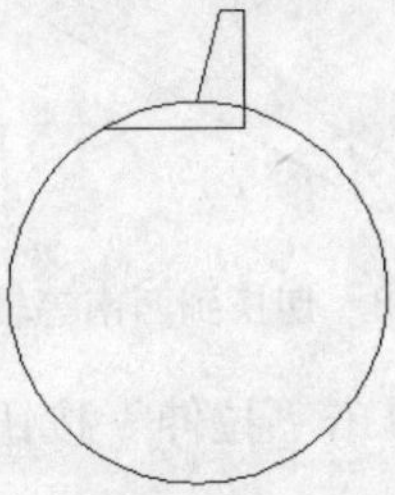

图 7-5　绘制多段线

（6） 使用“修剪”命令，以步骤 5 绘制的多段线为剪切边，修剪半径 400 的圆，修剪效果如图 7-6 所示。

（7） 执行“分解”命令，分解步骤 5 绘制的多段线，使用“圆角”命令，对圆弧和斜向直线进行圆角，圆角半径为 100，效果如图 7-7 所示。

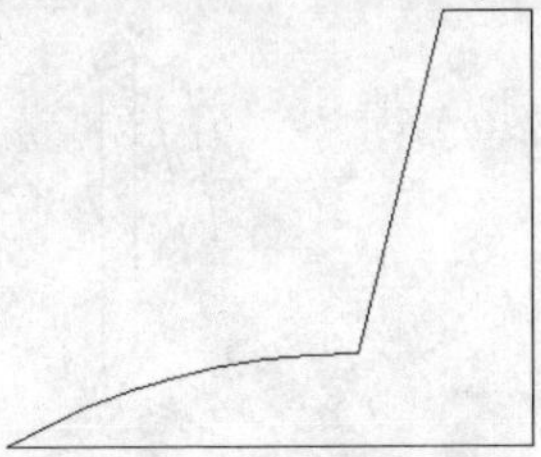

图 7-6　修剪半径 400 的圆

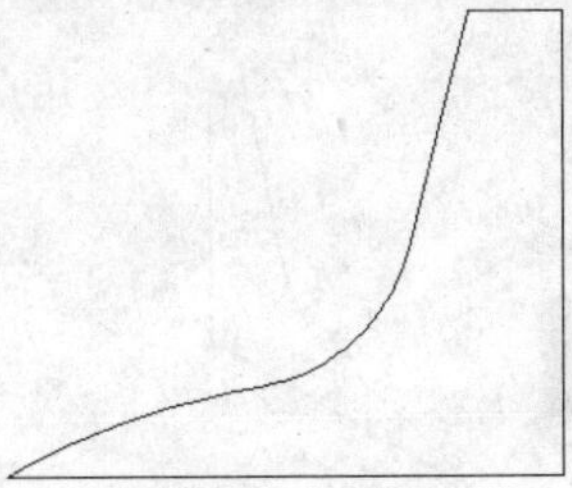

图 7-7　进行圆角操作

（8） 在命令行输入 pedit 命令，合并多段线，命令行提示如下：

命令: pedit
选择多段线或 [多条 (M)]: m//输入 m，表示合并多条多段线
选择对象: 指定对角点: 找到 6 个//选择图 7-7 中的所有对象
选择对象://按回车键，完成对象选择
是否将直线和圆弧转换为多段线? [是 (Y) /否 (N)]? <Y> y//输入 y，表示转换为多段线
输入选项 [闭合 (C) /打开 (O) /合并 (J) /宽度 (W) /拟合 (F) /样条曲线 (S) /非曲线化 (D) /线型生成 (L) /放弃 (U)]: j//输入 j，表示执行合并操作
合并类型 = 延伸
输入模糊距离或 [合并类型 (J)] <0>:
多段线已增加 5 条线段

输入选项 [闭合（C）/打开（O）/合并（J）/宽度（W）/拟合（F）/样条曲线（S）/非曲线化（D）/线型生成（L）/放弃（U）]://按回车键，完成合并

（9） 选择“绘图”|“面域”命令，选择步骤 8 创建的多段线，创建面域。

（10） 切换到西南等轴测图，选择“修改”|“三维操作”|“三维旋转”命令，捕捉如图 7-9 所示的点为基点，也如图 7-9 所示，顺时针旋转 90º，旋转效果如图 7-10 所示。

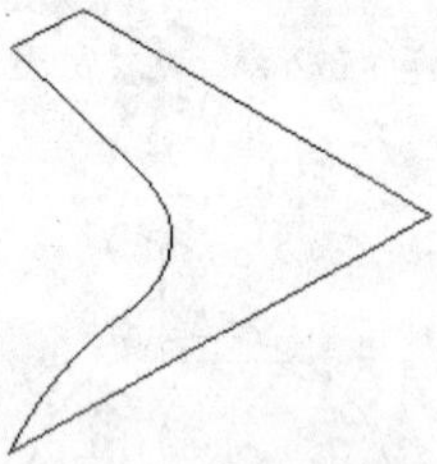

图 7-8 切换到西南等轴测图

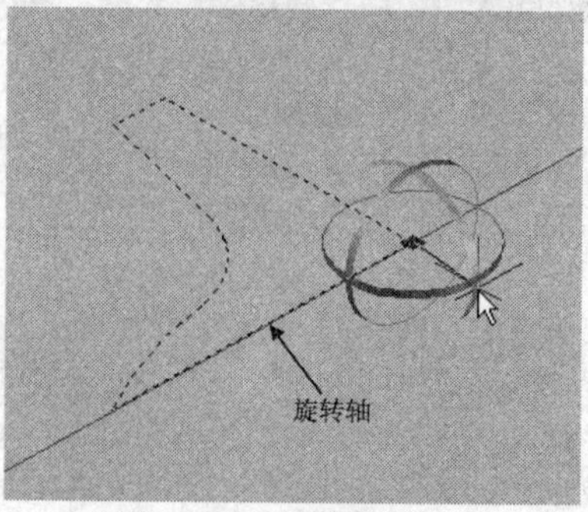

图 7-9 步骤旋转基点

（11） 单击“拉伸”按钮，命令行提示如下：

命令：_extrude
当前线框密度： ISOLINES=32，闭合轮廓创建模式 = 实体
选择要拉伸的对象或 [模式（MO）]：_MO 闭合轮廓创建模式 [实体（SO）/曲面（SU）] <实体>：_SO
选择要拉伸的对象或 [模式（MO）]：找到 1 个//选择图 7-10 所示的面域
选择要拉伸的对象或 [模式（MO）]://按回车键，完成选择
指定拉伸的高度或 [方向（D）/路径（P）/倾斜角（T）/表达式（E）] <86.2162>:30//输入 30，按回车键，拉伸效果如图 7-11 所示

图 7-10 旋转效果

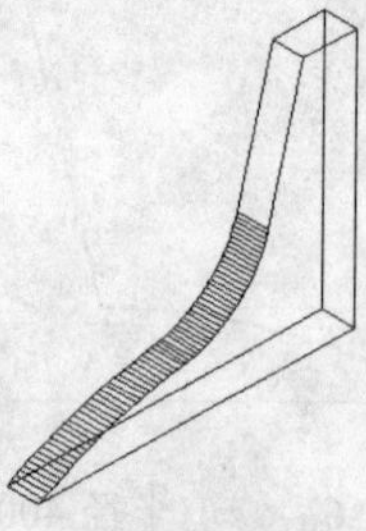

图 7-11 拉伸 30 效果

（12） 执行“圆柱体”命令，绘制圆柱体，底面半径为 50，高为 250，效果如图 7-12 所示。

（13） 选择“修改”|“三维操作”|“三维阵列”命令，命令行提示如下：

命令：_3darray
正在初始化... 已加载 3DARRAY
选择对象：找到 1 个//选择步骤 11 拉伸形成的实体
选择对象://按回车键，完成选择
输入阵列类型 [矩形（R）/环形（P）] <矩形>:p//输入 p，表示环形阵列
输入阵列中的项目数目：3//输入阵列数目
指定要填充的角度 （+=逆时针，-=顺时针） <360>://按回车键，采用默认填充角度 360

旋转阵列对象？ [是（Y）/否（N）] <Y>://按回车键，表示旋转阵列对象
指定阵列的中心点://图 7-12 所示箭头所指边中点
指定旋转轴上的第二点://与图 7-12 所示的箭头所指边相对应的上边的中点，阵列效果如图 7-13 所示

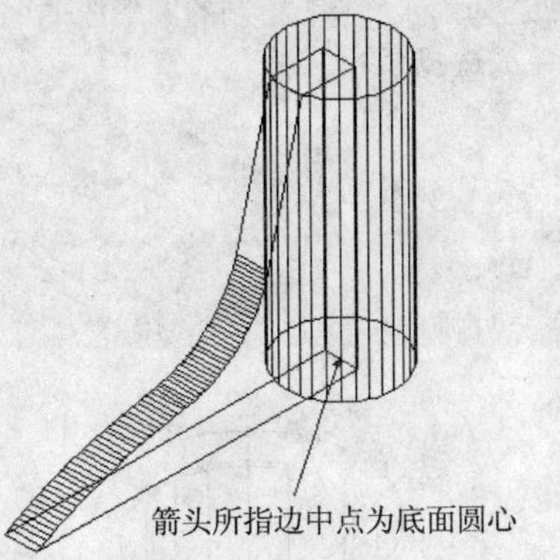

图 7-12　绘制底面半径 50 高 250 圆柱体

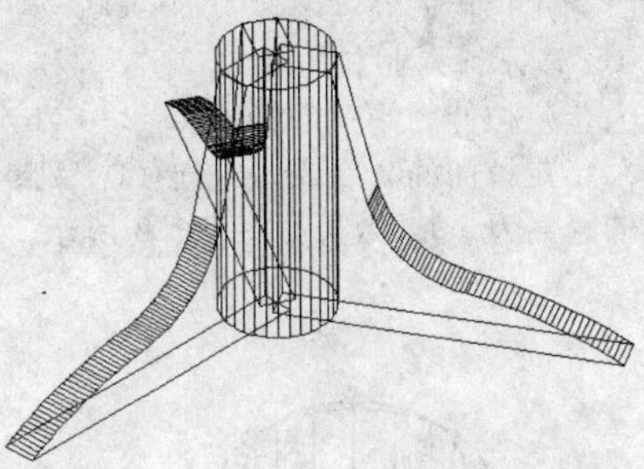

图 7-13　绘制的完整的桌脚

（14）选择图 7-13 所示的实体，执行“并集”命令，将实体合并，消隐效果如图 7-14 所示。将合并后的实体定义为图块，图块名称为“桌脚”，基点为圆柱体底面圆心。

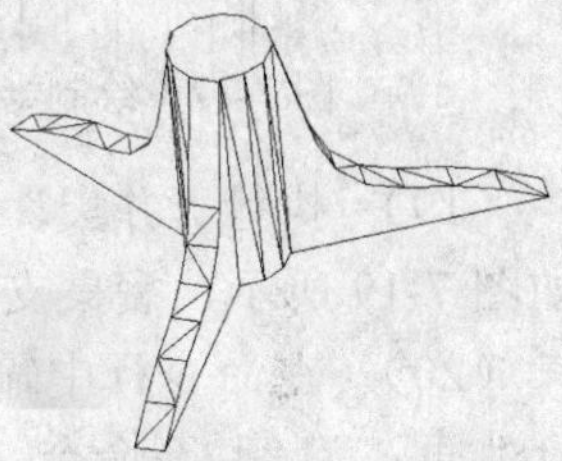

图 7-14　桌脚合并消隐效果

（15）执行“圆柱体”命令，绘制圆柱体，底面圆心为（0,0,0），底面半径为 40，高为 800，效果如图 7-15 所示。

（16）在命令行中输入 UCS，命令行提示如下：

命令: ucs
当前 UCS 名称: *世界*
指定 UCS 的原点或 [面(F)/命名(NA)/对象(OB)/上一个(P)/视图(V)/世界(W)/X/Y/Z/Z 轴（ZA）] <世界>: from//输入 from，使用相对点法确定 UCS 原点
基点: 0,0,0//输入基点坐标
<偏移>: @0,0,790//输入偏移相对坐标，按回车键，效果如图 7-16 所示

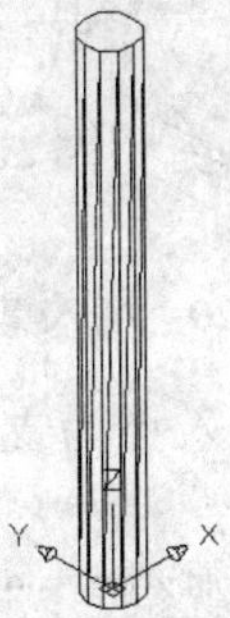

图 7-15　绘制底面半径 40 高 800 圆柱体

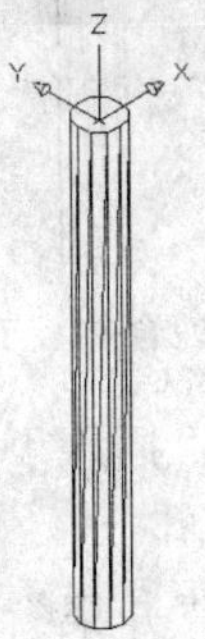

图 7-16　创建用户坐标系

（17）执行“圆”命令，绘制圆心为（0,0,0），半径为 50 的圆，效果如图 7-17 所示。

（18）选择“绘图”|“面域”命令，将步骤 17 绘制的圆形成面域，执行“拉伸”命令，命令行提示如下：

命令: _extrude
当前线框密度: ISOLINES=16，闭合轮廓创建模式 = 实体
选择要拉伸的对象或 [模式 (MO)]: _MO 闭合轮廓创建模式 [实体 (SO) /曲面 (SU)] <实体>: _SO
选择要拉伸的对象或 [模式 (MO)]: 找到 1 个//选择由步骤 17 绘制的圆形成的面域
选择要拉伸的对象或 [模式 (MO)]://按回车键，完成选择
指定拉伸的高度或 [方向 (D) /路径 (P) /倾斜角 (T) /表达式 (E)] <86.2162>: t//输入 t，表示输入倾斜角
指定拉伸的倾斜角度 <45>: -45//倾斜-45º
指定拉伸的高度或 [方向 (D) /路径 (P) /倾斜角 (T) /表达式 (E)] <86.2162>:: 10//拉伸距离为 10，效果如图 7-18 所示

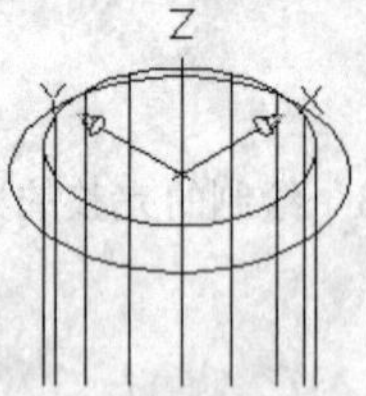

图 7-17　绘制半径 50 圆

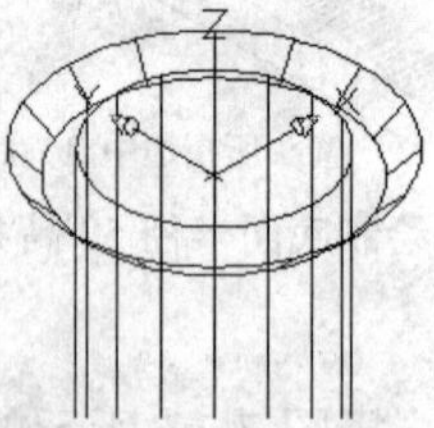

图 7-18　拉伸圆

（19） 执行“并集”命令，将步骤 15 绘制的圆柱体和步骤 18 拉伸的实体合并并消隐效果如图 7-19 所示，餐桌支撑绘制完成。

（20） 在命令行中输入 UCS，在命令行提示中输入 W，将坐标系恢复到世界坐标系，执行“插入”|“块”命令，插入“桌脚”图块，插入点为桌支撑的下底面圆心，效果如图 7-20 所示。

图 7-19　合并桌支撑效果

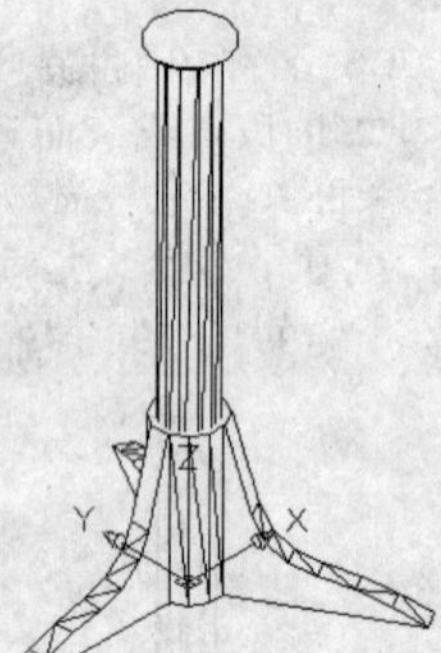

图 7-20　插入桌脚图块

（21） 执行“插入”|“块”命令，插入“桌面”图块，插入点为支撑上顶面圆心，效果如图 7-21 所示。

（22） 使用“并集”命令合并实体，选择“视图”|“动态观察”|“自由连续观察”命令，调整到如图 7-22 所示位置，使用光标拉动，另一个观察状态如图 7-23 所示。

结束以上步骤操作，桌子的绘制已经完成，下面再介绍一种绘制桌面的方法。在上面的制作方法中，创建了基本圆柱体和圆环体，利用“并集”命令创建了桌面，用户还可以使用旋转法来绘制桌面实体。

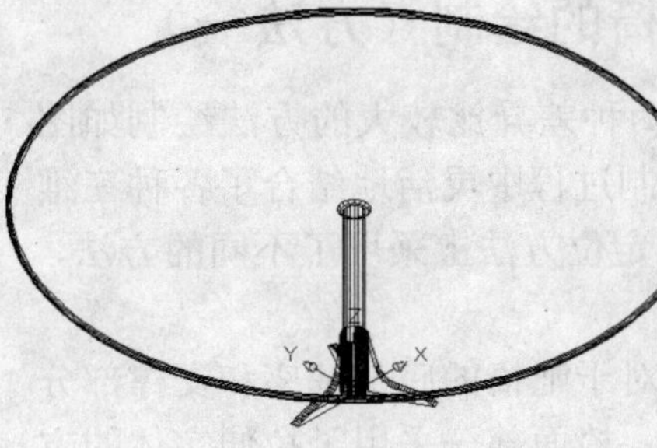

图 7-21　插入桌面图块

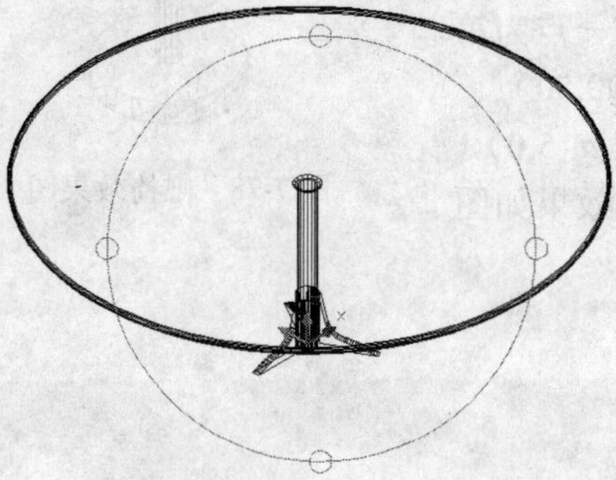

图 7-22　自由连续观察状态 1

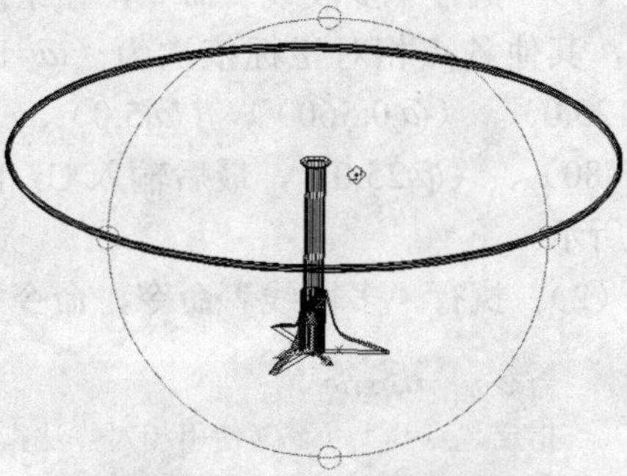

图 7-23　自由连续观察状态 2

将图形切换到主视图，执行“矩形”命令，绘制 600×30 的矩形，以矩形左侧边中点为圆心绘制圆，圆半径为 15，效果如图 7-24 所示。

图 7-24　绘制矩形和圆

执行“分解”命令，将矩形分解，删除矩形左侧边，执行“修剪”命令，以矩形的上边和下边为剪切边，修剪圆，修剪效果如图 7-25 所示。选择“绘图” | “面域”命令，将图 7-25 所示的图形形成面域。

切换到西南等轴测图，单击“旋转”按钮，以图 7-25 所示的面域为旋转对象，绕矩形的右边旋转，则旋转效果如图 7-26 所示，桌面绘制完成。

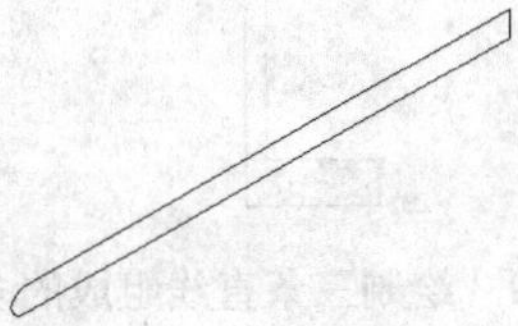

图 7-25　修剪圆和矩形

图 7-26　旋转成圆桌面

7.1.2 实例 42——吧椅的绘制（方法一）

7.1.2 节和 7.1.3 节使用两种差异比较大的方法绘制如图 7-27 所示的吧椅三维效果，绘制过程中灵活地结合了各种三维实体创建和编辑方法，在点的定位方法上采用了不同的方法，使用了不同的坐标系。

第一种绘制吧椅的方法，对于吧椅的底部基座和支撑部分采用旋转形成实体的方法绘制，椅面部分采用了拉伸实体的方法绘制，坐标系主要采用世界坐标系和用户坐标系，下面详细讲解具体步骤：

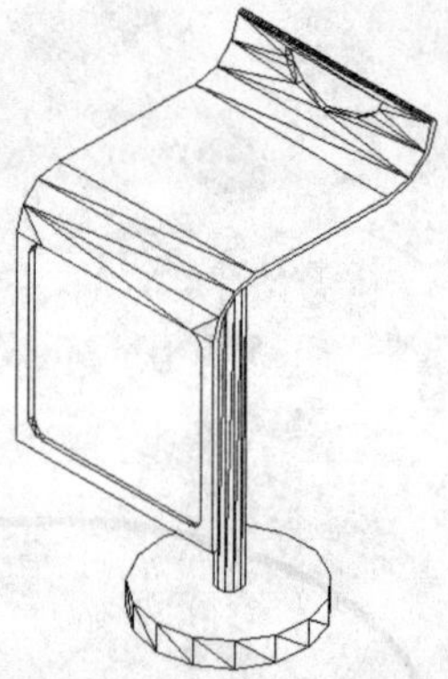

图 7-78 吧椅效果图

（1） 执行“多段线”命令，在绘图区任意拾取一点为第一点，其他各点相对坐标依次为（@-150,0）、（@0,50）、（@125,0）、（@0,560）、（@5,0）、（@0,80）、（@-5,0）、（@0,80）、（@25,0），最后输入 C，闭合多段线，效果如图 7-28 所示。

（2） 执行“多段线”命令，命令行提示如下：

```
命令：_pline
指定起点：from//使用相对点法指定多段线的起点
基点：//捕捉图 7-29 所示的点为基点
<偏移>：@225,100//输入相对偏移距离，确定起点
当前线宽为 0.000
指定下一个点或 [圆弧（A）/半宽（H）/长度（L）/放弃（U）/宽度（W）]：@0,-100
指定下一点或 [圆弧（A）/闭合（C）/半宽（H）/长度（L）/放弃（U）/宽度（W）]：@-450,0
指定下一点或 [圆弧（A）/闭合（C）/半宽（H）/长度（L）/放弃（U）/宽度（W）]：@0,-450//依次输入多段线的其他点的相对坐标
指定下一点或 [圆弧（A）/闭合（C）/半宽（H）/长度（L）/放弃（U）/宽度（W）]：//按回车键，完成绘制，效果如图 7-29 所示
```

图 7-28 绘制封闭多段线

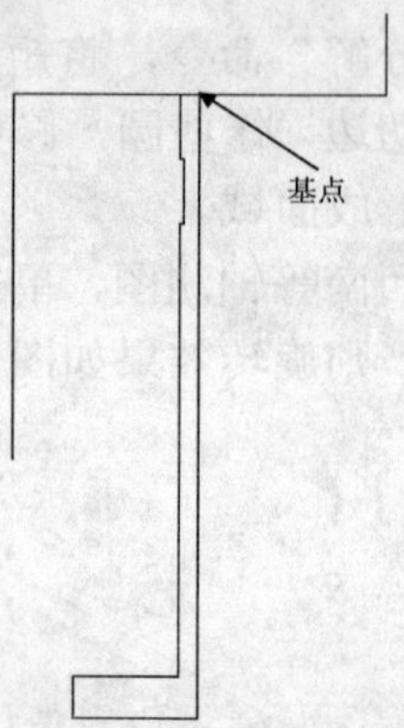

图 7-29 绘制三条直线组成的多段线

（3） 执行“圆角”命令，命令行提示如下：

```
命令：_fillet
```

当前设置：模式 = 修剪，半径 = 5.000
选择第一个对象或 [放弃（U）/多段线（P）/半径（R）/修剪（T）/多个（M）]：r//输入 r，设置圆角半径
指定圆角半径 <5.000>：75//设置圆角半径为 75
选择第一个对象或 [放弃（U）/多段线（P）/半径（R）/修剪（T）/多个（M）]：//选择图 7-31 所示第一个对象
选择第二个对象，或按住 Shift 键选择要应用角点的对象：//选择图 7-30 所示的第二个对象

（4）继续执行“圆角”命令，圆角半径为 100，第一个对象和第二个对象如图 7-31 所示。

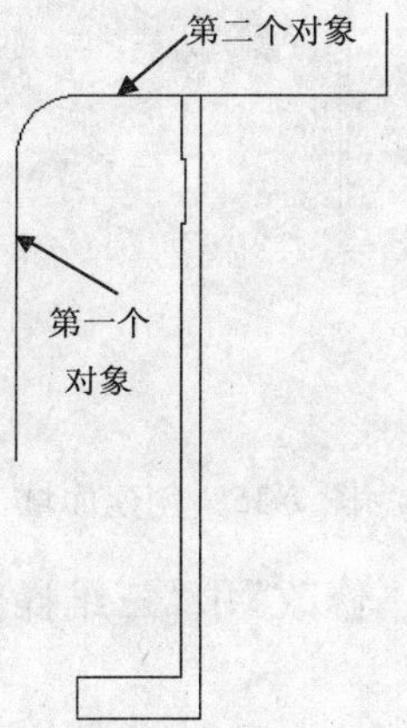

图 7-30　圆角多段线的一个连接点

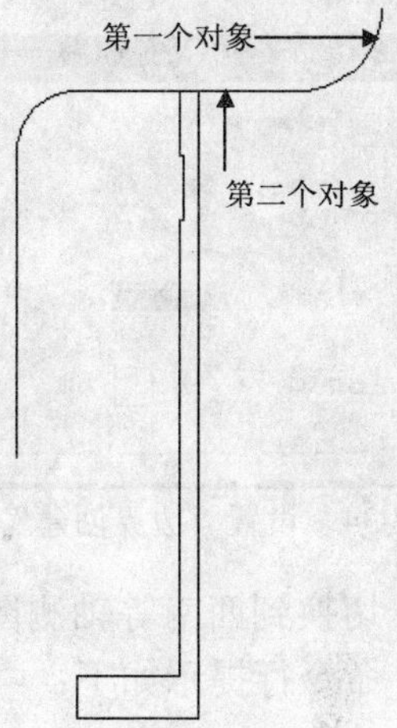

图 7-31　圆角多段线的另一个连接点

（5）执行“偏移”命令，将步骤 4 圆角完成的多段线向上偏移 10，效果如图 7-32 所示。使用“直线”命令连接多段线的端点，效果如图 7-33 所示。

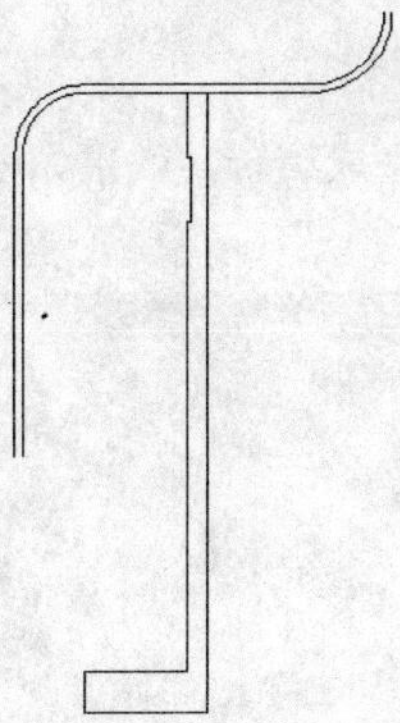
图 7-32　偏移圆角后的多段线

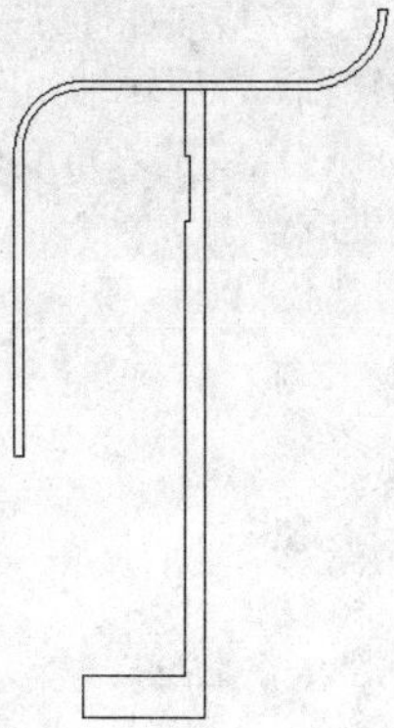
图 7-33　直线封闭多段线

（6）选择“绘图”|“边界”命令，弹出如图 7-34 所示的“边界创建”对话框，设置对象类型为“面域”，单击“拾取点”按钮，命令行提示如下：

命令：_boundary
拾取内部点：正在选择所有对象...
正在选择所有可见对象...
正在分析所选数据...

正在分析内部孤岛...
拾取内部点://拾取如图 7-35 所示区域的内部点，按回车键，回到“边界创建”对话框，单击“确定”按钮，完成面域的创建
已提取 1 个环
已创建 1 个面域
BOUNDARY 已创建 1 个面域

（7） 使用同样的方法，将吧椅的椅面轮廓创建为面域。

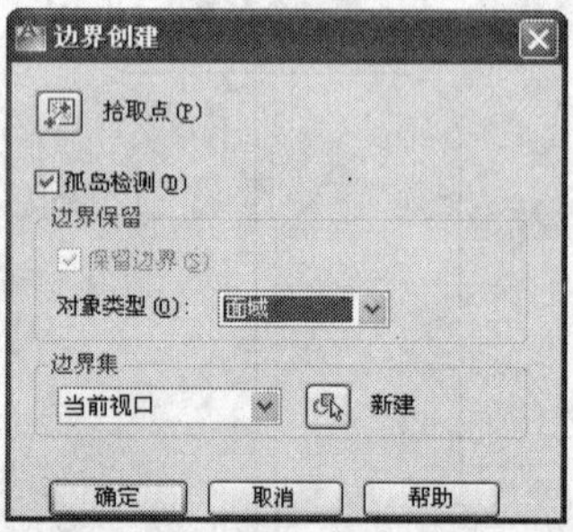

图 7-34 设置“边界创建”对话框

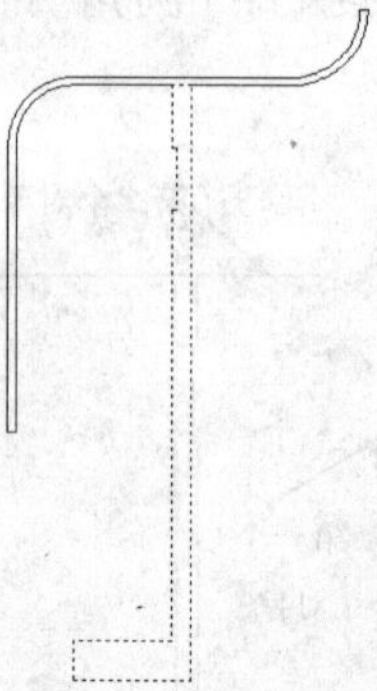
图 7-35 创建面域

（8） 切换到西南等轴测图效果如图 7-36 所示，选择“修改”|“三维操作”|“三维旋转”命令，命令行提示如下：

命令: _3drotate
UCS 当前的正角方向: ANGDIR=逆时针 ANGBASE=0
选择对象: 找到 1 个//选择椅面轮廓面域
选择对象: 找到 1 个，总计 2 个//选择吧椅支撑轮廓面域
选择对象://按回车键，完成选择
指定基点://拾取如图 7-37 所示的点为基点
拾取旋转轴://旋转轴如图 7-37 所示
指定角的起点或键入角度:90//输入旋转角度，按回车键，完成旋转，效果如图 7-38 所示
正在重生成模型

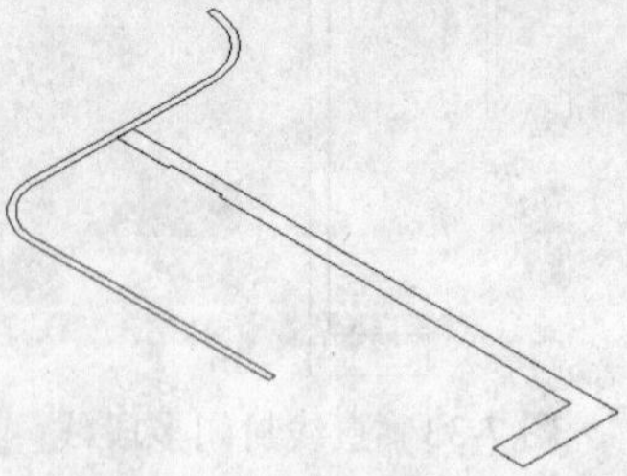
图 7-36 西南等轴测图效果

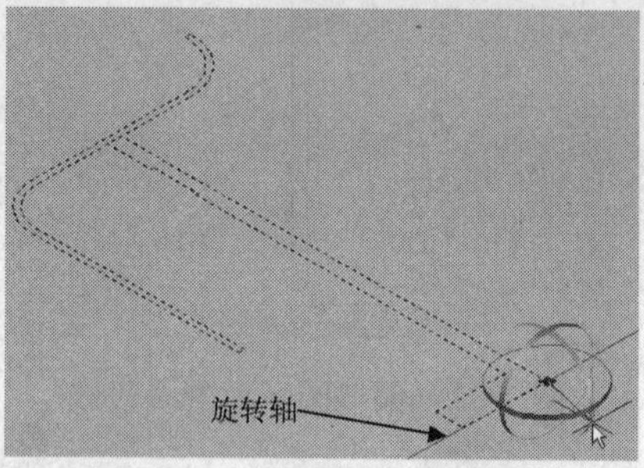

图 7-37 指定基点和旋转轴

（9） 执行“删除”命令将形成面域的源图线删除，仅保留面域，效果如图 7-39 所示。

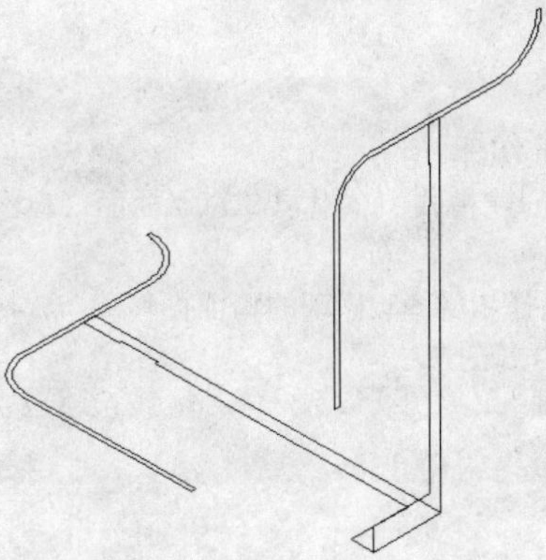

图 7-38　旋转 90º

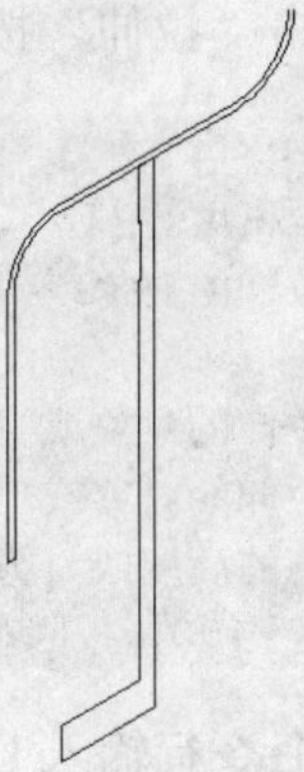

图 7-39　删除源图形

（10） 单击“旋转”按钮，命令行提示如下：

命令：_revolve
当前线框密度： ISOLINES=4，闭合轮廓创建模式 = 实体
选择要旋转的对象或 [模式（MO）]：_MO 闭合轮廓创建模式 [实体（SO）/曲面（SU）] <实体>：_SO
选择要旋转的对象或 [模式（MO）]： //旋转吧椅支撑轮廓面域
选择要旋转的对象或 [模式（MO）]://按回车键，完成旋转
指定轴起点或根据以下选项之一定义轴 [对象（O）/X/Y/Z] <对象>://拾取轮廓面右侧直线上端点
指定轴端点:// 拾取轮廓面右侧直线下端点
指定旋转角度或 [起点角度（ST）/反转（R）/表达式（EX）] <360>://按回车键，旋转 360º，旋转效果如图 7-40 所示

（11） 执行“移动”命令，命令行提示如下：

命令：_move
选择对象：找到 1 个//选择椅面轮廓面域
选择对象://按回车键，完成选择
指定基点或 [位移（D）] <位移>： //任意拾取一点为基点
指定第二个点或 <使用第一个点作为位移>：@0,-200,0//输入相对坐标确定第二点，按回车键，移动效果如图 7-41 所示

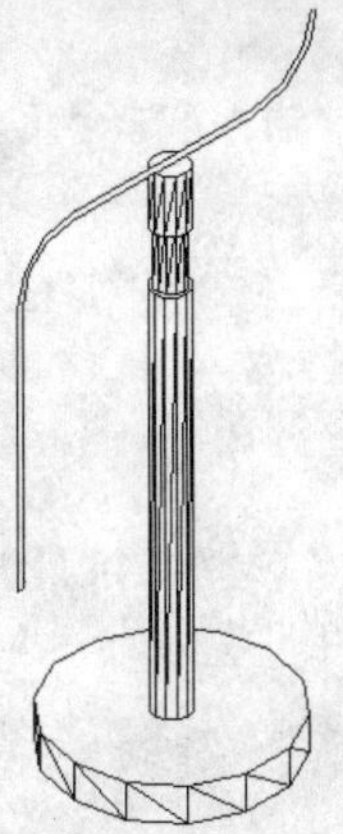

图 7-40　旋转下方的面域

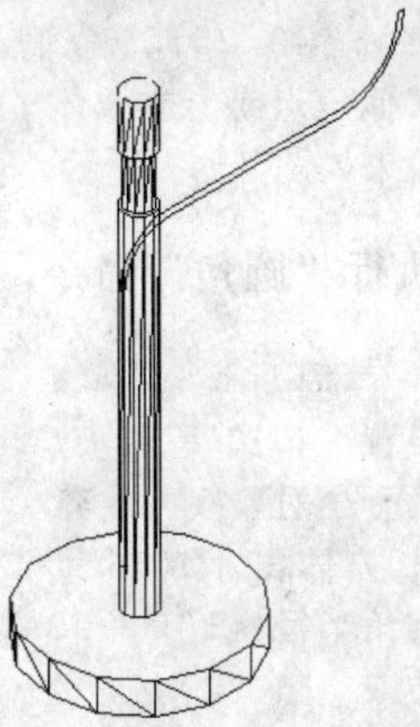

图 7-41　移动上方的面域

（12） 单击“拉伸”按钮，命令行提示如下：

命令： _extrude
当前线框密度： ISOLINES=4，闭合轮廓创建模式 = 实体
选择要拉伸的对象或 [模式（MO）]： _MO 闭合轮廓创建模式 [实体（SO）/曲面（SU）] <实体>： _SO
选择要拉伸的对象或 [模式（MO）]： 找到 1 个//选择步骤 11 移动的椅面面域
选择要拉伸的对象或 [模式（MO）]：//按回车键，完成选择
指定拉伸的高度或 [方向（D）/路径（P）/倾斜角（T）/表达式（E）] <400.000>:-400//输入拉伸高度-400，按回车键，效果如图 7-42 所示

（13） 在命令行输入 UCS 命令，命令行提示如下：

命令： ucs
当前 UCS 名称： *俯视*
指定 UCS 的原点或 [面(F)/命名(NA)/对象(OB)/上一个(P)/视图(V)/世界(W)/X/Y/Z/Z 轴（ZA）] <世界>://捕捉如图 7-43 所示的椅面拉伸体下角点
指定 X 轴上的点或 <接受>://按回车键，完成坐标系新原点指定，效果如图 7-43 所示

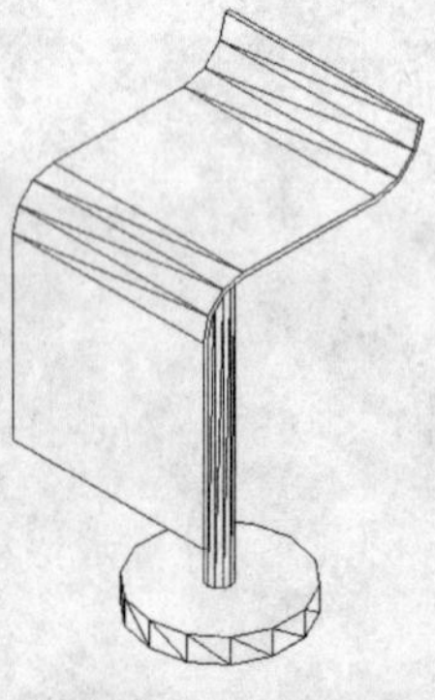

图 7-42 拉伸上方的面域

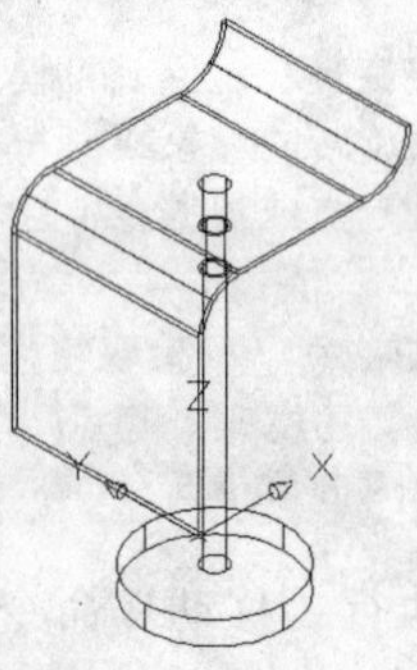

图 7-43 移动 UCS

（14） 执行“长方体”命令，命令行提示如下：

命令： _box
指定第一个角点或 [中心（C）]： from//使用相对点法确定长方体的第一个角点
基点:0,0,0//以原点为基点
<偏移>： @0,25,25//输入相对偏移坐标确定第一个角点
指定其他角点或 [立方体（C）/长度（L）]： @10,350,350//输入第二个角点的相对坐标，按回车键，效果如图 7-44 所示

（15） 执行“圆角”命令，命令行提示如下：

命令： _fillet
当前设置：模式 = 修剪，半径 = 100.000
选择第一个对象或 [放弃（U）/多段线（P）/半径（R）/修剪（T）/多个（M）]://选择步骤 14 绘制的长方体长为 10 的边
输入圆角半径 <100.000>： 25//输入圆角半径
选择边或 [链（C）/半径（R）]：
选择边或 [链（C）/半径（R）]：
选择边或 [链（C）/半径（R）]://依次选择步骤 14 绘制的长方体的其他三条长为 10 的边

选择边或 [链(C)/半径(R)]://按回车键，开始圆角，圆角效果然图 7-45 所示
已选定 4 个边用于圆角

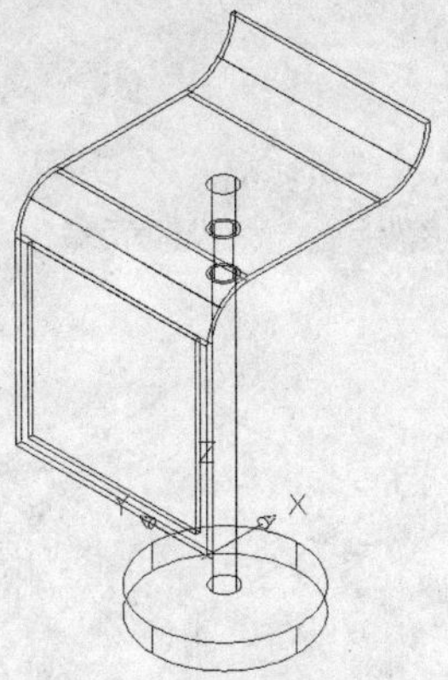

图 7-44 绘制长方体

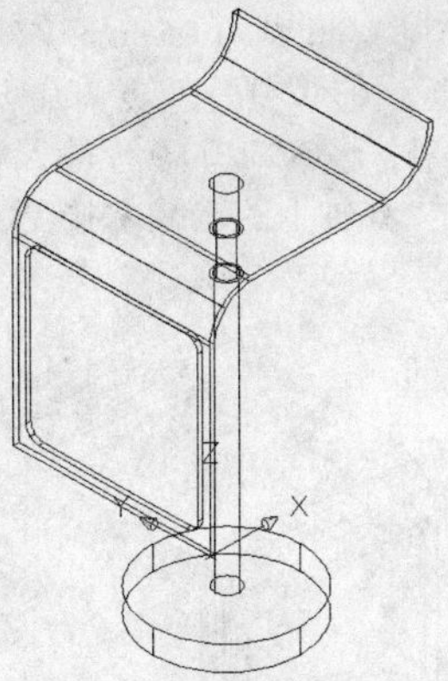

图 7-45 圆角长方体

（16） 执行“差集”命令，从步骤 12 拉伸的椅面体中减去步骤 15 圆角后的长方体，效果如图 7-46 所示。

（17） 在命令行输入 UCS，命令行提示如下：

命令: ucs
当前 UCS 名称: *没有名称*
指定 UCS 的原点或 [面(F)/命名(NA)/对象(OB)/上一个(P)/视图(V)/世界(W)/X/Y/Z/Z 轴(ZA)] <世界>://如图 7-47 所示捕捉端点
指定 X 轴上的点或 <接受>://按回车键，完成坐标系原点的移动，效果如图 7-47 所示

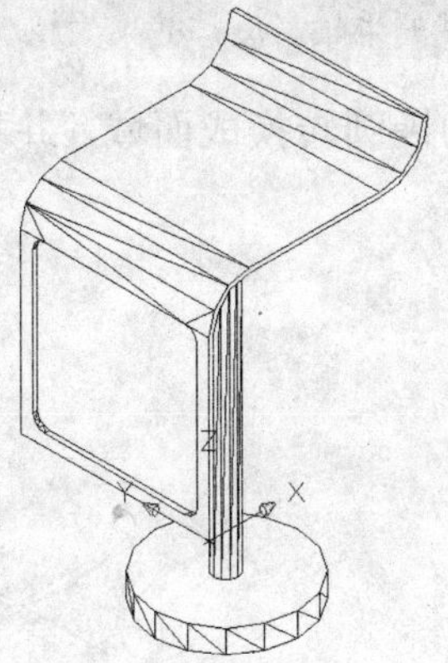

图 7-46 执行差集命令

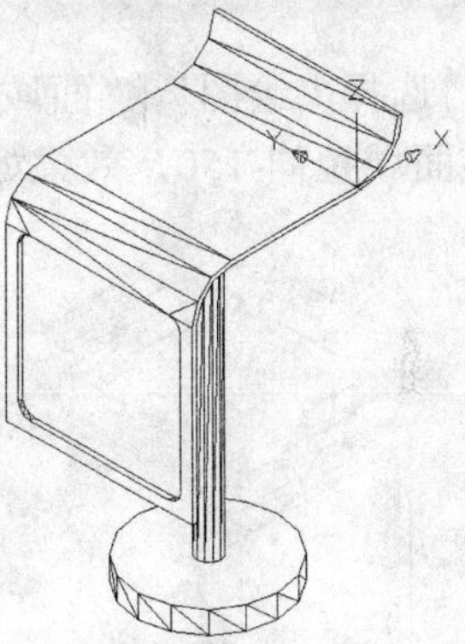

图 7-47 创建新的 UCS 的原点

（18） 在命令行输入 UCS，命令行提示如下：

命令: ucs
当前 UCS 名称: *没有名称*
指定 UCS 的原点或 [面(F)/命名(NA)/对象(OB)/上一个(P)/视图(V)/世界(W)/X/Y/Z/Z 轴(ZA)] <世界>: y//输入 y，表示沿 y 轴旋转
指定绕 Y 轴的旋转角度 <90>: -90//输入旋转角度，按回车键，效果如图 7-48 所示

（19） 在命令行输入 UCS，命令行提示如下：

```
命令: ucs
当前 UCS 名称: *没有名称*
指定 UCS 的原点或 [面(F)/命名(NA)/对象(OB)/上一个(P)/视图(V)/世界(W)/X/Y/Z/Z轴(ZA)] <世界>: from//使用相对点法确定移动原点
基点: 0,0,0//原点为基点
<偏移>: @75,0,0//输入相对偏移坐标确定移动到的原点，即新原点
指定 X 轴上的点或 <接受>://按回车键，完成移动，效果如图 7-49 所示
```

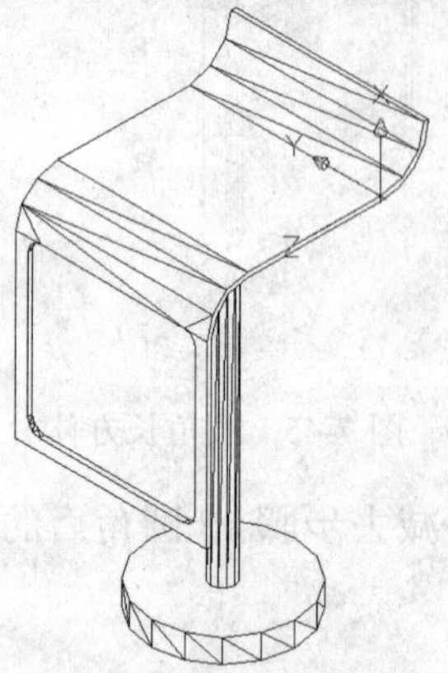

图 7-48　绕 Y 轴旋转

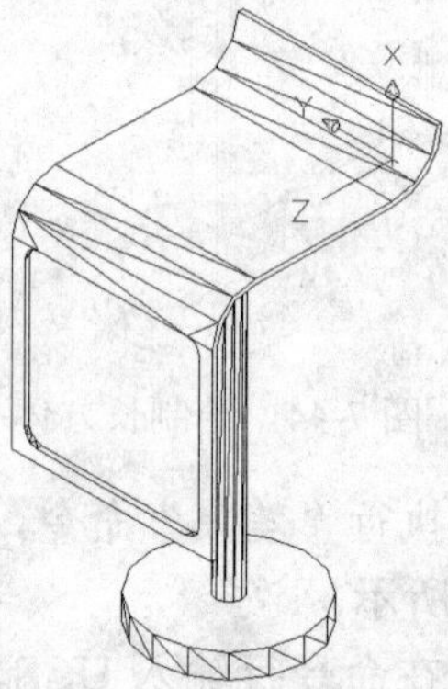

图 7-49　移动用户坐标系

（20）　执行“椭圆”命令，命令行提示如下：

```
命令: _ellipse
指定椭圆的轴端点或 [圆弧(A)/中心点(C)]: 0,100//指定第一个轴端点
指定轴的另一个端点: 0,300//指定轴的另一个端点
指定另一条半轴长度或 [旋转(R)]: 50//输入另一条轴的半轴长度，效果如图 7-50 所示
```

（21）　选择“绘图”|“面域”命令，将步骤 20 绘制的椭圆转换成面域，并执行“拉伸”命令，将该面域拉伸-150，效果如图 7-51 所示。

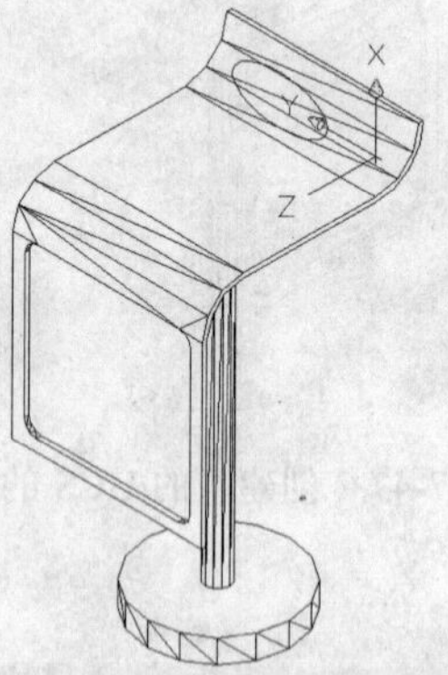

图 7-50　绘制椭圆

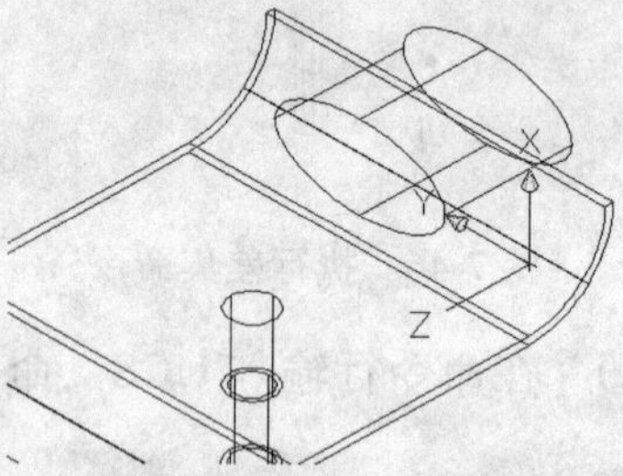

图 7-51　拉伸椭圆

（22）　执行“消隐”命令，消隐效果如图 7-52 所示。

（23）　选择“修改”|“三维操作”|“剖切”命令，剖切掉椭圆体的上半部分，命令行提示如下：

```
命令: _slice
```

选择要剖切的对象：找到 1 个//选择步骤 21 拉伸的实体

选择要剖切的对象://按回车键，完成选择

指定 切面 的起点或 [平面对象（O）/曲面（S）/Z 轴（Z）/视图（V）/XY（XY）/YZ（YZ）/ZX（ZX）/三点（3）] <三点>:yz//设置剖切面为 YZ 平面

指定 YZ 平面上的点 <0,0,0>://按回车键，默认点为 0，0，0

在所需的侧面上指定点或 [保留两个侧面（B）] <保留两个侧面>://在下方指定一点，剖切效果如图 7-53 所示

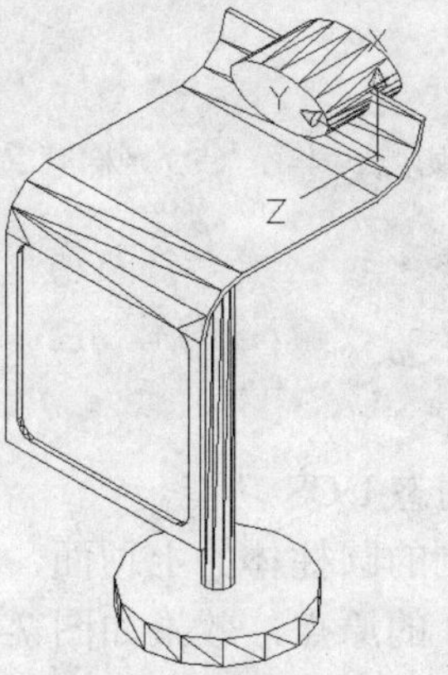

图 7-52 消隐效果

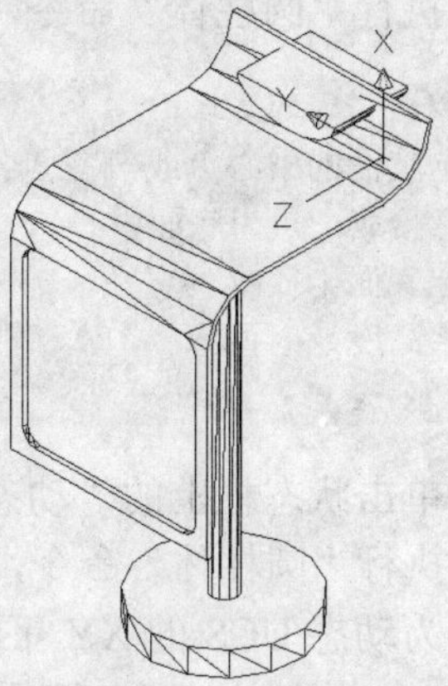

图 7-53 剖切椭圆上半部

（24） 执行“差集”命令，从椅面实体中减去步骤 23 剖切形成的实体，效果如图 7-54 所示。

（25） 执行“圆角”命令，对椅面上方的短靠背的两条长边进行圆角，圆角半径为 5，圆角效果如图 7-55 所示。

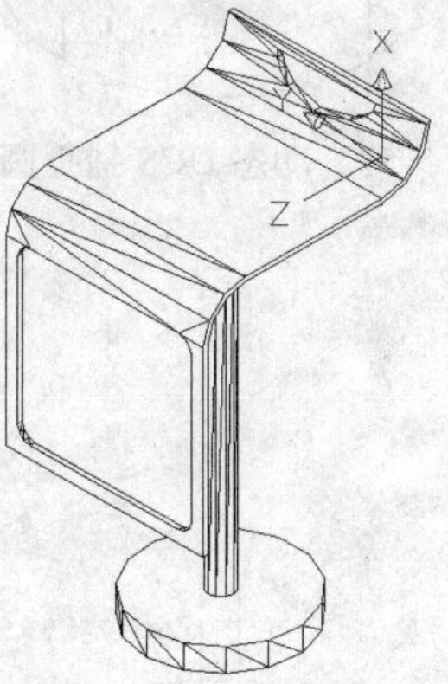

图 7-54 执行差集命令

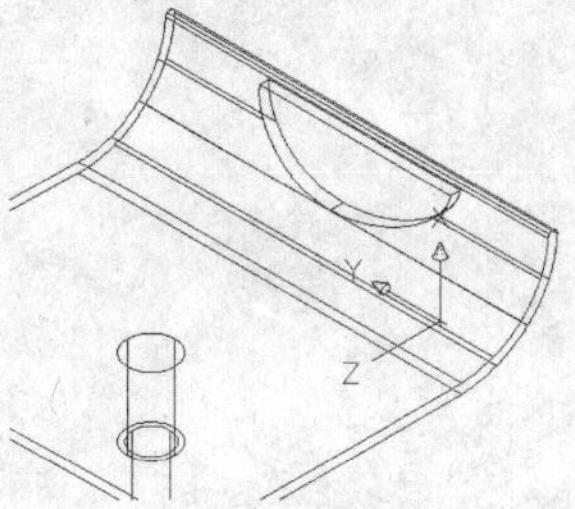

图 7-55 圆角效果

（26） 在命令行输入 UCS 命令，命令行提示如下：

命令：ucs

当前 UCS 名称：*没有名称*

指定 UCS 的原点或 [面(F)/命名(NA)/对象(OB)/上一个(P)/视图(V)/世界(W)/X/Y/Z/Z 轴（ZA）] <世界>：w//输入 w，表示恢复到世界坐标系，完成吧椅的绘制

7.1.3 实例 43——吧椅的绘制（方法二）

第二种绘制吧椅的方法，吧椅的基座和支撑部分采用了圆柱体相互叠加的方法绘制，椅面部分采用扫掠的方法进行绘制，所采用的方法与第一种绘制方法几乎完全不一样，在坐标系使用方面，第二种方法灵活运用了动态 UCS，尽量少采用相对点法进行定位，多使用了“移动”命令，这些方法的异同点，读者在阅读的时候可以仔细体会。下面详细讲解具体步骤。

（1） 执行“圆柱体”命令，命令行提示如下：

```
命令: _cylinder
指定底面的中心点或 [三点 (3P) /两点 (2P) / 切点、切点、半径 (T) /椭圆 (E) ]://在绘图区任意拾取一点为底面中心
指定底面半径或 [直径 (D) ]: 150//输入底面半径
指定高度或 [两点 (2P) /轴端点 (A) ] <-150.000>: 50//输入圆柱体高度，绘制效果如图 7-56 所示
```

（2） 单击状态栏上的“动态 UCS”按钮 DUCS，打开动态 UCS 功能。

（3） 执行“圆柱体”命令，将光标移动到步骤 1 绘制的圆柱体的上顶面，如图 7-57 所示上顶面称为动态 UCS 的 XY 平面，捕捉圆心为动态 UCS 的原点，效果如图 7-58 所示，在动态的 UCS 中，绘制底面半径为 25，高为 560 的圆柱体，底面中心为原点，效果如图 7-59 所示。

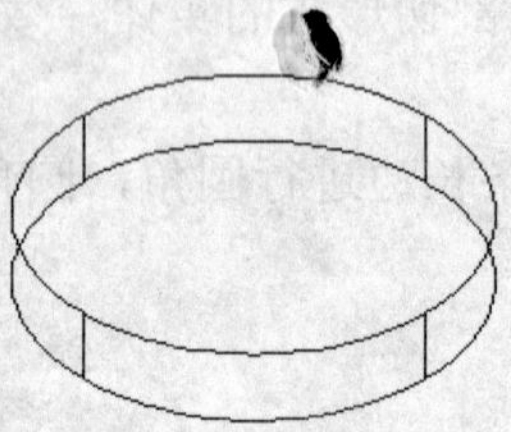

图 7-56 绘制吧椅基座圆柱体

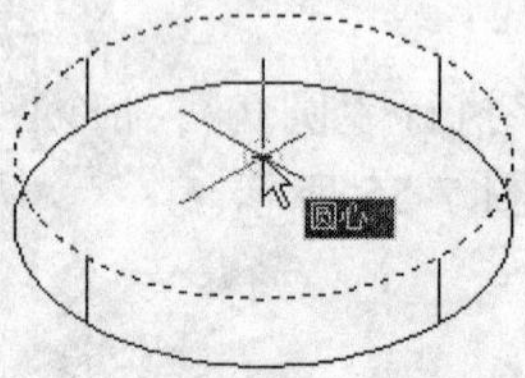

图 7-57 动态 UCS 捕捉圆心

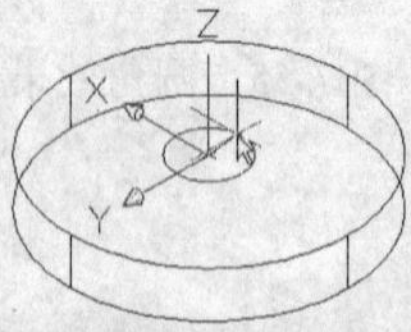

图 7-58 确定的动态 UCS

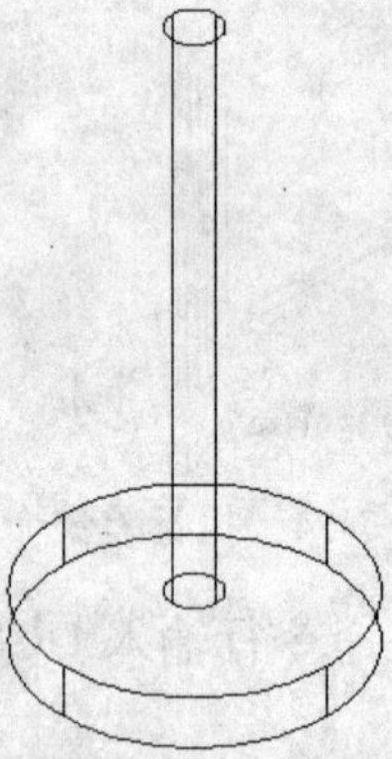

图 7-59 绘制底面半径 25 高 560 圆环体

（4） 继续绘制圆柱体，动态 UCS 的 XY 平面在步骤 3 绘制的圆柱体的上顶面，如图 7-60 所示，原点为上顶面的圆心，绘制的圆柱体的中心点为原点，底面半径为 20，高为 80，效果如图 7-61 所示。

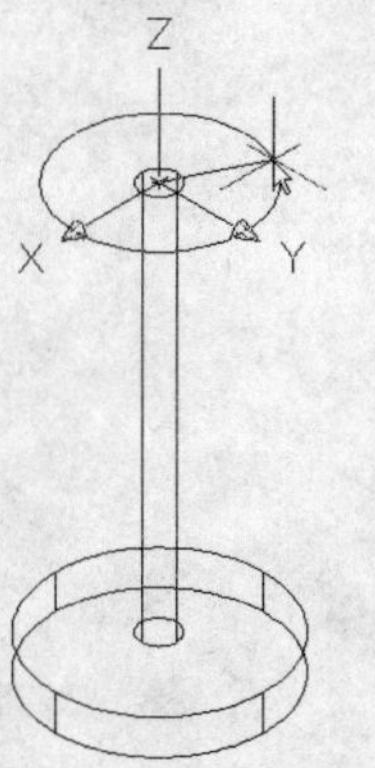

图 7-60　继续确定动态 UCS

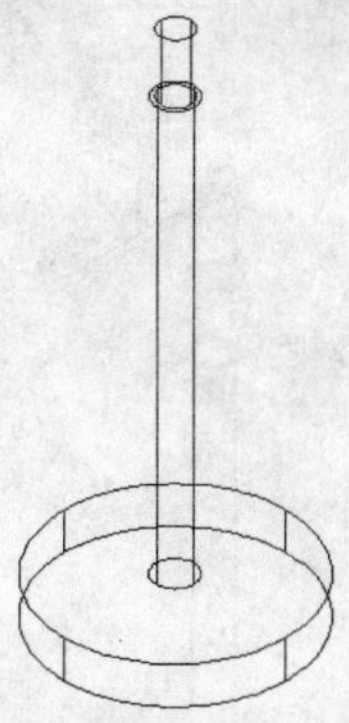
图 7-61　绘制底面半径 20 高 80 圆环体

（5）　使用同样的方法，绘制底面半径为 25，高为 80 的圆柱体，效果如图 7-62 所示。选择“视图”|“消隐”命令，得到消隐效果如图 7-63 所示。

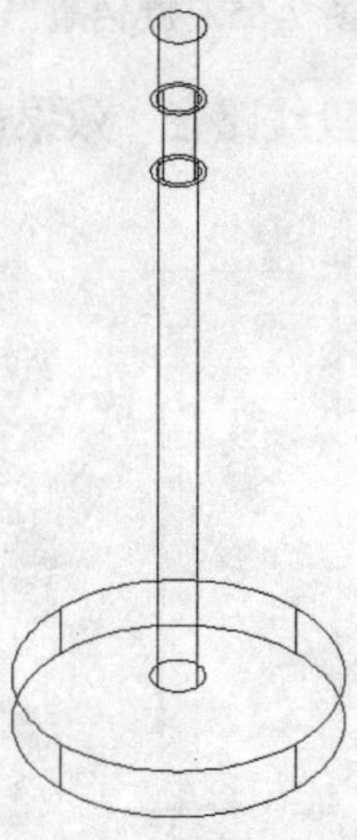
图 7-62　绘制底面半径 25 高 80 圆柱体

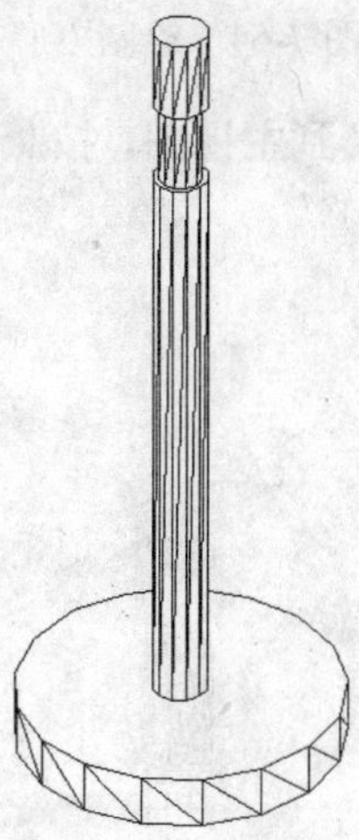
图 7-63　消隐效果

（6）　执行“矩形”命令，命令行提示如下：

```
命令： _rectang
指定第一个角点或 [倒角（C）/标高（E）/圆角（F）/厚度（T）/宽度（W）]： from//使用相对点法确定矩形的第一个角点位置
基点： //基点为步骤 5 绘制的圆柱体的上顶面圆心
<偏移>： @0,-200//输入偏移距离确定第一个角点位置
指定另一个角点或 [面积（A）/尺寸（D）/旋转（R）]： @10,400//指定另外一个角点坐标，效果如图 7-64 所示
```

（7）　选择“修改”|“三维操作”|“三维旋转”命令，命令行提示如下：

```
命令： _3drotate
UCS 当前的正角方向： ANGDIR=逆时针  ANGBASE=0
选择对象： 找到 1 个//选择步骤 6 创建的矩形
选择对象：//按回车键，完成选择
指定基点：//捕捉如图 7-65 所示的点为基点
拾取旋转轴：//旋转轴如图 7-65 所示
```

指定角的起点或键入角度:90//输入旋转角度为 90，旋转效果如图 7-66 所示
正在重生成模型。

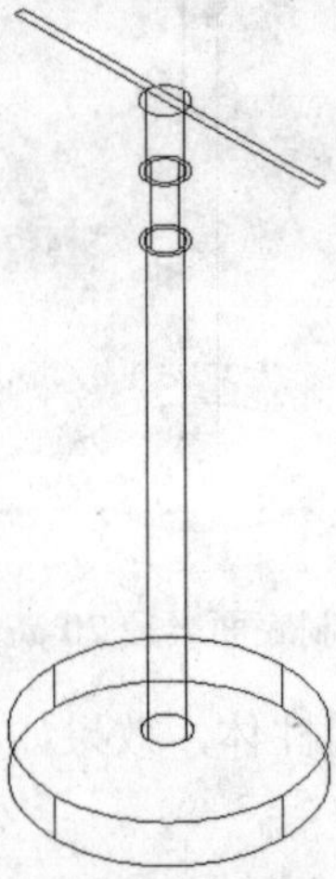
图 7-64　绘制矩形

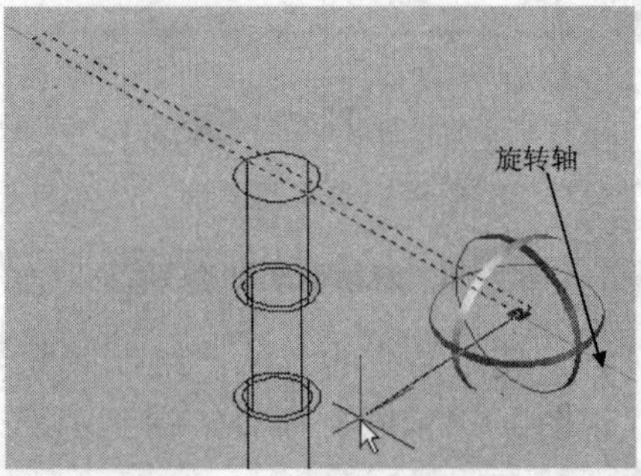

图 7-65　旋转矩形

(8)　切换到主视图，按照第一种方法介绍绘制椅面轮廓多段线路径，效果如图 7-67 所示。

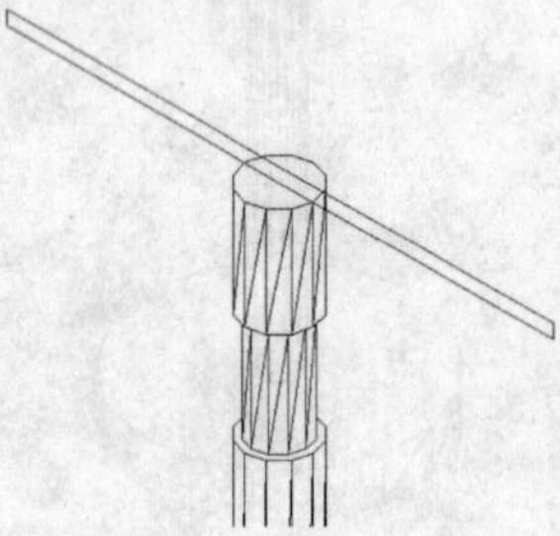
图 7-66　旋转效果

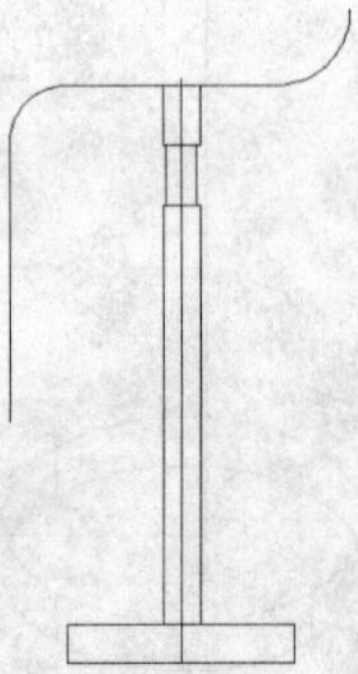
图 7-67　绘制椅面轮廓线路径

(9)　再切换到西南等轴测图，可以看到步骤 8 绘制的路径距离实体还有一段距离，效果如图 7-68 所示。

(10)　执行“移动”命令，捕捉形成轮廓路径的两条竖向线之间距离的中点，移动路径到如图 7-69 所示的位置。

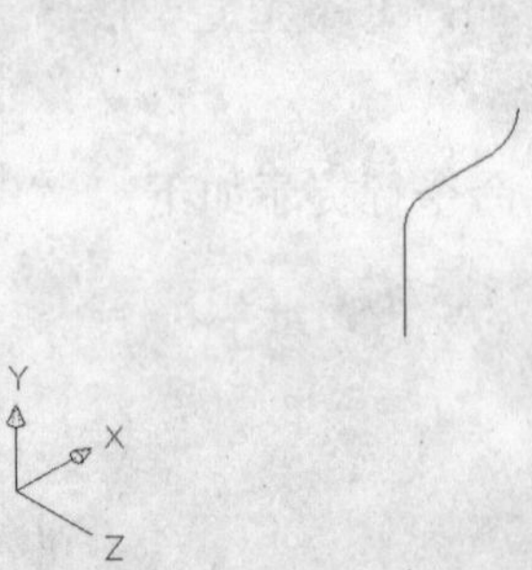

图 7-68　西南等轴测图效果

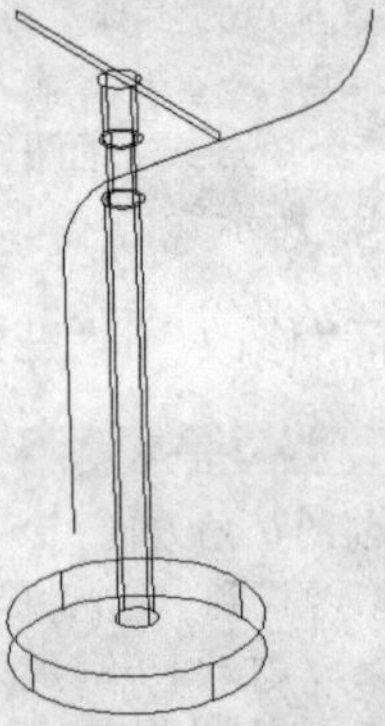
图 7-69　路径移动到图中效果

（11） 单击“扫掠”按钮，命令行提示如下：

```
命令：_sweep
当前线框密度： ISOLINES=8，闭合轮廓创建模式 = 实体
选择要扫掠的对象或 [模式（MO）]：_MO 闭合轮廓创建模式 [实体（SO）/曲面（SU）] <实体>：_SO
选择要扫掠的对象或 [模式（MO）]： 找到 1 个//选择步骤 7 旋转后的矩形
选择要扫掠的对象或 [模式（MO）]：//按回车键，完成选择
选择扫掠路径或 [对齐（A）/基点（B）/比例（S）/扭曲（T）]://选择步骤 10 移动后的路径，效果如图 7-70 所示
```

（12） 在绘图区绘制 10×350×350 的长方体，效果如图 7-71 所示。

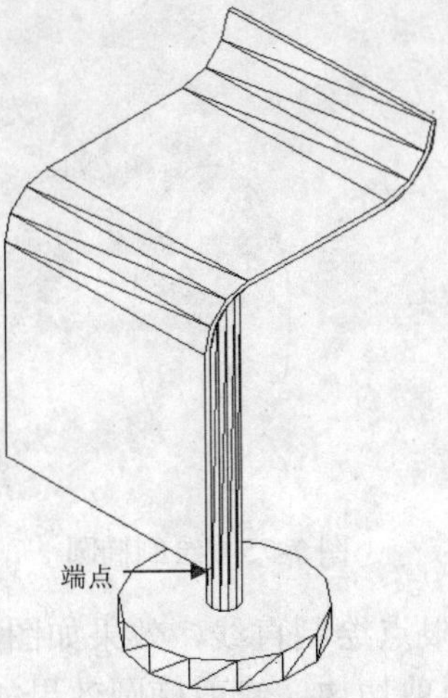

图 7-70 扫掠效果

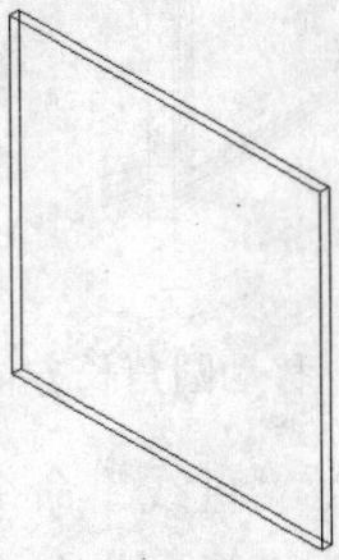

图 7-71 绘制长方体

（13） 执行“圆角”命令，对矩形的边长为 10 的边进行圆角，圆角半径为 25，效果如图 7-72 所示。

（14） 执行“移动”命令，命令行提示如下：

```
命令：_move
选择对象：找到 1 个//选择步骤 13 圆角后的长方体
选择对象://按回车键，完成选择
指定基点或 [位移（D）] <位移>： //选择如图 7-73 所示的点为基点
指定第二个点或 <使用第一个点作为位移>：from//使用相对点法确定移动的第二个点
基点：//捕捉图 7-70 所示的点为基点
<偏移>：@0,50,25//输入相对偏移距离
```

（15） 执行“差集”命令，将步骤 11 扫掠形成的实体减去步骤 14 移动的实体，效果如图 7-74 所示。

（16） 切换到俯视图，绘制椭圆，执行“椭圆”命令，命令行提示如下：

```
命令：_ellipse
指定椭圆的轴端点或 [圆弧（A）/中心点（C）]://任意拾取一点为椭圆的轴端点
指定轴的另一个端点：@100,0//输入另一个轴端点的相对坐标
指定另一条半轴长度或 [旋转（R）]：100//输入另一条轴的半长度，效果如图 7-75 所示
```

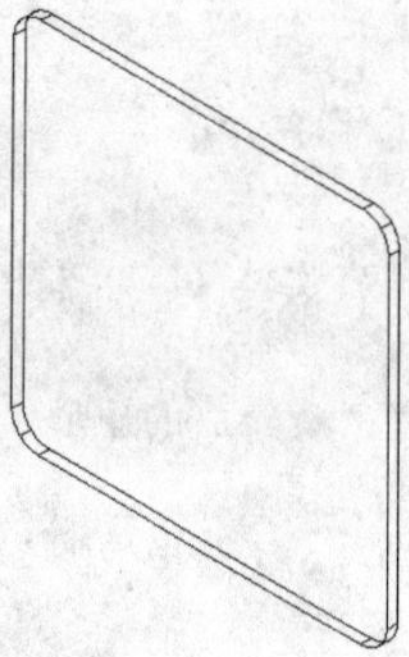

图 7-72　对长方体进行倒角

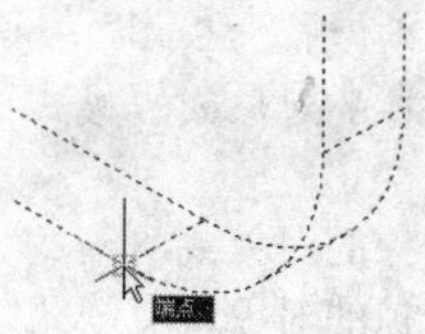

图 7-73　捕捉基点

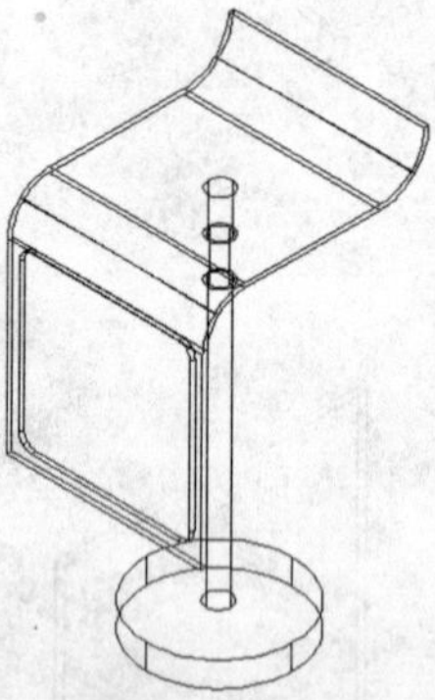

图 7-74　移动圆角长方体并差集

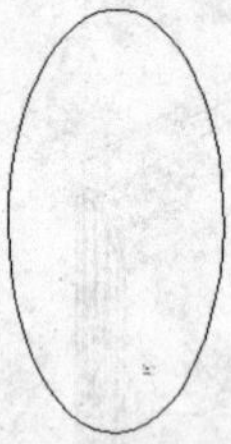

图 7-75　绘制椭圆

（17）执行“直线”命令，捕捉椭圆的上下两个象限点绘制直线，效果如图 7-76 所示。

（18）执行“修剪”命令，以步骤 17 绘制的直线为剪切边，修剪椭圆效果如图 7-77 所示。

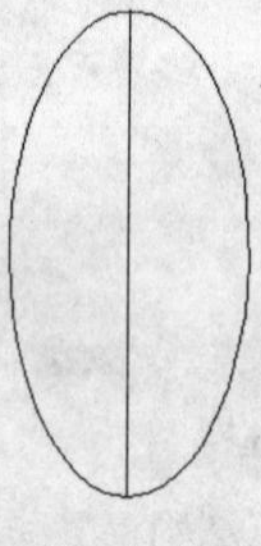

图 7-76　绘制直线

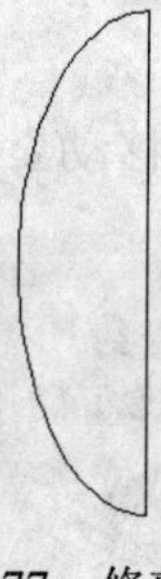

图 7-77　修剪椭圆

（19）选择“绘图”|“边界”命令，弹出“边界创建”对话框，拾取图 7-77 所示的半椭圆内的一点定义面域，对话框设置如图 7-78 所示。

（20）切换到西南等轴测图，将半椭圆面域向上拉伸 100，效果如图 7-79 所示。

（21）选择“修改”|“三维操作”|“三维旋转”命令，命令行提示如下：

```
命令: _3drotate
UCS 当前的正角方向:  ANGDIR=逆时针   ANGBASE=0
选择对象: 找到 1 个//选择步骤 20 拉伸形成的半椭圆体
选择对象://按回车键, 完成选择
```

```
指定基点://拾取如图 7-80 所示的点为基点
拾取旋转轴://旋转轴如图 7-80 所示
指定角的起点或键入角度: 90//输入旋转角度，旋转效果如图 7-81 所示
正在重生成模型
```

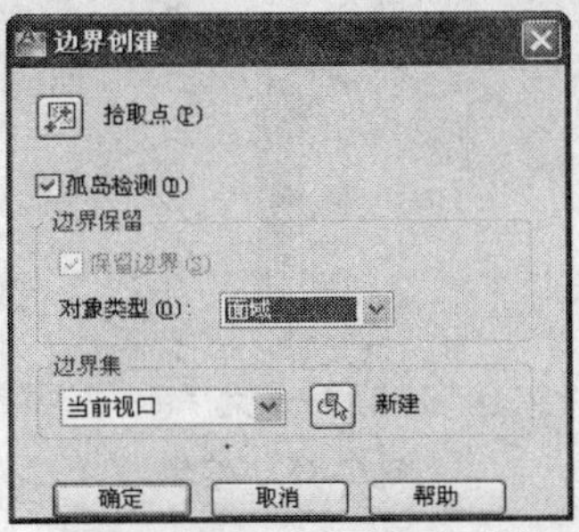

图 7-78　创建半椭圆面域

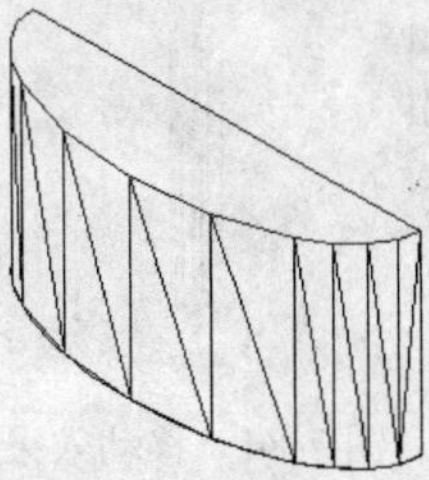

图 7-79　拉伸半椭圆面域

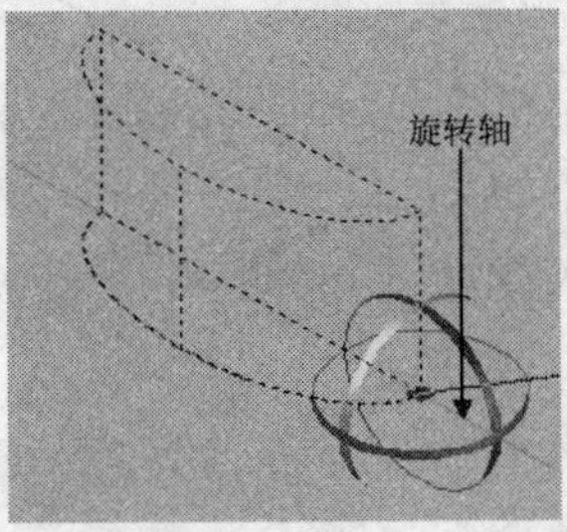

图 7-80　旋转半椭圆拉伸实体

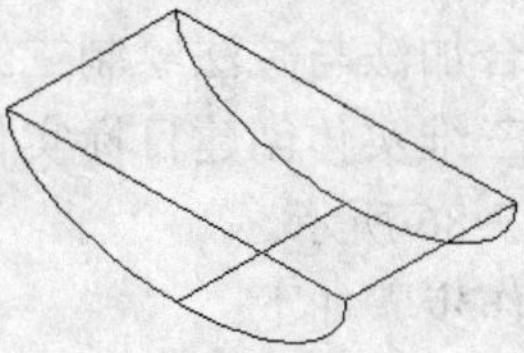

图 7-81　半椭圆拉伸实体旋转效果

（22）执行“移动”命令，命令行提示如下：

```
命令: _move
选择对象: 找到 1 个//选择图 7-81 所示的体
选择对象://按回车键，完成选择
指定基点或 [位移(D)] <位移>: //基点如图 7-82 所示
指定第二个点或 <使用第一个点作为位移>: from//使用相对点法确定第二个点
基点: //基点如图 7-83 所示
<偏移>: @10,0,-25//输入相对偏移距离，效果如图 7-84 所示
```

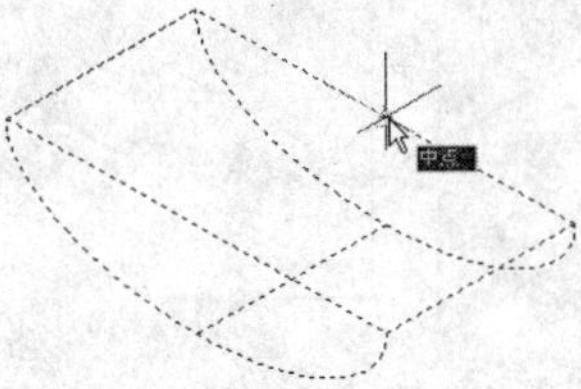

图 7-82　捕捉移动基点

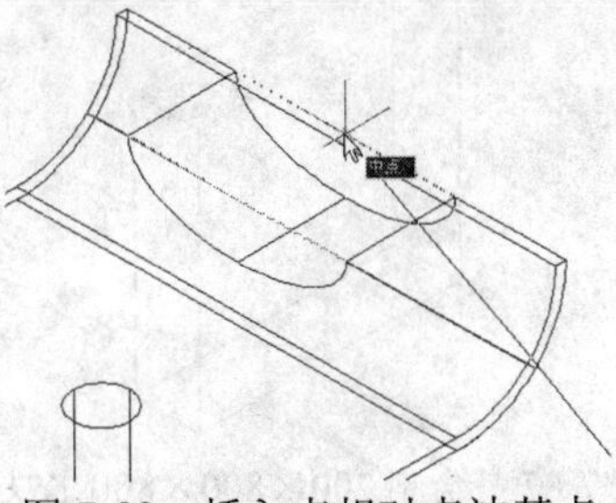

图 7-83　插入点相对点法基点

（23）执行“差集”命令，用椅面体减去步骤 22 移动的半椭圆体，效果如图 7-85 所示。

（24）执行“圆角”命令，对椅面上方的短靠背的两条长边进行圆角，圆角半径为 5，完成吧椅的绘制。

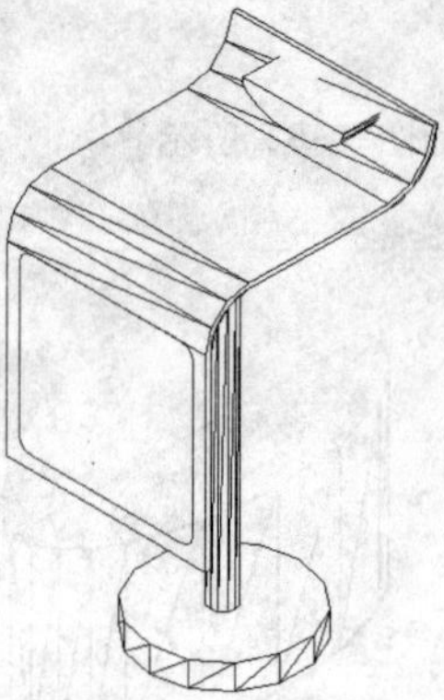

图 7-84　移动效果

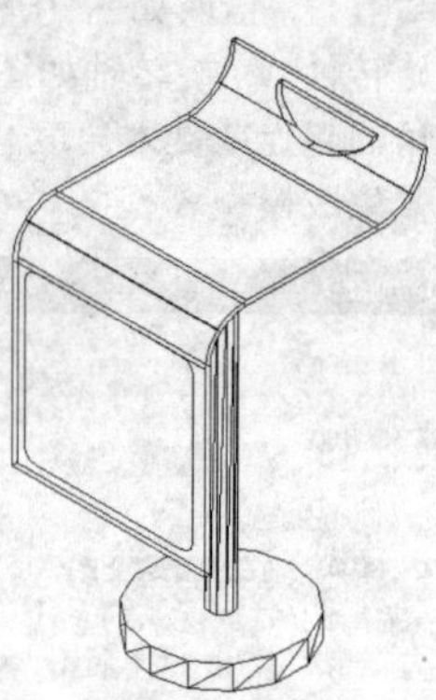

图 7-85　差集

7.1.4　实例 44——三人沙发的绘制

下面通过一个三人沙发的绘制说明完全使用加法绘制三维家俱和结合加法与减法绘制三维家俱的方法。同时阐述了如何由现有的三维实体创建目标实体的方法。创建完成的三人沙发效果如图 7-86 所示。

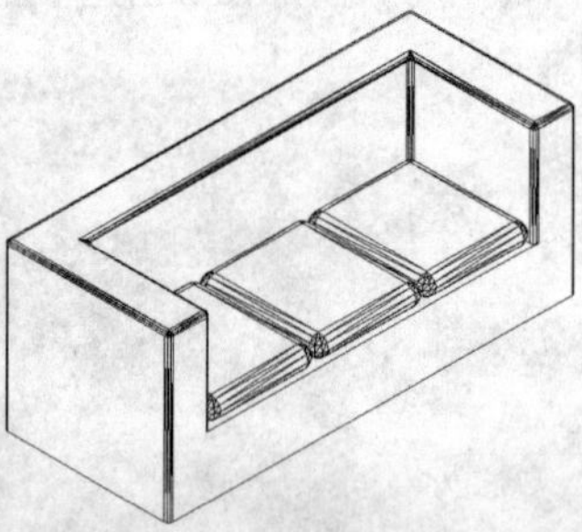

图 7-86　三人沙发效果图

具体操作步骤如下：

（1）　执行“长方体”命令，命令行提示如下：

```
命令： _box
指定第一个角点或 [中心（C）]://在绘图区任意拾取一点
指定其他角点或 [立方体（C）/长度（L）]: @200,800,800//输入另一个角点的相对坐标，
效果如图 7-87 所示
```

（2）　执行“长方体”命令，捕捉图 7-88 所示的端点为第一个角点，另一个角点的坐标为（@1560,800,300），绘制 1560×800×300 的长方体，效果如图 7-88 所示。

图 7-87　绘制 200×800×800 长方体

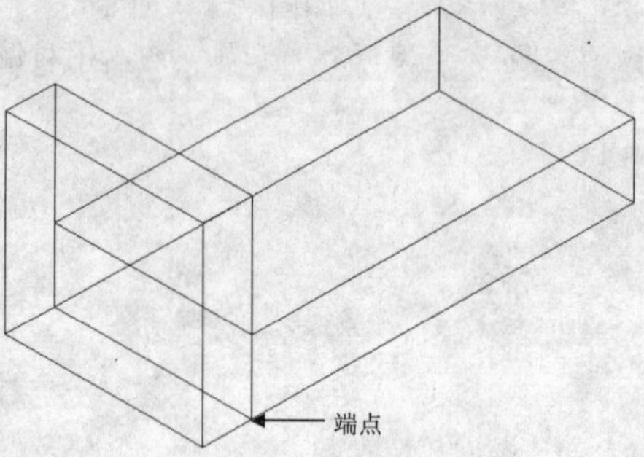

图 7-88　绘制 1560×800×300 长方体

（3）　选择“修改”|“三维操作”|“三维镜像”命令，命令行提示如下：

```
命令： _mirror3d
选择对象： 找到 1 个//选择步骤 1 绘制的长方体
选择对象://按回车键，完成选择
指定镜像平面 （三点） 的第一个点或
```

```
　　[对象（O）/最近的（L）/Z 轴（Z）/视图（V）/XY 平面（XY）/YZ 平面（YZ）/ZX 平面（ZX）/三点（3）] <三点>: //捕捉步骤 2 绘制的长方体长为 1560 一条边的中点
在镜像平面上指定第二点: //捕捉步骤 2 绘制的长方体长为 1560 第二条边的中点
在镜像平面上指定第三点:// 捕捉步骤 2 绘制的长方体长为 1560 第三条边的中点
是否删除源对象？[是（Y）/否（N）] <否>://按回车键，完成镜像，效果如图 7-89 所示
```

（4） 执行“长方体”命令，捕捉图 7-90 所示的端点为第一个角点，另一个角点的坐标为（@1560,-200,500），绘制 1560×200×500 的长方体，效果如图 7-90 所示。

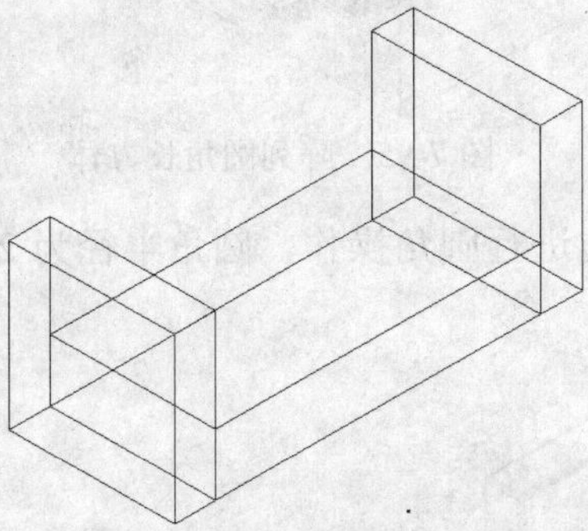

图 7-89　镜像长方体

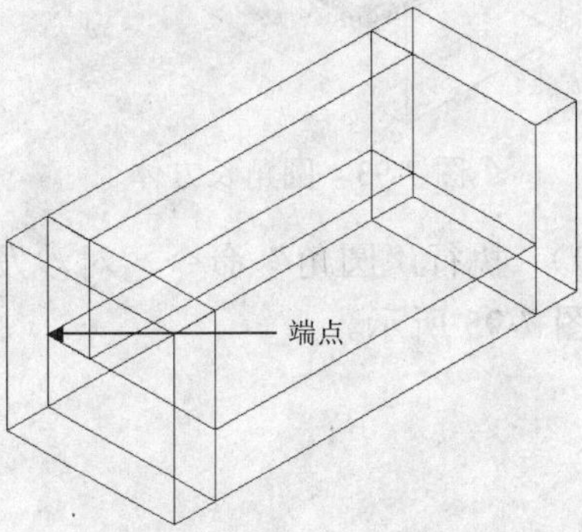

图 7-90　绘制 1560×200×500 长方体

（5） 执行“并集”命令，将图 7-90 中所示的 4 个长方体合并，消隐后效果如图 7-91 所示。

（6） 执行“长方体”命令，捕捉图 7-91 所示的端点为第一个角点，另一个角点的坐标为（@520,600,100），绘制 520×600×100 的长方体，效果如图 7-92 所示。

图 7-91　并集效果

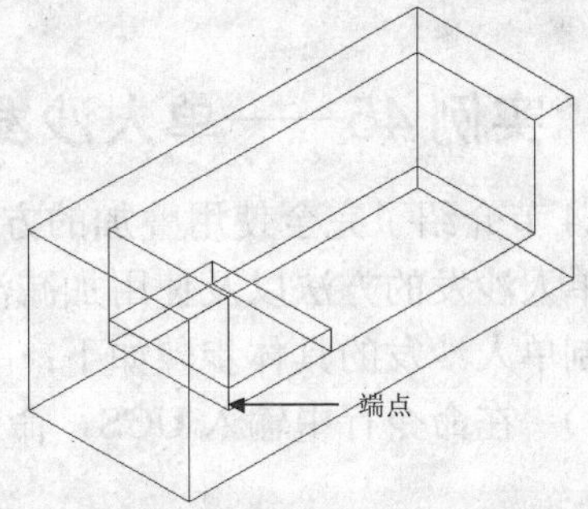

图 7-92　绘制 520×600×100 长方体

（7） 执行“圆角”命令，选择步骤 6 绘制的长方体的所有边，圆角半径为 50，效果如图 7-93 所示。

（8） 选择“修改”|“三维操作”|“三维阵列”命令，命令行提示如下：

```
命令: _3darray
选择对象: 找到 1 个//选择步骤 7 圆角完成的长方体
选择对象://按回车键，完成选择
输入阵列类型 [矩形（R）/环形（P）] <矩形>:r//输入 r，进行矩形阵列
输入行数 (---) <1>://按回车键，默认阵列行数为 1
输入列数 (|||) <1>: 3//输入 3，阵列列数为 3
输入层数 (...) <1>://按回车键，默认阵列层数为 1
```

```
指定列间距 (|||): 520//输入列间距，按回车键，效果如图 7-94 所示
```

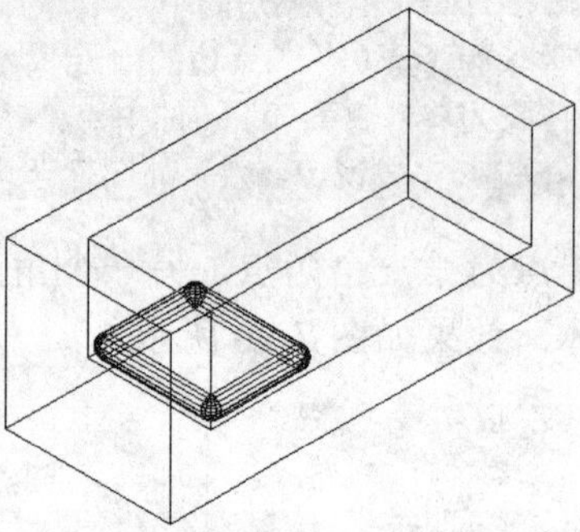

图 7-93　圆角长方体

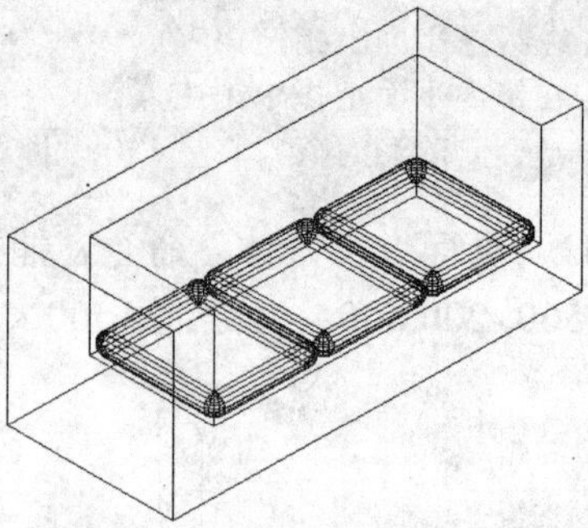

图 7-95　阵列圆角长方体

（9） 执行“圆角”命令，对沙发的靠背和扶手边进行圆角操作，圆角半径为 20，消隐效果如图 7-95 所示。

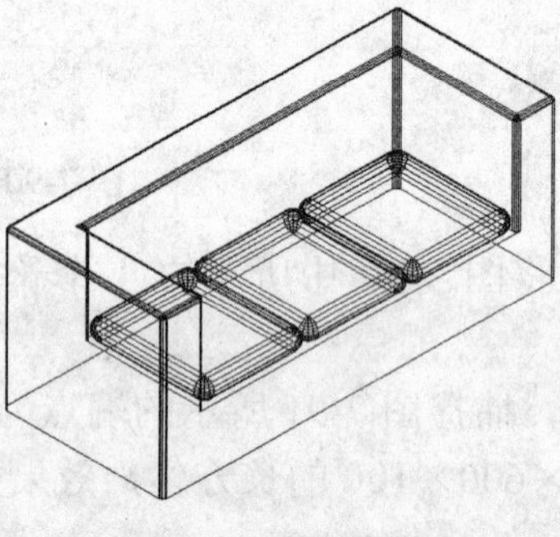

图 7-95　消隐效果

7.1.5　实例 45——单人沙发的绘制

7.1.4 节介绍了完全使用叠加的方法创建三人沙发的过程，下面将讲解在三人沙发的基础上创建单人沙发的方法以及使用加减法绘制三人沙发的方法。

绘制单人沙发的具体步骤如下：

（1） 在命令行中输入 UCS，命令行提示如下：

```
命令: ucs
当前 UCS 名称: *俯视*
指定 UCS 的原点或 [面(F)/命名(NA)/对象(OB)/上一个(P)/视图(V)/世界(W)/X/Y/Z/Z 轴(ZA)] <世界>: from//输入 from，使用相对点法确定新的 UCS 原点
基点: //捕捉图 7-96 所示的中点为基点
<偏移>: @-520,0,0//输入相对偏移距离
指定 X 轴上的点或 <接受>://按回车键，UCS 新原点如图 7-97 所示
```

（2） 选择“修改”|“三维操作”|“剖切”命令，命令行提示如下：

```
命令: _slice
选择要剖切的对象: 找到 1 个//选择沙发靠背、底座和扶手的整体框架
选择要剖切的对象: 找到 1 个，总计 2 个//选择最左侧的沙发垫
选择要剖切的对象://按回车键，完成选择
```

指定 切面 的起点或 [平面对象 (O) /曲面 (S) /Z 轴 (Z) /视图 (V) /XY (XY) /YZ (YZ) /ZX (ZX) /三点 (3)] <三点>:yz//以 YZ 平面作为剖切面，如图 9-98 所示

指定 YZ 平面上的点 <0,0,0>://按回车键

在所需的侧面上指定点或 [保留两个侧面 (B)] <保留两个侧面>://在 YZ 左侧指定一点，剖切效果如图 7-98 所示

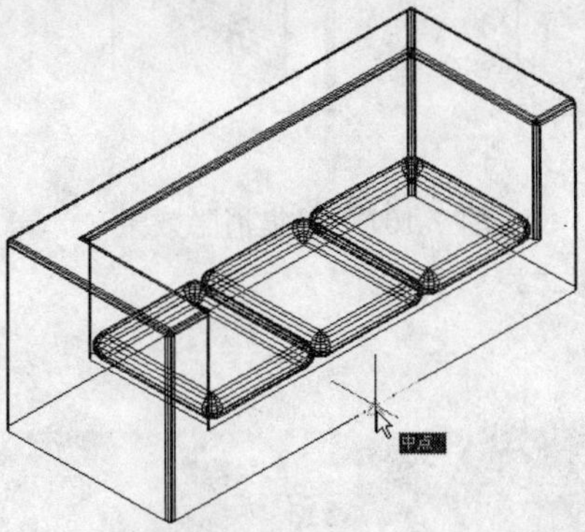

图 7-96　捕捉中点为基点

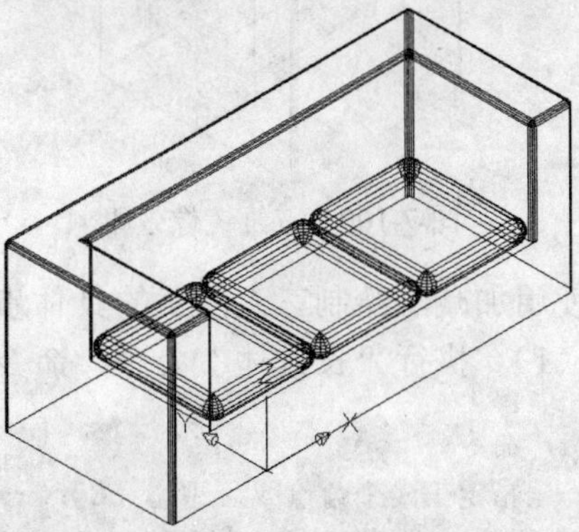

图 7-97　创建用户坐标系

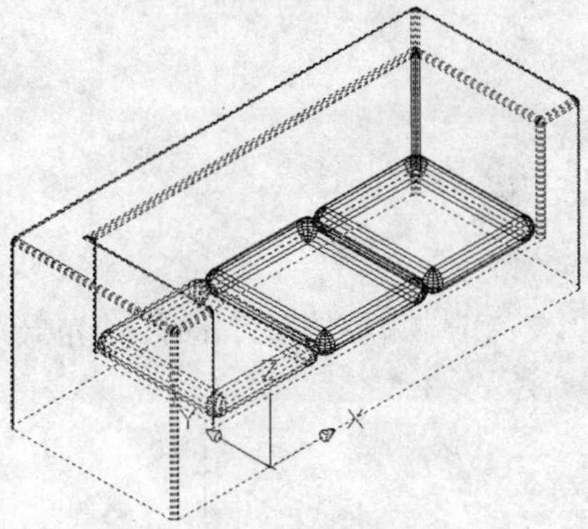

图 7-98　选择剖切实体

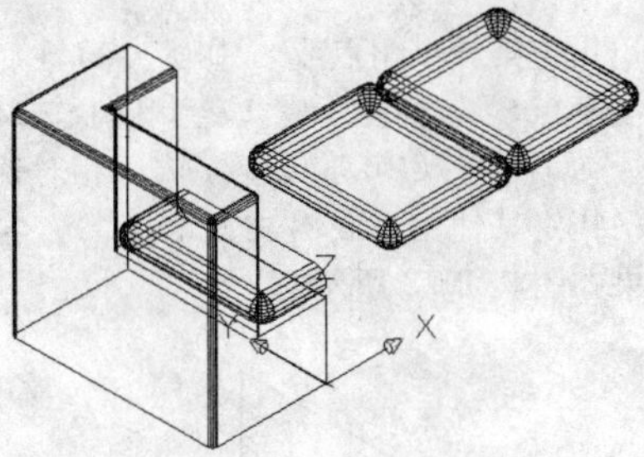

图 7-99　剖切效果

（3） 删除其余的两个沙发垫。选择“修改”|“三维操作”|“三维镜像”命令，命令行提示如下：

命令：_mirror3d

选择对象：找到 1 个

选择对象：找到 1 个，总计 2 个//选择步骤 2 剖切后的剖切面左侧的实体

选择对象://按回车键，完成选择

指定镜像平面 （三点） 的第一个点或

[对象 (O) /最近的 (L) /Z 轴 (Z) /视图 (V) /XY 平面 (XY) /YZ 平面 (YZ) /ZX 平面 (ZX) /三点 (3)] <三点>: yz//以 YZ 平面为镜像面

指定 YZ 平面上的点 <0,0,0>://按回车键

是否删除源对象？[是 (Y) /否 (N)] <否>://按回车键，完成镜像，效果如图 7-100 所示

（4） 执行“并集”命令，将图 7-100 所示的实体合并，消隐效果如图 7-101 所示，单人沙发绘制完成。

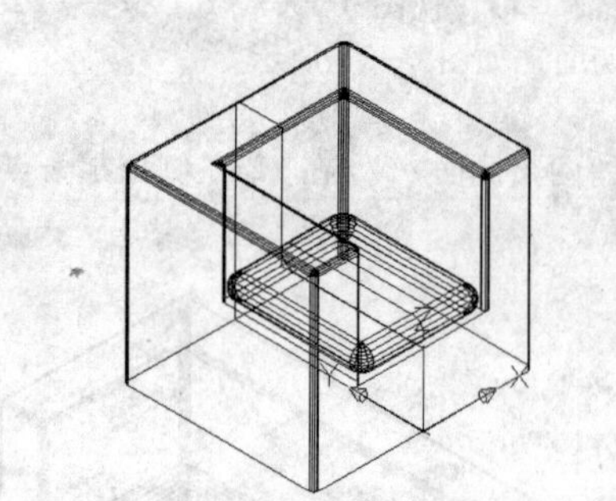

图 7-100　三维镜像效果

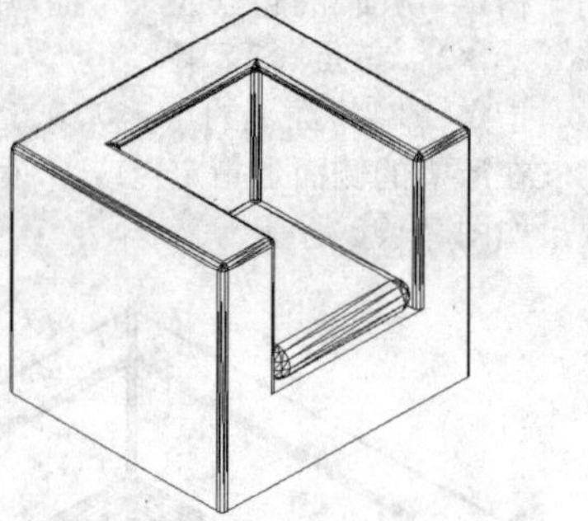

图 7-101　并集消隐效果

使用加减法绘制三人沙发的具体步骤如下：

（1）　执行“长方体”命令，命令行提示如下：

命令：_box
指定第一个角点或［中心（C）］://在绘图区任意拾取一点
指定其他角点或［立方体（C）/长度（L）］：@1960,800,800//输入长方体的另外一个角点，绘制效果如图 7-102 所示

（2）　执行“长方体”命令，命令行提示如下：

命令：_box
指定第一个角点或［中心（C）］：from//以相对点法确定长方体的第一个角点
基点：//捕捉步骤 1 绘制的长方体的左下角点为基点
<偏移>：@200,0,0//输入相对偏移坐标
指定其他角点或［立方体（C）/长度（L）］：@1560,600,-500//输入另外的一个角点的坐标，效果如图 7-103 所示

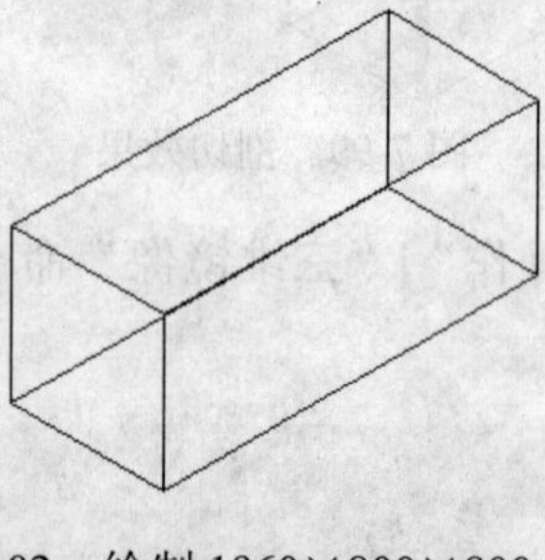

图 7-102　绘制 1960×800×800 长方体

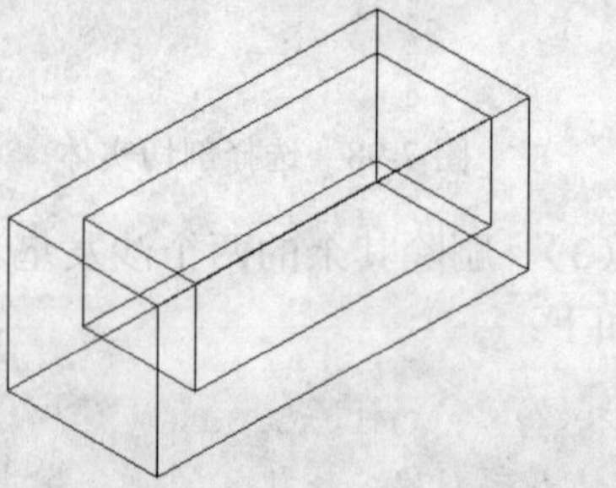

图 7-103　绘制 1560×600×500 长方体

（3）　执行“差集”命令，使用步骤 1 绘制的长方体减去步骤 2 绘制的长方体，效果如图 7-104 所示。

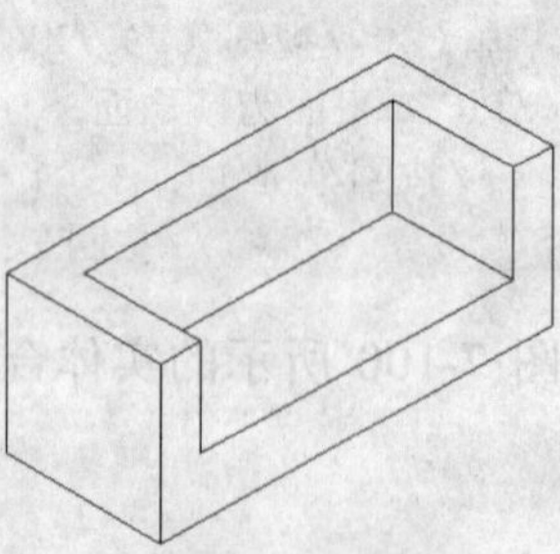

图 7-104　差集效果

（4） 接下来其他的方法与纯粹加法绘制的步骤类似，不再赘述。

7.1.6 实例 46——方桌的绘制

AutoCAD 经过很多版本的升级换代，功能逐步的完善，AutoCAD 2012 版本已经能够比较好地对创建完成的三维实体添加各种材质、灯光，并进行渲染。下面通过一个方桌的完整创建过程，读者一是从中学习各种三维实体创建和修改方法，二是学习如何在 AutoCAD 中为三维实体添加材质和灯光。本节绘制完成的方桌效果如图 7-105 所示。

图 7-105 方桌效果图

具体操作步骤如下：

（1） 在俯视图中，执行“矩形”命令绘制 30×30 和 50×50 的矩形，50×50 矩形的第一个角点与 30×30 的左下角点重合，效果如图 7-106 所示。

（2） 执行“直线”命令，过矩形的角点绘制连接直线，效果如图 7-107 所示。

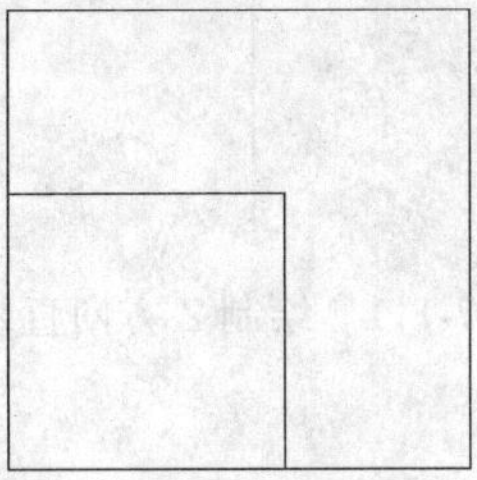

图 7-106 绘制矩形

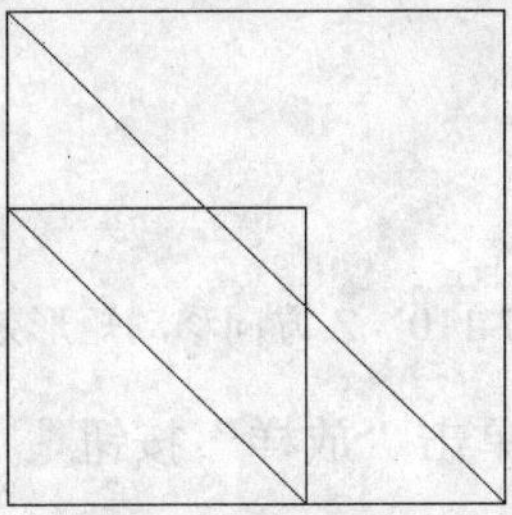

图 7-107 绘制辅助斜向线

（3） 执行“移动”命令，命令行提示如下：

```
命令： _move
选择对象： 找到 1 个//选择 50×50 的矩形
选择对象： 找到 1 个，总计 2 个//选择连接 50×50 矩形的斜向直线
选择对象://按回车键，完成对象选择
指定基点或 [位移（D）] <位移>： //基点为斜向直线的中点，如图 7-108 所示
指定第二个点或 <使用第一个点作为位移>://第二个点为 30×30 矩形连接线的中点，移动效果如图 7-109 所示
```

（4） 执行“移动”命令，命令行提示如下：

```
命令： _move
选择对象： 找到 1 个//选择 50×50 的矩形
```

选择对象：找到 1 个，总计 2 个//选择连接 50×50 矩形的斜向直线
选择对象://按回车键，完成选择
指定基点或［位移（D）］<位移>： //任意拾取一点为基点
指定第二个点或 <使用第一个点作为位移>：@0,0,650//输入相对坐标，确定移动距离，效果如图 7-110 所示

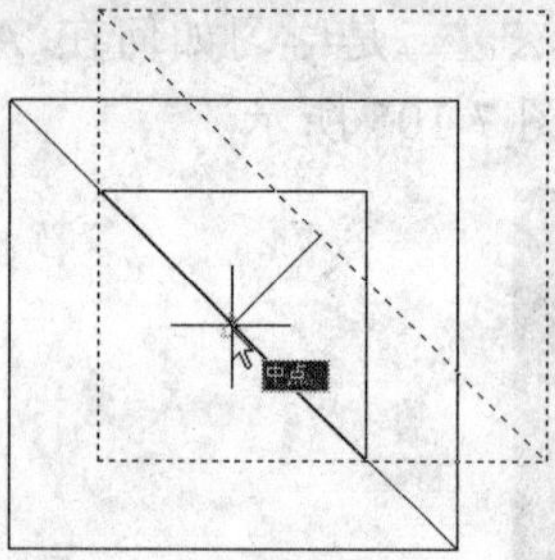

图 7-108　移动矩形

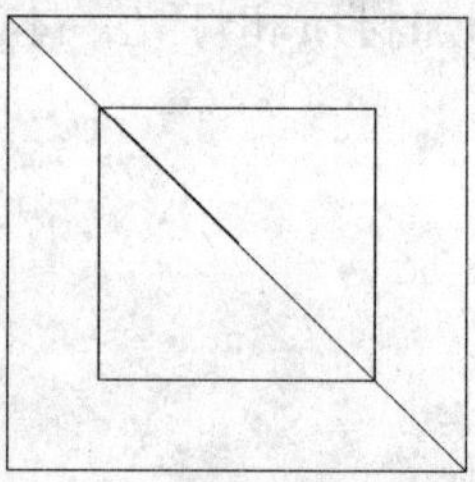

图 7-109　移动矩形效果

（5）执行“直线”命令，连接 50×50 矩形和 30×30 矩形斜向线的中点，效果如图 7-111 所示。

图 7-110　Z 方向移动矩形效果

图 7-111　绘制 Z 方向直线

（6） 单击“放样”按钮，命令行提示如下：

命令：_loft
当前线框密度： ISOLINES=8，闭合轮廓创建模式 = 实体
按放样次序选择横截面或［点（PO）/合并多条边（J）/模式（MO）］：_MO 闭合轮廓创建模式［实体（SO）/曲面（SU）］<实体>：_SO
按放样次序选择横截面或［点（PO）/合并多条边（J）/模式（MO）］：找到 1 个//选择 50×50 的矩形
按放样次序选择横截面或［点（PO）/合并多条边（J）/模式（MO）］：找到 1 个，总计 2 个//选择 30×30 的矩形
按放样次序选择横截面或［点（PO）/合并多条边（J）/模式（MO）］：
选中了 2 个横截面//按回车键，完成选择
输入选项［导向（G）/路径（P）/仅横截面（C）/设置（S）］<仅横截面>：p//输入 p，表示沿路径放样
选择路径轮廓://选择步骤 5 绘制的直线，放样效果如图 7-112 所示

（7） 在命令行中输入 ISOLINES，命令行提示如下：

命令：isolines
输入 ISOLINES 的新值 <4>：8//输入 8，按回车键

（8） 执行“长方体”命令，命令行提示如下：

命令：_box
指定第一个角点或 [中心（C）]://捕捉原 50×50 矩形的下角点
指定其他角点或 [立方体（C）/长度（L）]:// 捕捉原 50×50 矩形的上角点
指定高度或 [两点（2P）]：100//输入长方体高度 100，效果如图 7-113 所示

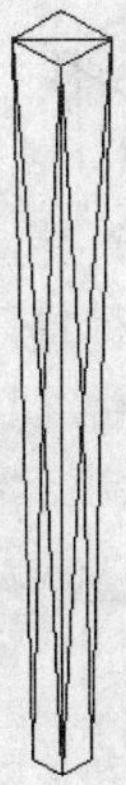
图 7-112　放样效果

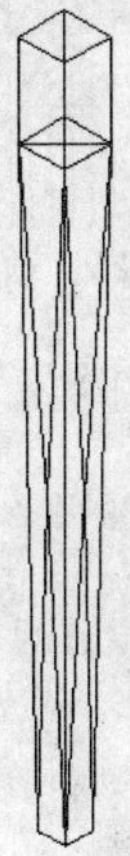
图 7-113　绘制高 100 长方体

（9） 执行“长方体”命令，命令行提示如下：

命令：_box
指定第一个角点或 [中心（C）]：from//使用相对点法创建长方体的第一个角点
基点：//捕捉基点为图 7-114 所示的中点
<偏移>：@0,-10,0//输入相对偏移距离
指定其他角点或 [立方体（C）/长度（L）]：@500,20,20//输入第二个角点的相对坐标，绘制效果如图 7-115 所示

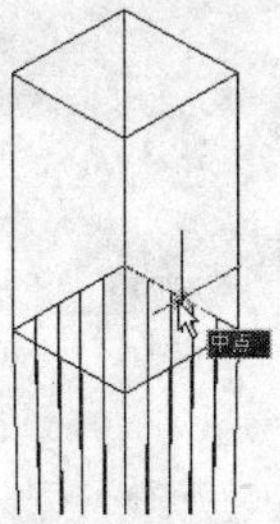

图 7-114　捕捉中点为基点

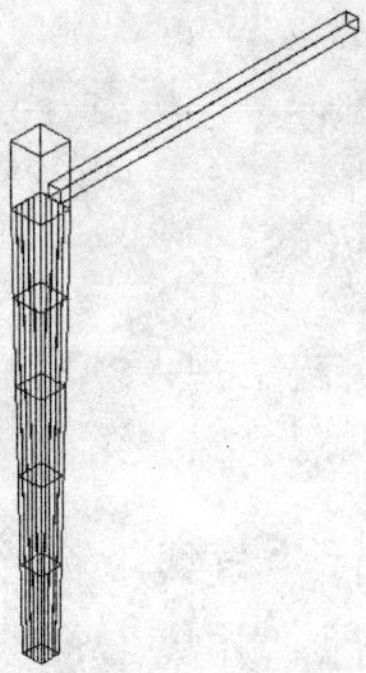
图 7-115　绘制 500×20×20 长方体

（10） 执行“圆柱体”命令，命令行提示如下：

命令：_cylinder
指定底面的中心点或 [三点（3P）/两点（2P）/切点、切点、半径（T）/椭圆（E）]：from//输入 from 使用相对点法确定圆柱体底面中心点

```
基点：//捕捉如图 7-116 所示的点为基点
<偏移>：@30,0,0//输入相对坐标确定底面中心点
指定底面半径或 [直径 (D) ]： 10//设置底面半径
指定高度或 [两点 (2P) /轴端点 (A) ] <20.000>： 80//设置圆柱体高度，效果如图 7-117 所示
```

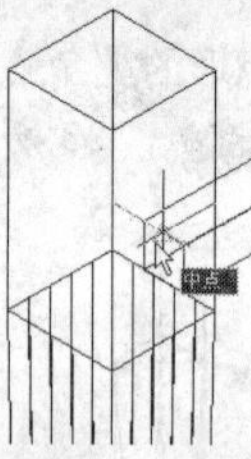

图 7-116　确定基点

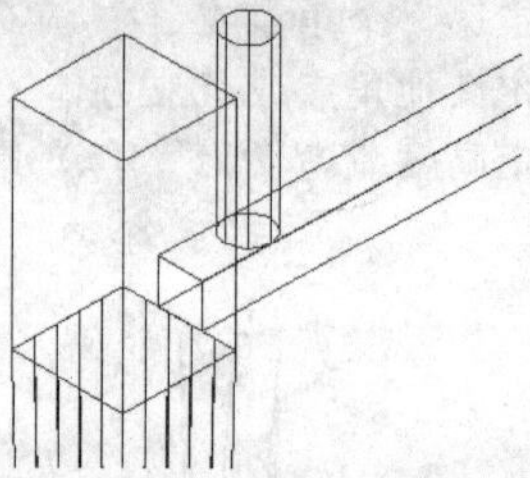

图 7-117　绘制底面半径 10 高 80 圆柱体

（11） 选择“修改”|“三维操作”|“三维阵列”命令，命令行提示如下：

```
命令： _3darray
正在初始化... 已加载 3DARRAY。
选择对象：指定对角点：找到 0 个
选择对象：找到 1 个//选择步骤 10 绘制的圆柱体
选择对象://按回车键，完成绘制
输入阵列类型 [矩形 (R) /环形 (P) ] <矩形>:r//输入 r，表示矩形阵列
输入行数 (---) <1>://按回车键，默认阵列行数 1
输入列数 (|||) <1>: 12//输入列数 12
输入层数 (...) <1>://按回车键，默认阵列层数 1
指定列间距 (|||) : 40//输入 40，效果如图 7-118 所示
```

（12） 选择“修改”|“三维操作”|“三维阵列”命令，命令行提示如下：

```
命令： _3darray
选择对象：找到 1 个//选择步骤 6 放样形成的桌腿
选择对象：找到 1 个，总计 2 个//选择步骤 8 绘制的长方体
选择对象://按回车键，完成选择
输入阵列类型 [矩形 (R) /环形 (P) ] <矩形>://按回车键，采用矩形阵列
输入行数 (---) <1>: 2//输入行数 2
输入列数 (|||) <1>: 2//输入列数 2
输入层数 (...) <1>://按回车键，默认层数 1
指定行间距 (---) : 550//指定行间距
指定列间距 (|||) : 550//指定列间距，阵列效果如图 7-119 所示
```

（13） 执行“直线”命令，如图 7-120 所示绘制直线。

（14） 执行“并集”命令，合并装饰小柱和桌梁。

（15） 选择“修改”|“三维操作”|“三维阵列”命令，命令行提示如下：

```
命令： _3darray
选择对象：找到 1 个//选择步骤 14 并集完成的实体
选择对象://按回车键，完成选择
输入阵列类型 [矩形 (R) /环形 (P) ] <矩形>:p//输入 p，表示环形阵列
输入阵列中的项目数目： 4//输入项目数目 4
```

```
指定要填充的角度 （+=逆时针，-=顺时针） <360>://按回车键，表示填充角度为 360
旋转阵列对象？ [是（Y）/否（N）] <Y>://按回车键，默认旋转阵列对象
指定阵列的中心点://捕捉步骤 13 绘制的直线的中点
指定旋转轴上的第二点： @0,0,100//输入相对坐标，确定第二点，阵列效果如图 7-121 所示
```

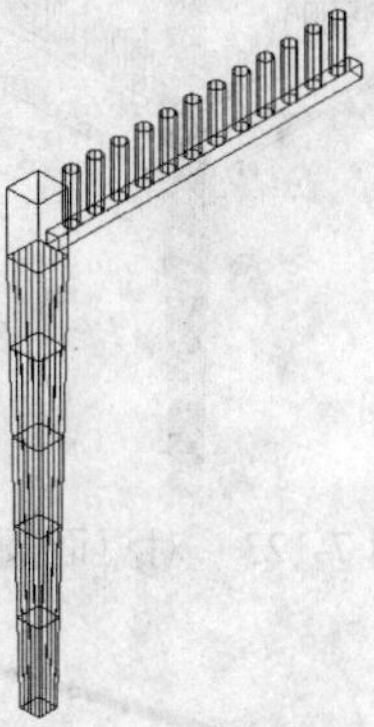

图 7-118 阵列圆柱体

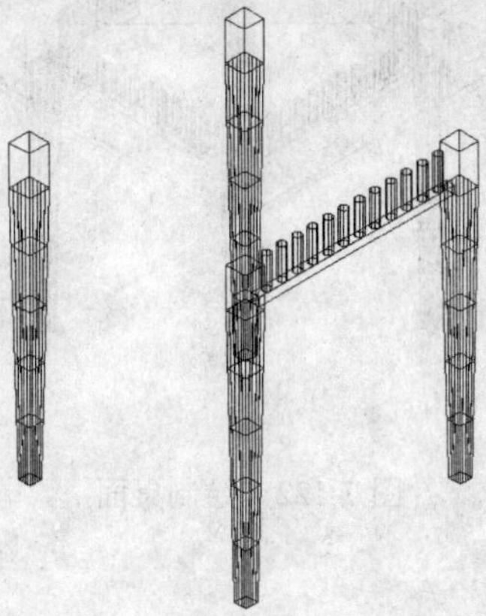

图 7-119 阵列桌脚

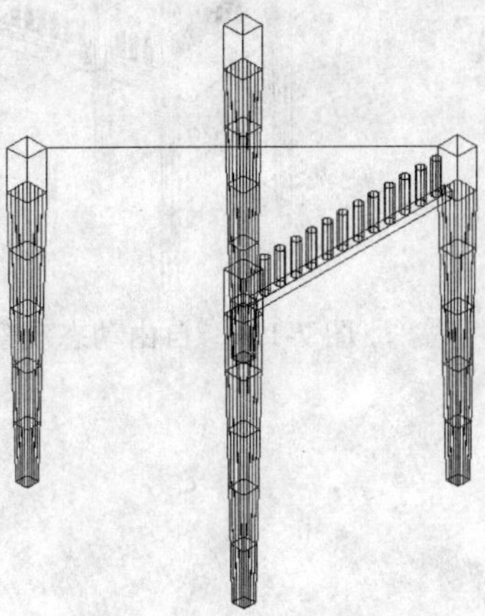

图 7-120 绘制阵列辅助线

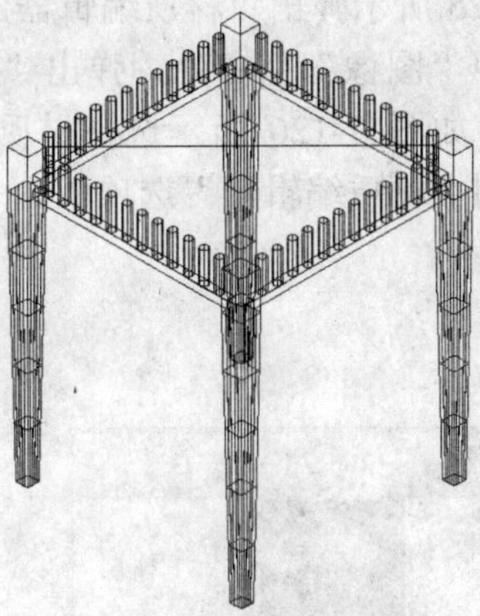

图 7-121 环形阵列效果

（16） 执行“长方体”命令，命令行提示如下：

```
命令： _box
指定第一个角点或 [中心（C）]： from//使用相对点法确定长方体的第一个角点
基点： //捕捉步骤 13 绘制的直线的中点
<偏移>： @-500,-500//输入相对偏移距离
指定其他角点或 [立方体（C）/长度（L）]： @1000,1000,20//输入其他角点的相对坐标，效
果如图 7-122 所示
```

（17） 删除步骤 13 绘制的直线。执行“圆角”命令，对步骤 16 绘制的长方体的长为 1000 的边进行圆角，圆角半径为 10，效果如图 7-123 所示。

（18） 执行“自由动态观察”命令，将绘制完成的方桌旋转到一定的角度，消隐后效果如图 7-124 所示。

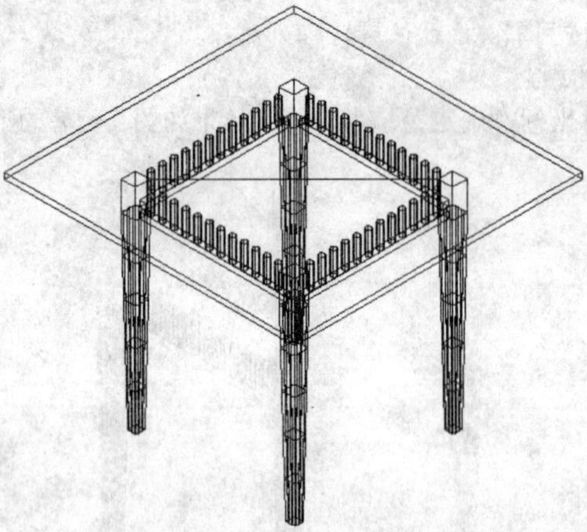

图 7-122　绘制桌面

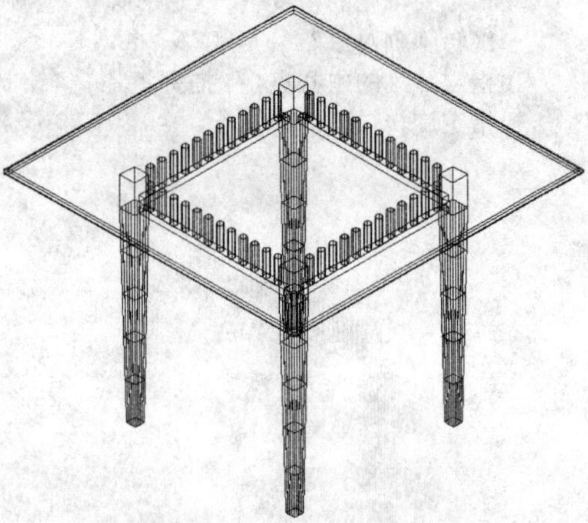

图 7-123　对桌面圆角

（19） 选择“视图”|“渲染”|“材质编辑器”命令，如图 7-125 所示弹出“材质编辑器”选项板，单击“常规”卷展栏中“图像”空白处，弹出“材质编辑器打开文件”对话框，如图 7-126 所示选择材质，单击“打开”按钮，则添加到“材质编辑器”选项板。

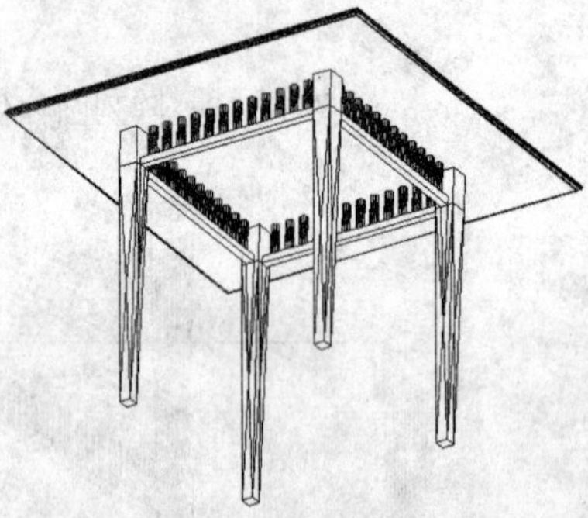

图 7-124　自由动态观察效果

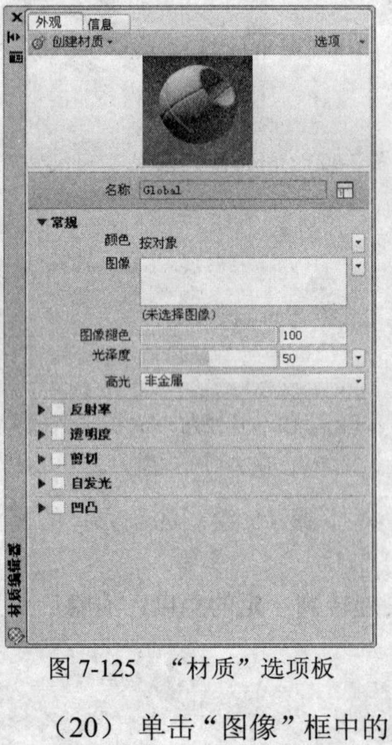

图 7-125　“材质”选项板

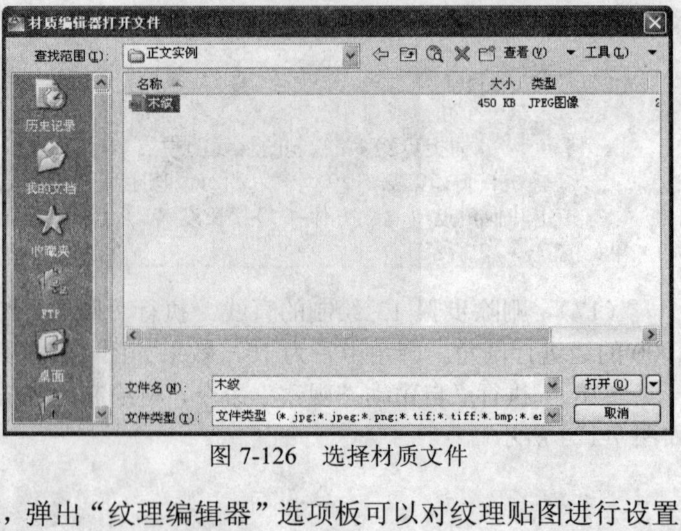

图 7-126　选择材质文件

（20） 单击“图像”框中的图像，弹出“纹理编辑器”选项板可以对纹理贴图进行设置，按照图 7-127 所示参数进行设置。设置完毕后，关闭“纹理编辑器”选项板，“材质编辑器”选项板设置效果如图 7-128 所示。

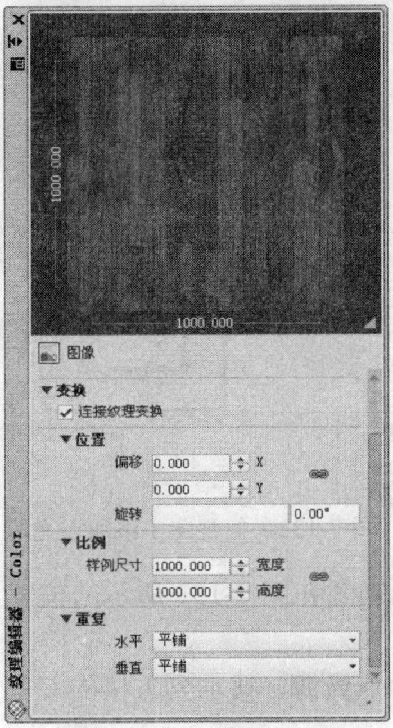

图 7-127　调整位图

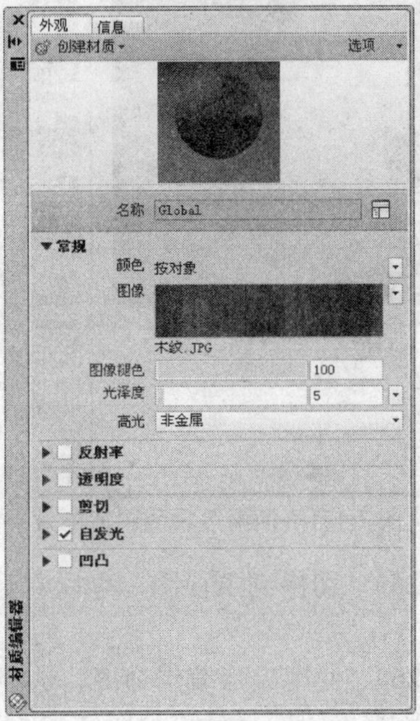

图 7-128　设置好的材质

（21）　在“材质编辑器”选项板中单击“显示材质浏览器”按钮，则弹出“材质浏览器”选项板，在绘图区选择如图 7-129 所示的方桌，选择 Global 材质，执行右键快捷菜单中的“指定给当前选择”命令，完成材质附加。

（22）　选择“视图”|“渲染”|“渲染”命令，弹出“渲染”对话框，对方桌进行渲染，渲染效果如图 7-130 所示。

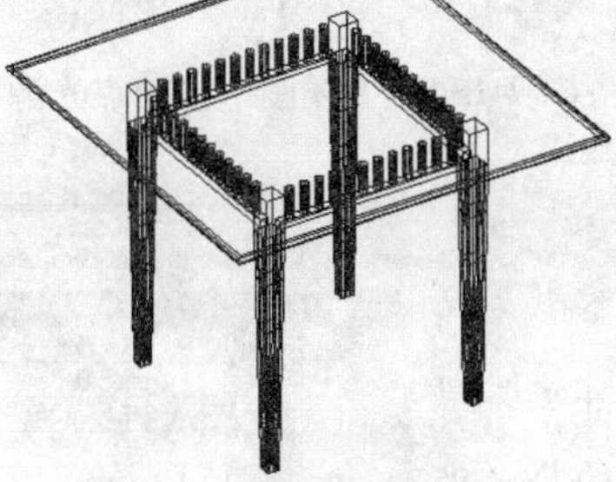

图 7-129　添加材质到方桌

图 7-130　添加材质后的方桌渲染效果

（23）　切换到西南等轴测图，可以看到渲染效果如图 7-131 所示。

（24）　切换到俯视图，选择“视图”|“渲染”|“光源”|“新建点光源”命令，命令行提示如下：

```
命令：_pointlight
指定源位置 <0,0,0>://在图 7-132 所示位置创建点光源
输入要更改的选项 [名称(N)/强度(I)/状态(S)/阴影(W)/衰减(A)/颜色(C)/退出
```

（X）] <退出>:

图 7-131　西南等轴测图渲染效果

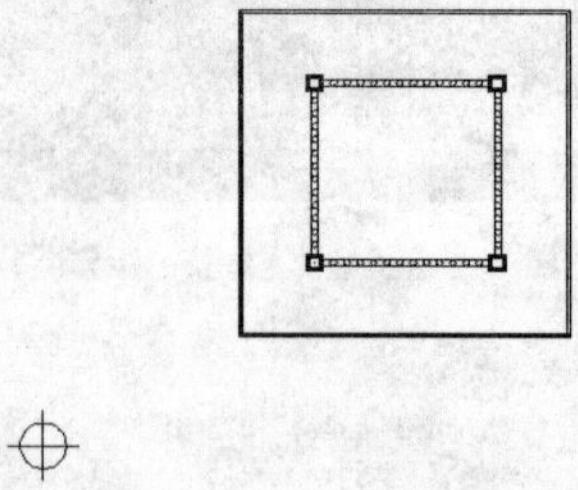

图 7-132　俯视图中添加点光源

（25）切换到主视图，可以看到步骤 24 创建的点光源在图 7-133 所示的位置，在方桌的左下方。

（26）使用夹点编辑命令，选择点光源标记，移动点光源，移动到方桌的左上方，具体的位置不严格限定，效果如图 7-134 所示。

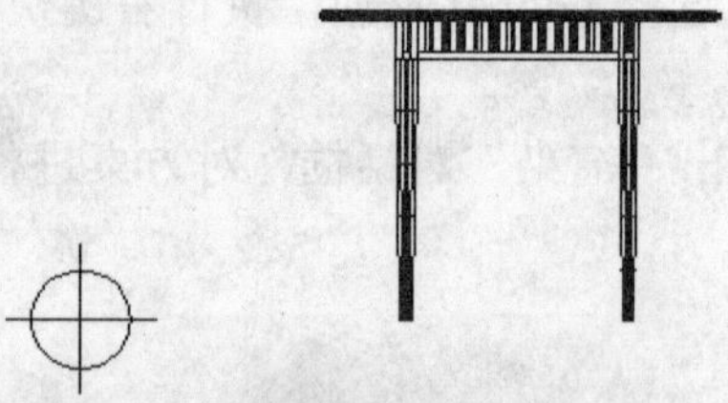

图 7-133　主视图中点光源的位置

图 7-134　主视图中移动点光源

（27）选择点光源，执行右键快捷菜单中的“特性”命令，弹出“特性”选项板，如图 7-135 所示设置“颜色”和“强度因子”参数。

（28）选择“视图”|“渲染”|“渲染”命令，弹出“渲染”对话框，对方桌进行渲染，添加灯光后的渲染效果如图 7-136 所示。

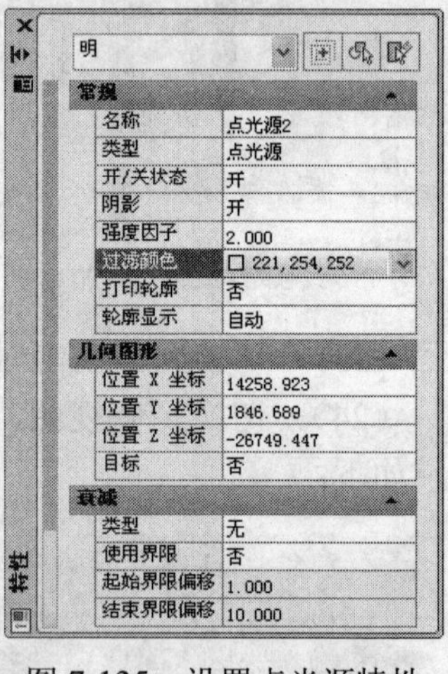

图 7-135　设置点光源特性

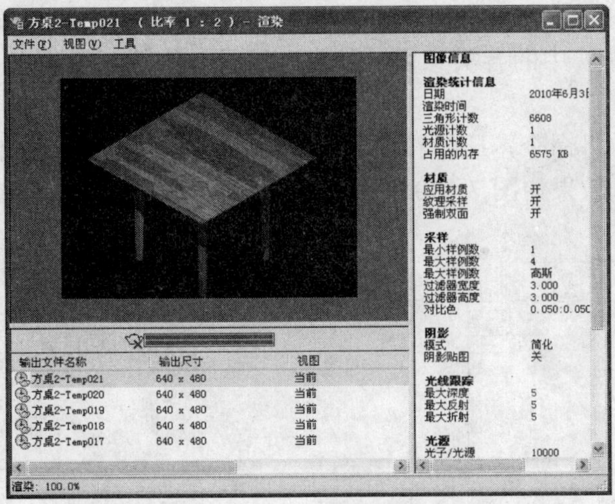

图 7-136 添加点光源的方桌渲染效果

7.2 绘制房间三维效果图

用户在绘制房间效果图时，通常是在已经绘制完成的平面图的基础上来进行的，在 X 和 Y 方向的尺寸，都可以通过平面图来确定，绘制房间三维效果图的主要工作就是绘制墙体、楼面板、屋面板以及门和窗，所以三维房间的绘制对于技术的使用比较单一，墙体、楼面板和屋面都可以使用拉伸法来绘制，门和窗的绘制也比其他三维家俱的绘制要简单。在 AutoCAD 2012 推出后，增加了多段体功能，利用多段体功能可以绘制墙体。本节就给读者讲解两种绘制三维房间效果图的方法。

7.2.1 实例 47——拉伸法绘制三维房间

在图 7-137 所示的基础上主要通过拉伸法创建三维房间效果图，对于建筑物来说，读者知道了某一层房屋的三维模型创建方法，其他层的房屋创建方法是类似的。

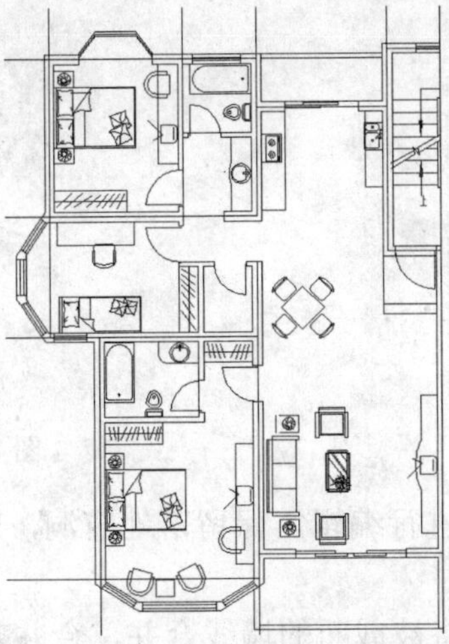

图 7-137 三维房间效果图源图

使用拉伸方法绘制三维房间的具体步骤如下：

（1） 选择图 7-137 中的各类家俱、洁具和厨具，执行“删除”命令，效果如图 7-138 所示。

（2） 执行“删除”命令，删除楼梯线，删除轴线，并删除部分墙线，执行“直线”命令将缺失的墙线补上，效果如图 7-140 所示。

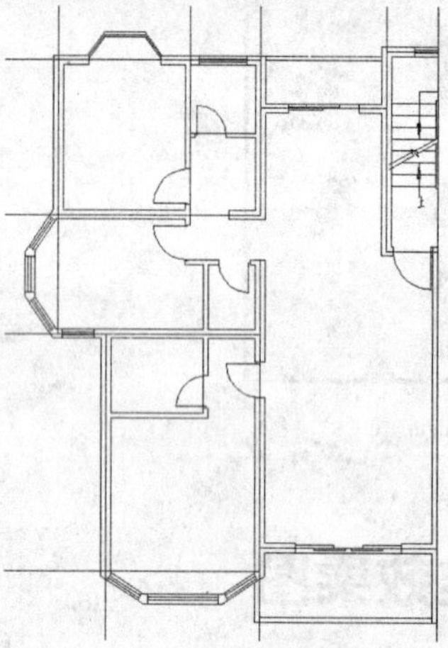
图 7-138　删除各种家俱效果

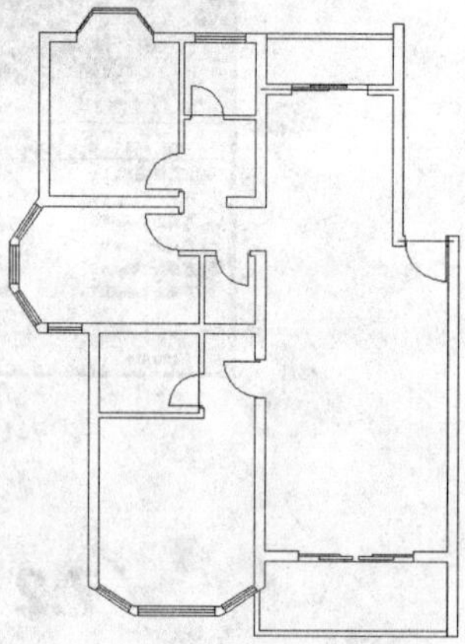
图 7-139　删除轴线效果

（3） 对该楼层来讲，窗户离地 0.9 m，窗高 1.5 m，门高 2.4 m，因此分别绘制 0.0～0.9 m 截面图，该截面图中仅有门洞，0.9～2.4 m 截面图，该截面图中有门洞也有窗洞，2.4～3.2 m 截面图，没有门洞也没有窗洞。使用“复制”命令，将修剪好的图形复制两次，其中一个修改为 0.0～0.9 m 截面图，另一个修改为 2.4～3.2 m 截面图。

（4） 对于 0.0～0.9 m 截面图，保留门洞和落地窗窗洞，删除其余窗洞，效果如图 7-140 所示。

（5） 单击“合并”按钮 ，合并被截断的墙线，合并效果如图 7-141 所示。

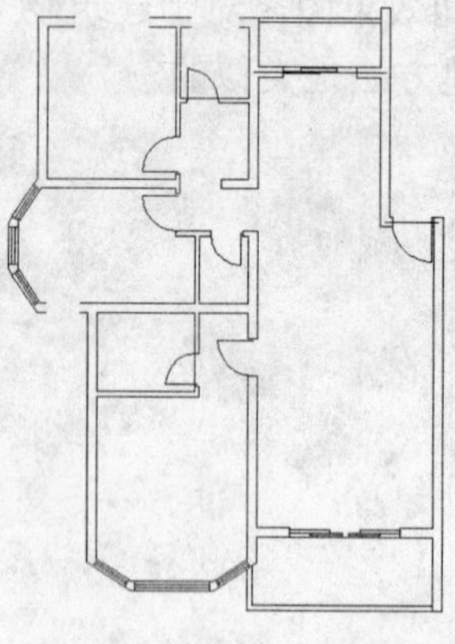
图 7-141　删除窗洞效果

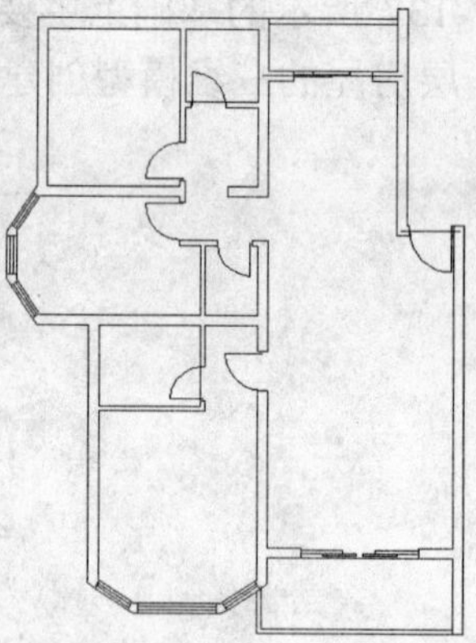
图 7-142　0.0～0.9 米平面图

（6） 对 2.4～3.2 m 截面图进行编辑，保留落地窗洞，删除门洞和其余窗洞，效果如图 7-142 所示。

（7） 执行“合并”命令，将被截断的墙线合并，合并效果如图 7-143 所示。

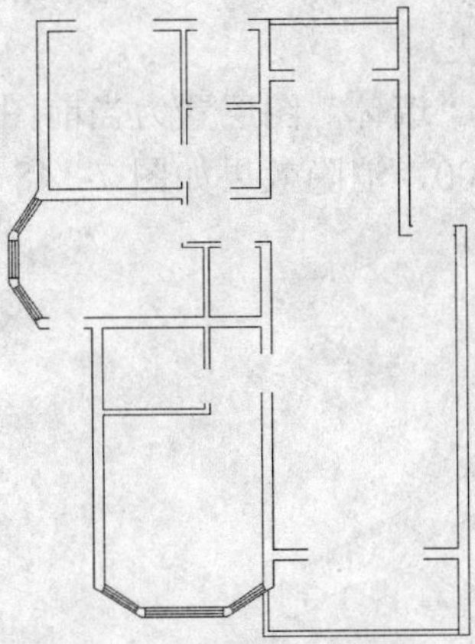

图 7-142　删除门洞和窗洞效果

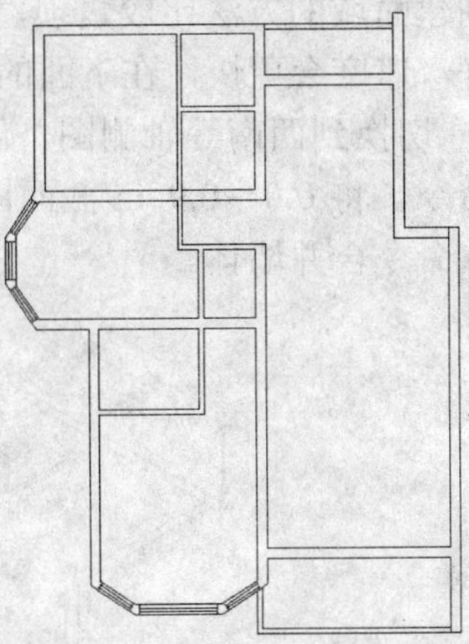

图 7-143　2.4～3.2 m 平面图

（8）创建“门窗”图层，将门窗放进“门窗”图层，关闭“门窗”图层，则 0.0～0.9 m 截面图如图 7-144 所示，使用“多段线”命令沿墙的轮廓线绘制封闭的多段线，选择“绘图”|“面域”命令，将绘制的封闭多段线转变成面域。

（9）使用同样的方法，对如图 7-145 所示的 0.9～2.4 m 的截面图创建面域。

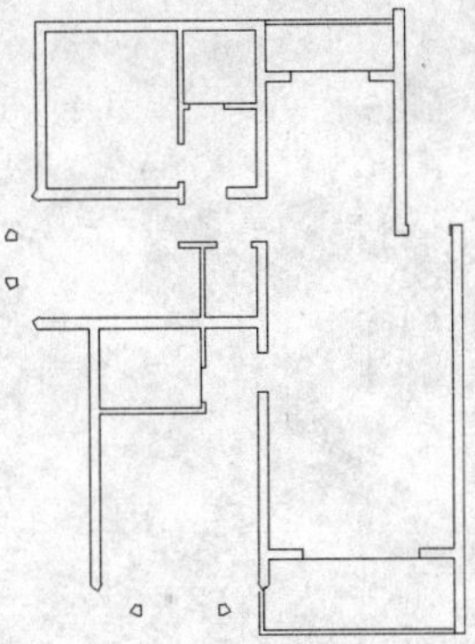

图 7-144　0.0～0.9 m 截面面域

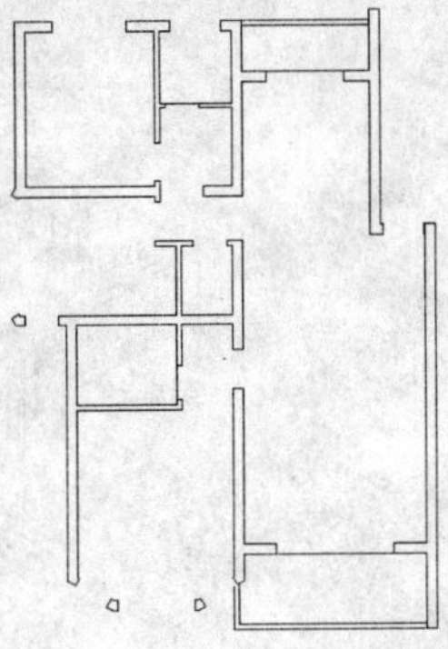

图 7-145　0.9～2.4 m 截面面域

（10）对于 2.4～3.2 m 截面图，执行“构造线”命令，如图 7-146 所示绘制 3 条竖向构造线，目的是将封闭区域剖开，从而形成墙的面域，创建完成的面域如图 7-147 所示。

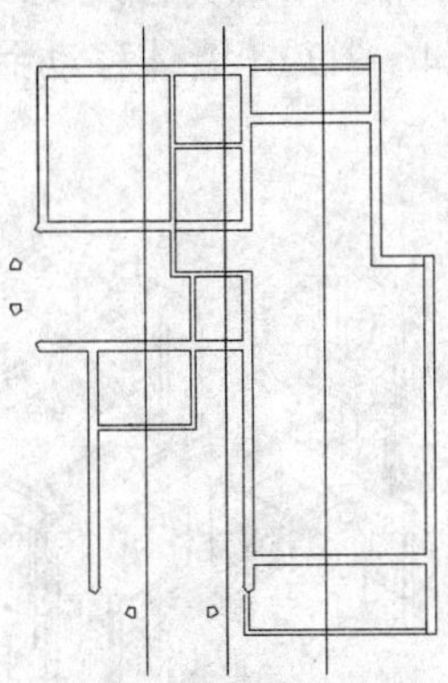

图 7-146　构造线分隔 2.4～3.2 m 截面图

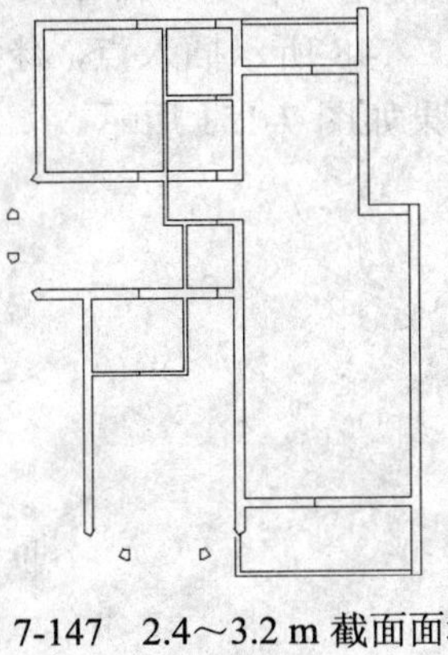

图 7-147　2.4～3.2 m 截面面域

以上创建面域的方法比较繁琐，用户亦可选择“绘图”|“边界”命令，进行创建面域，效果会更好，速度会更快，在下面的步骤中会介绍这一方法。

（11） 切换到西南等轴测图，创建“墙体”图层，将“墙体”图层置为当前图层，使用“拉伸”命令，将 0.0～0.9 m 截面图上的面域向上拉伸 900，消隐效果如图 7-148 所示，使用“并集”命令合并墙体。

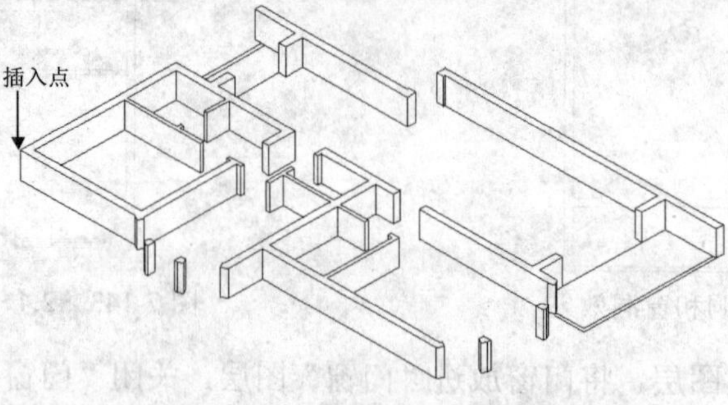

图 7-148 创建 0.0～0.9 m 墙体

（12） 使用“拉伸”命令，将 0.9～2.4 m 截面图上的面域向上拉伸 1500，消隐效果如图 7-149 所示，使用“并集”命令合并。

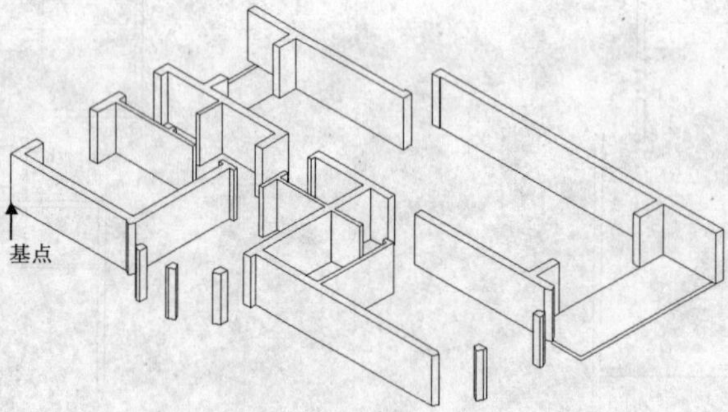

图 7-149 创建 0.9～2.4 m 墙体

（13） 使用“拉伸”命令，将 2.4～3.2 m 截面图上的面域向上拉伸 800，消隐效果如图 7-150 所示，使用“并集”命令合并。

（14） 使用“移动”命令，以 0.9～2.4 m 墙体为移动对象，基点为图 7-149 所示基点，插入点为图 7-148 所示插入点，继续执行“移动”命令，将 2.4～3.2 m 墙体移动到 0.9～2.4 m 墙体上，效果如图 7-151 所示。

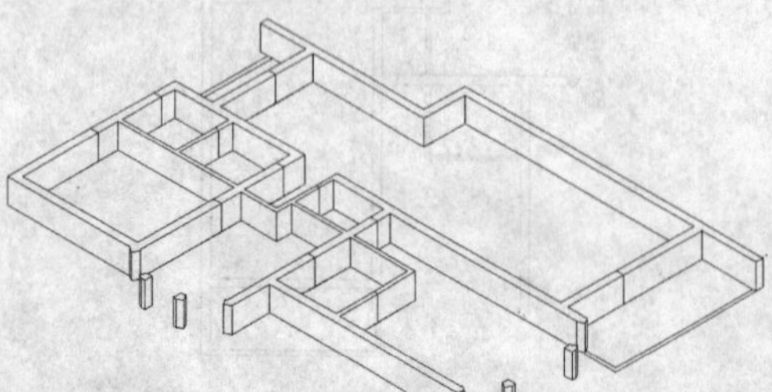

图 7-150 创建 2.4～3.2 m 墙体

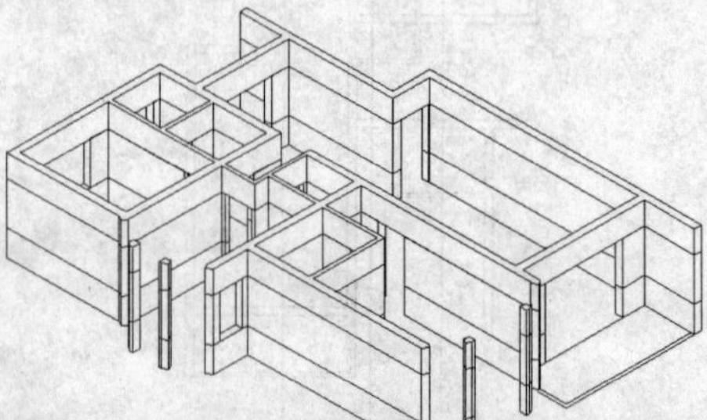

图 7-152 移动墙体

（15） 执行“并集”命令，将图 7-151 所示的三维图形合并，效果如图 7-152 所示。

（16） 关闭“墙体”图层，切换到俯视图，使用“多段线”命令绘制绕平面图的外轮廓绘制轮廓线，转换成面域，效果如图 7-153 所示。

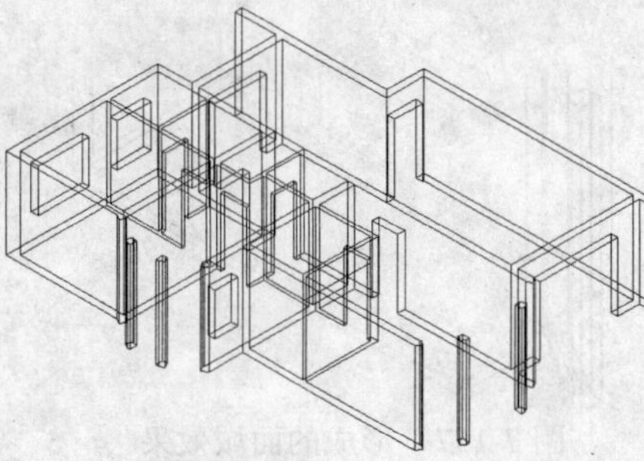

图 7-152 合并墙体

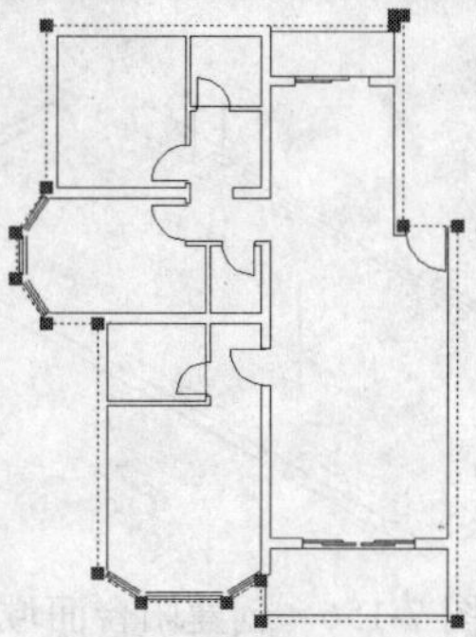

图 7-153 创建楼面扳面域

（17） 执行“拉伸”命令形成楼面板，命令行提示如下：

```
命令: _extrude
当前线框密度: ISOLINES=4，闭合轮廓创建模式 = 实体
选择要拉伸的对象或 [模式(MO)]: _MO 闭合轮廓创建模式 [实体(SO)/曲面(SU)] <实体>: _SO
选择要拉伸的对象或 [模式(MO)]:找到 1 个//选择图 7-153 所示的面域
选择要拉伸的对象或 [模式(MO)]://按回车键，完成选择
指定拉伸的高度或 [方向(D)/路径(P)/倾斜角(T)/表达式(E)] <100>: -100//输入拉伸高度
```

（18） 将生成的楼面板放到“墙体”图层，关闭 0 图层和“门窗”图层，使用“并集”命令，将楼面板和墙体合并，消隐效果如图 7-154 所示。

（19） 打开“门窗”图层和 0 图层，选择“绘图”|“边界”命令，弹出如图 7-155 所示的“边界创建”对话框。选择对象类型为“面域”，单击“拾取点”按钮，命令行提示如下：

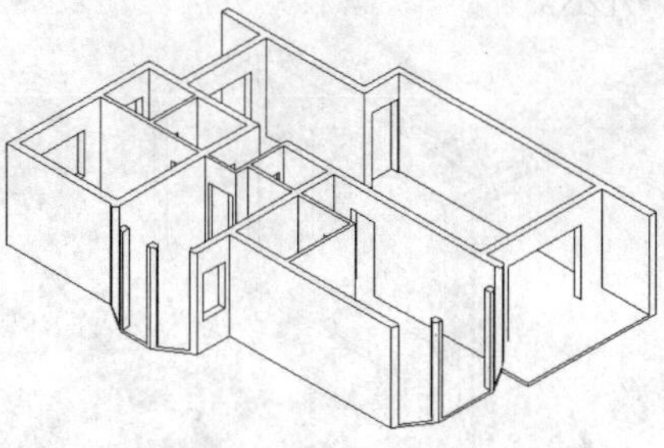

图 7-154 拉伸形成楼面扳

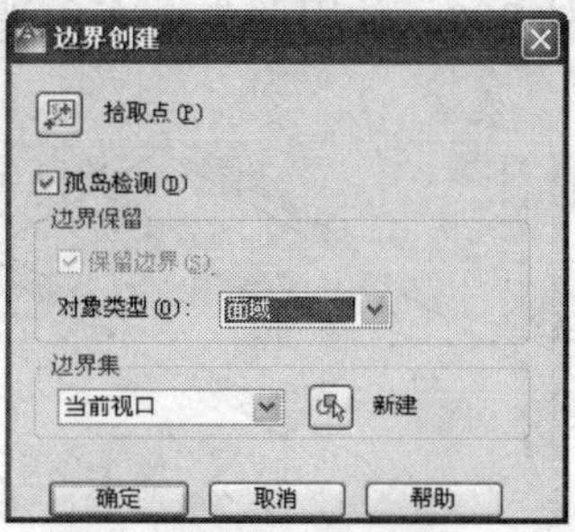

图 7-155 设置“边界创建”对话框

```
命令: _boundary
拾取内部点: 正在选择所有对象...
正在选择所有可见对象...
正在分析所选数据...
正在分析内部孤岛...
拾取内部点://拾取如图 7-156 所示的区域的内部一点，回到“边界创建”对话框，单击“确定”
```

按钮，完成面域创建，创建完成的面域如图 7-157 所示
    已提取 1 个环
    已创建 1 个面域
    BOUNDARY 已创建 1 个面域

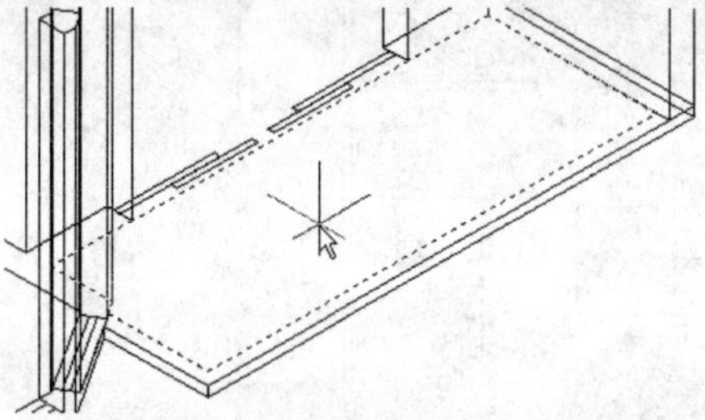
图 7-156　创建阳台面域

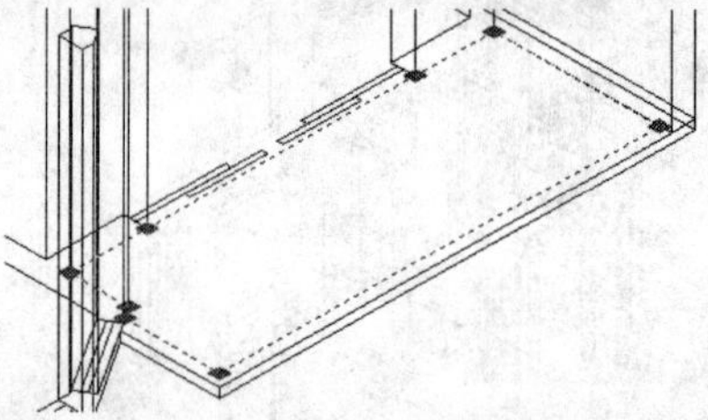
图 7-157　形成的面域效果

（20）　使用“拉伸”命令，拉伸步骤 19 形成的面域，拉伸距离为-20，效果如图 7-158 所示。

（21）　使用“差集”命令，使用墙体和楼面板的合并实体减去步骤 20 形成的拉伸体，效果如图 7-159 所示。

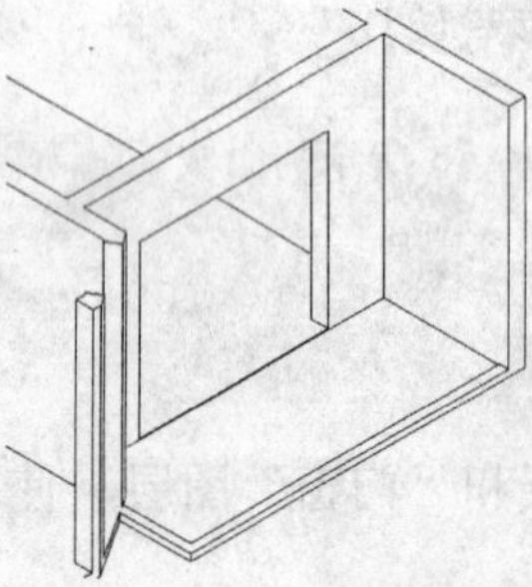
图 7-159　拉伸面域-20

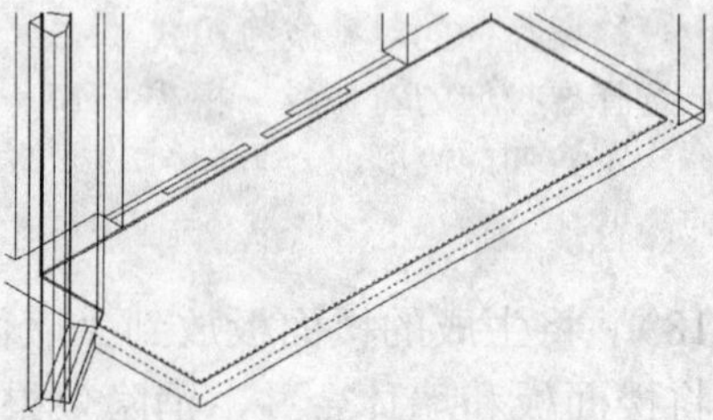
图 7-160　差集效果

（22）　选择“绘图”|“边界”命令，选择如图 7-161 所示的边界，形成面域，将形成的面域拉伸 900，使用并集命令，消隐效果如图 7-162 所示。

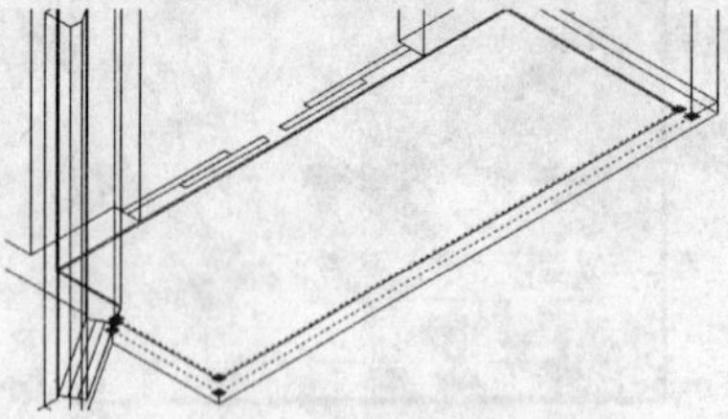
图 7-158　创建阳台栏板面域

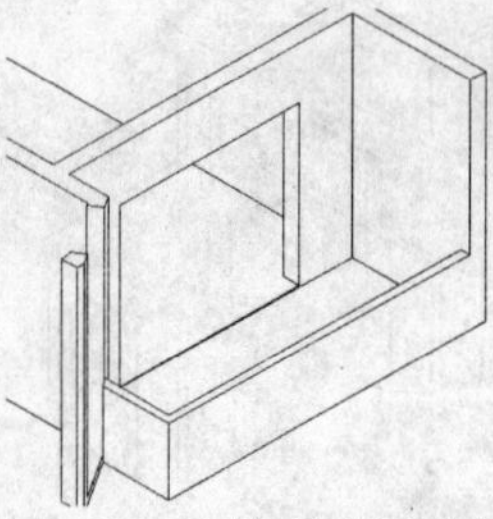
图 7-159　拉伸形成阳台栏板

（23）　切换到西北等轴测图，使用以上的方法，绘制另外一个阳台，效果如图 7-162 所示。

（24）　选择“动态自由观察”命令，调整到如图 7-162 所示的角度，选择消隐命令，效果如图 7-163 所示。

图 7-162　绘制另一侧的阳台

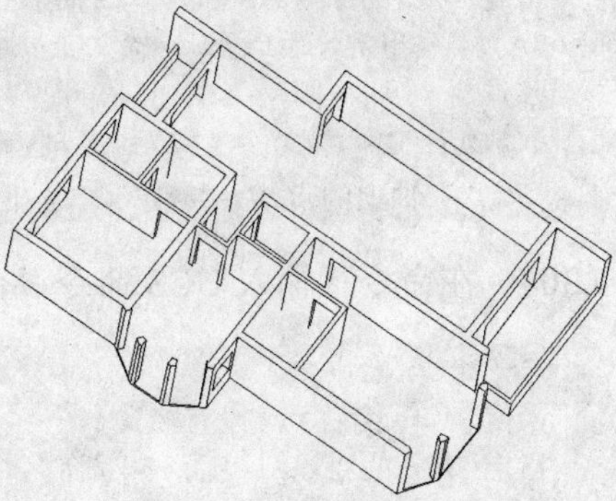

图 7-163　三维房间绘制效果

（25） 切换到西南等轴测图，执行“长方体”命令绘制 950×40×2400 的长方体，第一个角点为入口门线的左下端点，效果如图 7-164 所示。

（26） 下面绘制门把手。执行“多段线”命令绘制多段线，起点为绘图区的任意一点任意，以下点依次为（@24,0）、（@0,-10）、（@@-144,0），最后输入 c 闭合，效果如图 7-165 所示。

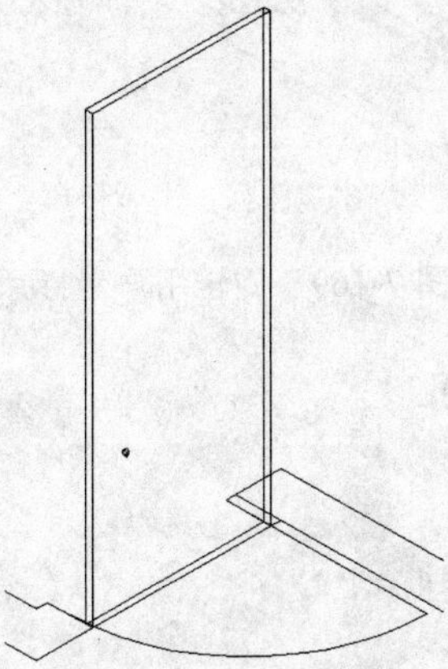

图 7-164　绘制 950×40×2400 长方体

图 7-165　绘制门把手多段线

（27） 执行“圆角”命令，对图 7-165 所示多段线的斜长线和水平长线进行圆角，圆角半径为 0.5，效果如图 7-166 所示。执行“面域”命令，将图 7-166 所示的图形转换成为面域。

（28） 执行“拉伸”命令，将步骤 27 形成的面域向上拉伸 24，效果如图 7-167 所示。

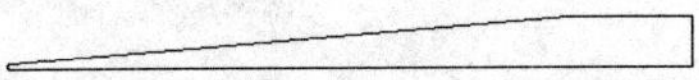

图 7-166　圆角多段线

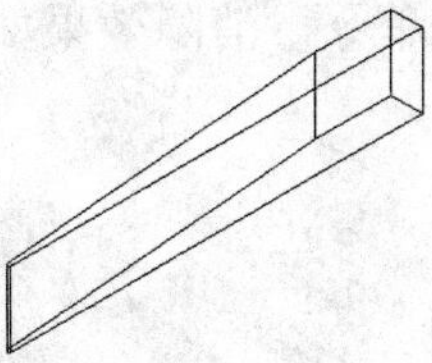

图 7-167　拉伸面域

（29） 在命令行输入 UCS 命令，命令行提示如下：

```
命令: ucs
当前 UCS 名称: *世界*
```

指定 UCS 的原点或 [面(F)/命名(NA)/对象(OB)/上一个(P)/视图(V)/世界(W)/X/Y/Z/Z 轴(ZA)] <世界>: from//输入 from，使用相对点法确定新的用户坐标系的原点
基点: //捕捉图 7-169 所示的点为基点
<偏移>: @-12,0,-12//输入相对偏移距离
指定 X 轴上的点或 <接受>://按回车键，完成用户坐标系原点的移动，效果如图 7-168 所示

（30） 在命令行输入 UCS 命令，命令行提示如下：

命令: ucs
当前 UCS 名称: *没有名称*
指定 UCS 的原点或 [面(F)/命名(NA)/对象(OB)/上一个(P)/视图(V)/世界(W)/X/Y/Z/Z 轴(ZA)] <世界>: x//输入 x，表示绕 X 轴旋转
指定绕 X 轴的旋转角度 <90>: 90//输入旋转角度，旋转效果如图 7-169 所示

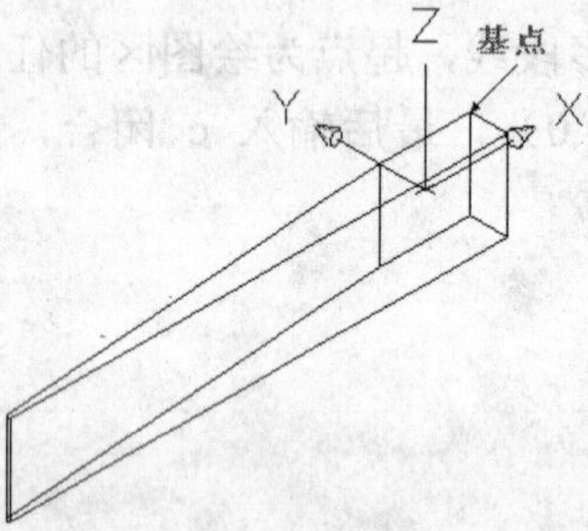

图 7-168 创建新的用户坐标系

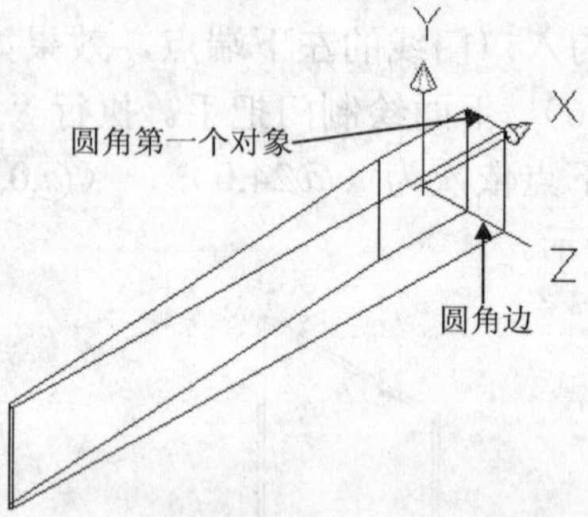

图 7-169 旋转用户坐标系

（31） 执行“圆角”命令，命令行提示如下：

命令: _fillet
当前设置: 模式 = 修剪，半径 = 1
选择第一个对象或 [放弃(U)/多段线(P)/半径(R)/修剪(T)/多个(M)]://选择图 7-170 所示的拉伸体的右上边
输入圆角半径 <1>: 12//输入圆角半径
选择边或 [链(C)/半径(R)]:// 选择图 7-169 所示的拉伸体的右下边
选择边或 [链(C)/半径(R)]://按回车键，完成圆角，效果如图 7-170 所示
已选定 2 个边用于圆角

（32） 执行“圆柱体”命令绘制圆柱体，底面圆心为（0,0,0），半径为 12，高为 60，执行“并集”命令，消隐效果如图 7-171 所示。

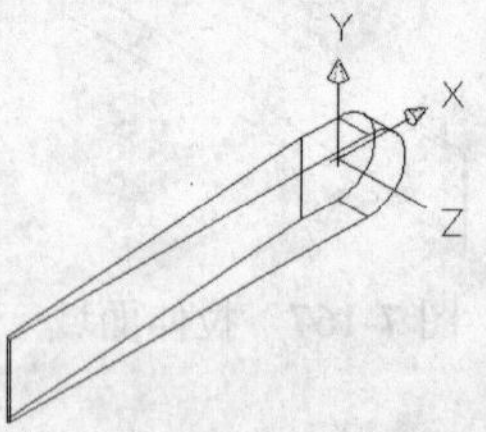

图 7-170 圆角拉伸实体

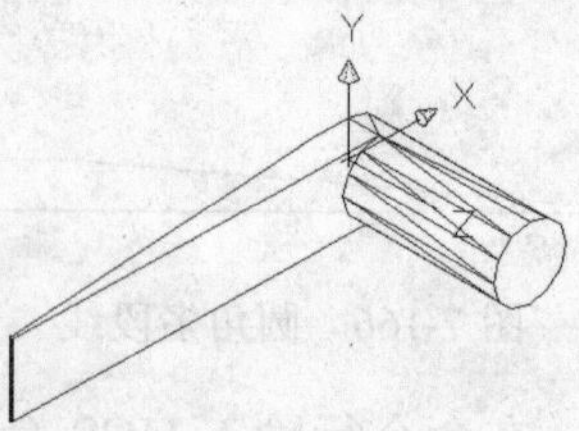

图 7-171 绘制圆柱体

（33） 在命令行中输入 UCS，命令行提示如下：

```
命令: ucs
当前 UCS 名称: *没有名称*
指定 UCS的原点或 [面(F)/命名(NA)/对象(OB)/上一个(P)/视图(V)/世界(W)/X/Y/Z/Z轴 (ZA)] <世界>: w//输入 w, 恢复到世界坐标系
```

（34） 执行“自由动态观察”命令，将门把手调整到一定的角度，执行“圆角”命令，

选择如图 7-172 所示的边为圆角边，圆角半径为 0.5。

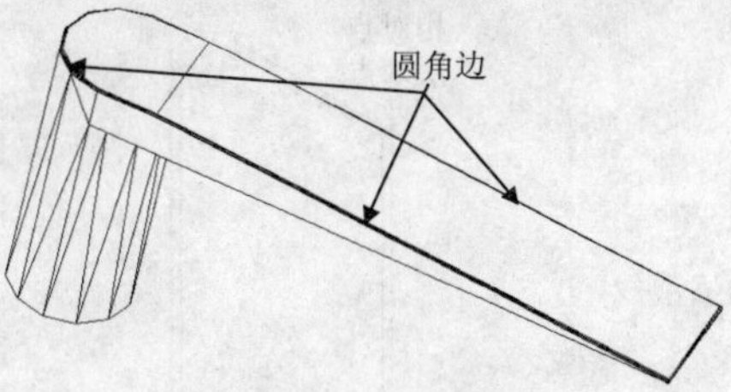

图 7-172 圆角门把手边

（35） 切换到西南等轴测图，选择“修改”|“三维操作”|“三维旋转”命令，命令行提示如下：

```
命令: _3drotate
UCS 当前的正角方向:  ANGDIR=逆时针  ANGBASE=0
选择对象: 找到 1 个//选择图 7-172 所示的门把手
选择对象://按回车键，完成对象选择
指定基点://捕捉图 7-173 所示的点为基点
拾取旋转轴://旋转轴如图 7-173 所示
指定角的起点或键入角度:180//输入旋转角度，效果如图 7-174 所示
正在重生成模型
```

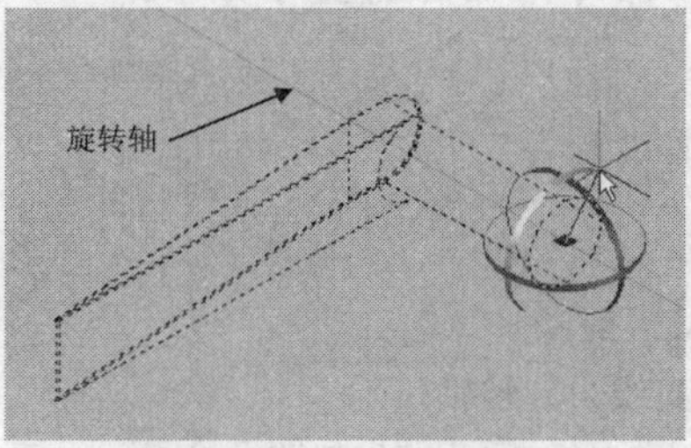

图 7-173 旋转门把手

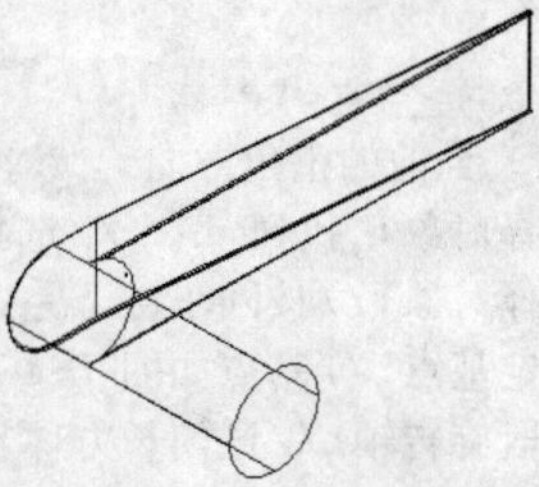
图 7-174 旋转效果

（36） 执行“移动”命令，命令行提示如下：

```
命令: _move
选择对象: 指定对角点: 找到 1 个//选择图 7-174 所示的门把手
选择对象://按回车键，完成选择
指定基点或 [位移(D)] <位移>:  //捕捉门把手圆柱体底面圆心为基点
指定第二个点或 <使用第一个点作为位移>: from//使用相对点法确定移动目标点
基点://捕捉如图 7-175 所示的点为基点
 <偏移>: @50,0,-1200//输入相对偏移距离，移动效果如图 7-175 所示
```

（37） 选择“修改”|“三维操作”|“三维镜像”命令，命令行提示如下：

```
命令: _mirror3d
选择对象: 指定对角点: 找到 1 个//选择图 7-175 图中的门把手
选择对象://按回车键，完成选择
指定镜像平面(三点)的第一个点或
  [对象(O)/最近的(L)/Z 轴(Z)/视图(V)/XY 平面(XY)/YZ 平面(YZ)/ZX 平面(ZX)/三点(3)] <三点>: //拾取图 7-175 中的门长方体长为 40 边的中点
```

在镜像平面上指定第二点： //拾取图 7-175 中的门长方体长为 40 的第二条边的中点
在镜像平面上指定第三点:// 拾取图 7-175 中的门长方体长为 40 的第三条边的中点
是否删除源对象？[是（Y）/否（N）] <否>://按回车键，完成门把手镜像，效果如图 7-176 所示

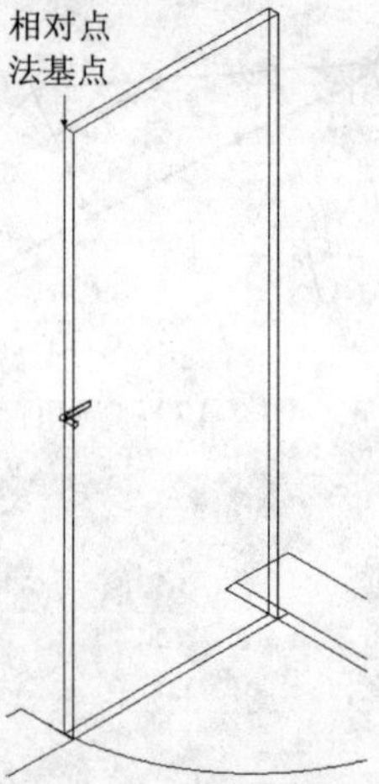

图 7-175　移动门把手

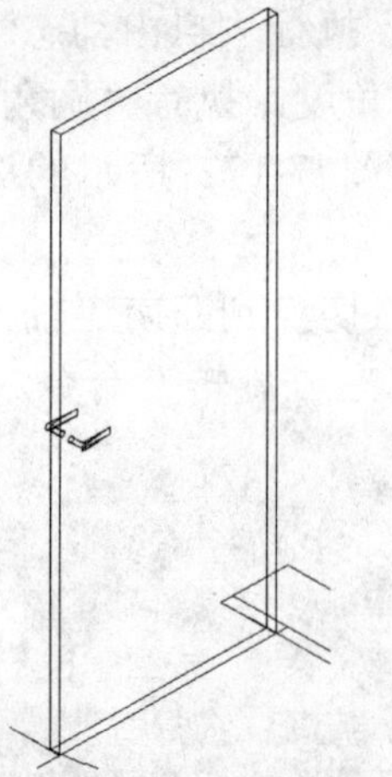
图 7-176　镜像门把手

（38）　使用“并集”命令，将门和门把手合并。

（39）　选择“修改”|“三维操作”|“三维旋转”命令，命令行提示如下：

命令： _3drotate
UCS 当前的正角方向： ANGDIR=逆时针　ANGBASE=0
选择对象：找到 1 个//选择步骤 38 合并的实体
选择对象://按回车键，完成选择
指定基点://基点如图 7-177 所示，为门长方体的右下角点
拾取旋转轴://过门长方体长为 2400 的最右侧边的直线为旋转轴
指定角的起点或键入角度： 45//输入旋转角度，按回车键，旋转效果如图 7-177 所示
正在重生成模型

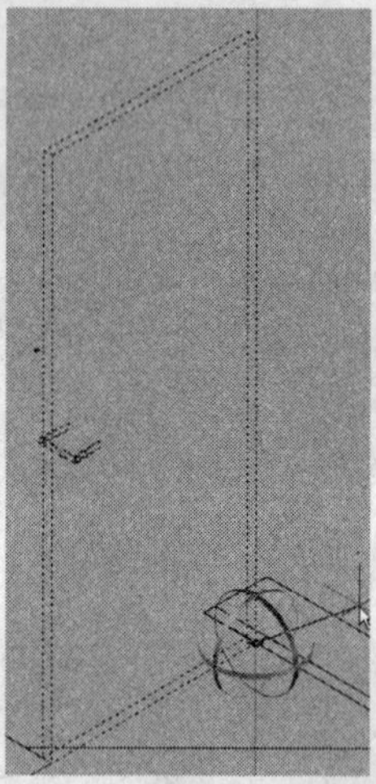
图 7-177　旋转门和门把手

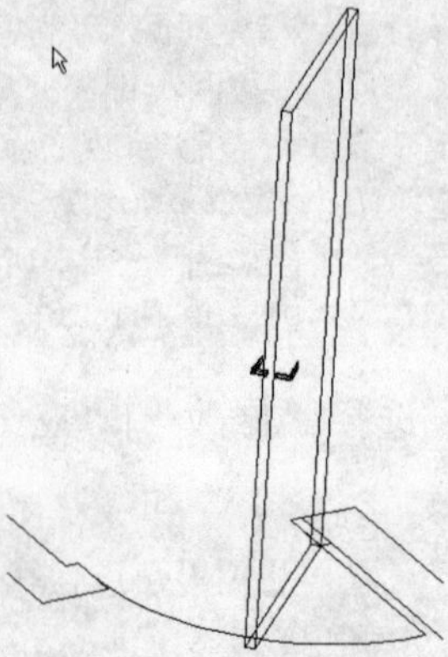
图 7-178　旋转效果

（40）　为了便于观察，将刚绘制的门放进“墙体”图层，关闭 0 和“窗户”图层，消隐效果如图 7-179 所示。

（41） 切换到俯视图，执行“多段线”命令绘制窗框轮廓，起点为绘图区任意一点，其他点依次为（@60,0）、（@40,-40）、（@0,-8）、（@-15,0）、（@0,-6）、（@15,0）、（@0,-12）、（@-15,0）、（@0,-6）、（@15,0）、（@0,-8）、（@-40,-40）、（@-60,0），最后输入 c 闭合。

（42）将轮廓线移动到窗线，并使用镜像方法绘制另一端的窗框轮廓线，效果如图 7-180 所示。复制一个轮廓线备用，以便绘制水平向的窗框。

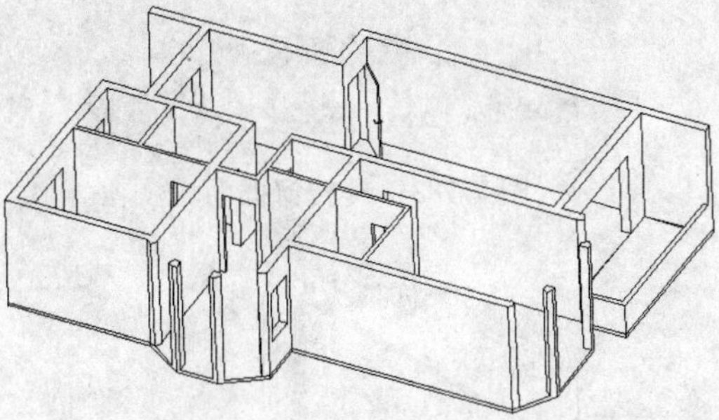

图 7-179 加上门的房间效果图

图 7-180 绘制窗轮廓

（43） 使用“矩形”命令绘制玻璃线，捕捉窗框多段线的端点绘制即可，效果如图 7-181 所示。

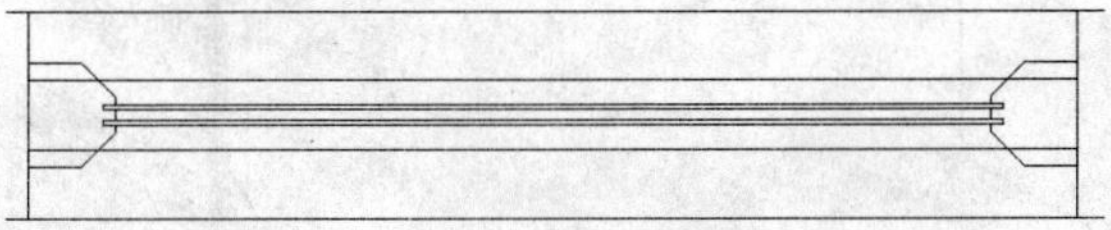

图 7-181 绘制玻璃线

（44） 执行“绘图”|“面域”命令创建面域，将两个矩形和两个轮廓线分别创建为面域。

（45） 切换到西南等轴测图，使用“拉伸”命令，拉伸 4 个面域，拉伸高度为 1500，效果如图 7-182 所示。

（46） 选择“修改”|“三维操作”|“三维旋转”命令，命令行提示如下：

```
命令：_3drotate
UCS 当前的正角方向：  ANGDIR=逆时针   ANGBASE=0
选择对象：找到 1 个//选择步骤 42 复制备用的窗框轮廓线
选择对象://按回车键，完成选择
指定基点://拾取图 7-183 所示的点为基点
拾取旋转轴://旋转轴如图 7-183 所示
指定角的起点或键入角度：-90//旋转-90°，效果如图 7-184 所示
正在重生成模型
```

（47） 使用“复制”命令，复制步骤 46 旋转的窗框轮廓线，基点如图 7-185 所示，两个插入点如图 7-185 所示。

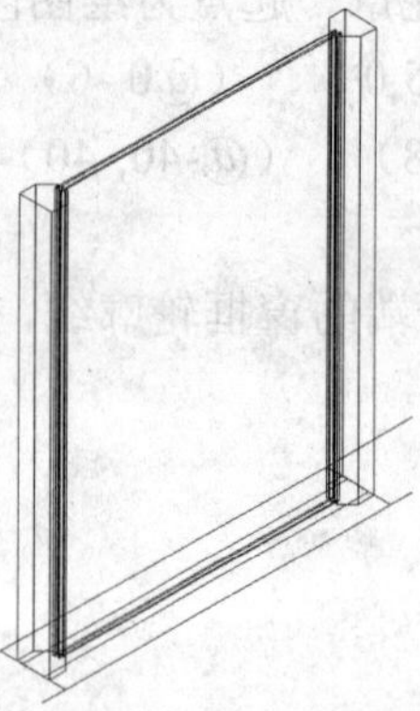

图 7-182　拉伸窗面域

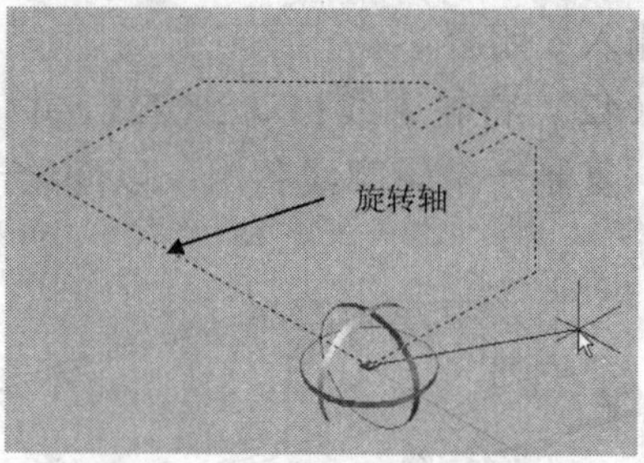

图 7-183　旋转窗框面域

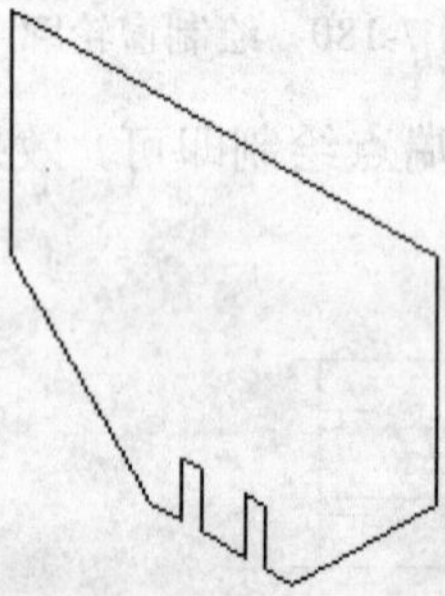

图 7-184　旋转效果

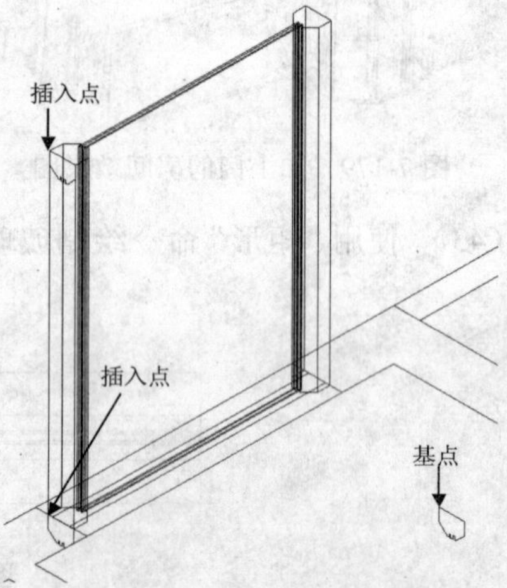

图 7-185　复制旋转后的窗框面域

（48） 选择"修改"|"三维操作"|"三维旋转"命令，旋转下方的窗框辅助线，旋转基点和旋转轴如图 7-186 所示，旋转 180º，效果如图 7-187 所示。

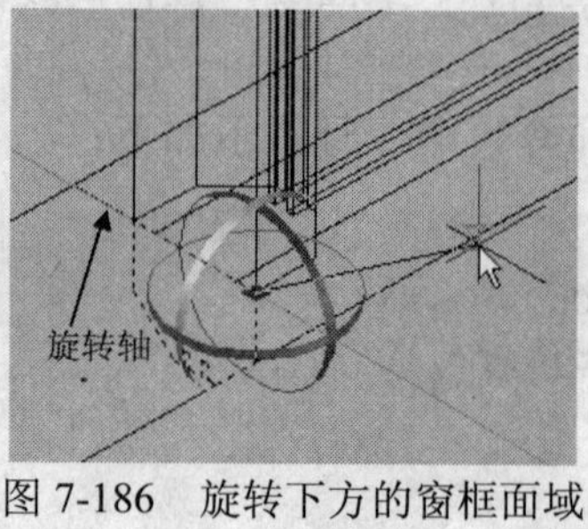

图 7-186　旋转下方的窗框面域

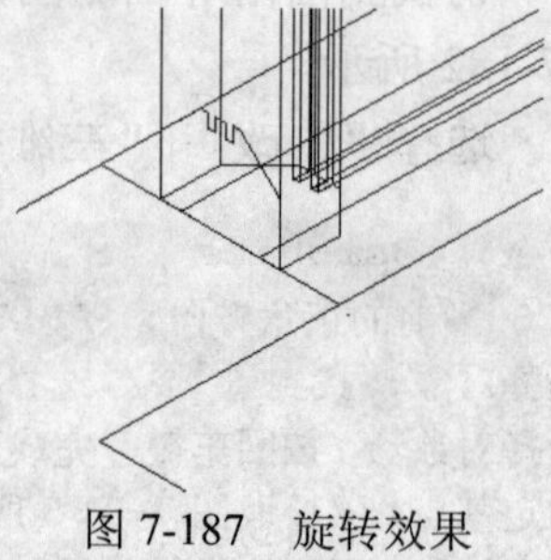

图 7-187　旋转效果

（49） 执行"拉伸"命令，将步骤 47 复制完成的窗户上方的窗框轮廓线和步骤 48 旋转后的窗户下方的窗框轮廓线拉伸 1200，效果如图 7-188 所示。

（50） 执行"并集"命令，选择图 7-188 所示的所有三维图形合并，效果如图 7-189 所示。

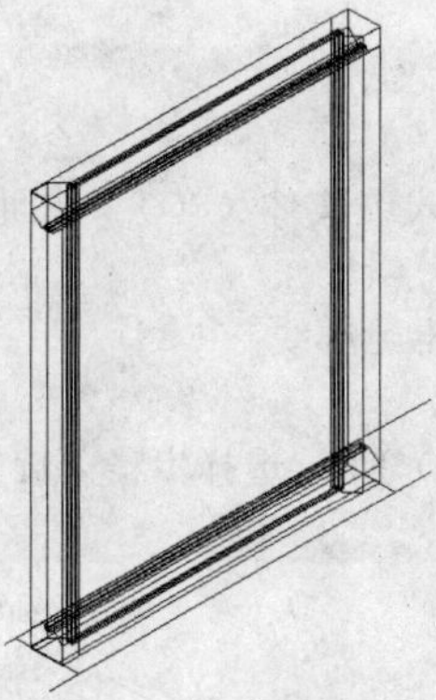

图 7-188　拉伸窗框面域

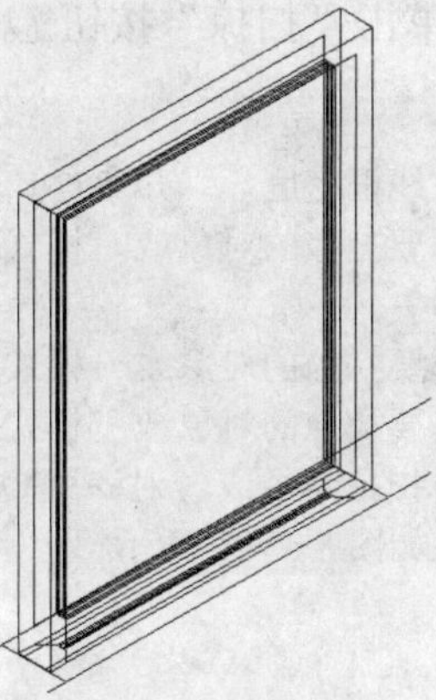

图 7-189　合并窗户三维实体

（51） 执行“移动”命令将窗移动到墙体中，效果如图 7-190 所示。

（52） 执行“动态自由观察”命令，将插入窗体后的三维房间图调整到一个合适的角度，执行“消隐”命令，消隐效果如图 7-191 所示。

图 7-190　将窗实体移动到三维房间图中

图 7-191　插入窗实体的房间效果图

在上面的窗户绘制中采用了拉伸方法，下面讨论窗户绘制的扫掠画法，具体步骤如下：

（1） 在绘图区，执行“矩形”命令绘制 1200×1500 矩形，第一个角点为窗框轮廓线的中点，效果如图 7-192 所示。

（2） 选择“修改”|“三维操作”|“三维旋转”命令，旋转步骤 1 绘制的矩形，旋转基点和旋转轴如图 7-193 所示，顺时针旋转 90º，旋转效果如图 7-194 所示。

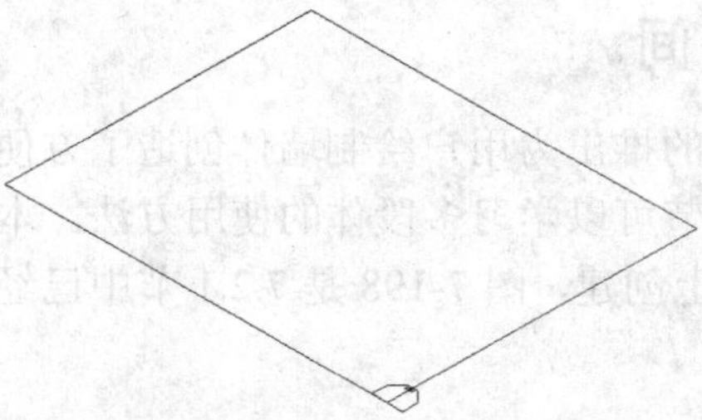

图 7-192　绘制矩形和窗框轮廓线

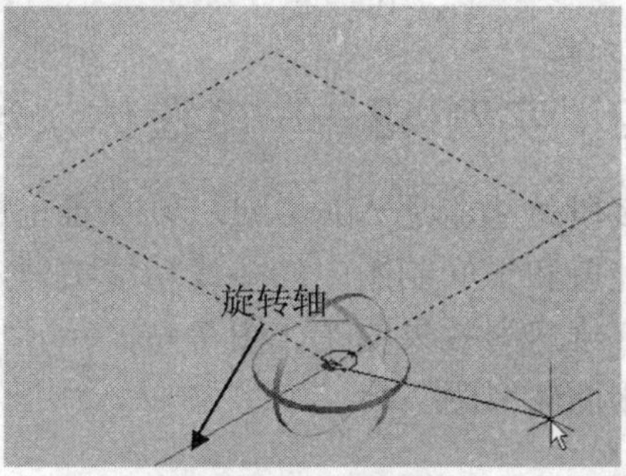

图 7-193　旋转矩形

（3） 单击“扫掠”按钮，命令行提示如下：

```
命令: _sweep
当前线框密度:  ISOLINES=4，闭合轮廓创建模式 = 实体
选择要扫掠的对象或 [模式(MO)]: _MO 闭合轮廓创建模式 [实体(SO)/曲面(SU)] <实体>: _SO
选择要扫掠的对象或 [模式(MO)]:  找到 1 个//选择窗框轮廓线
选择要扫掠的对象或 [模式(MO)]://按回车键，完成选择
选择扫掠路径或 [对齐(A)/基点(B)/比例(S)/扭曲(T)]://选择步骤 2 旋转完成的矩形，扫掠效果如图 7-195 所示
```

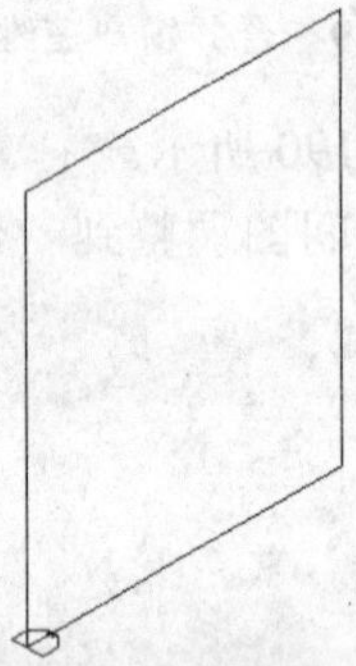

图 7-194　旋转矩形效果

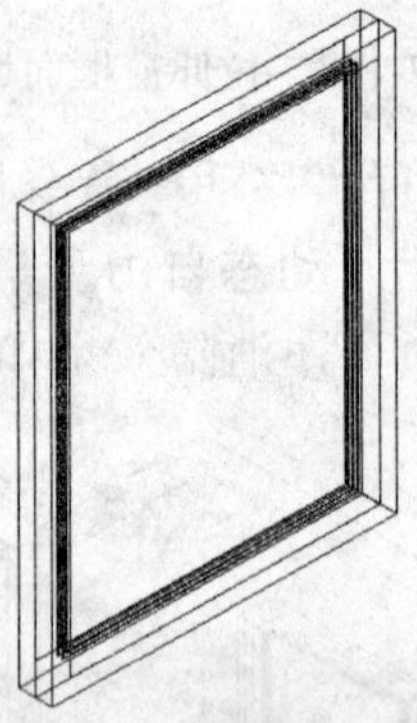

图 7-195　扫掠形成窗框

（4） 执行“删除”命令将路径删除，效果如图 7-196 所示。执行“消隐”命令，消隐效果如图 7-197 所示，玻璃绘制比较简单，使用长方体命令即可完成，不再赘述。

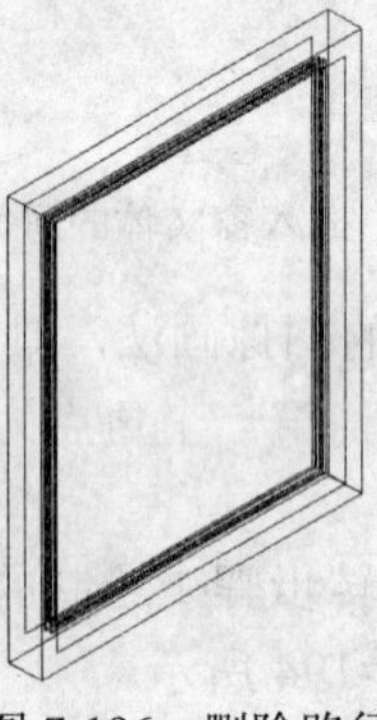

图 7-196　删除路径

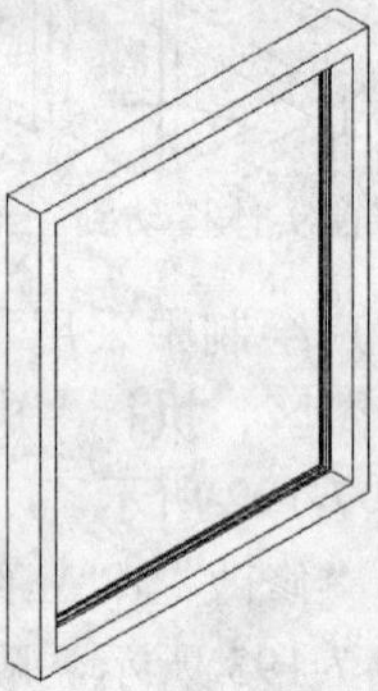

图 7-197　消隐效果

7.2.2　实例 48——多段体法绘制三维房间

多段体功能是 AutoCAD 2012 推出的新功能，它的推出为用户绘制墙体创造了方便，它的功能就和平面制图中的多线功能类似，读者通过本节可以学习多段体的使用方法。本节绘制的三维房间效果图在如图 7-198 所示的轮廓图基础上创建，图 7-198 是 7.2.1 节中已经处理好的平面轮廓图。

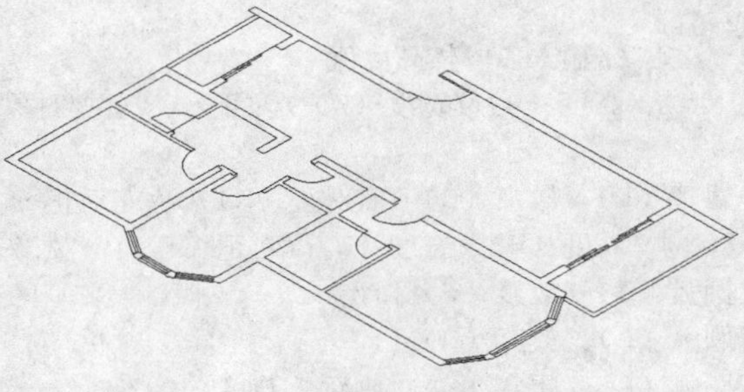

图 7-198　平面轮廓图

具体操作步骤如下：

（1） 切换到“墙体”图层，单击“多段体”按钮，命令行提示如下：

命令：_Polysolid
指定起点或［对象（O）/高度（H）/宽度（W）/对正（J）］<对象>：w//输入 w，设置多段体宽度
指定宽度 <0>：120//输入宽度为 120
指定起点或［对象（O）/高度（H）/宽度（W）/对正（J）］<对象>：h//输入 h，设置多段体高度
指定高度 <4>：900//输入多段体高度
指定起点或［对象（O）/高度（H）/宽度（W）/对正（J）］<对象>：j//输入 j，设置多段体对正方式
输入对正方式［左对正（L）/居中（C）/右对正（R）］<居中>：l//输入 l，表示左对正
指定起点或［对象（O）/高度（H）/宽度（W）/对正（J）］<对象>://如图 7-199 所示捕捉起点
指定下一个点或［圆弧（A）/放弃（U）］://如图 7-199 所示捕捉第二点
指定下一个点或［圆弧（A）/放弃（U）］://按回车键，完成绘制，效果如图 7-199 所示

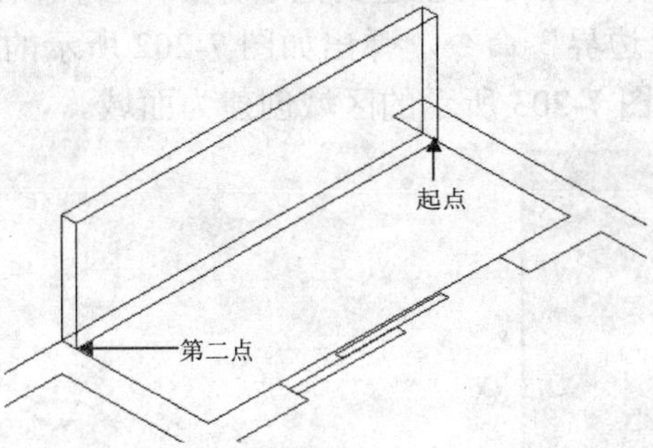

图 7-199　创建阳台栏板

（2） 单击“多段体”按钮，命令行提示如下：

命令：_Polysolid
指定起点或［对象（O）/高度（H）/宽度（W）/对正（J）］<对象>：w//输入 w，设置多段体宽度
指定宽度 <120>：240//输入多段体宽度值
指定起点或［对象（O）/高度（H）/宽度（W）/对正（J）］<对象>：h//输入 h，设置多段体

高度

指定高度 <900>: 3200//输入多段体高度值

指定起点或 [对象 (O) /高度 (H) /宽度 (W) /对正 (J)] <对象>: j//输入 j，设置多段体对正方式

输入对正方式 [左对正 (L) /居中 (C) /右对正 (R)] <左对正>: r//输入 r，表示右对正

指定起点或 [对象 (O) /高度 (H) /宽度 (W) /对正 (J)] <对象>://起点如图 7-200 所示

指定下一个点或 [圆弧 (A) /放弃 (U)]://

指定下一个点或 [圆弧 (A) /放弃 (U)]:

指定下一个点或 [圆弧 (A) /闭合 (C) /放弃 (U)]:

指定下一个点或 [圆弧 (A) /闭合 (C) /放弃 (U)]:

指定下一个点或 [圆弧 (A) /闭合 (C) /放弃 (U)]://依次捕捉平面图中其他墙的拐点

指定下一个点或 [圆弧 (A) /闭合 (C) /放弃 (U)]: //按回车键，完成部分墙体的绘制，效果如图 7-200 所示

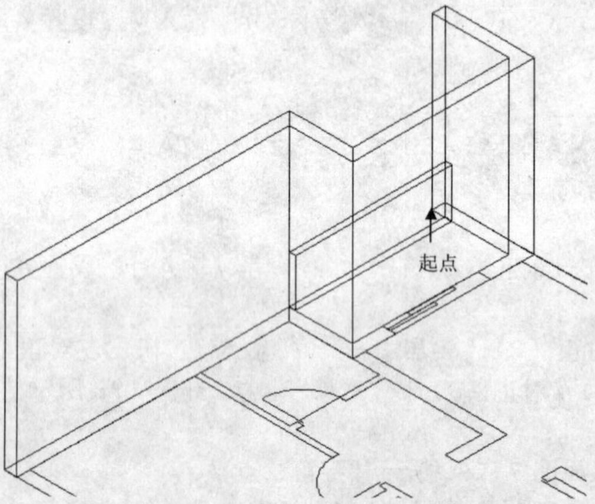

图 7-200　创建外墙体

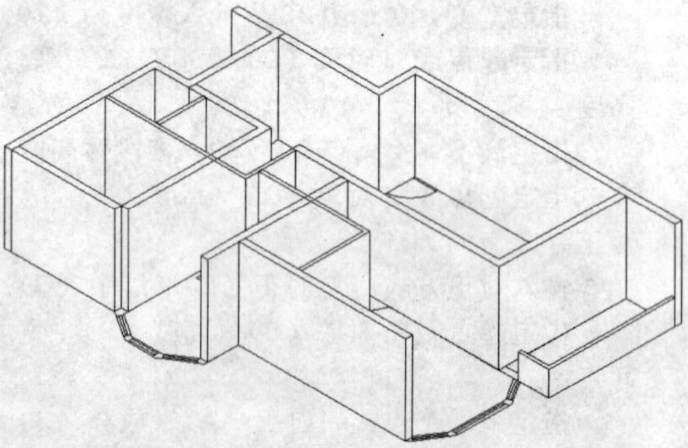

图 7-201　使用多段体创建其他外墙和阳台栏板

（3） 继续执行“多段体”命令，创建其他墙体和阳台栏板，效果如图 7-201 所示。

（4） 选择“绘图” | “边界”命令，弹出如图 7-202 所示的“边界创建”对话框，设置对象类型为“面域”，将如图 7-203 所示的区域创建为面域。

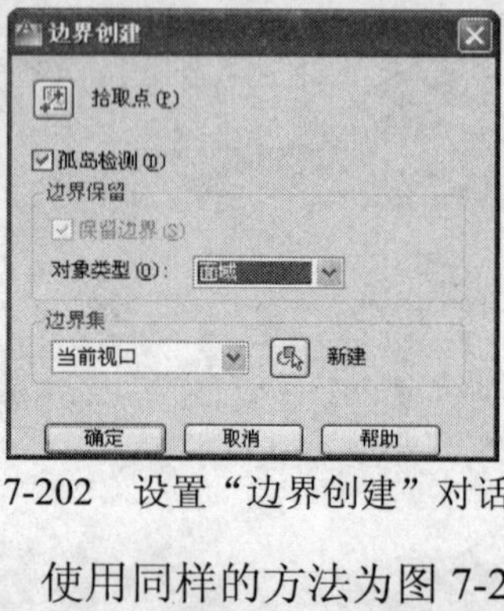

图 7-202　设置“边界创建”对话框

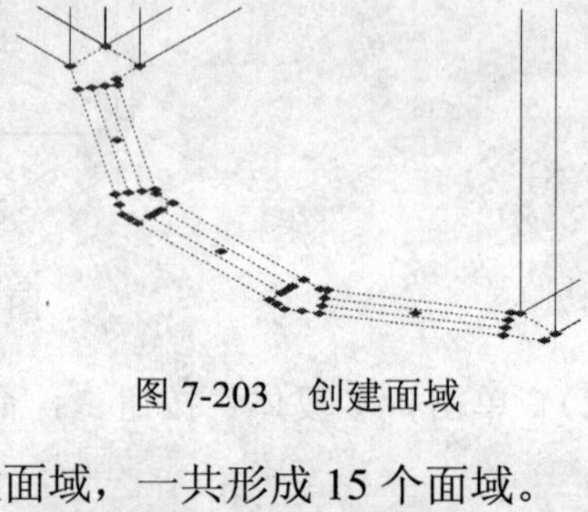

图 7-203　创建面域

（5） 使用同样的方法为图 7-204 所示的区域创建面域，一共形成 15 个面域。

（6） 执行“拉伸”命令，将步骤 4 和 5 创建的面域向上拉伸 3200，效果如图 7-205 和图 7-206 所示。

（7） 执行“并集”命令，将步骤 6 拉伸的实体与墙体合并，效果如图 7-207 所示。

（8） 在平面轮廓图中，使用“长方体”命令绘制门和窗，门高 2400，窗高 1500，第一

个和第二个角点均捕捉轮廓线中的窗和门线的端点，绘制效果如图 7-208 所示。

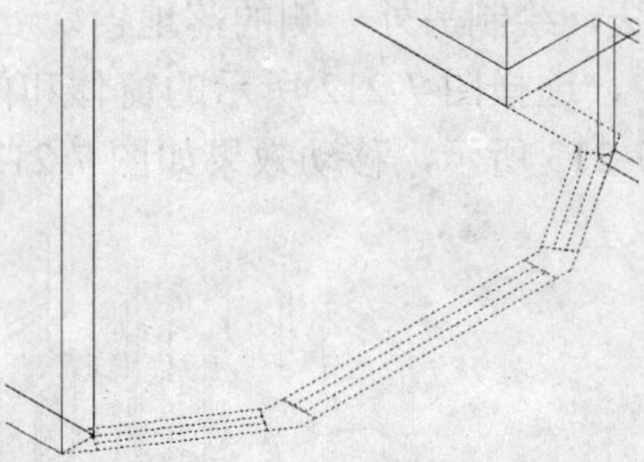

图 7-204　创建完成的面域效果

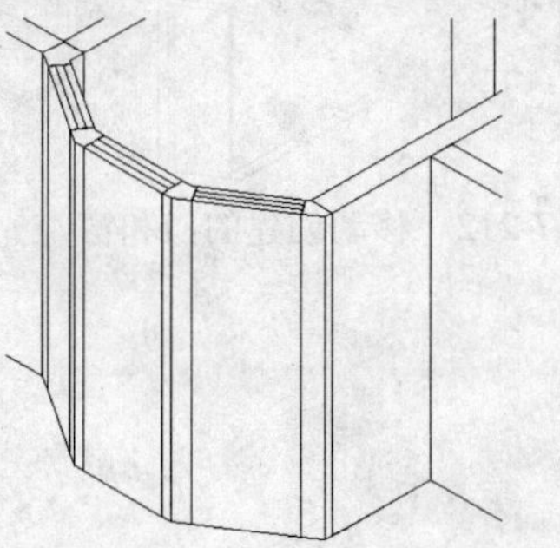

图 7-205　西向落地窗效果

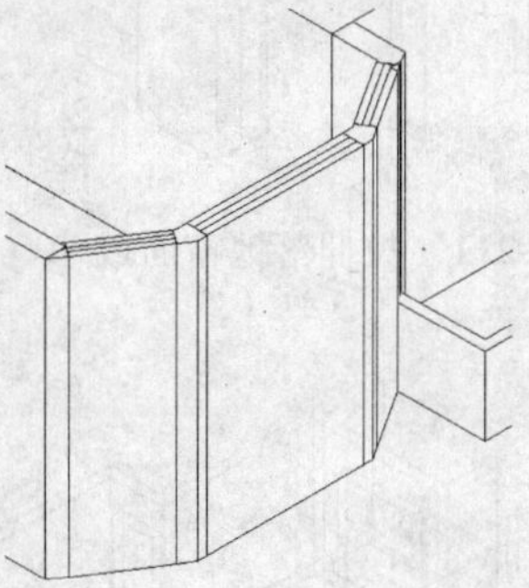

图 7-206　南向落地窗效果

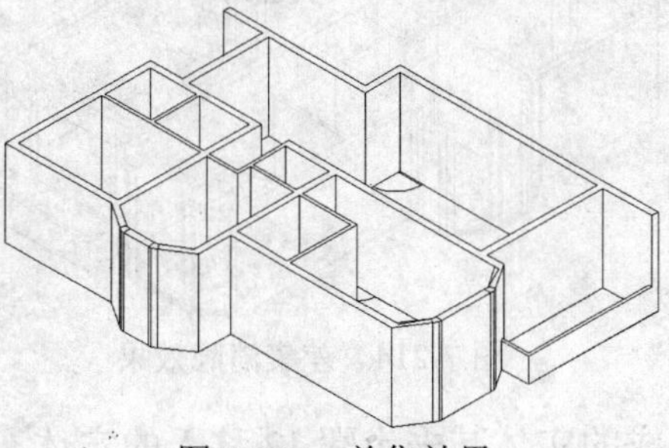

图 7-207　并集效果

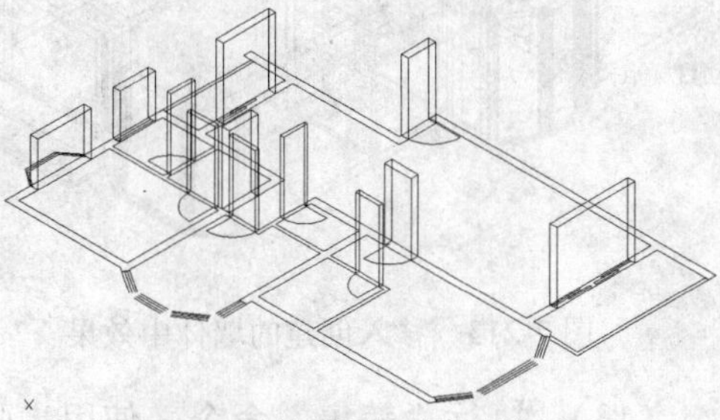

图 7-208　使用长方体绘制门和窗

（9） 执行“移动”命令，选择所有窗实体，将窗在 Z 轴方向上向上平移 900，效果如图 7-209 所示。

（10） 捕捉落地窗轮廓，绘制多段线，使用面域 region 命令，创建 4 个面域，效果如图 7-210 所示。

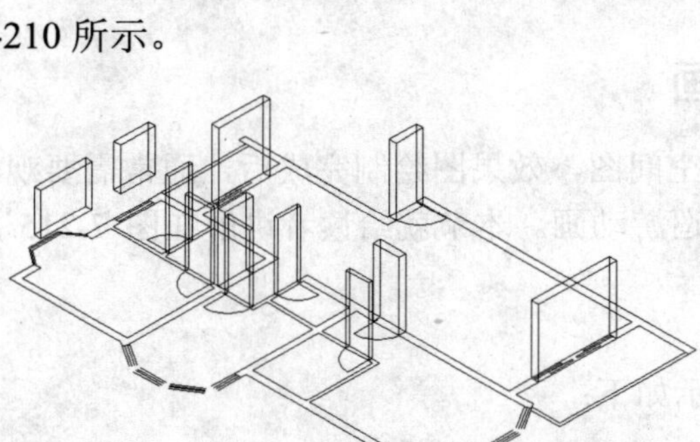

图 7-209　将窗实体向上移动 900

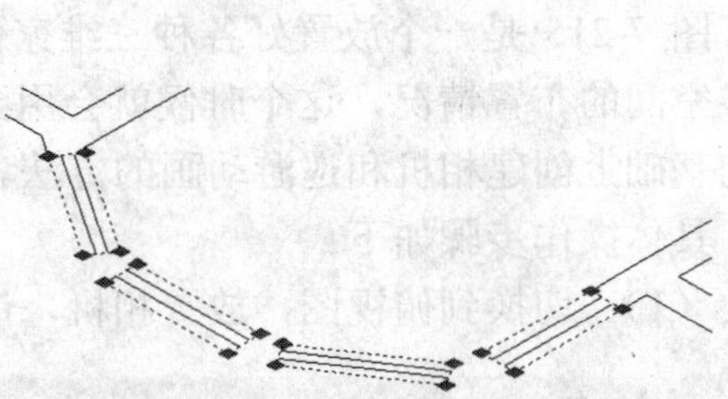

图 7-210　创建落地窗面域

（11） 执行“拉伸”命令，拉伸步骤 10 创建的 4 个面域，向上拉伸 3200，拉伸效果如图 7-211 所示。使用同样的方法，绘制另外一侧的落地窗。

（12） 执行“移动”命令，选择图 7-212 所示的窗体和门实体作为移动对象，基点如图 7-212 所示，移动目标点如图 7-213 所示，移动效果如图 7-213 所示。

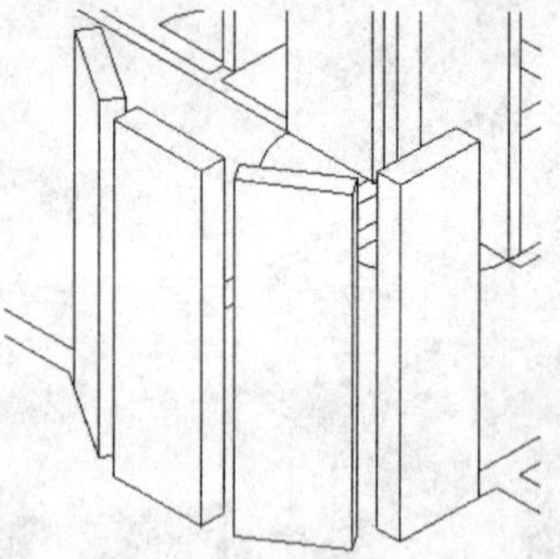

图 7-211 拉伸落地窗面域

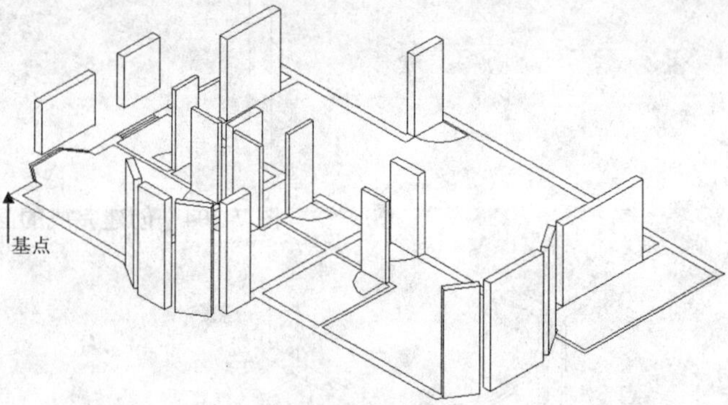

图 7-212 移动创建的门和窗

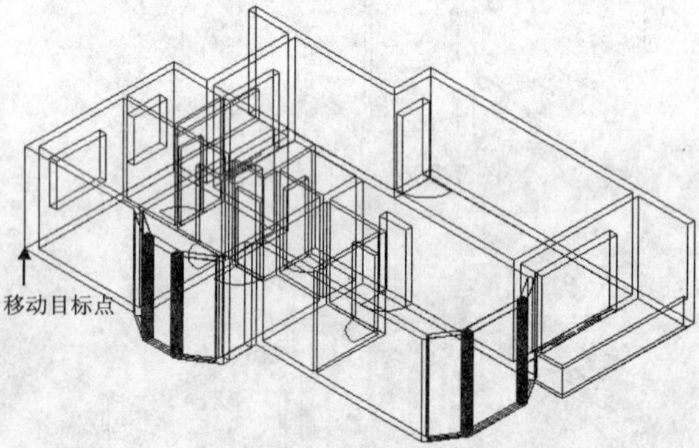

图 7-213 移入创建的墙体中效果

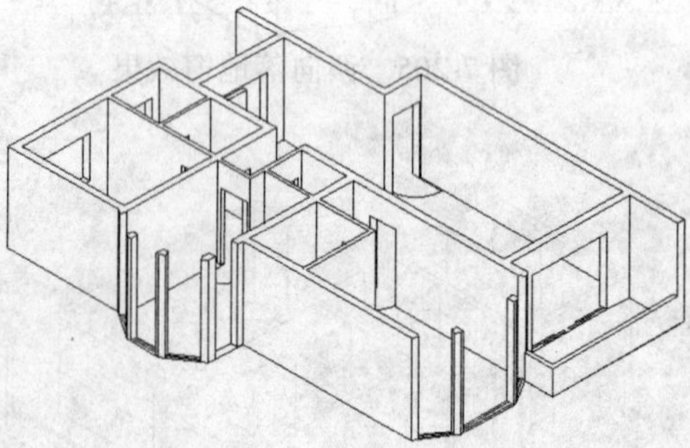

图 7-214 差集消隐效果

（13） 执行“差集”命令，使用步骤 7 并集生成的实体减去步骤 12 移入的实体，消隐效果如图 7-214 所示。

（14） 关于地板，具体的门窗的创建与 7.2.1 节中使用拉伸法创建三维空间模型的方法是一致的。将具体的三维家俱放入不同功能的空间里，三维房间布局就完成了，这里不再赘述。

7.2.3 实例 49——创建建筑巡游动画

图 7-215 是一个放置好各种三维家俱的三维空间图，效果图绘制完成后，通常需要观察三维空间的布置情况，这个时候就会用到相机和巡游动画。本节就给读者讲解在图 7-215 所示的基础上创建相机和巡游动画的方法。

具体操作步骤如下：

（1） 切换到俯视图，放置相机，命令行提示如下：

```
命令: _camera
当前相机设置: 高度=31'-0 13/16" 镜头长度=50.0000 毫米
```

指定相机位置://在俯视图中指定相机的位置

指定目标位置://在俯视图中指定目标的位置

输入选项 [?/名称（N）/位置（LO）/高度（H）/目标（T）/镜头（LE）/剪裁（C）/视图（V）/退出（X）] <退出>://按回车键，相机放置如图 7-216 所示，图 7-217 所示为相机预览效果

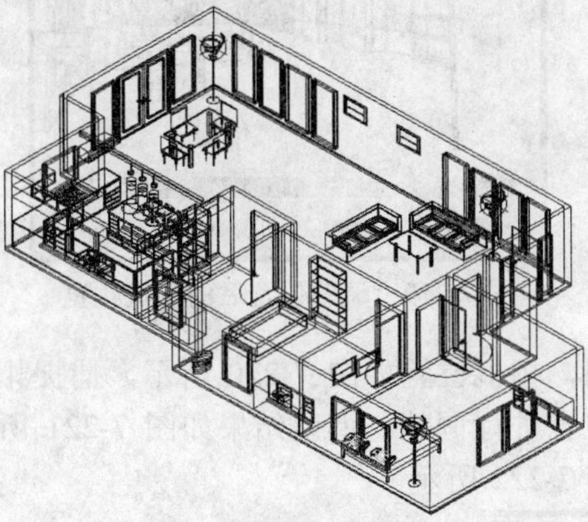

图 7-215　已绘制完成三维房间效果图

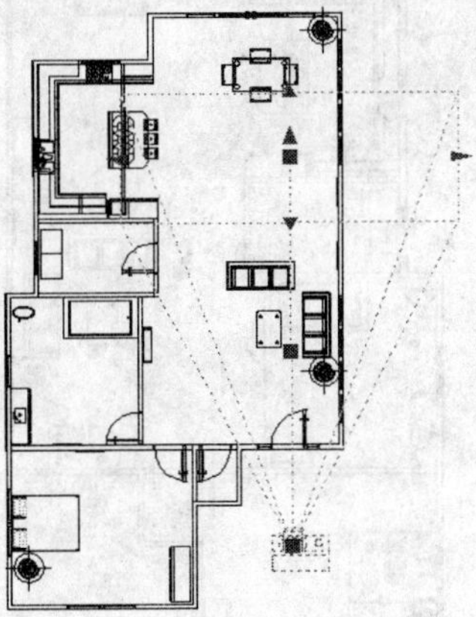

图 7-216　放置相机

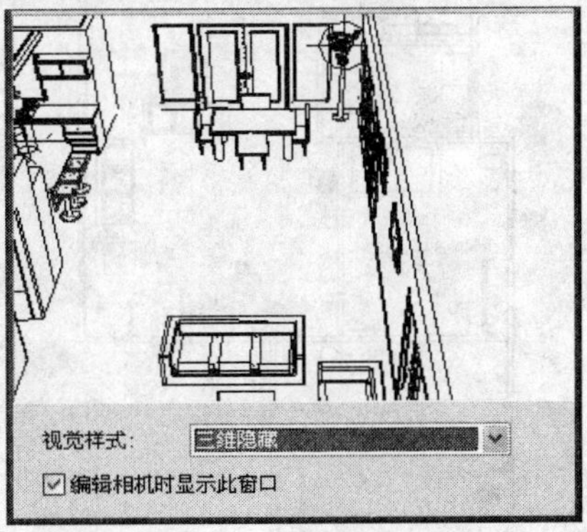

图 7-217　相机预览效果

（2） 切换到右视图，调整相机的位置，调整位置如图 7-218 所示，调整相机的结果都会通过如图 7-219 所示的“相机预览”对话框反映出来。

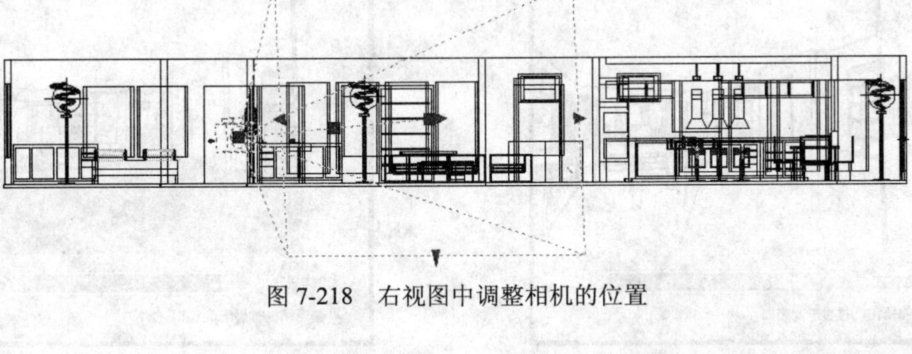

图 7-218　右视图中调整相机的位置

图 7-219　调整位置后的相机预览

（3）　再切换到俯视图，相机位置如图 7-220 所示，捕捉相机的夹点，对相机的方向和目标点的方向以及相机的位置进行调整，调整结果如图 7-221 所示，从“相机预览”对话框中可以看到预览效果，如图 7-222 所示。

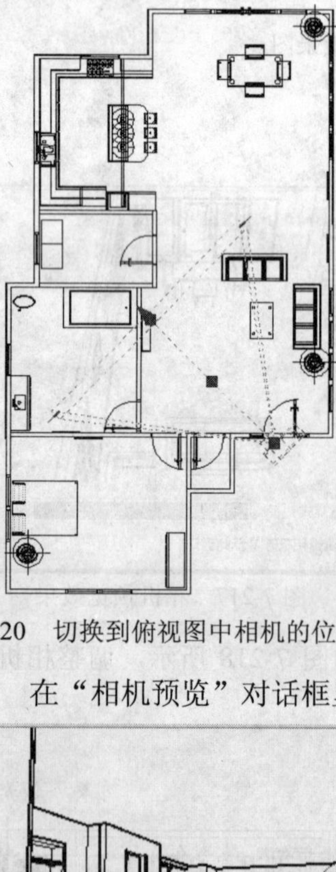

图 7-220　切换到俯视图中相机的位置显示

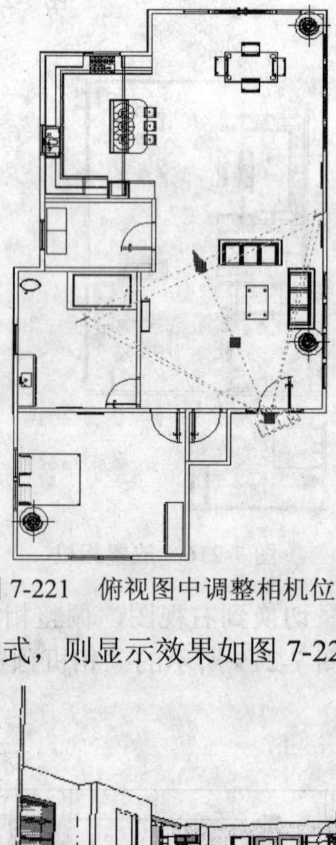

图 7-221　俯视图中调整相机位置

（4）　在“相机预览”对话框里选择“真实”视觉样式，则显示效果如图 7-223 所示。

图 7-222　调整后的相机预览

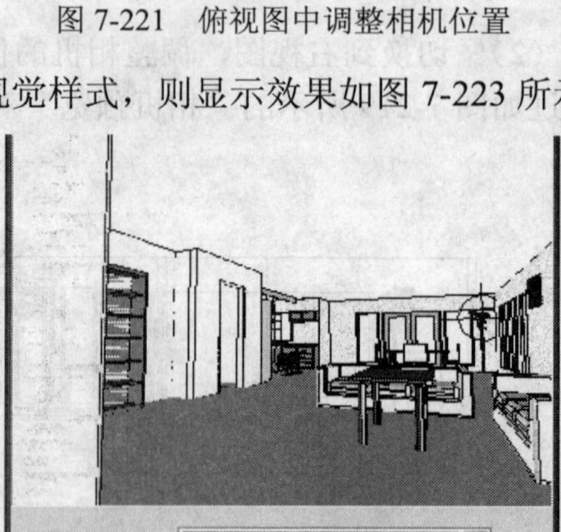

图 7-223　真实视觉样式的相机预览

（5） 切换到俯视图，使用“多段线”命令绘制动画路径，动画路径的绘制没有具体的位置要求，参照图 7-224 所示的路径绘制即可。

（6） 切换到西南等轴测图，执行“移动”命令，以步骤 5 绘制的多段线为移动对象，基点为任意点，相对移动（@0,0,25），移动效果如图 7-225 所示。

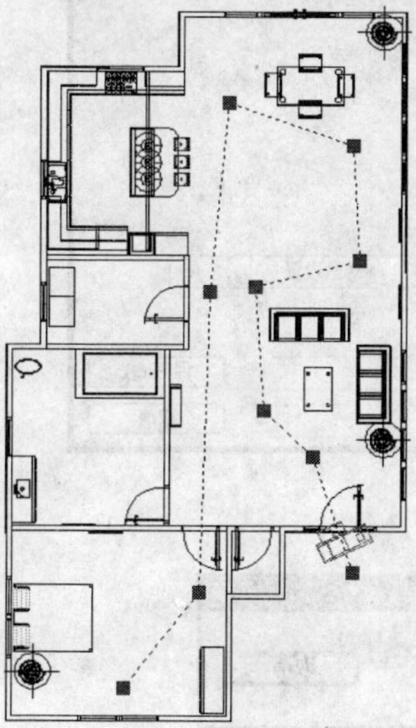

图 7-224 绘制动画路径

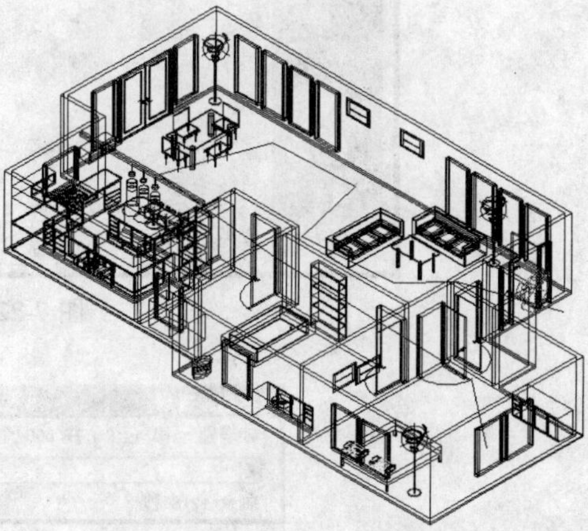

图 7-225 移动动画路径

（7） 选择“视图”|“运动路径动画”命令，弹出“运动路径动画”对话框，如图 7-226 所示进行设置，单击“将相机链接至”选项组中“路径”单选按钮后的“选择路径”按钮，命令行提示“选择路径”，在绘图区选择步骤 6 移动后的多段线，弹出“路径名称”对话框，采用默认名称“路径 1”，单击“确定”按钮，回到“运动路径动画”对话框，单击“预览”按钮，弹出“动画预览”对话框，显示动画预览效果，如图 7-227 所示。

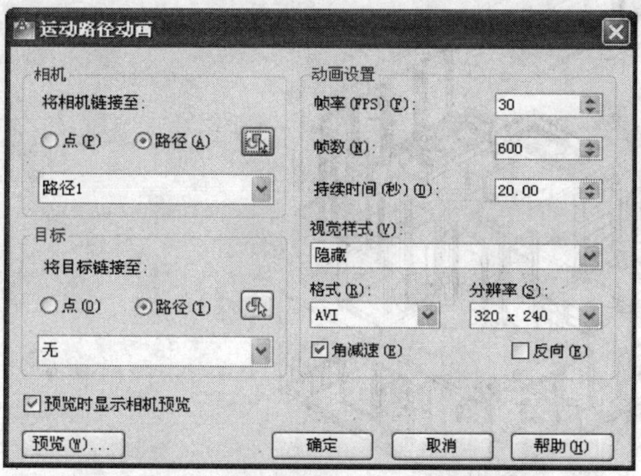

图 7-226 设置“运动路径动画”对话框

图 7-227 动画预览

（8） 单击“运动路径动画”对话框的“确定”按钮，弹出“另存为”对话框，如图 7-228 所示，选择动画的保存路径，并设置名称。

（9） 单击“保存”按钮，则巡游动画开始创建，创建的进程和状态如图 7-229 所示。

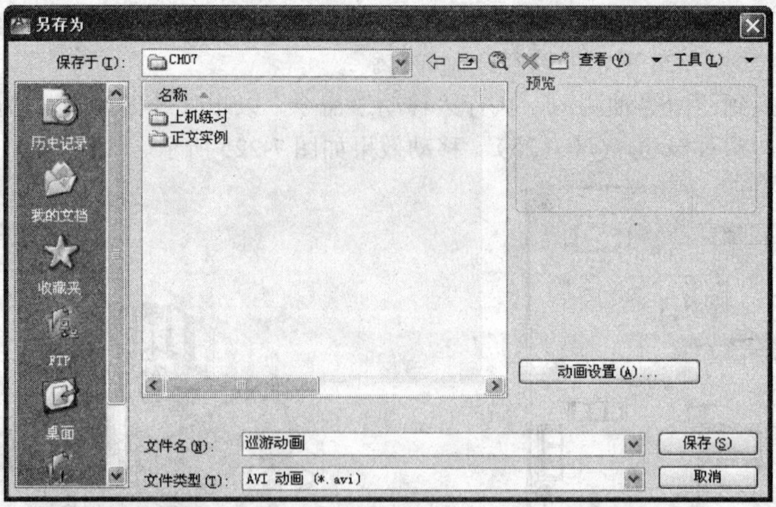

图 7-228　保存巡游动画

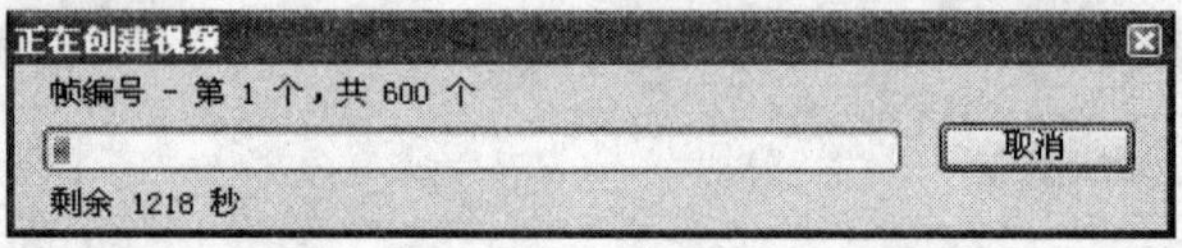

图 7-229　显示创建视频状态

（10） 创建视频完成后，三维空间中的相机和路径效果如图 7-230 所示。

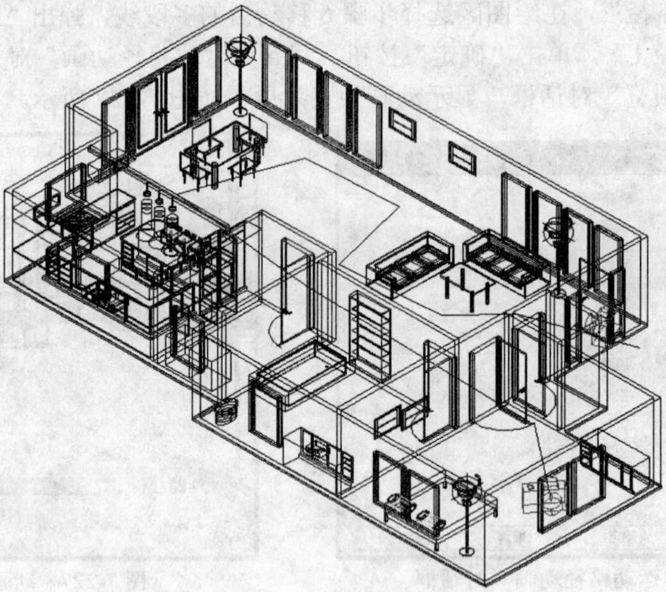

图 7-230　输出视频效果

（11） 图 7-231 显示了输出的动画视频的播放效果，视频创建成功。

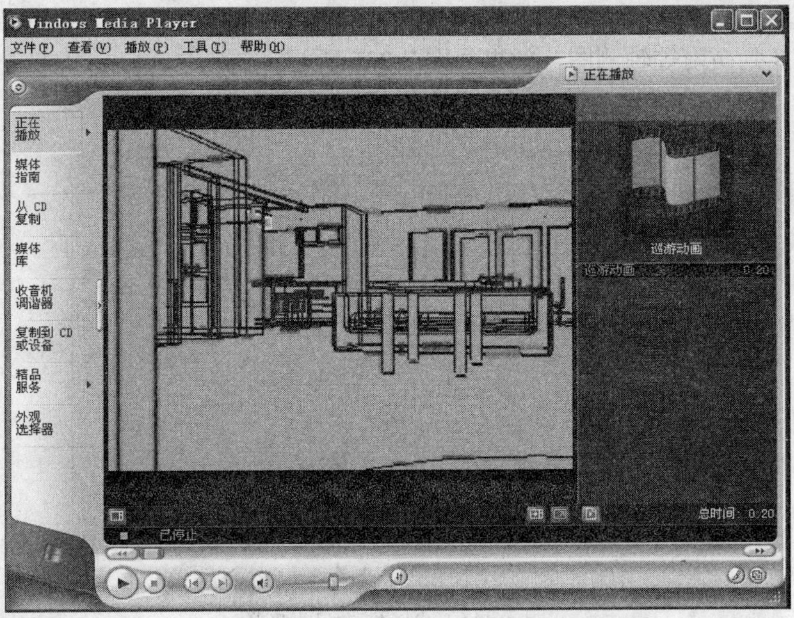

图 7-231 视频输出播放效果

7.3 实例 50——绘制三维小区效果图

在建筑制图中，设计师们在对一个建筑物进行设计时，都需要一个大概的建筑模型来分析建筑物的总体关系、各种建筑物的布置以及各种环境分析，这个时候就需要使用 AutoCAD 来创建小区三维效果图。这样的效果图的创建一般不会从零开始，而是在原有的总平面图的基础上进行创建，主要用到的技术为拉伸。下面通过对第 5 章的总平面图的操作来形成如图 7-232 所示的小区三维效果图。

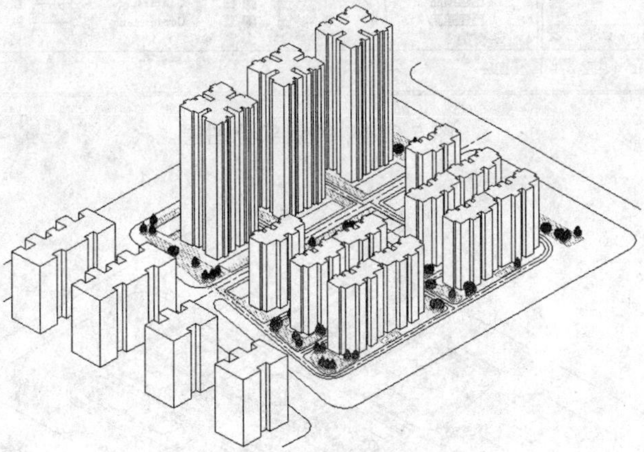

图 7-232 小区三维效果图

具体操作步骤如下：

（1） 打开第 5 章 5.4 节创建的小区建筑总平面图，效果如图 7-233 所示。

（2） 选择“格式”|“图层”命令，打开“图层特性管理器”对话框，如图 7-234 所示，

关闭“尺寸标注”、“辅助线”、“红线”、“绿化”、“文字”图层，仅保留房屋、道路等建筑物，切换到西南等轴测图，效果如图 7-235 所示。

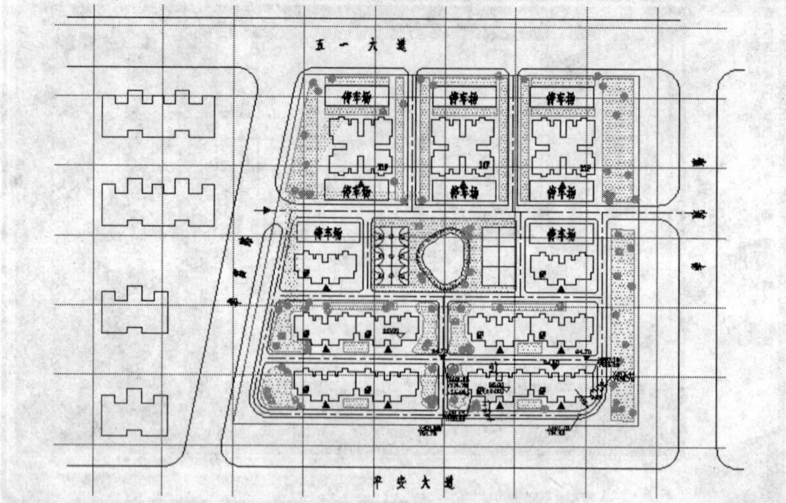

图 7-233　小区建筑总平面图

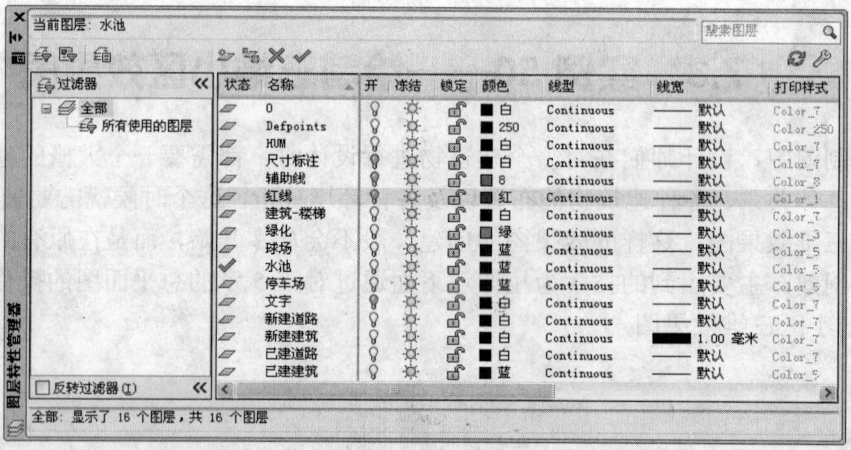

图 7-234　关闭部分图层

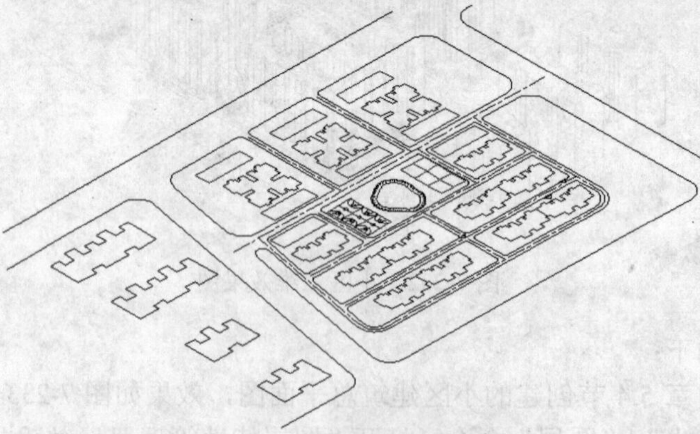

图 7-235　关闭多余图层

（3） 选择“绘图”|“边界”命令，弹出“边界创建”对话框，设置对象类型为“面域”，单击“拾取点”按钮，在房屋轮廓线内拾取一点，创建面域。使用同样的方法，将所有的房屋轮廓线都转换成面域。

（4） 执行“拉伸”命令，对道路左侧板楼进行拉伸，向上拉伸 63，效果如图 7-236 所示。

（5） 使用同样的方法，对道路右侧的塔楼进行拉伸，拉伸高度 126，效果如图 7-237 所示。

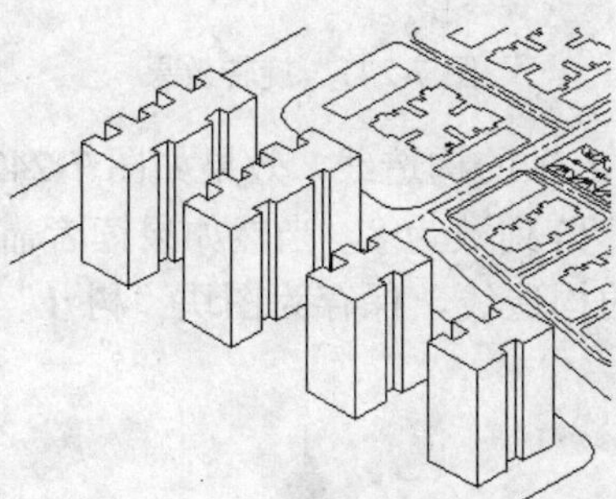

图 7-236 拉伸左侧板楼

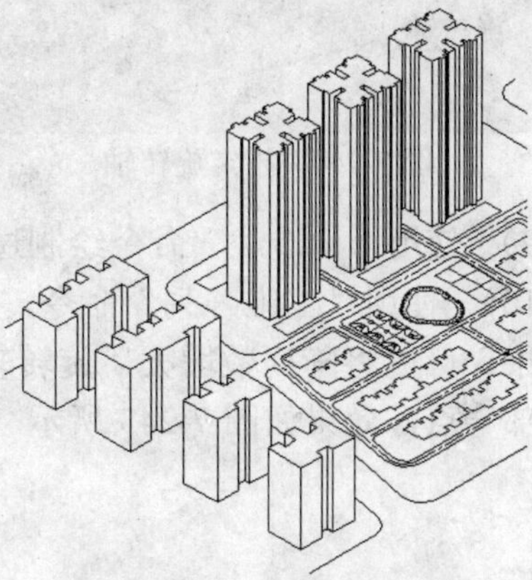

图 7-237 拉伸右侧塔楼

（6） 继续使用同样的方法，对道路右侧的板楼进行拉伸，向上拉伸 63，效果如图 7-238 所示。

（7） 从一些常见的建筑制图图块文件中复制两个树的立面图图块，在本书附带的源文件中已经调入了这两个立面图图块，读者在实际绘制的时候直接从该图的源文件中调用即可。调用时注意设置插入比例，或者复制到文件中，再使用“缩放”命令进行缩放，由于在原来的文件中，立面图是按照 1:1 的比例绘制的，所以缩放比例为 0.001，图案效果如图 7-239 所示。

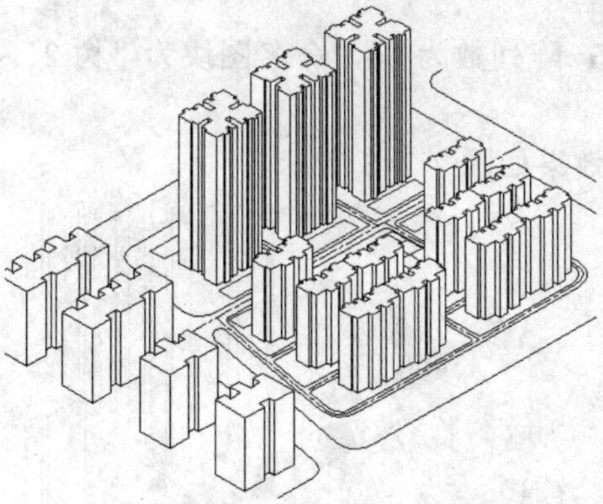

图 7-238 拉伸右侧板楼

图 7-239 插入树图块

（8） 由于步骤 7 创建的图形原来都在 XY 平面内，所以需要旋转到与 XY 平面垂直，使用“三维旋转”命令，旋转轴如图 7-240 所示，旋转角度 90º，旋转效果如图 7-241 所示。

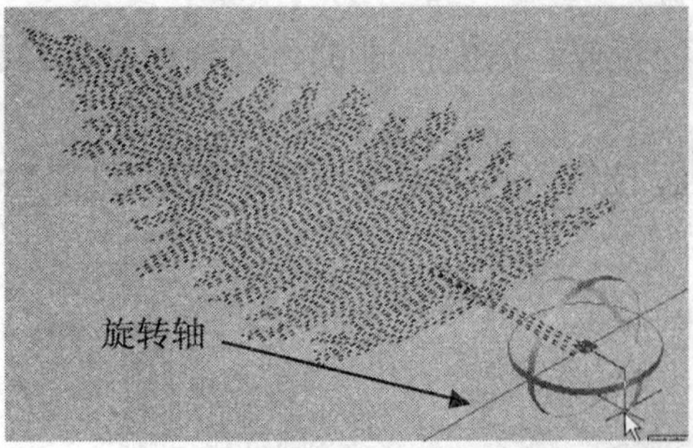

图 7-240 指定旋转轴

图 7-241 旋转效果

（9） 使用“构造线”命令绘制过树顶部的平行于 Z 轴的构造线，效果如图 7-242 所示。

（10） 使用“三维阵列”命令，设置为环形阵列，阵列数为 8，当然如果读者需要更逼真的效果，可以将阵列数增大，旋转轴为步骤 9 绘制的构造线，保存为图块“树 1”，基点为树底部一点，效果如图 7-243 所示。

图 7-242 绘制旋转阵列轴

图 7-243 树 1 图块

（11） 使用同样的方法，另一个树也如此操作，阵列数为 16，命名图块为“树 2”，效果如图 7-244 所示。

（12） 打开绿化层，插入树图块，比例为 2，效果如图 7-245 所示。

图 7-244 树 2 图块

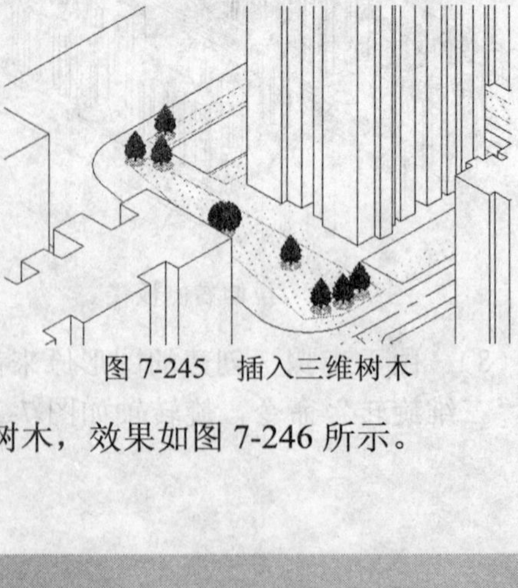

图 7-245 插入三维树木

（13） 使用同样的方法，在其他绿化地方插入树木，效果如图 7-246 所示。

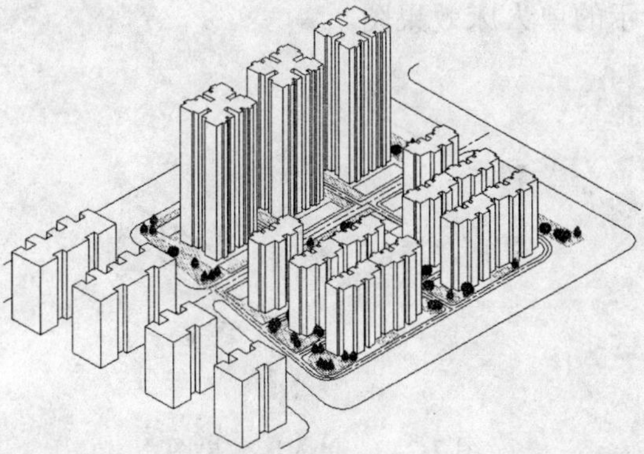

图 7-246　其他绿化地块插入三维树木

7.4　上机练习

1. 创建如图 7-247 所示的单人沙发三维效果图。

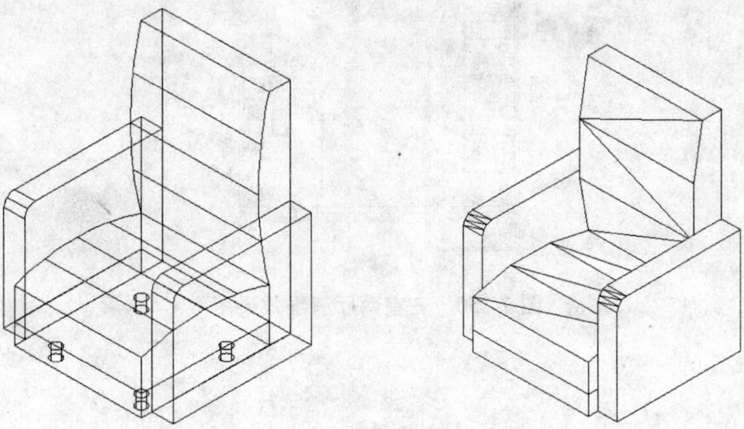

图 7-247　单人沙发三维效果图

2. 创建如图 7-248 所示的旋转吧椅三维效果图。

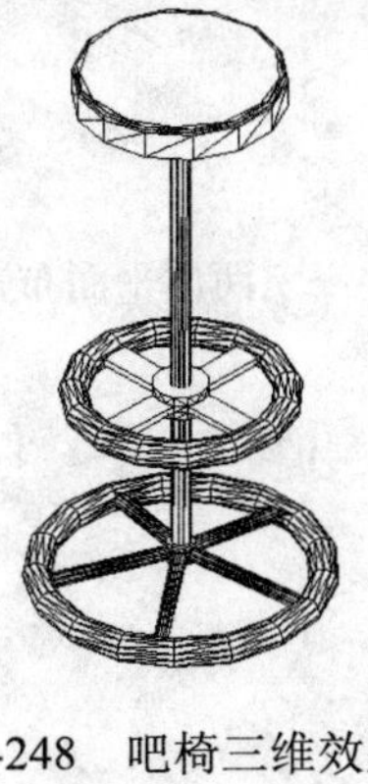

图 7-248　吧椅三维效果图

3. 创建如图 7-249 所示的单人床效果图。

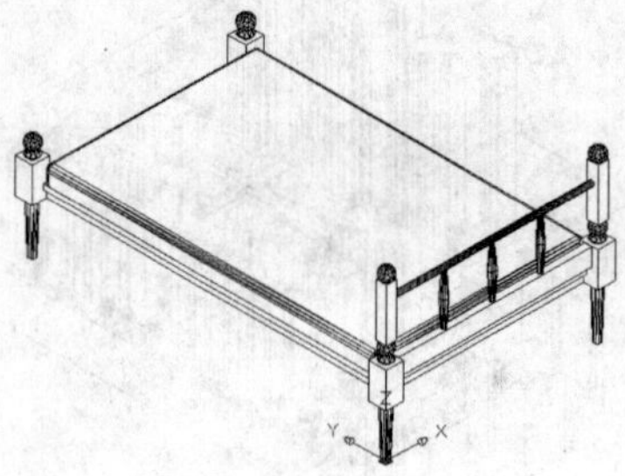

图 7-249　单人床效果图

4. 在图 7-250 所示的户型平面图的基础上创建三维房间效果图，创建效果如图 7-251 所示。

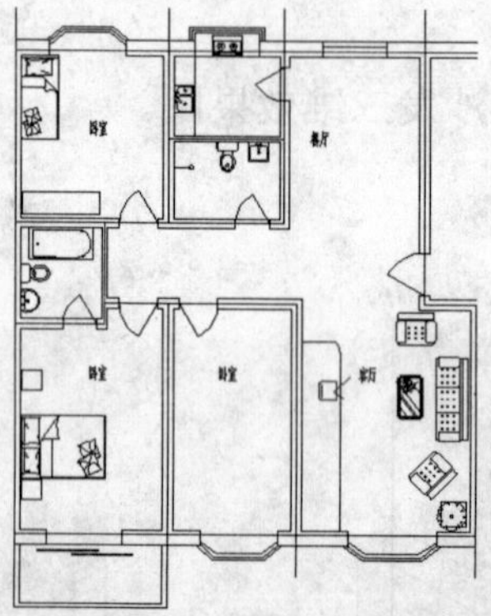

图 7-250　三室两厅三维效果图

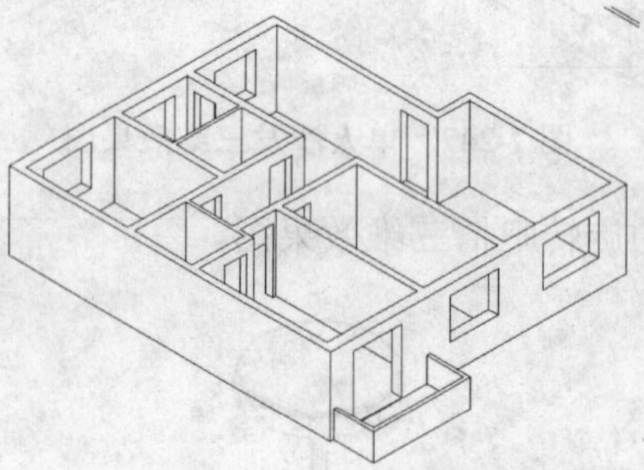

图 7-251　三室两厅平面布置图